非线性动力学丛书 31

高维非线性系统的全局分岔和混沌动力学(上)

Global Bifurcations and Chaotic Dynamics of High Dimensional Nonlinear Systems（I）

张　伟　姚明辉　著

科 学 出 版 社

北　京

内 容 简 介

本书主要研究了高维非线性系统的复杂动力学、全局分岔和混沌动力学。针对研究高维非线性动力系统数学理论过于抽象、难于在工程实际中应用的问题，以典型的工程振动实际问题为例，通过建立高维非线性动力学模型并发展相应的理论解决方法来启发读者。本书在内容的安排上由浅入深、循序渐进，从理论推导到工程实例，便于读者自学。

作者在总结自己多年的研究工作基础上，将理论基础与工程振动实际相结合来编著本书，可供高等院校力学、机械、数学、航空航天、土木工程等专业的研究生和本科生阅读学习，也可为高等学校教师和科研人员的研究工作提供参考。

图书在版编目(CIP)数据

高维非线性系统的全局分岔和混沌动力学. 上/张伟，姚明辉著. —北京：科学出版社，2023.4
(非线性动力学丛书; 31)
ISBN 978-7-03-075304-5

Ⅰ.①高… Ⅱ.①张… ②姚… Ⅲ.①非线性科学–动力系统(数学)
Ⅳ.①O194

中国国家版本馆 CIP 数据核字(2023) 第 052776 号

责任编辑：刘信力 / 责任校对：彭珍珍
责任印制：吴兆东 / 封面设计：陈 敬

科 学 出 版 社 出版
北京东黄城根北街 16 号
邮政编码：100717
http://www.sciencep.com
北京九州迅驰传媒文化有限公司印刷
科学出版社发行　　各地新华书店经销
*
2023 年 4 月第 一 版　开本：720 × 1000　1/16
2024 年 1 月第二次印刷　印张：22 1/2
字数：446 000
定价：178.00 元
(如有印装质量问题，我社负责调换)

"非线性动力学丛书"序

　　真实的动力系统几乎都含有各种各样的非线性因素,诸如机械系统中的间隙、干摩擦,结构系统中的材料弹塑性、构件大变形,控制系统中的元器件饱和特性、变结构控制策略等。实践中,人们经常试图用线性模型来替代实际的非线性系统,以方便地获得其动力学行为的某种逼近。然而,被忽略的非线性因素常常会在分析和计算中引起无法接受的误差,使得线性逼近成为一场徒劳。特别对于系统的长时间历程动力学问题,有时即使略去很微弱的非线性因素,也会在分析和计算中出现本质性的错误。

　　因此,人们很早就开始关注非线性系统的动力学问题。早期研究可追溯到1673年 Huygens 对单摆大幅摆动非等时性的观察。从19世纪末起,Poincaré,Lyapunov,Birkhoff,Andronov,Arnold 和 Smale 等数学家和力学家相继对非线性动力系统的理论进行了奠基性研究,Duffing,van der Pol,Lorenz,Ueda 等物理学家和工程师则在实验和数值模拟中获得了许多启示性发现。他们的杰出贡献相辅相成,形成了分岔、混沌、分形的理论框架,使非线性动力学在20世纪70年代成为一门重要的前沿学科,并促进了非线性科学的形成和发展。

　　近20年来,非线性动力学在理论和应用两个方面均取得了很大进展。这促使越来越多的学者基于非线性动力学观点来思考问题,采用非线性动力学理论和方法,对工程科学、生命科学、社会科学等领域中的非线性系统建立数学模型,预测其长期的动力学行为,揭示内在的规律性,提出改善系统品质的控制策略。一系列成功的实践使人们认识到:许多过去无法解决的难题源于系统的非线性,而解决难题的关键在于对问题所呈现的分岔、混沌、分形、孤立子等复杂非线性动力学现象具有正确的认识和理解。

　　近年来,非线性动力学理论和方法正从低维向高维乃至无穷维发展。伴随着计算机代数、数值模拟和图形技术的进步,非线性动力学所处理的问题规模和难度不断提高,已逐步接近一些实际系统。在工程科学界,以往研究人员对于非线性问题绕道而行的现象正在发生变化。人们不仅力求深入分析非线性对系统动力学的影响,使系统和产品的动态设计、加工、运行与控制满足日益提高的运行速度和精度需求,而且开始探索利用分岔、混沌等非线性现象造福人类。

　　在这样的背景下,有必要组织在工程科学、生命科学、社会科学等领域中从事非线性动力学研究的学者撰写一套"非线性动力学丛书",着重介绍近几年来非线性动力学理论和方法在上述领域的一些研究进展,特别是我国学者的研究成果,为从事非线性动力学理论及应用研究的人员,包括硕士研究生和博士研究生等,提供最新的理论、方法及应用范例。在科学出版社的大力支持下,我们组织了这套"非线性动力学丛书"。

　　本套丛书在选题和内容上有别于郝柏林先生主编的"非线性科学丛书"(上海教育出版社出版),它更加侧重于对工程科学、生命科学、社会科学等领域中的非线性动力学问题进行建模、理论分析、计算和实验。与国外的同类丛书相比,它更具有整体的出版思想,每分册阐述一个主题,互不重复。丛书的选题主要来自我国学者在国家自然科学基金等资助下取得的研究成果,有些研究成果已被国内外学者广泛引用或应用于工程和社会实践,还有一些选题取自作者多年的教学成果。

　　希望作者、读者、丛书编委会和科学出版社共同努力,使这套丛书取得成功。

                                                                                        胡海岩
                                                                              2001 年 8 月

前　　言

非线性系统的全局动力学分析一般包括：环面运动和混沌运动存在性的有关判据，全局分岔和奇怪吸引子的刻画等。目前成功地用于全局动力学分析的理论方法还不是很多，主要有符号动力学理论、Smale 马蹄理论及两种解析方法，即 Melnikov 方法和能量相位方法。但是它们在高维非线性系统复杂动力学问题的研究中都遇到很大的困难，因此，对多于两个自由度的非线性动力系统全局分岔和混沌动力学进行分析的研究方法还非常有限。在高维非线性动力学系统的全局分岔和混沌动力学问题中，除了单脉冲同宿分岔和异宿分岔外，还存在多脉冲同宿分岔和异宿分岔。针对多脉冲分岔问题，目前主要有两种解析方法可以进行研究，即广义 Melnikov 方法和能量相位法。

经典 Melnikov 方法是判断混沌运动不变集存在性的解析方法，最开始仅限于研究保守系统稳定流形与不稳定流形之间的距离。后来，经过许多学者的发展和推广，使其成为研究高维非线性系统混沌动力学的一种判定准则；从研究高维非线性系统单脉冲混沌动力学，到研究高维非线性系统多脉冲混沌动力学；从研究完全可积 Hamilton 系统、非完全可积 Hamilton 系统、典型非线性常微分方程的混沌动力学，到研究实际工程科学问题中的复杂高维非线性系统、偏微分方程的混沌动力学。

在 Melnikov 理论不断向前发展的过程中，产生了研究高维非线性系统多脉冲混沌动力学的广义 Melnikov 方法。与此同时，另外一种分析高维非线性系统多脉冲混沌动力学的全局摄动方法，即能量相位法，也应运而生。能量相位法的提出和发展与 Melnikov 理论的扩展密不可分，它是基于 Melnikov 理论发展起来的一种全局摄动方法。Haller 和 Wiggins 综合利用了几何奇异摄动理论、Fenichel 纤维丛理论、高维 Melnikov 方法和横截理论，建立了共振区的能量相位准则。因此，能量相位法的提出和发展是伴随着 Melnikov 理论的扩展，所以，两种理论有着内在的必然联系。

能量相位法和广义 Melnikov 方法在发展和推广的过程中，各自遇到了不同的困难。我们近二十年来不断地改进、完善和推广这两种理论及应用，在高维非线性系统的全局分岔和混沌动力学方面取得了一些优秀的研究成果。本专著分为上、下两册。上册主要介绍高维非线性系统规范形、四维自治非线性系统的能量相位法和广义 Melnikov 方法、四维非自治非线性系统的 Melnikov 方法、六维自治非线性系统的混沌动力学、六维非自治非线性系统的混沌动力学等方面的理论研究成果，以及在各类薄板类结构中的推广和应用。下册主要介绍如何利用能量相位法和 Melnikov 理论研究悬臂梁结构、悬梁耦合结构、黏弹性传动带、输流管、大型可展开天线等工程领域中的混沌动力学。

　　本书汇集了我们近二十年在高维非线性系统的混沌动力学方面的研究成果，我们非常感谢国家自然科学基金的资助 (10372008，10425209，10732020，10872010，11172009)。相关研究成果已应用到工程实践中。

张　伟

广西大学

北京工业大学

姚明辉

天津工业大学

2023 年 4 月

目 录

第 1 章   绪   论

本章综述了梅利尼科夫 (Melnikov) 方法的发展历史。从 1963 年苏联学者 Melnikov 提出该方法开始，一直到目前广义 Melnikov 方法的提出和发展，Melnikov 方法的发展历程可以概括为三个阶段，分别综述了每一个阶段 Melnikov 方法的扩展和应用，论述了国内外在该方向的研究现状和所获得的主要结果，指出了各种 Melnikov 方法之间的联系、存在的问题和不足。为了对比两种研究高维非线性系统多脉冲混沌动力学的理论，本章还综述了另外一种全局摄动理论，即能量相位法，总结了该方法十几年来的发展历史，以及国内外的理论研究成果和工程应用实例；阐述了能量相位法发展的根源及与 Melnikov 方法的内在联系；比较了能量相位法和广义 Melnikov 方法两种理论研究对象的差别，以及各自所存在的不足和问题。

1.1   研究目的与意义

在实际工程系统中，有许多问题的数学模型和动力学方程都可用高维非线性系统来描述，例如，黏弹性传动带由于在运动过程中可以忽略弯曲刚度，因此其动力学模型可以简化成为具有黏弹性特性的轴向运动弦线；内燃机曲轴、机器人柔性机械臂等可以简化成悬臂梁；还有广泛应用在航空航天工程领域的薄板和薄壳结构，由流体诱发的输流管的非线性振动问题，在机械、航空等领域广泛应用的主动电磁轴承等。如何研究由这些工程实际问题所建立的无限维或高维非线性动力学方程是工程科学领域中非常重要的研究课题。对于高维非线性动力系统来说，其研究难度比低维非线性动力系统要大得多，不仅有理论方法上的困难，而且还有空间几何描述和数值计算方面的困难。对于高维非线性系统和无限维非线性系统来说，从理论上讲都可用中心流形理论和惯性流形理论对高维非线性系统和无限维非线性系统进行降维处理，使系统的维数有所降低，但是降维后系统的维数仍然很高，并且高维非线性系统中的稳定流形和不稳定流形的空间几何结构难于直观的构造和描述，其后续研究仍然非常困难。因此发展能够处理高维非线性动力学系统的理论研究方法是非常重要和迫切的。

高维非线性系统的复杂动力学、全局分岔和混沌动力学，是目前国际上非线性动力学领域的前沿课题，受到科学家的广泛关注。大部分工程实际问题都可用高维非线性系统来描述，并且大多数都是高维扰动哈密顿 (Hamilton) 系统。然而，目前研究高维非线性系统的复杂动力学、全局分岔和混沌动力学的方法还不是很多，国际和国内均处于发展阶段。尽管对于高维非线性系统已有一些理论研究方法和结果，但由于高维非线性系统的复杂性和多样性，现有的数学成果还远不能满足工程实际问题的需要，而且研究高维非线性系统动力学的很多数学理论和方法高度抽象，目前阶段尚难于在工程实际问题中进行大规模应用。

因此，结合工程实际中有典型意义的高维非线性动力学模型，在理论方面发展相应的适用研究方法，对于解决工程实际问题来说是至关重要的。目前对于高维非线性系统复杂动力学、全局分岔和多脉冲混沌动力学的研究主要是以理论分析和数值模拟为主。尽管在数值模拟中发现了大量的各种分岔与混沌现象，但对于产生这些复杂现象的非线性本质及它们的物理意义还缺乏实验方面和工程上的合理解释。尽管研究高维非线性系统的全局分岔和混沌动力学具有很大的挑战性和困难，但是近几十年来，国内外的学者还是取得了一些研究成果。

1.2　高维非线性系统的全局分岔和混沌动力学的研究现状与发展趋势

1.2.1　Melnikov 方法及全局摄动方法的国内外研究现状

高维非线性系统是由微分方程描述的，为了揭示其混沌现象，科学家们提出了一些判断混沌现象的准则，数值研究中经常用到的判据有：解的功率谱连续，李雅普诺夫 (Lyapunov) 指数大于零，有非整数维吸引子，拓扑熵大于零等。理论研究中常用到判据是 Melnikov 方法，它是判断混沌运动不变集存在性的解析方法。该方法的基本思想是将连续动力系统归结为平面上的一个庞加莱 (Poincaré) 映射，研究该映射是否存在横截同宿轨道或异宿轨道的数学条件，从而得出映射是否具有Smale 马蹄变换意义下的混沌属性。因此，Melnikov 方法是研究一类非线性动力系统 Smale 马蹄变换意义下出现混沌现象的判据。

1.2.1.1　Melnikov 方法及全局摄动方法

非线性系统的全局动力学分析一般包括：环面运动和混沌运动存在性的有关判据，全局分岔和奇怪吸引子的刻画等。目前成功地用于全局动力学分析的理论方法还不多，主要有符号动力学理论、斯梅尔 (Smale) 马蹄理论及两种解析方法，即Melnikov 方法和施尔尼科夫 (Shilnikov) 方法。但是它们在高维非线性系统复杂动力学问题的研究中都遇到很大的困难。因此，对多于两个自由度的非线性动力系统全局分岔和混沌动力学进行分析的研究方法还非常有限。在高维非线性动力学系统的全局分岔和混沌动力学问题中，除了单脉冲同宿分岔和异宿分岔外，还存在多脉冲同宿分岔和异宿分岔。针对多脉冲分岔问题，目前主要有两种解析方法可以进行研究, 即广义 Melnikov 方法和能量相位法。

1.2.1.2 Melnikov 方法的扩展和全局摄动法

1963 年, 苏联学者 Melnikov[1] 在研究保守系统同宿轨线和异宿轨线受扰动后发生破裂时, 提出了一种度量破裂后稳定流形与不稳定流形之间距离的方法, 后来发展成为一种研究混沌运动的解析方法, 称为 Melnikov 方法。从 Melnikov 方法的扩展到广义 Melnikov 方法的提出, 是一个有着 30～40 年历史发展的过程。继 Melnikov 之后, 1964 年, Arnold[2] 把 Melnikov 方法推广到两个自由度完全可积的 Hamilton 系统, 建立了 Arnold 扩散理论。此后, 在十几年的时间里, Melnikov 方法没有得到进一步的发展。直到 1979 年, Holmes[3] 用 Melnikov 方法分析了单自由度受迫 Duffing 振子, 得到了一些有重要意义的结果。随后, 一些学者开始把 Melnikov 方法与其他摄动方法相结合, 从而改进和发展了 Melnikov 方法。

1980 年, Holmes[4] 修正了 Melnikov 方法中的时间变量函数, 利用 KB 平均法、Poincaré映射和 Melnikov 方法研究了受迫振子同宿运动和异宿运动, 给出了研究单自由非线性系统混沌运动的一种解析方法。1981 年, Holmes 和 Marsden[5] 研究了 Banach 空间中周期受迫振动方程存在 Smale 马蹄意义映射的充分条件, 初步把 Melnikov 方法推广到无限维系统, 利用不变流形理论、非线性半群理论和 Melnikov 方法分析了非线性平面运动屈曲梁的混沌运动。1982 年, Holmes 和 Marsden[6] 利用 Melnikov 方法和 KAM 理论研究了具有一个同宿轨道和两类周期轨道的二自由度扰动 Hamilton 系统, 发现 Arnold 扩散使系统的稳定流形和不稳定流形横截相交。1983 年, Holmes 和 Marsden[7] 在近可积 Hamilton 系统上分析了马蹄映射和 Arnold 扩散的存在性, 他们利用了李群理论中的对称群、基空间理论和 Melnikov 方法研究了近可积 Hamilton 系统同宿轨道的扰动。1987 年, Salam[8] 利用 Melnikov 方法研究了二维耗散系统的同宿轨道。

1988 年, Robinson[9] 利用 Melnikov 方法分析了四维完全可积 Hamilton 系统的同宿轨道, 统一了 Melnikov 函数的两种表达形式, 提出了向量场 Melnikov 函数的概念。同年, Wiggins[10] 在其专著中, 把高维扰动 Hamilton 系统分为三类, 利用标准的 Melnikov 方法详细研究了这些系统的全局分岔和混沌动力学。在此基础上, Kovacic、Wiggins 和许多学者不断地改进和完善这种分析高维非线性动力学系统的全局摄动方法。Feng 和 Sethna[11] 研究了具有 $Z_2 \oplus Z_2$ 对称性的四维扰动 Hamilton 系统的全局分岔, 利用 Melnikov 方法分析了扰动情况下三类异宿环破裂后, 产生 Smale 马蹄意义下混沌运动的现象。1992 年, Kovacic 和 Wiggins[12] 综合了 Melnikov 方法、几何奇异摄动理论和不变流形纤维丛理论, 提出了一种研究高维非线性系统全局分岔和混沌动力学的新全局摄动方法, 这种全局摄动方法是高维 Melnikov 方法的进一步改进和发展。他们利用这种全局摄动法研究了未扰动系统是完全可积 Hamilton 系统的四维非线性系统的同宿轨道和异宿轨道，分析了有阻尼受迫振动 Sine-Gordon 方程的全局分岔和混沌动力学。同时，根据 Shilnikov 定理，指出如果方程在鞍焦点处存在同宿轨线，那么系统就会产生混沌运动。从动力学和几何学角度来讲，高维非线性系统混沌动力学的机理就是通过脉冲来连接空间两个相关状态。Kovacic[13,14] 利用全局摄动法，分析了二自由度扰动 Hamilton 系统和近可积耗散系统共振情形下的同宿轨道。Kovacic[15,16] 运用全局摄动法，分别研究了未扰动系统是完全可积 Hamilton 系统和近可积耗散系统的全局分岔和混沌动力学，提出了共振区同宿轨道统一理论，并且证明了横截同宿轨道的存在性。

Camassa[17] 研究了 Lorenz 系统的不变流形和双曲结构，利用系统的反对称性扩展了 Melnikov 方法，应用扩展后的 Melnikov 方法和奇异摄动理论分析了系统的同宿分岔和混沌动力学。Bountis 等 [18] 引入了 N 维映射推导出了 Melnikov 向量场函数，研究了四维系统的不变流形横截。Vered 等 [19] 研究了两自由度近可积非解耦 Hamilton 系统的同宿轨道，他们根据 Melnikov 函数的几何含义，在角变量坐标上，定义了同宿轨道破裂后稳定流形和不稳定流形之间的距离，提出了角变量坐标形式的 Melnikov 函数。Kollmann 和 Bountis[20] 利用 Melnikov 向量场函数分析了二模态截断和三模态截断非线性薛定谔 (Schrödinger) 方程的孤立波解。

在 Melnikov 方法扩展到高维非线性系统全局分岔和混沌动力学的研究方面，日本学者 Yagasaki 也做出了重要的贡献。Yagasaki[21] 利用 Melnikov 方法和平均法研究了四维扰动 Hamilton 系统同宿流形和三维共振圆环面的混沌动力学。Yagasaki[22] 发展了次谐 Melnikov 方法，给出了周期轨道存在性、稳定性和分岔定理，改进了两类研究同宿轨道的 Melnikov 方法，讨论了次谐 Melnikov 方法和同宿轨道 Melnikov 方法之间的联系，并利用这些理论分析了二自由度受迫弱耦合振子的同宿轨道。Yagasaki[23] 研究了四自由度非平面运动弯曲梁的非线性振动，由于未扰动系统是鞍-中心结构，稳定流形和不稳定流形不重合，但在低维流形上相交而且不一定完全可积。所以，在这种情况下，改进的 Melnikov 方法不能使用。为此，Yagasaki 又进一步发展了高维 Melnikov 方法。Yagasaki[24,25] 利用这种高维 Melnikov 方法分析了二自由度扰动 Hamilton 系统和二自由度不可积系统的 Smale 马蹄意义下的混沌动力学。

还有一些学者也为 Melnikov 方法的发展做出了贡献。Doelman 和 Hek[26] 研究了三维扰动系统由于鞍-结分岔产生的同宿轨道，利用 Melnikov 函数分析了 N 脉冲同宿轨道的稳定流形和不稳定流形的动力学特性。Li[27,28] 综合利用 Melnikov 向量场函数、Backlund-Darboux 变换、Fenichel 纤维丛理论研究了四维非线性 Schrödinger 方程的同宿轨道、异宿轨道、余维二横截同宿管。

此外，国内的一些专家和学者也对 Melnikov 方法的扩展做出了重要的贡献。刘曾荣和戴世强 [29] 深入研究了 Melnikov 函数的含义，发现根据摄动理论中的正交条件可以推导出 Melnikov 函数。刘曾荣等[30] 把 Melnikov 方法推广到高阶情况，推导了二阶次谐 Melnikov 函数表达式，并且证明了在一定条件下可以用二阶次谐 Melnikov 函数来判定系统的次谐或超次谐的存在性。徐振源和刘曾荣[31] 利用 Kovacic 和 Wiggins 提出的全局摄动方法研究了非线性 Sine-Gordon 方程二阶模态截断系统的同宿轨道。赵晓华等[32] 介绍了广义 Hamilton 系统理论的发展历史、基本概念和研究现状，阐述了 Melnikov 函数与 Hamilton 函数密切相关。赵晓华和黄克累[33] 深入探讨了有限维 Poisson 流形上定义的 Hamilton 系统的性质，并利用这些性质研究了高维微分动力系统的定性问题。

上述关于 Melnikov 方法的研究主要都集中在四维非线性系统上。1997 年，Li 等[34,35] 开始提出 $2(M+1)$ 维 Melnikov 理论，把 Melnikov 方法从理论上推广到高于四维的任意偶数维高维非线性系统中，他们仔细推导了高维 Melnikov 函数的表达式。以前的 Melnikov 函数只是度量同维数稳定流形和不稳定流形之间的距离，而在高维非线性系统中存在各种不同维数的不变子流形，每一个不变子流形都有相应的稳定流形和不稳定流形。在扰动相空间中，这些不同维数的稳定流形和不稳定流形横截相交，那么如何度量不同维数的不变流形之间的距离成为 $2(M+1)$ 维 Melnikov 理论的难点和创新点。Li 等通过二次度量解决了这个问题，同时，他们把四维符号动力学理论拓展到 $2(M+1)$ 维，定义了 $2(M+1)$ 维 Shilnikov 型同宿轨道，从而论证了系统存在 Smale 马蹄意义下的混沌动力学。由于 Li 等的研究成果可以拓展到任意高维非线性系统，因此这种研究思路和方法可以推广应用到偏微分方程。

Melnikov 方法从 1963 年开始提出直到今天，虽然主要的发展方向是在常微分方程领域，但实际上这种方法在分析和解决偏微分方程的同宿轨道、异宿轨道、不变流形、刻画混沌运动存在性等方面也取得了一些研究成果。Calini 等[36] 利用数值方法研究了非线性偏微分方程的同宿相交、产生同宿相交的时间尺度、同宿相交这种动力学行为的持续性等问题。受有限维 Melnikov 函数几何含义的启发，他们利用 Melnikov 方法的分析思想解释了持续性同宿轨道的结构，从几何结构上阐述了混沌运动的稳定特性。Shatah 和 Zeng[37] 利用 Melnikov 方法研究了扰动 Sine-Gordon 偏微分方程的同宿轨道存在性。Zeng[38] 综合利用不变流形理论，拓扑学中的叶状结构理论，以及 Melnikov 方法证明了扰动非线性 Schrödinger 偏微分方程中存在同宿轨道。Li[39] 利用 $2(M+1)$ 维 Melnikov 理论研究了非线性 Schrödinger 偏微分方程同宿轨道的存在性和持续性。Li[40] 研究了奇异摄动 Davey-Stewartson 偏微分方程同宿轨道的存在性。他利用了 $2(M+1)$ 维 Melnikov 理论中的度量准则，计算了鞍点三维不稳定流形与余维二局部不变中心稳定流形之间的距离。以往的 Melnikov 函数定义稳定流形和不稳定流形之间的距离是 ε 一阶项的距离，讨论的问题主要是低阶扰动流形与未扰动流形之间的关系。2006 年，Li[41] 进一步扩展了 Melnikov 函数，使它可以计算 ε 高阶项距离，并利用此函数研究了非线性

Sine-Gordon 偏微分方程异宿管的存在性及混沌动力学。

1.2.1.3　用高维 Melnikov 方法研究非线性系统的单脉冲混沌动力学

　　Melnikov 方法在理论上的不断扩展，也促进了它在工程科学问题中的应用，它的研究对象也逐渐地从完全可积 Hamilton 系统、近可积 Hamilton 系统、非线性 Schrödinger 方程、非线性 Sine-Gordon 方程转变为有实际工程背景的非线性动力学模型、高维非线性方程，一些学者开始利用高维 Melnikov 方法研究具有工程背景的非线性系统单脉冲混沌动力学。

　　Feng 和 Wiggins[42] 利用 Kovacic 和 Wiggins 提出的全局摄动方法分析了参数激励作用下二自由度非线性机械系统混沌运动的存在性，证明了鞍焦点处 Shilnikov 型同宿轨道的存在性。Feng 和 Sethna[43] 利用 Kovacic 和 Wiggins 提出的全局摄动方法研究了参数激励作用下薄板同宿轨道的存在性。Tien 等 [44,45] 利用平均法、Melnikov 方法及全局摄动方法研究了简谐激励作用下薄弓结构，在 1:1 内共振和 1:2 内共振情形下的混沌动力学。Kovacic 和 Wettergren[46] 利用 Melnikov 方法分析了双摆系统的同宿轨道、异宿轨道及同宿横截面。Malhotra 和 Sri Namachchivaya[47] 利用规范形理论和全局摄动法研究了二自由度参数激励非线性可逆系统，在非半单 1:1 内共振情形下的全局动力学。Malhotra 和 Sri Namachchivaya[48] 还利用高维 Melnikov 方法研究了薄弓在主亚谐共振和 1:2 内共振情形下的全局动力学，在薄弓结构上作用的载荷是随时间和空间同时变化的激励。研究结果表明当系统没有耗散项时，正规双曲不变圆环面上的异宿轨道会使系统产生 Smale 马蹄意义下的混沌，数值计算也进一步验证了理论分析的结果。随后，Malhotra 和 Sri Namachchivaya[49] 又研究了 1:1 内共振情形下，含有耗散项薄弓的全局动力学。他们利用 Kovacic 和 Wiggins 提出的全局摄动方法分析了扰动系统鞍–焦点的 Shilnikov 同宿轨道的存在性和混沌动力学。Feng 和 Liew[50] 研究了二自由机械系统在二模态 0:1 内共振情形下平均方程的 Shilnikov 同宿轨道的存在性，两个模态一个是快变模态，另外一个是慢变模态，当快变模态的振动幅值达到临界值时，慢变模态和快变模态耦合在一起。因此，慢变模态的奇点就失去了稳定性，然后利用 Melnikov 函数来度量快变模态共振区环面上的稳定流形和不稳定流形之间的距离，从而确定存在 Shilnikov 同宿轨道的物理参数的范围。Lee 等 [51,52] 综合利用伽辽金 (Galerkin) 方法、多尺度法和 Melnikov 理论研究了有缺陷圆板 1:1 内共振情形下的全局分岔、Shilnikov 型同宿轨道，以及非共振情形下的异宿轨道。Vakakis[53] 分别利用次谐 Melnikov 方法和同宿 Melnikov 方法研究了强非线性耦合机械振子的复杂动力学。

　　国内的专家和学者对 Melnikov 方法的发展和应用也做出了重要贡献，取得了一些研究成果。Xu 和 Jing[54] 利用指数二分性理论、Melnikov 方法和几何奇异摄动理论研究了耦合 Duffing 方程的 Shilnikov 型同宿轨道。Zhang[55] 研究了参数激励作用下四边简支矩形薄板的全局分岔和混沌动力学，根据 von Karman 大变形理论建立薄板的运动控制方程，综合利用 Galerkin 方法和多尺度方法得到平均方程。利用规范形理论化简，得到具有双零特征值和一对纯虚特征值时最简规范形，然后利用 Kovacic 和 Wiggins 提出的全局摄动方法分析了薄板的异宿分岔和混沌动力学。Zhang 和 Tang[56] 利用 Kovacic 和 Wiggins 提出的全局摄动方法研究了悬浮弹性索的全局分岔和混沌动力学，并用数值方法计算了参数激励和外激励联合作用下弹性索的混沌动力学。Zhang 等 [57] 研究了轴向和横向载荷联合作用下非线性非平面运动悬臂梁的全局分岔和混沌动力学，用全局摄动方法分析了主参数共振 −1/2 亚谐共振 −2:1 内共振情形下的异宿分岔和单脉冲 Shilnikov 轨道。Hu 和 Guo 等 [58] 利用 Melnikov 方法研究了 Schrödinger-Boussinesq 耦合方程的同宿轨道。Guo 和 Chen[59] 利用 Melnikov 方法和几何奇异摄动理论研究了含有三次非线性项的六维 Schrödinger 方程。Du 和 Zhang[60] 利用 Melnikov 方法研究了冲击力作用下单摆系统的同宿分岔，把光滑系统的 Melnikov 方法推广到了非光滑系统。Zhang 等 [61,62] 利用 Kovacic 和 Wiggins 提出的全局摄动方法研究了弦−梁耦合系统、变刚度主动电磁轴承的全局分岔与混沌动力学。Chen 和 Xu[63] 利用全局摄动方法研究了斜拉索的 Shilnikov 型同宿轨道。Zhang 和 Li[64] 综合利用指数二分性理论、Melnikov 方法和平均法研究了外激励和参数激励联合作用下四边简支矩形屈曲薄板的混沌动力学。Yu 和 Chen[65] 利用全局摄动方法研究了横向激励作用下简支矩形金属薄板 1:1 内共振情形下的 Shilnikov 型同宿轨道和混沌动力学。Deng 和 Zhu[66] 利用向量场 Melnikov 函数研究了近可积非线性 Schrödinger 方程的同宿轨道和混沌动力学。

1.2.1.4 用广义 Melnikov 方法研究非线性系统的多脉冲混沌动力学

高维 Melnikov 方法经过上述改进和发展，在分析高维非线性系统单脉冲 Shilnikov 型同宿和异宿轨道，以及混沌动力学方面逐步完善起来，但是仍然不能用来研究高维非线性系统的多脉冲混沌动力学。在工程科学问题中，导致高维系统出现混沌动力学的原因往往是多脉冲轨道而不是单脉冲轨道。因此，Kovacic 等又进一步推进了高维 Melnikov 理论的发展，提出了广义 Melnikov 方法，这种方法可以确定完全可积 Hamilton 系统和近可积 Hamilton 系统的多脉冲同宿轨道和多脉冲异宿轨道。1996 年，Kaper 和 Kovacic[67] 基于 Fenichel 几何奇异摄动理论、Poincaré-Arnold-Melnikov 理论，提出了广义 Melnikov 方法，他们研究了一类完全可积 Hamilton 系统受到小幅扰动或者耗散扰动后，产生多脉冲 Shilnikov 型同宿轨道的机理，建立了多脉冲奇异横截面的几何结构，研究结果表明每一个脉冲都是从共振区快速跳起，在共振区的流形上遍布着许多脉冲轨道，证明了共振区

Shilnikov 型同宿轨道的存在性。1998 年, Camassa 等 [68] 完善了广义 Melnikov 方法并给出了严谨的数学证明, 他们通过度量流形上切空间之间的距离来定义多脉冲轨道上稳定流形与不稳定流形之间的距离, 并且证明了多脉冲同宿轨道的存在性, 以及多脉冲同宿轨道需要满足的横截条件和开折条件, 从而说明利用广义 Melnikov 方法可以判定高维非线性动力系统是否存在 Smale 马蹄意义下的混沌运动。

从理论上讲, 广义 Melnikov 方法在判定高维非线性动力学系统产生混沌运动方面是一种完整严谨的理论体系, 但是对于工程科学研究人员来说, 由于广义 Melnikov 方法在理解、计算和开折条件的证明上, 存在着很大的难度。因此, 2000 年以前一直没有被推广到实际工程中分析一些具体的科学问题, 目前也很少有学者利用广义 Melnikov 方法研究高维非线性系统的混沌动力学特性。尽管如此, 学者们在这方面还是取得了一些研究进展。2008 年, Zhang 和 Yao 等 [69,70] 利用广义 Melnikov 方法分别研究了非线性非平面运动悬臂梁的多脉冲同宿轨道、多脉冲异宿轨道及 Shilnikov 型混沌动力学, 对比分析了研究高维非线性系统多脉冲混沌动力学的两种理论, 即能量相位法和广义 Melnikov 方法, 说明了存在的问题和不足。最近, Zhang 等 [71~73] 又把广义 Melnikov 方法从高维自治非线性系统推广到高维非自治非线性系统, 并且利用推广的方法研究了参数激励后屈曲薄板、压电复合材料层合矩形薄板的混沌动力学。

1.2.1.5　Melnikov 理论发展和现状小结

Melnikov 方法从 20 世纪 60 年代初被提出, 发展到今天, 经历了近半个世纪的时间, 从最开始仅限于研究保守系统稳定流形与不稳定流形之间的距离, 到如今成为研究高维非线性系统混沌动力学的一种判定准则。从研究高维非线性系统单脉冲混沌动力学, 到研究高维非线性系统多脉冲混沌动力学, 从研究完全可积 Hamilton 系统、非完全可积 Hamilton 系统、典型非线性常微分方程的混沌动力学, 到研究实际工程科学问题中的复杂高维非线性系统、偏微分方程的混沌动力学, 其大致经历了三个发展阶段。

第一个发展阶段, 是从 20 世纪 60 年代初到 80 年代中后期。这个阶段是 Melnikov 方法的原创期, 受苏联学者 Melnikov[1] 度量稳定流形和不稳定流形之间距离的思想启发, 研究人员开始把 Melnikov 方法引入到非线性动力学系统。随后, 一些学者围绕着 Melnikov 方法, 建立了许多重要的理论, 并把 Melnikov 方法与其他理论不断地结合, 这些理论包括 Arnold 扩散理论 [2]、Poincaré 映射理论、KAM 理论、KB 平均法等, 他们初步建立了研究不同系统的 Melnikov 方法理论框架。在此期间, Melnikov 方法的研究对象主要是低维非线性系统, 这一阶段的代表性人物有 Melnikov、Arnold、Holmes 等学者。

Melnikov 方法发展的第二个阶段是从 20 世纪 80 年代中后期到 90 年代中期。

这个阶段是 Melnikov 理论发展的飞跃期。Melnikov 理论的研究对象开始从低维非线性系统转向高维非线性系统，以 Wiggins、Kovacic 为代表的一些专家和学者，把拓扑学中的不变纤维丛理论及几何奇异摄动理论引入 Melnikov 方法，提出并建立了高维 Melnikov 方法，即全局摄动方法[12~16]。以后发展的许多 Melnikov 理论都是基于或者借鉴了全局摄动方法的思想，如次谐 Melnikov 方法[21~25]、向量场 Melnikov 方法、指数二分性 Melnikov 方法等。由于实际工程科学问题几乎都可用高维非线性系统来描述，以前的 Melnikov 方法由于受到维数的限制，没有被推广到一些有工程背景的高维非线性动力学系统中。正是由于研究对象维数的提高，Melnikov 方法的研究对象开始从低维非线性系统的理论研究转变到工程科学问题中高维非线性系统复杂动力学的研究。为了定性研究高维非线性系统的混沌动力学，研究人员开始把数学变换理论、规范形理论与 Melnikov 方法结合起来。

　　Melnikov 理论发展的第三个阶段是从 20 世纪 90 年代中期到现在。这个阶段是高维非线性系统 Melnikov 理论发展时期。针对不同的研究对象，Melnikov 理论的发展变得越来越深入、越来越来细化，出现了多种扩展的高维非线性系统 Melnikov 理论。广义 Melnikov 方法[67,68] 是用来研究快变流形上多脉冲轨道的一种理论，$2(M+1)$ 维 Melnikov 理论[34,35] 是用来判定高于四维的任意偶数维高维非线性系统混沌动力学的一种理论。研究人员建立了用于研究非线性偏微分方程全局动力学的 Melnikov 理论，开始用 Melnikov 方法研究非线性偏微分方程的混沌动力学，结合拓扑学中的叶状结构理论进一步发展了研究非线性偏微分方程的 Melnikov 理论[38,39] 等。根据工程科学问题建立的动力学模型，往往是复杂的非线性偏微分方程或者维数高于四维的更高维非线性系统，引发高维非线性系统产生 Smale 马蹄意义下混沌运动的轨道往往是多脉冲轨道。因此，这一阶段发展的高维非线性系统 Melnikov 理论，从研究内容和研究对象来看，越来越接近工程科学问题。但是对于工程科学研究人员来说，由于这些理论内容更多偏重于数学研究，难于理解和分析，求解和证明开折条件比较困难。而在非线性偏微分方程领域发展起来的 Melnikov 理论，其研究对象大多数集中于 Schrödinger 方程、Sine-Gordon 方程等经典偏微分方程。所以，从国际期刊公开发表的论文来看，这些理论被用来研究工程科学问题的报道较少。2008 年以后，Zhang 和 Yao 等[69~73] 开始利用广义 Melnikov 方法研究了一些具有实际工程背景的高维非线性动力学系统。因此，目前亟需简化这些复杂的理论体系和开折条件，建立一套适用于研究工程科学问题的 Melnikov 方法，并且能够利用这种理论解释实际高维非线性动力学系统产生混沌运动的机理，能够利用 Melnikov 理论中的几何流形结构解释实验中新的动力学现象。

1.2.2　能量相位方法的国内外研究现状

　　在 Melnikov 理论不断向前发展的过程中，产生了研究高维非线性系统多脉冲混沌动力学的广义 Melnikov 方法。与此同时，另外一种分析高维非线性系统多脉冲混沌动力学的全局摄动方法，即能量相位法，也应运而生。能量相位法的提出和发展与 Melnikov 理论的扩展密不可分，它是基于 Melnikov 理论发展起来的一种全局摄动方法。

1.2.2.1 能量相位方法的发展和推广

基于 Kovacic 和 Wiggins[12] 提出的高维 Melnikov 方法——全局摄动法，1993 年 Haller 和 Wiggins[74] 在研究两个自由度完全可积 Hamilton 系统共振区的同宿轨道和异宿轨道时，综合利用了几何奇异摄动理论、Fenichel 纤维丛理论、高维 Melnikov 方法和横截理论，建立了共振区同宿轨道的能量相位准则，在二维双曲不变流形上，定义了同宿轨道的轨道函数，证明了共振区同宿轨道和异宿轨道的存在性，并利用这种方法分析了二模态截断非线性 Schrödinger 方程双曲周期轨道的同宿轨道。1995 年，Haller[75] 利用 Fenichel 几何奇异摄动理论、Arnold 扩散理论和规范形理论研究了近可积 Hamilton 系统两个共振区的几何结构和动力学。他通过定义能量面来描述强弱共振区的动力学。研究结果说明穿越弱共振区的动力学行为是发生在弱双曲不变流形上。针对这种穿越共振区的动力学扩散行为，Haller 给出了穿越时间的数量级 $O(1/\sqrt{\varepsilon})$。在前面研究成果的基础之上，Haller 和 Wiggins[76] 建立了能量相位法完整的理论体系。能量相位理论不仅包括完全可积 Hamilton 系统的能量相位法，还包括耗散扰动系统的能量相位法。该理论的关键思想是把流形当成坐标系，利用对称性引入了作动变量和角变量，经过数学变换以后，共振区相空间中的相位角就变成了慢变变量，局部慢流形就成为了双曲流形。在这种双曲局部慢变的不变流形结构上利用能量相位准则，他们研究了二自由度完全可积 Hamilton 系统和近可积 Hamilton 系统的多脉冲同宿轨道，以及参数激励作用下非线性非平面运动梁的多脉冲混沌动力学。Haller 和 Wiggins[77] 利用能量相位法研究了二模态截断非线性 Schrödinger 方程的多脉冲同宿轨道，分析了阻尼对系统的影响，发现无阻尼时，多脉冲跳跃轨道会产生 Smale 马蹄意义的混沌，他们利用同宿分岔树来刻画多脉冲分岔现象。

1996 年，Haller 和 Wiggins[78] 研究了三自由度 Hamilton 系统的多脉冲同宿轨道和异宿轨道。他们首先利用三阶正规形可积几何结构确定了两类三维圆环面，然后分析四维同宿流形上的三维不变球体。他们发现受高阶非线性项的影响，三维球体上的参数周期轨道发生破坏，在四维不变流形上会产生新的二维不变圆环面，同宿轨道和异宿轨道连接着这些圆环面，利用能量相位法来研究连接二维圆环面的多脉冲同宿轨道和异宿轨道。1997 年，Haller[79] 研究了 n 自由度近可积 Hamilton 系统强弱共振相互作用的非线性动力学，利用 $n(n \geqslant 2)$ 自由度正规形理论、扩散理论、能量相位法分析了沿着强共振区穿越弱共振区的同宿轨道。这种穿越弱共振区的动力学行为形成了多脉冲同宿跳跃轨道。同时，Haller 利用上述理论研究成果分析了三自由度旋转圆盘系统的同宿分岔树。1998 年，Haller[80] 综合利用能量相位法、正规双曲不变流形摄动理论、拓扑学中的叶状结构理论、Fenichel 正规形理论，以及 Li 等 [34,35] 提出的 $2(M+1)$ 维 Melnikov 理论，构造了多模态截断非线性 Schrödinger 方程的多脉冲解，证明了多脉冲同宿轨道、多脉冲异宿轨道都是 Shilnikov 型多脉冲轨道。此外，Haller 还把能量相位法推广到任意高维非线性系统中，并且利用推广后的能量相位法来研究偏微分方程的多脉冲混沌动力学。1999 年，Haller[81] 综合了无穷维 Fenichel 几何奇异摄动理论和无穷维 Poincaré 映射，改进了能量相位法的能量准则，修正了能量函数，使其可以估计多脉冲跳跃轨道长时间的能量变化，并用该方法研究了周期激励作用下有阻尼的非线性 Schrödinger 方程多脉冲 Shilnikov 型轨道。同年，Haller 等 [82] 利用能量相位法研究了周期激励作用下两个耦合非线性 Schrödinger 方程的 Shilnikov 型多脉冲轨道。Haller[83] 总结了有关能量相位法方面的研究成果，撰写了关于能量相位法的专著，系统地证明和阐述了用于研究高维和无限维非线性系统多脉冲混沌动力学的能量相位法。

与广义 Melnikov 方法相比，能量相位法易于理解，横截零点和开折条件的计算相对简单，所以能量相位法很快就被扩展到研究实际工程中多脉冲混沌动力学问题。2002 年，Malhotra 等 [84] 利用能量相位法研究了参数激励作用下非对称柔性旋转圆盘的全局动力学。他们建立了旋转圆盘的运动控制方程，利用耗散系统的能量相位法分析了扰动非线性系统的多脉冲同宿轨道和混沌动力学。同时，还研究了阻尼、激励和非对称性等参数对系统出现复杂动力学的影响。解释了多脉冲混沌现象的物理机理。研究结果表明多脉冲轨道连接旋转圆盘上的不同节点。2005 年，McDonald 和 Sri Namachchivaya[85] 综合运用高维 Melnikov 方法、Shilnikov 理论和能量相位法研究了脉动输流管 0:1 内共振情形下的全局动力学，分析了能量由高频模态向低频模态转化的动力学机理。

国内专家和学者对能量相位理论的发展和扩展也做出了重要贡献，并且取得了一些研究成果。2005 年，Yao 和 Zhang[86] 改进了能量相位法，并利用耗散系统的能量相位法研究了非线性非平面运动悬臂梁的多脉冲异宿轨道和混沌动力学。Zhang 和 Yao[87,88] 利用能量相位法研究了参数激励作用下黏弹性传动带的多脉冲同宿轨道、多脉冲异宿分岔和混沌动力学。2007 年，Yao 和 Zhang[89] 利用能量相位法研究了参数激励与外激励联合作用下四边简支矩形薄板的多脉冲异宿分岔和混沌动力学。2008 年，Zhang 和 Yao[69] 总结比较了能量相位法与广义 Melnikov 方法，分析了两种理论的联系和区别，并同时利用这两种方法研究了非线性非平面运动悬臂梁的同宿分岔和多脉冲混沌动力学。2009 年，Zhang 等 [90] 把能量相位理论推广到六维自治非线性系统中，并利用该方法研究了复合层合压电矩形薄板的混沌动力学。2010 年，Zhang 等 [91] 利用能量相位法研究了功能梯度矩形薄板 1:1 内共振情形下的多脉冲混沌动力学。Yu 和 Chen[92,93] 利用 Haller 和 Wiggins 提出的能量相位法分别研究了二自由度旋转系统和旋转薄圆盘的多脉冲同宿轨道和同宿分岔树。

1.2.2.2   能量相位方法小结

1993 年，Haller 和 Wiggins[74] 首先提出了能量相位准则，初步建立了能量相位理论。直到 1995 年，Haller 和 Wiggins[76] 建立了能量相位法完整的理论体系。因此，能量相位法的提出和发展是伴随着 Melnikov 理论的扩展，所以两种理论有着内在的必然联系。

虽然 Melnikov 理论有多种不同的表述形式，但是每种表述形式的关键都是重新定义 Melnikov 函数。Melnikov 函数的几何意义就是用来度量稳定流形与不稳定流形之间的距离。1963 年，当 Melnikov[1] 提出该方法时，主要为了研究三维天体轨道问题，所研究的动力学模型是保守系统。之后，Melnikov 理论不断发展，但是理论研究的主要对象是完全可积 Hamilton 系统、近可积 Hamilton 系统等。因此，Melnikov 函数与 Hamilton 函数有关。Melnikov 函数不仅是距离度量函数，还是能量函数。Melnikov 函数是低阶能量差分函数，所以 Haller 和 Wiggins 就用能量差分函数代替了 Melnikov 函数，提出了判定系统混沌运动的能量准则。但是这样就产生了一个问题，由于 Melnikov 函数和能量差分函数不同阶，所研究的流形必然不一样，Melnikov 理论所研究的流形是双曲流形。为了解决这个问题，Haller 和 Wiggins 引入了作动角变量，使局部慢流形成为双曲流形，这样就建立了判定系统混沌运动的相位准则。能量准则和相位准则结合起来，就构成了能量相位理论的基本框架。在后续的发展中，Haller 和 Wiggins 又不断地引入多种摄动理论、扩散理论、规范形理论等，逐步形成了完整的理论体系。

与 Melnikov 理论相比，能量相位理论提出和发展的历史较短，但是同样也经历了三个发展阶段。

第一个阶段是能量相位理论创立和形成期。从 1993 年 Haller 和 Wiggins 提出能量相位准则，到 1995 年形成较为完整的能量相位理论。虽然时间不长，但是却开辟了非线性动力学全局摄动分析的新方向——多脉冲混沌动力学的研究，文献 [75] 是这期间代表性论文之一。

能量相位理论发展的第二阶段是从 1996 年 ~1999 年，四维自治非线性系统的能量相位理论开始向高于四维的更高维非线性动力系统推广。这个阶段的主要特点是能量相位理论不断地与其他理论相结合，不断地吸收全局摄动分析中最新的研究成果。具体表现在引入了 Fenichel 正规形理论、改进后的 Arnold 扩散理论、叶状结构理论、Fenichel 几何奇异摄动理论、无穷维 Poincaré 映射等。在向无限维非线性动力系统推广能量相位理论时，借鉴了同期 Li 等 [34,35] 的最新研究成果，即 $2(M+1)$ 维 Melnikov 理论，能量相位理论的研究对象逐渐从常微分方程向偏微分方程过渡。

能量相位理论发展的第三阶段就是从 21 世纪初至今，开始利用能量相位理论研究实际工程中的科学问题。与广义 Melnikov 方法相比，能量相位理论易于理解，而且该理论给每一个脉冲轨道都定义了相应的能量函数，能够更形象地刻画多脉冲轨道的几何结构，所以它被推广应用到工程领域的步伐比广义 Melnikov 方法要快。这期间代表性论文是文献 [84, 85] 的研究成果。在这一阶段，国内学者 Zhang 和 Yao[86~89] 对能量相位理论的发展也做出了贡献。Haller 和 Wiggins 提出的能量相位理论在计算能量差分函数时，所使用的数学变换改变了相空间的几何结构。Zhang 和 Yao 改进了计算能量差分函数的方法，避免了拓扑结构不等价的问题。前期能量相位理论在高于四维的高维非线性动力系统中的研究成果仅限于理论研究。Zhang 等 [90] 把能量相位理论推广到具有实际工程背景的六维非线性系统中。能量相位理论虽然在研究多脉冲混沌动力学方面取得了一些进展，但是在向高维非自治非线性动力系统推广时，却受到了许多限制。

1.3　能量相位法与广义 Melnikov 方法的比较分析

能量相位法和广义 Melnikov 方法是研究多脉冲混沌动力学的两种全局摄动方法，能量相位法的提出要早于广义 Melnikov 方法。Haller 和 Wiggins[74] 于 1993 年初步建立能量相位准则，1995 年完善了能量相位法 [76]。Kaper 和 Kovacic[67] 于 1996 年提出了广义 Melnikov 方法的基本理论框架。1998 年，Camassa 等 [68] 对该理论体系给出了严谨的证明。

虽然能量相位法的思想来自于 Melnikov 理论，但是它是最早开始研究多脉冲混沌动力学的全局解析摄动方法。因此，广义 Melnikov 方法的提出和发展借鉴了能量相位法。两种全局摄动方法在分析多脉冲混沌动力学方面，有内在必然联系，但是又有区别。能量相位理论的核心思想就是每一个脉冲轨道都有一个能量函数，在四维相空间中每一个脉冲轨道都有两部分组成，一部分是脉冲跳跃部分，它是快变流形，分布在二维扰动相空间之外；另外一部分是非脉冲跳跃部分，它是慢变流形，分布在二维扰动相空间上。能量差分函数是研究每一个脉冲跳跃所消耗的能量。因此，能量相位理论所研究的对象是脉冲跳跃部分。而广义 Melnikov 方法的研究对象则是分布在二维扰动相空间上的慢变流形。所以，能量相位法和广义 Melnikov 方法分别研究了脉冲轨道的快变流形和慢变流形。但是这两种理论又有联系，在四维相空间中，脉冲轨道张成奇异横截面。奇异横截面是一种复杂的流形结构，它包含了脉冲轨道的全部信息。但是如果以奇异横截面作为研究对象，很难定义稳定流形与不稳定流形之间的距离；同时也很难定义能量准则和相位准则。因此，能量相位法和广义 Melnikov 方法分别研究了多脉冲轨道的不同部分。

能量相位法和广义 Melnikov 方法在发展和推广的过程中，各自遇到过不同的困难。Haller 和 Wiggins 建立的能量相位准则更容易被工程科学理解和接受，所以在研究工程科学多脉冲混沌动力学方面，取得了一些进展。由于 Haller 和 Wiggins 是首先估计了脉冲跳跃时间的数量级，然后再建立相位准则，因此能量相位法在研究自治非线性系统多脉冲混沌动力学方面取得了一些研究成果，但是在向非自治非线性系统推广时，却遇到了很大困难。

广义 Melnikov 方法研究的内容比较广泛，既能研究高维自治非线性系统的混沌动力学，也能研究高维非自治非线性系统的混沌动力学；既能研究共振情形的多脉冲轨道，也能研究非共振情形的多脉冲轨道。广义 Melnikov 方法的关键思想就是计算多脉冲轨道的相位漂移角。共振情形下的相位漂移角计算相对简单，非共振情形下的相位漂移角计算则相当复杂。另外，验证广义 Melnikov 函数的横截条件和开折条件非常困难，解释和描述流形之间的几何关系非常烦琐，不易理解。因此，广义 Melnikov 方法的推广和应用就受到了很大限制。

除了利用能量相位法和广义 Melnikov 方法研究高维非线性系统的多脉冲混沌动力学外，数值方法也是一种研究多脉冲混沌动力学的有效方法。Feo[94,95] 利用数值方法研究了两类三维非线性系统的多脉冲 Shilnikov 型奇怪吸引子。Zhang 等 [96] 利用数值方法研究了变刚度主动电磁轴承的多脉冲混沌动力学。

1.4　全局摄动方法存在的不足和发展趋势

综上所述，研究高维非线性系统多脉冲混沌动力学的解析方法主要有两种：一种是能量相位法，一种是广义 Melnikov 方法。能量相位法是 1993 年由 Haller 和 Wiggins[74] 提出的一种全局摄动方法，他们先后发表论文不断地改进这种方法。2002 年，Malhotra 等 [84] 把能量相位法推广到工程科学领域中，分析了柔性旋转盘的多脉冲轨道和混沌动力学。能量相位法的优点是可以计算出最大脉冲个数及每一条轨道的能量函数。Haller 和 Wiggins[74~83] 提出的能量相位法在计算能量差分函数时，同宿轨道和异宿轨道的拓扑结构发生了改变。因此，Yao 和 Zhang[86~89] 把能量相位法改进后，用它来分析了悬臂梁、传动带和薄板的多脉冲混沌动力学。但是，经过发展后的能量相位法仍然存在一些不足之处 [97,98]。

(1) 能量相位法的核心思想是能量相位准则。Haller 和 Wiggins 所建立的相位准则影响了能量相位法向非自治系统的推广和应用，因此需要重新修改相位准则，使能量相位法既能研究自治系统的多脉冲混沌动力学，又能研究非自治系统的多脉冲混沌动力学。

(2) 能量相位法的横截条件和开折条件的证明，以及最大脉冲个数的求解，其实质是定义和求解耗散因子，耗散因子是阻尼与激励之比。目前，能量相位法只能用来分析单阻尼单激励单耗散因子的系统，而且激励的分析仅限于外激励。实际上，参数激励对系统多脉冲混沌动力学的影响同样重要。因此，如何定义耗散因子，使它能够研究多激励多阻尼作用下高维非线性系统的多脉冲混沌动力学，有待进一步的研究。

(3) 能量相位法的理论体系包括了高于四维的高维非线性系统多脉冲混沌动力学的分析。Haller 和 Wiggins[78] 曾经利用能量相位法研究了三自由度非线性动力系统的多脉冲混沌动力学。他们是将一个六维的问题降维到四维流形上来分析，其实质仍然是四维流形上的多脉冲混沌动力学。因此，如何建立真正意义的高维能量相位理论，是未来该理论的主要研究方向之一。

纵观 Melnikov 理论的发展可以看出，Melnikov 方法与平均法、KAM 法、几何奇异理论和不变流形纤维丛理论等方法和理论结合起来，在解决单脉冲混沌动力学方面取得了很大进展。但是传统的 Melnikov 方法和高维 Melnikov 方法在处理多脉冲混沌动力学方面却遇到了很大的困难。直到 1996 年，Kaper 和 Kovacic[67] 提出广义 Melnikov 方法，随后 Camassa 和 Kovacic 等 [68] 严谨地论证了广义 Melnikov 方法。广义 Melnikov 方法理论体系严谨完整，所能够研究的内容和对象比较广泛，但是，在进一步推广使用时，却遇到了很大的困难。直到 2008 年，Zhang 和 Yao[69] 把广义 Melnikov 方法推广到工程科学中，研究了非线性非平面运动悬臂梁的多脉冲混沌动力学。究其原因是刻画流形几何结构过于复杂。

(1) 广义 Melnikov 函数是度量多脉冲轨道稳定流形与不稳定流形之间的距离函数。Kovacic 等在描述相空间中多脉冲流形之间的关系时，所定义的广义 Melnikov 函数其实质是第一个脉冲的不稳定流形与最后一个脉冲的稳定流形之间的距离，但是他们在几何关系和几何结构的阐述上，却过于烦琐。因此，致使广义 Melnikov 方法理解很困难。而能量相位法之所以能够在工程科学中得到推广，是因为 Haller 和 Wiggins 构造的流形几何结构易于理解、易于被国内外的专家和学者所接受。所以，如何简化广义 Melnikov 方法，而又不影响广义 Melnikov 方法的严谨性，是今后该理论研究的重点。

(2) 广义 Melnikov 方法横截零点的计算、开折条件的证明都是基于广义 Melnikov 函数。计算广义 Melnikov 函数的难点在于多脉冲相位漂移角的计算。Kovacic 等是在二维扰动相空间慢变流形上定义了多脉冲相位漂移角。因此，相位漂移角是一个叠加变量，在非共振情形下，相位漂移角的计算尤其复杂。虽然共振情形下的多脉冲相位漂移角计算相对简单，但是与能量相位理论中的相位准则相比较，仍然很复杂。所以，在广义 Melnikov 方法中怎样定义多脉冲相位漂移角是简化广义 Melnikov 函数计算的关键。

(3) 广义 Melnikov 方法理论上是可以研究高于四维的高维非线性系统多脉冲混沌动力学，但是所研究的高维非线性系统却非常有限，仅限于可以降维或解耦的系统，这与整个 Melnikov 理论的发展有关。Melnikov 理论自从创建以来，主要的研究对象还是限于低于四维的非线性系统或者四维非线性系统。Yagasaki[23] 研究了四自由度非平面运动屈曲梁的非线性振动。他首先利用降维理论把八维非线性系统降为四维非线性系统，然后再利用 Melnikov 理论分析屈曲梁的混沌动力学。Guo 和 Chen[59] 利用 Melnikov 方法和几何奇异摄动理论研究了六维非线性 Schrödinger 方程的单脉冲轨道，这个方程可以解耦成四维方程和二维方程，同样是比较特殊的一类非线性系统。因此，如何把广义 Melnikov 方法推广到更广泛意义的一般高维非线性系统，显然还存在许多困难。

能量相位法和广义 Melnikov 方法提出和发展的时间较短。能量相位法是从多脉冲跳跃轨道的能量耗散方面来研究多脉冲混沌动力学，而广义 Melnikov 方法则是从多脉冲奇异横截面中的稳定流形和不稳定流形方面来研究多脉冲混沌动力学。研究表明，这两种方法分别只研究了多脉冲轨道的一个方面，如果能够把两者结合起来研究多脉冲混沌动力学，则其结论将更加完整。

通过对能量相位法和广义 Melnikov 方法仔细地研究和对比，发现了两种全局摄动理论一些有待于进一步改进和完善的方面。下述几个问题值得进一步的研究。

(1) 如何把能量相位法和广义 Melnikov 方法推广到高维非自治系统和高于四维的更高维非线性系统？

(2) 目前，能量相位法和广义 Melnikov 方法理论在研究高维非线性系统的多脉冲混沌动力学方面，理论体系只考虑了一个守恒量，研究对象要求是 Hamilton 系统。而实际上对于高维非线性系统需要有更多守恒量，因此需要建立多个守恒量的多脉冲混沌动力学理论。

(3) 能量相位法和广义 Melnikov 方法理论体系复杂，不利于工程科学家用来解决工程实际问题。如何进一步改进和简化这两种方法，提出新的多脉冲轨道和混沌动力学的判定准则，使这两种全局摄动方法更好地应用于工程实际问题？

(4) 两种全局摄动理论在应用方面偏向于板、壳、梁等固体结构，而它们的研究对象其实质都是几何流形。固体与流体相对比，流体的流动结构更加接近流形，它的一些物理机理更加适合用流形去解释。因此，全局摄动理论应该推广到流体动力学中，从理论上阐述产生复杂流体现象的根本原因。

参 考 文 献

[1] Melnikov V K. On the stability of the center for time periodic perturbations. Transactions of the Moscow Mathematical Society, 1963, 12: 1-57.

[2] Arnold V I. Instability of dynamical systems with several degrees of freedom. Soviet Mathematics, 1964, 5: 581-585.

[3] Holmes P J. A nonlinear oscillation with a strange attractor. Philosophical Transactions of the Royal Society of London-Series A, Mathematical and Physical Sciences, 1979, 292: 419-488.

[4] Holmes P J. Averaging and chaotic motions in forced oscillations. Society for Industrial and Applied Mathematics-Journal on Applied Mathematics, 1980, 38: 65-80.

[5] Holmes P J, Marsden J E. A partial differential equation with infinitely many periodic orbits: chaotic oscillations of a forced beam. Archive for Rational Mechanics and Analysis, 1981, 76: 135-165.

[6] Holmes P J, Marsden J E. Melnikov's method and Arnold diffusion for perturbations of integrable Hamiltonian systems. Journal of Mathematical Physics, 1982, 23: 669-675.

[7] Holmes P J, Marsden J E. Horseshoes and Arnold diffusion for Hamiltonian systems on Lie groups. Indiana University Mathematics Journal, 1983, 32: 273-309.

[8] Salam F M A. The Melnikov technique for highly dissipative systems. Society for Industrial and Applied Mathematics-Journal on Applied Mathematics, 1987, 47: 232-243.

[9] Robinson C. Horseshoes for autonomous Hamiltonian systems using the Melnikov Integral. Ergodic Theory and Dynamical systems, 1988, 8: 39-49.

[10] Wiggins S. Global Bifurcations and Chaos. New York: Springer-Verlag, 1988.

[11] Feng Z C, Sethna P R. Global bifurcation and chaos in parametrically forced systems with one-one resonance. Dynamics and Stability of Systems, 1990, 5: 201-225.

[12] Kovacic G, Wiggins S. Orbits homoclinic to resonances, with an application to chaos in a model of the forced and damped sine-Gordon equation. Physica D, 1992, 57: 185-225.

[13] Kovacic G. Hamiltonian dynamics of orbits homoclinic to a resonance band. Physics Letters A, 1992, 167: 137-142.

[14] Kovacic G. Dissipative dynamics of orbits homoclinic to a resonance band. Physics Letters A, 1992, 167: 143-150.

[15] Kovacic G. Singular perturbation theory for homoclinic orbits in a class of near-integrable Hamiltonian systems. Journal of Dynamics and Differential Equations, 1993, 5: 559-597.

[16] Kovacic G. Singular perturbation theory for homoclinic orbits in a class of near-integrable dissipative systems. Society for Industrial and Applied Mathematics-Journal on Mathematical Analysis 1995, 26(6): 1611-1643.

[17] Camassa R. On the geometry of an atmospheric slow manifold. Physica D, 1995, 84: 357-397.

[18] Bountis T, Goriely A, Kollmann M. A Melnikov vector for N-dimensional mappings. Physics Letters A, 1995, 206: 38-48.

[19] Vered R K, Yona D, Nathan P. Chaotic Hamiltonian dynamics of particle's horizontal motion in the atmosphere. Physica D, 1997, 106: 389-431.

[20] Kollmann M, Bountis T. A Melnikov approach to soliton-like solutions of systems of discretized nonlinear Schrödinger equations. Physica D, 1998, 113: 397-406.

[21] Yagasaki K. Chaotic motions near homoclinic manifolds and resonant tori in quasiperiodic perturbations of planar Hamiltonian systems. Physica D, 1993, 69: 232-269.

[22] Yagasaki K. Periodic and homoclinic motions in forced, coupled oscillators. Nonlinear Dynamics, 1999, 20: 319-359.

[23] Yagasaki K. The method of Melnikov for perturbations of multi-degree-of-degree Hamiltonian systems. Nonlinearity, 1999, 12: 799-822.

[24] Yagasaki K. Horseshoe in two-degree-of-freedom Hamiltonian systems with saddle-centers. Archive for Rational Mechanics and Analysis, 2000, 154: 275-296.

[25] Yagasaki K. Galoisian obstructions to integrability and Melnikov criteria for chaos in two-degree-of freedom Hamiltonian systems with saddle centres. Nonlinearity, 2003, 16: 2003-2012.

[26] Doelman A, Hek G. Homoclinic saddle-node bifurcations in singularly perturbed systems. Journal of Dynamics and Differential Equations, 2000, 12: 169-216.

[27] Li Y G. Singularly perturbed vector and scalar nonlinear Schrodinger equations with persistent homoclinic orbits. Studies in Applied Mathematics, 2002, 109:19-38.

[28] Li Y G. Homoclinic tubes in discrete nonlinear Schrodinger equation under Hamiltonian perturbations. Nonlinear Dynamics, 2003, 31: 393-434.

[29] 刘曾荣, 戴世强. 正交条件与 Melnikov 函数. 应用数学与计算数学学报, 1990, 4(1): 53-56.

[30] 郭友中, 刘曾荣, 江霞妹, 等. 高阶 Melnikov 方法. 应用数学和力学, 1991, 12(1): 19-30.

[31] 徐振源, 刘曾荣. Sine-Gordon 方程的截断系统的同宿轨道. 力学学报, 1998, 30(3): 292-299.

[32] 赵晓华, 程耀, 陆启韶, 等. 广义 Hamilton 系统的研究概况. 力学进展, 1994, 24(3): 289-300.

[33] 赵晓华, 黄克累. 广义 Hamilton 系统与高维微分动力系统的定性研究. 应用数学学报, 1994, 17(2): 182-191.

[34] Li Y, Mclaughlin D W. Homoclinic orbits and chaos in discretized perturbed NLS systems: Part I. homoclinic orbits. Journal of Nonlinear Science, 1997, 7: 211-269.

[35] Li Y, Wiggins S. Homoclinic orbits and chaos in discretized perturbed NLS systems: Part II. Symbolic dynamics. Journal of Nonlinear Science, 1997, 7: 315-370.

[36] Calini A, Ercolani N M, Mclaughlin D W, et al. Melnikov analysis of numerically induced chaos in the nonlinear Schrödinger equation. Physica D, 1996, 89: 227-260.

[37] Shatah J, Zeng C C. Homoclinic orbits for the perturbed Sine-Gordon equation. Communications on Pure and Applied Mathematics, 2000, LIII: 283-299.

[38] Zeng C C. Homoclinic orbits for the perturbed nonlinear Schrödinger equation. Communications on Pure and Applied Mathematics, 2000, LIII: 1222-1283.

[39] Li Y C. Persistent homoclinic orbits for nonlinear Schrödinger equation under singular perturbation. Analysis of PDEs, 2001, 1: 1-43.

[40] Li Y C. Melnikov analysis for a singularly perturbed DSII equation. Studies in Applied Mathematics, 2005, 114: 285-306.

[41] Li Y C. Chaos and shadowing around a heteroclinically tubular cycle with an application to Sine-Gordon equation. Studies in Applied Mathematics, 2006, 116: 145-171.

[42] Feng Z C, Wiggins S. On the existence of chaos in a class of two-degree-of-freedom, damped, strongly parametrically forced mechanical systems with broken $O(2)$symmetry. Zeitschrift fur Angewandte Mathematik und Physik (ZAMP), 1993, 44: 201-248.

[43] Feng Z C, Sethna P R. Global bifurcations in the motion of parametrically excited thin plates. Nonlinear Dynamics, 1993, 4: 389-408.

[44] Tien W M, Sri Namachchivaya N, Bajaj A K. Nonlinear dynamics of a shallow arch under periodic excitation-I.1:2 internal resonance. International Journal of Non-Linear Mechanics, 1994, 29: 349-366.

[45] Tien W M, Sri Namachchivaya N, Malhotra N. Nonlinear dynamics of a shallow arch under periodic excitation-II.1:1 internal resonance. International Journal of Non-Linear Mechanics, 1994, 29: 367-386.

[46] Kovacic G, Wettergren T A. Homoclinic orbits in the dynamics of resonantly driven coupled pendula. Zeitschrift fur Angewandte Mathematik und Physik (ZAMP), 1996, 47: 221-264.

[47] Malhotra N, Sri Namachchivaya N. Global dynamics of parametrically excited nonlinear reversible systems with nonsemisimple 1:1 resonance. Physica D, 1995, 89: 43-70.

[48] Malhotra N, Sri Namachchivaya N. Chaotic dynamics of shallow arch structures under 1:2 resonance. Journal of Engineering Mechanics, 1997, 6: 612-619.

[49] Malhotra N, Sri Namachchivaya N. Chaotic motion of shallow arch structures under 1:1 internal resonance. Journal of Engineering Mechanics, 1997, 6: 620-627.

[50] Feng Z C, Liew K M. Global bifurcations in parametrically excited systems with zero-to-one internal resonance. Nonlinear Dynamics, 2000, 21: 249-263.

[51] Yeo M H, Lee W K. Evidences of global bifurcations of imperfect circular plate. Journal of Sound and Vibration, 2006, 293: 138-155.

[52] Samoylenko S B, Lee W K. Global bifurcations and chaos in a harmonically excited and undamped circular plate. Nonlinear Dynamics, 2007, 47: 405-419.

[53] Vakakis A F. Relaxation oscillations, subharmonic orbits and chaos in the dynamics of a linear lattice with a local essentially nonlinear attachment. Nonlinear Dynamics, 2010, 61: 443-463.

[54] Xu P C, Jing Z J. Silnikov's orbit in coupled Duffing's systems. Chaos, Solitons and Fractals, 2000, 11: 853-858.

[55] Zhang W. Global and chaotic dynamics for a parametrically excited thin plate. Journal of Sound and Vibration, 2001, 239: 1013-1036.

[56] Zhang W, Tang Y. Global dynamics of the cable under combined parametrical and external excitations. International Journal of Non-Linear Mechanics, 2002, 37: 505-526.

[57] Zhang W, Wang F X, Yao M H. Global bifurcations and chaotic dynamics in nonlinear non-planar oscillations of a parametrically excited cantilever beam. Nonlinear Dynamics, 2005, 40: 251-279.

[58] Hu X B, Guo B L, Tam H W. Homoclinic orbits for the coupled Schrodinger-Boussinesq equation and coupled Higgs equation. Journal of the Physical Society of Japan, 2003, 72: 189-190.

[59] Guo B L, Chen H L. Homoclinic orbit in a six-dimensional model of a perturbed higher-order nonlinear Schrödinger equation. Communications in Nonlinear Science and Numerical Simulation, 2004, 9: 431-441.

[60] Du Z D, Zhang W N. Melnikov method for homoclinic bifurcation in nonlinear impact oscillators. Computers and Mathematics with Applications, 2005, 50: 445-458.

[61] Cao D X, Zhang W. Global bifurcations and chaotic dynamics in a string-beam coupled system. Chaos, Solitons and Fractals, 2008, 37: 858-875.

[62] Zhang W, Zu J W, Wang F X. Global bifurcations and chaotic dynamics for a rotor-active magnetic bearing system with time-varying stiffness. Chaos, Solitons and Fractals, 2008, 35: 586-608.

[63] Chen H K, Xu Q Y. Bifurcations and chaos of an inclined cable. Nonlinear Dynamics, 2009, 57: 37-55.

[64] Zhang W, Li S B. Resonant chaotic motions of a buckled rectangular thin plate with parametrically and externally excitations. Nonlinear Dynamics, 2010, 62: 673-686.

[65] Yu W Q, Chen F Q. Global bifurcations of a simply supported rectangular metallic plate subjected to a transverse harmonic excitation. Nonlinear Dynamics, 2010, 59: 129-141.

[66] Deng G F, Zhu D M. Homoclinic and heteroclinic orbits for near-integrable coupled nonlinear Schrödinger equations. Nonlinear Analysis, 2010, 73: 817-827.

[67] Kaper T J, Kovacic G. Multi-bump orbits homoclinic to resonance bands. Transactions of the American mathematical society, 1996, 348: 3835-3887.

[68] Camassa R, Kovacic G, Tin S K. A Melnikov method for homoclinic orbits with many pulses. Archive for Rational Mechanics and Analysis, 1998, 143: 105-193.

[69] Zhang W, Yao M H. Theories of multi-pulse global bifurcations for high-dimensional systems and applications to cantilever beam. International Journal of Modern Physics B, 2008, 22: 4089-4141.

[70] Zhang W, Yao M H, Zhang J H. Using the extended Melnikov method to study the multi-pulse global bifurcations and chaos of a cantilever beam. Journal of Sound and Vibration, 2009, 319: 541-569.

[71] Zhang J H, Zhang W, Yao M H, et al. Multi-pulse Shilnikov chaotic dynamics for a non-autonomous buckled thin plate under parametric excitation. International Journal of Nonlinear Sciences and Numerical Simulation, 2008, 9: 381-394.

[72] Zhang W, Zhang J H, Yao M H. The Extended Melnikov method for non-autonomous nonlinear dynamical systems and application to multi-pulse chaotic dynamics of a buckled thin plate. Nonlinear Analysis: Real World Applications, 2010, 11: 1442-1457.

[73] Zhang W, Zhang J H, Yao M H, et al. Multi-pulse chaotic dynamics of non-autonomous nonlinear system for a laminated composite piezoelectric rectangular plate. Acta Mechanica, 2010, 211: 23-47.

[74] Haller G, Wiggins S. Orbits homoclinic to resonances: the Hamiltonian case. Physics D, 1993, 66: 298-346.

[75] Haller G. Diffusion at intersecting resonances in Hamiltonian systems. Physics Letters A, 1995, 200: 34-42.

[76] Haller G, Wiggins S. N-pulse homoclinic orbits in perturbations of resonant Hamiltonian systems. Archive for Rational Mechanics and Analysis, 1995, 130: 25-101.

[77] Haller G, Wiggins S. Multi-pulse jumping orbits and homoclinic trees in a modal truncation of the damped-forced nonlinear Schrödinger equation. Physica D, 1995, 85: 311-347.

[78] Haller G, Wiggins S. Geometry and chaos near resonant equilibria of 3-DOF Hamiltonian systems. Physica D, 1996, 90: 319-365.

[79] Haller G. Universal homoclinic bifurcations and chaos near double resonances. Journal of Statistical Physics, 1997, 86: 1011-1051.

[80] Haller G. Multi-dimensional homoclinic jumping and the discretized NLS equation. Communications in Mathematical Physics, 1998, 193: 1-46.

[81] Haller G. Homoclinic jumping in the perturbed nonlinear Schrödinger equation. Communications on Pure and Applied Mathematics, 1999, LII: 1-47.

[82] Haller G, Menon G, Rothos V M. Shilnikov manifolds in coupled nonlinear Schrödinger equations. Physics Letters A, 1999, 263: 175-185.

[83] Haller G. Chaos near resonance. New York: Springer-Verlag, 1999: 91-158.

[84] Malhotra N, Sri Namachchivaya N, McDonald R J. Multi-pulse orbits in the motion of flexible spinning discs. Journal of Nonlinear Science, 2002, 12: 1-26.

[85] McDonald R J, Sri Namachchivaya N. Pipes conveying pulsating fluid near a 0:1 resonance: Global bifurcations. Journal of Fluids and Structures, 2005, 21: 665-687.

[86] Yao M H, Zhang W. Multi-pulse shilnikov orbits and chaotic dynamics in nonlinear nonplanar motion of a cantilever beam. International Journal of Bifurcation and Chaos, 2005, 15: 3923-3952.

[87] Yao M H, Zhang W. Multi-pulse homoclinic orbits and chaotic dynamics in motion of parametrically excited viscoelastic moving belt. International Journal of Nonlinear Sciences and Numerical Simulation, 2005, 6: 37-45.

[88] Zhang W, Yao M H. Multi-pulse orbits and chaotic dynamics in motion of parametrically excited viscoelastic moving belt. Chaos, Solitons and Fractals, 2006, 28: 42-66.

[89] Yao M H, Zhang W. Shilnikov type multi-pulse orbits and chaotic dynamics of a parametrically and externally excited rectangular thin plate. International Journal of Bifurcation and Chaos, 2007, 17: 851-875.

[90] Zhang W, Gao M J, Yao M H, et al. Higher-dimensional chaotic dynamics of a composite laminated piezoelectric rectangular plate. Science in China Series G: Physics. Mechanics & Astronomy, 2009, 52: 1989-2000.

[91] Li S B, Zhang W, Hao Y X. Multi-pulse chaotic dynamics of a functionally graded material rectangular plate with one-to-one internal resonance. International Journal of Nonlinear Sciences and Numerical Simulation, 2010, 11: 351-362.

[92] Yu W Q, Chen F Q. Global bifurcations and chaos in externally excited cyclic systems. Communications in Nonlinear Science and Numerical Simulation, 2010, 15: 4007-4019.

[93] Yu W Q, Chen F Q. Orbits homoclinic to resonances in a harmonically excited and undamped circular plate. Meccanica, 2010, 45: 567-575.

[94] Feo O D. Qualitative resonance of Shilnikov-like strange attractors, part I: experimental evidence. International Journal of Bifurcation and Chaos, 2004, 14: 873-891.

[95] Feo O D. Qualitative resonance of Shilnikov-like strange attractors, part II: mathematical analysis. International Journal of Bifurcation and Chaos, 2004, 14: 893-912.

[96] Zhang W, Yao M H, Zhan X P. Multi-pulse chaotic motions of a rotor-active magnetic bearing system with time-varying stiffness. Chaos, Solitons and Fractals, 2006, 27: 175-186.

[97] 张伟, 姚明辉, 张君华, 等. 高维非线性系统的全局分岔和混沌动力学研究. 力学进展, 2013, 43(1): 63-90.

[98] 姚明辉. 多自由度非线性机械系统的全局分岔和混沌动力学研究. 北京: 北京工业大学博士学位论文, 2006.

第 2 章　常微分方程与动力系统的基本理论

本章综述了常微分方程的基本理论、动力系统的基本理论、同宿分岔、异宿分岔及混沌的基本概念。

2.1　常微分方程基本理论

微分方程 (或微分方程组) 是一个 (或一组) 包含自变量、未知函数及未知函数的导数的方程。如果微分方程 (组) 只有一个自变量, 则称为常微分方程 (组)。

在本章中, 将主要研究已解出一阶导数的一阶微分方程组 (下面用 $\dot{x}_i$ 表示 $\mathrm{d}x_i/\mathrm{d}t$ 等)

$$\dot{x}_i = f_i(t, x_1, \cdots, x_n), \quad i = 1, \cdots, n \tag{2-1}$$

式中, $x_1, \cdots, x_n$ 是 t 的未知函数; $f_1, \cdots, f_n$ 是 $t, x_1, \cdots, x_n$ 的已知函数。式 (2-1) 称为一阶标准形微分方程组。为方便起见, 通常都把式 (2-1) 改写为向量形式

$$\dot{\boldsymbol{x}} = \boldsymbol{f}(t, \boldsymbol{x}) \tag{2-2}$$

式中, $t \in \mathbf{R}, \boldsymbol{x} = (x_1, \cdots, x_n)^{\mathrm{T}} \in \mathbf{R}^n (n$ 维实欧氏空间), $\boldsymbol{f} = (f_1, \cdots, f_n)^{\mathrm{T}} \in \mathbf{R}^n$ 是定义在 $(n+1)$ 维的 $(t, \boldsymbol{x})$ 空间中的某个区域 Ω 上的 n 维向量函数, 即 $\boldsymbol{f} : \Omega \subseteq \mathbf{R}^{n+1} \to \mathbf{R}^n$。在 $\mathbf{R}^n$ 中内积定义为

$$\langle \boldsymbol{x} , \boldsymbol{y} \rangle \overset{\text{def}}{=} \boldsymbol{x}^{\mathrm{T}} \boldsymbol{y} = \sum_{i=1}^{n} x_i y_i, \quad \boldsymbol{x}, \boldsymbol{y} \in \mathbf{R}^n$$

并规定向量 $\boldsymbol{x} \in \mathbf{R}^n$ 的范数为

$$\|\boldsymbol{x}\| \overset{\text{def}}{=} \langle \boldsymbol{x} , \boldsymbol{x} \rangle^{\frac{1}{2}} = \left(\sum_{i=1}^{n} x_i^2 \right)^{\frac{1}{2}}$$

有时也称式 (2-2) 为一个微分系统, 称 $\boldsymbol{f}$ 为系统 (2-2) 的向量场。如果 $\boldsymbol{f}$ 与 t 无关, 即对于所有 $(t, \boldsymbol{x}) \in \Omega, \boldsymbol{f}(t, \boldsymbol{x}) = \boldsymbol{f}(\boldsymbol{x})$, 即式 (2-2) 变为 $\dot{\boldsymbol{x}} = \boldsymbol{f}(\boldsymbol{x})$, 称为自治 (或定常) 微分方程 (即自治 (定常) 系统); 否则, 称为非自治 (非定常) 微分方程 (即非自治 (非定常) 系统)。如果 $\boldsymbol{f}(t, \boldsymbol{x})$ 是 $\boldsymbol{x}$ 的线性函数, 则称式 (2-2) 为线性微分方程 (线性系统); 否则, 称为非线性微分方程 (非线性系统)。

如果 $f(t, x) = A(t) x$, 其中 $A(t) = [a_{ij}(t)]$ 是以 $a_{ij}(t)$ 为元素的 $n \times n$ 矩阵, 式 (2-2) 变为

$$\dot{x} = A(t) x$$

称为线性齐次微分方程组 (线性齐次系统)。如果 $f(t, x) = A(t) x + g(t)$, 其中 $g(t) = (g_1(t), \cdots, g_n(t))^{\mathrm{T}}$, 则式 (2-2) 变为

$$\dot{x} = A(t) x + g(t)$$

称为线性非齐次微分方程组 (线性非齐次系统)。特别地, 当 $f(t, x) = Ax$, A 是 $n \times n$ 常数矩阵时, 式 (2-2) 变为线性齐次常系数微分方程组

$$\dot{x} = Ax$$

它也称为线性齐次自治微分方程组 (线性齐次常系数系统、线性齐次自治系统)。

假设 $x = \varphi(t)$ 是定义在开区间 $J = (a, b) \subset \mathbf{R}$ 上的可微函数 (J 可以是有限区间或无限区间), 对于一切 $t \in J$ 有 $(t, \varphi(t)) \in \Omega \subseteq \mathbf{R}^{n+1}$, 并有

$$\dot{\varphi}(i) = f(t, \varphi(t))$$

成立, 则称 $\varphi(t)$ 为方程 (2-2) 在 J 上的一个解。解 $x = \varphi(t)$ 在 (t, x)-空间中的几何图形是一条曲线, 称为方程 (2-2) 的一条积分曲线。

需要指出, 任何一个 n 阶标准形微分方程

$$x^{(n)} = f(t, x, \dot{x}, \cdots, x^{n-1}), \quad x \in \mathbf{R} \tag{2-3}$$

都与下面的一阶标准形微分方程组等价

$$\begin{cases} \dot{x} = x_1 \\ \dot{x}_1 = x_2 \\ \vdots \\ \dot{x}_{n-1} = f(t, x, x_1, \cdots, x_{n-1}) \end{cases} \tag{2-4}$$

物理、力学、几何、工程技术乃至生物科学、化学、经济学等领域存在大量的非线性微分方程, 它们都可写成式 (2-1) 的形式。微分方程的基本问题在于求解和研究解的各种属性, 我们学过一些求解初等微分方程通解的方法。但是, 经过深入研究后发现, 绝大多数微分方程都求不出通解, 其通解不可能用初等函数或初等函数的积分表示。在物理、力学和工程技术等领域提出的微分方程问题中, 大多数是寻求满足某些附加条件的特解, 即所谓定解问题的解。最基本的定解问题是

初值问题，也称为柯西 (Cauchy) 问题。微分方程 (2-2) 的初值问题就是对给定的 $(t_0, \boldsymbol{x}_0) \in \Omega \subseteq \mathbf{R}^{n+1}$，求方程 (2-2) 的一个解 $\boldsymbol{x} = \boldsymbol{\varphi}(t)$，它在包含 t_0 的某个区间 I 上可微，并满足条件

$$\boldsymbol{\varphi}(t_0) = \boldsymbol{x}_0 \tag{2-5}$$

$(t_0, \boldsymbol{x}_0)$ 称为初值，条件式 (2-5) 称为初始条件。若存在满足上述条件的函数 $\boldsymbol{\varphi}(t)$，则 $\boldsymbol{\varphi}(t)$ 称为方程 (2-2) 的满足初始条件 $\boldsymbol{\varphi}(t_0) = \boldsymbol{x}_0$(或过 $(t_0, \boldsymbol{x}_0)$ 点) 的一个解，或简称为这个初值问题方程的一个解。$\boldsymbol{x} = \boldsymbol{\varphi}(t)$ 的图形是过点 $(t_0, \boldsymbol{x}_0)$ 的一条积分曲线。

在解的属性研究中，解的存在性和唯一性定理是求解的前提，也是整个微分方程理论的基础。

由于在用微分方程描述实际过程时，方程本身和定解条件往往只能是近似的，因此当方程本身或定解条件发生变化时，相应的解也会发生变化。这是解对初值或参数的依赖性问题。由于能够求出解的解析表达式的情形很少，因此需要根据微分方程本身的结构而不是靠解的表达式去研究解的各种属性。

2.1.1 解的存在性和唯一性

本小节研究初值问题

$$\begin{cases} \dot{\boldsymbol{x}} = \boldsymbol{f}(t, \boldsymbol{x}) \\ \boldsymbol{x}(t_0) = \boldsymbol{x}_0 \end{cases} \tag{2-6}$$

式中，$t \in \mathbf{R}; \boldsymbol{x} \in \mathbf{R}^n; \boldsymbol{f}: \Omega \subset \mathbf{R}^{n+1} \to \mathbf{R}^n$。

在叙述解的存在性和唯一性定理的时候，要用到函数的利普希茨 (Lipschitz) 条件的概念 [1~3]。

定义 2.1 假设向量函数 $\boldsymbol{f}(\boldsymbol{x})$ 定义在区域 $D \subseteq \mathbf{R}^n$ 上，且存在 $L > 0$, 使得对于任何 $\boldsymbol{x}, \boldsymbol{y} \in D$, 有

$$\|\boldsymbol{f}(\boldsymbol{x}) - \boldsymbol{f}(\boldsymbol{y})\| \leqslant L \|\boldsymbol{x} - \boldsymbol{y}\| \tag{2-7}$$

则称 $\boldsymbol{f}$ 在 D 上满足 Lipschitz 条件 (以下简称利氏条件)，并称 L 为 $\boldsymbol{f}$ 在 D 上的一个利氏常数。

如果 $\boldsymbol{f}$ 在 D 上满足利氏条件，显然它是 D 上的连续函数。但是即使 $\boldsymbol{f}$ 在区域 D 上一致连续，它也不一定满足利氏条件。例如，取

$$f(x) = |x|^{\alpha}, \quad x \in (-1, 1)$$

式中，$\alpha \in (0, 1)$ 是一个常数。它是一致连续的，但是对 $|x| \neq 0$, 有

$$|f(x) - f(0)| = |x|^{\alpha} = |x|^{\alpha-1} \cdot |x - 0|$$

由于 $|x| \to 0$ 时, $|x|^{\alpha-1} \to +\infty$, 因此 $f(x)$ 不满足利氏条件。

下面给出 f 满足利氏条件的一个充分条件:

命题 2.1　　设在凸域 $D \subseteq \mathbf{R}^n$ 上, n 维向量函数 $\boldsymbol{f}(\boldsymbol{x})$ 的所有一阶偏导数存在且有界, 则 $\boldsymbol{f}$ 在 D 上满足利氏条件。

给出解的存在性和唯一性定理。

定理 2.1　　设 $\boldsymbol{f}(t, \boldsymbol{x})$ 在闭区域

$$G = \{(t, \boldsymbol{x}) \mid |t - t_0| \leqslant a, \|\boldsymbol{x} - \boldsymbol{x}_0\| \leqslant b\} \subseteq \mathbf{R}^{n+1}$$

上连续, 且对 $\boldsymbol{x}$ 满足利氏条件

$$\|\boldsymbol{f}(t, \boldsymbol{x}) - \boldsymbol{f}(t, \boldsymbol{y})\| \leqslant L\|\boldsymbol{x} - \boldsymbol{y}\|, \quad \forall (t, \boldsymbol{x}), (t, \boldsymbol{y}) \in G \tag{2-8}$$

式中, $L > 0$ 是与 t 无关的常数。令

$$M = \max_{(t, \boldsymbol{x}) \in G} \|\boldsymbol{f}(t, \boldsymbol{x})\|, \quad h = \min\left(a, \frac{b}{M}\right) \tag{2-9}$$

则初值问题方程 (2-6) 在区间 $I = \{t \mid |t - t_0| \leqslant h\}$ 上有一个解 $\boldsymbol{x} = \boldsymbol{\varphi}(t)$, 并且它是唯一的。

定理 2.2　　设 $\boldsymbol{f}(t, \boldsymbol{x})$ 在闭区域

$$G = \{(t, \boldsymbol{x}) \mid |t - t_0| \leqslant a, \|\boldsymbol{x} - \boldsymbol{x}_0\| \leqslant b\}$$

上连续, 令

$$M = \max_{(t, \boldsymbol{x}) \in G} \|\boldsymbol{f}(t, \boldsymbol{x})\|, \quad h = \min\left(a, \frac{b}{M}\right)$$

则初值问题方程 (2-6) 在区间 $I = \{t \mid |t - t_0| \leqslant h\}$ 上有解 $\boldsymbol{x} = \boldsymbol{\varphi}(t)$。

考虑系统

$$\dot{\boldsymbol{x}} = \boldsymbol{f}(t, \boldsymbol{x}), \quad (t, \boldsymbol{x}) \in \Omega \subseteq \mathbf{R}^{n+1}$$

如果它的某个解所对应的积分曲线上的每一点处, 都不只有一条积分曲线经过, 即在这些点处, 解的唯一性不成立, 则称它为此系统的奇解。为了求出系统的奇解, 可以先求解使解的存在性和唯一性定理的条件不成立的点的集合 (如函数 $\boldsymbol{f}$ 和 $\partial f_i/\partial x_j \, (i, j = 1, \cdots, n)$ 的不连续点的集合), 再判定其中是否存在奇解。值得注意的是, 定理 2.1 的条件对于解的存在性和唯一性来说是充分条件, 但不是必要条件。因此, 使定理 2.1 的条件不成立点处, 并不一定有奇解经过。

2.1.2 解的延拓

在 2.1.1 小节给出的解的存在性和唯一性定理是整个微分方程理论中的最基本的定理，具有重要的理论和实际意义，在微分方程的定性研究中起着重要作用 [4~6]。但是必须注意到，定理 2.1 是一个局部性定理，因为它只能肯定解在某个区间 $|t - t_0| \leqslant h$ 上的存在性，而描述这个区间大小的数 h 是由函数 $\boldsymbol{f}(t, \boldsymbol{x})$ 在点 $(t_0, \boldsymbol{x}_0)$ 附近的局部性质所决定的。事实上，由 $h = \min\left(a, \dfrac{b}{M}\right)$ 可见，如果 M 越大，h 就越小。即使函数 $\boldsymbol{f}(t, \boldsymbol{x})$ 在 $(t, \boldsymbol{x})$ 空间中很大的区域 (甚至可以是整个 $\mathbf{R}^{n+1}$ 空间) 上连续，并且对于每点 $(t, \boldsymbol{x}) \in \Omega$，总存在一个包含在 Ω 中的邻域，使得 $\boldsymbol{f}(t, \boldsymbol{x})$ 在其上满足利氏条件。但是根据定理 2.1 可以断定，对任何 $(t_0, \boldsymbol{x}_0) \in \Omega$，初值问题方程 (2-6) 的解在某个可能很小的区间 $|t - t_0| \leqslant h$ 上存在。仅仅知道解的局部存在性，在多数情况下并不能满足微分方程研究的需要。事实上，由微分方程的大量初等积分结果表明，许多微分方程的解的存在区间比定理 2.1 给出的结果大得多，甚至可以是整个实轴。因此，需要研究能否将一个在小区间上有定义的解 “延拓” 到较大的区间上的问题，即把解的局部性结果变为整体性结果。虽然在微分方程的初等内容中，遇到的微分方程的解往往是定义在整个 t 轴上的，但是却不可误认为所有微分方程的初值问题的局部解都可以 “延拓” 到整个 t 轴上。事实上，即使函数 $\boldsymbol{f}(t, \boldsymbol{x})$ 在整个 $(t, \boldsymbol{x})$ 空间上连续，也不一定能使解对一切 $t \in \mathbf{R}$ 有定义。

下面先研究有关解的延拓的一些基本概念。

定义 2.2 已知 $\boldsymbol{x} = \boldsymbol{\varphi}(t)$ 是初值问题方程 (2-6) 在 $I = [a, b]$(或 (a, b)) 上的一个解，如果该初值问题还有另一个在 $J = [\alpha, \beta]$(或 (α, β)) 的解 $\boldsymbol{\psi}(t)$，且满足

(1) $I \subset J$，但 $I \neq J$；

(2) 当 $t \in I$ 时，$\boldsymbol{\varphi}(t) \equiv \boldsymbol{\psi}(t)$。

则称解 $\boldsymbol{\varphi}(t), t \in I$ 是可延拓的，并且称 $\boldsymbol{\psi}(t)$ 是 $\boldsymbol{\varphi}(t)$ 在 J 上的一个延拓。相反，如果不存在满足上述条件的解 $\boldsymbol{\psi}(t)$，则称 $\boldsymbol{\varphi}(t), t \in I$ 是初值问题方程 (2-6) 的一个饱和解。

定义 2.3 设 $\boldsymbol{f}(t, \boldsymbol{x})$ 定义在开区域 $\Omega \in \mathbf{R}^{n+1}$ 上，如果对于任一点 $(t_0, \boldsymbol{x}_0) \in \Omega$，存在实数 $a > 0, b > 0$，使得 $G_0 = \{(t, \boldsymbol{x}) \mid |t - t_0| \leqslant a, \|\boldsymbol{x} - \boldsymbol{x}_0\| \leqslant b\} \subset \Omega$，且对于任何 $(t, \boldsymbol{x}), (t, \boldsymbol{y}) \in G_0$ 有

$$\|\boldsymbol{f}(t, \boldsymbol{x}) - \boldsymbol{f}(t, \boldsymbol{y})\| \leqslant L \|\boldsymbol{x} - \boldsymbol{y}\| \tag{2-10}$$

则称 $\boldsymbol{f}(t, \boldsymbol{x})$ 在 D 上对 $\boldsymbol{x}$ 满足**局部利氏条件**。注意：这里的利氏常数 L 可以与点 $(t_0, \boldsymbol{x}_0)$ 有关。

在本小节的讨论中，总是假设 $\boldsymbol{f}(t, \boldsymbol{x})$ 在开区域 $\Omega \in \mathbf{R}^{n+1}$ 上连续，且对 $\boldsymbol{x}$

满足局部利氏条件。由定理 2.1 可知，对于 $(t_0, \boldsymbol{x}_0) \in \Omega$ 可以找到 $h_0 > 0$，使得在区间 $[t_0 - h_0, t_0 + h_0]$ 上存在初值问题方程 (2-6) 的唯一解 $\boldsymbol{x} = \boldsymbol{\varphi}^{(1)}(t)$，记 $t_1 = t_0 + h_0$，$\boldsymbol{x}_1 = \boldsymbol{\varphi}^{(1)}(t_1)$。从定理 2.1 可以知道 $(t_1, \boldsymbol{x}_1) \in \Omega$，因此由定理 2.1，对于 $(t_1, \boldsymbol{x}_1)$ 可以找到 $h_1 > 0$，使得在 $[t_1 - h_1, t_1 + h_1]$ 上存在初值问题

$$\begin{cases} \dot{\boldsymbol{x}} = \boldsymbol{f}(t, \boldsymbol{x}) \\ \boldsymbol{x}(t_1) = \boldsymbol{x}_1 \end{cases}$$

的解 $\boldsymbol{x} = \boldsymbol{\varphi}^{(2)}(t)$。根据解的唯一性可以知道，在两区间的重叠部分应有 $\boldsymbol{\varphi}^{(1)}(t) \equiv \boldsymbol{\varphi}^{(2)}(t)$。然后，定义

$$\tilde{\boldsymbol{\varphi}}(t) = \begin{cases} \boldsymbol{\varphi}^{(1)}(t), & t \in [t_0 - h_0, t_0 + h_0] \\ \boldsymbol{\varphi}^{(2)}(t), & t \in [t_1, t_1 + h_1] \end{cases} \tag{2-11}$$

于是得到初值问题方程 (2-6) 在区间 $[t_0 - h_0, t_0 + h_0 + h_1]$ 上的唯一解。也就是说，把解 $\boldsymbol{\varphi}^{(1)}(t)$ 的定义区间向右方延伸了一段。用同样的方法也可以将定义区间向左方延伸。这种把解向左右两方延拓的步骤可以继续进行下去，直到得到一个解 $\boldsymbol{x} = \boldsymbol{\varphi}(t), \boldsymbol{t} \in (\alpha, \beta)$，它再也不能继续向左右两方延拓了，这个解就是饱和解，(α, β) 就是初值问题方程 (2-6) 的饱和解的存在区间。从几何上看，上述的延拓方法就是在原来的积分曲线段两端各接上一段积分曲线，如此继续下去，得到一条长的积分曲线，如图 2-1 所示。

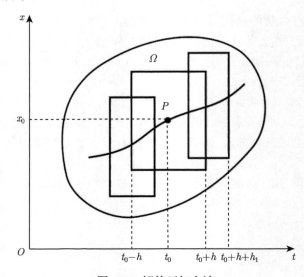

图 2-1　解的延拓方法

　　饱和解的存在区间必定是一个开区间。因为如果这个存在区间的右端点 β 是闭的，那么解 $\boldsymbol{x} = \boldsymbol{\varphi}(t)$ 的曲线可以到达 β。由于点 $(\beta, \boldsymbol{\varphi}(\beta)) \in \Omega$，根据定理 2.1，

可将 $x = \varphi(t)$ 用上述方法延拓到 β 的右方，这与 $x = \varphi(t)$，$t \in (\alpha, \beta)$ 是饱和解的假设矛盾。同理，这个存在区间的左端点也必定是开的。

要说明初值问题的饱和解的唯一性，即对于任一 $(t_0, \boldsymbol{x}_0) \in \Omega$，如果 $x = \varphi^{(1)}(t)$ 和 $x = \varphi^{(2)}(t)$ 是初值问题方程 (2-6) 的饱和解，则它们的定义区间应当相同，且在其上 $\varphi^{(1)}(t) \equiv \varphi^{(2)}(t)$。为此给出下面的命题。

命题 2.2 设初值问题方程 (2-6) 的两个解 $\boldsymbol{u}(t)$，$\boldsymbol{v}(t)$ 在包含 t_0 的某个开区间 J 上有定义，则对任何 $t \in J$ 有 $\boldsymbol{u}(t) = \boldsymbol{v}(t)$。

现在设初值问题方程 (2-6) 的两个饱和解 $\varphi^{(1)}(t)$ 和 $\varphi^{(2)}(t)$ 的定义区间分别为 $I_1 = (\alpha_1, \beta_1)$ 和 $I_2 = (\alpha_2, \beta_2)$。由命题 2.2 知道，对 $t \in J$，有 $\varphi^{(1)}(t) = \varphi^{(2)}(t)$。此外，易证，$I_1 = I_2 = J$，否则就会与 $\varphi^{(1)}(t)$ 和 $\varphi^{(2)}(t)$ 为饱和解的假设矛盾。于是得到饱和解是唯一的，并且称饱和解的存在区间为初值问题方程 (2-6) 的解的最大存在区间。根据上述论述及定理 2.1，可以得到解的整体唯一性定理。

定理 2.3 设 $f(t, \boldsymbol{x})$ 在开区域 $\Omega \in \mathbf{R}^{n+1}$ 上连续，且在 Ω 上对 $\boldsymbol{x}$ 满足局部利氏条件，则对任何 $(t_0, \boldsymbol{x}_0) \in \Omega$，初值问题方程 (2-6) 有唯一的饱和解。

进一步研究，如何判别某个解 $x = \varphi(t)$，$t \in (\alpha, \beta)$，当 t 趋于区间 (α, β) 是否为饱和解。也就是说，要研究一个饱和解 $x = \varphi(t)$，$t \in (\alpha, \beta)$，当 t 趋于区间 (α, β) 的端点时的特征。

引理 2.1 设 $\Omega \in \mathbf{R}^{n+1}$ 是有界开区域，$\boldsymbol{f}(t, \boldsymbol{x})$ 在 Ω 上有界 ($\|\boldsymbol{f}(t, \boldsymbol{x})\| \leqslant M$)，且对 $\boldsymbol{x}$ 满足局部利氏条件。如果 $x = \varphi(t)$，$t \in (\alpha, \beta)$ 是初值问题方程 (2-6) 在 Ω 上的饱和解，则当 $t \to a + 0$ 和 $t \to \beta - 0$ 时，点 $(t, \varphi(t))$ 都趋于 Ω 的边界点。

定理 2.4 设 $\boldsymbol{f}(t, \boldsymbol{x})$ 在开区域 $\Omega \in \mathbf{R}^{n+1}$ 上连续，且对 $\boldsymbol{x}$ 满足局部利氏条件，则 $x = \varphi(t)$ 是初值问题方程 (2-6) 在 Ω 上的饱和解的必要且充分条件是：当 $t \to a + 0$ 和 $t \to \beta - 0$ 时，积分曲线 $x = \varphi(t)$ 趋于 Ω 的边界 $\partial\Omega$。

"积分曲线趋于 Ω 的边界" 与 "积分曲线趋于 Ω 的边界点" 的意思是不同的，前者是指点 $(t, \varphi(t))$ 可以与 $\partial\Omega$ 无限接近，但是极限不一定存在；而后者要求 $(t, \varphi(t))$ 的极限是 $\partial\Omega$ 上的点。如果 Ω 是无界域或全空间，且位于 Ω 中的某积分曲线的一端趋于无穷远处，这时也认为此积分曲线趋于 Ω 的边界 $\partial\Omega$。

最后研究解的最大存在区间 (α, β) 的端点 $\alpha = -\infty$ 或 $\beta = +\infty$ 的一些充分条件。

定理 2.5 设 $\boldsymbol{f}(t, \boldsymbol{x})$ 在整个 $(t, \boldsymbol{x})$ 空间 $\mathbf{R}^{n+1}$ 中连续，且对 $\boldsymbol{x}$ 满足局部利氏条件。如果下面的条件之一成立：

(1) $\boldsymbol{f}(t, \boldsymbol{x})$ 是有界的，即存在常数 $M > 0$，使得对所有 $(t, \boldsymbol{x}) \in \mathbf{R}^{n+1}$，$\|\boldsymbol{f}(t, \boldsymbol{x})\| \leqslant M$。

(2) 对所有 $(t, \boldsymbol{x}) \in \mathbf{R}^{n+1}$，$\|\boldsymbol{f}(t, \boldsymbol{x})\| \leqslant N\|\boldsymbol{x}\| + C$，其中常数 $N > 0$，$C \geqslant 0$。
则对任何 $(t_0, \boldsymbol{x}_0) \in \mathbf{R}^{n+1}$，初值问题方程 (2-6) 的解的最大存在区间都是 $(-\infty, +\infty)$。

定理 2.6　设 $\boldsymbol{f}(t,\boldsymbol{x})$ 在整个空间上连续，且对 $\boldsymbol{x}$ 满足局部利氏条件。如果

$$\|\boldsymbol{f}(t,\boldsymbol{x})\| \leqslant L(r)，\quad r=\|\boldsymbol{x}\| \tag{2-12}$$

式中，$L(r)$ 当 $r \geqslant 0$ 时连续，当 $r>0$ 时为正，且

$$\int_{r_0}^{\infty} \frac{\mathrm{d}r}{L(r)} = +\infty，\quad r_0 > 0 \tag{2-13}$$

则初值问题方程 (2-6) 的所有解的最大存在区间都是 $(-\infty,+\infty)$。

定理 2.7　设 $I=(-\infty,+\infty)$，$D \subseteq \mathbf{R}^*$ 是 $\boldsymbol{x}$ 空间中的一个开区域，$\boldsymbol{f}(t,\boldsymbol{x})$ 在 $\Omega=I \times D$ 上连续，且对 $\boldsymbol{x}$ 满足局部利氏条件。如果 $\boldsymbol{x}=\boldsymbol{\varphi}(t)$，$t \in (\alpha,\beta)$ 是初值问题方程 (2-6) 的饱和解，且存在有界闭域 $A \subset D$，使得对所有 $t \in [t_0,\beta)$(或 $(a,t_0]$)，有 $\boldsymbol{\varphi}(t) \in A$，则有 $\beta=+\infty$ (或 $\alpha=-\infty$)。

定理 2.8　考虑初值问题

$$\begin{cases} \dot{\boldsymbol{x}}=\boldsymbol{f}(\boldsymbol{x}) \\ \boldsymbol{x}(t_0)=\boldsymbol{x}_0 \end{cases} \tag{2-14}$$

设 $\boldsymbol{f}(\boldsymbol{x})$ 在区域 $D \subseteq \mathbf{R}^*$ 上连续有界。如果 $\boldsymbol{x}=\boldsymbol{\varphi}(t)$，$t \in (\alpha,\beta)$ 是初值问题方程 (2-14) 的饱和解，它对应的积分曲线的几何长度无限，则这个解的存在区间是 $(-\infty,+\infty)$。

2.1.3　解对初值和参数的连续性和可微性

在前面已研究过初值问题

$$\begin{cases} \dot{\boldsymbol{x}}=\boldsymbol{f}(\boldsymbol{x}) \\ \boldsymbol{x}(t_0)=\boldsymbol{x}_0 \end{cases} \tag{2-15}$$

式中，$t \in \mathbf{R}$，$\boldsymbol{x} \in \mathbf{R}^n$，$\boldsymbol{f}: \Omega \subseteq \mathbf{R}^{n+1} \to \mathbf{R}^n$，$(t_0,\boldsymbol{x}_0) \in \Omega$。在这里把初值 $(t_0,\boldsymbol{x}_0)$ 看成固定值，那么如果初值问题方程 (2-15) 的解存在，则应是自变量 t 的函数。现在让 $(t_0,\boldsymbol{x}_0)$ 在 Ω 内变动，则对应的解也会随之变动。因此一般说来，初值问题方程 (2-15) 的解应该是自变量 t 和初值 $t_0,\boldsymbol{x}_0$ 的函数，可以把方程 (2-15) 的解记为 $\boldsymbol{x}=\boldsymbol{\varphi}(t;t_0,\boldsymbol{x}_0)$。

此外，在应用中还要研究含有一个或几个参数的微分方程的初值问题

$$\begin{cases} \dot{\boldsymbol{x}}=\boldsymbol{f}(t,\boldsymbol{x};\boldsymbol{\mu}) \\ \boldsymbol{x}(t_0,\boldsymbol{\mu})=\boldsymbol{x}_0 \end{cases} \tag{2-16}$$

式中，$t \in \mathbf{R}$，$\boldsymbol{x} \in \mathbf{R}^n$，$\boldsymbol{\mu}=(\mu_1,\cdots,\mu_m)^{\mathrm{T}} \in \mathbf{R}^m$，$\boldsymbol{f}: \Omega_{\mu} \subseteq \mathbf{R}^{n+m+1} \to \mathbf{R}^n$，$(t_0,\boldsymbol{x}_0;\boldsymbol{\mu}) \in \Omega_{\mu}$。显然，当 $\boldsymbol{\mu}$ 变动时，初值问题方程 (2-16) 的解也会发生

变动. 因此一般说来, 初值问题方程 (2-16) 的解应该是自变量 t 和初值 t_0, $\boldsymbol{x}_0$ 及参数 $\boldsymbol{\mu}$ 的函数, 记为 $\boldsymbol{x} = \boldsymbol{\varphi}\left(t; t_0, \boldsymbol{x}_0; \boldsymbol{\mu}\right)$.

在这里便提出一个问题: 当初值或参数, 或者两者同时发生变化时, 对应的初值问题的解会发生怎样的变动? 这个问题在理论上和应用上都是十分重要的. 首先, 在实际应用中, 当把物理或工程技术问题化为微分方程的初值问题时, 初值往往是通过实验测量得到的, 因而总会有一定的误差. 其次, 在用微分方程描述的系统中, 参数往往表示某些外界因素的影响, 这些影响一般也是无法精确测量的. 假如初值或参数的微小变化会引起对应解的巨大变化, 那么所求得的解就不能近似地描述所要研究的对象, 从而也就没有太多实用价值. 因此, 研究这些扰动因素对微分方程解的影响是一个很重要的问题. 如果在自变量的有限区间上讨论, 就是解对初值与参数的连续性和可微性问题; 如果在自变量的无限区间上讨论, 就是解的稳定性问题 [4~7].

从表面上看, 应该分为解对初值、解对参数, 以及解对初值与参数的依赖关系去讨论. 但实际上这些依赖关系可以互相转化, 这是初值问题方程 (2-15) 和方程 (2-16) 密切相关的缘故. 事实上, 在初值问题方程 (2-15) 中, 如果做变换

$$\bar{t} = t - t_0, \quad \bar{\boldsymbol{x}} = \boldsymbol{x} - \boldsymbol{x}_0 \tag{2-17}$$

它就会化成以 t_0, $\boldsymbol{x}_0$ 为参数的初值问题.

$$\begin{cases} \bar{\boldsymbol{x}}' = \boldsymbol{f}\left(\bar{t} + t_0, \bar{\boldsymbol{x}} + \boldsymbol{x}_0\right) = \bar{\boldsymbol{f}}\left(\bar{t}, \bar{\boldsymbol{x}}; t_0, \boldsymbol{x}_0\right) \\ \bar{\boldsymbol{x}}(\boldsymbol{0}) = \boldsymbol{0} \qquad (\text{其中记}\ \bar{\boldsymbol{x}}' = \mathrm{d}\bar{\boldsymbol{x}}/\mathrm{d}\bar{t}) \end{cases} \tag{2-18}$$

反之, 在初值问题方程 (2-16) 中, 如果把参数 $\boldsymbol{\mu}$ 也看成 t 的未知函数, 那么它就会化成一个 $(n+m)$ 维的初值问题

$$\begin{cases} \dot{\boldsymbol{x}} = \boldsymbol{f}\left(t, \boldsymbol{x}; \boldsymbol{v}\right) \\ \dot{\boldsymbol{v}} = \boldsymbol{0} \\ \boldsymbol{x}\left(t_0\right) = \boldsymbol{x}_0, \quad \boldsymbol{v}\left(t_0\right) = \boldsymbol{\mu} \end{cases} \tag{2-19}$$

式中, $\boldsymbol{v}\left(t\right)$ 是新引进的一个 m 维未知向量函数, 初值 $(t_0, \boldsymbol{x}_0; \boldsymbol{\mu}) \in \Omega_\mu \subseteq \mathbf{R}^{n+m+1}$.

先讨论解对参数与初值的依赖性的一些局部结果. 为了清楚起见, 首先固定初值 $(t_0, \boldsymbol{x}_0)$ 证明方程 (2-16) 的解对参数的连续性和可微性, 然后把解对初值的连续性和可微性归结为对参数的相应问题去研究.

定理 2.9(解对参数的连续性) 考虑初值问题方程 (2-16), 设函数 $\boldsymbol{f}\left(t, \boldsymbol{x}; \boldsymbol{\mu}\right)$ 在闭区域

$$G_\mu = \left\{ \left(t, \boldsymbol{x}; \boldsymbol{\mu}\right) \mid |t - t_0| \leqslant a, \|\boldsymbol{x} - \boldsymbol{x}_0\| \leqslant b, \|\boldsymbol{\mu} - \boldsymbol{\mu}_0\| \leqslant c \right\}$$

上连续，且对 x 满足利氏条件

$$\|f(t,x;\mu) - f(t,y;\mu)\| \leqslant L\|x-y\|, \quad \forall (t,x;\mu) \text{ 和 } (t,y;\mu) \in G_\mu$$

式中，利氏常数 $L > 0$。令

$$M = \max_{G_\mu} \|f(t,x;\mu)\|, \quad h = \min\left(a, \frac{b}{M}\right)$$

则对于任何满足 $\|\mu - \mu_0\| \leqslant c$ 的 μ，初值问题方程 (2-16) 的解 $x = \varphi(t;\mu)$ 在区间 $|t-t_0| \leqslant h$ 上存在且唯一，而且是 $(t;\mu)$ 的连续函数。

在讨论解对参数的可微性时，要用到下面的结果。

引理 2.2 (格朗沃尔 (Gronwall) 不等式)　设函数 $g(t)$ 和 $u(t)$ 是在区间 $[t_0,t_1]$ 上定义的连续非负实值函数，又有常数 $C \geqslant 0$，$K \geqslant 0$。如果 $u(t)$ 对 $t \in [t_0,t_1]$ 满足积分不等式

$$u(t) \leqslant C + \int_{t_0}^{t} [g(s)u(s) + K]\mathrm{d}s \tag{2-20}$$

则当 $t \in [t_0,t_1]$ 时，有

$$u(t) = (C + KT)\, \mathrm{e}^{\int_{t_0}^{t} g(s)\mathrm{d}s} \tag{2-21}$$

式中，$T = t_1 - t_0$。

定理 2.10 (解对参数的可微性)　考虑初值问题方程 (2-16)，设函数 $f(t,x;\mu)$ 在闭区域 G_μ (见定理 2.9) 上连续，且 $\dfrac{\partial f_i}{\partial x_j}$，$\dfrac{\partial f_i}{\partial \mu_k}$ $(i,j=1,2,\cdots,n; k=1,\cdots,m)$ 也在 G_μ 上连续，则定理 2.9 的结论成立，同时解 $x = \varphi(t;\mu)$ 对 $\mu_k (k=1,\cdots,m)$ 有连续的偏导数。此外，偏导数 $\dfrac{\partial \varphi(t;\mu)}{\partial \mu_k}$ $(k=1,2,\cdots,m)$ 满足线性微分方程 (也称为关于解 $\varphi(t;\mu)$ 的变分方程)

$$\dot{z} = f_x[t,\varphi(t;\mu);\mu]z + f_{\mu_k}[t,\varphi(t;\mu);\mu] \tag{2-22}$$

和初始条件

$$z(t_0;\mu) = 0 \tag{2-23}$$

式中，雅可比 (Jacobi) 矩阵

$$f_x(t,x;\mu) = \left[\frac{\partial f_i(t,x;\mu)}{\partial x_j}\right]_{n\times n}$$

和

$$f_{\mu_k}(t,x;\mu) = \left[\frac{\partial f_1(t,x;\mu)}{\partial \mu_k}, \cdots, \frac{\partial f_n(t,x;\mu)}{\partial \mu_k}\right]^{\mathrm{T}}$$

在定理 2.10 的假设条件下，混合偏导数 $\dfrac{\partial^2\boldsymbol{\varphi}(t;\boldsymbol{\mu})}{\partial t\partial\mu_k}$ $(k=1,2,\cdots,m)$ 也是连续的，且与求导的次序无关。事实上，由于 $\dfrac{\partial\boldsymbol{\varphi}(t;\boldsymbol{\mu})}{\partial\mu_k}$ 是方程 (2-22) 的解，且由定理 2.10 的假设知道

$$\frac{\partial}{\partial t}\left[\frac{\partial\boldsymbol{\varphi}(t;\boldsymbol{\mu})}{\partial\mu_k}\right]=\boldsymbol{f}_x\left(t,\boldsymbol{\varphi}(t,\boldsymbol{\mu});\boldsymbol{\mu}\right)\frac{\partial\boldsymbol{\varphi}(t;\boldsymbol{\mu})}{\partial\mu_k}+\boldsymbol{f}_{\mu_k}\left(t,\boldsymbol{\varphi}(t,\boldsymbol{\mu});\boldsymbol{\mu}\right) \tag{2-24}$$

存在、连续，且与求导的次序无关。

现在讨论解对初值的连续性和可微性的局部性结果。研究初值问题方程 (2-15)，为了讨论方便起见，把可以独立变动的初值记为 $(\xi,\boldsymbol{\eta})$。

定理 2.11 (解对初值的连续性)　考虑初值问题

$$\begin{cases}\dot{\boldsymbol{x}}=\boldsymbol{f}(t,\boldsymbol{x})\\\boldsymbol{x}(\xi)=\boldsymbol{\eta}\end{cases} \tag{2-25}$$

式中，$t,\xi\in\mathbf{R}$，$\boldsymbol{x},\boldsymbol{\eta}\in\mathbf{R}^n$，$\boldsymbol{f}:\Omega\subseteq\mathbf{R}^{n+1}\to\mathbf{R}^n$。设函数 $\boldsymbol{f}(t,\boldsymbol{x})$ 在闭区域

$$G=\{(t,\boldsymbol{x})\mid|t-t_0|\leqslant a,\|\boldsymbol{x}-\boldsymbol{x}_0\|\leqslant b\}$$

上连续，且对 $\boldsymbol{x}$ 满足利氏条件：

$$\|\boldsymbol{f}(t,\boldsymbol{x})-\boldsymbol{f}(t,\boldsymbol{y})\|\leqslant L\|\boldsymbol{x}-\boldsymbol{y}_0\|,\quad\forall(t,\boldsymbol{x}),(t,\boldsymbol{y})\in G$$

式中，利氏常数 $L>0$。令

$$M=\max_G\|\boldsymbol{f}(t,\boldsymbol{x})\|,\quad h^*=\min_G\left(\frac{a}{2},\frac{b}{2M}\right)$$

则对于所有满足 $|\xi-t_0|\leqslant\dfrac{h^*}{2}$，$\|\boldsymbol{\eta}-\boldsymbol{x}_0\|\leqslant\dfrac{b}{2}$ 的初值 $(\xi,\boldsymbol{\eta})$，初值问题方程 (2-25) 在区间 $|t-t_0|\leqslant\dfrac{h^*}{2}$ 上有唯一的解 $\boldsymbol{x}=\boldsymbol{\varphi}(t;\xi,\boldsymbol{\eta})$，且它是 $(t;\xi,\boldsymbol{\eta})$ 的连续函数。

定理 2.12 (解对初值的可微性)　考虑初值问题方程 (2-25)，设函数 $\boldsymbol{f}(t,\boldsymbol{x})$ 在闭区域 G(参见定理 2.11) 上连续，且 $\dfrac{\partial f_i}{\partial x_j}$ $(i,j=1,2,\cdots,n)$ 也在 G 上连续，则定理 2.11 的结论成立，而且解 $\boldsymbol{x}=\boldsymbol{\varphi}(t;\xi,\boldsymbol{\eta})$ 对 ξ 和 η_i $(i=1,2,\cdots,n)$ 有连续的偏导数。此外，偏导数 $\dfrac{\partial\boldsymbol{\varphi}(t;\xi,\boldsymbol{\eta})}{\partial\xi}$ 和 $\dfrac{\partial\boldsymbol{\varphi}(t;\xi,\boldsymbol{\eta})}{\partial\eta_i}$ 满足同样的线性微分方程 (也称为关于解 $\boldsymbol{\varphi}(t;\xi,\boldsymbol{\eta})$ 的变分方程)

$$\dot{\boldsymbol{z}}=\boldsymbol{f}_x(t,\boldsymbol{\varphi}(t;\xi,\boldsymbol{\eta}))\boldsymbol{z} \tag{2-26}$$

分别取不同的初始条件, 有

$$\frac{\partial \boldsymbol{\varphi}(t; \xi, \boldsymbol{\eta})}{\partial \xi} = -\boldsymbol{f}(\xi, \boldsymbol{\eta}) \tag{2-27}$$

$$\frac{\partial \boldsymbol{\varphi}(t; \xi, \boldsymbol{\eta})}{\partial \eta_i} = \boldsymbol{e}_j = \left(0, \cdots, 0, 1^{(j)}, 0, \cdots, 0\right)^{\mathrm{T}} \tag{2-28}$$

下面给出解对初值与参数的高阶可微性和解析性的定理.

定理 2.13 (解对初值与参数的高阶可微性)　考虑初值问题方程 (2-16), 设 $\boldsymbol{f}(t, \boldsymbol{x}; \boldsymbol{\mu})$ 在闭区域 G_μ (参见定理 2.9) 上连续, 且它对 t 是 $(r-1)$ 次连续可微的, 对 $\boldsymbol{x}$ 和 $\boldsymbol{\mu}$ 的各分量是 r 次连续可微的 ($r \geqslant 1$, 且包括混合偏导数), 则方程 (2-16) 的解 $\boldsymbol{x} = \boldsymbol{\varphi}(t; t_0, \boldsymbol{x}_0, \boldsymbol{\mu})$ 对 t, t_0 和 $\boldsymbol{x}_0, \boldsymbol{\mu}$ 的分量是 r 阶连续可微的 (包括混合偏导数).

定理 2.14 (解对初值与参数的解析性)　考虑初值问题方程 (2-16), 设 $\boldsymbol{f}(t, \boldsymbol{x}; \boldsymbol{\mu})$ 在闭区域 G_μ 上连续, 且是 $\boldsymbol{x}, \boldsymbol{\mu}$ 的解析函数, 则方程 (2-16) 的解 $\boldsymbol{x} = \boldsymbol{\varphi}(t; t_0, \boldsymbol{x}_0, \boldsymbol{\mu})$ 是 $\boldsymbol{x}_0$ 和 $\boldsymbol{\mu}$ 的解析函数. 如果 $\boldsymbol{f}(t, \boldsymbol{x}; \boldsymbol{\mu})$ 在 G_μ 上是 $t, \boldsymbol{x}, \boldsymbol{\mu}$ 的解析函数, 则 $\boldsymbol{x} = \boldsymbol{\varphi}(t; t_0, \boldsymbol{x}_0, \boldsymbol{\mu})$ 是 $t, t_0, \boldsymbol{x}_0, \boldsymbol{\mu}$ 的解析函数.

接下来将讨论解对初值与参数的连续性和可微性的一些整体性结果, 着重考虑初值问题方程 (2-15). 设函数 $\boldsymbol{f}(t, \boldsymbol{x})$ 在开区域 $\Omega \in \mathbf{R}^{n+1}$ 上连续, 且对 $\boldsymbol{x}$ 满足局部利氏条件. 由定理 2.3 得知, 对于每点 $(t_0, \boldsymbol{x}_0) \in \Omega$ 初值问题方程 (2-15) 都存在唯一的饱和解, 记为 $\boldsymbol{x} = \boldsymbol{\varphi}(t; t_0, \boldsymbol{x}_0), t \in (\alpha, \beta)$, 这里的 α, β 显然是 $t_0, \boldsymbol{x}_0$ 的函数. 为了估计积分曲线的分离程度, 给出下面的定理.

定理 2.15　设函数 $\boldsymbol{f}(t, \boldsymbol{x})$ 在开区域 $\Omega \in \mathbf{R}^{n+1}$ 上连续, 且对 $\boldsymbol{x}$ 满足局部利氏条件. 如果在闭区间 $[t_0, t_1]$ 存在方程 $\dot{\boldsymbol{x}} = \boldsymbol{f}(t, \boldsymbol{x})$ 的两个解 $\boldsymbol{x} = \boldsymbol{\varphi}(t; \boldsymbol{x}_0)$ 和 $\boldsymbol{x} = \boldsymbol{\varphi}(t; \boldsymbol{y}_0)$, 它们分别对应初值 $(t, \boldsymbol{x}_0), (t, \boldsymbol{y}_0) \in \Omega$, 则存在常数 $L > 0$, 使得

$$\|\boldsymbol{\varphi}(t; \boldsymbol{x}_0) - \boldsymbol{\varphi}(t; \boldsymbol{y}_0)\| \leqslant \|\boldsymbol{x}_0 - \boldsymbol{y}_0\| \mathrm{e}^{L(t-t_0)}, \quad \forall t \in [t_0, t_1] \tag{2-29}$$

最后, 给出当初值和参数同时变动时, 初值问题方程 (2-16) 的饱和解对初值与参数的连续性和可微性的一般结果, 关于它们的证明可参看文献 [8]. 在这里应该注意, 一般说来, 饱和解 $\boldsymbol{x} = \boldsymbol{\varphi}(t; t_0, \boldsymbol{x}_0, \boldsymbol{\mu})$ 的存在区间是与 $t_0, \boldsymbol{x}_0, \boldsymbol{\mu}$ 有关的, 不同 $(t_0, \boldsymbol{x}_0, \boldsymbol{\mu})$ 对应的饱和解的存在区间可能是长短不齐的.

定理 2.16 (饱和解对初值与参数的连续性)　考虑初值问题方程 (2-16), 设函数 $\boldsymbol{f}(t, \boldsymbol{x}; \boldsymbol{\mu})$ 在开区域 $\Omega_\mu \in \mathbf{R}^{n+m+1}$ 上连续, 且对 $(\boldsymbol{x}, \boldsymbol{\mu})$ 满足局部利氏条件. 对每点 $(t_0, \boldsymbol{x}_0, \boldsymbol{\mu}) \in \Omega_\mu$, 初值问题方程 (2-16) 存在唯一的饱和解 $\boldsymbol{x} = \boldsymbol{\varphi}(t; t_0, \boldsymbol{x}_0, \boldsymbol{\mu})$, $\alpha(t_0, \boldsymbol{x}_0, \boldsymbol{\mu}) < t < \beta(t_0, \boldsymbol{x}_0, \boldsymbol{\mu})$, 则在开区域

$$Q_\mu = \left\{ (t; t_0, \boldsymbol{x}_0, \boldsymbol{\mu}) \mid \alpha(t_0, \boldsymbol{x}_0, \boldsymbol{\mu}) < t < \beta(t_0, \boldsymbol{x}_0, \boldsymbol{\mu}), (t_0, \boldsymbol{x}_0, \boldsymbol{\mu}) \in \Omega_\mu \right\}$$

上是 $t, t_0, \boldsymbol{x}_0, \boldsymbol{\mu}$ 的连续函数。

定理 2.17 (饱和解对初值与参数的可微性) 考虑初值问题方程 (2-16)，设函数 $\boldsymbol{f}(t, \boldsymbol{x}; \boldsymbol{\mu})$ 在开区域 $\Omega_\mu \in \mathbf{R}^{n+m+1}$ 上连续，且有对 $\boldsymbol{x}$ 和 $\boldsymbol{\mu}$ 的各分量的连续偏导数。对每点 $(t_0, \boldsymbol{x}_0, \boldsymbol{\mu}) \in \Omega_\mu$，初值问题方程 (2-16) 存在唯一的饱和解 $\boldsymbol{x} = \boldsymbol{\varphi}(t; t_0, \boldsymbol{x}_0, \boldsymbol{\mu})$，$\alpha(t_0, \boldsymbol{x}_0, \boldsymbol{\mu}) < t < \beta(t_0, \boldsymbol{x}_0, \boldsymbol{\mu})$，则 $\boldsymbol{x} = \boldsymbol{\varphi}(t; t_0, \boldsymbol{x}_0, \boldsymbol{\mu})$ 在开区域 Q_μ (见定理 2.16) 上对 $t, t_0, \boldsymbol{x}_0, \boldsymbol{\mu}$ 是连续可微的。

2.1.4 Lyapunov 运动稳定性

在 2.1.3 小节的讨论中已经知道，在用常微分方程去描述一个实际系统的运动时，通常要受到各种外界因素干扰，这些扰动因素都会影响系统的运动。在实际应用中，人们特别关心这些扰动因素对系统运动的 "长时间" 影响问题。对某些运动，这种影响并不显著，即经过很长时间之后，受干扰的运动与未受干扰的运动始终相差很小，这类运动可以称为 "稳定的"。相反，对某些运动，这种影响随着时间的增大会变得很显著，也就是说，即使扰动因素十分小，但经过足够长的时间，受干扰的运动与未受干扰的运动可以相差很大，这类运动可以称为 "不稳定的"。由于实际系统中总是存在各种扰动因素，因此 "不稳定的" 运动在受扰之后将越来越偏离预定的状态，但 "稳定的" 运动在受扰之后仍能回复或接近预定的状态。由此可见，运动稳定性可以保证系统的预定运动状态的实现，因而它在实际应用中具有重要的意义 [9~12]。同样，运动的稳定性研究也促进了数学理论和方法的极大发展，因而具有重大的理论价值。微分方程的稳定性理论就是要建立一些稳定性判别准则，用以判断所研究的微分方程的解描述的运动是稳定的还是不稳定的。能够具体地用初等积分方法将解的表达式求出来的微分方程是极少的，对于非线性微分方程更是如此。因此，在微分方程的稳定性问题的研究中，应当直接由方程本身，而不是通过它的解的表达式去得到关于稳定性的结论。

本小节着重讨论由初始的干扰所引起解的 "长时间" 变化问题中的一些稳定性概念，主要是 Lyapunov 稳定性 (包括稳定、渐近稳定和不稳定)、全局稳定性、指数稳定性等的数学定义及说明。虽然在 2.1.3 小节中讨论过解对初值的连续性问题，那是由初始的干扰引起解在有限时间区间上发生变化的问题。而在稳定性的研究中，通常是考虑解在无限时间区间上的变化，因此与解对初值的连续性研究有着根本的区别。

现在介绍在运动稳定性理论中研究的最多的 Lyapunov 稳定性的数学概念。

考虑微分方程

$$\dot{\boldsymbol{x}} = \boldsymbol{f}(t, \boldsymbol{x}) \tag{2-30}$$

式中，$t \in I = [a, +\infty)$，$\boldsymbol{x} \in D \in \mathbf{R}^n$ (D 是 $\mathbf{R}^n$ 中一个开区域)，设 $\boldsymbol{f}: I \times D \to \mathbf{R}^n$。设 $\boldsymbol{f}(t, \boldsymbol{x})$ 在区域 $\Omega = I \times D$ 上连续且满足解的唯一性条件，于是过每一点

$(t_0, \boldsymbol{x}_0) \in \Omega$，方程存在唯一的饱和解 $\boldsymbol{x} = \boldsymbol{x}(t) = \boldsymbol{\varphi}(t; t_0, \boldsymbol{x}_0)$。在后续的稳定性研究中涉及的解都是指右向饱和解，并要求它在无限区间 $[t_0, +\infty)$ 上定义。

一般来说，微分方程 (2-30) 代表某个系统的运动方程，它的每个特解对应于系统的一个特定的运动。设 $\boldsymbol{x} = \tilde{\boldsymbol{x}}(t) = \boldsymbol{\varphi}(t; t_0, \tilde{\boldsymbol{x}}_0), t \geqslant t_0$ 是微分方程 (2-30) 的一个特解，它所对应的运动称为未受扰运动。如果在初始时刻 t_0，系统受到干扰，使得初始状态由 $\tilde{\boldsymbol{x}}_0$ 变成 $\boldsymbol{x}_0$，则称过点 $(t_0, \boldsymbol{x}_0)$ 的解 $\boldsymbol{x} = \boldsymbol{x}(t) = \boldsymbol{\varphi}(t; t_0, \boldsymbol{x}_0)$ 所对应的运动为受扰运动，并称差 $\boldsymbol{y}(t) = \boldsymbol{x}(t) - \tilde{\boldsymbol{x}}(t)$ 为扰动，称 $\boldsymbol{y}(t_0) = \boldsymbol{x}_0 - \tilde{\boldsymbol{x}}_0$ 为初始扰动。这样，如果初始扰动足够小，就可以使得以后时刻 $(t \geqslant t_0)$ 的扰动始终保持很小，则说未受扰解 (未受扰运动) $\boldsymbol{x} = \tilde{\boldsymbol{x}}(t)$ 是稳定的。将这种说法加以严格化，便得到在 Lyapunov 意义下的稳定性 (简称 Lyapunov 稳定性) 的定义。

定义 2.4　设 $\boldsymbol{x} = \tilde{\boldsymbol{x}}(t)\,(t_0 \leqslant t < +\infty)$ 是微分方程 (2-30) 的一个特解。$\tilde{\boldsymbol{x}}(t_0) = \tilde{\boldsymbol{x}}_0$，如果对任何 $\varepsilon > 0$，存在 $\delta(\varepsilon, t_0) > 0$，使得下面条件成立：

(1) 满足 $\|\boldsymbol{x}_0 - \tilde{\boldsymbol{x}}_0\| < \delta(\varepsilon, t_0)$ 的初值 $\boldsymbol{x}_0$ 所确定的方程 (2-30) 的解 $\boldsymbol{x} = \boldsymbol{x}(t) = \boldsymbol{\varphi}(t; t_0, \boldsymbol{x}_0)$ 都在 $t \geqslant t_0$ 上有定义；

(2) 上述解对一切 $t \geqslant t_0$ 有

$$\|\boldsymbol{x}(t) - \tilde{\boldsymbol{x}}(t)\| < \varepsilon$$

则称解 $\boldsymbol{x} = \tilde{\boldsymbol{x}}(t)$ 是在 Lyapunov 意义下稳定的。

反之，如果存在某个 $\varepsilon > 0$ 和某个 $t_0 \in I = (a, +\infty)$，使得对任何 $\delta > 0$，都至少存在一个满足 $\|\boldsymbol{x}_0 - \tilde{\boldsymbol{x}}_0\| < \delta$ 的初值 $\boldsymbol{x}_0$，它所确定的解 $\boldsymbol{x} = \boldsymbol{x}(t)$ 在某个 $t = t_1 > t_0$ 处无定义，或者在 t_1 处有

$$\|\boldsymbol{x}(t_1) - \tilde{\boldsymbol{x}}(t_1)\| \geqslant \varepsilon$$

则称解 $\boldsymbol{x} = \tilde{\boldsymbol{x}}(t)$ 是在 Lyapunov 意义下不稳定的。

定义 2.5　如果微分方程 (2-30) 满足初始条件 $(t_0, \boldsymbol{x}_0)$ 的解 $\boldsymbol{x} = \tilde{\boldsymbol{x}}(t)$ 是在 Lyapunov 意义下稳定的 (即定义 2.4 中的两个条件成立)，而且满足吸引性条件，即存在 $\eta(t_0) > 0$，使得当 $\|\boldsymbol{x}_0 - \tilde{\boldsymbol{x}}_0\| < \eta(t_0)$ 时，由初值 $(t_0, \boldsymbol{x}_0)$ 确定的解 $\boldsymbol{x} = \boldsymbol{x}(t)$ 都有

$$\lim_{t \to +\infty} \|\boldsymbol{x}(t) - \tilde{\boldsymbol{x}}(t)\| = 0$$

则称解 $\boldsymbol{x} = \tilde{\boldsymbol{x}}(t)$ 是在 Lyapunov 意义下渐近稳定的。

定义 2.6　如果解 $\boldsymbol{x} = \tilde{\boldsymbol{x}}(t)$ 仅满足定义 2.5 中的吸引性条件，则称解 $\boldsymbol{x} = \tilde{\boldsymbol{x}}(t)$ 是吸引的。对给定的 $t_0 \in I$，称当 $t \to +\infty$ 时，使得 $\|\boldsymbol{x}_0(t) - \tilde{\boldsymbol{x}}_0(t)\| = \|\boldsymbol{\varphi}(t; t_0, \boldsymbol{x}_0) - \boldsymbol{\varphi}(t; t_0, \tilde{\boldsymbol{x}}_0)\| \to 0$ 的所有初值 $\boldsymbol{x}_0$ 的集合为解 $\boldsymbol{x} = \boldsymbol{x}(t)$ 在 t_0 的吸引域 $A(t_0)$。

图 2-2(a) 和图 2-2(b) 中分别给出在 Lyapunov 意义下稳定和渐近稳定的几何说明。

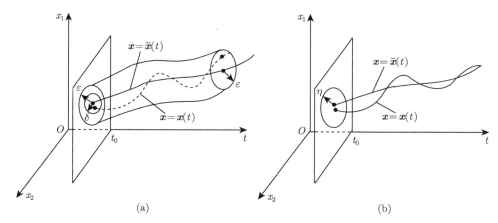

图 2-2 Lyapunov 稳定和渐近稳定的几何说明

由定义 2.4 可见，在 Lyapunov 意义下的稳定性概念是解对初值的连续性概念的推广和发展，而且前者的要求比后者更强。Lyapunov 意义下的稳定性是一个局部性的概念，它只考虑未受扰 $x = \tilde{x}(t)$ 附近的其他解的性态，在定义 2.4 和定义 2.5 中出现的 $\delta \geqslant 0$ 和 $\eta > 0$ 都可以是很小的。如果解 $x = \tilde{x}(t)$ 当初始时刻取 t_0 时是在 Lyapunov 意义下稳定 (渐近稳定) 的，则对任何初始时刻 $t_1 > t_0$，这个解也是在 Lyapunov 意义下稳定 (渐近稳定) 的。因此，这里的稳定性 (渐近稳定性) 概念其实与初始时刻 t_0 的选取无关。由定义 2.5 可见，解在 Lyapunov 意义下的渐近稳定性相当于在 Lyapunov 意义下的稳定性再加上吸引性的要求。但是，稳定性和吸引性是两个不同的概念，它们之间没有必然的联系，尤其不要误认为有了吸引性就可得到稳定性 (从而也就得到渐近稳定性)。因此，必须在稳定性的基础上去研究渐近稳定性。

Lyapunov 稳定性是最早给出精确数学含义的一种运动稳定性概念。由于它能反映大量的运动稳定性问题的主要特征，而且在数学上恰当、简单、自身协调，因此它也是最重要的、研究的最普遍的一种运动稳定性。现在，关于 Lyapunov 稳定性的研究已经有了比较完整而严格的理论，并且已经在科学技术中得到了广泛应用。为简单起见，一般把在 Lyapunov 意义下稳定 (不稳定、渐近稳定) 简称为稳定 (不稳定、渐近稳定)。

但是由于科学技术的日益发展，人们发现 Lyapunov 稳定性的概念仍然不能满足实际研究的需要。因此，有必要在 Lyapunov 稳定性理论的基础上加以扩展，根据新出现的运动稳定性问题，提出更多的新概念和新方法。本小节简述一下有关一致稳定、指数稳定、全局稳定等概念。

定义 2.7　若在定义 2.4 中, $x = \tilde{x}(t)$ 是稳定的, 且 δ 与 t_0 无关 (即 $\delta = \delta(\varepsilon)$), 则称解 $x = \tilde{x}(t)$ 是一致稳定的 (即均匀稳定)。

定义 2.8　如果微分方程 (2-30) 的解 $x = \tilde{x}(t)$ 是一致稳定的, 且又是一致吸引的, 即对任何 $\xi > 0$, 存在一个与 t_0 无关的 $\eta > 0$, 以及一个与 t_0 无关的 $T = T(\xi, \eta) > 0$, 使得当 $\|x_0 - \tilde{x}_0\| < \eta$ 时, 对于一切 $t > t_0 + T$, 有

$$\|x(t) - \tilde{x}(t)\| < \xi$$

即对 t_0 的一致性, 则称解 $x = \tilde{x}(t)$ 是一致渐近稳定的。

在工程技术应用中, 往往对下面的一种特殊的一致渐近稳定性感兴趣。事实上, 渐近稳定性只说明, 当 $t \to +\infty$ 时, 受扰运动 $x(t)$ 趋于未受扰运动 $\tilde{x}(t)$, 但是对趋近的快慢程度不作要求。然而, 在工程技术问题中, 往往要求在某段给定的时间内, 受扰运动与未扰运动的差别应该变得足够小, 指数稳定性可以用比较简单的方式实现这方面的要求。

定义 2.9　设 $x = \tilde{x}(t)$ 和 $x = x(t)$ 分别为方程 (2-30) 的未受扰解和受扰解。如果对任何 $M > 0$, 存在 $\delta(M) > 0$ 和与 M 无关的 $\alpha > 0$, 使得当 $\|x_0 - \tilde{x}_0\| < \delta(M)$ 时, 对于一切 $t \geqslant t_0$ 有

$$\|x(t) - \tilde{x}(t)\| < Me^{-\alpha(t-t_0)} \tag{2-31}$$

则称解 $x = \tilde{x}(t)$ 是按指数稳定的 (简称指数稳定)。

显然, 如果解 $x = \tilde{x}(t)$ 是指数稳定的, 则它必定是一致渐近稳定的。此时, 受扰运动与未受扰运动之差随时间的衰减过程不慢于指数衰减规律。正数 α 称为衰减度, 它是用以表征受扰运动趋于未受扰运动的快慢程度的一个量。

前面已经提过, Lyapunov 稳定性是一个局部性概念, 即在 Lyapunov 意义下稳定 (或渐近稳定) 可能只是对很小的初始扰动才成立, 然而在实际问题中的初始扰动并不一定很小, 因此有时还要用到 "全局稳定性" 的概念。

定义 2.10　如果方程 (2-30) 的解 $x = \tilde{x}(t)$ 是稳定的, 且对从任何 $x_0 \in \mathbf{R}^n$ 出发的解 $x = x(t)$ 都有

$$\lim_{t \to +\infty} \|x(t) - \tilde{x}(t)\| = 0$$

即对任何 $t_0 \in I = [a, +\infty)$, 解 $x = \tilde{x}(t)$ 的吸引域都是整个 $\mathbf{R}^n$, 则称解 $x = \tilde{x}(t)$ 是全局渐近稳定的。

定义 2.11　如果方程 (2-30) 的解 $x = \tilde{x}(t)$ 满足:

(1) 它是一致稳定的;

(2) 对任何 $\xi > 0, \eta > 0 (\eta$ 可任意大$), t_0 \in I$, 存在一个与 t_0 无关的 $T(\xi, \eta) > 0$, 使得当 $\|x_0 - \tilde{x}_0\| < \eta$ 时, 对于一切 $t > t_0 + T(\xi, \eta)$ 有

$$\|x(t) - \tilde{x}(t)\| < \xi$$

则称解 $\boldsymbol{x} = \tilde{\boldsymbol{x}}(t)$ 是全局一致渐近稳定的。

与定义 2.8 的区别在于：这里的 η 可以取任意大的正数，而定义 2.8 中的 η 不必是任意大的。

定义 2.12 设 $\boldsymbol{x} = \tilde{\boldsymbol{x}}(t)$ 和 $\boldsymbol{x} = \boldsymbol{x}(t)$ 分别为方程 (2-30) 的未受扰解和受扰解。如果有 $\alpha > 0$，且对任何 $\beta > 0$，存在 $M(\beta) > 0$，使得当 $\|\boldsymbol{x}_0 - \tilde{\boldsymbol{x}}_0\| < \beta$ 时，对于一切 $t \geqslant t_0 \in I$ 有

$$\|\boldsymbol{x}(t) - \tilde{\boldsymbol{x}}(t)\| \leqslant M(\beta) \|\boldsymbol{x}_0 - \tilde{\boldsymbol{x}}_0\| \, \mathrm{e}^{-\alpha(t-t_0)} \tag{2-32}$$

则称解 $\boldsymbol{x} = \tilde{\boldsymbol{x}}(t)$ 是全局按指数稳定的 (简称全局指数稳定)。

在微分方程 (2-30) 的解中，有一类重要而简单的解——平衡解。

定义 2.13 如果 $\boldsymbol{a} \in D$ 满足

$$\boldsymbol{f}(t, \boldsymbol{a}) \equiv \boldsymbol{0}, \quad \forall t \in I \tag{2-33}$$

则称 $\boldsymbol{x} = \boldsymbol{a}$ 是方程 (2-30) 的一个平衡解。它给出系统的一个不随时间变化的平衡状态。

只要在上述各种稳定性定义中未受扰解 $\tilde{\boldsymbol{x}}(t)$ 换为平衡解 $\boldsymbol{a}$，就可以得到平衡解的各种稳定性的相应定义。

零解 (也称为平凡解) 是一种平衡解。它在稳定性研究中占有特殊的地位，这是因为可以将一般的未受扰解 $\boldsymbol{x} = \tilde{\boldsymbol{x}}(t)$ 的稳定性问题化为零解的稳定性问题去研究。为此，引入新的变量 (即扰动)

$$\boldsymbol{y}(t) = \boldsymbol{x}(t) - \boldsymbol{x}(t) \tag{2-34}$$

于是 $\boldsymbol{y}(t)$ 满足下面的微分方程：

$$\begin{aligned} \dot{\boldsymbol{y}} = \dot{\boldsymbol{x}} - \dot{\tilde{\boldsymbol{x}}} &= \boldsymbol{f}(t, \boldsymbol{x}) - \boldsymbol{f}(t, \tilde{\boldsymbol{x}}) \\ &= \boldsymbol{f}(t, \boldsymbol{y} + \tilde{\boldsymbol{x}}(t)) - \boldsymbol{f}(t, \tilde{\boldsymbol{x}}(t)) \stackrel{\mathrm{def}}{=} \boldsymbol{F}(t, \boldsymbol{y}) \end{aligned} \tag{2-35}$$

称方程 (2-35) 为关于方程 (2-30) 的解 $\boldsymbol{x} = \tilde{\boldsymbol{x}}(t)$ 的扰动微分方程 (扰动系统)。由函数 $\boldsymbol{F}(t, \boldsymbol{y})$ 的表达式有

$$\boldsymbol{F} = (t, \boldsymbol{0}) = \boldsymbol{f}(t, \boldsymbol{x}(t)) - \boldsymbol{f}(t, \tilde{\boldsymbol{x}}(t)) = \boldsymbol{0}, \quad \forall t \in I$$

因此方程 (2-35) 有零解 $\boldsymbol{y} = \boldsymbol{0}$，此零解对应于原方程 (2-30) 的解 $\boldsymbol{x} = \tilde{\boldsymbol{x}}(t)$。于是，微分方程 (2-30) 的解的稳定性问题可以化为扰动微分方程 (2-35) 的零解 $\boldsymbol{y} = \boldsymbol{0}$ 相应的稳定性问题。以后在研究微分方程的稳定性问题时，只需考虑零解的稳定性。

总结稳定性问题如下：

(1) 对非自治系统 $\dot{x} = f(t, x)$ 有九种类型。

稳定、一致稳定、渐近稳定、一致渐近稳定、指数稳定，这五种类型属于局部稳定性；全局渐近稳定、全局一致渐近稳定、全局指数稳定，这三种类型属于全局稳定性；最后一种类型是不稳定。

(2) 对自治系统 $\dot{x} = f(x)$ 或周期系统 $\dot{x} = f(t, x)$（f 满足 $f(t + T, x) = f(t, x)$，$T > 0$）可归结为六种类型。

稳定 $\Leftrightarrow$ 一致稳定、渐近稳定 $\Leftrightarrow$ 一致渐近稳定、指数稳定、全局渐近稳定 $\Leftrightarrow$ 全局一致渐近稳定、全局指数稳定、不稳定。

2.1.5　平面线性自治系统的奇点

按照奇点附近轨线分布的几何性质对奇点进行分类，并且建立各类奇点的判别准则，是微分方程定性理论的一个重要课题，本小节研究平面线性齐次常系数系统的奇点附近轨线分布状况。一般的平面线性自治系统都可以通过平移变换化为平面线性齐次常系数系统。

给定 $(\tilde{x}, \tilde{y})$ 平面上的线性齐次常系数系统

$$\begin{cases} \dfrac{\mathrm{d}\tilde{x}}{\mathrm{d}t} = a_1 \tilde{x} + b_1 \tilde{y} \\[3mm] \dfrac{\mathrm{d}\tilde{y}}{\mathrm{d}t} = a_2 \tilde{x} + b_2 \tilde{y} \end{cases} \tag{2-36}$$

式中，$t \in \mathbf{R}$，$(\tilde{x}, \tilde{y}) \in \mathbf{R}^2$。记

$$\boldsymbol{A} = \begin{pmatrix} a_1 & b_1 \\ a_2 & b_2 \end{pmatrix}, \quad q = \det \boldsymbol{A} = a_1 b_2 - a_2 b_1$$

系统 (2-36) 的奇点由线性齐次代数方程组

$$\begin{cases} a_1 \tilde{x} + b_1 \tilde{y} = 0 \\ a_2 \tilde{x} + b_2 \tilde{y} = 0 \end{cases} \tag{2-37}$$

求出。根据线性代数理论，可以知道：当 $q \neq 0$ 时，系统 (2-36) 只有唯一的奇点 $(0, 0)$；当 $q = 0$ 而 a_1, b_1, a_2, b_2 不全为零时，如 $a_1 \neq 0$ 时，直线 $a_1 \tilde{x} + b_1 \tilde{y} = 0$ 上的每一点都是奇点；当 a_1, b_1, a_2, b_2 全为零时，平面上每一点都是奇点。在第一种情形中，奇点是孤立的；在后两种情形中，奇点是非孤立的。

线性齐次常系数系统的通解完全由它的系数矩阵的特征值，以及约当标准形确定，下面就根据特征值和约当标准形的各种情况去讨论奇点的性质。

设 J 为矩阵 A 的实约当标准形, 即存在 2×2 非奇异实矩阵 P, 使得 $P^{-1}AP = J$。于是利用非奇异的坐标线性变换 (齐次仿射变换)

$$\left(\begin{array}{c} \tilde{x} \\ \tilde{y} \end{array}\right) = P \left(\begin{array}{c} x \\ y \end{array}\right) \tag{2-38}$$

可以使系统 (2-36) 化为 (x, y) 平面上的线性系统

$$\left(\begin{array}{c} \dot{x} \\ \dot{y} \end{array}\right) = J \left(\begin{array}{c} x \\ y \end{array}\right) \tag{2-39}$$

只要求得系统 (2-39) 在 (x, y) 平面上的轨线之后, 就可以经过变换式 (2-38) 的逆变换得到原来系统 (2-36) 在 $(\tilde{x}, \tilde{y})$ 平面上的轨线。因此, 在研究系统 (2-39) 的轨线分布状况之后, 就可以知道原来系统的轨线分布状况。注意, 变换式 (2-38) 是一个同胚, 因此变换前后的系统的轨线有相同的拓扑结构。特别是它有下列特点:

(1) 在变换式 (2-38) 下, 系统 (2-36) 和 (2-39) 的奇点是互相对应的, 特别是坐标原点保持不变。

(2) 在变换式 (2-38) 下, 直线变为直线。特别地, 过原点的直线变为过原点的直线。反之亦然。

(3) 如果系统 (2-39) 的一条轨线 $x = x(t)$, $y = y(t)$, 当 $t \to +\infty$(或 $t \to -\infty$) 时, 沿一个确定方向趋近坐标原点, 则系统 (2-36) 的对应轨线 $\tilde{x} = \tilde{x}(t)$, $\tilde{y} = \tilde{y}(t)$ 也是如此, 反之亦然。

(4) 如果系统 (2-39) 的一条轨线绕坐标原点无限盘旋, 且当 $t \to +\infty$(或 $t \to -\infty$) 时趋于坐标原点, 则系统 (2-36) 也是如此。反之亦然。

(5) 在变换式 (2-38) 下, 绕原点的闭轨变为绕原点的闭轨。反之亦然。

但是, 在变换式 (2-38) 下, 两点之间的距离和两曲线的交角一般是会改变的。

矩阵 A 的特征方程为

$$\det(A - \lambda I) = \lambda^2 - (a_1 + b_2)\lambda + a_1 b_2 - a_2 b_1 \equiv \lambda^2 + p\lambda + q = 0$$

式中, $p = -\mathrm{tr}A = -(a_1 + b_2)$, $q = \det A = a_1 b_2 - a_2 b_1$。于是 A 的特征值为

$$\lambda_{1,2} = \frac{-p \pm \sqrt{\Delta}}{2} \tag{2-40}$$

式中, $\Delta = p^2 - 4q$。

下面按照矩阵 A 的特征值 λ_1, λ_2 及实约当标准形的各种可能情况进行讨论。

1. A有不等于零的异号实特征值

此时

$$\lambda_1 < 0 < \lambda_2, \quad \boldsymbol{J} = \begin{pmatrix} \lambda_1 & 0 \\ 0 & \lambda_2 \end{pmatrix}$$

这种情形对应 $\Delta > 0$, $q < 0$。$(0,0)$ 是唯一奇点。

计算 $\mathrm{e}^{\boldsymbol{J}t}$, 得到系统 (2-39) 的轨线

$$x = c_1 \mathrm{e}^{\lambda_1 t}, \quad y = c_2 \mathrm{e}^{\lambda_2 t} \tag{2-41}$$

式中, c_1, c_2 为任意常数。

显然, $c_1 = c_2 = 0$ 对应奇点 $(0,0)$。当 $c_1 \neq 0$ 而 $c_2 = 0$ 时, 轨线为

$$x = c_1 \mathrm{e}^{\lambda_1 t}, \quad y = 0$$

它们是在 x 轴上不包含奇点的两条半直线, 当 $t \to +\infty$ 时, 轨线上的点趋近奇点。当 $c_1 = 0$ 而 $c_2 \neq 0$ 时, 轨线为

$$x = 0, \quad y = c_2 \mathrm{e}^{\lambda_2 t}$$

它们是在 y 轴上不包含奇点的两条半直线, 当 $t \to +\infty$ 时, 轨线上的点远离奇点。

$c_1 \neq 0, c_2 \neq 0$, 对应的轨线: 当 $t \to -\infty$ 时, $|x| \to \infty$, $y \to 0$; 当 $t \to +\infty$ 时, $x \to 0$, $y \to \infty$。这表明, 当 $t \to +\infty$ (或 $t \to -\infty$) 时, 这些轨线以 y 轴 (x 轴) 为渐近线 (对 $\lambda_2 < 0 < \lambda_1$ 的情形可以类似地讨论)。

因此, 系统 (2-39) 的轨线分布如图 2-3(a) 所示。经过仿射变换式 (2-38) 后, 可以得到系统 (2-36) 的轨线分布 (图 2-3(b)), 在其附近有上述轨线分布的奇点称为鞍点。当 $t \to +\infty$ 或 $t \to -\infty$ 时, 趋于鞍点的轨线称为分界线。

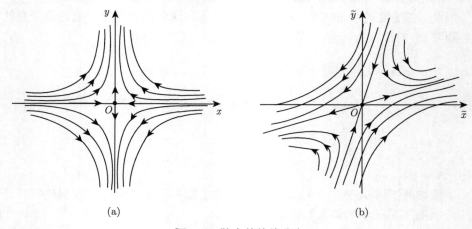

(a)　　　　　　　　　　　　(b)

图 2-3　鞍点的轨线分布

2. A有不等于零的同号相异实特征值

此时有

$$J = \begin{pmatrix} \lambda_1 & 0 \\ 0 & \lambda_2 \end{pmatrix}$$

先研究 $\lambda_1 < \lambda_2 < 0$ 的情形, 它对应 $\Delta > 0, q > 0, p > 0$。$(0,0)$ 是唯一奇点。这时系统 (2-39) 的轨线仍由式 (2-41) 给出。显然, $c_1 = c_2 = 0$ 对应奇点 $(0,0)$。当 $c_1 \neq 0, c_2 = 0$ 或 $c_1 = 0, c_2 \neq 0$ 时, 对应的轨线是在 x 轴或 y 轴上不包含奇点的四条半直线, 其上的点当 $t \to +\infty$ 时趋近于奇点。一般地, 如果 $c_1 \neq 0, c_2 \neq 0$, 由于当 $t \to +\infty$ 时, $x(t) \to 0$, $y(t) \to 0$, 且有

$$\lim_{t \to +\infty} \frac{\dot{y}(t)}{\dot{x}(t)} = \lim_{t \to +\infty} \frac{c_2 \lambda_2 \mathrm{e}^{\lambda_2 t}}{c_1 \lambda_1 \mathrm{e}^{\lambda_1 t}} = \infty$$

和

$$\lim_{t \to -\infty} \frac{\dot{y}(t)}{\dot{x}(t)} = \lim_{t \to -\infty} \frac{c_2 \lambda_2 \mathrm{e}^{\lambda_2 t}}{c_1 \lambda_1 \mathrm{e}^{\lambda_1 t}} = 0$$

因此, 当 $t \to +\infty$ 时, 这些轨线上的点都沿着 y 轴趋近奇点; 而当 $t \to -\infty$ 时, 轨线趋于水平方向。系统 (2-39) 和系统 (2-36) 的轨线分布分别如图 2-4(a) 和 (b) 所示。这样的奇点称为**稳定结点**, 它对应的解显然是渐近稳定的。

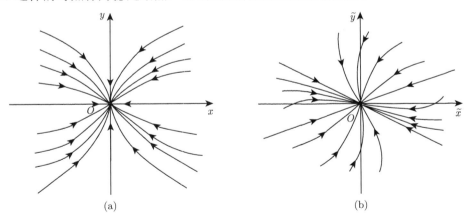

(a)   (b)

图 2-4 稳定结点的轨线分布

对于 $\lambda_1 > \lambda_2 > 0$ 的情形, 它对应 $\Delta > 0, q > 0, p > 0$。$(0,0)$ 是唯一奇点。只要把 t 换为 $-t$ 就可以化为上述情形去讨论。由此可见, 本情形的轨线分布与上述情形一样, 只是轨线的方向相反。这样的奇点称为不稳定结点, 因为当 $t \to +\infty$ 时, 所有的轨线都远离原点, 因此零解显然是不稳定的。

对于 $\lambda_2 < \lambda_1 < 0$ 或 $\lambda_2 > \lambda_1 > 0$ 的情形, 读者也可用同样的方法讨论。

3. A有不等于零的二重实特征值

此时, 有 $\lambda_1 = \lambda_2 = \lambda \in \mathbf{R}$ 且 $\lambda \neq 0$, 分下面两种情形讨论。

(1) 如果 A 的约当标准形为

$$J = \begin{pmatrix} \lambda & 0 \\ 0 & \lambda \end{pmatrix}$$

即 λ 有单重初等因子。它对应 $\Delta = 0$, $p \neq 0$, 且 $b_1 = 0$, $a_2 = 0$。$(0,0)$ 是唯一奇点。这时系统 (2-39) 的轨线由

$$x = c_1 \mathrm{e}^{\lambda t}, \quad y = c_2 \mathrm{e}^{\lambda t} \tag{2-42}$$

给出。当 $c_1 = c_2 = 0$ 时, 它是奇点 $(0,0)$。其他轨线都是过原点 (但不包含原点) 的半直线。当 $\lambda < 0$ (对应 $p > 0$) 时, 这些轨线上的点当 $t \to +\infty$ 时趋近奇点, 这样的奇点称为稳定临界结点。系统 (2-39) 和系统 (2-36) 有相同形状的轨线分布, 如图 2-5 所示。当 $\lambda > 0$ (对应 $p < 0$) 时, 轨线的方向相反, 这样的奇点称为不稳定临界结点。临界结点的特点是: 沿每个方向都有轨线趋近 (或远离) 奇点。

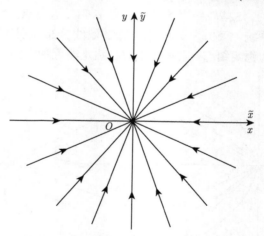

图 2-5　稳定临界结点的轨线分布

(2) 如果 A 的约当标准形为

$$J = \begin{pmatrix} \lambda & 1 \\ 0 & \lambda \end{pmatrix}$$

即 λ 有二重初等因子。它对应 $\Delta = 0$, $p \neq 0$。$(0,0)$ 是唯一奇点。利用式 (2-38), 系统 (2-39) 的轨线由

$$x = (c_1 + c_2 t)\,\mathrm{e}^{\lambda t}, \quad y = c_2 \mathrm{e}^{\lambda t} \tag{2-43}$$

给出。当 $c_1 = c_2 = 0$ 时, 它是奇点 $(0,0)$。

如果 $\lambda < 0$(对应 $p > 0$), 当 $c_1 \neq 0, c_2 = 0$ 时, 轨线为

$$x = c_1 \mathrm{e}^{\lambda t}, \quad y = 0$$

它们是在 x 轴上不包含原点的两条半直线, 当 $t \to +\infty$ 时, 轨线上的点趋近奇点。如果 $c_2 \neq 0$, 显然当 $t \to +\infty$ 时, $x(t) \to 0, y(t) \to 0$; 此外, 由于

$$\lim_{|t| \to \infty} \frac{\dot{y}(t)}{\dot{x}(t)} = \lim_{|t| \to \infty} \frac{c_2 \mathrm{e}^{\lambda t}}{[c_1 + \lambda(c_1 + c_2 t)]\mathrm{e}^{\lambda t}}$$

$$= \lim_{|t| \to \infty} \frac{c_2 \lambda}{c_2 + \lambda(c_1 + c_2 t)} = 0$$

这些轨线上的点当 $t \to +\infty$ 时, 都沿着 x 轴趋近奇点; 当 $t \to -\infty$ 时, 轨线趋于水平方向。系统 (2-39) 和系统 (2-36) 的轨线分布分别如图 2-6(a) 和 (b) 所示, 这样的奇点称为稳定退化结点。如果 $\lambda > 0$(对应 $p < 0$), 则轨线的方向相反, 这样的奇点称为不稳定退化结点。退化结点的特点是: 除奇点之外, 其他轨线都沿两个方向趋近 (或远离) 奇点。

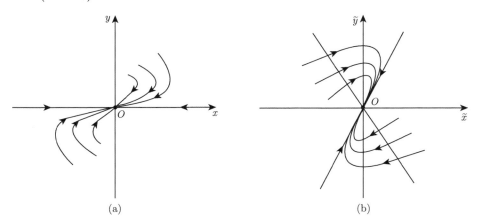

(a)　　　　　　　　　　　　(b)

图 2-6　稳定退化结点的轨线分布

4. A 有一对实部不为零的共轭复特征值

此时有

$$\lambda_{1,2} = \alpha \pm \mathrm{i}\beta, \quad \alpha, \beta \neq 0$$

并取 A 的实约当标准形为

$$\boldsymbol{J} = \begin{pmatrix} \alpha & -\beta \\ \beta & \alpha \end{pmatrix}$$

这种情形对应 $\Delta < 0$, $p \neq 0$。$(0,0)$ 是唯一奇点。因此，有如下结果

$$\mathrm{e}^{\boldsymbol{J}t} = \begin{pmatrix} \cos\beta t & -\sin\beta t \\ \sin\beta t & \cos\beta t \end{pmatrix} \mathrm{e}^{\alpha t}$$

从而系统 (2-39) 的轨线由

$$\begin{aligned} x &= (c_1\cos\beta t - c_2\sin\beta t)\,\mathrm{e}^{\alpha t} \\ y &= (c_1\sin\beta t + c_2\cos\beta t)\,\mathrm{e}^{\alpha t} \end{aligned} \tag{2-44}$$

给出。引入 r 和 φ 满足

$$r = \sqrt{c_1^2 + c_2^2}, \quad \tan\varphi = \frac{c_2}{c_1}$$

则式 (2-44) 可以写成

$$\begin{aligned} x &= r\mathrm{e}^{\alpha t}\,(\cos\beta t + \varphi) \\ y &= r\mathrm{e}^{\alpha t}\,(\sin\beta t + \varphi) \end{aligned} \tag{2-45}$$

当 $c_1 = c_2 = 0$，即 $r = 0$ 时，它是奇点 $(0,0)$。当 c_1 和 c_2 中至少一个不为零，即 $r > 0$ 时，式 (2-45) 是平面对数螺线。如果 $\alpha < 0$ (对应 $p > 0$)，则当 $t \to +\infty$ 时，这些轨线上的点绕原点无限盘旋且趋近原点，这种奇点称为稳定焦点；如果 $\alpha > 0$(对应 $p < 0$)，轨线的方向相反，这种奇点称为不稳定焦点。焦点的特点是：除奇点之外，其他轨线无限盘旋且趋近 (或远离) 奇点。还要注意，轨线上的点绕奇点盘旋的方向取决于 β 的符号，当 $\beta > 0$ 时依逆时针方向盘旋；当 $\beta < 0$ 时依顺时针方向盘旋。

　　对 $\alpha < 0$, $\beta > 0$，系统 (2-39) 和系统 (2-36) 的轨线分布分别如图 2-7(a) 和 (b) 所示。

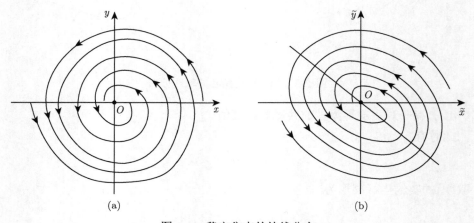

图 2-7　稳定焦点的轨线分布

5. A有一对共轭的纯虚特征值

此时有

$$\lambda_{1,2} = \pm \mathrm{i}\beta, \quad \beta \neq 0$$

这种情形对应 $\Delta < 0$, $p = 0$。$(0,0)$ 是唯一奇点。A 的实约当标准形为

$$J = \begin{pmatrix} 0 & -\beta \\ \beta & 0 \end{pmatrix}$$

从而系统 (2-39) 的轨线由

$$\begin{aligned} x &= c_1 \cos \beta t - c_2 \sin \beta t = r \cos (\beta t + \varphi) \\ y &= c_1 \sin \beta t + c_2 \cos \beta t = r \sin (\beta t + \varphi) \end{aligned} \tag{2-46}$$

给出。当 $c_1 = c_2 = 0$ 时，它是奇点 $(0,0)$。当 c_1 和 c_2 中至少有一个不为零时，式 (2-46) 是以奇点为中心，以 r 为半径的圆。在奇点外面有一族同心圆轨线。当 $\beta > 0$ 时，轨线上的点沿逆时针方向旋转；当 $\beta < 0$ 时，则沿顺时针方向旋转。经过变换式 (2-38)，可得到系统 (2-36) 的轨线族，它们是环绕奇点的椭圆族。这样的奇点称为**中心**。对 $\beta > 0$，系统 (2-39) 和系统 (2-36) 的轨线分布分别如图 2-8(a) 和 (b) 所示。

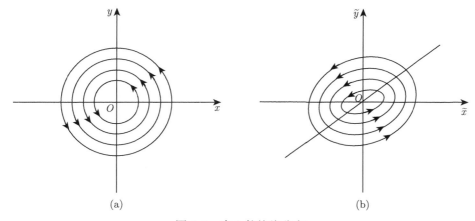

(a)   (b)

图 2-8　中心的轨线分布

6. A有零特征值

这时，$q = \det A = 0$, 分下面两种情形讨论：

(1) A 有一个零特征值，而另一个特征值不等于零。

此时有

$$\lambda_1 = 0, \quad \lambda_2 = -p \neq 0, \quad J = \begin{pmatrix} 0 & 0 \\ 0 & \lambda_2 \end{pmatrix}$$

这种情形对应 $q = 0, p \neq 0$。系统 (2-39), 写成

$$\dot{x} = 0, \quad \dot{y} = \lambda_2 y$$

显然直线 $y = 0$(即 x 轴) 上的每一点都是奇点。此系统的轨线由

$$x = c_1, \quad y = c_2 e^{\lambda_2 t}$$

给出。当 $c_2 = 0$ 时, 它们都是奇点。当 $c_2 \neq 0$ 时，它们是在直线 $x = c_1$ 上的不包含奇点的两段轨线。如果 $\lambda_2 < 0$，则当 $t \to +\infty$ 时，这些轨线上的点趋近奇点；如果 $\lambda_2 > 0$，则方向正好相反。经过变换式 (2-38) 可知，直线 $a_1 \tilde{x} + b_1 \tilde{y} = 0$ 上每一点都是奇点。对 $\lambda_2 < 0$，系统 (2-39) 和系统 (2-36) 的轨线分布分别如图 2-9(a) 和 (b) 所示。

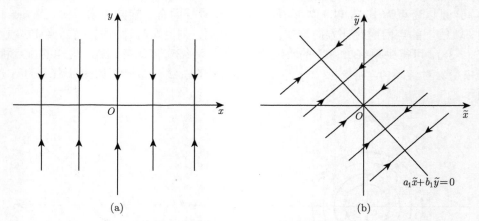

图 2-9　直线为奇点的轨线分布

(2) A 有两个零特征值。

此时有

$$\lambda_1 = \lambda_2 = 0$$

这对应 $p = q = 0$。

如果 b_1 和 a_2 中至少一个不为零，则 A 的约当标准形为

$$\boldsymbol{J} = \begin{pmatrix} 0 & 1 \\ 0 & 0 \end{pmatrix}$$

于是系统 (2-39) 写成

$$\dot{x} = y, \quad \dot{y} = 0$$

从而直线 $x = 0$(即 y 轴) 上的每一点都是奇点。此系统的轨线由

$$x = c_1 + c_2 t, \quad y = c_2$$

给出。它们都是平行于 x 轴的直线。当 $c_2 > 0$ 时，轨线上的点向右运动；当 $c_2 < 0$ 时，轨线上的点向左运动。经过变换式 (2-38) 可知，直线 $a_1 \tilde{x} + b_1 \tilde{y} = c_2$ 上的每一点都是奇点，而每一直线 $a_1 \tilde{x} + b_1 \tilde{y} = c_2$ 都是轨线。系统 (2-39) 和系统 (2-36) 的轨线分布分别如图 2-10(a) 和 (b) 所示。

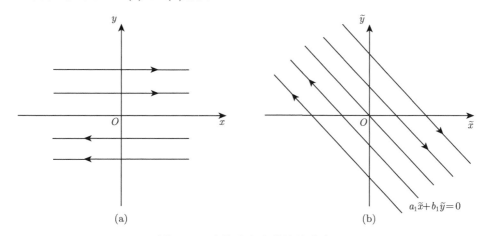

图 2-10　直线为奇点的轨线分布

如果 $a_1 = b_1 = a_2 = b_2 = 0$，则 $\boldsymbol{A}$ 的约当标准形为

$$\boldsymbol{J} = \begin{pmatrix} 0 & 0 \\ 0 & 0 \end{pmatrix}$$

这时平面上每一点都是奇点。

以上关于平面线性齐次常系数系统轨线分布的讨论给出了奇点的各种可能的类型，上述结果可以在 (p, q) 平面上用图形表示，如图 2-11 所示。显然，稳定结点、稳定临界结点、稳定退化结点和稳定焦点都是渐近稳定的；中心是稳定但不是渐近稳定的；鞍点、不稳定结点、不稳定临界结点、不稳定退化结点和不稳定焦点都是不稳定的。

通常把 $q \neq 0$ 的系统 (2-36) 称为非退化线性系统 (对应前面所述的情况 **1 ∼ 5**)，这些系统都只有唯一的孤立奇点；此外，把 $q = 0$ 的系统 (2-36) 称为退化线性系统 (对应情况 **6**)，这些系统的奇点都是非孤立的。

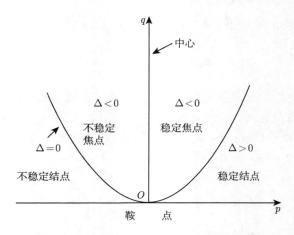

图 2-11   奇点类型的分布

可以证明，对于任何 n 维线性齐次常系数系统，如果系数矩阵的特征值的实部有 k 个是负的，$n-k$ 个是正的 $(k=0,1,\cdots,n)$，则它们的轨线的拓扑结构都相同。那么，对于平面线性齐次常系数系统来说，稳定 (不稳定) 结点、稳定 (不稳定) 临界结点和退化结点、稳定 (不稳定) 焦点附近的轨线的拓扑结构都是相同的，因为它们的系统的特征值的实部都是负 (正) 的。于是，p-q 平面可分成下面的三个区域：① $q>0,p>0$ 为稳定焦点、结点区；② $q>0,p<0$ 为不稳定焦点、结点区；③ $q<0$ 为鞍点区。当系统 (2-36) 的系数对应的 (p,q) 属于同一区域时，相应的奇点附近的轨线的拓扑结构相同。因此，当系统 (2-36) 的系数对应的 (p,q) 属于上述三个区域中的一个时，对系数作充分小的扰动后，只要扰动后的 (p,q) 仍在同一区域中，那么奇点附近轨线的拓扑结构不变，而且系统的轨线的全局结构也不变。这时，称系统 (2-36) 对于线性扰动是结构稳定的。但是，当系统 (2-36) 为某条边界时，即当 $q=0$ 或 $p=0,q>0$ 时，情况就完全不同了。这时，无论对系数作多么微小的扰动，都可能使奇点附近轨线的拓扑结构改变，从而使系统轨线的全局结构也发生变化。这时，称系统 (2-36) 对于线性扰动是结构不稳定的。

虽然稳定 (或不稳定) 焦点、正常结点、退化结点和临界结点都有相同的拓扑结构，但是它们附近的轨线分布仍有很大的差别，主要是：在结点情形，除了奇点以外的每条轨线都是沿某个确定方向趋近或远离奇点的；在焦点情形，除奇点以外的每条轨线都是无限盘旋地趋近或远离奇点的。此外，在正常结点、退化结点和临界结点附近轨线分布也是有区别的。因此，称稳定 (不稳定) 焦点、正常结点、退化结点和临界结点有不同的定性结构。容易看到，当系统 (2-36) 的系数对应的 (p,q) 位于曲线 $\Delta=0$ 上 ($p=q=0$ 除外) 时，系数的充分小扰动虽然不会改变奇点附近轨线的拓扑结构，但是可能改变其定性结构。

2.1.6 平面极限环

奇点在微分方程系统的局部结构研究中有重要的作用, 而在平面系统的全局结构研究中, 除奇点之外, 闭轨的研究也是十分重要的。在实际应用中, 闭轨对应系统的周期运动, 因此对机电振动、控制理论、物理、化学乃至生物数学来说, 闭轨研究同样有着特殊的地位 [13~16]。

闭轨研究主要是了解闭轨的分布情况及其稳定性。对于非线性系统, 除了可能遇到在中心附近的那种闭轨连续族之外, 还经常遇到孤立的闭轨, 在此闭轨两侧的足够小的邻域内不存在其他闭轨, 在该邻域中的轨线都是螺旋地趋近或远离这条闭轨, 这种孤立闭轨称为极限环 (双侧极限环)。如果在闭轨的足够小的外 (内) 侧邻域中不存在其他闭轨, 则称该闭轨为外 (内) 侧极限环, 统称为单侧极限环。极限环是其附近的轨线的极限集, 是最重要的一类闭轨。

如果 Γ 是平面自治系统

$$\begin{cases} \dot{x} = P(x,y) \\ \dot{y} = Q(x,y) \end{cases}, \quad (x,y) \in \mathbf{R}^2 \tag{2-47}$$

的一个极限环, 则可能有下面几种情况:

(1) 在 Γ 两侧的充分小的邻域内的轨线, 当 $t \to +\infty$ 时都渐近地趋于 Γ, 则称 Γ 为稳定极限环 (图 2-12(a)), 它是 $t \to +\infty$ 时趋于它的轨线的 ω 极限集;

(2) 在 Γ 两侧的充分小的邻域内的轨线, 当 $t \to -\infty$ 时都渐近地趋于 Γ, 则称为不稳定极限环 (图 2-12(b))。它是 $t \to -\infty$ 时趋于它的轨线的 α 极限集;

(3) 在 Γ 一侧的充分小的邻域内的轨线, 当 $t \to +\infty$ 时都渐近地趋于 Γ, 而另一侧正好相反, 则称 Γ 为半稳定极限环 (图 2-12(c) 给出了外侧稳定而内侧不稳定的极限环)。

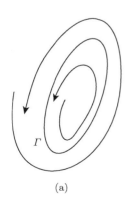 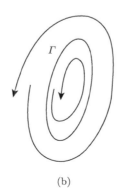 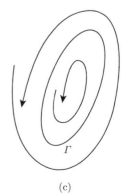

(a)　　　　　　　　　(b)　　　　　　　　　(c)

图 2-12　极限环的种类

本小节着重介绍平面自治系统的极限环的存在性、稳定性及个数等问题的一些结果。值得注意的是，平面线性自治系统不可能存在极限环，只有非线性系统才可能存在极限环。

1. 平面闭轨或极限环不存在的判定准则

根据前面的理论知识，可以得知在下列情况之一出现时，平面自治系统 (2-47) 无闭轨:

(1) 系统无奇点;

(2) 系统只有一个奇点, 其指数不等于 1;

(3) 系统的奇点的任意组合, 都不能使它们的指数之和等于 1。

下面再给出几种判定闭轨不存在的重要方法, 它们都是充分 (但非必要) 条件。

定理 2.18 (本迪克松(Bendixson)准则)　设在单连通区域 G 中, 系统 (2-47) 的向量场 (P, Q) 有连续偏导数。若该向量场的散度

$$\mathrm{div}\,(P, Q) = \frac{\partial P}{\partial x} + \frac{\partial Q}{\partial y}$$

保持常号, 且不在 G 的任何子区域中恒等于零, 则系统 (2-47) 在 G 中无闭轨。

定理 2.19 (杜拉克 (Dulac) 准则)　设在单连通区域 G 中, 系统 (2-47) 的向量场 (P, Q) 有连续偏导数, 并存在连续可微函数 $B(x, y)$, 使得

$$\frac{\partial (BP)}{\partial x} + \frac{\partial (BQ)}{\partial y}$$

保持常号, 且不在 G 的任何子区域中恒等于零, 则系统 (2-47) 在 G 中无闭轨。

定理 2.20　设在单连通区域 G 中, 系统 (2-47) 的向量场 (P, Q) 有连续偏导数, 且函数 $B(x, y)$ 和 $F(x, y)$ 也有连续偏导数, 并使得

$$\frac{\partial (BP)}{\partial x} + \frac{\partial (BQ)}{\partial y} + B\left(P\frac{\partial F}{\partial x} + Q\frac{\partial F}{\partial xy}\right)$$

保持常号, 且不在 G 的任何子区域中恒等于零, 则系统 (2-47) 在 G 中无闭轨。

命题 2.3　如果 Γ 是系统 (2-47) 的一条闭轨, 而且在 Γ 的某邻域内, 向量场 (P, Q) 的散度 $\mathrm{div}(P, Q) \equiv 0$, 则 Γ 不是极限环。

命题 2.4　如果系统 (2-47) 满足对称原理的条件, 且闭轨 Γ 内部只有一个奇点 O, 则 Γ 不是极限环。

2. 平面极限环存在的判定准则

在判定平面极限环的存在性时, Poincaré 环域定理及其推论得到了广泛的应用。

定理 2.21 (Poincaré 环域定理)　设 G 是由内、外边界曲线 Γ_1 和 Γ_2 围成的环形区域 (图 2-13)。当 t 增加时, 系统 (2-47) 的轨线在 Γ_1 和 Γ_2 上都是由外向内

(或由内向外), 且在 G 内没有奇点, 则在 G 内至少存在一个外侧稳定 (或不稳定) 极限环和一个内侧稳定 (或不稳定) 极限环.

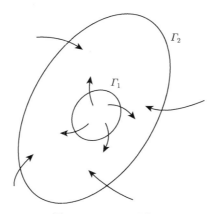

图 2-13　环形区域 G

在定理 2.21 中的两个单侧极限环可能都是双侧极限环, 还可能重合成一个稳定 (或不稳定) 极限环. 在定理 2.21 的条件下, 系统 (2-47) 显然在 G 内至少有一条闭轨. 此外, 在 G 内的任何闭轨必定包围内边界曲线. 作为定理 2.21 重要的特殊情形, 有下面的定理.

定理 2.22 设系统 (2-47) 的函数 P, Q 对 x 和 y 是解析的, 且定理 2.21 的条件成立, 则在 G 内至少存在一个稳定 (或不稳定) 极限环.

在定理 2.21 或定理 2.22 中, 如果区域 G 的边界有一部分是系统 (2-47) 的轨线弧, 或者在 G 的边界上有一些奇点, 或者 G 有多条内边界曲线, 定理的结论仍然成立.

推论 2.1 设 D 是由一条简单闭曲线围成的区域 (图 2-14), 当 t 增加时, 系统 (2-47) 的轨线在 Γ 上都是由外向内 (或由内向外), 且在 D 内除了汇 (或源) 之外没有其他奇点, 则在 D 内至少存在一个外侧稳定 (或不稳定) 极限环和一个内侧稳定 (或不稳定) 极限环. 如果系统 (2-47) 的函数 P, Q 对 x 和 y 是解析的, 则在上述条件下, 在 D 内至少存在一个稳定 (或不稳定) 极限环.

从原理上说, Poincaré 环域定理是比较简单的. 假如能够做出符合要求的环域, 且这个区域比较狭小, 那么不但可以得到极限环的存在性, 还可以粗略地估计极限环的位置. 实际应用这个定理往往是很困难的, 因为没有普遍适用的构造环域的方法. 特殊情况下, 利用 Lyapunov 第二方法适当地选取函数 V, 可以根据 $\mathrm{d}V/\mathrm{d}t$ 的符号去研究轨线的方向, 并从闭曲线族 $V \equiv c(c$ 为常数) 中选取环域的边界.

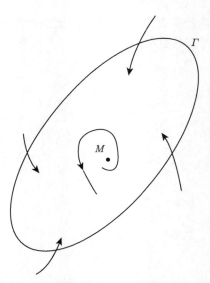

图 2-14　简单闭曲线围成的区域

3. 后继函数

研究平面自治系统 (2-47)

$$\begin{cases} \dot{x} = P(x, y) \\ \dot{y} = Q(x, y) \end{cases}$$

设 P, Q 在 x-y 平面上连续，且满足解的唯一性条件。

定义 2.14　如果任何与直线段 $\overline{MN}$(或弧线 $\overset{\frown}{MN}$) 相交的轨线，当 t 增加时，都只从 $\overline{MN}$(或 $\overset{\frown}{MN}$) 的一侧走向另一侧，且没有轨线与 $\overline{MN}$(或 $\overset{\frown}{MN}$) 相切 (即轨线与 $\overline{MN}$(或 $\overset{\frown}{MN}$) 横截相交)，则称 $\overline{MN}$(或 $\overset{\frown}{MN}$) 为无切线段 (或无切弧段)。

显然，如果点 A_0 是系统 (2-47) 的一个常点，则必存在过点 A_0 的无切线段 (也称为截线)$\overline{MN}$。事实上，由于点 A_0 是常点，则在该处的向量场 $(P, Q)|_{A_0}$ 有确定的方向。任取一条与该向量方向不同的过点 A_0 的直线 L。由于 $P(x, y), Q(x, y)$ 连续，可以取点 A_0 的足够小邻域，使得在其中各点处向量场 (P, Q) 的方向皆与直线 L 的方向不同。于是，直线 L 在此邻域中的部分 $\overline{MN}$ 就是一条过点 A_0 的无切线段。

考虑 $t = 0$ 时，从无切线段 $\overline{MN}$ 上的点 A_0 出发的轨线，如果此轨线在以后时刻仍会与 $\overline{MN}$ 再次相交，令 $\bar{A}_0$ 为在 $t > 0$ 时的第一个交点，则称 $\bar{A}_0$ 为 A_0 的后继点 (图 2-15)。由解对初值的连续依赖性，只要 $\bar{A}_0$ 不是无切线段 $\overline{MN}$ 的端点，那么在点 A_0 附近存在 $\overline{MN}$ 上的一个小段，使得 $t = 0$ 时从这个小段上的任何点出发的轨线都与 $\overline{MN}$ 再次相交，即这个小段上的点 A 都有后继点 $\bar{A}$。于是得到一个关于这个小段上的点与其后继点的一一对应关系。也就是说, 在 $\overline{MN}$ 上点 A_0 附近定义了一个点变换。

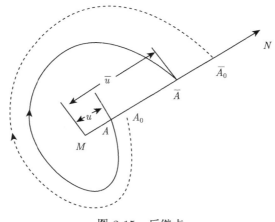

图 2-15 后继点

在无切线段 $\overline{MN}$ 上取一个正向, 就可以定义 $\overline{MN}$ 上的点的坐标 (如取由点 M 沿 $\overline{MN}$ 到该点的有向距离为坐标)。记 $\overline{MN}$ 上的点 A 及其后继点 $\bar{A}$ 的坐标分别为 u 和 $\bar{u}$, 于是上述点变换给出一个函数

$$\bar{u} = g(u) \tag{2-48}$$

定义 2.15   由式 (2-48) 给出的无切线段上的点与其后继点 (如果存在的话) 的坐标之间的函数关系称为后继函数。有时也把 $h(u) \overset{\text{def}}{=} g(u) - u$ 称为后继函数。

显然, 如果 u_0 满足

$$g(u_0) = u_0, \quad \text{即} h(u_0) = 0$$

则过无切线段上以 u_0 为坐标的点的轨线 Γ_0 是一条闭轨。因此, 确定与给定无切线段相交的闭轨, 可以归结为求后继函数 $g(u)$ 的不动点 (即求后继函数 $h(u)$ 的零点) 的问题。

如果 u_0 满足

$$g(u_0) = u_0, \quad \text{即} h(u_0) = 0$$

且对任何 $u \neq u_0, |u - u_0|$ 充分小, 有

$$g(u) \neq u, \quad \text{即} h(u) \neq 0$$

则 u_0 对应的闭轨 Γ_0 是孤立的, 即 Γ_0 是一个极限环。

如果对于某个 u_0 存在 $\delta > 0$, 使得对一切满足的 $0 \leqslant |u - u_0| \leqslant \delta$ 的 u, 都有 $g(u) = u$(即 $h(u) \equiv 0$), 则 u_0 对应的闭轨 Γ_0 两侧附近都是闭轨, 这时 Γ_0 为周期环。

4. 后继函数与极限环稳定性的关系

后继函数不仅可以用来研究极限环的存在性, 而且可以用来研究极限环的稳定性。这是因为后继函数在不动点附近的性态决定了平面系统的轨线在极限环附近的性态。在下面的讨论中, 设系统 (2-47) 中的函数 $P(x, y)$ 和 $Q(x, y)$ 有足够高阶连续偏导数, 从而后继函数 $g(u)$ 和 $h(u)$ 也有足够高阶连续导数。

设 Γ_0 是系统 (2-47) 的一条闭轨。任取点 $A_0 \in \Gamma_0$, 过 A_0 作无切线段 $\overline{MN}$(如取 Γ_0 的过点 A_0 的法线), 并取由 Γ_0 内部到 Γ_0 外部的指向为无切线段的正向 (图 2-16)。任取点 $A \in \overline{MN}$, 只要距离 $\rho(A_0, A)$ 足够小, 从点 A 出发的轨线必将再次与 $\overline{MN}$ 相交于点 $\bar{A}$。记点 A_0 和 $\bm{A}$ 在 $\overline{MN}$ 上的坐标为 u_0 和 u, 由前面所述得知, 当 u 在 u_0 附近时, 可以定义后继函数 $g(u)$(式 (2-48)) 或 $h(u)$。

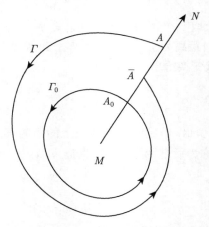

图 2-16　无切线段的正方向

命题 2.5　(1) 闭轨 Γ_0 是稳定 (或不稳定) 极限环的必要且充分条件是, 对任何 $u \neq u_0(|u - u_0|$ 充分小) 有

$$(u - u_0) h(u) < 0 \quad (\text{或} > 0)$$

(2) 闭轨 Γ_0 是外侧稳定而内侧不稳定 (或外侧不稳定而内侧稳定) 极限环的必要且充分条件是, 对任何 $u \neq u_0(|u - u_0|$ 充分小) 有

$$h(u) < 0 \quad (\text{或} > 0)$$

定理 2.23 如果后继函数 $h(u)$ 满足

$$h(u_0) = h'(u_0) = \cdots = h^{(k-1)}(u_0) = 0, \quad h^{(k)}(u_0) = 0$$

式中, k 为正整数, 则 Γ_0 为极限环. 其中,

(1) 若 k 为奇数, $h^{(k)}(u_0) < 0$(或 > 0), 则 Γ_0 是稳定 (或不稳定) 极限环.

(2) 若 k 为偶数, $h^{(k)}(u_0) < 0$(或 > 0), 则 Γ_0 是外侧稳定而内侧不稳定 (或外侧不稳定而内侧稳定) 极限环.

定义 2.16 把满足定理 2.23 的条件的极限环 Γ_0 称为 k 重极限环; 其中, 当 $k = 1$ 时, 称为单重极限环.

换句话说, 当 u_0 是 $h(u) = 0$ 的单根时, Γ_0 是单重极限环; 当 u_0 是 $h(u) = 0$ 的 k 重根时, Γ_0 是 k 重极限环.

5. 极限环稳定性的判定准则

下面根据定理 2.23 得出平面极限环稳定性的一个具体判定准则.

设 Γ_0 是系统 (2-47) 的一条闭轨, 它在直角坐标系中的参数方程是

$$x = \varphi(s), \quad y = \psi(s) \tag{2-49}$$

式中, 参数 s 是在 Γ_0 上从某个固定点算起的弧长, 并以顺时针方向为正向; $\varphi(s)$, $\psi(s)$ 是周期为 l 的周期函数, l 为闭轨 Γ_0 的周长. 在 Γ_0 的邻域中引入新的曲线坐标 (s, n). 对于 Γ_0 附近的任何一点 A, 存在唯一的点 $A_0 \in \Gamma_0$, 使得点 A 在过点 A_0 的法线 $\overline{A_0 N}$ 及上 (图 2-17). 令 s 为点 A_0 到 Γ_0 上的固定点的弧长, n 为沿法线由 A_0 到 A 的有向距离 $\rho(A_0, A)$(取外法线方向为正向). 考虑到点 A_0 处的外法线上单位向量为

$$\boldsymbol{n}^0 = (-\psi'(s), \varphi'(s))$$

式中, $\varphi' = \dfrac{\mathrm{d}\varphi}{\mathrm{d}s}, \psi' = \dfrac{\mathrm{d}\psi}{\mathrm{d}s}$. 于是, 点 A 的直角坐标 (x, y) 和曲线坐标 (s, n) 之间有如下关系

$$x = \varphi(s) - n\psi'(s), \quad y = \psi(s) + n\varphi'(s) \tag{2-50}$$

在曲线坐标系中, 坐标曲线 $s = $ 常数是过点 $(\varphi(s), \psi(s))$ 的法线, 显然法线 $s = 0$ 与 $s = l$ 重合; 坐标曲线 $n = $ 常数是闭曲线, 其中 $n = 0$ 就是闭轨 Γ_0, $n > 0$ 在 Γ_0 外侧, $n < 0$ 在 Γ_0 内侧. 坐标变换式 (2-50) 的 Jacobi 式为

$$\begin{aligned}
D = \frac{\partial(x, y)}{\partial(s, n)} &= \begin{vmatrix} \varphi' - n\psi'' & -\psi' \\ \psi' + n\varphi'' & \varphi' \end{vmatrix} \\
&= \varphi'^2 + \psi'^2 + n(\varphi''\psi' - \varphi'\psi'')
\end{aligned}$$

由式 (2-49) 得知

$$\varphi'^2(s) + \psi'^2(s) = \left[\left(\frac{\mathrm{d}x}{\mathrm{d}s}\right)^2 + \left(\frac{\mathrm{d}y}{\mathrm{d}s}\right)^2\right]_{\Gamma_0} = 1$$

因此, 对于任何 s 都有

$$D = 1 + n\left(\varphi''\psi' - \varphi'\psi''\right) \tag{2-51}$$

因此, 存在足够小的 $\delta > 0$, 使得当 $|n| < \delta$ 时有 $D > 0$。这表明, 在闭曲线 $n = -\delta$ 和 $n = \delta$ 之间的环形区域内, 若 $s \in [0,1)$, 则两种坐标是一一对应的。

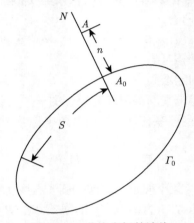

图 2-17　曲线坐标的法线

现在把系统 (2-47) 在环域 $|n| < \delta$ 内化为新变量 s, n 的方程。将式 (2-50) 代入系统 (2-47), 得到

$$(\varphi' - n\psi'')\dot{s} - \psi'\dot{n} = P(\varphi - n\psi', \psi + n\varphi') \equiv \bar{P}(s, n)$$
$$(\psi' + n\varphi'')\dot{s} + \varphi'\dot{n} = Q(\varphi - n\psi', \psi + n\varphi') \equiv \bar{Q}(s, n)$$

由此解出 $\dot{s}, \dot{n}$ 为

$$\begin{cases} \dot{s} = D^{-1}\left(\bar{P}\varphi' + \bar{Q}\psi'\right) \\ \dot{n} = D^{-1}\left[\bar{Q}\varphi' - \bar{P}\psi' - n\left(\bar{P}\varphi'' + \bar{Q}\psi''\right)\right] \end{cases}$$

式中的 D 由式 (2-51) 给出。两式相除后, 得到一个关于 n 与 s 的微分方程

$$\frac{\mathrm{d}n}{\mathrm{d}s} = \frac{\bar{Q}\varphi' - \bar{P}\psi' - n\left(\bar{P}\varphi'' + \bar{Q}\psi''\right)}{\bar{P}\varphi' + \bar{Q}\psi'} \equiv F(s, n) \tag{2-52}$$

注意到

$$\varphi'(s) = \frac{\mathrm{d}x}{\mathrm{d}s}\bigg|_{\Gamma_0} = \frac{\dot{x}}{\dot{s}}\bigg|_{\Gamma_0} = \frac{P(\varphi, \psi)}{\pm\sqrt{P^2(\varphi, \psi) + Q^2(\varphi, \psi)}}$$

其中用到

$$\dot{s} = \pm\sqrt{\dot{x}^2 + \dot{y}^2} = \pm\sqrt{P^2(\varphi, \psi) + Q^2(\varphi, \psi)} \tag{2-53}$$

平方根号前的正负号分别按照相点在 Γ_0 上沿顺时针方向或逆时针方向运动去取。类似的, 有

$$\psi'(s) = \frac{Q(\varphi, \psi)}{\pm\sqrt{P^2(\varphi, \psi) + Q^2(\varphi, \psi)}}$$

由于闭轨 Γ_0(即 $n = 0$) 上无奇点, $P^2(\varphi, \psi) + Q^2(\varphi, \psi) > 0$, 因此当 $n = 0$ 时式 (2-52) 右端的分母

$$\left[\bar{P}\varphi' + \bar{Q}\psi'\right]_{n=0} = \pm\sqrt{P^2(\varphi, \psi) + Q^2(\varphi, \psi)} \neq 0$$

从而在 Γ_0 的某个邻域中, 该分母也不为零。由于函数 P, Q 连续可微, 因此过此邻域的每一点, 方程 (2-52) 都有唯一解。特别地, 因为 $F(s, 0) = 0$, 所以满足初始条件 $s = 0$, $n = 0$ 的解为 $n \equiv 0$, 即闭轨 Γ_0。

记方程 (2-52) 的满足初始条件 $s = 0$, $n = n_0$($|n_0|$ 充分小) 的解为

$$n = \Phi(s; n_0) \tag{2-54}$$

它给出过法线 $s = 0$ 上 $n = n_0$ 的点的轨线。取法线 $s = 0$ 上 $|n|$ 充分小的一段作为无切线段。由前面所述可知, 当 $|n_0|$ 充分小时, 轨线式 (2-54) 当 $s = l$ 时将再次与此无切线段相交。按这个后继点的坐标给出后继函数为

$$g(n_0) = \Phi(l; n_0)$$

从而

$$h(n_0) = g(n_0) - n_0 = \Phi(l; n_0) - n_0$$

由于闭轨 Γ_0 对应 $n = \Phi(s; 0) = 0$, 因此有 $g(0) = 0$ 和 $h(0) = 0$。接着求 $h'(0)$, 以便确定闭轨的稳定性。

考虑到式 (2-52) 右端函数 $F(n, s)$ 有

$$F(s, 0) = 0$$

$$F_n'(s, 0) = \pm\frac{P_x'(\varphi, \psi) + Q_y'(\varphi, \psi)}{\sqrt{P^2(\varphi, \psi) + Q^2(\varphi, \psi)}} - \left[\ln(\varphi'^2 + \psi'^2)\right]' \equiv A_1(s)$$

把式 (2-52) 右端对 n 展开到一次项, 便有

$$\frac{\mathrm{d}n}{\mathrm{d}s} = A_1(s)n + o(n)$$

沿轨线式 (2-54) 进行积分, 有

$$\int_{n_0}^{n} \frac{\mathrm{d}n}{n} = \int_0^s A_1(s) \,\mathrm{d}s + \int_0^s \frac{o(n)}{n} \mathrm{d}s$$

得到

$$n = \varPhi(s; n_0) = n_0 \mathrm{e}^{\int_0^s A_1(s)\mathrm{d}s} \mathrm{e}^{\int_0^s \frac{o(n)}{n}\mathrm{d}s}$$

令 $s = l$ 就得到后继函数

$$h(n_0) = \varPhi(l; n_0) - n_0 = n_0 \left[\mathrm{e}^{\int_0^s A_1(s)\mathrm{d}s} \mathrm{e}^{\int_0^s \frac{o(n)}{n}\mathrm{d}s} - 1 \right] \tag{2-55}$$

设 T 为闭轨 $\varGamma_0$ 的时间周期, 并利用式 (2-53), 计算下面的积分

$$\begin{aligned}
\int_0^l A_1(s)\,\mathrm{d}s &= \int_0^l \frac{P'_x(\varphi, \psi) + Q'_y(\varphi, \psi)}{\sqrt{P^2(\varphi, \psi) + Q^2(\varphi, \psi)}} \mathrm{d}s - \int_0^l \left[\ln\left(\varphi'^2 + \psi'^2\right) \right]' \mathrm{d}s \\
&= \int_0^T \left[P'_x\left(\varphi(s(t)), \psi(s(t))\right) + Q'_y\left(\varphi(s(t)), \psi(s(t))\right) \right] \mathrm{d}t \\
&\quad - \ln\left(\varphi'^2 + \psi'^2\right) \Big|_0^l
\end{aligned}$$

考虑到以 $\varphi(s)$, $\psi(s)$ 以 l 为周期, 故上式右端的第二项等于零。此外, 上式右端的第一项是向量场 (P, Q) 的散度沿 $\varGamma_0$ 一周的积分, 简记为 $\oint_{\varGamma_0} \mathrm{div}\,(P, Q)\mathrm{d}t$, 便有

$$\int_0^l A_1(s)\mathrm{d}s = \oint_{\varGamma_0} \mathrm{div}\,(P, Q)\mathrm{d}t \tag{2-56}$$

由式 (2-55) 和式 (2-56), 可以求得

$$h'(0) = \exp\left(\oint_{\varGamma_0} \mathrm{div}\,(P, Q)\mathrm{d}t \right) - 1 \tag{2-57}$$

根据定理 2.23, 可以得到下面的定理。

定理 2.24　如果沿着闭轨 $\varGamma_0$ 有

$$\gamma_0 = \frac{1}{T} \oint_{\varGamma_0} \mathrm{div}\,(P, Q)\mathrm{d}t < 0 \quad (\text{或} > 0) \tag{2-58}$$

则 $\varGamma_0$ 为稳定 (不稳定) 极限环。

γ_0 称为闭轨 $\varGamma_0$ 的特征指数。此外, $\gamma_0 \neq 0$ 是 $\varGamma_0$ 为单重极限环的必要且充分条件。条件式 (2-58) 是判定极限环稳定性的充分条件, 但不是必要条件。当

$\oint_{\Gamma_0} \mathrm{div}\,(P,Q)\mathrm{d}t = 0$ 时, Γ_0 可能是 (稳定、不稳定或半稳定的) 多重极限环, 也可能是周期环或复合环, 这时极限环稳定性的判定是非常困难的。

推论 2.2 设在系统 (2-47) 的闭轨 Γ_0 的一侧附近各点, 恒有下列三种情形之一:

$$\mathrm{div}\,(P,Q) < 0, \quad \mathrm{div}\,(P,Q) > 0, \quad \mathrm{div}\,(P,Q) \equiv 0$$

则在此侧分别有 Γ_0 是稳定的、Γ_0 是不稳定的或在 Γ_0 的充分小邻域中全是闭轨。

虽然极限环的稳定性是对轨道稳定性而言的, 但是关于极限环上的周期解的 Lyapunov 稳定性有下面的定理。

定理 2.25 设轨线 Γ 是系统 (2-47) 的单重稳定极限环, 则 Γ 上的任一周期解必定是在 Lyapunov 意义下稳定的 (但不是在 Lyapunov 意义下渐近稳定的)。

6. 极限环的个数

极限环的个数问题是比较困难的问题, 这里简单介绍关于极限环的唯一性的几个结果。

定理 2.26 设在环域 G 中, 系统 (2-47) 的向量场 (P,Q) 有连续偏导数, 并存在连续可微函数 $B(x,y)$, 使得 $\dfrac{\partial\,(BP)}{\partial x} + \dfrac{\partial\,(BQ)}{\partial y}$ 在 G 中保持常号, 且不在 G 的任何子区域中恒等于零, 则系统 (2-47) 至多只能有一条全部位于 G 中的闭轨。若此闭轨存在, 它必为极限环。

定理 2.26(或者下面各定理) 连同极限环的存在性定理一起, 就可用来证明极限环的唯一性。

定理 2.27 设系统 (2-47) 对任一 $\lambda > 1$ 恒有

$$P\,(x,y)\,Q\,(\lambda x, \lambda y) - P\,(\lambda x, \lambda y)\,Q\,(x,y) \geqslant 0 \quad (\text{或} \leqslant 0)$$

且使等号成立的点不充满系统 (2-47) 的闭轨, 则系统 (2-47) 至多有一个极限环; 若极限环存在, 它关于原点是星形的 (即它与过原点的任一射线只交于一点)。

将系统 (2-47) 化为极坐标 (r,θ) 下的微分方程

$$\frac{\mathrm{d}r}{\mathrm{d}\theta} = \varphi\,(r,\theta) \tag{2-59}$$

定理 2.28 如果对于式 (2-59) 能找到单值连续可微函数 $\psi\,(r)$ 使得在某个连通区域 G 中, 下列五个关系式处处都不成立

$$
\left.
\begin{array}{r}
\dfrac{\mathrm{d}\psi}{\mathrm{d}r} = \infty \\[2mm]
\dfrac{\mathrm{d}^2\psi}{\mathrm{d}r^2} = \infty \\[2mm]
\varphi(r,\theta) = 0 \\[2mm]
\dfrac{\partial\varphi}{\partial r} = \infty \\[2mm]
\dfrac{\partial}{\partial r}\left(\varphi\dfrac{\mathrm{d}\psi}{\mathrm{d}r}\right) = 0
\end{array}
\right\}
\tag{2-60}
$$

则在 G 中至多只能有一个极限环。

　　定理 2.29　如果式 (2-59) 的 $\varphi(r,\theta)$ 是两个连续函数之商, 且分母在单连通区域 G 中不等于零, 又沿着任一射线 $\theta = \theta_0$, $\varphi(r,\theta)$ 是 r 是的单调增加 (或减少) 函数, 则在 G 中至多只能有一个极限环。

2.2　动力系统基本理论

　　本节主要讲述微分动力系统的基本概念和重要性质。介绍流的基本概念, 研究平面极限集的重要性质。介绍线性化流及流的双曲平衡点的重要性质、哈特曼–格鲁巴曼 (Hartman-Гробман) 定理和稳定流形定理, 讨论非双曲平衡点的中心流形的概念和基本定理。

2.2.1　连续动力系统——流

　　动力系统的概念源于 19 世纪末对动力学问题中常微分方程的定性研究 [17~20]。直到 20 世纪 60 年代, 由于微分几何和微分拓扑研究的发展, 动力系统理论才开始取得重大进展, 并且在物理、化学、生态学、经济学、控制理论和数值计算等领域有着广泛的应用, 成为当代最活跃的数学分支之一。

　　笼统地说, 动力系统理论着重研究随时间演化的系统的全局定性行为。系统的状态在相空间中按照一定的规律演化, 这个规律往往可以用微分方程、差分方程等去描述。本小节主要研究从初始状态出发的系统状态的各种演化行为 (如平衡状态、周期或回归行为、长时间行为等) 及其相互关系和稳定性。

　　动力系统可分为两大类: 连续的和离散的。本小节介绍连续动力系统——流的概念。

　　考虑定义在区域 $D \subseteq \mathbf{R}^n$ 上的自治系统

$$
\dot{\boldsymbol{x}} = \boldsymbol{f}(\boldsymbol{x}), \quad \boldsymbol{x} \in D, \quad t \in \mathbf{R}
\tag{2-61}
$$

即给定在 D 上的向量场 $\boldsymbol{f}(\boldsymbol{x})$。设 $\boldsymbol{f}(\boldsymbol{x})$ 在 D 上连续，且满足解的唯一性条件。又设每个解的存在区间都是 $(-\infty, +\infty)$。令系统 (2-61) 的满足初始条件 $\boldsymbol{x}(0) = \boldsymbol{x}_0$ 的解为 $\boldsymbol{x} = \boldsymbol{\varphi}(t, \boldsymbol{x}_0)$, $t \in \mathbf{R}$, $\boldsymbol{x}_0 \in D$。

如果把 $\boldsymbol{x}_0$ 换成变量 $\boldsymbol{x}$，便得到一个依赖于 t 和 $\boldsymbol{x}$ 的函数 $\boldsymbol{\varphi}(t, \boldsymbol{x})$，即得到映射 $\boldsymbol{\varphi}: \mathbf{R} \times D \to D$。若固定 $\boldsymbol{x}$ 而令 t 变化，则 $\boldsymbol{\varphi}(t, \boldsymbol{x})$ 给出在相空间中系统 (2-61) 过点 $\boldsymbol{x}$ 的一条轨线 (图 2-18(a))；若 t 和 $\boldsymbol{x}$ 都变化，则给出系统 (2-61) 不同初值点 $\boldsymbol{x}$ 的轨线族 (图 2-18(b))。

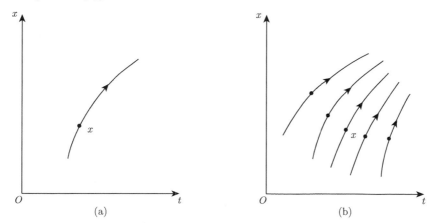

图 2-18 解在相空间的轨线

$\boldsymbol{\varphi}(t, \boldsymbol{x})$ 有以下性质：

① $\boldsymbol{\varphi}(0, \boldsymbol{x}) = \boldsymbol{x}$, $\quad \forall \boldsymbol{x} \in D$；

② $\boldsymbol{\varphi}(s, \boldsymbol{\varphi}(t, \boldsymbol{x})) = \boldsymbol{\varphi}(s + t, \boldsymbol{x})$, $\quad \forall s, t \in \mathbf{R}$, $\boldsymbol{x} \in D$。

由于在广义相空间中，自治系统的积分曲线沿 t 轴平移后仍是该系统的积分曲线，因此图 2-19 给出性质② 的几何解释。

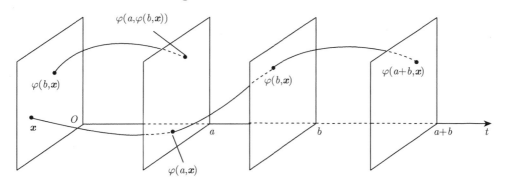

图 2-19 自治系统积分曲线的平移

记 $\varphi_t(\boldsymbol{x}) \equiv \varphi(t, \boldsymbol{x})$，于是对任何给定的 t 都可以得到一个映射 $\varphi_t : D \to D$，且它有以下性质：

①′ $\varphi_0 = I$；

②′ $\varphi_s\varphi_t = \varphi_{s+t}$，　　$\forall s, t \in \mathbf{R}$。

映射 $\boldsymbol{\varphi}$ 或 $\{\varphi_t \,|\, t \in \mathbf{R}\}$ 称为系统 (2-61) 的流。

流 $\{\varphi_t \,|\, t \in \mathbf{R}\}$ 是一个单参数变换群，参数 t 的取值范围是实数加群 $(\mathbf{R}, +)$。事实上，在集合 $\{\varphi_t\}$ 中取映射的复合运算为 "乘法" 运算，由性质②′ 知道，$\{\varphi_t\}$ 对这个乘法是封闭的，且乘法结合律成立。性质①′ 表明 φ_0 可作为单位元素。此外，由性质①′ 和②′ 有

$$\varphi_{-t}\varphi_t = \varphi_t\varphi_{-t} = \varphi_0, \quad \forall t \in \mathbf{R}$$

因此每个 φ_t 都有逆元素 $\varphi_t^{-1} = \varphi_{-t}$。顺便指出，流也是一个交换群，这是因为由性质②′ 有

$$\varphi_s\varphi_t = \varphi_{s+t} = \varphi_{t+s} = \varphi_t\varphi_s, \quad \forall s, t \in \mathbf{R}$$

作为一个特殊的例子，考虑线性自治系统

$$\dot{\boldsymbol{x}} = \boldsymbol{A}\boldsymbol{x}, \quad \boldsymbol{x} \in \mathbf{R}^n$$

这个系统的流为

$$\boldsymbol{\varphi}(t, \boldsymbol{x}) \equiv \varphi_t(\boldsymbol{x}) = \mathrm{e}^{\boldsymbol{A}t}\boldsymbol{x} \tag{2-62}$$

即 $\varphi_t = \mathrm{e}^{\boldsymbol{A}t}$。不过，对一般的非线性自治系统 (2-61)，通常不可能给出 φ_t 的解析表达式。

定义 2.17　设开集 $E \subseteq \mathbf{R}^n, \boldsymbol{\varphi} : \mathbf{R} \times E \to E$ 是一个 C^0 映射 (C^r 映射，$r \geqslant 1$)，且满足性质①和②。记 $\varphi_t(\boldsymbol{x}) \equiv \varphi(t, \boldsymbol{x})$，则对给定的 $t \in \mathbf{R}$，$\varphi_t : E \to E$ 是一个 C^0 映射 (C^r 映射) 且满足性质①′ 和②′。$\boldsymbol{\varphi}$ 或 $\{\varphi_t \,|\, t \in \mathbf{R}\}$ 称为 E 上的 C^0 动力系统 (C^r 动力系统) 或 C^0 流 (C^r 流)。

在上述定义中，对给定的 t, φ_t 都有逆映射 $\varphi_t^{-1} = \varphi_{-t}$，后者也是 $C^0(C^r)$ 动力系统，因此 φ_t 是一个同胚 (C^r 微分同胚)。

下面简单地讨论流和向量场的关系。首先，由定理 2.11 和定理 2.13 可知，如果 $\boldsymbol{f}(\boldsymbol{x})$ 是 D 上的 $C^0(C^r)$ 向量场，则 $\boldsymbol{\varphi}(t, \boldsymbol{x})$ 对 $(t, \boldsymbol{x})$ 是连续 (r 阶连续可微) 的，即 $\boldsymbol{f}(\boldsymbol{x})$ 生成 $C^0(C^r)$ 流。其次，每个 C^r ($r \geqslant 1$) 流 $\boldsymbol{\varphi}$ 都对应一个向量场，即对应一个以 $\boldsymbol{\varphi}(t, \boldsymbol{x})$ 为解的自治系统。事实上，若取向量场

$$\boldsymbol{f}(\boldsymbol{x}) = \left.\frac{\mathrm{d}\varphi_t(\boldsymbol{x})}{\mathrm{d}t}\right|_{t=0} = \lim_{\Delta t \to 0} \frac{\varphi_{\Delta t}(\boldsymbol{x}) - \varphi_0(\boldsymbol{x})}{\Delta t} \tag{2-63}$$

则 $\boldsymbol{f}(\boldsymbol{x})$ 是一个 C^r 向量函数, 它给出一个自治系统

$$\dot{\boldsymbol{x}} = \boldsymbol{f}(\boldsymbol{x})$$

把 $\varphi_t(\boldsymbol{x})$ 分别代入上式的两端, 对左端有

$$\frac{\mathrm{d}\varphi_t(\boldsymbol{x})}{\mathrm{d}t} = \lim_{\Delta t \to 0} \frac{\varphi_{t+\Delta t}(\boldsymbol{x}) - \varphi_t(\boldsymbol{x})}{\Delta t}$$

对右端有

$$\boldsymbol{f}(\varphi_t(\boldsymbol{x})) = \lim_{\Delta t \to 0} \frac{\varphi_{\Delta t}(\varphi_t(\boldsymbol{x})) - \varphi_0(\varphi_t(\boldsymbol{x}))}{\Delta t} = \lim_{\Delta t \to 0} \frac{\varphi_{t+\Delta t}(\boldsymbol{x}) - \varphi_0(\boldsymbol{x})}{\Delta t}$$

因此 $\varphi_t(\boldsymbol{x})$ 是这个自治系统的解。此外, 它满足初始条件 $\varphi_t(\boldsymbol{x})|_{t=0} = \boldsymbol{x}$。

对于固定的 $\boldsymbol{x} \in E \subseteq \mathbf{R}^n$, 集合 $\{\varphi_t(\boldsymbol{x})\,|\,t \in \mathbf{R}\}$ 称为流 φ_t 过点 $\boldsymbol{x}$ 的轨线。

定义 2.18 如果点 $\boldsymbol{p} \in E$ 对任何 $t \in \mathbf{R}$ 满足 $\varphi_t(\boldsymbol{p}) = \boldsymbol{p}$, 则称 $\boldsymbol{p}$ 为流 φ_t 的平衡点 (不动点)。对于流 φ_t 所对应的向量场 $\boldsymbol{f}(\boldsymbol{x})$(式 (2-63)), 显然有 $\boldsymbol{f}(\boldsymbol{p}) = \boldsymbol{0}$, 因此 $\boldsymbol{p}$ 也称为该向量场 $\boldsymbol{f}(\boldsymbol{x})$ 的零点 (奇点)。

定义 2.19 如果点 $\boldsymbol{q} \in E$ 对某个 $T > 0$ 满足 $\varphi_T(\boldsymbol{q}) = \boldsymbol{q}$, 则称 $\boldsymbol{q}$ 为流 φ_t 的周期点。这种 T 值中的最小者称为最小正周期 (简称为周期)。流 φ_t 过周期点 $\boldsymbol{q}$ 的轨线称为流 φ_t 的闭轨 (周期轨线)。

显然, 在过周期点 $\boldsymbol{q}$ 的轨线上的任何一点都是周期点, 且有同样的周期 T。事实上, 对任何 $s \in \mathbf{R}$ 取 $\bar{\boldsymbol{q}} = \varphi_s(\boldsymbol{q})$, 则

$$\varphi_T(\bar{\boldsymbol{q}}) = \varphi_T(\varphi_s(\boldsymbol{q})) = \varphi_{s+T}(\boldsymbol{q}) = \varphi_{s+T}(\boldsymbol{q})$$
$$= \varphi_s(\varphi_T(\boldsymbol{q})) = \varphi_s(\boldsymbol{q}) = \bar{\boldsymbol{q}}$$

定义 2.20 如果点集 F 具有以下性质

$$\varphi_t(\boldsymbol{x}) \in F, \quad \forall \boldsymbol{x} \in F, \quad t \in \mathbf{R} \tag{2-64}$$

则 F 称为流 φ_t 的不变集。

显然, 流 φ_t 的每条轨线都是它的一个不变集。下面介绍的非游荡集和极限集是更一般形式的不变集。此外, 后面将要介绍的稳定流形、不稳定流形和中心流形也都是不变集。对不变集性质的研究是动力系统全局分析的一个重要内容。平衡点和闭轨也是动力系统研究中重要的内容, 它们是回归运动的特例。回归运动是指那些能无限次地回复到初始状态附近的运动。为此, 引进非游荡点和非游荡集的概念去研究动力系统的长期性态。

定义 2.21 设对点 $\boldsymbol{p} \in E$ 的任何邻域 U 和任意大的 $T > 0$, 存在 $t > T$ 使得 $U \cap \varphi_t(U) \neq \varnothing$, 其中 $\varphi_t(U) = \{\boldsymbol{x}\,|\,\boldsymbol{x} = \varphi_t(\boldsymbol{y}), \boldsymbol{y} \in U\}$, 则称 $\boldsymbol{p}$ 为流 φ_t 的一个非游

荡点。φ_t 的全体非游荡点的集合称为非游荡集，记作 $\Omega(\varphi)$。若 $q \in E \backslash \Omega(\varphi)$，则称 q 为流 φ 的一个游荡点。

由定义 2.21 可见，在非游荡点 p 的任何邻域 U 内总存在点 r(它可以是点 p 本身)，使得当 $t \to +\infty$ 时，轨线 $\varphi_t(r)$ 返回此邻域 U 无限多次。易证，流 φ_t 的全体非游荡点的集合 $\Omega(\varphi)$ 是一个闭的不变集。此外，流 φ_t 的平衡点和闭轨都属于 $\Omega(\varphi)$。

定义 2.22　在过点 x 的轨线 γ 上，如果存在点列 $\varphi_{t_1}(x), \varphi_{t_2}(x), \cdots$，使得当 $i \to \infty$ 时，$t_i \to +\infty$(或 $-\infty$) 且 $\varphi_{t_i}(x) \to p$，则称点 p 为过点 x 的轨线 γ 的一个 ω 极限点 (或 α 极限点)，过点 x 的轨线 γ 的全体 ω 极限点 (或 α 极限点) 的集合称为 ω 极限集 (或 α 极限集)，记为 $\omega(x)$(或 $\alpha(x)$)，也可记为 ω_γ(或 α_γ)。

容易证明

$$\omega(x) = \bigcap_{\tau \geqslant 0} \overline{\bigcup_{t \geqslant \tau} \varphi_t(x)} \tag{2-65}$$

$$\alpha(x) = \bigcup_{\tau \leqslant 0} \overline{\bigcup_{t \leqslant \tau} \varphi_t(x)} \tag{2-66}$$

显然，平衡点或闭轨的 ω 极限集 (α 极限集) 就是它们本身。此外，ω 极限集和 α 极限集都属于非游荡集 $\Omega(\varphi)$。

定义 2.23　设 F 是一个不变集。如果对 F 的每个 ε 邻域 $U_\varepsilon = \{x \,|\, d(x, F) < \varepsilon\}$，都存在 F 的一个 δ 邻域 U_δ，使得对任何 $p \in U_\delta$，有 $\varphi_t(p) \in U_\tau(t \geqslant 0)$，则称 F 是稳定的。如果 F 是稳定的，此外，存在 $a > 0$，使得对任何 $q \in U_a$，当 $t \to +\infty$ 时，$d(\varphi_t(q), F) \to 0$，则称 F 是渐近稳定的。

定义 2.24　设 A 是一个闭的不变集，且是渐近稳定的，则称 A 为吸引集。集合

$$B = \left\{ x \,\middle|\, \lim_{t \to +\infty} d(\varphi_t(x), A) = 0 \right\}$$

称为 A 的吸引域。将 t 换为 $-t$ 可以类似地给出排斥集及其排斥域的定义。如果在吸引集 (或排斥集) 中包含一条稠密的轨线，则称为吸引子 (或排斥子)，点吸引子也称为汇，点排斥子也称为源。

吸引子可以分成两大类：一类称为普通吸引子，如平衡点吸引子 (即汇)、周期吸引子，此外还有环面吸引子等；另一类是在混沌运动问题中出现的奇怪吸引子。普通吸引子具有整数维数，而奇怪吸引子具有分形维数 (fractal dimension)。

2.2.2　线性流与线性化流

线性流是几何学中的常用概念，一维线性流称为直线，二维线性流称为平面，更高维的线性流称为超平面。

1. 线性流的不变子空间

考虑 n 维线性系统

$$\dot{x} = Ax, \quad x \in \mathbf{R}^n \tag{2-67}$$

式中, $\boldsymbol{A}$ 为 $n \times n$ 常值矩阵。由式 (2-62) 可知, 这个系统的流为 $\varphi_t = \mathrm{e}^{\boldsymbol{A}t} : \mathbf{R}^n \to \mathbf{R}^n$, 称为线性流。

对 $\mathbf{R}^n$ 作直和分解:

$$\mathbf{R}^n = E^{\mathrm{s}} \oplus E^{\mathrm{u}} \oplus E^{\mathrm{c}}$$

式中, E^{s}, E^{u} 和 E^{c} 分别为矩阵 $\boldsymbol{A}$ 的具有负实部、正实部和零实部的特征值对应的不变子空间, 它们的维数分别为 n_{s}, n_{u} 和 n_{c}, $n_{\mathrm{s}} + n_{\mathrm{u}} + n_{\mathrm{c}} = n$。矩阵 $\boldsymbol{A}$ 的具有负实部、正实部和零实部的特征值对应的线性无关特征向量和广义特征向量分别记为 $(\boldsymbol{v}_1, \cdots, \boldsymbol{v}_{n_{\mathrm{s}}})$, $(\boldsymbol{u}_1, \cdots, \boldsymbol{u}_{n_{\mathrm{u}}})$ 和 $(\boldsymbol{w}_1, \cdots, \boldsymbol{w}_{n_{\mathrm{c}}})$。于是上述不变子空间分别为

$$E^{\mathrm{s}} = \mathrm{span}\{\boldsymbol{v}_1, \cdots, \boldsymbol{v}_{n_{\mathrm{s}}}\}$$

$$E^{\mathrm{u}} = \mathrm{span}\{\boldsymbol{u}_1, \cdots, \boldsymbol{u}_{n_{\mathrm{u}}}\}$$

$$E^{\mathrm{c}} = \mathrm{span}\{\boldsymbol{w}_1, \cdots, \boldsymbol{w}_{n_{\mathrm{c}}}\}$$

当矩阵 $\boldsymbol{A}$ 有复共扼特征值时, 就有复共扼特征向量和广义特征向量, 这时可以用它们的实部和虚部代替。

定理 2.30 (1) E^{s}, E^{u} 和 E^{c} 都是线性流 $\mathrm{e}^{\boldsymbol{A}t}$ 的不变子空间。

(2) 设 $\lambda_1, \cdots, \lambda_{n_{\mathrm{s}}}$ 为矩阵 $\boldsymbol{A}$ 的有负实部的特征值, $\mathrm{Re}\lambda_i < -\alpha\ (i = 1, 2, \cdots, n_{\mathrm{s}})$, $\alpha > 0$, 则对于任何 $\boldsymbol{x}_0 \in E^{\mathrm{s}}$, 存在 $k_1 > 0$, 使得

$$\|\mathrm{e}^{\boldsymbol{A}t}\,\boldsymbol{x}_0\| < k_1 \mathrm{e}^{-\alpha t} \|\boldsymbol{x}_0\|, \quad t \in \mathbf{R}$$

(3) 设 $\mu_1, \cdots, \mu_{n_{\mathrm{u}}}$ 为矩阵 $\boldsymbol{A}$ 的有正实部的特征值, $\mathrm{Re}\mu_i > \beta\ (i = 1, 2, \cdots, n_{\mathrm{u}})$, $\beta > 0$, 则对于任何 $\boldsymbol{x}_0 \in E^{\mathrm{u}}$, 存在 $k_2 > 0$, 使得

$$\|\mathrm{e}^{\boldsymbol{A}t}\,\boldsymbol{x}_0\| > k_2 \mathrm{e}^{\beta t} \|\boldsymbol{x}_0\|, \quad t \in \mathbf{R}$$

由上述定理可见, 从子空间 E^{s} (或 E^{u}, E^{c}) 中任一点出发的轨线始终在该子空间内。此外, 在 E^{s} 上的轨线, 当 t 增加时, 按指数规律单调地或振荡地趋于平衡点 O; 而在 E^{u} 上的轨线, 当 t 增加时, 按指数规律单调地或振荡地远离平衡点 O。至于在 E^{c} 上的轨线, 当 t 增加时, 或者都保持有界, 或者按幂规律远离平衡点 O。因此, 把 E^{s}, E^{u} 和 E^{c} 分别称为线性流 $\mathrm{e}^{\boldsymbol{A}t}$ 的稳定子空间、不稳定子空间和中心子空间。图 2-20 中给出当

$$\boldsymbol{A} = \begin{pmatrix} -1 & 0 & 0 \\ 0 & 1 & 0 \\ 0 & 0 & 0 \end{pmatrix}$$

时的图形。这些不变子空间不仅可以清楚地表达线性系统的平衡点附近的轨线情况，而且有助于了解它在 $\mathbf{R}^n$ 中轨线的全局性态。

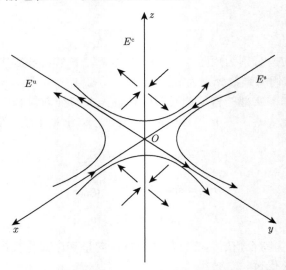

图 2-20   线性流的稳定子空间、不稳定子空间和中心子空间

下面讨论一种重要的情形。

定义 2.25   如果矩阵 A 的一切特征值都有非零实部，则称原点 O 为线性系统 (2-67) 的双曲平衡点，并称 e^{At} 为线性双曲流。

显然，双曲平衡点是系统 (2-67) 的唯一的平衡点，线性双曲流只有稳定子空间和不稳定子空间，不存在中心子空间。双曲平衡点可分为以下三种类型 (图 2-21)：

(1) 如果 A 的一切特征值都有负实部，则原点 O 是一个平衡点吸引子 (汇)，如图 2-21(a) 所示。这时称 e^{At} 为收缩流。

(2) 如果 A 的一切特征值都有正实部，则原点 O 是一个平衡点排斥子 (源)，如图 2-21(b) 所示。这时称 e^{At} 为扩张流。

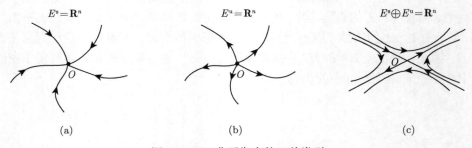

图 2-21   双曲平衡点的三种类型

(3) 如果 A 既有负实部的特征值, 也有正实部的特征值, 则原点 O 是鞍点, 如图 2-21(c) 所示。

2. 线性化流

现在考虑 n 维非线性系统

$$\dot{\boldsymbol{x}} = \boldsymbol{f}(\boldsymbol{x}), \quad \boldsymbol{x} \in \mathbf{R}^n \tag{2-68}$$

设原点 O 是一个孤立平衡点, 即 $\boldsymbol{f}(\mathbf{0}) = \mathbf{0}$。设 $\boldsymbol{f}(\boldsymbol{x})$ 是 C^r 向量场 $(r \geqslant 1)$, 则系统 (2-68) 在点 O 处的线性近似系统为

$$\dot{\boldsymbol{x}} = D\boldsymbol{f}(\mathbf{0})\boldsymbol{x}, \quad \boldsymbol{x} \in \mathbf{R}^n \tag{2-69}$$

上式的右端称为向量场 $\boldsymbol{f}(\boldsymbol{x})$ 关于点 O 的线性化向量场, 它生成线性近似系统 (2-69) 的流 $e^{D\boldsymbol{f}(\mathbf{0})t}$。后者满足下面的矩阵方程的初值问题

$$\dot{\boldsymbol{Y}} = D\boldsymbol{f}(\mathbf{0})\boldsymbol{Y}, \quad \boldsymbol{Y}(0) = \boldsymbol{I} \tag{2-70}$$

另一方面, 设 $\boldsymbol{f}(\boldsymbol{x})$ 生成非线性系统 (2-68) 的流 φ_t, 则有

$$\frac{\partial}{\partial t} \varphi_t(\boldsymbol{x}) = \boldsymbol{f}(\varphi_t(\boldsymbol{x}))$$

把上式对 $\boldsymbol{x}$ 微分后, 交换对 $\boldsymbol{x}$ 和 t 的微分次序, 再利用导算子的链式法则, 得到

$$\frac{\partial}{\partial t} D\varphi_t(\boldsymbol{x}) = \boldsymbol{f}(\varphi_t(\boldsymbol{x})) \circ D\varphi_t(\boldsymbol{x})$$

取 $\boldsymbol{x} = \mathbf{0}$, 考虑到 $\varphi_t(\mathbf{0}) = \mathbf{0}$, 有

$$\frac{\mathrm{d}}{\mathrm{d}t} D\varphi_t(\mathbf{0}) = D\boldsymbol{f}(\mathbf{0}) \circ D\varphi_t(\mathbf{0}) \tag{2-71}$$

此外, 由于对一切 $\boldsymbol{x} \in \mathbf{R}^n$ 有 $\varphi_t(\boldsymbol{x})|_{t=0} = \boldsymbol{x}$, 因此

$$D\varphi_t(\mathbf{0})|_{t=0} = \boldsymbol{I} \tag{2-72}$$

$D\varphi_t(\mathbf{0})$ 称为流 φ_t 关于点 O 的线性化流。由式 (2-71) 和式 (2-72) 知道, $D\varphi_t(\mathbf{0})$ 满足初值问题 (2-70)。根据解的唯一性, 有

$$D\varphi_t(\mathbf{0}) = e^{D\boldsymbol{f}(\mathbf{0})t}$$

这说明线性化流就是线性化向量场生成的流。因此向量场的线性化与流的线性化实际上是一致的。

2.2.3　双曲平衡点、稳定和不稳定流形

现在关心的问题是流 φ_t 关于平衡点的线性化能否反映 φ_t 在平衡点附近的局部性态。通过前面的学习，已经知道非线性系统与其线性近似系统在平衡点附近不一定有相同的拓扑结构。但是对于双曲平衡点，上述问题有肯定的结果。

1. 双曲平衡点

定义 2.26　设 $\bar{x}$ 是系统 (2-68) 的一个孤立平衡点，$D\boldsymbol{f}(\bar{x})$ 的一切特征值都有非零实部，则称 $\bar{x}$ 系统 (2-68) 的双曲平衡点。

为了研究两个动力系统是否有相同的拓扑结构，引进向量场的拓扑等价性概念。

设 $\boldsymbol{f}(\boldsymbol{x})$ 和 $\boldsymbol{g}(\boldsymbol{y})$ 是分别定义在 $U, V \subseteq \mathbf{R}^n$ 上的 C^r 向量场 $(r \geqslant 1)$，它们分别生成流 $\varphi_{t,\boldsymbol{f}} : U \to U$ 和 $\varphi_{t,\boldsymbol{g}} : V \to V$。

定义 2.27　如果存在一个同胚 $h : U \to V$，使得对任何 $\boldsymbol{x} \in U, t_1 \in \mathbf{R}$，存在 $t_2 \in \mathbf{R}$，使得

$$h \circ \varphi_{t_1,\boldsymbol{f}}(\boldsymbol{x}) = \varphi_{t_2,\boldsymbol{g}} \circ h(\boldsymbol{x}) \tag{2-73}$$

即

$$\varphi_{t_1,\boldsymbol{f}} = h^{-1} \circ \varphi_{t_2,\boldsymbol{g}} \circ h \tag{2-74}$$

则称向量场 $\boldsymbol{f}(\boldsymbol{x})$ 和 $\boldsymbol{g}(\boldsymbol{x})$ 是拓扑等价的，记作 $\boldsymbol{f} \sim \boldsymbol{g}$。如果 h 是 $C^k(k \geqslant 1)$ 微分同胚，则称 $\boldsymbol{f}(\boldsymbol{x})$ 和 $\boldsymbol{g}(\boldsymbol{x})$ 是 C^k 等价的。注意：在这里不必要求 $t_2 = t_1$，但要求它们有相同的时间定向。

易证，拓扑等价 (C^k 等价) 是一种等价关系，并可用图 2-22 所示的交换图说明。

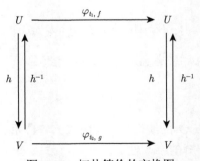

图 2-22　拓扑等价的交换图

由定义 2.27 可见，同胚 h 把系统 $\dot{\boldsymbol{x}} = \boldsymbol{f}(\boldsymbol{x})$ 的过 $\boldsymbol{x} \in U$ 的轨线变成系统 $\dot{\boldsymbol{y}} = \boldsymbol{g}(\boldsymbol{y})$ 的过 $\boldsymbol{y} = h(\boldsymbol{x}) \in V$ 的轨线，并保持时间定向。也就是说，拓扑等价的向量场对应的系统相图有相同的拓扑结构。对于动力系统的定性研究来说，拓扑

等价的向量场可以认为是"一样"的。在讨论结构稳定性时,拓扑等价的概念尤为重要。

如果向量场 f 和 g 的拓扑等价只是在对应的平衡点的邻域内成立,则称 f 和 g 在此平衡点是局部拓扑等价的。此时,两系统在对应的平衡点邻域内的轨线有相同的拓扑结构。

通过前面的学习,已经知道,在常点附近的向量场与平直流的向量场局部拓扑等价。在鞍点、焦点、结点等双曲平衡点附近,平面向量场与其线性化向量场是局部拓扑等价。作为一般性的结果,有以下的定理。

定理 2.31(哈特曼–格鲁巴曼 (Hartman-Гробман) 定理) 设点 O 是系统 (2-68) 的一个双曲平衡点,则向量场 $f(x)$ 与其线性化向量场 $Df(0)x$ 在点 O 的某邻域 Ω 内是拓扑等价的。

定理 2.31 中数学含义可用图 2-23 说明。定理 2.31 中关于双曲性的条件是非常重要的。如果非线性流与线性化流之间由 C^k 微分同胚 $h(k \geqslant 2)$ 来联系,这是向量场的 C^k 等价性问题。由斯坦贝格 (Steinberg) 定理知道,当 $Df(0)$ 的特征值满足所谓"非共振条件"时,则 $f(x)$ 与 $Df(0)x$ 是局部 C^k 等价。

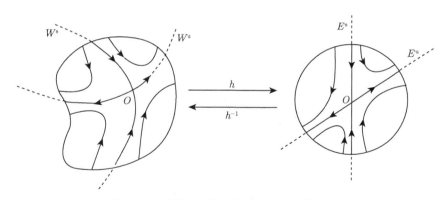

图 2-23 哈特曼–格鲁巴曼定理的数学含义

2. 稳定流形和不稳定流形

双曲平衡点的另一个重要性质就是稳定流形定理。在此不涉及一般流形的概念,只是简单地介绍 $\mathbf{R}^n$ 中流形的定义。

定义 2.28 设点集 $M \subset \mathbf{R}^n$。如果 M 有一个开覆盖 $\{U_i\}$,且有一族同胚 $\{\varphi_i\}$,$\varphi_i : U_i \to \mathbf{R}^k$,使得 $\varphi_i(U_i)$ 是 $\mathbf{R}^k$ 的开集;此外,对不同的 i, j,复合映射 $\varphi_i \circ \varphi_j^{-1}$ 在其定义域上是 C^r 的,$0 \leqslant r \leqslant \infty$,则称 M 为 $\mathbf{R}^k$ 中的一个是 k 维 C^r(子) 流形。通常 C^0 流形也称为拓扑流形,$C^r(r \geqslant 1)$ 流形也称为 C^r 微分流形。

流形的概念是通常的曲线、曲面等概念的自然推广。

设点 $\bar{x}$ 是系统 (2-68) 的一个孤立平衡点, U 是点 $\bar{x}$ 的某个邻域, 定义下面的点集

$$W_{\mathrm{loc}}^{\mathrm{s}}(\bar{x}) \stackrel{\mathrm{def}}{=} \{x \in U \,|\, \text{对一切 } t \geqslant 0 \text{ 有 } \varphi_t(x) \in U, \text{且当 } t \to +\infty \text{ 时}, \varphi_t(x) \to \bar{x}\}$$

和

$$W_{\mathrm{loc}}^{\mathrm{u}}(\bar{x}) \stackrel{\mathrm{def}}{=} \{x \in U \,|\, \text{对一切 } t \leqslant 0 \text{ 有 } \varphi_t(x) \in U, \text{且当 } t \to -\infty \text{ 时}, \varphi_t(x) \to \bar{x}\}$$

通常把 $W_{\mathrm{loc}}^{\mathrm{s}}(\bar{x})$ 和 $W_{\mathrm{loc}}^{\mathrm{u}}(\bar{x})$ 分别称为平衡点 $\bar{x}$ 的局部稳定流形和局部不稳定流形。

下面的定理给出了当 $\bar{x}$ 是双曲平衡点时, $W_{\mathrm{loc}}^{\mathrm{s}}(\bar{x})$ 和 $W_{\mathrm{loc}}^{\mathrm{u}}(\bar{x})$ 的性质。不失一般性, 在定理中可取 $\bar{x} = 0$。

定理 2.32(稳定流形定理)　设点 O 是系统 (2-68) 的一个双曲平衡点, E^{s} 为线性近似系统 (2-69) 的稳定子空间, $\dim E^{\mathrm{s}} = n_{\mathrm{s}}$, 并设 $f(x)$ 是 $C^r (r \geqslant 1)$ 向量场, 则 $W_{\mathrm{loc}}^{\mathrm{s}}(0)$ 是 n_{s} 维 C^r 微分流形, 且在点 O 处与 E^{s} 相切。此外, 对于 $W_{\mathrm{loc}}^{\mathrm{u}}(0)$ 也有同样的结论 (只需将上面的 E^{s}, $W_{\mathrm{loc}}^{\mathrm{s}}(0)$ 和 n_{s} 分别改为 E^{u}, $W_{\mathrm{loc}}^{\mathrm{u}}(0)$ 和 n_{u} 即可)。

图 2-24 中给出了定理 2.32 的说明。

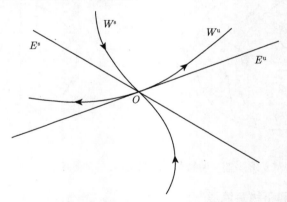

图 2-24　稳定流形定理的几何说明

根据定理 2.31, $W_{\mathrm{loc}}^{\mathrm{s}}(0)(W_{\mathrm{loc}}^{\mathrm{u}}(0))$ 在点 O 的邻域内同胚于 $E^{\mathrm{s}}(E^{\mathrm{u}})$, 因此 $W_{\mathrm{loc}}^{\mathrm{s}}(0)$ $(W_{\mathrm{loc}}^{\mathrm{u}}(0))$ 是 $n_{\mathrm{s}}(n_{\mathrm{u}})$ 维流形。余下要证的是, 当 f 是 $C^r(r \geqslant 1)$ 向量场时, 它们是与 $E^{\mathrm{s}}(E^{\mathrm{u}})$ 相切的 C^r 微分流形。此外, 只要定理 2.32 对 $W_{\mathrm{loc}}^{\mathrm{s}}(0)$ 成立, 则将 t 换为 $-t$, 就可以证明定理 2.32 对 $W_{\mathrm{loc}}^{\mathrm{u}}(0)$ 也成立。由定义可知, $\bar{x} \in W_{\mathrm{loc}}^{\mathrm{s}}(\bar{x})$ 和 $\bar{x} \in W_{\mathrm{loc}}^{\mathrm{u}}(\bar{x})$; 还可知, $W_{\mathrm{loc}}^{\mathrm{s}}$ 是正不变集, $W_{\mathrm{loc}}^{\mathrm{u}}$ 是负不变集。

作为例子, 对线性系统 $\dot{x} = Ax$, 令 U 为点 O 的某个邻域, 有 $W_{\mathrm{loc}}^{\mathrm{s}}(0) =$

$U \cap E^{\mathrm{s}}$，$W^{\mathrm{u}}_{\mathrm{loc}}(\mathbf{0}) = U \cap E^{\mathrm{u}}$。此外，对系统 (2-68)，如果平衡点 $\bar{\boldsymbol{x}}$ 是吸引子 (或排斥子)，则有 $\bar{\boldsymbol{x}}$ 的足够小的邻域 U，使得 $W^{\mathrm{s}}_{\mathrm{loc}}(\bar{\boldsymbol{x}})$(或$(W^{\mathrm{u}}_{\mathrm{loc}}(\bar{\boldsymbol{x}}))) = U$。

把 $W^{\mathrm{s}}_{\mathrm{loc}}(\bar{\boldsymbol{x}})$ 中的点沿时间负向运动，便得到点 $\bar{\boldsymbol{x}}$ 的全局稳定流形 (简称稳定流形)：

$$W^{\mathrm{s}}(\bar{\boldsymbol{x}}) = \bigcup_{t \leqslant 0} \varphi_t(W^{\mathrm{s}}_{\mathrm{loc}}(\bar{\boldsymbol{x}}))$$

同样，把 $W^{\mathrm{u}}_{\mathrm{loc}}(\bar{\boldsymbol{x}})$ 中的点沿时间正向运动，便得到点 $\bar{\boldsymbol{x}}$ 的全局不稳定流形 (简称不稳定流形)

$$W^{\mathrm{u}}(\bar{\boldsymbol{x}}) = \bigcup_{t \geqslant 0} \varphi_t(W^{\mathrm{u}}_{\mathrm{loc}}(\bar{\boldsymbol{x}}))$$

显然，$\bar{\boldsymbol{x}} \in W^{\mathrm{s}}(\bar{\boldsymbol{x}})$，$\bar{\boldsymbol{x}} \in W^{\mathrm{u}}(\bar{\boldsymbol{x}})$。如果 $\boldsymbol{x} \in W^{\mathrm{s}}(\bar{\boldsymbol{x}})$，则 $\omega(\boldsymbol{x}) = \bar{\boldsymbol{x}}$；如果 $\boldsymbol{x} \in W^{\mathrm{u}}(\bar{\boldsymbol{x}})$，则 $\alpha(\boldsymbol{x}) = \bar{\boldsymbol{x}}$。此外，$W^{\mathrm{s}}(\bar{\boldsymbol{x}})$ 和 $W^{\mathrm{u}}(\bar{\boldsymbol{x}})$ 都是不变集。

作为例子，对线性系统 $\dot{\boldsymbol{x}} = \boldsymbol{A}\boldsymbol{x}$，有 $W^{\mathrm{s}}(\mathbf{0}) = E^{\mathrm{s}}$，$W^{\mathrm{u}}(\mathbf{0}) = E^{\mathrm{u}}$。对系统 (2-68)，如果平衡点 $\bar{\boldsymbol{x}}$ 是吸引子，则 $W^{\mathrm{s}}(\bar{\boldsymbol{x}})$ 就是点 $\bar{\boldsymbol{x}}$ 的吸引域；如果平衡点 $\bar{\boldsymbol{x}}$ 是排斥子，则 $W^{\mathrm{u}}(\bar{\boldsymbol{x}})$ 就是点 $\bar{\boldsymbol{x}}$ 的排斥域。此外，如果 $\bar{\boldsymbol{x}}$ 是平面鞍点，则 $W^{\mathrm{s}}(\bar{\boldsymbol{x}})$ 和 $W^{\mathrm{u}}(\bar{\boldsymbol{x}})$ 是鞍点分界线。

稳定流形和不稳定流形对于了解动力系统的全局性态有明显的作用，其中稳定流形和不稳定流形相交的情况尤为重要。这里给出几个基本性质：

(1) $W^{\mathrm{s}}(\bar{\boldsymbol{x}})$(或 $W^{\mathrm{u}}(\bar{\boldsymbol{x}})$) 不会自身相交。

(2) 如果 $\bar{\boldsymbol{x}}_1, \bar{\boldsymbol{x}}_2$ 是两个不同的平衡点，则 $W^{\mathrm{s}}(\bar{\boldsymbol{x}}_1)$ 和 $W^{\mathrm{s}}(\bar{\boldsymbol{x}}_2)$(或 $W^{\mathrm{u}}(\bar{\boldsymbol{x}}_1)$ 与 $W^{\mathrm{u}}(\bar{\boldsymbol{x}}_2)$) 不会相交。这是因为若有 $x \in W^{\mathrm{s}}(\bar{\boldsymbol{x}}_1) \cap W^{\mathrm{s}}(\bar{\boldsymbol{x}}_2)$(或 $W^{\mathrm{u}}(\bar{\boldsymbol{x}}_1) \cap W^{\mathrm{u}}(\bar{\boldsymbol{x}}_2)$)，则当 $t \to +\infty$(或 $-\infty$) 时，同时有 $\varphi_t(\boldsymbol{x}) \to \bar{\boldsymbol{x}}_1$ 和 $\varphi_t(\boldsymbol{x}) \to \bar{\boldsymbol{x}}_2$，这是不可能的。

(3) 如果有 $\boldsymbol{x} \neq \bar{\boldsymbol{x}}$，且 $\boldsymbol{x} \in W^{\mathrm{s}}(\bar{\boldsymbol{x}}) \cap W^{\mathrm{u}}(\bar{\boldsymbol{x}})$，则 $W^{\mathrm{s}}(\bar{\boldsymbol{x}}) \cap W^{\mathrm{u}}(\bar{\boldsymbol{x}})$ 必包含无限多个点。事实上，因为 $W^{\mathrm{s}}(\bar{\boldsymbol{x}})$ 和 $W^{\mathrm{u}}(\bar{\boldsymbol{x}})$ 都是不变集，从而 $W^{\mathrm{s}}(\bar{\boldsymbol{x}}) \cap W^{\mathrm{u}}(\bar{\boldsymbol{x}})$ 也是不变集，所以当 $\boldsymbol{x} \in W^{\mathrm{s}}(\bar{\boldsymbol{x}}) \cap W^{\mathrm{u}}(\bar{\boldsymbol{x}})$ 时，就有 $\varphi_t(\boldsymbol{x}) \in W^{\mathrm{s}}(\bar{\boldsymbol{x}}) \cap W^{\mathrm{u}}(\bar{\boldsymbol{x}})$，$\forall t \in \mathbf{R}$。由于 $\boldsymbol{x} \neq \bar{\boldsymbol{x}}$，且 $\omega(\boldsymbol{x}) = \bar{\boldsymbol{x}}$，$\alpha(\boldsymbol{x}) = \bar{\boldsymbol{x}}$，因此 $\boldsymbol{x}$ 不可能是平衡点，从而点集 $\{\varphi_t(\boldsymbol{x}) | t \in \mathbf{R}\}$ 有无限多个点，它们都属于 $W^{\mathrm{s}}(\bar{\boldsymbol{x}}) \cap W^{\mathrm{u}}(\bar{\boldsymbol{x}})$。上述结果表明，如果平衡点 $\bar{\boldsymbol{x}}$ 的稳定流形与不稳定流形有一个交点 $\boldsymbol{x}$，则过点 $\boldsymbol{x}$ 的轨线也完全属于 $W^{\mathrm{s}}(\bar{\boldsymbol{x}}) \cap W^{\mathrm{u}}(\bar{\boldsymbol{x}})$。显然 $W^{\mathrm{s}}(\bar{\boldsymbol{x}}) \cap W^{\mathrm{u}}(\bar{\boldsymbol{x}})$ 包含无限多个点。

(4) 如果元 $\bar{\boldsymbol{x}}_1, \bar{\boldsymbol{x}}_2$ 是两个不同的平衡点，且有 $x \in W^{\mathrm{s}}(\bar{\boldsymbol{x}}_1) \cap W^{\mathrm{u}}(\bar{\boldsymbol{x}}_2)$，则 $W^{\mathrm{s}}(\bar{\boldsymbol{x}}_1) \cap W^{\mathrm{u}}(\bar{\boldsymbol{x}}_2)$ 包含无限多个点。

在动力系统中，同一个或不同的平衡点的稳定与不稳定流形相交有可能产生极其复杂的定性行为。通常把 $W^{\mathrm{s}}(\bar{\boldsymbol{x}}) \cap W^{\mathrm{u}}(\bar{\boldsymbol{x}})$ 中的点称为**同宿点**，过这些点的轨线都是**同宿轨线**；把 $W^{\mathrm{s}}(\bar{\boldsymbol{x}}_1) \cap W^{\mathrm{u}}(\bar{\boldsymbol{x}}_2)(\bar{\boldsymbol{x}}_1 \neq \bar{\boldsymbol{x}}_2)$ 中的点称为**异宿点**，过这些点的轨线都是**异宿轨线**。同宿和异宿的概念在混沌问题的研究中是很重要的。

2.2.4　非双曲平衡点中心流形定理

通过前面的学习已经知道, 在系统 (2-68) 的双曲平衡点附近, 非线性流的拓扑结构可以用线性化流描述。但是对于非双曲平衡点 $\bar{x}$(此时 $Df(\bar{x})$ 的某些特征值有零实部),在平衡点附近的流的结构可能是很复杂的,本小节介绍的中心流形定理提供了一种降低系统维数的研究方法, 因此在研究稳定性和分岔问题中有重要的作用。

对于一般的系统 (2-68) 有下面的定理。

定理 2.33(中心流形定理)　设 $f(x)$ 是向量场, 点 O 是系统 (2-68) 的一个非双曲平衡点, E^{s}、E^{u} 和 E^{c} 分别为线性近似系统 (2-69) 的稳定、不稳定和中心子空间, 则在点 O 的某邻域 U 内, 存在过点 O 并在该处分别与 E^{s}, E^{u} 和 E^{c} 相切的 C^{r} 局部稳定流形 W^{s}、C^{r} 局部不稳定流形 W^{u} 和 C^{r} 局部中心流形 W^{c}(下面为了简单起见, 通常略去 "局部" 二字)。它们都是局部不变集。此外, W^{s} 和 W^{u} 都是唯一的, 但 W^{c} 则不一定是唯一的。

在图 2-25 上说明了定理 2.33 的含意。

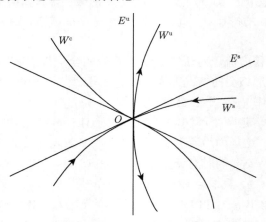

图 2-25　中心流形定理的数学含意

在平衡点 O 附近, 系统的流在与中心流形 "横截" 的方向上的局部性态是比较简单的。因为它们主要由局部稳定和不稳定流形上的局部指数收缩流和扩张流决定的, 它们与在稳定和不稳定子空间上的线性化流有相同的局部性态。但是在中心流形上的流与在中心子空间上的线性化流的性态一般是不同的。事实上, 在中心流形上, 流可能是收缩或扩张的。只有利用向量场 f 在点 O 附近的高阶项的有关信息, 才能确定在中心流形上的流的局部性态。中心流形可能不是唯一的。

定理 2.33 中关于中心流形的光滑程度为 C^{r} 的结论是对系统 (2-68) 是常微分方程的情形而言的。如果系统 (2-68) 是无限维空间上的一般的发展方程, 则当 f 是 $C^{r}(r \geqslant 1)$ 向量场时, 中心流形是 C^{r-1} 的。如果 f 是 C^{∞} 的, 则对任何 $r < \infty$

都可找到一个 C^r 中心流形,但是不一定有 C^∞ 中心流形。此外,解析的向量场 f 也不一定有解析的中心流形;但如果后者存在,它必定是唯一的。

为了研究在中心流形上的流,考虑到中心流形 W^c 在点 O 处与 E^c 相切,因此可以认为 W^c 上向量场在 E^c 上的投影所决定的流是 W^c 上的流的很好近似。

我们只讨论 $Df(0)$ 的特征值没有正实部的情形,即不稳定流形 W^u 不存在的情形。这种情况是物理和工程技术上最感兴趣的情形。对于 W^u 存在的一般情形也可以类似地讨论。

设 U 为点 O 的某个邻域,且系统 (2-68) 在 U 内可写成 (或者通过非奇异的线性变换后写成)

$$\begin{cases} \dot{u} = Au + F(u, v) \\ \dot{v} = Bv + G(u, v) \end{cases}, \quad (u, v) \in U \subset \mathbf{R}^k \times \mathbf{R}^l \tag{2-75}$$

式中,A 和 B 分别为 $k \times k$ 和 $l \times l$ 矩阵,它们的特征值分别有零实部和负实部,$k = \dim E^c$,$l = \dim E^s$,$k + l = n$,函数 F、G 及其一阶偏导数在 $(0,0)$ 处都等于零。

由于中心流形 W^c 存在,且在原点处与 E^c(即子空间 $v = 0$)相切,因此在 U 内可以把 W^c 表示为 (图 2-26)

$$v = h(u), \quad h(0) = 0, \quad Dh(0) = 0 \tag{2-76}$$

把它代入式 (2-75) 中的第一式,便得到

$$\dot{u} = Au + F(u, h(u)), \quad u \in \mathbf{R}^k \tag{2-77}$$

这就给出 W^c 上的向量场在 E^c 上的投影。下面的定理表明,低维系统 (2-77) 包含了决定原来系统 (2-68) 的流在原点附近的渐近性态所需的信息。

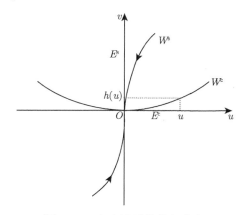

图 2-26 中心流形的几何意义

定理 2.34　① 如果系统 (2-77) 的原点是稳定 (渐近稳定、不稳定) 的，则系统 (2-68) 的原点是稳定 (渐近稳定、不稳定) 的。

② 如果系统 (2-77) 的原点是稳定的，令 $(\boldsymbol{u}(t), \boldsymbol{v}(t))$ 为系统 (2-75) 的解，其初值 $(\boldsymbol{u}(0), \boldsymbol{v}(0))$ 足够小，则存在系统 (2-77) 的一个解 $\boldsymbol{u}^*(t)$，使得

$$\boldsymbol{u}(t) = \boldsymbol{u}^*(t) + O(e^{-\gamma t})$$

$$\boldsymbol{v}(t) = \boldsymbol{h}(\boldsymbol{u}^*(t)) + O(e^{-\gamma t})$$

式中，常数 $\gamma > 0$。

现在研究函数 $\boldsymbol{h}(\boldsymbol{u})$ 的计算方法。把 $\boldsymbol{v} = \boldsymbol{h}(\boldsymbol{u})$ 代入式 (2-75) 的第二式中，并利用求导的链式法则，有

$$D\boldsymbol{h}(\boldsymbol{u})\dot{\boldsymbol{u}} = \boldsymbol{B}\boldsymbol{h}(\boldsymbol{u}) + G(\boldsymbol{u}, \boldsymbol{h}(\boldsymbol{u}))$$

再将式 (2-75) 的第一式代入上式中，整理后得到 $\boldsymbol{h}(\boldsymbol{u})$ 应满足的方程

$$\boldsymbol{\Phi}(\boldsymbol{h}(\boldsymbol{u})) \stackrel{\text{def}}{=} D\boldsymbol{h}(\boldsymbol{u})[\boldsymbol{A}\boldsymbol{u} + F(\boldsymbol{u}, \boldsymbol{h}(\boldsymbol{u}))] - \boldsymbol{B}\boldsymbol{h}(\boldsymbol{u}) - G(\boldsymbol{u}, \boldsymbol{h}(\boldsymbol{u})) = 0 \tag{2-78}$$

此外，$\boldsymbol{h}(\boldsymbol{u})$ 还应当满足条件

$$\boldsymbol{h}(\boldsymbol{0}) = \boldsymbol{0}, \quad D\boldsymbol{h}(\boldsymbol{0}) = \boldsymbol{0} \tag{2-79}$$

当然，$\boldsymbol{h}$ 的微分方程 (2-78)(注意：当 $k = \dim E^c \geqslant 2$ 时，它是偏微分方程组) 一般是不能精确地求解的，但是可以得到 $\boldsymbol{h}(\boldsymbol{u})$ 有一定精度的近似解，其根据是下面的定理。

定理 2.35　假设有一个 C^1 函数 $\boldsymbol{\phi} : \mathbf{R}^k \to \mathbf{R}^l$，满足 $\boldsymbol{\phi}(\boldsymbol{0}) = \boldsymbol{0}$，$D\boldsymbol{\phi}(\boldsymbol{0}) = \boldsymbol{0}$，且有某个常数 $p > 1$，使得当 $\|\boldsymbol{u}\| \to 0$ 时，$\boldsymbol{\Phi}(\boldsymbol{\phi}(\boldsymbol{u})) = O(\|\boldsymbol{u}\|^p)$，则当 $\|\boldsymbol{u}\| \to 0$ 时，对中心流形 W^c 有

$$\boldsymbol{h}(\boldsymbol{u}) = \boldsymbol{\phi}(\boldsymbol{u}) = O(\|\boldsymbol{u}\|^p) \tag{2-80}$$

由此定理可见，如果能求出方程 (2-78) 在条件式 (2-79) 下的泰勒 (Taylor) 级数解，那么就能以任意精度逼近 $\boldsymbol{h}(\boldsymbol{u})$。然而，由于系统 (2-68) 不一定有解析的中心流形，因此这样的 Taylor 级数解不一定存在。

2.3　混　　沌

近几十年来，科学技术的迅速进步引起了对各种非线性现象研究的蓬勃开展。为了研究非线性现象本质的共性问题，出现了一门新的交叉学科 —— 非线性科学。

目前，非线性科学的研究主要集中在混沌 (chaos)、分形 (fractal)、孤立子 (soliton) 及复杂性 (complexity) 等问题上，相应地形成了混沌动力学、分形几何、孤立子理论和复杂性理论等重要分支。本节介绍混沌基本概念与基本特征，Smale 马蹄意义的混沌，以及经典 Melnikov 理论。

2.3.1　混沌的基本概念与基本特征

在许多实际问题中，遇到的是由常微分方程、偏微分方程、差分方程或代数迭代方程给出的确定性动力系统，其方程的系数全是确定的，不包含任何随机因素。但在研究和观察中发现，确定性动力系统在一定条件下会出现类似随机的运动过程。这种运动对初值变化极端敏感，即初值的微小变动也可能导致在长时间后系统状态的不可预测的巨大差别，这就是所谓混沌现象。混沌已成为动力系统现代研究的中心内容之一 [21~24]。目前关于混沌的概念还未完全清楚，混沌定义也不统一，不同领域的学者往往会以不同的方式来理解和定义混沌，但是基本上都是以对初值的敏感依赖性作为基础的。下面对此进行简单的介绍。

1. 混沌定义

从物理学的观点来说，混沌是在以往熟知的确定性系统的三种稳态运动 (平衡、周期运动、准周期运动) 以外的一个普遍存在且极其复杂的运动形式。混沌可以理解为确定性系统的貌似随机性的动力学行为，它对初值变化有极端敏感性，从而系统的长期动力学行为具有不可预测性。混沌运动通常具有十分复杂的几何和统计特征。因此，可以根据这些特点去判断混沌的出现。

在数学上，从动力系统的观点来说，1975 年，李天岩 (T. Y. Li) 和约克 (J. A. Yorke) 发表了一篇著名论文《周期 3 蕴含混沌》，标志着 "混沌" 概念在数学中的出现。考虑一个将区间 $[a,b]$ 映为自身的、连续的单参数映射 $f : [a,b] \to [a,b], x | \to f(x)$，给出如下定义。

定义 2.29 (李–约克 (Li-Yorke))　　连续映射 (或点映射)$f : [a,b] \to [a,b]$ 称为**混沌**的，如果 f 满足下列性质：

① f 所有的周期点之集 $PP(f) = Z_+$。

② 存在不可数集 $S \subset [a,b] \backslash P(f)$, 满足条件

(a) $\lim\limits_{n\to\infty} \sup |f^n(x) - f^n(y)| > 0, \forall x, y \in S, x \neq y$;

(b) $\lim\limits_{n\to\infty} \inf |f^n(x) - f^n(y)| = 0, \forall x, y \in S$;

(c) $\lim\limits_{n\to\infty} \sup |f^n(x) - f^n(x_0)| > 0, \forall x \in S, x_0 \in P(f)$.

此性质表明，过集合 S 中任意两点的轨线时而远离时而又无限接近，而且不趋于任何周期轨道。将这种由映射迭代构成的确定性系统所产生的 "敏感依赖性"

和 "不稳定性" 称为混沌。上述性质①所定义的集合 S 称为混沌不变集，而具有这种混沌集的动力学系统称为 Li-Yorke 混沌的。关于 Li-Yorke 混沌可以证明下面的结果：

定理 2.36　区间 $I = [a, b]$ 上的连续映射 f 如果具有周期 3 点，则 f 是 Li-Yorke 混沌的。

上述定理表明了周期 3 运动的出现与混沌的关系，即所谓 "周期 3 蕴含混沌"。混沌的数学定义还有多种，虽然有所区别，但其本质是一致的。下面给出一种更直观的定义。

定义 2.30 (德瓦尼)　如果连续映射 $f : [a, b] \to [a, b]$ 满足下列条件：

① 对初值敏感依赖性　对于任意的 $\varepsilon > 0$ 和 $x \in [a, b]$，存在 $\delta > 0$，以及在 x 的 ε 邻域内存在 y 和自然数 n，使得 $d(f^n(x), f^n(y)) > \delta$；

② 拓扑传递性　对于 $[a, b]$ 上的任意一对开集 X, Y，存在自然数 $k > 0$，使得 $f^k(X) \cap Y \neq \varnothing$；

③ f 的周期点集在 $[a, b]$ 中稠密。

则称 f 是在 **Devaney 意义下的混沌**。

2. 混沌的基本特征

混沌是与通常的平衡、周期运动或准周期运动等规则运动不同的复杂运动。混沌现象只能在非线性系统中出现。线性确定性系统的运动都是有规则的，不会出现混沌运动。混沌运动的主要特征如下：

(1) 混沌运动对初值的极端敏感性，即当初值发生微小变化时，相应的轨线经过长时间后会产生非常大的偏差。与通常的确定性或随机性运动都不同，混沌运动是短期可预测但长期不可预测的，这个特性称为内在随机性。

(2) 混沌运动具有局部不稳定而整体稳定的特性。混沌运动局限在某一有限区域内但轨线永不重复，运动性态极为复杂。对混沌的耗散系统还会存在奇怪吸引子。

(3) 混沌运动貌似随机运动，但实质上它又不同于随机运动，表现出某些规律性。例如，混沌区具有无穷层次自相似结构，存在着一些普适常数；例如周期运动经过一系列倍周期分岔进入混沌时，分岔系列的参数比值的极限具有普适性，称为费根鲍姆常数 (Feigenbaum constant) $\delta = 4.669201 \cdots$；等等。

(4) 混沌区中镶嵌着大量的周期窗口，这反映了有序运动和无序运动之间存在紧密联系又相互转换。

(5) 混沌运动具有一些重要的统计特征，如具有正的 Lyapunov 常数、正的测度熵、连续功率谱和奇怪吸引子的分维数等。

2.3.2 Smale 马蹄意义的混沌

对一般二维映射判断混沌的问题，目前有两个重要的数学工具：一个是 Smale 马蹄，另一个是同宿理论。在此只介绍 Smale 马蹄[18]，同宿理论将在下一小节中介绍。

1. Smale 马蹄映射

在 $\mathbf{R}^2$ 上取正方形 $S = [0,1] \times [0,1]$，作一映射 $f : S \to \mathbf{R}^2$，它在铅直方向线性拉长 S(乘数 $\mu > 2$)，在水平方向线性压缩 $S\left(\text{乘数 } 0 < \lambda < \dfrac{1}{2}\right)$，然后弯曲成马蹄形，再将其放到 S 上，使弯曲的部分落在 S 外。此弯曲的马蹄形就是 S 在映射 f 下的像 $f(S)$，映射 f 称为 Smale 马蹄映射，简称马蹄映射。

图 2-27 中的 $f(S)$ 在 S 内的部分 $S \cap f(S) = V_1 \cup V_2$，$V_1, V_2$ 是两个铅直长方条，宽度为 λ；其原像为 $f^{-1}(S \cap f(S)) = S \cap f^{-1}(S) = H_1 \cup H_2$，$H_1, H_2$ 是水平长方条，厚度为 μ^{-1}。如果只考虑 $S \cap f^{-1}(S)$ 上的映射，由于其弯曲部分在 S 外，则 f 是线性的，有 $f(H_i) = V_i (i = 1, 2)$。把 f 看成微分同胚的重复作用 (每次马蹄放在 S 上的位置相同)，第二次马蹄仍留在 S 内的部分为 $S \cap f(S) \cap f^2(S)$，它是 V_1, V_2 内四个更窄的铅直长方条，即宽度为 λ^2 的 $V_{ij}(i, j = 1, 2)$ 的并集。$V_{ij}(i, j = 1, 2)$ 的二次原像 $f^{-2}(S \cap f(S) \cap f^2(S)) = S \cap f^{-1}(S) \cap f^{-2}(S)$ 是四个在 H_1，H_2 内水平长方条，即宽度为 μ^{-2} 的 $H_{ij}(i, j = 1, 2)$ 的并集。由于相继地取 $f : H_{ij} \to H_{ij}^1$ 和 $f : H_{ij}^1 \to V_{ij}$，因此 $V_{ij} = f^{-2}(H_{ij})$，$H_{ij} = f^{-2}(V_{ij})$，如图 2-28 所示。

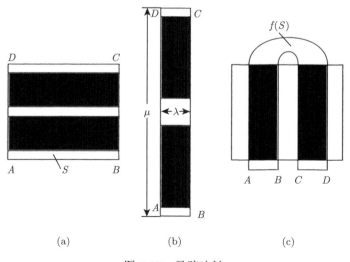

(a)   (b)   (c)

图 2-27 马蹄映射

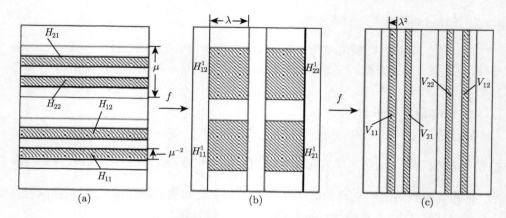

图 2-28　马蹄映射二次成像

　　照此继续进行，当 $n \to \infty$ 时有 $S_{-\infty} = \bigcap_{n=0}^{\infty} f^{-n}(S)$，它是由一系列单位长度水平线段所组成的康托尔 (Cantor) 集 T，表示为 $[0,1] \times T$；而 $S_{\infty} = \bigcap_{n=0}^{\infty} f^{n}(S)$ 则是由一系列单位长度铅直线段所组成的 Cantor 集 T，表示为 $T \times [0,1]$。构造集合 $\Lambda = S_{-\infty} \cap S_{\infty} = T \times T$。它是马蹄映射 f 的不变集，即对任一点 $z \in \Lambda$，一切 $\{f^n(z)\}(n = 0, \pm 1, \pm 2, \cdots)$ 均属于 Λ。

　　伸长和折叠是形成马蹄的重要手段。伸长导致相邻的点的指数分离，而折叠保持序列有界和映射不可逆。多次的伸长和折叠形成极为复杂的轨线，这种局部不稳定和全局稳定性形成混沌。

2. 符号动力学方法

　　首先对马蹄映射 f 的留下部分给出以下编号规则：记 $S \cap f(S)$ 的两竖条分别为 1.(左边) 和 2.(右边)，类似地记 $f^{-1}(S) \cap S$ 的两横条为 .1(下边) 和 .2(上边)。在马蹄映射的作用下，正映射相当于将小数点右移一位；逆映射相当于将小数点左移一位。

　　若 $A = \{1, 2\}$，$a_i \in A$，$i = 1, 2$，设一双边无穷序列 $a = \{\cdots, a_{-2}, a_{-1}, a_0, a_1, a_2, \cdots\}_{i=-\infty}^{i=+\infty}$，其定义为 $a_i = \begin{cases} 1, & f^i(x) \in V_1 \\ 2, & f^i(x) \in V_2 \end{cases}$；另一双边无穷序列为 $b = \{b_i\}_{i=-\infty}^{i=+\infty}$。

定义 2.31　Σ 为两个符号 (即 1 和 2) 的双向无穷序列的集合。

定理 2.37　记 h 为从 $x \in \Lambda$ 到 $a \in \Sigma$ 的一对一的映射，则有下列性质：

① 若 $d(a, b) = \sum_{i=-\infty}^{i=+\infty} \frac{|a_i - b_i|}{2^{|i|}} = \sum_{i=-\infty}^{i=+\infty} \delta_i 2^{-|i|}$ 给出 Σ 上的距离，其中 $\delta_i = \begin{cases} 0, & a_i = b_i \\ 1, & a_i \neq b_i \end{cases}$，则 h 为同胚。

② 若 $a = h(x)$ 和 $b = h(f(x))$，则 $b_i = a_{i+1}$ 对所有的 $i \in \mathbf{Z}$ 都成立，即序列 b

是从序列 a 中将 a 的下标左移一位后得到的。

定义 2.32 若映射 $\sigma:\Sigma\to\Sigma,a|\to b=\sigma(a)$ 满足 $b_i=a_{i+1},\forall i$，则称为移位映射。即

$$\sigma(a)=\sigma\{\cdots,a_{-2},a_{-1},a_0^*,a_1,a_2,\cdots\}=\{\cdots,a_{-2},a_{-1},a_0,a_1^*,a_2,\cdots\}$$
$$=b=\{\cdots,b_{-2},b_{-1},b_0^*,b_1,b_2,\cdots\}$$

式中，$b_0=a_1$，即将序列中的元素左移一位。σ 是一个同胚映射。

可以证明，Smale 马蹄映射 f 和移位映射 σ 之间有下面的关系。

定理 2.38 $\forall x\in\Lambda,h(x)\in\Sigma$，有 $hf(x)=\sigma h(x)$，因此 $f=h^{-1}\sigma h$，即 f 和 σ 是拓扑共轭的。

由此可见，f 和 σ 满足交换图，如图 2-29 所示。h 把 f 的轨线映射到 σ 的轨道上，即 f 和 σ 的轨道之间存在着一一对应的关系，并且保持周期不变。如果由 $\{\Lambda,f\}$ 定义动力系统，由 $\{\Lambda,\sigma\}$ 定义符号动力系统，因 $h:\Lambda\to\Sigma$，则 $\{\Lambda,f\}$ 和 $\{\Sigma,\sigma\}$ 是拓扑等价的，但是研究 σ 的轨线比 f 的轨线容易。

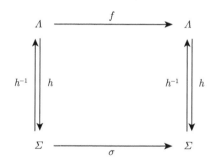

图 2-29　马蹄映射和移位映射的交换图

可以证明，符号动力系统有以下性质：

(1) 存在任意周期的周期点。

(2) 周期点集合在 Σ 内处处稠密。

(3) 在 Σ 内存在一条稠密轨线。

(4) 不可数无限个周期点。

(5) 周期轨线是鞍点型，且在 Λ 中稠密。

由于马蹄映射正好与两个符号的移位映射拓扑共轭，因此 Smale 马蹄与符号动力系统具有同样典型的复杂性：有可数无穷多个各种周期运动，以及其他不可数多个在 Λ 内处处稠密的运动；映射 f 以 Λ 为非游荡集；f 在 Λ 上的运动呈现混沌性态。因此，数学家往往把出现 Smale 马蹄作为判定动力系统呈现混沌性态的标志。

2.3.3　经典 Melnikov 理论

数学物理中的连续动力系统通常是由微分方程描述的, 为了揭示其混沌现象可以采用离散化的方法 (如 Poincaré 映射等), 把连续系统化为离散系统来研究。此外, 也有分析的方法, 例如在处理强迫振动问题时, 可用 Melnikov 方法判断是否存在横截同宿点 [21,24]; 再根据下面的定理, 表明横截同宿点蕴含着 Smale 马蹄结构, 这就是混沌的特征。

定理 2.39 (斯梅尔–伯克霍夫 (Smale-Birkhoff) 同宿定理)　设映射 $\boldsymbol{F}: \mathbf{R}^n \to \mathbf{R}^n$ 满足

① 具有一个双曲平衡点 $\boldsymbol{p}$;

② 存在 $\boldsymbol{q} \neq \boldsymbol{p}$, 使得 $\boldsymbol{q} \in W^s(\boldsymbol{p}) \cap W^u(\boldsymbol{p})$, 即有横截同宿点。

则对某个 k, 使 $\boldsymbol{F}^k$ 有一个具有马蹄性质的不变集合 Λ。

对于连续流, 由 Poincaré-Bendixson 极限集定理可知, 平面自治系统不会出现混沌性态, 只有三维以上的自治系统或二维非自治系统才可能出现混沌性态。现考虑二维周期扰动系统

$$\dot{\boldsymbol{x}} = \boldsymbol{f}(\boldsymbol{x}) + \varepsilon \boldsymbol{g}(t, \boldsymbol{x}), \quad \boldsymbol{x} \in \mathbf{R}^2 \tag{2-81}$$

式中, $\boldsymbol{x} = \begin{pmatrix} x_1 \\ x_2 \end{pmatrix}$, $\boldsymbol{f} = \begin{pmatrix} f_1 \\ f_2 \end{pmatrix}$, $\boldsymbol{g} = \begin{pmatrix} g_1 \\ g_2 \end{pmatrix}$, 存在 $T > 0$ 使 $\boldsymbol{g}(t+T, \boldsymbol{x}) = \boldsymbol{g}(t, \boldsymbol{x})$, ε 为小参数, 且设 $\varepsilon = 0$ 时的未扰动系统为 Hamilton 系统, 即有 Hamilton 函数 $H(x_1, x_2)$ 使

$$f_1 = \frac{\partial H}{\partial x_2}, \quad f_2 = -\frac{\partial H}{\partial x_1}$$

$\varepsilon = 0$ 时系统的轨线结构如图 2-30(a) 所示。它具有过鞍点 $\boldsymbol{p}_0$ 的同宿轨道 $\Gamma_0 : \boldsymbol{x} = \boldsymbol{q}_0(t)$, $t \in (-\infty, \infty)$。此时 $W^s(\boldsymbol{p}_0)$ 与 $W^u(\boldsymbol{p}_0)$ 非横截相交。在 (x_1, x_2, t) 空间中, 其轨线为垂直于 x_1-x_2 平面的直线, 组成母线平行于 t 轴的柱面。

当 $|\varepsilon| \neq 0$ 甚小时, 空间轨线产生小的摄动, 它不再位于母线铅直的柱面上。易证明, 系统 (2-81) 在 t 轴邻近有一双曲的 T 周期轨线

$$\boldsymbol{\gamma}_\varepsilon(t) = \boldsymbol{p}_0 + O(\varepsilon) \tag{2-82}$$

它的稳定流形 $W^s(\boldsymbol{\gamma}_\varepsilon)$ 与不稳定流形 $W^u(\boldsymbol{\gamma}_\varepsilon)$ 各有一支在通过 Γ_0 的柱面邻近。以间隔为 T, 平行于 x_1-x_2 平面去截断此三维流, 考察其 Poincaré 映射。在截面 $t = t_0$ 上的图形见图 2-30, 其中 $\boldsymbol{p}_\varepsilon = \boldsymbol{p}_0 + O(\varepsilon)$ 为截面 $t = t_0$ 与周期轨线式 (2-82) 的交点。它对应于映射 P 的双曲不动点, 其稳定流形和不稳定流形如图 2-30(b) 中虚线所示, 一般来说它们是分开的。

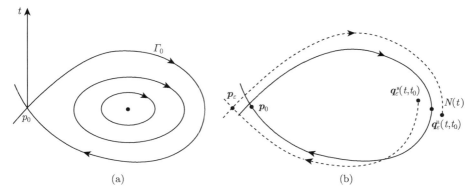

图 2-30　系统的稳定流形和不稳定流形

取截面 $t = t_0$ 上的未扰系统的轨道 Γ_0 的一点 $\boldsymbol{q}_0(0)$，在其法线上计算稳定流形与不稳定流形的分离量，即可得到一阶 Melnikov 函数

$$M(t_0) = \int_{-\infty}^{+\infty} \| \boldsymbol{f}(\boldsymbol{q}_0(t - t_0)) \wedge \boldsymbol{g}(t, \boldsymbol{q}_0(t - t_0)) \| \, \mathrm{d}t \tag{2-83}$$

在未扰系统的解 $\boldsymbol{x} = \boldsymbol{q}_0(t)$ 附近，系统 (2-81) 分别位于稳定流形 $W^{\mathrm{s}}(\boldsymbol{\gamma}_\varepsilon)$ 和不稳定流形 $W^{\mathrm{u}}(\boldsymbol{\gamma}_\varepsilon)$ 上的解为 $\boldsymbol{q}_\varepsilon^{\mathrm{s}}(t, t_0)$ 和 $\boldsymbol{q}_\varepsilon^{\mathrm{u}}(t, t_0)$，它们沿 Γ_0 在 $\boldsymbol{q}_0(0)$ 点的法线方向上分开的距离为

$$d_0(t_0) = \| \boldsymbol{q}_\varepsilon^{\mathrm{u}}(t_0, t_0) - \boldsymbol{q}_\varepsilon^{\mathrm{s}}(t_0, t_0) \| = \frac{\| \boldsymbol{f}(\boldsymbol{q}_0(0)) \wedge (\boldsymbol{q}_1^{\mathrm{u}}(t_0, t_0) - \boldsymbol{q}_1^{\mathrm{s}}(t_0, t_0)) \|}{\| \boldsymbol{f}(\boldsymbol{q}_0(0)) \|} \varepsilon + O(\varepsilon^2)$$

可证

$$d_0(t_0) = \frac{M(t_0)}{\| \boldsymbol{f}(\boldsymbol{q}_0(0)) \|} \varepsilon + O(\varepsilon^2) \tag{2-84}$$

式中，$M(t_0)$ 由式 (2-83) 定义。可以得到下面的定理。

定理 2.40　若一阶 Melnikov 函数 $M(t_0)$ 不依赖于 ε，且以 t_0 为简单零点，即

$$M(t_0) = 0, \quad M'(t_0) \neq 0$$

则 $|\varepsilon| \neq 0$ 且充分小时，有横截同宿点，从而系统 (2-81) 的解呈现混沌性态。

如果系统 (2-81) 的扰动项 $\varepsilon \boldsymbol{g}(t, \boldsymbol{x})$ 还依赖于参数 $\mu \in \mathbf{R}$，即

$$\dot{\boldsymbol{x}} = f(\boldsymbol{x}) + \varepsilon \boldsymbol{g}(t, \boldsymbol{x}, \mu), \quad \mu \in \mathbf{R} \tag{2-85}$$

则有以下定理。

定理 2.41　若一阶 Melnikov 函数 $M(t_0, \mu)$ 有二次零点，即

$$M(\tau, \mu_0) = \frac{\partial M}{\partial t_0}(\tau, \mu_0) = 0$$

但 $\dfrac{\partial^2 M}{\partial t_0^2}(\tau, \mu_0) \neq 0$，且 $\dfrac{\partial M}{\partial \mu}(\tau, \mu_0) \neq 0$，则系统 (2-84) 有二次同宿相切的分岔值 $\mu_0 + O(\varepsilon)$。

定理 2.40 和定理 2.41 的结论可从图 2-31 中看出。

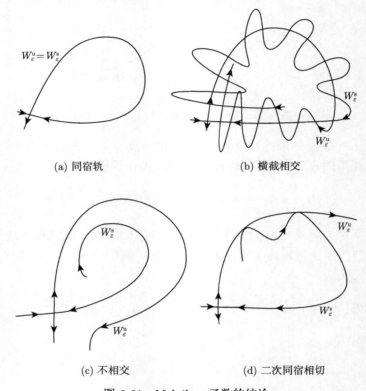

(a) 同宿轨　　　　　　　　　　　　　　(b) 横截相交

(c) 不相交　　　　　　　　　　　　　　(d) 二次同宿相切

图 2-31　Melnikov 函数的结论

参 考 文 献

[1]　陆启韶, 彭临平, 杨卓琴. 常微分方程与动力系统. 北京: 北京航空航天大学出版社, 2009.

[2]　陆启韶. 常微分方程的定性方法和分岔. 北京: 北京航空航天大学出版社, 1989.

[3]　陆启韶. 分岔与奇异性. 上海: 上海科技教育出版社, 1995.

[4]　张芷芬, 丁同仁, 黄文灶, 等. 微分方程定性理论. 北京: 科学出版社, 1985.

[5]　张锦炎, 冯贝叶. 常微分方程几何理论和分岔问题. 修订本. 北京: 北京大学出版社, 2000.

[6]　马知恩, 周义仓. 常微分方程定性与稳定性方法. 北京: 科学出版社, 2001.

[7]　张芷芬, 李承志, 郑志明, 等. 向量场的分岔理论基础. 北京: 高等教育出版社, 1997.

[8]　唐云. 对称性分岔理论基础. 北京: 科学出版社, 1998.

[9] 韩茂安. 动力系统的周期解与分岔理论. 北京：科学出版社，2002.

[10] 张筑生. 微分动力系统原理. 北京：科学出版社，1980.

[11] 罗定军，腾利邦. 微分动力系统导引. 北京：高等教育出版社，1990.

[12] 陈予恕，唐云，陆启韶，等. 非线性动力学中的现代分析方法. 北京：科学出版社，1992.

[13] 胡海岩. 应用非线性动力学. 北京：航空工业出版社，2000.

[14] 刘延柱，陈立群. 非线性动力学. 上海：上海交通大学出版社，2000.

[15] 刘延柱，陈立群. 非线性振动. 北京：高等教育出版社，2001.

[16] 陈予恕. 非线性振动. 北京：高等教育出版社，2002.

[17] Nayfeh A H, Mook D T. Nonlinear Oscillations. New York: John Wiley, 1979.

[18] Hirsch M W, Smale S. Differential Equations, Dynamical Systems and Linear Algebra. New York: Academic Press, 1974.

[19] Hale J K. Ordinary Differential Equations.New York: Krieger Publishing Company, 1980.

[20] Hartman P.Ordinary Differential Equations. 2nd ed. Boston: Birkhauser, 1982.

[21] Arnold V I. Geometrical Methods in the Theory of Ordinary Differential Equations.New York: Springer-Verlag, 1983.

[22] Miller R K, Michell A N.Ordinary Differential Equations.New York: Academic Press, 1982.

[23] Perko L. Differential Equations and Dynamical Systems.New York: Springer-Verlag, 1993.

[24] Palis J, Melo W. Geometric Theory of Dynamical Systems, An Introduction.New York: Springer-Verlag, 1982.

第3章 高维非线性系统规范形

规范形理论是非线性动力学中重要的研究方法,规范形理论的研究对于分岔和混沌的研究具有重要的理论意义和深远影响。规范形理论的研究可归结为对理论本身的数学证明和拓展,以及对实际的控制微分方程进行简化处理,然后得到具体的规范形系数。

3.1 规范形理论

19 世纪末,法国数学家 Poincaré 首先提出了规范形理论,阐述了规范形理论的基本原理。其主要思想是通过一系列非线性变换将非线性系统转变成一个更简单的非线性系统,其实质是消去起次要作用的非线性项。同时,变换前后的非线性系统保持拓扑等价。20 世纪 20 年代,美国科学家 Birkhoff 在其著作《动力系统》中也对规范形的思想作了阐述,因此有 Poincaré -Birkhoff (PB) 规范形的说法。PB规范形不但是微分方程定性研究的重要手段,而且当它用于含参数的微分方程时,也成为动态分岔研究的基本工具。

规范形理论由于其方法的运算量极大,并且理论发展不完善,使得在被提出后很长时间内并未得到人们的重视。随着计算机的出现,同时人们也发现在研究非线性动力学行为时其他方法的局限性,人们又开始对规范形方法进行进一步的研究。由于规范形理论使方程得到简化,因此,近年来被广泛应用到各种分岔研究中。规范形计算问题本质上能被划分为两类:① 给定某个矩阵,确定满足规范形定义的所有可能的矢量场的集合,即所谓规范形的分类问题;② 给定具体方程,确定相应的规范形系数。一般说来,当系统的维数或阶数较低时,规范形的系数可以方便的求解,但是当系统维数和相应的规范形阶数有一个增大时,计算工作量就会迅速增加,本章就是对高维系统的规范形系数求解进行初步的研究。

如果说将规范形理论思想的提出视为规范形理论发展的第一个阶段,那么从20 世纪 20 年代到 20 世纪 60 年代,可以视为规范形理论发展的第二个阶段。在这期间,由于客观条件的制约,规范形理论缓慢的向前发展。

在规范形理论的发展过程中,许多学者做出了贡献,如文献 [1] 和文献 [2] 用数学理论证明了一般微分方程存在规范形,并且证明了它的稳定性。文献 [3 ~ 6]发展了规范形理论。他们通过非线性变换将一个非线性微分方程组转化成一个简单的、线性的系统,然后进行求解。文献 [7] 和文献 [8] 则提出了矩阵表示法的规范形方法，将非线性系统转换成若尔当 (Jordan) 形式，研究了非线性系统分岔的临界值。文献 [9] 用规范形方法研究了 Hamilton 系统的自由振动，并与中心流形理论作了比较。

进入 20 世纪 70 年代，随着计算机性能的不断提高，规范形理论得到了飞速发展，同时也被引入到力学领域，并且迅速得到了推广利用。从这一时期至今可称为第三阶段。

规范形理论经过三十多年的发展，人们已经提出了五种计算规范形的方法：矩阵表示法、共轭算子法、李代数表示论法、多重李括号法、工程符号语言法。文献 [10] 在 1983 年左右提出了矩阵表示法，该方法的特点是在方法和概念上比较简单明了，易于人们掌握。但是在处理高阶规范形时，需要反复计算高阶矩阵和代数方程组，计算量偏大。文献 [11] 在 1987 年提出了共轭算子法，是应用很广泛的方法。该方法弥补了矩阵表示法的一些缺点，计算工作量相对减少一些，但需要比较高深的数学工具。文献 [12] 提出的李代数表示论法是另外一种方法，由于该方法需要很高深的数学知识，因而不像前两种方法一样在力学中得到了应用。文献 [13] 对这三种方法作了很好的全面论述。同样，文献 [14] 提出的多重李括号法也涉及许多高深的数学知识。文献 [15] 提出的工程符号语言法计算过程简单易行，已经在实际问题中得到一些应用。

同时，文献 [16] 计算了带立方项非线性多维系统的规范形系数。文献 [17] 得到了 Duffing 方程的规范形系数，研究了它们的周期解和拓扑性质，并将其结果与数值结果相比较。文献 [18] 用 Mathematica 软件将规范形方法与其他方法共同使用，得到多维系统的规范形系数，并与其他方法进行了比较，得到的解与数值解一致。文献 [19] 和文献 [20] 将规范形方法和其他方法相比较，计算了非线性系统的近似解，得到了高维系统的规范形系数。

同时，国内的一些学者也对此作了许多研究。文献 [21] 利用矩阵表示法，计算了具有 Z_2-对称性的非线性动力系统的五阶规范形。文献 [22] 用规范形理论研究了非线性动力系统的退化分岔，利用共轭算子法计算了具有幂零线性部分和不具有 Z_2-对称性的非线性动力系统的二阶、三阶和四阶规范形，讨论了几种余维 3 退化分岔情况下的普适开折问题及一些全局特性。文献 [23] 用改进的规范形方法研究了 Duffing 和 Duffing-Van der Pol 振子的强非线性近似解及稳定性。

随着三篇经典著作 [10~12] 的出现，人们对规范形理论作了进一步的研究。近年来，许多学者通过 Maple 程序，借助符号算法语言，对一般规范形作了进一步研究，对最简规范形也作了大量的研究。

通过传统的规范形理论得到的规范形很可能不是唯一的，许多情况下需要进一步化简。许多学者对这方面进行了研究，文献 [24] 最早得到了有限阶给定向量场的最简规范形。文献 [25] 提出了一种方法，通过这种方法可以得到动力系统和向量场规范形的一种很重要的改进，并给出了具体有趣的应用。这种方法对幂零和非幂零的情况都适用。对于二维和三维的动力系统，给出了一种运算方法，得到了有限阶的规范形与通过近恒同变换得到的规范形等价。进一步，在文献 [26] 中提出了动力系统或向量场的一种新的规范形，这种规范形对传统的规范形做进一步的化简，同时给出了计算这种规范形的一种有效的运算法则。2001 年，文献 [27] 又通过研究李代数方法对规范形作了进一步的化简，同时给出了二维向量场在两种典型情况下的规范形的化简，即 Rotation (霍普夫 (Hopf) 型) 线性部分和幂零线性部分。其实，文献 [28] 也涉及了规范形的进一步化简问题，但该论文主要介绍了准齐次规范形理论，定义了 N 阶规范形并得出了充分条件。后来文献 [29] 改善了由 Kokubu, Oka 和 Wang 提出的方法，并对 Baider 和 Sanders 论文中关于最简规范形的问题作了解答，解决了一般情况下 Bogdanov-Takens 向量场的最简规范形问题。文献 [30] 讨论了共振向量场 $X(x) = Ax + a(x)$ 的线性化和规范形，提出了一种确定共振单项式的简单方法，而这些单项式必然会在规范形中出现。

　　同时，许多学者也对一些 Hamilton 系统的规范形作了研究。文献 [31] 给出了一个确定 Hamilton 系统的局部简化公式。文献 [32] 对 1:3:4 Hamilton 系统进行了渐近分析，这种系统有两个不同阶数的同步共振。文献 [33] 通过规范形研究了四阶可逆系统的分岔，对三次项作规范形分析，通过研究 1:1 共振情况的分岔，发现这种分岔是双曲型。文献 [34] 给出了唯一定义的伯克霍夫 (Birkhoff) 规范形来保存 Hamilton 系统的对称性，这种规范形比一般的 Birkhoff 规范形要简单，而且也便于对解进行分析。文献 [35] 给出了在平衡点附近的受扰动力系统规范形简化的方法，很容易得到动力系统的普适开折。这些开折可能不是拓扑意义的普适开折，因为用渐近法无法观察其行为，这也区别于拓扑等价的渐近行为。文献 [36] 在 2002 年指出向量场规范形的计算具有模数结构，并可以通过对其进行 Stanley 分解来描述，给出了 Stanley 分解的一种算法，这种算法涵盖了共轭算子法和李代数表示法的规范形理论。

　　在近几年的研究中，加拿大学者 Yu 对规范形理论的发展做出了一定的贡献。文献 [37 ~ 39] 提出了计算规范形的一种摄动方法，该方法结合多尺度法，可以得到给定的一组微分方程的唯一的规范形，并通过分析 Hopf 分岔详细介绍了这种方法。文献 [40] 利用多尺度法对一般意义的多自由度非线性系统的规范形系数进行求解，并证明了这种摄动方法和 Poincaré 规范形理论的等价性。同时还分析了几种情况，包括非共振情况，1:1 主共振情况等。同样，文献 [41] 指出，也可以用多尺度方法将微分方程变换成规范形，所以可以用相关算法对描述奇点附近系统动力学特性的方程进行简化，所得结果与用传统规范形方法得到的最简规范形等价。他们还分析了一些 Duffing 形式的振子，说明了该方法的有效性。

文献 [42] 指出通过规范形理论及其他的方法，人们已经充分研究并得到了 Hopf 分岔的规范形，提出了三种方法对 Hopf 分岔作进一步的简化，并证明了所得到的就是最简规范形，并且在任意阶数的最简规范形的振幅方程中，至多保留两项，即只有三阶和五阶项。文献 [43] 对于具有一对零特征值的微分方程，给出了计算其最简规范形的一种方法。基于系统传统规范形，推导出了泛型和非泛型两种情况下的显式表达式。该公式便于计算最简规范形的系数和其非线性变换。同时将这种递归思想应用在 Maple 程序中，使其自动运算。文献 [44] 考虑了微分方程最简规范形的计算，主要研究了 Jacobi 矩阵具有三重零特征值的系统，该计算是基于近恒同非线性变换，给出了便于在计算机上用 Maple 编程的关于计算最简规范形及其非线性变换的算法。文献 [45] 提出了一种计算含扰动参数微分方程的最简规范形的有效方法。与往常计算规范形不同的是，这种方法在各阶变换时采用了同一个非线性变换。文献 [46] 提出了一种计算向量场最简规范形的有效方法，给出了适用于一般微分方程的简单清楚的递归公式，将计算量减至最低。文献 [47] 提出了一种有效的方法计算最简规范形，通过该方法可以得到含参数扰动系统的最简规范形，从而在工程实际中得到了很好的应用，给出了一个物理模型来验证该方法。文献 [48] 提出了一种计算含参数激励系统规范形的改进方法，这种方法与其他规范形方法相比有许多优点，可以用 Maple 语言来实现，运行便利。文献 [49] 提出了一种计算最简规范形的匹配追赶法。首先推导出了一个递归公式，大大简化了计算，接着采用匹配追赶法计算了 Bogdanov-Takens 向量场的规范形。

其他一些学者也作了相关的探索。文献 [50] 对于 Jacobi 矩阵具有半单特征值的常微分方程的规范形的计算提出了一种新的方法及相应的程序算法。通过 Maple 程序来实现算法而无须涉及中心流形理论。文献 [51] 提出了一种计算非半单 1:1 共振双 Hopf 分岔规范形的方法。该方法通过运用规范形理论和中心流形理论可处理 n 维系统。文献 [52] 研究了双 Hopf 分岔的四阶规范形。作为一种特殊情况，对具有两个频率的自治非线性振子的规范形作了详细的分析。

文献 [53] 提出一种计算高维非线性系统规范形的新的极具效率的方法，该方法基于共轭算子法，可以同时处理同一系统的各种不同的线性部分情况。他们将该方法应用于非平面运动悬臂梁的非线性振动模型，得到了理想的结果。本章基于该文献的研究内容，进一步拓展了该方法，并对高维非线性系统的规范形作了进一步的研究。

除了提及规范形在非线性动力学中的一些应用外，规范形理论还在其他方面得到了应用。文献 [54] 将规范形理论应用于模糊逻辑控制，并对其在布尔代数 (Boolean-Algebra) 中的运用及作用作了分析。文献 [55] 将规范形理论应用于不可积进化系统的孤波解的分析中，综合自相似法和规范形理论证实了系统孤立子解出现的可能性。规范形理论还可应用于混沌控制中，文献 [56] 研究了混沌反控制问题, 提出了一种产生混沌的同源非线性反馈方法, 同时可将非线性系统简化为 p 阶规范形。

3.2　共轭算子法

规范形理论是研究非线性动力学的强有力的工具, 而共轭算子法又是其中最常用的一种方法, 不过该方法需要较复杂的数学知识。经过一些改进之后[53], 该方法在工程实际中的应用更加方便。本节首先介绍规范形理论的基本概念[57], 共轭算子法及其改进途径, 接着给出了可行的程序算法。

3.2.1　基本概念

下面简要介绍规范形理论的基本原理。

考虑微分方程

$$\dot{x} = X(x) = Ax + f^2(x) + \cdots + f^r(x) + O(|x|^r), \quad x \in \mathbf{R}^n \tag{3-1}$$

这里 A 是 $n \times n$ Jordan 标准形矩阵, $f^k(x) \in H_n^k$, $k = 2, \cdots, r$, 即各阶非线性项。H_n^k 表示所有 n 维 k 次齐次多项式组成的线性空间。假定原点 $x = 0$ 是一个奇点, 即有 $X(0) = 0$。下面用一系列近恒同的非线性变换, 将系统 (3-1) 的非线性项化简成更简单的形式。

令近恒同的非线性变换为

$$x = y + P^k(y), \quad P^k(y) \in H_n^k, \quad k = 2, \cdots, r \tag{3-2}$$

则有

$$\dot{x} = \left(I + DP^k(y)\right) \dot{y}, \left(I + DP^k(y)\right)^{-1} = I - DP^k(y) + \cdots \tag{3-3}$$

代入系统 (3-1), 得

$$
\begin{aligned}
\dot{y} &= \left(I + DP^k(y)\right)^{-1} \dot{x} \\
&= \left(I - DP^k(y) + \cdots\right) \times \left[Ay + AP^k(y) + f^2(y) + \cdots + f^k(y)\right] \\
&= Ay + f^2(y) + \cdots + f^{k-1}(y) + f^k(y) - \left[DP^k(y) Ay - AP^k(y)\right] + O\left(|y|^{k+1}\right)
\end{aligned}
\tag{3-4}
$$

定义一个线性算子 $ad_A^k : H_n^k \to H_n^k$, 即

$$ad_A^k P^k(y) = DP^k(y) Ay - AP^k(y), \quad P^k(y) \in H_n^k \tag{3-5}$$

令 R_n^k 是 ad_A^k 的值域, 即 $R_n^k = \mathrm{Im} ad_A^k$, C_n^k 是 R_n^k 在 H_n^k 中的任意补空间, 即有 $H_n^k = R_n^k \oplus C_n^k$。

于是有 $h_n^k \in R_n^k$, $g_n^k(y) \in C_n^k$, 可以作如下表示

$$f_n^k(y) = h_n^k(y) + g_n^k(y), \quad h_n^k(y) \in R_n^k, \quad g_n^k(y) \in C_n^k \tag{3-6}$$

如果适当选择 $P^k(y)$ 使得 $ad_A^k P^k(y) = h_n^k(y)$, 则式 (3-4) 成为

$$\dot{y} = Ay + f^2(y) + \cdots + f^{k-1}(y) + g^k(y) + O\left(|y|^{k+1}\right) \tag{3-7}$$

上述讨论对于任意自然数 $2 \leqslant k \leqslant r$ 都成立, 因此可以通过一系列的坐标变换, 依次使得各阶非线性项 f^i 化简为 g^i, 用 x 代替 y, 有

$$\dot{y} = Ax + g^2(x) + \cdots + g^k(x), \quad g^i \in C_n^i, \quad i = 2, \cdots, r \tag{3-8}$$

式 (3-8) 被称为微分方程 (3-1) 的 r 阶规范形。

3.2.2 共轭算子法

我们给出利用共轭算子法 [11] 计算规范形的步骤。通过上面的分析, 显然计算规范形的关键在于寻找一个补空间 C_n^k 及该补空间上的一组基 ($k = 2, \cdots, r$), 而共轭算子法给出了寻找补空间的一个途径, 即通过引入共轭算子来实现。

首先给出下面的定理。

定理 3.1 设 V 为一有限维内积空间, Γ 为 V 上的线性算子, Γ^* 为 Γ 的共轭算子, 则有

$$\operatorname{Ker}\Gamma^* = (\operatorname{Im}\Gamma)^{\perp}, \quad V = \operatorname{Im}\Gamma \oplus \operatorname{Ker}\Gamma^*$$

式中, $\operatorname{Ker}\Gamma^*$ 为 Γ^* 的零空间。

从这个定理可以看出, 如果能够找出线性算子 ad_A^k 的共轭算子 $(ad_A^k)^*$, $\operatorname{Ker}(ad_A^k)^*$ 就是线性算子值域的垂直补空间。从文献 [11] 可知, $(ad_A^k)^* = ad_{A^*}^k$。

因为

$$ad_A^k P^k(y) = DP^k(y) Ay - AP^k(y)$$

所以

$$ad_{A^*}^k P^k(y) = DP^k(y) A^*y - A^* P^k(y) \tag{3-9}$$

因此, $\operatorname{Ker}ad_{A^*}^k$ 就是值域空间 $\operatorname{Im}ad_A^K$ 在线性空间 H_n^k 中的一个垂直补空间。也就是说系统 (3-9) 的零空间即为系统 (3-5) 值域的垂直补空间, 即有

$$H_n^k = \operatorname{Ker}\left(ad_{A^*}^k\right) \oplus R_n^k \tag{3-10}$$

下列方程所确定的空间即为 C_n^k 空间, 则有

$$DP^k(y) A^* y - A^* P^k(y) = 0 \tag{3-11}$$

微分方程 (3-11) 称为共轭算子方程。由于方程 (3-11) 对于任意 k 阶都具有同一形式，因此计算非线性系统任一阶规范形的过程具有统一性。

3.2.3   共轭算子法的改进

在实际问题中，关键是如何得出方程 (3-11) 的所有多项式解。在 Elphick 等 [11] 的论文中，为了找到偏微分方程组 (3-11) 的所有 k 次多项式解，研究者是通过偏微分方程的特征方程及其首次积分来求解的。当非线性系统的维数比较高时，求解特征方程和首次积分是一项困难的工作。而对于本章所研究的高维非线性系统的规范形来说，就迫切需要简单易行的方法，本小节提出了一种对共轭算子法的改进方法。下面简单介绍一下其主要思想。

对于 n 维空间的 k 阶 (H_n^k) 的规范形处理 (假设 $k \leqslant n$)，在线性空间 H_n^k 中引入以下 m 个单项式

$$X = \big[x_1^k, x_2^k, x_3^k, \cdots, x_n^k, x_1^{k-1} x_2, \cdots, x_n^{k-1} x_{n-1}, \cdots,$$
$$x_1^{k-2} x_2 x_3, \cdots, x_1 x_2 \cdots x_{k-1} x_k, x_{n-k+1} \cdots x_{n-1} x_n \big]$$

理论上，只要能给出 H_n^k 中的所有 m 个 k 次多项式，就可以应用共轭算子法得到规范形。但是随着维数的升高，以及阶数的升高，上述单项式的数量会急剧增加，这样会极大地增加了编程实现的难度，同时对硬件的要求也随着提高。

以四维三阶系统为例：对于一般四维空间，引入下列基向量，包含 20 个三次非线性单项式

$$A = \big[x_1^3, x_2^3, x_3^3, x_4^3, x_1^2 x_2, x_1^2 x_3, x_1^2 x_4, x_2^2 x_1, x_2^2 x_3, x_2^2 x_4, x_3^2 x_1, x_3^2 x_2,$$
$$x_3^2 x_4, x_4^2 x_1, x_4^2 x_2, x_4^2 x_3, x_1 x_2 x_3, x_1 x_2 x_4, x_1 x_3 x_4, x_2 x_3 x_4 \big] \tag{3-12}$$

显然 H_4^3 空间中的任意多项式都可以写成 A 中 20 个分量组合相加的形式。这样对方程 (3-11) 的求解就转化为对其系数矩阵的求解。

3.2.4   程序算法

利用上述一些计算公式和 Maple 符号语言，可以编写具体的计算规范形的程序。编写符号计算程序的主要步骤如下：

(1) 构造矩阵 $[C_{n \times m}]$；

(2) 给出近恒同变换 $P^k(x) = [D_{n \times m}] X^{\mathrm{T}}$；

(3) 将 $A^*, P^k(x), DP^k(x)$ 带入共轭算子方程，比较系数得到 $[D_{n \times m}]$；

(4) 将 $A, P^k(x), DP^k(x)$ 带入线性算子，得到 $[K_{n \times m}]$；

(5) 得到规范形的系数 $[E_{n \times m}]$。

3.3 四维非线性系统三阶规范形

用下面的例子简要介绍规范形理论的基本思想。

考虑微分方程

$$\dot{x} = X(x) = Lx + f^2(x) + \cdots + f^r(x) + O(|x|^r), \quad x \in \mathbf{R}^n \tag{3-13}$$

这里 L 是 $n \times n$ Jordan 标准形矩阵, $f^k(x) \in H_n^k$, $k = 2, \cdots, r$, H_n^k 表示所有在 n 维空间上的 k 次齐次多项式组成的线性空间。假定原点 $x = 0$ 是一个奇点, 既有 $X(0) = 0$。下面用一系列近恒同的非线性变换, 将系统 (3-13) 的非线性项化简成最简单的形式。

令近恒同的非线性变换为

$$x = y + P^k(y), \quad P^k(y) \in H_n^k, \quad k = 2, \cdots, r \tag{3-14}$$

则有

$$\dot{x} = \left(I + DP^k(y)\right)\dot{y}, \quad \left(I + DP^k(y)\right)^{-1} = I - DP^k(y) + \cdots \tag{3-15}$$

代入系统 (3-13), 得

$$
\begin{aligned}
\dot{y} &= \left(I + DP^k(y)\right)^{-1}\dot{x} \\
&= \left(I - DP^k(y) + \cdots\right) \times \left[Ly + LP^k(y) + f^2(y) + \cdots + f^k(y)\right] \\
&= Ly + f^2(y) + \cdots + f^{k-1}(y) + f^k(y) - \left[DP^k(y)Ly - LP^k(y)\right] + O\left(|y|^{k+1}\right)
\end{aligned}
\tag{3-16}
$$

定义一个线性算子 $ad_L^k : H_n^k \to H_n^k$, 即

$$ad_L^k P^k(y) = DP^k(y)Ly - LP^k(y), \quad P^k(y) \in H_n^k \tag{3-17}$$

令 B_n^k 是 ad_L^k 的值域, $B_n^k = \operatorname{Im} ad_L^k$, G_n^k 是 B_n^k 在 H_n^k 中的任意补空间, $H_n^k = B_n^k \oplus G_n^k$。于是, $h_n^k \in H_n^k$ 可以表示成

$$f_n^k(y) = h_n^k(y) + g_n^k(y), \quad h_n^k(y) \in B_n^k, \quad g_n^k(y) \in G_n^k \tag{3-18}$$

如果适当选择 $P^k(y)$ 使得 $ad_L^k P^k(y) = h_n^k(y)$, 则式 (3-16) 变为

$$\dot{y} = Ly + f^2(y) + \cdots + f^{k-1}(y) + g^k(y) + O\left(|y|^{k+1}\right) \tag{3-19}$$

上述讨论对于 $2 \leqslant k \leqslant r$ 都成立, 因此可以通过一系列的坐标变换, 依次使得各阶非线性项 f^i 化简为 g^i, $g^i \in G_n^i$ $(i = 2, \cdots, r)$。

3.3.1　算子法计算 H_4^3 的正交规范形

下面从平均方程 (3-20) 出发给出计算 H_4^3 规范形的一种思想。

$$x_1' = -\frac{1}{2}cx_1 - \frac{1}{2}\left(\sigma_1 + \alpha_1 F_1\right)x_2 + \frac{1}{8}\left(2\alpha_2 - 3\alpha_3\right)x_2\left(x_2^2 + x_1^2 + x_4^2\right)$$
$$- \frac{1}{8}\left(2\alpha_2 + \alpha_3\right)x_2 x_3^2 + \left(\frac{1}{2}\alpha_2 - \frac{1}{4}\alpha_3\right)x_1 x_3 x_4 \tag{3-20a}$$

$$x_2' = -\frac{1}{2}cx_2 + \frac{1}{2}\left(\sigma_1 - \alpha_1 F_1\right)x_1 - \frac{1}{8}\left(2\alpha_2 - 3\alpha_3\right)x_1\left(x_2^2 + x_1^2 + x_3^2\right)$$
$$+ \frac{1}{8}\left(2\alpha_2 + \alpha_3\right)x_1 x_4^2 - \left(\frac{1}{2}\alpha_2 - \frac{1}{4}\alpha_3\right)x_2 x_3 x_4 \tag{3-20b}$$

$$x_3' = -\frac{1}{2}cx_3 - \frac{1}{2}\left(\sigma_2 + \alpha_1 F_1\right)x_4 + \frac{1}{8}\left(2\alpha_2 - 3\alpha_3\right)x_4\left(x_4^2 + x_3^2 + x_2^2\right)$$
$$- \frac{1}{8}\left(2\alpha_2 + \alpha_3\right)x_1^2 x_4 + \left(\frac{1}{2}\alpha_2 - \frac{1}{4}\alpha_3\right)x_1 x_2 x_3 \tag{3-20c}$$

$$x_4' = -\frac{1}{2}cx_4 + \frac{1}{2}\left(\sigma_2 + \alpha_1 F_1\right)x_3 - \frac{1}{8}\left(2\alpha_2 - 3\alpha_3\right)x_3\left(x_4^2 + x_3^2 + x_2^2\right)$$
$$- \frac{1}{8}\left(2\alpha_2 + \alpha_3\right)x_2^2 x_3 - \left(\frac{1}{2}\alpha_2 - \frac{1}{4}\alpha_3\right)x_1 x_2 x_4 \tag{3-20d}$$

可以看到平均方程 (3-20) 具有 $Z_2 \oplus Z_2$ 和 D_4 对称。显然，方程 (3-20) 有一个平凡解 $(x_1, x_2, x_3, x_4) = (0, 0, 0, 0)$，在此奇点处的 Jacobi 矩阵如下

$$J = D_x X = \begin{bmatrix} -\frac{1}{2}c & -\frac{1}{2}\left(\sigma_1 + \alpha_1 F_1\right) & 0 & 0 \\ \frac{1}{2}\left(\sigma_1 - \alpha_1 F_1\right) & -\frac{1}{2}c & 0 & 0 \\ 0 & 0 & -\frac{1}{2}c & -\frac{1}{2}\left(\sigma_2 + \alpha_1 F_1\right) \\ 0 & 0 & \frac{1}{2}\left(\sigma_2 - \alpha_1 F_1\right) & -\frac{1}{2}c \end{bmatrix}$$

因此，平凡解所对应的特征方程为

$$\left(\lambda^2 + 2c\lambda + c^2 + \sigma_1^2 - f_0^2\right)\left(\lambda^2 + 2c\lambda + c^2 + \sigma_2^2 - f_0^2\right) = 0$$

这里

$$f_0 = \alpha_1 F_1$$

令

$$\Delta_1 = c^2 + \sigma_1^2 - f_0^2 \quad \text{和} \quad \Delta_2 = c^2 + \sigma_2^2 - f_0^2$$

当 $c = 0$, $\Delta_1 = \sigma_1^2 - f_0^2 > 0$, 并且同时 $\Delta_2 = \sigma_2^2 - f_0^2 > 0$, 因此, 系统 (3-20) 的特征值将有两对纯虚根

$$\lambda_{1,2} = \pm \mathrm{i}\varpi_1 \quad \text{和} \quad \lambda_{3,4} = \pm \mathrm{i}\varpi_2 \tag{3-21}$$

这里

$$\varpi_1^2 = \sigma_1^2 - f_0^2, \quad \varpi_2^2 = \sigma_2^2 - f_0^2$$

将 f_0 作为一开折参数, 那么方程 (3-20) 如果不带参数将变为如下形式

$$x_1' = -\frac{1}{2}\sigma_1 x_2 + \frac{1}{4}\alpha_2 \left[x_2^3 + x_1^2 x_2 + x_2 x_4^2 - x_2 x_3^2 + 2x_1 x_3 x_4\right]$$
$$-\frac{1}{8}\alpha_3 \left[3(x_2^3 + x_1^2 x_2) + 3x_2 x_4^2 + x_2 x_3^2 + 2x_1 x_3 x_4\right] \tag{3-22a}$$

$$x_2' = \frac{1}{2}\sigma_1 x_1 + \frac{1}{4}\alpha_2 \left[x_1^3 + x_1 x_2^2 + x_1 x_3^2 - x_1 x_4^2 + 2x_2 x_3 x_4\right]$$
$$-\frac{1}{8}\alpha_3 \left[3(x_1^3 + x_1 x_2^2) + 3x_1 x_3^2 + x_1 x_4^2 + 2x_2 x_3 x_4\right] \tag{3-22b}$$

$$x_3' = -\frac{1}{2}\sigma_2 x_4 - \frac{1}{4}\alpha_2 \left[x_4^3 + x_3^2 x_4 + x_2^2 x_4 - x_1^2 x_4 + 2x_1 x_2 x_3\right]$$
$$-\frac{1}{8}\alpha_3 \left[3(x_4^3 + x_3^2 x_4) + 3x_2^2 x_4 + x_1^2 x_4 + 2x_1 x_2 x_3\right] \tag{3-22c}$$

$$x_4' = \frac{1}{2}\sigma_2 x_3 - \frac{1}{4}\alpha_2 \left[x_3^3 + x_3 x_4^2 + x_1^2 x_3 - x_2^2 x_3 + 2x_1 x_2 x_4\right]$$
$$-\frac{1}{8}\alpha_3 \left[3(x_3^3 + x_3 x_4^2) + 3x_1^2 x_3 + x_2^2 x_3 + 2x_1 x_2 x_4\right] \tag{3-22d}$$

下面将用算子法计算系统 (3-22) 的规范形。显然系统 (3-22) 是一个只含三次非线性项的四维系统。因此, 求规范形即将其三次非线性项化为更简单的形式, 以方便后面的动力学特性分析。

在用算子法求规范形之前, 首先介绍下面的一个定理。

定理 3.2 设 V 为一有限维内积空间, Γ 为 V 上的线性算子, Γ^* 为 Γ 的共轭算子, 则有

$$\operatorname{Ker}\Gamma^* = (\operatorname{Im}\Gamma)^\perp, \quad V = \operatorname{Im}\Gamma \oplus \operatorname{Ker}\Gamma^*$$

这里 $\operatorname{Ker}\Gamma^*$ 为 Γ^* 的零空间。

从定理 3.2 可以看出共轭算子的零空间是线性算子值域的垂直补空间。从式 (3-17) 可以看出线性算子 $ad_L^k : H_n^k \to H_n^k$ 的共轭算子为 $ad_{L^*}^k$, 因为

$$ad_L^k P^k(y) = DP^k(y)Ly - LP^k(y)$$

所以有

$$ad_{L^*}^k P^k(y) = DP^k(y)L^*y - L^*P^k(y) \tag{3-23}$$

式 (3-23) 的零空间即为式 (3-17) 值域的垂直补空间

$$H_n^k = \text{Ker}\left(ad_{L^*}^k\right) \oplus B_n^k \tag{3-24}$$

下列方程所确定的空间即为 G_n^k 空间

$$DP^k\left(y\right)L^*y - L^*P^k\left(y\right) = 0 \tag{3-25}$$

对方程 (3-22) 有

$$L = \begin{pmatrix} 0 & -\dfrac{1}{2}\sigma_1 & 0 & 0 \\ \dfrac{1}{2}\sigma_1 & 0 & 0 & 0 \\ 0 & 0 & 0 & -\dfrac{1}{2}\sigma_2 \\ 0 & 0 & \dfrac{1}{2}\sigma_2 & 0 \end{pmatrix} \tag{3-26}$$

所以

$$L^* = \begin{pmatrix} 0 & \dfrac{1}{2}\sigma_1 & 0 & 0 \\ -\dfrac{1}{2}\sigma_1 & 0 & 0 & 0 \\ 0 & 0 & 0 & \dfrac{1}{2}\sigma_2 \\ 0 & 0 & -\dfrac{1}{2}\sigma_2 & 0 \end{pmatrix} \tag{3-27}$$

针对方程 (3-22) 的 H_4^3 空间, 引入下列向量, 包含 20 个三次非线性分量

$$\begin{aligned} A = \big[&y_1^3, y_2^3, y_3^3, y_4^3, y_1^2 y_2, y_1^2 y_3, y_1^2 y_4, y_2^2 y_1, y_2^2 y_3, y_2^2 y_4, y_3^2 y_1, y_3^2 y_2, y_3^2 y_4, \\ &y_4^2 y_1, y_4^2 y_2, y_4^2 y_3, y_1 y_2 y_3, y_1 y_2 y_4, y_1 y_3 y_4, y_2 y_3 y_4 \big] \end{aligned} \tag{3-28}$$

显然 H_4^3 空间中的任意向量都可以写成 A 中 20 个分量的组合形式。

因此, 系统 (3-22) 可以写成如下形式

$$\dot{X} = LY + C_{4 \times 20} A^* \tag{3-29}$$

式中, A^* 为 A 的转置; $C_{4 \times 20}$ 为由方程 (3-22) 所决定的已知矩阵。

另外, 令

$$F^3 = D_{4 \times 20} A^* \tag{3-30}$$

式中, 矩阵 $D_{4 \times 20}$ 为 4×20 个未知系数。

将式 (3-27) 代入式 (3-25),同时为计算方便,把式 (3-25) 中的 y 用 x 代替,可得

$$
\begin{pmatrix}
\dfrac{\partial F_1}{\partial x_1} & \dfrac{\partial F_1}{\partial x_2} & \dfrac{\partial F_1}{\partial x_3} & \dfrac{\partial F_1}{\partial x_4} \\[2mm]
\dfrac{\partial F_2}{\partial x_1} & \dfrac{\partial F_2}{\partial x_2} & \dfrac{\partial F_2}{\partial x_3} & \dfrac{\partial F_2}{\partial x_4} \\[2mm]
\dfrac{\partial F_3}{\partial x_1} & \dfrac{\partial F_3}{\partial x_2} & \dfrac{\partial F_3}{\partial x_3} & \dfrac{\partial F_3}{\partial x_4} \\[2mm]
\dfrac{\partial F_4}{\partial x_1} & \dfrac{\partial F_4}{\partial x_2} & \dfrac{\partial F_4}{\partial x_3} & \dfrac{\partial F_4}{\partial x_4}
\end{pmatrix}
\begin{pmatrix}
\dfrac{1}{2}\sigma_1 x_2 \\[2mm]
-\dfrac{1}{2}\sigma_1 x_1 \\[2mm]
\dfrac{1}{2}\sigma_2 x_4 \\[2mm]
-\dfrac{1}{2}\sigma_2 x_3
\end{pmatrix}
-
\begin{pmatrix}
\dfrac{1}{2}\sigma_1 F_2 \\[2mm]
-\dfrac{1}{2}\sigma_1 F_1 \\[2mm]
\dfrac{1}{2}\sigma_2 F_4 \\[2mm]
-\dfrac{1}{2}\sigma_2 F_3
\end{pmatrix}
= 0 \qquad (3\text{-}31)
$$

将式 (3-28) 和式 (3-30) 代入方程 (3-31) 再合并同类项,最后的化简结果是一个三次非线性代数方程组。根据相同项系数相等的原则,方程 (3-31) 与 A 中对应的各向量的系数为零,可以得到 4×20 个线性代数方程组,解这个方程组可以求出 $D_{4 \times 20}$ 的各元素。记 $D1_{4 \times 20}$ 为 $D_{4 \times 20}$ 的计算结果。从而得到要求的正交补空间

$$
G_4^3 = D1_{4 \times 20} A^* \qquad (3\text{-}32)
$$

再令

$$
P^3 = K_{4 \times 20} A^* \qquad (3\text{-}33)
$$

式中,矩阵 $K_{4 \times 20}$ 为 4×20 个未知系数。

将式 (3-26) 代入式 (3-17),同时为计算方便把式 (3-25) 中的 y 用 x 代替可得

$$
\begin{pmatrix}
\dfrac{\partial P_1}{\partial x_1} & \dfrac{\partial P_1}{\partial x_2} & \dfrac{\partial P_1}{\partial x_3} & \dfrac{\partial P_1}{\partial x_4} \\[2mm]
\dfrac{\partial P_2}{\partial x_1} & \dfrac{\partial P_2}{\partial x_2} & \dfrac{\partial P_2}{\partial x_3} & \dfrac{\partial P_2}{\partial x_4} \\[2mm]
\dfrac{\partial P_3}{\partial x_1} & \dfrac{\partial P_3}{\partial x_2} & \dfrac{\partial P_3}{\partial x_3} & \dfrac{\partial P_3}{\partial x_4} \\[2mm]
\dfrac{\partial P_4}{\partial x_1} & \dfrac{\partial P_4}{\partial x_2} & \dfrac{\partial P_4}{\partial x_3} & \dfrac{\partial P_4}{\partial x_4}
\end{pmatrix}
\begin{pmatrix}
-\dfrac{1}{2}\sigma_1 x_2 \\[2mm]
\dfrac{1}{2}\sigma_1 x_1 \\[2mm]
-\dfrac{1}{2}\sigma_2 x_4 \\[2mm]
\dfrac{1}{2}\sigma_2 x_3
\end{pmatrix}
-
\begin{pmatrix}
-\dfrac{1}{2}\sigma_1 P_2 \\[2mm]
\dfrac{1}{2}\sigma_1 P_1 \\[2mm]
-\dfrac{1}{2}\sigma_2 P_4 \\[2mm]
\dfrac{1}{2}\sigma_2 P_3
\end{pmatrix}
\qquad (3\text{-}34)
$$

将式 (3-28) 和式 (3-33) 代入方程 (3-34) 再合并同类项,可以得到所求的值域空间为

$$
B_4^3 = K1_{4 \times 20} A^* \qquad (3\text{-}35)
$$

由方程 (3-18),方程 (3-29),方程 (3-32) 和方程 (3-35) 可知

$$
C_{4 \times 20} A^* = D1_{4 \times 20} A^* + K1_{4 \times 20} A^* \qquad (3\text{-}36)
$$

根据相同项系数相等的原则, 上式即为一代数方程

$$C_{4\times 20} = D1_{4\times 20} + K1_{4\times 20} \tag{3-37}$$

方程 (3-37) 可展开成 4×20 个线性方程组。解此方程组可得到系统 (3-22) 的非线性变换及其规范形。

得到系统 (3-22) 的非线性变换为

$$
\begin{aligned}
x_1 = y_1 &+ \frac{1}{2}\frac{\sigma_1^2\sigma_2\left(2\alpha_2 - 3\alpha_3\right)}{9\sigma_1^4 - 10\sigma_2^2\sigma_1^2 + \sigma_2^4}y_1^2 y_3 + \frac{1}{2}\frac{\sigma_1^2\sigma_2\left(2\alpha_2 + \alpha_3\right)}{9\sigma_1^4 - 10\sigma_2^2\sigma_1^2 + \sigma_2^4}y_1^2 y_4 \\
&+ \frac{1}{4}\frac{\sigma_2\left(2\alpha_2 - 3\alpha_3\right)\left(7\sigma_1^2 - \sigma_2^2\right)}{9\sigma_1^4 - 10\sigma_2^2\sigma_1^2 + \sigma_2^4}y_2^2 y_3 + \frac{1}{4}\frac{\left(7\sigma_1^2 - \sigma_2^2\right)\left(2\alpha_2 + \alpha_3\right)}{9\sigma_1^4 - 10\sigma_2^2\sigma_1^2 + \sigma_2^4}y_2^2 y_4 \\
&+ \frac{1}{8}\frac{\left(-4\sigma_1\alpha_2 - 3\sigma_2\alpha_3\right)\left(7\sigma_1^2 - \sigma_2^2\right)}{\sigma_1\sigma_2}y_1 y_3^2 \\
&+ \frac{1}{8}\frac{\left(2\sigma_1\sigma_2\alpha_3 - 2\sigma_1^2\alpha_2 + 3\sigma_2^2\alpha_3 - 3\sigma_1^2\alpha_3\right)}{\sigma_1\left(\sigma_1^2 - \sigma_2^2\right)}y_1 y_4^2 \\
&+ \frac{1}{2}\frac{\sigma_1\left(6\sigma_1^2\alpha_2 + 3\sigma_1^2\alpha_3 - \sigma_2^2\alpha_3 - 2\sigma_2^2\alpha_2\right)}{9\sigma_1^4 - 10\sigma_2^2\sigma_1^2 + \sigma_2^4}y_1 y_2 y_3 \\
&- \frac{1}{2}\frac{\sigma_1\left(3\sigma_1^2 - \sigma_2^2\right)\left(2\alpha_2 - 3\alpha_3\right)}{9\sigma_1^4 - 10\sigma_2^2\sigma_1^2 + \sigma_2^4}y_1 y_2 y_4 + \frac{1}{4}\frac{\sigma_1\left(\sigma_1\alpha_2 - \sigma_2\alpha_3\right)}{\sigma_2\left(\sigma_1^2 - \sigma_2^2\right)}y_2 y_3 y_4 \tag{3-38a}
\end{aligned}
$$

$$
\begin{aligned}
x_2 = y_2 &- \frac{3}{2}\frac{\sigma_1^3\left(2\alpha_2 + \alpha_3\right)}{9\sigma_1^4 - 10\sigma_2^2\sigma_1^2 + \sigma_2^4}y_1^2 y_3 + \frac{3}{2}\frac{\sigma_1^3\left(2\alpha_2 - 3\alpha_3\right)}{9\sigma_1^4 - 10\sigma_2^2\sigma_1^2 + \sigma_2^4}y_1^2 y_4 \\
&- \frac{1}{4}\frac{\sigma_1\left(2\alpha_2 + \alpha_3\right)\left(3\sigma_1^2 - \sigma_2^2\right)}{9\sigma_1^4 - 10\sigma_2^2\sigma_1^2 + \sigma_2^4}y_2^2 y_3 + \frac{1}{4}\frac{\sigma_1\left(3\sigma_1^2 - \sigma_2^2\right)\left(2\alpha_2 - 3\alpha_3\right)}{9\sigma_1^4 - 10\sigma_2^2\sigma_1^2 + \sigma_2^4}y_2^2 y_4 \\
&+ \frac{1}{4}\frac{\left(\sigma_2^2\alpha_3 - 2\sigma_1^2\alpha_2 + 2\sigma_2^2\alpha_2 - \sigma_1\sigma_2\alpha_2\right)}{\sigma_2\left(\sigma_1^2 - \sigma_2^2\right)}y_2 y_3^2 - \frac{\sigma_1^2\sigma_2\left(2\alpha_2 - 3\alpha_3\right)}{9\sigma_1^4 - 10\sigma_2^2\sigma_1^2 + \sigma_2^4}y_1 y_2 y_3 \\
&- \frac{\sigma_1^2\sigma_2\left(2\alpha_2 + \alpha_3\right)}{9\sigma_1^4 - 10\sigma_2^2\sigma_1^2 + \sigma_2^4}y_1 y_2 y_4 - \frac{1}{4}\frac{\left(\sigma_1\sigma_2\alpha_3 + \sigma_1^2\alpha_2 - 2\sigma_2^2\alpha_2\right)}{\sigma_2\left(\sigma_1^2 - \sigma_2^2\right)}y_1 y_3 y_4 \tag{3-38b}
\end{aligned}
$$

$$
\begin{aligned}
x_3 = y_3 &+ \frac{1}{8}\frac{\left(-2\alpha_2 + 3\alpha_3\right)}{\sigma_2}y_3^3 + \frac{1}{4}\frac{\left(2\alpha_2 - \alpha_3\right)}{\sigma_1 - \sigma_2}y_2^2 y_3 \\
&+ \frac{1}{16}\frac{\left(-2\alpha_2 + 3\alpha_3\right)}{\sigma_2}y_3 y_4^2 - \frac{1}{4}\frac{\left(2\alpha_2 - \alpha_3\right)}{\sigma_1 - \sigma_2}y_1 y_2 y_4 \tag{3-38c}
\end{aligned}
$$

$$
\begin{aligned}
x_4 = y_4 &+ \frac{1}{4}\frac{\left(2\alpha_2 - \alpha_3\right)}{\sigma_1 - \sigma_2}y_1^2 y_4 + \frac{1}{16}\frac{3\left(-2\alpha_2 + 3\alpha_3\right)}{\sigma_2}y_3^2 y_4 \\
&- \frac{1}{4}\frac{\left(2\alpha_2 - \alpha_3\right)}{\sigma_1 - \sigma_2}y_1 y_2 y_3 \tag{3-38d}
\end{aligned}
$$

系统 (3-22) 的规范形如下

$$\dot{y}_1 = -\frac{1}{2}\sigma_1 y_2 + \left(\frac{1}{4}\alpha_2 - \frac{3}{8}\alpha_3\right)y_2\left(y_1^2 + y_2^2\right) - \frac{3}{16}\alpha_3 y_2\left(y_3^2 + y_4^2\right) \tag{3-39a}$$

$$\dot{y}_2 = \frac{1}{2}\sigma_1 y_1 - \left(\frac{1}{4}\alpha_2 - \frac{3}{8}\alpha_3\right) y_1 \left(y_1^2 + y_2^2\right) + \frac{3}{16}\alpha_3 y_1 \left(y_3^2 + y_4^2\right) \tag{3-39b}$$

$$\dot{y}_3 = -\frac{1}{2}\sigma_2 y_4 + \left(\frac{3}{16}\alpha_2 - \frac{9}{32}\alpha_3\right) y_4 \left(y_3^2 + y_4^2\right) - \frac{1}{4}\alpha_3 y_4 \left(y_1^2 + y_2^2\right) \tag{3-39c}$$

$$\dot{y}_4 = \frac{1}{2}\sigma_2 y_3 - \left(\frac{3}{16}\alpha_2 - \frac{9}{32}\alpha_3\right) y_3 \left(y_3^2 + y_4^2\right) + \frac{1}{4}\alpha_3 y_3 \left(y_1^2 + y_2^2\right) \tag{3-39d}$$

3.3.2 逐项消去法计算 H_4^3 的最简规范形

仍然是针对系统 (3-22) 来说明逐项消去法如何使得最终规范形的项数最少。由前面的分析可知，系统 (3-22) 可以写成如下形式

$$\dot{X} = LX + C_{4\times20}A^* \tag{3-40}$$

这里的 A^* 与系统 (3-29) 中的 A^* 相同。

因为 H_4^3 空间中的任意向量都可以写成系统 (3-29)A 中 20 个分量的组合形式。因此，直接令系统 (3-22) 的非线性变换为如下的形式 (为计算方便将 Y 用 X 代替)

$$X = X + U_{4\times20}A^* \tag{3-41}$$

因此 P^3 有下列形式

$$P^3 = U_{4\times20}A^* \tag{3-42}$$

令系统 (3-22) 的规范形为

$$X = LX + Z_{4\times20}A^* \tag{3-43}$$

式中，矩阵 $U_{4\times20}$ 和 $Z_{4\times20}$ 分别为 4×20 个未知数。显然，只要求出矩阵 $U_{4\times20}$ 和 $Z_{4\times20}$，就得到了系统 (3-22) 的规范形和其对应的非线性变换。将式 (3-42) 代入式 (3-17) 合并同类项，可以得到

$$
DP^k(x)Lx - LP^k(x) = \begin{pmatrix} \dfrac{\partial P_1}{\partial x_1} & \dfrac{\partial P_1}{\partial x_2} & \dfrac{\partial P_1}{\partial x_3} & \dfrac{\partial P_1}{\partial x_4} \\[2mm] \dfrac{\partial P_2}{\partial x_1} & \dfrac{\partial P_2}{\partial x_2} & \dfrac{\partial P_2}{\partial x_3} & \dfrac{\partial P_2}{\partial x_4} \\[2mm] \dfrac{\partial P_3}{\partial x_1} & \dfrac{\partial P_3}{\partial x_2} & \dfrac{\partial P_3}{\partial x_3} & \dfrac{\partial P_3}{\partial x_4} \\[2mm] \dfrac{\partial P_4}{\partial x_1} & \dfrac{\partial P_4}{\partial x_2} & \dfrac{\partial P_4}{\partial x_3} & \dfrac{\partial P_4}{\partial x_4} \end{pmatrix} \begin{pmatrix} -\dfrac{1}{2}\sigma_1 x_2 \\[2mm] \dfrac{1}{2}\sigma_1 x_1 \\[2mm] -\dfrac{1}{2}\sigma_2 x_4 \\[2mm] \dfrac{1}{2}\sigma_2 x_3 \end{pmatrix} - \begin{pmatrix} -\dfrac{1}{2}\sigma_1 P_2 \\[2mm] \dfrac{1}{2}\sigma_1 P_1 \\[2mm] -\dfrac{1}{2}\sigma_2 P_4 \\[2mm] \dfrac{1}{2}\sigma_2 P_3 \end{pmatrix}
$$
$$= V_{4\times20}A^* \tag{3-44}$$

显然，$V_{4\times20}$ 由 $U_{4\times20}$ 和 L 所决定。由式 (3-18) 可知

$$C_{4\times20}A^* = Z_{4\times20}A^* + V_{4\times20}A^* \tag{3-45}$$

根据同类项系数相等的原则有

$$C_{4 \times 20} = Z_{4 \times 20} + V_{4 \times 20} \tag{3-46}$$

显然，方程 (3-46) 可展开成 4×20 个线性方程组，但是这里面包含了 $U_{4 \times 20}$ 和 $Z_{4 \times 20}$ 中的 $2 \times 4 \times 20$ 个未知数。

　　要得到最简规范形，必须使得 $Z_{4 \times 20}$ 中的分量尽可能为 0。下面以 4×20 个线性方程组中的第一个方程为例说明消去法的思想

$$C[1,1] = Z[1,1] + V[1,1] \tag{3-47}$$

只要 $V[1,1]$ 中至少含有 $U_{4 \times 20}$ 的一个分量，既可以令 $Z[1,1] = 0$，同时方程 (3-47) 成为如下形式

$$C[1,1] - Z[1,1] = 0 \tag{3-48}$$

求解方程 (3-47) 可以确定 $U_{4 \times 20}$ 的一个分量 $U[m,n]$，将 $U[m,n]$ 的值代入剩余的 $4 \times 20 - 1$ 个线性方程中。以相同的思想可以求解 4×20 个方程中的第 2 个，第 3 个，$\cdots$，第 4×20 个线性方程。并最终确定了 $U_{4 \times 20}$ 和 $Z_{4 \times 20}$ 中的 $2 \times 4 \times 20$ 个未知数。而且使得 $Z_{4 \times 20}$ 中的分量尽可能为 0。因此求得的规范形形式最简。

　　得到系统 (3-22) 的最简规范形为

$$\dot{y}_1 = -\frac{1}{2}\sigma_1 y_2 \tag{3-49a}$$

$$\dot{y}_2 = \frac{1}{2}\sigma_1 y_1 - (2\alpha_2 - 3\alpha_3)\, y_1 y_2^2 + \frac{3}{4}\alpha_3 y_1 y_4^2 \tag{3-49b}$$

$$\dot{y}_3 = -\frac{1}{2}\sigma_2 y_4 \tag{3-49c}$$

$$\dot{y}_4 = \frac{1}{2}\sigma_2 y_3 - \frac{3}{32}\left(2\alpha_2 - 3\alpha_3\right) y_3 y_4^2 + \alpha_3 y_3 y_2^2 \tag{3-49d}$$

3.4　六维非线性系统三阶规范形

　　利用所得到的改进共轭算子法对六维非线性动力系统的三阶规范形进行研究。首先对一个具有普适意义的六维非线性系统进行理论推导，然后通过符号算法语言 Maple 程序得到其三阶规范形及其近恒同非线性变换，并且对所得结果进行初步解释。

3.4.1　六维系统规范形的计算

　　在本小节中，只考虑六维非线性系统三阶规范形的计算。一般的六维非线性系统可以表示成下面的形式

$$\dot{x} = X(x) = Ax + f^3(x), \quad x \in \mathbf{R}^6 \tag{3-50}$$

式中，$f^3(x) \in H_6^3$。

$$f^3(x) = (f_1^3(x), f_2^3(x), f_3^3(x), f_4^3(x), f_5^3(x), f_6^3(x))^{\mathrm{T}}$$

$$= \left(\sum_{|m|=3} a_{m_1 m_2 \cdots m_6} \left(\prod_{i=1}^{6} x_i^{m_i} \right), \sum_{|m|=3} b_{m_1 m_2 \cdots m_6} \left(\prod_{i=1}^{6} x_i^{m_i} \right), \right.$$

$$\left. \cdots, \sum_{|m|=3} g_{m_1 m_2 \cdots m_6} \left(\prod_{i=1}^{6} x_i^{m_i} \right) \right)^{\mathrm{T}}$$

式中，$|m| = m_1 + m_2 + m_3 + m_4 + m_5 + m_6$。

在这种情况下，线性算子为

$$ad_A^k P^k(y) = DP^3(x) Ax - AP^3(x) \tag{3-51}$$

共轭算子方程 (3-11) 变为

$$DP^3(x) A^*x - A^*P^3(x) = 0 \tag{3-52}$$

一般来说，在六维非线性系统中，Jordan 矩阵 A 有以下四种不同情况

(1) A 有三对纯虚特征值；

(2) A 有一对双零特征值，两对纯虚特征值；

(3) A 有两对双零特征值，一对纯虚特征值；

(4) A 有三对双零特征值。

以上四种情况中的 Jordan 矩阵 A 可以表示为

$$A = \begin{bmatrix} 0 & -\omega_1 & 0 & 0 & 0 & 0 \\ \omega_1 & 0 & 0 & 0 & 0 & 0 \\ 0 & 0 & 0 & -\omega_2 & 0 & 0 \\ 0 & 0 & \omega_2 & 0 & 0 & 0 \\ 0 & 0 & 0 & 0 & 0 & -\omega_3 \\ 0 & 0 & 0 & 0 & \omega_3 & 0 \end{bmatrix}$$

$$A = \begin{bmatrix} 0 & 1 & 0 & 0 & 0 & 0 \\ 0 & 0 & 0 & 0 & 0 & 0 \\ 0 & 0 & 0 & -\omega_1 & 0 & 0 \\ 0 & 0 & \omega_1 & 0 & 0 & 0 \\ 0 & 0 & 0 & 0 & 0 & -\omega_2 \\ 0 & 0 & 0 & 0 & \omega_2 & 0 \end{bmatrix}$$

$$A = \begin{bmatrix} 0 & 1 & 0 & 0 & 0 & 0 \\ 0 & 0 & 0 & 0 & 0 & 0 \\ 0 & 0 & 0 & 1 & 0 & 0 \\ 0 & 0 & 0 & 0 & 0 & 0 \\ 0 & 0 & 0 & 0 & 0 & -\omega \\ 0 & 0 & 0 & 0 & \omega & 0 \end{bmatrix}$$

$$A = \begin{bmatrix} 0 & 1 & 0 & 0 & 0 & 0 \\ 0 & 0 & 0 & 0 & 0 & 0 \\ 0 & 0 & 0 & 1 & 0 & 0 \\ 0 & 0 & 0 & 0 & 0 & 0 \\ 0 & 0 & 0 & 0 & 0 & 1 \\ 0 & 0 & 0 & 0 & 0 & 0 \end{bmatrix}$$

上面四种情况又可分为共振和非共振两种情况, 这里只研究非共振的情况。对于情况 (1), 即

$$\omega_1 \neq \omega_2 \neq \omega_3$$

$P(x)$ 的 Jacobi 矩阵为

$$DP^3(x) = \left\{ \frac{\partial P^3(x)}{\partial x} \right\}_{6 \times 6} = \begin{bmatrix} \dfrac{\partial P_1^3}{\partial x_1} & \dfrac{\partial P_1^3}{\partial x_2} & \dfrac{\partial P_1^3}{\partial x_3} & \dfrac{\partial P_1^3}{\partial x_4} & \dfrac{\partial P_1^3}{\partial x_5} & \dfrac{\partial P_1^3}{\partial x_6} \\[2mm] \dfrac{\partial P_2^3}{\partial x_1} & \dfrac{\partial P_2^3}{\partial x_2} & \dfrac{\partial P_2^3}{\partial x_3} & \dfrac{\partial P_2^3}{\partial x_4} & \dfrac{\partial P_2^3}{\partial x_5} & \dfrac{\partial P_2^3}{\partial x_6} \\[2mm] \dfrac{\partial P_3^3}{\partial x_1} & \dfrac{\partial P_3^3}{\partial x_2} & \dfrac{\partial P_3^3}{\partial x_3} & \dfrac{\partial P_3^3}{\partial x_4} & \dfrac{\partial P_3^3}{\partial x_5} & \dfrac{\partial P_3^3}{\partial x_6} \\[2mm] \dfrac{\partial P_4^3}{\partial x_1} & \dfrac{\partial P_4^3}{\partial x_2} & \dfrac{\partial P_4^3}{\partial x_3} & \dfrac{\partial P_4^3}{\partial x_4} & \dfrac{\partial P_4^3}{\partial x_5} & \dfrac{\partial P_4^3}{\partial x_6} \\[2mm] \dfrac{\partial P_5^3}{\partial x_1} & \dfrac{\partial P_5^3}{\partial x_2} & \dfrac{\partial P_5^3}{\partial x_3} & \dfrac{\partial P_5^3}{\partial x_4} & \dfrac{\partial P_5^3}{\partial x_5} & \dfrac{\partial P_5^3}{\partial x_6} \\[2mm] \dfrac{\partial P_6^3}{\partial x_1} & \dfrac{\partial P_6^3}{\partial x_2} & \dfrac{\partial P_6^3}{\partial x_3} & \dfrac{\partial P_6^3}{\partial x_4} & \dfrac{\partial P_6^3}{\partial x_5} & \dfrac{\partial P_6^3}{\partial x_6} \end{bmatrix}_{6 \times 6}$$

$$(3\text{-}53)$$

对于情况 (1), 有

$$A^* = \begin{bmatrix} 0 & \omega_1 & 0 & 0 & 0 & 0 \\ -\omega_1 & 0 & 0 & 0 & 0 & 0 \\ 0 & 0 & 0 & \omega_2 & 0 & 0 \\ 0 & 0 & -\omega_2 & 0 & 0 & 0 \\ 0 & 0 & 0 & 0 & 0 & \omega_3 \\ 0 & 0 & 0 & 0 & -\omega_3 & 0 \end{bmatrix} \qquad (3\text{-}54)$$

将共轭转置矩阵 (3-53) 和 (3-54) 代入式 (3-52), 得到以下线性偏微分方程组

$$\omega_1 x_2 \frac{\partial P_1^3}{\partial x_1} - \omega_1 x_1 \frac{\partial P_1^3}{\partial x_2} + \omega_2 x_4 \frac{\partial P_1^3}{\partial x_3} - \omega_2 x_3 \frac{\partial P_1^3}{\partial x_4} + \omega_3 x_6 \frac{\partial P_1^3}{\partial x_5} - \omega_3 x_5 \frac{\partial P_1^3}{\partial x_6} - \omega_1 P_2^3 = 0$$

$$\tag{3-55a}$$

$$\omega_1 x_2 \frac{\partial P_2^3}{\partial x_1} - \omega_1 x_1 \frac{\partial P_2^3}{\partial x_2} + \omega_2 x_4 \frac{\partial P_2^3}{\partial x_3} - \omega_2 x_3 \frac{\partial P_2^3}{\partial x_4} + \omega_3 x_6 \frac{\partial P_2^3}{\partial x_5} - \omega_3 x_5 \frac{\partial P_2^3}{\partial x_6} + \omega_1 P_1^3 = 0$$

$$\tag{3-55b}$$

$$\omega_1 x_2 \frac{\partial P_3^3}{\partial x_1} - \omega_1 x_1 \frac{\partial P_3^3}{\partial x_2} + \omega_2 x_4 \frac{\partial P_3^3}{\partial x_3} - \omega_2 x_3 \frac{\partial P_3^3}{\partial x_4} + \omega_3 x_6 \frac{\partial P_3^3}{\partial x_5} - \omega_3 x_5 \frac{\partial P_3^3}{\partial x_6} - \omega_2 P_4^3 = 0$$

$$\tag{3-55c}$$

$$\omega_1 x_2 \frac{\partial P_4^3}{\partial x_1} - \omega_1 x_1 \frac{\partial P_4^3}{\partial x_2} + \omega_2 x_4 \frac{\partial P_4^3}{\partial x_3} - \omega_2 x_3 \frac{\partial P_4^3}{\partial x_4} + \omega_3 x_6 \frac{\partial P_4^3}{\partial x_5} - \omega_3 x_5 \frac{\partial P_4^3}{\partial x_6} + \omega_2 P_3^3 = 0$$

$$\tag{3-55d}$$

$$\omega_1 x_2 \frac{\partial P_5^3}{\partial x_1} - \omega_1 x_1 \frac{\partial P_5^3}{\partial x_2} + \omega_2 x_4 \frac{\partial P_5^3}{\partial x_3} - \omega_2 x_3 \frac{\partial P_5^3}{\partial x_4} + \omega_3 x_6 \frac{\partial P_5^3}{\partial x_5} - \omega_3 x_5 \frac{\partial P_5^3}{\partial x_6} - \omega_3 P_6^3 = 0$$

$$\tag{3-55e}$$

$$\omega_1 x_2 \frac{\partial P_6^3}{\partial x_1} - \omega_1 x_1 \frac{\partial P_6^3}{\partial x_2} + \omega_2 x_4 \frac{\partial P_6^3}{\partial x_3} - \omega_2 x_3 \frac{\partial P_6^3}{\partial x_4} + \omega_3 x_6 \frac{\partial P_6^3}{\partial x_5} - \omega_3 x_5 \frac{\partial P_6^3}{\partial x_6} + \omega_3 P_5^3 = 0$$

$$\tag{3-55f}$$

对于情况 (2), 有

$$A^* = \begin{bmatrix} 0 & 0 & 0 & 0 & 0 & 0 \\ 1 & 0 & 0 & 0 & 0 & 0 \\ 0 & 0 & 0 & \omega_1 & 0 & 0 \\ 0 & 0 & -\omega_1 & 0 & 0 & 0 \\ 0 & 0 & 0 & 0 & 0 & \omega_2 \\ 0 & 0 & 0 & 0 & -\omega_2 & 0 \end{bmatrix} \tag{3-56}$$

将上面的共轭转置矩阵 (3-53) 和 (3-56) 代入方程 (3-52), 得到以下线性偏微分方程组

$$x_1 \frac{\partial P_1^3}{\partial x_2} + \omega_1 x_4 \frac{\partial P_1^3}{\partial x_3} - \omega_1 x_3 \frac{\partial P_1^3}{\partial x_4} + \omega_2 x_6 \frac{\partial P_1^3}{\partial x_5} - \omega_2 x_5 \frac{\partial P_1^3}{\partial x_6} = 0 \tag{3-57a}$$

$$x_1 \frac{\partial P_2^3}{\partial x_2} + \omega_1 x_4 \frac{\partial P_2^3}{\partial x_3} - \omega_1 x_3 \frac{\partial P_2^3}{\partial x_4} + \omega_2 x_6 \frac{\partial P_2^3}{\partial x_5} - \omega_2 x_5 \frac{\partial P_2^3}{\partial x_6} - P_1^3 = 0 \tag{3-57b}$$

$$x_1 \frac{\partial P_3^3}{\partial x_2} + \omega_2 x_4 \frac{\partial P_3^3}{\partial x_3} - \omega_2 x_3 \frac{\partial P_3^3}{\partial x_4} + \omega_3 x_6 \frac{\partial P_3^3}{\partial x_5} - \omega_3 x_5 \frac{\partial P_3^3}{\partial x_6} - \omega_1 P_4^3 = 0 \tag{3-57c}$$

$$x_1 \frac{\partial P_4^3}{\partial x_2} + \omega_2 x_4 \frac{\partial P_4^3}{\partial x_3} - \omega_2 x_3 \frac{\partial P_4^3}{\partial x_4} + \omega_3 x_6 \frac{\partial P_4^3}{\partial x_5} - \omega_3 x_5 \frac{\partial P_4^3}{\partial x_6} + \omega_1 P_3^3 = 0 \tag{3-57d}$$

$$x_1 \frac{\partial P_5^3}{\partial x_2} + \omega_2 x_4 \frac{\partial P_5^3}{\partial x_3} - \omega_2 x_3 \frac{\partial P_5^3}{\partial x_4} + \omega_3 x_6 \frac{\partial P_5^3}{\partial x_5} - \omega_3 x_5 \frac{\partial P_5^3}{\partial x_6} - \omega_2 P_6^3 = 0 \quad (3\text{-}57\mathrm{e})$$

$$x_1 \frac{\partial P_6^3}{\partial x_2} + \omega_2 x_4 \frac{\partial P_6^3}{\partial x_3} - \omega_2 x_3 \frac{\partial P_6^3}{\partial x_4} + \omega_3 x_6 \frac{\partial P_6^3}{\partial x_5} - \omega_3 x_5 \frac{\partial P_6^3}{\partial x_6} + \omega_2 P_5^3 = 0 \quad (3\text{-}57\mathrm{f})$$

对于情况 (3)，有

$$A^* = \begin{bmatrix} 0 & 0 & 0 & 0 & 0 & 0 \\ 1 & 0 & 0 & 0 & 0 & 0 \\ 0 & 0 & 0 & 0 & 0 & 0 \\ 0 & 0 & 1 & 0 & 0 & 0 \\ 0 & 0 & 0 & 0 & 0 & \omega \\ 0 & 0 & 0 & 0 & -\omega & 0 \end{bmatrix} \quad (3\text{-}58)$$

将上面的共轭转置矩阵 (3-53) 和 (3-58) 代入方程 (3-52)，得到以下线性偏微分方程组

$$x_1 \frac{\partial P_1^3}{\partial x_2} + x_3 \frac{\partial P_1^3}{\partial x_4} + \omega x_6 \frac{\partial P_1^3}{\partial x_5} - \omega x_5 \frac{\partial P_1^3}{\partial x_6} = 0 \quad (3\text{-}59\mathrm{a})$$

$$x_1 \frac{\partial P_2^3}{\partial x_2} + x_3 \frac{\partial P_2^3}{\partial x_4} + \omega x_6 \frac{\partial P_2^3}{\partial x_5} - \omega x_5 \frac{\partial P_2^3}{\partial x_6} - P_1^3 = 0 \quad (3\text{-}59\mathrm{b})$$

$$x_1 \frac{\partial P_3^3}{\partial x_2} + x_3 \frac{\partial P_3^3}{\partial x_4} + \omega x_6 \frac{\partial P_3^3}{\partial x_5} - \omega x_5 \frac{\partial P_3^3}{\partial x_6} = 0 \quad (3\text{-}59\mathrm{c})$$

$$x_1 \frac{\partial P_4^3}{\partial x_2} + x_3 \frac{\partial P_4^3}{\partial x_4} + \omega x_6 \frac{\partial P_4^3}{\partial x_5} - \omega x_5 \frac{\partial P_4^3}{\partial x_6} - P_3^3 = 0 \quad (3\text{-}59\mathrm{d})$$

$$x_1 \frac{\partial P_5^3}{\partial x_2} + x_3 \frac{\partial P_5^3}{\partial x_4} + \omega x_6 \frac{\partial P_5^3}{\partial x_5} - \omega x_5 \frac{\partial P_5^3}{\partial x_6} - \omega P_6^3 = 0 \quad (3\text{-}59\mathrm{e})$$

$$x_1 \frac{\partial P_6^3}{\partial x_2} + x_3 \frac{\partial P_6^3}{\partial x_4} + \omega x_6 \frac{\partial P_6^3}{\partial x_5} - \omega x_5 \frac{\partial P_6^3}{\partial x_6} + \omega P_5^3 = 0 \quad (3\text{-}59\mathrm{f})$$

对于情况 (4)，有

$$A^* = \begin{bmatrix} 0 & 0 & 0 & 0 & 0 & 0 \\ 1 & 0 & 0 & 0 & 0 & 0 \\ 0 & 0 & 0 & 0 & 0 & 0 \\ 0 & 0 & 1 & 0 & 0 & 0 \\ 0 & 0 & 0 & 0 & 0 & 0 \\ 0 & 0 & 0 & 0 & 1 & 0 \end{bmatrix} \quad (3\text{-}60)$$

将上面的共轭转置矩阵 (3-53) 和 (3-60) 代入方程 (3-52)，得到以下线性偏微分方程组

$$x_1 \frac{\partial P_1^3}{\partial x_2} + x_3 \frac{\partial P_1^3}{\partial x_4} + x_5 \frac{\partial P_1^3}{\partial x_6} = 0 \quad (3\text{-}61\mathrm{a})$$

$$x_1 \frac{\partial P_2^3}{\partial x_2} + x_3 \frac{\partial P_2^3}{\partial x_4} + x_5 \frac{\partial P_2^3}{\partial x_6} - P_1^3 = 0 \tag{3-61b}$$

$$x_1 \frac{\partial P_3^3}{\partial x_2} + x_3 \frac{\partial P_3^3}{\partial x_4} + x_5 \frac{\partial P_3^3}{\partial x_6} = 0 \tag{3-61c}$$

$$x_1 \frac{\partial P_4^3}{\partial x_2} + x_3 \frac{\partial P_4^3}{\partial x_4} + x_5 \frac{\partial P_4^3}{\partial x_6} - P_3^3 = 0 \tag{3-61d}$$

$$x_1 \frac{\partial P_5^3}{\partial x_2} + x_3 \frac{\partial P_5^3}{\partial x_4} + x_5 \frac{\partial P_5^3}{\partial x_6} = 0 \tag{3-61e}$$

$$x_1 \frac{\partial P_6^3}{\partial x_2} + x_3 \frac{\partial P_6^3}{\partial x_4} + x_5 \frac{\partial P_6^3}{\partial x_6} - P_5^3 = 0 \tag{3-61f}$$

为了求得偏微分方程组 (3-55)，方程组 (3-57)，方程组 (3-59) 和方程组 (3-61) 的所有三次多项式解，在六维线性空间中引入以下 56 个三次齐次单项式

$$X = [x_1^3, x_2^3, x_3^3, x_4^3, x_5^3, x_6^3, x_1^2 x_2, x_1^2 x_3, x_1^2 x_4, x_1^2 x_5, x_1^2 x_6, x_2^2 x_1, x_2^2 x_3, x_2^2 x_4, x_2^2 x_5, x_2^2 x_6,$$
$$x_3^2 x_1, x_3^2 x_2, x_3^2 x_4, x_3^2 x_5, x_3^2 x_6, x_4^2 x_1, x_4^2 x_2, x_4^2 x_3, x_4^2 x_5, x_4^2 x_6, x_5^2 x_1, x_5^2 x_2, x_5^2 x_3, x_5^2 x_4,$$
$$x_5^2 x_6, x_6^2 x_1, x_6^2 x_2, x_6^2 x_3, x_6^2 x_4, x_6^2 x_5, x_1 x_2 x_3, x_1 x_2 x_4, x_1 x_2 x_5, x_1 x_2 x_6, x_1 x_3 x_4,$$
$$x_1 x_3 x_5, x_1 x_3 x_6, x_1 x_4 x_5, x_1 x_4 x_6, x_1 x_5 x_6, x_2 x_3 x_4, x_2 x_3 x_5, x_2 x_3 x_6, x_2 x_4 x_5, x_2 x_4 x_6,$$
$$x_2 x_5 x_6, x_3 x_4 x_5, x_3 x_4 x_6, x_3 x_5 x_6, x_4 x_5 x_6]$$

显然，利用上述 56 个单项式可以把六维空间中所有的三次齐次多项式表示出来。由此易得

$$f^3(x) = [C_{6 \times 56}] X^{\mathrm{T}} \tag{3-62}$$

式中，系数矩阵 $[C_{6 \times 56}]$ 中的 336 个元素由系统 (3-50) 中的非线性项的系数确定。

此外，还有

$$P^3(x) = \left[P_1^3, P_2^3, P_3^3, P_4^3, P_5^3, P_6^3 \right]$$

$$= \left[\sum_{|m|=3} d_{1m} x^m, \sum_{|m|=3} d_{2m} x^m, \cdots, \sum_{|m|=3} d_{5m} x^m, \sum_{|m|=3} d_{6m} x^m \right] = [D_{6 \times 56}] X^{\mathrm{T}} \tag{3-63}$$

式中，$m = m_1 m_2 m_3 m_4 m_5 m_6$，$x^m = x_1^{m_1} x_2^{m_2} x_3^{m_3} x_4^{m_4} x_5^{m_5} x_6^{m_6}$，$[D_{6 \times 56}]$ 为未知系数矩阵，即近恒同非线性变换的系数矩阵。

对于情况 (1)，将式 (3-63) 代入方程组 (3-55)，得到以下方程组

$$\left(\omega_1 x_2 \frac{\partial}{\partial x_1} - \omega_1 x_1 \frac{\partial}{\partial x_2} + \omega_2 x_4 \frac{\partial}{\partial x_3} - \omega_2 x_3 \frac{\partial}{\partial x_4} + \omega_3 x_6 \frac{\partial}{\partial x_5} \right.$$

$$
\left. - \omega_3 x_5 \frac{\partial}{\partial x_6} \right) \sum d_{1m} x^m - \omega_1 \sum d_{2m} x^m = 0
$$

$$
\left(\omega_1 x_2 \frac{\partial}{\partial x_1} - \omega_1 x_1 \frac{\partial}{\partial x_2} + \omega_2 x_4 \frac{\partial}{\partial x_3} - \omega_2 x_3 \frac{\partial}{\partial x_4} + \omega_3 x_6 \frac{\partial}{\partial x_5} \right.
$$

$$
\left. - \omega_3 x_5 \frac{\partial}{\partial x_6} \right) \sum d_{2m} x^m + \omega_1 \sum d_{1m} x^m = 0
$$

$$
\left(\omega_1 x_2 \frac{\partial}{\partial x_1} - \omega_1 x_1 \frac{\partial}{\partial x_2} + \omega_2 x_4 \frac{\partial}{\partial x_3} - \omega_2 x_3 \frac{\partial}{\partial x_4} + \omega_3 x_6 \frac{\partial}{\partial x_5} \right.
$$

$$
\left. - \omega_3 x_5 \frac{\partial}{\partial x_6} \right) \sum d_{3m} x^m - \omega_2 \sum d_{4m} x^m = 0
$$

$$
\left(\omega_1 x_2 \frac{\partial}{\partial x_1} - \omega_1 x_1 \frac{\partial}{\partial x_2} + \omega_2 x_4 \frac{\partial}{\partial x_3} - \omega_2 x_3 \frac{\partial}{\partial x_4} + \omega_3 x_6 \frac{\partial}{\partial x_5} \right.
$$

$$
\left. - \omega_3 x_5 \frac{\partial}{\partial x_6} \right) \sum d_{4m} x^m + \omega_2 \sum d_{3m} x^m = 0
$$

$$
\left(\omega_1 x_2 \frac{\partial}{\partial x_1} - \omega_1 x_1 \frac{\partial}{\partial x_2} + \omega_2 x_4 \frac{\partial}{\partial x_3} - \omega_2 x_3 \frac{\partial}{\partial x_4} + \omega_3 x_6 \frac{\partial}{\partial x_5} \right.
$$

$$
\left. - \omega_3 x_5 \frac{\partial}{\partial x_6} \right) \sum d_{5m} x^m - \omega_3 \sum d_{6m} x^m = 0
$$

$$
\left(\omega_1 x_2 \frac{\partial}{\partial x_1} - \omega_1 x_1 \frac{\partial}{\partial x_2} + \omega_2 x_4 \frac{\partial}{\partial x_3} - \omega_2 x_3 \frac{\partial}{\partial x_4} + \omega_3 x_6 \frac{\partial}{\partial x_5} \right.
$$

$$
\left. - \omega_3 x_5 \frac{\partial}{\partial x_6} \right) \sum d_{6m} x^m + \omega_3 \sum d_{5m} x^m = 0 \tag{3-64}
$$

对于情况 (2)，将式 (3-63) 代入方程组 (3-57)，得到以下方程组

$$
\left(x_1 \frac{\partial}{\partial x_2} + \omega_1 x_4 \frac{\partial}{\partial x_3} - \omega_1 x_3 \frac{\partial}{\partial x_4} + \omega_2 x_6 \frac{\partial}{\partial x_5} \right.
$$

$$
\left. - \omega_2 x_5 \frac{\partial}{\partial x_6} \right) \sum d_{1m} x^m = 0 \tag{3-65a}
$$

$$
\left(x_1 \frac{\partial}{\partial x_2} + \omega_1 x_4 \frac{\partial}{\partial x_3} - \omega_1 x_3 \frac{\partial}{\partial x_4} + \omega_2 x_6 \frac{\partial}{\partial x_5} \right.
$$

$$
\left. - \omega_2 x_5 \frac{\partial}{\partial x_6} \right) \sum d_{2m} x^m - \sum d_{1m} x^m = 0 \tag{3-65b}
$$

$$
\left(x_1 \frac{\partial}{\partial x_2} + \omega_2 x_4 \frac{\partial}{\partial x_3} - \omega_2 x_3 \frac{\partial}{\partial x_4} + \omega_3 x_6 \frac{\partial}{\partial x_5} \right.
$$

$$
\left. - \omega_3 x_5 \frac{\partial}{\partial x_6} \right) \sum d_{3m} x^m - \omega_1 \sum d_{4m} x^m = 0 \tag{3-65c}
$$

$$
\left(x_1 \frac{\partial}{\partial x_2} + \omega_2 x_4 \frac{\partial}{\partial x_3} - \omega_2 x_3 \frac{\partial}{\partial x_4} + \omega_3 x_6 \frac{\partial}{\partial x_5} \right.
$$

$$
\left. - \omega_3 x_5 \frac{\partial}{\partial x_6} \right) \sum d_{4m} x^m + \omega_1 \sum d_{3m} x^m = 0 \tag{3-65d}
$$

$$\left(x_2 \frac{\partial}{\partial x_2} + \omega_2 x_4 \frac{\partial}{\partial x_3} - \omega_2 x_3 \frac{\partial}{\partial x_4} + \omega_3 x_6 \frac{\partial}{\partial x_5} \right.$$
$$\left. - \omega_3 x_5 \frac{\partial}{\partial x_6} \right) \sum d_{5m} x^m - \omega_2 \sum d_{6m} x^m = 0 \tag{3-65e}$$

$$\left(x_1 \frac{\partial}{\partial x_2} + \omega_2 x_4 \frac{\partial}{\partial x_3} - \omega_2 x_3 \frac{\partial}{\partial x_4} + \omega_3 x_6 \frac{\partial}{\partial x_5} \right.$$
$$\left. - \omega_3 x_5 \frac{\partial}{\partial x_6} \right) \sum d_{6m} x^m + \omega_2 \sum d_{5m} x^m = 0 \tag{3-65f}$$

对于情况 (3)，将式 (3-63) 代入方程组 (3-59)，得到以下方程组

$$\left(x_1 \frac{\partial}{\partial x_2} + x_3 \frac{\partial}{\partial x_4} + \omega x_6 \frac{\partial}{\partial x_5} - \omega x_5 \frac{\partial}{\partial x_6} \right) \sum d_{1m} x^m = 0 \tag{3-66a}$$

$$\left(x_1 \frac{\partial}{\partial x_2} + x_3 \frac{\partial}{\partial x_4} + \omega x_6 \frac{\partial}{\partial x_5} - \omega x_5 \frac{\partial}{\partial x_6} \right) \sum d_{2m} x^m - \sum d_{1m} x^m = 0 \tag{3-66b}$$

$$\left(x_1 \frac{\partial}{\partial x_2} + x_3 \frac{\partial}{\partial x_4} + \omega x_6 \frac{\partial}{\partial x_5} - \omega x_5 \frac{\partial}{\partial x_6} \right) \sum d_{3m} x^m = 0 \tag{3-66c}$$

$$\left(x_1 \frac{\partial}{\partial x_2} + x_3 \frac{\partial}{\partial x_4} + \omega x_6 \frac{\partial}{\partial x_5} - \omega x_5 \frac{\partial}{\partial x_6} \right) \sum d_{4m} x^m - \sum d_{3m} x^m = 0 \tag{3-66d}$$

$$\left(x_1 \frac{\partial}{\partial x_2} + x_3 \frac{\partial}{\partial x_4} + \omega x_6 \frac{\partial}{\partial x_5} - \omega x_5 \frac{\partial}{\partial x_6} \right) \sum d_{5m} x^m - \omega \sum d_{6m} x^m = 0 \tag{3-66e}$$

$$\left(x_1 \frac{\partial}{\partial x_2} + x_3 \frac{\partial}{\partial x_4} + \omega x_6 \frac{\partial}{\partial x_5} - \omega x_5 \frac{\partial}{\partial x_6} \right) \sum d_{6m} x^m + \omega \sum d_{5m} x^m = 0 \tag{3-66f}$$

对于情况 (4)，将式 (3-63) 代入方程组 (3-61)，得到以下方程组

$$\left(x_1 \frac{\partial}{\partial x_2} + x_3 \frac{\partial}{\partial x_4} + x_5 \frac{\partial}{\partial x_6} \right) \sum d_{1m} x^m = 0 \tag{3-67a}$$

$$\left(x_1 \frac{\partial}{\partial x_2} + x_3 \frac{\partial}{\partial x_4} + x_5 \frac{\partial}{\partial x_6} \right) \sum d_{2m} x^m - \sum d_{1m} x^m = 0 \tag{3-67b}$$

$$\left(x_1 \frac{\partial}{\partial x_2} + x_3 \frac{\partial}{\partial x_4} + x_5 \frac{\partial}{\partial x_6} \right) \sum d_{3m} x^m = 0 \tag{3-67c}$$

$$\left(x_1 \frac{\partial}{\partial x_2} + x_3 \frac{\partial}{\partial x_4} + x_5 \frac{\partial}{\partial x_6} \right) \sum d_{4m} x^m - \sum d_{3m} x^m = 0 \tag{3-67d}$$

$$\left(x_1 \frac{\partial}{\partial x_2} + x_3 \frac{\partial}{\partial x_4} + x_5 \frac{\partial}{\partial x_6} \right) \sum d_{5m} x^m = 0 \tag{3-67e}$$

$$\left(x_1 \frac{\partial}{\partial x_2} + x_3 \frac{\partial}{\partial x_4} + x_5 \frac{\partial}{\partial x_6} \right) \sum d_{6m} x^m - \sum d_{5m} x^m = 0 \tag{3-67f}$$

分别将上面四种情况的六个方程化简，比较同类项系数即可得到 $[D_{6 \times 56}]$ 中的各个系数。将所得到的四个不同的 $[D_{6 \times 56}]$ 分别代入式 (3-51)，对于情况 (1)，得到

$$\left(-\omega_1 x_2 \frac{\partial}{\partial x_1} + \omega_1 x_1 \frac{\partial}{\partial x_2} - \omega_2 x_4 \frac{\partial}{\partial x_3} + \omega_2 x_3 \frac{\partial}{\partial x_4} - \omega_3 x_6 \frac{\partial}{\partial x_5} \right.$$

$$+\ \omega_3 x_5 \frac{\partial}{\partial x_6}\Big)\sum d_{1m}x^m + \omega_1\sum d_{2m}x^m \tag{3-68a}$$

$$\Big(-\omega_1 x_2\frac{\partial}{\partial x_1} + \omega_1 x_1\frac{\partial}{\partial x_2} - \omega_2 x_4\frac{\partial}{\partial x_3} + \omega_2 x_3\frac{\partial}{\partial x_4} - \omega_3 x_6\frac{\partial}{\partial x_5}$$

$$+\ \omega_3 x_5 \frac{\partial}{\partial x_6}\Big)\sum d_{2m}x^m - \omega_1\sum d_{1m}x^m \tag{3-68b}$$

$$\Big(-\omega_1 x_2\frac{\partial}{\partial x_1} + \omega_1 x_1\frac{\partial}{\partial x_2} - \omega_2 x_4\frac{\partial}{\partial x_3} + \omega_2 x_3\frac{\partial}{\partial x_4} - \omega_3 x_6\frac{\partial}{\partial x_5}$$

$$+\ \omega_3 x_5 \frac{\partial}{\partial x_6}\Big)\sum d_{3m}x^m + \omega_2\sum d_{3m}x^m \tag{3-68c}$$

$$\Big(-\omega_1 x_2\frac{\partial}{\partial x_1} + \omega_1 x_1\frac{\partial}{\partial x_2} - \omega_2 x_4\frac{\partial}{\partial x_3} + \omega_2 x_3\frac{\partial}{\partial x_4} - \omega_3 x_6\frac{\partial}{\partial x_5}$$

$$+\ \omega_3 x_5 \frac{\partial}{\partial x_6}\Big)\sum d_{4m}x^m - \omega_2\sum d_{3m}x^m \tag{3-68d}$$

$$\Big(-\omega_1 x_2\frac{\partial}{\partial x_1} + \omega_1 x_1\frac{\partial}{\partial x_2} - \omega_2 x_4\frac{\partial}{\partial x_3} + \omega_2 x_3\frac{\partial}{\partial x_4} - \omega_3 x_6\frac{\partial}{\partial x_5}$$

$$+\ \omega_3 x_5 \frac{\partial}{\partial x_6}\Big)\sum d_{5m}x^m + \omega_3\sum d_{6m}x^m \tag{3-68e}$$

$$\Big(-\omega_1 x_2\frac{\partial}{\partial x_1} + \omega_1 x_1\frac{\partial}{\partial x_2} - \omega_2 x_4\frac{\partial}{\partial x_3} + \omega_2 x_3\frac{\partial}{\partial x_4} - \omega_3 x_6\frac{\partial}{\partial x_5}$$

$$+\ \omega_3 x_5 \frac{\partial}{\partial x_6}\Big)\sum d_{6m}x^m - \omega_3\sum d_{5m}x^m \tag{3-68f}$$

对于情况 (2)，得到

$$\Big(x_2\frac{\partial}{\partial x_1} - \omega_1 x_4\frac{\partial}{\partial x_3} + \omega_1 x_3\frac{\partial}{\partial x_4} - \omega_2 x_6\frac{\partial}{\partial x_5} + \omega_2 x_5\frac{\partial}{\partial x_6}\Big)\sum d_{1m}x^m - \sum d_{2m}x^m \tag{3-69a}$$

$$\Big(x_2\frac{\partial}{\partial x_1} - \omega_1 x_4\frac{\partial}{\partial x_3} + \omega_1 x_3\frac{\partial}{\partial x_4} - \omega_2 x_6\frac{\partial}{\partial x_5} + \omega_2 x_5\frac{\partial}{\partial x_6}\Big)\sum d_{2m}x^m \tag{3-69b}$$

$$\Big(x_2\frac{\partial}{\partial x_1} - \omega_2 x_4\frac{\partial}{\partial x_3} + \omega_2 x_3\frac{\partial}{\partial x_4} - \omega_3 x_6\frac{\partial}{\partial x_5} + \omega_3 x_5\frac{\partial}{\partial x_6}\Big)\sum d_{3m}x^m + \omega_1\sum d_{4m}x^m \tag{3-69c}$$

$$\Big(x_2\frac{\partial}{\partial x_1} - \omega_2 x_4\frac{\partial}{\partial x_3} + \omega_2 x_3\frac{\partial}{\partial x_4} - \omega_3 x_6\frac{\partial}{\partial x_5} + \omega_3 x_5\frac{\partial}{\partial x_6}\Big)\sum d_{4m}x^m - \omega_1\sum d_{3m}x^m \tag{3-69d}$$

$$\Big(x_2\frac{\partial}{\partial x_1} - \omega_2 x_4\frac{\partial}{\partial x_3} + \omega_2 x_3\frac{\partial}{\partial x_4} - \omega_3 x_6\frac{\partial}{\partial x_5} + \omega_3 x_5\frac{\partial}{\partial x_6}\Big)\sum d_{5m}x^m + \omega_2\sum d_{6m}x^m \tag{3-69e}$$

$$\left(x_2 \frac{\partial}{\partial x_1} - \omega_2 x_4 \frac{\partial}{\partial x_3} + \omega_2 x_3 \frac{\partial}{\partial x_4} - \omega_3 x_6 \frac{\partial}{\partial x_5} + \omega_3 x_5 \frac{\partial}{\partial x_6} \right) \sum d_{6m} x^m - \omega_2 \sum d_{5m} x^m$$

$$\text{(3-69f)}$$

对于情况 (3)，得到

$$\left(x_2 \frac{\partial}{\partial x_1} + x_4 \frac{\partial}{\partial x_3} - \omega x_6 \frac{\partial}{\partial x_5} + \omega x_5 \frac{\partial}{\partial x_6} \right) \sum d_{1m} x^m - \sum d_{2m} x^m \quad \text{(3-70a)}$$

$$\left(x_2 \frac{\partial}{\partial x_1} + x_4 \frac{\partial}{\partial x_3} - \omega x_6 \frac{\partial}{\partial x_5} + \omega x_5 \frac{\partial}{\partial x_6} \right) \sum d_{2m} x^m \quad \text{(3-70b)}$$

$$\left(x_2 \frac{\partial}{\partial x_1} + x_4 \frac{\partial}{\partial x_3} - \omega x_6 \frac{\partial}{\partial x_5} + \omega x_5 \frac{\partial}{\partial x_6} \right) \sum d_{3m} x^m - \sum d_{4m} x^m \quad \text{(3-70c)}$$

$$\left(x_2 \frac{\partial}{\partial x_1} + x_4 \frac{\partial}{\partial x_3} - \omega x_6 \frac{\partial}{\partial x_5} + \omega x_5 \frac{\partial}{\partial x_6} \right) \sum d_{4m} x^m \quad \text{(3-70d)}$$

$$\left(x_2 \frac{\partial}{\partial x_1} + x_4 \frac{\partial}{\partial x_3} - \omega x_6 \frac{\partial}{\partial x_5} + \omega x_5 \frac{\partial}{\partial x_6} \right) \sum d_{5m} x^m + \omega \sum d_{6m} x^m \quad \text{(3-70e)}$$

$$\left(x_2 \frac{\partial}{\partial x_1} + x_4 \frac{\partial}{\partial x_3} - \omega x_6 \frac{\partial}{\partial x_5} + \omega x_5 \frac{\partial}{\partial x_6} \right) \sum d_{6m} x^m - \omega \sum d_{5m} x^m \quad \text{(3-70f)}$$

对于情况 (4)，得到

$$\left(x_2 \frac{\partial}{\partial x_1} + x_4 \frac{\partial}{\partial x_3} + x_6 \frac{\partial}{\partial x_5} \right) \sum d_{1m} x^m - \sum d_{2m} x^m \quad \text{(3-71a)}$$

$$\left(x_2 \frac{\partial}{\partial x_1} + x_4 \frac{\partial}{\partial x_3} + x_6 \frac{\partial}{\partial x_5} \right) \sum d_{2m} x^m \quad \text{(3-71b)}$$

$$\left(x_2 \frac{\partial}{\partial x_1} + x_4 \frac{\partial}{\partial x_3} + x_6 \frac{\partial}{\partial x_5} \right) \sum d_{3m} x^m - \sum d_{4m} x^m \quad \text{(3-71c)}$$

$$\left(x_2 \frac{\partial}{\partial x_1} + x_4 \frac{\partial}{\partial x_3} + x_6 \frac{\partial}{\partial x_5} \right) \sum d_{4m} x^m \quad \text{(3-71d)}$$

$$\left(x_2 \frac{\partial}{\partial x_1} + x_4 \frac{\partial}{\partial x_3} + x_6 \frac{\partial}{\partial x_5} \right) \sum d_{5m} x^m - \sum d_{6m} x^m \quad \text{(3-71e)}$$

$$\left(x_2 \frac{\partial}{\partial x_1} + x_4 \frac{\partial}{\partial x_3} + x_6 \frac{\partial}{\partial x_5} \right) \sum d_{6m} x^m \quad \text{(3-71f)}$$

简化式 (3-68)，式 (3-69)，式 (3-70) 和式 (3-71)，得到

$$h^3(x) = [K_{6\times56}]_j X^{\mathrm{T}}, \quad j = 1,2,3,4 \quad \text{(3-72)}$$

将式 (3-62) 和式 (3-72) 代入式 (3-6)，得到

$$[C_{6\times56}]_j X^{\mathrm{T}} = [E_{6\times56}]_j X^{\mathrm{T}} + [K_{6\times56}]_j X^{\mathrm{T}}, \quad j = 1,2,3,4 \quad \text{(3-73)}$$

平衡方程 (3-73) 两边同类项的系数，可以得到 $[E_{6\times56}]_j$，$j = 1,2,3,4$，即得到了规范形的系数。

3.4.2　Maple 程序算法所得规范形结果

利用上述一些计算公式和 Maple 符号语言编写具体的计算规范形的程序。编写程序的主要步骤如下:

(1) 构造矩阵 $[C_{6\times 56}]$;

(2) 给出近恒同变换 $P^3(x) = [D_{6\times 56}] X^{\mathrm{T}}$;

(3) 将 $A^*, P^3(x), DP^3(x)$ 代入共轭算子方程, 比较系数得到 $[D_{6\times 56}]$;

(4) 将 $A, P^3(x), DP^3(x)$ 代入线性算子, 得到 $[K_{6\times 56}]$;

(5) 得到规范形的系数 $[E_{6\times 56}]$。

通过 Maple 程序运算可得系统 (3-50) 的四种不同线性部分情况的三阶规范形, 分别如下。

对于线性矩阵 A 有三对纯虚特征值的情况, 则规范形为

$$
\begin{aligned}
\dot{x}_1 = {}& -\sigma_1 x_2 + a_1 x_1^3 + a_2 x_2^3 + a_3 x_1^2 x_2 + a_4 x_1 x_2^2 + a_5 x_1 x_3^2 + a_6 x_2 x_3^2 + a_7 x_1 x_4^2 \\
& + a_8 x_2 x_4^2 + a_9 x_1 x_5^2 + a_{10} x_2 x_5^2 + a_{11} x_1 x_6^2 + a_{12} x_2 x_6^2 \\
\dot{x}_2 = {}& \sigma_1 x_1 + b_1 x_1^3 + b_2 x_2^3 + b_3 x_1^2 x_2 + b_4 x_1 x_2^2 + b_5 x_1 x_3^2 + b_6 x_2 x_3^2 + b_7 x_1 x_4^2 + b_8 x_2 x_4^2 \\
& + b_9 x_1 x_5^2 + b_{10} x_2 x_5^2 + b_{11} x_1 x_6^2 + b_{12} x_2 x_6^2 \\
\dot{x}_3 = {}& -\sigma_2 x_4 + c_1 x_3^3 + c_2 x_4^3 + c_3 x_1^2 x_3 + c_4 x_1^2 x_4 + c_5 x_2^2 x_3 + c_6 x_2^2 x_4 + c_7 x_3^2 x_4 \\
& + c_8 x_3 x_4^2 + c_9 x_3 x_5^2 + c_{10} x_4 x_5^2 + c_{11} x_3 x_6^2 + c_{12} x_4 x_6^2 \\
\dot{x}_4 = {}& \sigma_2 x_3 + d_1 x_3^3 + d_2 x_4^3 + d_3 x_1^2 x_3 + d_4 x_1^2 x_4 + d_5 x_2^2 x_3 + d_6 x_2^2 x_4 \\
& + d_7 x_3^2 x_4 + d_8 x_3 x_4^2 + d_9 x_3 x_5^2 + d_{10} x_4 x_5^2 + d_{11} x_3 x_6^2 + d_{12} x_4 x_6^2 \\
\dot{x}_5 = {}& -\sigma_3 x_6 + e_1 x_5^3 + e_2 x_6^3 + e_3 x_1^2 x_5 + e_4 x_1^2 x_6 + e_5 x_2^2 x_5 + e_6 x_2^2 x_6 \\
& + e_7 x_3^2 x_5 + e_8 x_3^2 x_6 + e_9 x_4^2 x_5 + e_{10} x_4^2 x_6 + e_{11} x_5^2 x_6 + e_{12} x_5 x_6^2 \\
\dot{x}_6 = {}& \sigma_3 x_5 + g_1 x_5^3 + g_2 x_6^3 + g_3 x_1^2 x_5 + g_4 x_1^2 x_6 + g_5 x_2^2 x_5 + g_6 x_2 x_6^2 \\
& + g_7 x_3^2 x_5 + g_8 x_3^2 x_6 + g_9 x_4^2 x_5 + g_{10} x_4^2 x_6 + g_{11} x_5^2 x_6 + g_{12} x_6^2 x_5
\end{aligned}
\tag{3-74}
$$

3.5　八维非线性系统三阶规范形

利用改进共轭算子法对八维非线性动力系统的三阶规范形进行研究。首先对一个具有普适意义的八维非线性系统进行理论推导, 然后给出利用 Maple 程序得到的规范形结果及其近恒同非线性变换, 同时对所得结果进行总结分析。

3.5.1　八维系统规范形的计算

本节只考虑八维非线性系统三阶规范形的计算。一般的八维非线性系统可以

表示成下面的形式

$$\dot{x} = X(x) = Ax + f^3(x), \quad x \in \mathbf{R}^8 \tag{3-75}$$

式中, $f^3(x) \in H_8^3$。

在这种情况下, 线性算子为

$$ad_A^k P^k(y) = DP^3(x) Ax - AP^3(x) \tag{3-76}$$

共轭算子方程 (3-11) 变为

$$DP^3(x) A^* x - A^* P^3(x) = 0 \tag{3-77}$$

一般来说, 在八维非线性系统中, Jordan 矩阵 A 有以下五种不同情况:

(1) A 有四对纯虚特征值;

(2) A 有一对双零特征值, 三对纯虚特征值;

(3) A 有两对双零特征值, 两对纯虚特征值;

(4) A 有三对双零特征值, 一对纯虚特征值;

(5) A 有四对双零特征值。

以上五种情况对应的 Jordan 矩阵 A 分别表示如下

$$A = \begin{bmatrix} 0 & -\omega_1 & 0 & 0 & 0 & 0 & 0 & 0 \\ \omega_1 & 0 & 0 & 0 & 0 & 0 & 0 & 0 \\ 0 & 0 & 0 & -\omega_2 & 0 & 0 & 0 & 0 \\ 0 & 0 & \omega_2 & 0 & 0 & 0 & 0 & 0 \\ 0 & 0 & 0 & 0 & 0 & -\omega_3 & 0 & 0 \\ 0 & 0 & 0 & 0 & \omega_3 & 0 & 0 & 0 \\ 0 & 0 & 0 & 0 & 0 & 0 & 0 & -\omega_4 \\ 0 & 0 & 0 & 0 & 0 & 0 & \omega_4 & 0 \end{bmatrix}_{8 \times 8}$$

$$A = \begin{bmatrix} 0 & 1 & 0 & 0 & 0 & 0 & 0 & 0 \\ 0 & 0 & 0 & 0 & 0 & 0 & 0 & 0 \\ 0 & 0 & 0 & -\omega_1 & 0 & 0 & 0 & 0 \\ 0 & 0 & \omega_1 & 0 & 0 & 0 & 0 & 0 \\ 0 & 0 & 0 & 0 & 0 & -\omega_2 & 0 & 0 \\ 0 & 0 & 0 & 0 & \omega_2 & 0 & 0 & 0 \\ 0 & 0 & 0 & 0 & 0 & 0 & 0 & -\omega_3 \\ 0 & 0 & 0 & 0 & 0 & 0 & \omega_3 & 0 \end{bmatrix}_{8 \times 8}$$

$$A = \begin{bmatrix} 0 & 1 & 0 & 0 & 0 & 0 & 0 & 0 \\ 0 & 0 & 0 & 0 & 0 & 0 & 0 & 0 \\ 0 & 0 & 0 & 1 & 0 & 0 & 0 & 0 \\ 0 & 0 & 0 & 0 & 0 & 0 & 0 & 0 \\ 0 & 0 & 0 & 0 & 0 & -\omega_1 & 0 & 0 \\ 0 & 0 & 0 & 0 & \omega_1 & 0 & 0 & 0 \\ 0 & 0 & 0 & 0 & 0 & 0 & 0 & -\omega_2 \\ 0 & 0 & 0 & 0 & 0 & 0 & \omega_2 & 0 \end{bmatrix}_{8 \times 8}$$

$$A = \begin{bmatrix} 0 & 1 & 0 & 0 & 0 & 0 & 0 & 0 \\ 0 & 0 & 0 & 0 & 0 & 0 & 0 & 0 \\ 0 & 0 & 0 & 1 & 0 & 0 & 0 & 0 \\ 0 & 0 & 0 & 0 & 0 & 0 & 0 & 0 \\ 0 & 0 & 0 & 0 & 0 & 1 & 0 & 0 \\ 0 & 0 & 0 & 0 & 0 & 0 & 0 & 0 \\ 0 & 0 & 0 & 0 & 0 & 0 & 0 & -\omega \\ 0 & 0 & 0 & 0 & 0 & 0 & \omega & 0 \end{bmatrix}_{8 \times 8}$$

$$A = \begin{bmatrix} 0 & 1 & 0 & 0 & 0 & 0 & 0 & 0 \\ 0 & 0 & 0 & 0 & 0 & 0 & 0 & 0 \\ 0 & 0 & 0 & 1 & 0 & 0 & 0 & 0 \\ 0 & 0 & 0 & 0 & 0 & 0 & 0 & 0 \\ 0 & 0 & 0 & 0 & 0 & 1 & 0 & 0 \\ 0 & 0 & 0 & 0 & 0 & 0 & 0 & 0 \\ 0 & 0 & 0 & 0 & 0 & 0 & 0 & 1 \\ 0 & 0 & 0 & 0 & 0 & 0 & 0 & 0 \end{bmatrix}_{8 \times 8}$$

上述五种情况还可分为共振和非共振两种情况, 本节只研究非共振的情况, 如对于情况 (1), 有

$$\omega_1 \neq \omega_2 \neq \omega_3 \neq \omega_4$$

$P(x)$ 的 Jacobi 矩阵为

$$DP^3(x) = \left\{ \frac{\partial P^3(x)}{\partial x} \right\}_{8 \times 8}$$

$$
= \begin{bmatrix}
\dfrac{\partial P_1^3}{\partial x_1} & \dfrac{\partial P_1^3}{\partial x_2} & \dfrac{\partial P_1^3}{\partial x_3} & \dfrac{\partial P_1^3}{\partial x_4} & \dfrac{\partial P_1^3}{\partial x_5} & \dfrac{\partial P_1^3}{\partial x_6} & \dfrac{\partial P_1^3}{\partial x_7} & \dfrac{\partial P_1^3}{\partial x_8} \\[2mm]
\dfrac{\partial P_2^3}{\partial x_1} & \dfrac{\partial P_2^3}{\partial x_2} & \dfrac{\partial P_2^3}{\partial x_3} & \dfrac{\partial P_2^3}{\partial x_4} & \dfrac{\partial P_2^3}{\partial x_5} & \dfrac{\partial P_2^3}{\partial x_6} & \dfrac{\partial P_2^3}{\partial x_7} & \dfrac{\partial P_2^3}{\partial x_8} \\[2mm]
\dfrac{\partial P_3^3}{\partial x_1} & \dfrac{\partial P_3^3}{\partial x_2} & \dfrac{\partial P_3^3}{\partial x_3} & \dfrac{\partial P_3^3}{\partial x_4} & \dfrac{\partial P_3^3}{\partial x_5} & \dfrac{\partial P_3^3}{\partial x_6} & \dfrac{\partial P_3^3}{\partial x_7} & \dfrac{\partial P_3^3}{\partial x_8} \\[2mm]
\dfrac{\partial P_4^3}{\partial x_1} & \dfrac{\partial P_4^3}{\partial x_2} & \dfrac{\partial P_4^3}{\partial x_3} & \dfrac{\partial P_4^3}{\partial x_4} & \dfrac{\partial P_4^3}{\partial x_5} & \dfrac{\partial P_4^3}{\partial x_6} & \dfrac{\partial P_4^3}{\partial x_7} & \dfrac{\partial P_4^3}{\partial x_8} \\[2mm]
\dfrac{\partial P_5^3}{\partial x_1} & \dfrac{\partial P_5^3}{\partial x_2} & \dfrac{\partial P_5^3}{\partial x_3} & \dfrac{\partial P_5^3}{\partial x_4} & \dfrac{\partial P_5^3}{\partial x_5} & \dfrac{\partial P_5^3}{\partial x_6} & \dfrac{\partial P_5^3}{\partial x_7} & \dfrac{\partial P_5^3}{\partial x_8} \\[2mm]
\dfrac{\partial P_6^3}{\partial x_1} & \dfrac{\partial P_6^3}{\partial x_2} & \dfrac{\partial P_6^3}{\partial x_3} & \dfrac{\partial P_6^3}{\partial x_4} & \dfrac{\partial P_6^3}{\partial x_5} & \dfrac{\partial P_6^3}{\partial x_6} & \dfrac{\partial P_6^3}{\partial x_7} & \dfrac{\partial P_6^3}{\partial x_8} \\[2mm]
\dfrac{\partial P_7^3}{\partial x_1} & \dfrac{\partial P_7^3}{\partial x_2} & \dfrac{\partial P_7^3}{\partial x_3} & \dfrac{\partial P_7^3}{\partial x_4} & \dfrac{\partial P_7^3}{\partial x_5} & \dfrac{\partial P_7^3}{\partial x_6} & \dfrac{\partial P_7^3}{\partial x_7} & \dfrac{\partial P_7^3}{\partial x_8} \\[2mm]
\dfrac{\partial P_8^3}{\partial x_1} & \dfrac{\partial P_8^3}{\partial x_2} & \dfrac{\partial P_8^3}{\partial x_3} & \dfrac{\partial P_8^3}{\partial x_4} & \dfrac{\partial P_8^3}{\partial x_5} & \dfrac{\partial P_8^3}{\partial x_6} & \dfrac{\partial P_8^3}{\partial x_7} & \dfrac{\partial P_8^3}{\partial x_8}
\end{bmatrix}_{8 \times 8}
\tag{3-78}
$$

将共轭转置矩阵 A^* 和式 (3-78) 代入方程 (3-77)，得到线性偏微分方程组。对于情况 (1)，得到

$$
\omega_1 x_2 \frac{\partial P_1^3}{\partial x_1} - \omega_1 x_1 \frac{\partial P_1^3}{\partial x_2} + \omega_2 x_4 \frac{\partial P_1^3}{\partial x_3} - \omega_2 x_3 \frac{\partial P_1^3}{\partial x_4} + \omega_3 x_6 \frac{\partial P_1^3}{\partial x_5}
$$
$$
- \omega_3 x_5 \frac{\partial P_1^3}{\partial x_6} + \omega_4 x_8 \frac{\partial P_1^3}{\partial x_7} - \omega_4 x_7 \frac{\partial P_1^3}{\partial x_8} - \omega_1 P_2^3 = 0
\tag{3-79a}
$$

$$
\omega_1 x_2 \frac{\partial P_2^3}{\partial x_1} - \omega_1 x_1 \frac{\partial P_2^3}{\partial x_2} + \omega_2 x_4 \frac{\partial P_2^3}{\partial x_3} - \omega_2 x_3 \frac{\partial P_2^3}{\partial x_4} + \omega_3 x_6 \frac{\partial P_2^3}{\partial x_5}
$$
$$
- \omega_3 x_5 \frac{\partial P_2^3}{\partial x_6} + \omega_4 x_8 \frac{\partial P_2^3}{\partial x_7} - \omega_4 x_7 \frac{\partial P_2^3}{\partial x_8} + \omega_1 P_1^3 = 0
\tag{3-79b}
$$

$$
\omega_1 x_2 \frac{\partial P_3^3}{\partial x_1} - \omega_1 x_1 \frac{\partial P_3^3}{\partial x_2} + \omega_2 x_4 \frac{\partial P_3^3}{\partial x_3} - \omega_2 x_3 \frac{\partial P_3^3}{\partial x_4} + \omega_3 x_6 \frac{\partial P_3^3}{\partial x_5}
$$
$$
- \omega_3 x_5 \frac{\partial P_3^3}{\partial x_6} + \omega_4 x_8 \frac{\partial P_3^3}{\partial x_7} - \omega_4 x_7 \frac{\partial P_3^3}{\partial x_8} - \omega_2 P_4^3 = 0
\tag{3-79c}
$$

$$
\omega_1 x_2 \frac{\partial P_4^3}{\partial x_1} - \omega_1 x_1 \frac{\partial P_4^3}{\partial x_2} + \omega_2 x_4 \frac{\partial P_4^3}{\partial x_3} - \omega_2 x_3 \frac{\partial P_4^3}{\partial x_4} + \omega_3 x_6 \frac{\partial P_4^3}{\partial x_5}
$$
$$
- \omega_3 x_5 \frac{\partial P_4^3}{\partial x_6} + \omega_4 x_8 \frac{\partial P_4^3}{\partial x_7} - \omega_4 x_7 \frac{\partial P_4^3}{\partial x_8} + \omega_2 P_3^3 = 0
\tag{3-79d}
$$

$$
\omega_1 x_2 \frac{\partial P_5^3}{\partial x_1} - \omega_1 x_1 \frac{\partial P_5^3}{\partial x_2} + \omega_2 x_4 \frac{\partial P_5^3}{\partial x_3} - \omega_2 x_3 \frac{\partial P_5^3}{\partial x_4} + \omega_3 x_6 \frac{\partial P_5^3}{\partial x_5}
$$
$$
- \omega_3 x_5 \frac{\partial P_5^3}{\partial x_6} + \omega_4 x_8 \frac{\partial P_5^3}{\partial x_7} - \omega_4 x_7 \frac{\partial P_5^3}{\partial x_8} - \omega_3 P_6^3 = 0
\tag{3-79e}
$$

$$\omega_1 x_2 \frac{\partial P_6^3}{\partial x_1} - \omega_1 x_1 \frac{\partial P_6^3}{\partial x_2} + \omega_2 x_4 \frac{\partial P_6^3}{\partial x_3} - \omega_2 x_3 \frac{\partial P_6^3}{\partial x_4} + \omega_3 x_6 \frac{\partial P_6^3}{\partial x_5}$$

$$- \omega_3 x_5 \frac{\partial P_6^3}{\partial x_6} + \omega_4 x_8 \frac{\partial P_6^3}{\partial x_7} - \omega_4 x_7 \frac{\partial P_6^3}{\partial x_8} + \omega_3 P_5^3 = 0 \tag{3-79f}$$

$$\omega_1 x_2 \frac{\partial P_7^3}{\partial x_1} - \omega_1 x_1 \frac{\partial P_7^3}{\partial x_2} + \omega_2 x_4 \frac{\partial P_7^3}{\partial x_3} - \omega_2 x_3 \frac{\partial P_7^3}{\partial x_4} + \omega_3 x_6 \frac{\partial P_7^3}{\partial x_5}$$

$$- \omega_3 x_5 \frac{\partial P_7^3}{\partial x_6} + \omega_4 x_8 \frac{\partial P_7^3}{\partial x_7} - \omega_4 x_7 \frac{\partial P_7^3}{\partial x_8} - \omega_4 P_8^3 = 0 \tag{3-79g}$$

$$\omega_1 x_2 \frac{\partial P_8^3}{\partial x_1} - \omega_1 x_1 \frac{\partial P_8^3}{\partial x_2} + \omega_2 x_4 \frac{\partial P_8^3}{\partial x_3} - \omega_2 x_3 \frac{\partial P_8^3}{\partial x_4} + \omega_3 x_6 \frac{\partial P_8^3}{\partial x_5}$$

$$- \omega_3 x_5 \frac{\partial P_8^3}{\partial x_6} + \omega_4 x_8 \frac{\partial P_8^3}{\partial x_7} - \omega_4 x_7 \frac{\partial P_8^3}{\partial x_8} + \omega_4 P_7^3 = 0 \tag{3-79h}$$

对于情况 (2)，得

$$x_1 \frac{\partial P_1^3}{\partial x_2} + \omega_1 x_4 \frac{\partial P_1^3}{\partial x_3} - \omega_1 x_3 \frac{\partial P_1^3}{\partial x_4} + \omega_2 x_6 \frac{\partial P_1^3}{\partial x_5} - \omega_2 x_5 \frac{\partial P_1^3}{\partial x_6}$$

$$+ \omega_3 x_8 \frac{\partial P_1^3}{\partial x_7} - \omega_3 x_7 \frac{\partial P_1^3}{\partial x_8} = 0 \tag{3-80a}$$

$$x_1 \frac{\partial P_2^3}{\partial x_2} + \omega_1 x_4 \frac{\partial P_2^3}{\partial x_3} - \omega_1 x_3 \frac{\partial P_2^3}{\partial x_4} + \omega_2 x_6 \frac{\partial P_2^3}{\partial x_5} - \omega_2 x_5 \frac{\partial P_2^3}{\partial x_6}$$

$$+ \omega_3 x_8 \frac{\partial P_2^3}{\partial x_7} - \omega_3 x_7 \frac{\partial P_2^3}{\partial x_8} - P_1^3 = 0 \tag{3-80b}$$

$$x_1 \frac{\partial P_3^3}{\partial x_2} + \omega_1 x_4 \frac{\partial P_3^3}{\partial x_3} - \omega_1 x_3 \frac{\partial P_3^3}{\partial x_4} + \omega_2 x_6 \frac{\partial P_3^3}{\partial x_5} - \omega_2 x_5 \frac{\partial P_3^3}{\partial x_6}$$

$$+ \omega_3 x_8 \frac{\partial P_3^3}{\partial x_7} - \omega_3 x_7 \frac{\partial P_3^3}{\partial x_8} - \omega_1 P_4^3 = 0 \tag{3-80c}$$

$$x_1 \frac{\partial P_4^3}{\partial x_2} + \omega_1 x_4 \frac{\partial P_4^3}{\partial x_3} - \omega_1 x_3 \frac{\partial P_4^3}{\partial x_4} + \omega_2 x_6 \frac{\partial P_4^3}{\partial x_5} - \omega_2 x_5 \frac{\partial P_4^3}{\partial x_6}$$

$$+ \omega_3 x_8 \frac{\partial P_4^3}{\partial x_7} - \omega_3 x_7 \frac{\partial P_4^3}{\partial x_8} + \omega_1 P_3^3 = 0 \tag{3-80d}$$

$$x_1 \frac{\partial P_5^3}{\partial x_2} + \omega_1 x_4 \frac{\partial P_5^3}{\partial x_3} - \omega_1 x_3 \frac{\partial P_5^3}{\partial x_4} + \omega_2 x_6 \frac{\partial P_5^3}{\partial x_5} - \omega_2 x_5 \frac{\partial P_5^3}{\partial x_6}$$

$$+ \omega_3 x_8 \frac{\partial P_5^3}{\partial x_7} - \omega_3 x_7 \frac{\partial P_5^3}{\partial x_8} - \omega_2 P_6^3 = 0 \tag{3-80e}$$

$$x_1 \frac{\partial P_6^3}{\partial x_2} + \omega_1 x_4 \frac{\partial P_6^3}{\partial x_3} - \omega_1 x_3 \frac{\partial P_6^3}{\partial x_4} + \omega_2 x_6 \frac{\partial P_6^3}{\partial x_5} - \omega_2 x_5 \frac{\partial P_6^3}{\partial x_6}$$

$$+ \omega_3 x_8 \frac{\partial P_6^3}{\partial x_7} - \omega_3 x_7 \frac{\partial P_6^3}{\partial x_8} + \omega_2 P_5^3 = 0 \tag{3-80f}$$

$$x_1 \frac{\partial P_7^3}{\partial x_2} + \omega_1 x_4 \frac{\partial P_7^3}{\partial x_3} - \omega_1 x_3 \frac{\partial P_7^3}{\partial x_4} + \omega_2 x_6 \frac{\partial P_7^3}{\partial x_5} - \omega_2 x_5 \frac{\partial P_7^3}{\partial x_6}$$

$$+ \omega_3 x_8 \frac{\partial P_7^3}{\partial x_7} - \omega_3 x_7 \frac{\partial P_7^3}{\partial x_8} - \omega_3 P_8^3 = 0 \tag{3-80g}$$

$$x_1 \frac{\partial P_8^3}{\partial x_2} + \omega_1 x_4 \frac{\partial P_8^3}{\partial x_3} - \omega_1 x_3 \frac{\partial P_8^3}{\partial x_4} + \omega_2 x_6 \frac{\partial P_8^3}{\partial x_5} - \omega_2 x_5 \frac{\partial P_8^3}{\partial x_6}$$

$$+ \omega_3 x_8 \frac{\partial P_8^3}{\partial x_7} - \omega_3 x_7 \frac{\partial P_8^3}{\partial x_8} + \omega_3 P_7^3 = 0 \tag{3-80h}$$

对于情况 (3)，得

$$x_1 \frac{\partial P_1^3}{\partial x_2} + x_3 \frac{\partial P_1^3}{\partial x_4} + \omega_1 x_6 \frac{\partial P_1^3}{\partial x_5} - \omega_1 x_5 \frac{\partial P_1^3}{\partial x_6} + \omega_2 x_8 \frac{\partial P_1^3}{\partial x_7} - \omega_2 x_7 \frac{\partial P_1^3}{\partial x_8} = 0 \tag{3-81a}$$

$$x_1 \frac{\partial P_2^3}{\partial x_2} + x_3 \frac{\partial P_2^3}{\partial x_4} + \omega_1 x_6 \frac{\partial P_2^3}{\partial x_5} - \omega_1 x_5 \frac{\partial P_2^3}{\partial x_6} + \omega_2 x_8 \frac{\partial P_2^3}{\partial x_7} - \omega_2 x_7 \frac{\partial P_2^3}{\partial x_8} - P_1^3 = 0 \tag{3-81b}$$

$$x_1 \frac{\partial P_3^3}{\partial x_2} + x_3 \frac{\partial P_3^3}{\partial x_4} + \omega_1 x_6 \frac{\partial P_3^3}{\partial x_5} - \omega_1 x_5 \frac{\partial P_3^3}{\partial x_6} + \omega_2 x_8 \frac{\partial P_3^3}{\partial x_7} - \omega_2 x_7 \frac{\partial P_3^3}{\partial x_8} = 0 \tag{3-81c}$$

$$x_1 \frac{\partial P_4^3}{\partial x_2} + x_3 \frac{\partial P_4^3}{\partial x_4} + \omega_1 x_6 \frac{\partial P_4^3}{\partial x_5} - \omega_1 x_5 \frac{\partial P_4^3}{\partial x_6} + \omega_2 x_8 \frac{\partial P_4^3}{\partial x_7} - \omega_2 x_7 \frac{\partial P_4^3}{\partial x_8} - P_3^3 = 0 \tag{3-81d}$$

$$x_1 \frac{\partial P_5^3}{\partial x_2} + x_3 \frac{\partial P_5^3}{\partial x_4} + \omega_1 x_6 \frac{\partial P_5^3}{\partial x_5} - \omega_1 x_5 \frac{\partial P_5^3}{\partial x_6} + \omega_2 x_8 \frac{\partial P_5^3}{\partial x_7} - \omega_2 x_7 \frac{\partial P_5^3}{\partial x_8} - \omega_1 P_6^3 = 0 \tag{3-81e}$$

$$x_1 \frac{\partial P_6^3}{\partial x_2} + x_3 \frac{\partial P_6^3}{\partial x_4} + \omega_1 x_6 \frac{\partial P_6^3}{\partial x_5} - \omega_1 x_5 \frac{\partial P_6^3}{\partial x_6} + \omega_2 x_8 \frac{\partial P_6^3}{\partial x_7} - \omega_2 x_7 \frac{\partial P_6^3}{\partial x_8} + \omega P_5^3 = 0 \tag{3-81f}$$

$$x_1 \frac{\partial P_7^3}{\partial x_2} + x_3 \frac{\partial P_7^3}{\partial x_4} + \omega_1 x_6 \frac{\partial P_7^3}{\partial x_5} - \omega_1 x_5 \frac{\partial P_7^3}{\partial x_6} + \omega_2 x_8 \frac{\partial P_7^3}{\partial x_7} - \omega_2 x_7 \frac{\partial P_7^3}{\partial x_8} - \omega_2 P_8^3 = 0 \tag{3-81g}$$

$$x_1 \frac{\partial P_8^3}{\partial x_2} + x_3 \frac{\partial P_8^3}{\partial x_4} + \omega_1 x_6 \frac{\partial P_8^3}{\partial x_5} - \omega_1 x_5 \frac{\partial P_8^3}{\partial x_6} + \omega_2 x_8 \frac{\partial P_8^3}{\partial x_7} - \omega_2 x_7 \frac{\partial P_8^3}{\partial x_8} + \omega_2 P_7^3 = 0 \tag{3-81h}$$

对于情况 (4)，得

$$x_1 \frac{\partial P_1^3}{\partial x_2} + x_3 \frac{\partial P_1^3}{\partial x_4} + x_5 \frac{\partial P_1^3}{\partial x_6} + \omega x_8 \frac{\partial P_1^3}{\partial x_7} - \omega x_7 \frac{\partial P_1^3}{\partial x_8} = 0 \tag{3-82a}$$

$$x_1 \frac{\partial P_2^3}{\partial x_2} + x_3 \frac{\partial P_2^3}{\partial x_4} + x_5 \frac{\partial P_2^3}{\partial x_6} + \omega x_8 \frac{\partial P_2^3}{\partial x_7} - \omega x_7 \frac{\partial P_2^3}{\partial x_8} - P_1^3 = 0 \tag{3-82b}$$

$$x_1 \frac{\partial P_3^3}{\partial x_2} + x_3 \frac{\partial P_3^3}{\partial x_4} + x_5 \frac{\partial P_3^3}{\partial x_6} + \omega x_8 \frac{\partial P_3^3}{\partial x_7} - \omega x_7 \frac{\partial P_3^3}{\partial x_8} = 0 \tag{3-82c}$$

$$x_1 \frac{\partial P_4^3}{\partial x_2} + x_3 \frac{\partial P_4^3}{\partial x_4} + x_5 \frac{\partial P_4^3}{\partial x_6} + \omega x_8 \frac{\partial P_4^3}{\partial x_7} - \omega x_7 \frac{\partial P_4^3}{\partial x_8} - P_3^3 = 0 \tag{3-82d}$$

$$x_1\frac{\partial P_5^3}{\partial x_2} + x_3\frac{\partial P_5^3}{\partial x_4} + x_5\frac{\partial P_5^3}{\partial x_6} + \omega x_8\frac{\partial P_5^3}{\partial x_7} - \omega x_7\frac{\partial P_5^3}{\partial x_8} = 0 \tag{3-82e}$$

$$x_1\frac{\partial P_6^3}{\partial x_2} + x_3\frac{\partial P_6^3}{\partial x_4} + x_5\frac{\partial P_6^3}{\partial x_6} + \omega x_8\frac{\partial P_6^3}{\partial x_7} - \omega x_7\frac{\partial P_6^3}{\partial x_8} - P_5^3 = 0 \tag{3-82f}$$

$$x_1\frac{\partial P_7^3}{\partial x_2} + x_3\frac{\partial P_7^3}{\partial x_4} + x_5\frac{\partial P_7^3}{\partial x_6} + \omega x_8\frac{\partial P_7^3}{\partial x_7} - \omega x_7\frac{\partial P_7^3}{\partial x_8} - \omega P_8^3 = 0 \tag{3-82g}$$

$$x_1\frac{\partial P_8^3}{\partial x_2} + x_3\frac{\partial P_8^3}{\partial x_4} + x_5\frac{\partial P_8^3}{\partial x_6} + \omega x_8\frac{\partial P_8^3}{\partial x_7} - \omega x_7\frac{\partial P_8^3}{\partial x_8} + \omega P_7^3 = 0 \tag{3-82h}$$

对于情况 (5)，得

$$x_1\frac{\partial P_1^3}{\partial x_2} + x_3\frac{\partial P_1^3}{\partial x_4} + x_5\frac{\partial P_1^3}{\partial x_6} + x_7\frac{\partial P_1^3}{\partial x_8} = 0 \tag{3-83a}$$

$$x_1\frac{\partial P_2^3}{\partial x_2} + x_3\frac{\partial P_2^3}{\partial x_4} + x_5\frac{\partial P_2^3}{\partial x_6} + x_7\frac{\partial P_2^3}{\partial x_8} - P_1^3 = 0 \tag{3-83b}$$

$$x_1\frac{\partial P_3^3}{\partial x_2} + x_3\frac{\partial P_3^3}{\partial x_4} + x_5\frac{\partial P_3^3}{\partial x_6} + x_7\frac{\partial P_3^3}{\partial x_8} = 0 \tag{3-83c}$$

$$x_1\frac{\partial P_4^3}{\partial x_2} + x_3\frac{\partial P_4^3}{\partial x_4} + x_5\frac{\partial P_4^3}{\partial x_6} + x_7\frac{\partial P_4^3}{\partial x_8} - P_3^3 = 0 \tag{3-83d}$$

$$x_1\frac{\partial P_5^3}{\partial x_2} + x_3\frac{\partial P_5^3}{\partial x_4} + x_5\frac{\partial P_5^3}{\partial x_6} + x_7\frac{\partial P_5^3}{\partial x_8} = 0 \tag{3-83e}$$

$$x_1\frac{\partial P_6^3}{\partial x_2} + x_3\frac{\partial P_6^3}{\partial x_4} + x_5\frac{\partial P_6^3}{\partial x_6} + x_7\frac{\partial P_6^3}{\partial x_8} - P_5^3 = 0 \tag{3-83f}$$

$$x_1\frac{\partial P_7^3}{\partial x_2} + x_3\frac{\partial P_7^3}{\partial x_4} + x_5\frac{\partial P_7^3}{\partial x_6} + x_7\frac{\partial P_7^3}{\partial x_8} = 0 \tag{3-83g}$$

$$x_1\frac{\partial P_8^3}{\partial x_2} + x_3\frac{\partial P_8^3}{\partial x_4} + x_5\frac{\partial P_8^3}{\partial x_6} + x_7\frac{\partial P_8^3}{\partial x_8} - P_7^3 = 0 \tag{3-83h}$$

为了求得偏微分方程组 (3-79)~(3-83) 的所有三次多项式解, 在八维线性空间中引入以下 120 个三次齐次单项式

$$X = \left[x_1^3, x_2^3, x_3^3, x_4^3, x_5^3, x_6^3, x_7^3, x_8^3, \underbrace{x_1^2x_2, \cdots, x_4^2x_1, \cdots, x_8^2x_7}_{56}, \underbrace{x_1x_2x_3, x_1x_2x_4, \cdots, x_6x_7x_8}_{56}\right]$$

显然, 利用上述 120 个单项式可以把八维线性空间中所有的三次齐次多项式表示出来。由此易得

$$f^3(x) = \left[\overline{C}_{8\times120}\right] X^{\mathrm{T}} \tag{3-84}$$

式中, 系数矩阵 $\left[\overline{C}_{8\times120}\right]$ 中的 960 个元素由系统 (3-75) 中的非线性项的系数确定。

此外, 还有

$$P^3(x) = \left[P_1^3, P_2^3, P_3^3, P_4^3, P_5^3, P_6^3, P_7^3, P_8^3\right]$$

$$= \left[\sum_{|m|=3} d_{1m}x^m, \sum_{|m|=3} d_{2m}x^m, \cdots, \sum_{|m|=3} d_{7m}x^m, \sum_{|m|=3} d_{8m}x^m \right]$$

$$= \left[\overline{D}_{8\times120} \right] X^{\mathrm{T}} \tag{3-85}$$

式中，$m = m_1 m_2 m_3 m_4 m_5 m_6 m_7 m_8$，$x^m = x_1^{m_1} x_2^{m_2} x_3^{m_3} x_4^{m_4} x_5^{m_5} x_6^{m_6} x_7^{m_7} x_8^{m_8}$，$\left[\overline{D}_{8\times120} \right]$ 为未知系数矩阵，即近恒同非线性变换的系数矩阵。

将式 (3-84) 和式 (3-85) 代入方程组 (3-79)~(3-83)，得到上述五种情况对应的方程组。对于情况 (1)，得

$$\begin{aligned} &\left(\omega_1 x_2 \frac{\partial}{\partial x_1} - \omega_1 x_1 \frac{\partial}{\partial x_2} + \omega_2 x_4 \frac{\partial}{\partial x_3} - \omega_2 x_3 \frac{\partial}{\partial x_4} + \omega_3 x_6 \frac{\partial}{\partial x_5} \right. \\ &\left. -\omega_3 x_5 \frac{\partial}{\partial x_6} + \omega_4 x_8 \frac{\partial}{\partial x_7} - \omega_4 x_7 \frac{\partial}{\partial x_8} \right) \sum d_{1m}x^m - \omega_1 \sum d_{2m}x^m = 0 \end{aligned} \tag{3-86a}$$

$$\begin{aligned} &\left(\omega_1 x_2 \frac{\partial}{\partial x_1} - \omega_1 x_1 \frac{\partial}{\partial x_2} + \omega_2 x_4 \frac{\partial}{\partial x_3} - \omega_2 x_3 \frac{\partial}{\partial x_4} + \omega_3 x_6 \frac{\partial}{\partial x_5} \right. \\ &\left. -\omega_3 x_5 \frac{\partial}{\partial x_6} + \omega_4 x_8 \frac{\partial}{\partial x_7} - \omega_4 x_7 \frac{\partial}{\partial x_8} \right) \sum d_{2m}x^m + \omega_1 \sum d_{1m}x^m = 0 \end{aligned} \tag{3-86b}$$

$$\begin{aligned} &\left(\omega_1 x_2 \frac{\partial}{\partial x_1} - \omega_1 x_1 \frac{\partial}{\partial x_2} + \omega_2 x_4 \frac{\partial}{\partial x_3} - \omega_2 x_3 \frac{\partial}{\partial x_4} + \omega_3 x_6 \frac{\partial}{\partial x_5} \right. \\ &\left. -\omega_3 x_5 \frac{\partial}{\partial x_6} + \omega_4 x_8 \frac{\partial}{\partial x_7} - \omega_4 x_7 \frac{\partial}{\partial x_8} \right) \sum d_{3m}x^m - \omega_2 \sum d_{4m}x^m = 0 \end{aligned} \tag{3-86c}$$

$$\begin{aligned} &\left(\omega_1 x_2 \frac{\partial}{\partial x_1} - \omega_1 x_1 \frac{\partial}{\partial x_2} + \omega_2 x_4 \frac{\partial}{\partial x_3} - \omega_2 x_3 \frac{\partial}{\partial x_4} + \omega_3 x_6 \frac{\partial}{\partial x_5} \right. \\ &\left. -\omega_3 x_5 \frac{\partial}{\partial x_6} + \omega_4 x_8 \frac{\partial}{\partial x_7} - \omega_4 x_7 \frac{\partial}{\partial x_8} \right) \sum d_{4m}x^m + \omega_2 \sum d_{3m}x^m = 0 \end{aligned} \tag{3-86d}$$

$$\begin{aligned} &\left(\omega_1 x_2 \frac{\partial}{\partial x_1} - \omega_1 x_1 \frac{\partial}{\partial x_2} + \omega_2 x_4 \frac{\partial}{\partial x_3} - \omega_2 x_3 \frac{\partial}{\partial x_4} + \omega_3 x_6 \frac{\partial}{\partial x_5} \right. \\ &\left. -\omega_3 x_5 \frac{\partial}{\partial x_6} + \omega_4 x_8 \frac{\partial}{\partial x_7} - \omega_4 x_7 \frac{\partial}{\partial x_8} \right) \sum d_{5m}x^m - \omega_3 \sum d_{6m}x^m = 0 \end{aligned} \tag{3-86e}$$

$$\begin{aligned} &\left(\omega_1 x_2 \frac{\partial}{\partial x_1} - \omega_1 x_1 \frac{\partial}{\partial x_2} + \omega_2 x_4 \frac{\partial}{\partial x_3} - \omega_2 x_3 \frac{\partial}{\partial x_4} + \omega_3 x_6 \frac{\partial}{\partial x_5} \right. \\ &\left. -\omega_3 x_5 \frac{\partial}{\partial x_6} + \omega_4 x_8 \frac{\partial}{\partial x_7} - \omega_4 x_7 \frac{\partial}{\partial x_8} \right) \sum d_{6m}x^m + \omega_3 \sum d_{5m}x^m = 0 \end{aligned} \tag{3-86f}$$

$$\begin{aligned} &\left(\omega_1 x_2 \frac{\partial}{\partial x_1} - \omega_1 x_1 \frac{\partial}{\partial x_2} + \omega_2 x_4 \frac{\partial}{\partial x_3} - \omega_2 x_3 \frac{\partial}{\partial x_4} + \omega_3 x_6 \frac{\partial}{\partial x_5} \right. \\ &\left. -\omega_3 x_5 \frac{\partial}{\partial x_6} + \omega_4 x_8 \frac{\partial}{\partial x_7} - \omega_4 x_7 \frac{\partial}{\partial x_8} \right) \sum d_{7m}x^m - \omega_4 \sum d_{8m}x^m = 0 \end{aligned} \tag{3-86g}$$

$$\left(\omega_1 x_2 \frac{\partial}{\partial x_1} - \omega_1 x_1 \frac{\partial}{\partial x_2} + \omega_2 x_4 \frac{\partial}{\partial x_3} - \omega_2 x_3 \frac{\partial}{\partial x_4} + \omega_3 x_6 \frac{\partial}{\partial x_5} \right.$$
$$\left. - \omega_3 x_5 \frac{\partial}{\partial x_6} + \omega_4 x_8 \frac{\partial}{\partial x_7} - \omega_4 x_7 \frac{\partial}{\partial x_8} \right) \sum d_{8m} x^m + \omega_4 \sum d_{7m} x^m = 0 \quad (3\text{-}86\text{h})$$

对于情况 (2)，得

$$\left(x_1 \frac{\partial}{\partial x_2} + \omega_1 x_4 \frac{\partial}{\partial x_3} - \omega_1 x_3 \frac{\partial}{\partial x_4} + \omega_2 x_6 \frac{\partial}{\partial x_5} \right.$$
$$\left. - \omega_2 x_5 \frac{\partial}{\partial x_6} + \omega_3 x_8 \frac{\partial}{\partial x_7} - \omega_3 x_7 \frac{\partial}{\partial x_8} \right) \sum d_{1m} x^m = 0 \quad (3\text{-}87\text{a})$$

$$\left(x_1 \frac{\partial}{\partial x_2} + \omega_1 x_4 \frac{\partial}{\partial x_3} - \omega_1 x_3 \frac{\partial}{\partial x_4} + \omega_2 x_6 \frac{\partial}{\partial x_5} \right.$$
$$\left. - \omega_2 x_5 \frac{\partial}{\partial x_6} + \omega_3 x_8 \frac{\partial}{\partial x_7} - \omega_3 x_7 \frac{\partial}{\partial x_8} \right) \sum d_{2m} x^m - \sum d_{1m} x^m = 0 \quad (3\text{-}87\text{b})$$

$$\left(x_1 \frac{\partial}{\partial x_2} + \omega_1 x_4 \frac{\partial}{\partial x_3} - \omega_1 x_3 \frac{\partial}{\partial x_4} + \omega_2 x_6 \frac{\partial}{\partial x_5} \right.$$
$$\left. - \omega_2 x_5 \frac{\partial}{\partial x_6} + \omega_3 x_8 \frac{\partial}{\partial x_7} - \omega_3 x_7 \frac{\partial}{\partial x_8} \right) \sum d_{3m} x^m - \omega_1 \sum d_{4m} x^m = 0 \quad (3\text{-}87\text{c})$$

$$\left(x_1 \frac{\partial}{\partial x_2} + \omega_1 x_4 \frac{\partial}{\partial x_3} - \omega_1 x_3 \frac{\partial}{\partial x_4} + \omega_2 x_6 \frac{\partial}{\partial x_5} \right.$$
$$\left. - \omega_2 x_5 \frac{\partial}{\partial x_6} + \omega_3 x_8 \frac{\partial}{\partial x_7} - \omega_3 x_7 \frac{\partial}{\partial x_8} \right) \sum d_{4m} x^m + \omega_1 \sum d_{3m} x^m = 0 \quad (3\text{-}87\text{d})$$

$$\left(x_1 \frac{\partial}{\partial x_2} + \omega_1 x_4 \frac{\partial}{\partial x_3} - \omega_1 x_3 \frac{\partial}{\partial x_4} + \omega_2 x_6 \frac{\partial}{\partial x_5} \right.$$
$$\left. - \omega_2 x_5 \frac{\partial}{\partial x_6} + \omega_3 x_8 \frac{\partial}{\partial x_7} - \omega_3 x_7 \frac{\partial}{\partial x_8} \right) \sum d_{5m} x^m - \omega_2 \sum d_{6m} x^m = 0 \quad (3\text{-}87\text{e})$$

$$\left(x_1 \frac{\partial}{\partial x_2} + \omega_1 x_4 \frac{\partial}{\partial x_3} - \omega_1 x_3 \frac{\partial}{\partial x_4} + \omega_2 x_6 \frac{\partial}{\partial x_5} \right.$$
$$\left. - \omega_2 x_5 \frac{\partial}{\partial x_6} + \omega_3 x_8 \frac{\partial}{\partial x_7} - \omega_3 x_7 \frac{\partial}{\partial x_8} \right) \sum d_{6m} x^m + \omega_2 \sum d_{5m} x^m = 0 \quad (3\text{-}87\text{f})$$

$$\left(x_1 \frac{\partial}{\partial x_2} + \omega_1 x_4 \frac{\partial}{\partial x_3} - \omega_1 x_3 \frac{\partial}{\partial x_4} + \omega_2 x_6 \frac{\partial}{\partial x_5} \right.$$
$$\left. - \omega_2 x_5 \frac{\partial}{\partial x_6} + \omega_3 x_8 \frac{\partial}{\partial x_7} - \omega_3 x_7 \frac{\partial}{\partial x_8} \right) \sum d_{7m} x^m - \omega_3 \sum d_{8m} x^m = 0 \quad (3\text{-}87\text{g})$$

$$\left(x_1 \frac{\partial}{\partial x_2} + \omega_1 x_4 \frac{\partial}{\partial x_3} - \omega_1 x_3 \frac{\partial}{\partial x_4} + \omega_2 x_6 \frac{\partial}{\partial x_5} \right.$$
$$\left. - \omega_2 x_5 \frac{\partial}{\partial x_6} + \omega_3 x_8 \frac{\partial}{\partial x_7} - \omega_3 x_7 \frac{\partial}{\partial x_8} \right) \sum d_{8m} x^m + \omega_3 \sum d_{7m} x^m = 0 \quad (3\text{-}87\text{h})$$

对于情况 (3)，得

$$\left(x_1 \frac{\partial}{\partial x_2} + x_3 \frac{\partial}{\partial x_4} + \omega_1 x_6 \frac{\partial}{\partial x_5} \right.$$
$$\left. -\omega_1 x_5 \frac{\partial}{\partial x_6} + \omega_2 x_8 \frac{\partial}{\partial x_7} - \omega_2 x_7 \frac{\partial}{\partial x_8} \right) \sum d_{1m} x^m = 0 \qquad (3\text{-}88\text{a})$$

$$\left(x_1 \frac{\partial}{\partial x_2} + x_3 \frac{\partial}{\partial x_4} + \omega_1 x_6 \frac{\partial}{\partial x_5} \right.$$
$$\left. -\omega_1 x_5 \frac{\partial}{\partial x_6} + \omega_2 x_8 \frac{\partial}{\partial x_7} - \omega_2 x_7 \frac{\partial}{\partial x_8} \right) \sum d_{2m} x^m - \sum d_{1m} x^m = 0 \qquad (3\text{-}88\text{b})$$

$$\left(x_1 \frac{\partial}{\partial x_2} + x_3 \frac{\partial}{\partial x_4} + \omega_1 x_6 \frac{\partial}{\partial x_5} \right.$$
$$\left. -\omega_1 x_5 \frac{\partial}{\partial x_6} + \omega_2 x_8 \frac{\partial}{\partial x_7} - \omega_2 x_7 \frac{\partial}{\partial x_8} \right) \sum d_{3m} x^m = 0 \qquad (3\text{-}88\text{c})$$

$$\left(x_1 \frac{\partial}{\partial x_2} + x_3 \frac{\partial}{\partial x_4} + \omega_1 x_6 \frac{\partial}{\partial x_5} \right.$$
$$\left. -\omega_1 x_5 \frac{\partial}{\partial x_6} + \omega_2 x_8 \frac{\partial}{\partial x_7} - \omega_2 x_7 \frac{\partial}{\partial x_8} \right) \sum d_{4m} x^m - \sum d_{3m} x^m = 0 \qquad (3\text{-}88\text{d})$$

$$\left(x_1 \frac{\partial}{\partial x_2} + x_3 \frac{\partial}{\partial x_4} + \omega_1 x_6 \frac{\partial}{\partial x_5} \right.$$
$$\left. -\omega_1 x_5 \frac{\partial}{\partial x_6} + \omega_2 x_8 \frac{\partial}{\partial x_7} - \omega_2 x_7 \frac{\partial}{\partial x_8} \right) \sum d_{5m} x^m - \omega_1 \sum d_{6m} x^m = 0 \qquad (3\text{-}88\text{e})$$

$$\left(x_1 \frac{\partial}{\partial x_2} + x_3 \frac{\partial}{\partial x_4} + \omega_1 x_6 \frac{\partial}{\partial x_5} \right.$$
$$\left. -\omega_1 x_5 \frac{\partial}{\partial x_6} + \omega_2 x_8 \frac{\partial}{\partial x_7} - \omega_2 x_7 \frac{\partial}{\partial x_8} \right) \sum d_{6m} x^m + \omega_1 \sum d_{5m} x^m = 0 \qquad (3\text{-}88\text{f})$$

$$\left(x_1 \frac{\partial}{\partial x_2} + x_3 \frac{\partial}{\partial x_4} + \omega_1 x_6 \frac{\partial}{\partial x_5} \right.$$
$$\left. -\omega_1 x_5 \frac{\partial}{\partial x_6} + \omega_2 x_8 \frac{\partial}{\partial x_7} - \omega_2 x_7 \frac{\partial}{\partial x_8} \right) \sum d_{7m} x^m - \omega_2 \sum d_{8m} x^m = 0 \qquad (3\text{-}88\text{g})$$

$$\left(x_1 \frac{\partial}{\partial x_2} + x_3 \frac{\partial}{\partial x_4} + \omega_1 x_6 \frac{\partial}{\partial x_5} \right.$$
$$\left. -\omega_1 x_5 \frac{\partial}{\partial x_6} + \omega_2 x_8 \frac{\partial}{\partial x_7} - \omega_2 x_7 \frac{\partial}{\partial x_8} \right) \sum d_{8m} x^m + \omega_2 \sum d_{7m} x^m = 0 \qquad (3\text{-}88\text{h})$$

对于情况 (4) 得

$$\left(x_1 \frac{\partial}{\partial x_2} + x_3 \frac{\partial}{\partial x_4} + x_5 \frac{\partial}{\partial x_6} + \omega x_8 \frac{\partial}{\partial x_7} - \omega x_7 \frac{\partial}{\partial x_8} \right) \sum d_{1m} x^m = 0 \qquad (3\text{-}89\text{a})$$

$$\left(x_1 \frac{\partial}{\partial x_2} + x_3 \frac{\partial}{\partial x_4} + x_5 \frac{\partial}{\partial x_6} + \omega x_8 \frac{\partial}{\partial x_7} - \omega x_7 \frac{\partial}{\partial x_8} \right) \sum d_{2m} x^m - \sum d_{1m} x^m = 0$$
$$\qquad (3\text{-}89\text{b})$$

$$\left(x_1 \frac{\partial}{\partial x_2} + x_3 \frac{\partial}{\partial x_4} + x_5 \frac{\partial}{\partial x_6} + \omega x_8 \frac{\partial}{\partial x_7} - \omega x_7 \frac{\partial}{\partial x_8} \right) \sum d_{3m} x^m = 0 \qquad (3\text{-}89\text{c})$$

$$\left(x_1 \frac{\partial}{\partial x_2} + x_3 \frac{\partial}{\partial x_4} + x_5 \frac{\partial}{\partial x_6} + \omega x_8 \frac{\partial}{\partial x_7} - \omega x_7 \frac{\partial}{\partial x_8} \right) \sum d_{4m} x^m - \sum d_{3m} x^m = 0$$

$$(3\text{-}89\text{d})$$

$$\left(x_1 \frac{\partial}{\partial x_2} + x_3 \frac{\partial}{\partial x_4} + x_5 \frac{\partial}{\partial x_6} + \omega x_8 \frac{\partial}{\partial x_7} - \omega x_7 \frac{\partial}{\partial x_8} \right) \sum d_{5m} x^m = 0 \qquad (3\text{-}89\text{e})$$

$$\left(x_1 \frac{\partial}{\partial x_2} + x_3 \frac{\partial}{\partial x_4} + x_5 \frac{\partial}{\partial x_6} + \omega x_8 \frac{\partial}{\partial x_7} - \omega x_7 \frac{\partial}{\partial x_8} \right) \sum d_{6m} x^m - \sum d_{5m} x^m = 0$$

$$(3\text{-}89\text{f})$$

$$\left(x_1 \frac{\partial}{\partial x_2} + x_3 \frac{\partial}{\partial x_4} + x_5 \frac{\partial}{\partial x_6} + \omega x_8 \frac{\partial}{\partial x_7} - \omega x_7 \frac{\partial}{\partial x_8} \right) \sum d_{7m} x^m - \omega \sum d_{8m} x^m = 0$$

$$(3\text{-}89\text{g})$$

$$\left(x_1 \frac{\partial}{\partial x_2} + x_3 \frac{\partial}{\partial x_4} + x_5 \frac{\partial}{\partial x_6} + \omega x_8 \frac{\partial}{\partial x_7} - \omega x_7 \frac{\partial}{\partial x_8} \right) \sum d_{8m} x^m + \omega \sum d_{7m} x^m = 0$$

$$(3\text{-}89\text{h})$$

对于情况 (5)，得

$$\left(x_1 \frac{\partial}{\partial x_2} + x_3 \frac{\partial}{\partial x_4} + x_5 \frac{\partial}{\partial x_6} + x_7 \frac{\partial}{\partial x_8} \right) \sum d_{1m} x^m = 0 \qquad (3\text{-}90\text{a})$$

$$\left(x_1 \frac{\partial}{\partial x_2} + x_3 \frac{\partial}{\partial x_4} + x_5 \frac{\partial}{\partial x_6} + x_7 \frac{\partial}{\partial x_8} \right) \sum d_{2m} x^m - \sum d_{1m} x^m = 0 \quad (3\text{-}90\text{b})$$

$$\left(x_1 \frac{\partial}{\partial x_2} + x_3 \frac{\partial}{\partial x_4} + x_5 \frac{\partial}{\partial x_6} + x_7 \frac{\partial}{\partial x_8} \right) \sum d_{3m} x^m = 0 \qquad (3\text{-}90\text{c})$$

$$\left(x_1 \frac{\partial}{\partial x_2} + x_3 \frac{\partial}{\partial x_4} + x_5 \frac{\partial}{\partial x_6} + x_7 \frac{\partial}{\partial x_8} \right) \sum d_{4m} x^m - \sum d_{3m} x^m = 0 \quad (3\text{-}90\text{d})$$

$$\left(x_1 \frac{\partial}{\partial x_2} + x_3 \frac{\partial}{\partial x_4} + x_5 \frac{\partial}{\partial x_6} + x_7 \frac{\partial}{\partial x_8} \right) \sum d_{5m} x^m = 0 \qquad (3\text{-}90\text{e})$$

$$\left(x_1 \frac{\partial}{\partial x_2} + x_3 \frac{\partial}{\partial x_4} + x_5 \frac{\partial}{\partial x_6} + x_7 \frac{\partial}{\partial x_8} \right) \sum d_{6m} x^m - \sum d_{5m} x^m = 0 \quad (3\text{-}90\text{f})$$

$$\left(x_1 \frac{\partial}{\partial x_2} + x_3 \frac{\partial}{\partial x_4} + x_5 \frac{\partial}{\partial x_6} + x_7 \frac{\partial}{\partial x_8} \right) \sum d_{7m} x^m = 0 \qquad (3\text{-}90\text{g})$$

$$\left(x_1 \frac{\partial}{\partial x_2} + x_3 \frac{\partial}{\partial x_4} + x_5 \frac{\partial}{\partial x_6} + x_7 \frac{\partial}{\partial x_8} \right) \sum d_{8m} x^m - \sum d_{7m} x^m = 0 \quad (3\text{-}90\text{h})$$

将上面八个方程化简，比较同类项系数即可得到 $[\overline{D}_{8\times120}]$ 中的各个系数。将 $[\overline{D}_{8\times120}]$ 代入方程 (3-76)，对于情况 (1)，得

$$\left(-\omega_1 x_2 \frac{\partial}{\partial x_1} + \omega_1 x_1 \frac{\partial}{\partial x_2} - \omega_2 x_4 \frac{\partial}{\partial x_3} + \omega_2 x_3 \frac{\partial}{\partial x_4} - \omega_3 x_6 \frac{\partial}{\partial x_5} \right.$$

$$\left. + \omega_3 x_5 \frac{\partial}{\partial x_6} - \omega_4 x_8 \frac{\partial}{\partial x_7} + \omega_4 x_7 \frac{\partial}{\partial x_8} \right) \sum d_{1m} x^m + \omega_1 \sum d_{2m} x^m \qquad (3\text{-}91\text{a})$$

$$\left(-\omega_1 x_2 \frac{\partial}{\partial x_1} + \omega_1 x_1 \frac{\partial}{\partial x_2} - \omega_2 x_4 \frac{\partial}{\partial x_3} + \omega_2 x_3 \frac{\partial}{\partial x_4} - \omega_3 x_6 \frac{\partial}{\partial x_5}\right.$$

$$\left. +\omega_3 x_5 \frac{\partial}{\partial x_6} - \omega_4 x_8 \frac{\partial}{\partial x_7} + \omega_4 x_7 \frac{\partial}{\partial x_8}\right) \sum d_{2m} x^m - \omega_1 \sum d_{1m} x^m \quad (3\text{-}91\text{b})$$

$$\left(-\omega_1 x_2 \frac{\partial}{\partial x_1} + \omega_1 x_1 \frac{\partial}{\partial x_2} - \omega_2 x_4 \frac{\partial}{\partial x_3} + \omega_2 x_3 \frac{\partial}{\partial x_4} - \omega_3 x_6 \frac{\partial}{\partial x_5}\right.$$

$$\left. +\omega_3 x_5 \frac{\partial}{\partial x_6} - \omega_4 x_8 \frac{\partial}{\partial x_7} + \omega_4 x_7 \frac{\partial}{\partial x_8}\right) \sum d_{3m} x^m + \omega_2 \sum d_{4m} x^m \quad (3\text{-}91\text{c})$$

$$\left(-\omega_1 x_2 \frac{\partial}{\partial x_1} + \omega_1 x_1 \frac{\partial}{\partial x_2} - \omega_2 x_4 \frac{\partial}{\partial x_3} + \omega_2 x_3 \frac{\partial}{\partial x_4} - \omega_3 x_6 \frac{\partial}{\partial x_5}\right.$$

$$\left. +\omega_3 x_5 \frac{\partial}{\partial x_6} - \omega_4 x_8 \frac{\partial}{\partial x_7} + \omega_4 x_7 \frac{\partial}{\partial x_8}\right) \sum d_{4m} x^m - \omega_2 \sum d_{3m} x^m \quad (3\text{-}91\text{d})$$

$$\left(-\omega_1 x_2 \frac{\partial}{\partial x_1} + \omega_1 x_1 \frac{\partial}{\partial x_2} - \omega_2 x_4 \frac{\partial}{\partial x_3} + \omega_2 x_3 \frac{\partial}{\partial x_4} - \omega_3 x_6 \frac{\partial}{\partial x_5}\right.$$

$$\left. +\omega_3 x_5 \frac{\partial}{\partial x_6} - \omega_4 x_8 \frac{\partial}{\partial x_7} + \omega_4 x_7 \frac{\partial}{\partial x_8}\right) \sum d_{5m} x^m + \omega_3 \sum d_{6m} x^m \quad (3\text{-}91\text{e})$$

$$\left(-\omega_1 x_2 \frac{\partial}{\partial x_1} + \omega_1 x_1 \frac{\partial}{\partial x_2} - \omega_2 x_4 \frac{\partial}{\partial x_3} + \omega_2 x_3 \frac{\partial}{\partial x_4} - \omega_3 x_6 \frac{\partial}{\partial x_5}\right.$$

$$\left. +\omega_3 x_5 \frac{\partial}{\partial x_6} - \omega_4 x_8 \frac{\partial}{\partial x_7} + \omega_4 x_7 \frac{\partial}{\partial x_8}\right) \sum d_{6m} x^m - \omega_3 \sum d_{5m} x^m \quad (3\text{-}91\text{f})$$

$$\left(-\omega_1 x_2 \frac{\partial}{\partial x_1} + \omega_1 x_1 \frac{\partial}{\partial x_2} - \omega_2 x_4 \frac{\partial}{\partial x_3} + \omega_2 x_3 \frac{\partial}{\partial x_4} - \omega_3 x_6 \frac{\partial}{\partial x_5}\right.$$

$$\left. +\omega_3 x_5 \frac{\partial}{\partial x_6} - \omega_4 x_8 \frac{\partial}{\partial x_7} + \omega_4 x_7 \frac{\partial}{\partial x_8}\right) \sum d_{7m} x^m + \omega_4 \sum d_{8m} x^m \quad (3\text{-}91\text{g})$$

$$\left(-\omega_1 x_2 \frac{\partial}{\partial x_1} + \omega_1 x_1 \frac{\partial}{\partial x_2} - \omega_2 x_4 \frac{\partial}{\partial x_3} + \omega_2 x_3 \frac{\partial}{\partial x_4} - \omega_3 x_6 \frac{\partial}{\partial x_5}\right.$$

$$\left. +\omega_3 x_5 \frac{\partial}{\partial x_6} - \omega_4 x_8 \frac{\partial}{\partial x_7} + \omega_4 x_7 \frac{\partial}{\partial x_8}\right) \sum d_{8m} x^m - \omega_4 \sum d_{7m} x^m \quad (3\text{-}91\text{h})$$

对于情况 (2)，得

$$\left(x_2 \frac{\partial}{\partial x_1} - \omega_1 x_4 \frac{\partial}{\partial x_3} + \omega_1 x_3 \frac{\partial}{\partial x_4} - \omega_2 x_6 \frac{\partial}{\partial x_5}\right.$$

$$\left. +\omega_2 x_5 \frac{\partial}{\partial x_6} - \omega_3 x_8 \frac{\partial}{\partial x_7} + \omega_3 x_7 \frac{\partial}{\partial x_8}\right) \sum d_{1m} x^m - \sum d_{2m} x^m \quad (3\text{-}92\text{a})$$

$$\left(x_2 \frac{\partial}{\partial x_1} - \omega_1 x_4 \frac{\partial}{\partial x_3} + \omega_1 x_3 \frac{\partial}{\partial x_4} - \omega_2 x_6 \frac{\partial}{\partial x_5}\right.$$

$$\left. +\omega_2 x_5 \frac{\partial}{\partial x_6} - \omega_3 x_8 \frac{\partial}{\partial x_7} + \omega_3 x_7 \frac{\partial}{\partial x_8}\right) \sum d_{2m} x^m \quad (3\text{-}92\text{b})$$

$$\left(x_2 \frac{\partial}{\partial x_1} - \omega_1 x_4 \frac{\partial}{\partial x_3} + \omega_1 x_3 \frac{\partial}{\partial x_4} - \omega_2 x_6 \frac{\partial}{\partial x_5}\right.$$

$$+\omega_2 x_5 \frac{\partial}{\partial x_6} - \omega_3 x_8 \frac{\partial}{\partial x_7} + \omega_3 x_7 \frac{\partial}{\partial x_8}\Big) \sum d_{3m} x^m + \omega_1 \sum d_{4m} x^m \qquad (3\text{-}92\text{c})$$

$$\Big(x_2 \frac{\partial}{\partial x_1} - \omega_1 x_4 \frac{\partial}{\partial x_3} + \omega_1 x_3 \frac{\partial}{\partial x_4} - \omega_2 x_6 \frac{\partial}{\partial x_5}$$

$$+\omega_2 x_5 \frac{\partial}{\partial x_6} - \omega_3 x_8 \frac{\partial}{\partial x_7} + \omega_3 x_7 \frac{\partial}{\partial x_8}\Big) \sum d_{4m} x^m - \omega_1 \sum d_{3m} x^m \qquad (3\text{-}92\text{d})$$

$$\Big(x_2 \frac{\partial}{\partial x_1} - \omega_1 x_4 \frac{\partial}{\partial x_3} + \omega_1 x_3 \frac{\partial}{\partial x_4} - \omega_2 x_6 \frac{\partial}{\partial x_5}$$

$$+\omega_2 x_5 \frac{\partial}{\partial x_6} - \omega_3 x_8 \frac{\partial}{\partial x_7} + \omega_3 x_7 \frac{\partial}{\partial x_8}\Big) \sum d_{5m} x^m + \omega_2 \sum d_{6m} x^m \qquad (3\text{-}92\text{e})$$

$$\Big(x_2 \frac{\partial}{\partial x_1} - \omega_1 x_4 \frac{\partial}{\partial x_3} + \omega_1 x_3 \frac{\partial}{\partial x_4} - \omega_2 x_6 \frac{\partial}{\partial x_5}$$

$$+\omega_2 x_5 \frac{\partial}{\partial x_6} - \omega_3 x_8 \frac{\partial}{\partial x_7} + \omega_3 x_7 \frac{\partial}{\partial x_8}\Big) \sum d_{6m} x^m - \omega_2 \sum d_{5m} x^m \qquad (3\text{-}92\text{f})$$

$$\Big(x_2 \frac{\partial}{\partial x_1} - \omega_1 x_4 \frac{\partial}{\partial x_3} + \omega_1 x_3 \frac{\partial}{\partial x_4} - \omega_2 x_6 \frac{\partial}{\partial x_5}$$

$$+\omega_2 x_5 \frac{\partial}{\partial x_6} - \omega_3 x_8 \frac{\partial}{\partial x_7} + \omega_3 x_7 \frac{\partial}{\partial x_8}\Big) \sum d_{7m} x^m + \omega_3 \sum d_{8m} x^m \qquad (3\text{-}92\text{g})$$

$$\Big(x_2 \frac{\partial}{\partial x_1} - \omega_1 x_4 \frac{\partial}{\partial x_3} + \omega_1 x_3 \frac{\partial}{\partial x_4} - \omega_2 x_6 \frac{\partial}{\partial x_5}$$

$$+\omega_2 x_5 \frac{\partial}{\partial x_6} - \omega_3 x_8 \frac{\partial}{\partial x_7} + \omega_3 x_7 \frac{\partial}{\partial x_8}\Big) \sum d_{8m} x^m - \omega_3 \sum d_{7m} x^m \qquad (3\text{-}92\text{h})$$

对于情况 (3)，得

$$\Big(x_2 \frac{\partial}{\partial x_1} + x_4 \frac{\partial}{\partial x_3} - \omega_1 x_6 \frac{\partial}{\partial x_5}$$

$$+\omega_1 x_5 \frac{\partial}{\partial x_6} - \omega_2 x_8 \frac{\partial}{\partial x_7} + \omega_2 x_7 \frac{\partial}{\partial x_8}\Big) \sum d_{1m} x^m - \sum d_{2m} x^m \qquad (3\text{-}93\text{a})$$

$$\Big(x_2 \frac{\partial}{\partial x_1} + x_4 \frac{\partial}{\partial x_3} - \omega_1 x_6 \frac{\partial}{\partial x_5}$$

$$+\omega_1 x_5 \frac{\partial}{\partial x_6} - \omega_2 x_8 \frac{\partial}{\partial x_7} + \omega_2 x_7 \frac{\partial}{\partial x_8}\Big) \sum d_{2m} x^m \qquad (3\text{-}93\text{b})$$

$$\Big(x_2 \frac{\partial}{\partial x_1} + x_4 \frac{\partial}{\partial x_3} - \omega_1 x_6 \frac{\partial}{\partial x_5}$$

$$+\omega_1 x_5 \frac{\partial}{\partial x_6} - \omega_2 x_8 \frac{\partial}{\partial x_7} + \omega_2 x_7 \frac{\partial}{\partial x_8}\Big) \sum d_{3m} x^m - \sum d_{4m} x^m \qquad (3\text{-}93\text{c})$$

$$\Big(x_2 \frac{\partial}{\partial x_1} + x_4 \frac{\partial}{\partial x_3} - \omega_1 x_6 \frac{\partial}{\partial x_5}$$

$$+\omega_1 x_5 \frac{\partial}{\partial x_6} - \omega_2 x_8 \frac{\partial}{\partial x_7} + \omega_2 x_7 \frac{\partial}{\partial x_8}\Big) \sum d_{4m} x^m \qquad (3\text{-}93\text{d})$$

$$\left(x_2\frac{\partial}{\partial x_1} + x_4\frac{\partial}{\partial x_3} - \omega_1 x_6\frac{\partial}{\partial x_5} \right.$$
$$\left. +\omega_1 x_5\frac{\partial}{\partial x_6} - \omega_2 x_8\frac{\partial}{\partial x_7} + \omega_2 x_7\frac{\partial}{\partial x_8} \right) \sum d_{5m}x^m + \omega_1 \sum d_{6m}x^m \quad (3\text{-}93e)$$

$$\left(x_2\frac{\partial}{\partial x_1} + x_4\frac{\partial}{\partial x_3} - \omega_1 x_6\frac{\partial}{\partial x_5} \right.$$
$$\left. +\omega_1 x_5\frac{\partial}{\partial x_6} - \omega_2 x_8\frac{\partial}{\partial x_7} + \omega_2 x_7\frac{\partial}{\partial x_8} \right) \sum d_{6m}x^m - \omega_1 \sum d_{5m}x^m \quad (3\text{-}93f)$$

$$\left(x_2\frac{\partial}{\partial x_1} + x_4\frac{\partial}{\partial x_3} - \omega_1 x_6\frac{\partial}{\partial x_5} \right.$$
$$\left. +\omega_1 x_5\frac{\partial}{\partial x_6} - \omega_2 x_8\frac{\partial}{\partial x_7} + \omega_2 x_7\frac{\partial}{\partial x_8} \right) \sum d_{7m}x^m + \omega_2 \sum d_{8m}x^m \quad (3\text{-}93g)$$

$$\left(x_2\frac{\partial}{\partial x_1} + x_4\frac{\partial}{\partial x_3} - \omega_1 x_6\frac{\partial}{\partial x_5} \right.$$
$$\left. +\omega_1 x_5\frac{\partial}{\partial x_6} - \omega_2 x_8\frac{\partial}{\partial x_7} + \omega_2 x_7\frac{\partial}{\partial x_8} \right) \sum d_{8m}x^m - \omega_2 \sum d_{7m}x^m \quad (3\text{-}93h)$$

对于情况 (4)，得

$$\left(x_2\frac{\partial}{\partial x_1} + x_4\frac{\partial}{\partial x_3} + x_6\frac{\partial}{\partial x_5} +\omega x_8\frac{\partial}{\partial x_7} - \omega x_7\frac{\partial}{\partial x_8} \right) \sum d_{1m}x^m - \sum d_{2m}x^m \quad (3\text{-}94a)$$

$$\left(x_2\frac{\partial}{\partial x_1} + x_4\frac{\partial}{\partial x_3} + x_6\frac{\partial}{\partial x_5} +\omega x_8\frac{\partial}{\partial x_7} - \omega x_7\frac{\partial}{\partial x_8} \right) \sum d_{2m}x^m \quad (3\text{-}94b)$$

$$\left(x_2\frac{\partial}{\partial x_1} + x_4\frac{\partial}{\partial x_3} + x_6\frac{\partial}{\partial x_5} +\omega x_8\frac{\partial}{\partial x_7} - \omega x_7\frac{\partial}{\partial x_8} \right) \sum d_{3m}x^m - \sum d_{4m}x^m \quad (3\text{-}94c)$$

$$\left(x_2\frac{\partial}{\partial x_1} + x_4\frac{\partial}{\partial x_3} + x_6\frac{\partial}{\partial x_5} +\omega x_8\frac{\partial}{\partial x_7} - \omega x_7\frac{\partial}{\partial x_8} \right) \sum d_{4m}x^m \quad (3\text{-}94d)$$

$$\left(x_2\frac{\partial}{\partial x_1} + x_4\frac{\partial}{\partial x_3} + x_6\frac{\partial}{\partial x_5} +\omega x_8\frac{\partial}{\partial x_7} - \omega x_7\frac{\partial}{\partial x_8} \right) \sum d_{5m}x^m - \sum d_{6m}x^m \quad (3\text{-}94e)$$

$$\left(x_2\frac{\partial}{\partial x_1} + x_4\frac{\partial}{\partial x_3} + x_6\frac{\partial}{\partial x_5} +\omega x_8\frac{\partial}{\partial x_7} - \omega x_7\frac{\partial}{\partial x_8} \right) \sum d_{6m}x^m \quad (3\text{-}94f)$$

$$\left(x_2\frac{\partial}{\partial x_1} + x_4\frac{\partial}{\partial x_3} + x_6\frac{\partial}{\partial x_5} +\omega x_8\frac{\partial}{\partial x_7} - \omega x_7\frac{\partial}{\partial x_8} \right) \sum d_{7m}x^m + \omega \sum d_{8m}x^m \quad (3\text{-}94g)$$

$$\left(x_2\frac{\partial}{\partial x_1} + x_4\frac{\partial}{\partial x_3} + x_6\frac{\partial}{\partial x_5} +\omega x_8\frac{\partial}{\partial x_7} - \omega x_7\frac{\partial}{\partial x_8} \right) \sum d_{8m}x^m - \omega \sum d_{7m}x^m \quad (3\text{-}94h)$$

对于情况 (5)，得

$$\left(x_2\frac{\partial}{\partial x_1} + x_4\frac{\partial}{\partial x_3} + x_6\frac{\partial}{\partial x_5} +x_8\frac{\partial}{\partial x_7} \right) \sum d_{1m}x^m - \sum d_{2m}x^m \quad (3\text{-}95a)$$

$$\left(x_2\frac{\partial}{\partial x_1} + x_4\frac{\partial}{\partial x_3} + x_6\frac{\partial}{\partial x_5} +x_8\frac{\partial}{\partial x_7} \right) \sum d_{2m}x^m \quad (3\text{-}95b)$$

$$\left(x_2\frac{\partial}{\partial x_1} + x_4\frac{\partial}{\partial x_3} + x_6\frac{\partial}{\partial x_5} + x_8\frac{\partial}{\partial x_7}\right)\sum d_{3m}x^m - \sum d_{4m}x^m \tag{3-95c}$$

$$\left(x_2\frac{\partial}{\partial x_1} + x_4\frac{\partial}{\partial x_3} + x_6\frac{\partial}{\partial x_5} + x_8\frac{\partial}{\partial x_7}\right)\sum d_{4m}x^m \tag{3-95d}$$

$$\left(x_2\frac{\partial}{\partial x_1} + x_4\frac{\partial}{\partial x_3} + x_6\frac{\partial}{\partial x_5} + x_8\frac{\partial}{\partial x_7}\right)\sum d_{5m}x^m - \sum d_{6m}x^m \tag{3-95e}$$

$$\left(x_2\frac{\partial}{\partial x_1} + x_4\frac{\partial}{\partial x_3} + x_6\frac{\partial}{\partial x_5} + x_8\frac{\partial}{\partial x_7}\right)\sum d_{6m}x^m \tag{3-95f}$$

$$\left(x_2\frac{\partial}{\partial x_1} + x_4\frac{\partial}{\partial x_3} + x_6\frac{\partial}{\partial x_5} + x_8\frac{\partial}{\partial x_7}\right)\sum d_{7m}x^m - \sum d_{8m}x^m \tag{3-95g}$$

$$\left(x_2\frac{\partial}{\partial x_1} + x_4\frac{\partial}{\partial x_3} + x_6\frac{\partial}{\partial x_5} + x_8\frac{\partial}{\partial x_7}\right)\sum d_{8m}x^m \tag{3-95h}$$

简化式 (3-91)~ 式 (3-95), 得到

$$h^3(x) = \left[\overline{K}_{8\times 120}\right]_j X^{\mathrm{T}}, \quad j = 1,2,3,4,5 \tag{3-96}$$

将式 (3-96) 和式 (3-84) 代入方程 (3-6), 得到

$$\left[\overline{C}_{8\times 120}\right]_j X^{\mathrm{T}} = \left[\overline{E}_{8\times 120}\right]_j X^{\mathrm{T}} + \left[\overline{K}_{8\times 120}\right]_j X^{\mathrm{T}}, \quad j = 1,2,3,4,5 \tag{3-97}$$

平衡方程 (3-97) 两边同类项的系数, 可以得到 $\left[\overline{E}_{8\times 120}\right]_j$, $j = 1,2,3,4,5$ 即规范形的系数。

3.5.2　Maple 程序算法及规范形结果

利用上述一些计算公式和 Maple 符号语言编写具体的计算规范形的程序。编写符号计算程序的主要步骤如下:

(1) 构造矩阵 $\left[\overline{C}_{8\times 120}\right]$;

(2) 给出近恒同变换 $P^3(x) = \left[\overline{D}_{8\times 120}\right] X^{\mathrm{T}}$;

(3) 将 $A^*, P^3(x), DP^3(x)$ 代入共轭算子方程, 比较系数得到 $\left[\overline{D}_{8\times 120}\right]$;

(4) 将 $A, P^3(x), DP^3(x)$ 代入线性算子, 得到 $\left[\overline{K}_{8\times 120}\right]$;

(5) 得到规范形的系数 $\left[\overline{E}_{8\times 120}\right]$。

由于非线性变换非常复杂, 这里没有给出具体结果。所得规范形结果如下。

对于线性矩阵 A 有四对纯虚特征值的情况, 规范形为

$$\dot{x}_1 = -\sigma_1 x_2 + a_1 x_1^3 + a_2 x_2^3 + a_3 x_1^2 x_2 + a_4 x_2^2 x_1 + a_5 x_3^2 x_1 + a_6 x_3^2 x_2$$
$$+ a_7 x_4^2 x_1 + a_8 x_4^2 x_2 + a_9 x_5^2 x_1 + a_{10} x_5^2 x_2 + a_{11} x_6^2 x_1 + a_{12} x_6^2 x_2 + a_{13} x_7^2 x_1$$
$$+ a_{14} x_7^2 x_2 + a_{15} x_8^2 x_1 + a_{16} x_8^2 x_2$$

$$\dot{x}_2 = \sigma_1 x_1 + b_1 x_1^3 + b_2 x_2^3 + b_3 x_1^2 x_2 + b_4 x_2^2 x_1 + b_5 x_3^2 x_1 + b_6 x_3^2 x_2$$

$$+ b_7 x_4^2 x_1 + b_8 x_4^2 x_2 + b_9 x_5^2 x_1 + b_{10} x_5^2 x_2 + b_{11} x_6^2 x_1 + b_{12} x_6^2 x_2 + b_{13} x_7^2 x_1$$

$$+ b_{14} x_7^2 x_2 + b_{15} x_8^2 x_1 + b_{16} x_8^2 x_2$$

$$\dot{x}_3 = - \sigma_2 x_4 + c_1 x_3^3 + c_2 x_4^3 + c_3 x_1^2 x_3 + c_4 x_1^2 x_4 + c_5 x_2^2 x_3 + c_6 x_2^2 x_4$$

$$+ c_7 x_3^2 x_4 + c_8 x_4^2 x_3 + c_9 x_5^2 x_3 + c_{10} x_5^2 x_4 + c_{11} x_6^2 x_3 + c_{12} x_6^2 x_4$$

$$+ c_{13} x_7^2 x_3 + c_{14} x_7^2 x_4 + c_{15} x_8^2 x_3 + c_{16} x_8^2 x_4$$

$$\dot{x}_4 = \sigma_2 x_3 + d_1 x_3^3 + d_2 x_4^3 + d_3 x_1^2 x_3 + d_4 x_1^2 x_4 + d_5 x_2^2 x_3 + d_6 x_2^2 x_4$$

$$+ d_7 x_3^2 x_4 + d_8 x_4^2 x_3 + d_9 x_5^2 x_3 + d_{10} x_5^2 x_4 + d_{11} x_6^2 x_3 + d_{12} x_6^2 x_4 + d_{13} x_7^2 x_3$$

$$+ d_{14} x_7^2 x_4 + d_{15} x_8^2 x_3 + d_{16} x_8^2 x_4$$

$$\dot{x}_5 = - \sigma_3 x_6 + e_1 x_5^3 + e_2 x_6^3 + e_3 x_1^2 x_5 + e_4 x_1^2 x_6 + e_5 x_2^2 x_5 + e_6 x_2^2 x_6$$

$$+ e_7 x_3^2 x_5 + e_8 x_3^2 x_6 + e_9 x_4^2 x_5 + e_{10} x_4^2 x_6 + e_{11} x_5^2 x_6 + e_{12} x_6^2 x_5$$

$$+ e_{13} x_7^2 x_5 + e_{14} x_7^2 x_6 + e_{15} x_8^2 x_5 + e_{16} x_8^2 x_6$$

$$\dot{x}_6 = \sigma_3 x_5 + g_1 x_5^3 + g_2 x_6^3 + g_3 x_1^2 x_5 + g_4 x_1^2 x_6 + g_5 x_2^2 x_5 + g_6 x_2^2 x_6$$

$$+ g_7 x_3^2 x_5 + g_8 x_3^2 x_6 + g_9 x_4^2 x_5 + g_{10} x_4^2 x_6 + g_{11} x_5^2 x_6 + g_{12} x_6^2 x_5 + g_{13} x_7^2 x_5$$

$$+ g_{14} x_7^2 x_6 + g_{15} x_8^2 x_5 + g_{16} x_8^2 x_6$$

$$\dot{x}_7 = - \sigma_4 x_8 + h_1 x_7^3 + h_2 x_8^3 + h_3 x_1^2 x_7 + h_4 x_1^2 x_8 + h_5 x_2^2 x_7 + h_6 x_2^2 x_8$$

$$+ h_7 x_3^2 x_7 + h_8 x_3^2 x_8 + h_9 x_4^2 x_7 + h_{10} x_4^2 x_8 + h_{11} x_5^2 x_7 + h_{12} x_5^2 x_8$$

$$+ h_{13} x_6^2 x_7 + h_{14} x_6^2 x_8 + h_{15} x_7^2 x_8 + h_{16} x_8^2 x_7$$

$$\dot{x}_8 = \sigma_4 x_7 + j_1 x_7^3 + j_2 x_8^3 + j_3 x_1^2 x_7 + j_4 x_1^2 x_8 + j_5 x_2^2 x_7 + j_6 x_2^2 x_8$$

$$+ j_7 x_3^2 x_7 + j_8 x_3^2 x_8 + j_9 x_4^2 x_7 + j_{10} x_4^2 x_8 + j_{11} x_5^2 x_7 + j_{12} x_5^2 x_8 + j_{13} x_6^2 x_7$$

$$+ j_{14} x_6^2 x_8 + j_{15} x_7^2 x_8 + j_{16} x_8^2 x_7 \tag{3-98}$$

对于线性矩阵 A 有三对纯虚特征值，一对双零特征值的情况，规范形为

$$\dot{x}_1 = - \sigma_1 x_2 + a_1 x_1^3 + a_2 x_1 x_3^2 + a_3 x_1 x_4^2 + a_4 x_1 x_5^2 + a_5 x_1 x_6^2 + a_6 x_1 x_7^2 + a_7 x_1 x_8^2$$

$$\dot{x}_2 = \sigma_1 x_1 + b_1 x_1^3 + b_2 x_1^2 x_2 + b_3 x_1 x_3^2 + b_4 x_2 x_3^2 + b_5 x_1 x_4^2 + b_6 x_2 x_4^2 + b_7 x_1 x_5^2$$

$$+ b_8 x_2 x_5^2 + b_9 x_1 x_6^2 + b_{10} x_2 x_6^2 + b_{11} x_1 x_7^2 + b_{12} x_2 x_7^2 + b_{13} x_1 x_8^2 + b_{14} x_2 x_8^2$$

$$\dot{x}_3 = - \sigma_2 x_4 + c_1 x_3^3 + c_2 x_4^3 + c_3 x_3 x_1^2 + c_4 x_4 x_1^2 + c_5 x_4 x_3^2 + c_6 x_3 x_4^2 + c_7 x_3 x_5^2$$

$$+ c_8 x_4 x_5^2 + c_9 x_3 x_6^2 + c_{10} x_4 x_6^2 + c_{11} x_3 x_7^2 + c_{12} x_4 x_7^2 + c_{13} x_3 x_8^2 + c_{14} x_4 x_8^2$$

$$\dot{x}_4 = \sigma_2 x_3 + d_1 x_3^3 + d_2 x_4^3 + d_3 x_3 x_1^2 + d_4 x_4 x_1^2 + d_5 x_4 x_3^2 + d_6 x_3 x_4^2 + d_7 x_3 x_5^2$$

$$+ d_8 x_4 x_5^2 + d_9 x_3 x_6^2 + d_{10} x_4 x_6^2 + d_{11} x_3 x_7^2 + d_{12} x_4 x_7^2 + d_{13} x_3 x_8^2 + d_{14} x_4 x_8^2$$

$$\dot{x}_5 = - \sigma_3 x_6 + e_1 x_5^3 + e_2 x_6^3 + e_3 x_5 x_1^2 + e_4 x_6 x_1^2 + e_5 x_5 x_3^2 + e_6 x_6 x_3^2 + e_7 x_5 x_4^2$$

$$+ e_8 x_6 x_4^2 + e_9 x_6 x_5^2 + e_{10} x_5 x_6^2 + e_{11} x_5 x_7^2 + e_{12} x_6 x_7^2 + e_{13} x_5 x_8^2 + e_{14} x_6 x_8^2$$

$$\dot{x}_6 = \sigma_3 x_5 + g_1 x_5^3 + g_2 x_6^2 + g_3 x_5 x_1^2 + g_4 x_6 x_1^2 + g_5 x_5 x_3^2 + g_6 x_6 x_3^2 + g_7 x_5 x_4^2$$

$$+ g_8 x_6 x_4^2 + g_9 x_6 x_5^2 + g_{10} x_5 x_6^2 + g_{11} x_5 x_7^2 + g_{12} x_6 x_7^2 + g_{13} x_5 x_8^2 + g_{14} x_6 x_8^2$$

$$\dot{x}_7 = x_8 + h_1 x_7^3 + h_2 x_8^2 + h_3 x_7 x_1^2 + h_4 x_8 x_1^2 + h_5 x_7 x_3^2 + h_6 x_8 x_4^2 + h_7 x_7 x_4^2$$

$$+ h_8 x_8 x_4^2 + h_9 x_7 x_5^2 + h_{10} x_8 x_5^2 + h_{11} x_7 x_6^2 + h_{12} x_8 x_6^2 + h_{13} x_8 x_7^2 + h_{14} x_7 x_8^2$$

$$\dot{x}_8 = j_1 x_7^3 + j_2 x_8^2 + j_3 x_7 x_1^2 + j_4 x_8 x_1^2 + j_5 x_7 x_3^2 + j_6 x_8 x_4^2 + j_7 x_7 x_4^2 + j_8 x_8 x_4^2 + j_9 x_7 x_5^2$$

$$+ j_{10} x_8 x_5^2 + j_{11} x_7 x_6^2 + j_{12} x_6 x_7^2 + j_{13} x_8 x_7^2 + j_{14} x_7 x_8^2 \tag{3-99}$$

对于线性矩阵 A 有两对纯虚特征值, 两对双零特征值的情况, 规范形为

$$\dot{x}_1 = x_2 + a_1 x_1^3 + a_2 x_3^3 + a_3 x_1^2 x_3 + a_4 x_1^2 x_4 + a_5 x_3^2 x_1 + a_6 x_3^2 x_2 + a_7 x_5^2 x_1$$

$$+ a_8 x_5^2 x_3 + a_9 x_6^2 x_1 + a_{10} x_6^2 x_3 + a_{11} x_7^2 x_1 + a_{12} x_7^2 x_3 + a_{13} x_8^2 x_1 + a_{14} x_8^2 x_3$$

$$+ a_{15} x_1 x_2 x_3 + a_{16} x_1 x_3 x_4$$

$$\dot{x}_2 = b_1 x_1^3 + b_2 x_3^3 + b_3 x_1^2 x_2 + b_4 x_1^2 x_3 + b_5 x_1^2 x_4 + b_6 x_2^2 x_3 + b_7 x_3^2 x_1$$

$$+ b_8 x_3^2 x_2 + b_9 x_3^2 x_4 + b_{10} x_4^2 x_1 + b_{11} x_5^2 x_1 + b_{12} x_5^2 x_2 + b_{13} x_5^2 x_3 + b_{14} x_5^2 x_4$$

$$+ b_{15} x_6^2 x_1 + b_{16} x_6^2 x_2 + b_{17} x_6^2 x_3 + b_{18} x_6^2 x_4 + b_{19} x_7^2 x_1 + b_{20} x_7^2 x_2 + b_{21} x_7^2 x_3$$

$$+ b_{22} x_7^2 x_4 + b_{23} x_8^2 x_1 + b_{24} x_8^2 x_2 + b_{25} x_8^2 x_3 + b_{26} x_8^2 x_4 + b_{27} x_1 x_2 x_3$$

$$+ b_{28} x_1 x_2 x_4 + b_{29} x_1 x_3 x_4 + b_{30} x_2 x_3 x_4$$

$$\dot{x}_3 = x_4 + c_1 x_1^3 + c_2 x_3^3 + c_3 x_1^2 x_3 + c_4 x_1^2 x_4 + c_5 x_3^2 x_1 + c_6 x_3^2 x_2 + c_7 x_5^2 x_1$$

$$+ c_8 x_5^2 x_3 + c_9 x_6^2 x_1 + c_{10} x_6^2 x_3 + c_{11} x_7^2 x_1 + c_{12} x_7^2 x_3 + c_{13} x_8^2 x_1$$

$$+ c_{14} x_8^2 x_3 + c_{15} x_1 x_2 x_3 + c_{16} x_1 x_3 x_4$$

$$\dot{x}_4 = d_1 x_1^3 + d_2 x_3^3 + d_3 x_1^2 x_2 + d_4 x_1^2 x_3 + d_5 x_1^2 x_4 + d_6 x_2^2 x_3$$

$$+ d_7 x_3^2 x_1 + d_8 x_3^2 x_2 + d_9 x_3^2 x_4 + d_{10} x_4^2 x_1 + d_{11} x_5^2 x_1 + d_{12} x_5^2 x_2 + d_{13} x_5^2 x_3$$

$$+ d_{14} x_5^2 x_4 + d_{15} x_6^2 x_1 + d_{16} x_6^2 x_2 + d_{17} x_6^2 x_3 + d_{18} x_6^2 x_4 + d_{19} x_7^2 x_1 + d_{20} x_7^2 x_2$$

$$+ d_{21} x_7^2 x_3 + d_{22} x_7^2 x_4 + d_{23} x_8^2 x_1 + d_{24} x_8^2 x_2 + d_{25} x_8^2 x_3 + d_{26} x_8^2 x_4$$

$$+ d_{27} x_1 x_2 x_3 + d_{28} x_1 x_2 x_4 + d_{29} x_1 x_3 x_4 + d_{30} x_2 x_3 x_4$$

$$\dot{x}_5 = -\sigma_1 x_6 + e_1 x_5^3 + e_2 x_6^3 + e_3 x_1^2 x_5 + e_4 x_1^2 x_6 + e_5 x_3^2 x_5 + e_6 x_3^2 x_6$$

$$+ e_7 x_5^2 x_6 + e_8 x_6^2 x_5 + e_9 x_7^2 x_5 + e_{10} x_7^2 x_6 + e_{11} x_8^2 x_5 + e_{12} x_8^2 x_6 + e_{13} x_1 x_3 x_5$$

$$+ e_{14} x_1 x_3 x_6 + e_{15} x_1 x_4 x_5 + e_{16} x_1 x_4 x_6 + e_{17} x_2 x_3 x_5 + e_{18} x_2 x_3 x_6$$

$$\dot{x}_6 = \sigma_1 x_5 + g_1 x_5^3 + g_2 x_6^3 + g_3 x_1^2 x_5 + g_4 x_1^2 x_6 + g_5 x_3^2 x_5 + g_6 x_3^2 x_6$$

$$+ g_7 x_5^2 x_6 + g_8 x_6^2 x_5 + g_9 x_7^2 x_5 + g_{10} x_7^2 x_6 + g_{11} x_8^2 x_5 + g_{12} x_8^2 x_6 + g_{13} x_1 x_3 x_5$$

$$+ g_{14}x_1x_3x_6 + g_{15}x_1x_4x_5 + g_{16}x_1x_4x_6 + g_{17}x_2x_3x_5 + g_{18}x_2x_3x_6$$

$$\dot{x}_7 = - \sigma_2 x_8 + h_1 x_7^3 + h_2 x_8^3 + h_3 x_1^2 x_7 + h_4 x_1^2 x_8 + h_5 x_3^2 x_7 + h_6 x_3^2 x_8$$

$$+ h_7 x_5^2 x_7 + h_8 x_5^2 x_8 + h_9 x_6^2 x_7 + h_{10} x_6^2 x_8 + h_{11} x_7^2 x_8 + h_{12} x_8^2 x_7 + h_{13} x_1 x_3 x_7$$

$$+ h_{14} x_1 x_3 x_8 + h_{15} x_1 x_4 x_7 + h_{16} x_1 x_4 x_8 + h_{17} x_2 x_3 x_7 + h_{18} x_2 x_3 x_8$$

$$\dot{x}_8 = \sigma_2 x_7 + j_1 x_7^3 + j_2 x_8^3 + j_3 x_1^2 x_7 + j_4 x_1^2 x_8 + j_5 x_3^2 x_7 + j_6 x_3^2 x_8$$

$$+ j_7 x_5^2 x_7 + j_8 x_5^2 x_8 + j_9 x_6^2 x_7 + j_{10} x_6^2 x_8 + j_{11} x_7^2 x_8 + j_{12} x_8^2 x_7 + j_{13} x_1 x_3 x_7$$

$$+ j_{14} x_1 x_3 x_8 + j_{15} x_1 x_4 x_7 + j_{16} x_1 x_4 x_8 + j_{17} x_2 x_3 x_7 + j_{18} x_2 x_3 x_8 \tag{3-100}$$

对于线性矩阵 A 有一对纯虚特征值，三对双零特征值的情况，规范形为

$$\dot{x}_1 = x_2 + a_1 x_1^3 + a_2 x_3^3 + a_3 x_5^3 + a_4 x_1^2 x_3 + a_5 x_1^2 x_4 + a_6 x_1^2 x_5 + a_7 x_1^2 x_6$$

$$+ a_8 x_3^2 x_1 + a_9 x_3^2 x_2 + a_{10} x_3^2 x_5 + a_{11} x_3^2 x_6 + a_{12} x_5^2 x_1 + a_{13} x_5^2 x_2$$

$$+ a_{14} x_5^2 x_3 + a_{15} x_5^2 x_4 + a_{16} x_7^2 x_1 + a_{17} x_7^2 x_3 + a_{18} x_7^2 x_5 + a_{19} x_8^2 x_1 + a_{20} x_8^2 x_3$$

$$+ a_{21} x_8^2 x_5 + a_{22} x_1 x_2 x_3 + a_{23} x_1 x_2 x_5 + a_{24} x_1 x_3 x_4 + a_{25} x_1 x_3 x_5 + a_{26} x_1 x_3 x_6$$

$$+ a_{27} x_1 x_4 x_5 + a_{28} x_1 x_5 x_6 + a_{29} x_2 x_3 x_5 + a_{30} x_3 x_4 x_5 + a_{31} x_3 x_5 x_6$$

$$\dot{x}_2 = b_1 x_1^3 + b_2 x_3^3 + b_3 x_5^3 + b_4 x_1^2 x_2 + b_5 x_1^2 x_3 + b_6 x_1^2 x_4 + b_7 x_1^2 x_5$$

$$+ b_8 x_1^2 x_6 + b_9 x_2^2 x_3 + b_{10} x_2^2 x_5 + b_{11} x_3^2 x_1 + b_{12} x_3^2 x_2 + b_{13} x_3^2 x_4 + b_{14} x_3^2 x_5$$

$$+ b_{15} x_3^2 x_6 + b_{16} x_4^2 x_1 + b_{17} x_4^2 x_5 + b_{18} x_5^2 x_1 + b_{19} x_5^2 x_2 + b_{20} x_5^2 x_3 + b_{21} x_5^2 x_4$$

$$+ b_{22} x_5^2 x_6 + b_{23} x_6^2 x_1 + b_{24} x_6^2 x_3 + b_{25} x_7^2 x_1 + b_{26} x_7^2 x_2 + b_{27} x_7^2 x_3 + b_{28} x_7^2 x_4$$

$$+ b_{29} x_7^2 x_5 + b_{30} x_7^2 x_6 + b_{31} x_8^2 x_1 + b_{32} x_8^2 x_2 + b_{33} x_8^2 x_3 + b_{34} x_8^2 x_4 + b_{35} x_8^2 x_5$$

$$+ b_{36} x_8^2 x_6 + b_{37} x_1 x_2 x_3 + b_{38} x_1 x_2 x_4 + b_{39} x_1 x_2 x_5 + b_{40} x_1 x_2 x_6 + b_{41} x_1 x_3 x_4$$

$$+ b_{42} x_1 x_3 x_5 + b_{43} x_1 x_3 x_6 + b_{44} x_1 x_4 x_5 + b_{45} x_1 x_4 x_6 + b_{46} x_1 x_5 x_6 + b_{47} x_2 x_3 x_4$$

$$+ b_{48} x_2 x_3 x_5 + b_{49} x_2 x_3 x_6 + b_{50} x_2 x_4 x_5$$

$$+ b_{51} x_2 x_5 x_6 + b_{52} x_3 x_4 x_5 + b_{53} x_3 x_4 x_6 + b_{54} x_3 x_5 x_6 + b_{55} x_4 x_5 x_6$$

$$\dot{x}_3 = x_4 + c_1 x_1^3 + c_2 x_3^3 + c_3 x_5^3 + c_4 x_1^2 x_3 + c_5 x_1^2 x_4 + c_6 x_1^2 x_5$$

$$+ c_7 x_1^2 x_6 + c_8 x_3^2 x_1 + c_9 x_3^2 x_2 + c_{10} x_3^2 x_5 + c_{11} x_3^2 x_6 + c_{12} x_5^2 x_1 + c_{13} x_5^2 x_2$$

$$+ c_{14} x_5^2 x_3 + c_{15} x_5^2 x_4 + c_{16} x_7^2 x_1 + c_{17} x_7^2 x_3 + c_{18} x_7^2 x_5 + c_{19} x_8^2 x_1 + c_{20} x_8^2 x_3$$

$$+ c_{21} x_8^2 x_5 + c_{22} x_1 x_2 x_3 + c_{23} x_1 x_2 x_5 + c_{24} x_1 x_3 x_4 + c_{25} x_1 x_3 x_5 + c_{26} x_1 x_3 x_6$$

$$+ c_{27} x_1 x_4 x_5 + c_{28} x_1 x_5 x_6 + c_{29} x_2 x_3 x_5 + c_{30} x_3 x_4 x_5 + c_{31} x_3 x_5 x_6$$

$$\dot{x}_4 = d_1 x_1^3 + d_2 x_3^3 + d_3 x_5^3 + d_4 x_1^2 x_2 + d_5 x_1^2 x_3 + d_6 x_1^2 x_4 + d_7 x_1^2 x_5$$

$$+ d_8 x_1^2 x_6 + d_9 x_2^2 x_3 + d_{10} x_2^2 x_5 + d_{11} x_3^2 x_1 + d_{12} x_3^2 x_2 + d_{13} x_3^2 x_4 + d_{14} x_3^2 x_5$$

$$+ d_{15}x_3^2x_6 + d_{16}x_4^2x_1 + d_{17}x_4^2x_5 + d_{18}x_5^2x_1 + d_{19}x_5^2x_2 + d_{20}x_5^2x_3 + d_{21}x_5^2x_4$$

$$+ d_{22}x_5^2x_6 + d_{23}x_6^2x_1 + d_{24}x_6^2x_3 + d_{25}x_7^2x_1 + d_{26}x_7^2x_2 + d_{27}x_7^2x_3 + d_{28}x_7^2x_4$$

$$+ d_{29}x_7^2x_5 + d_{30}x_7^2x_6 + d_{31}x_8^2x_1 + d_{32}x_8^2x_2 + d_{33}x_8^2x_3 + d_{34}x_8^2x_4 + d_{35}x_8^2x_5$$

$$+ d_{36}x_8^2x_6 + d_{37}x_1x_2x_3 + d_{38}x_1x_2x_4 + d_{39}x_1x_2x_5 + d_{40}x_1x_2x_6 + d_{41}x_1x_3x_4$$

$$+ d_{42}x_1x_3x_5 + d_{43}x_1x_3x_6 + d_{44}x_1x_4x_5 + d_{45}x_1x_4x_6$$

$$+ d_{46}x_1x_5x_6 + d_{47}x_2x_3x_4 + d_{48}x_2x_3x_5 + d_{49}x_2x_3x_6 + d_{50}x_2x_4x_5$$

$$+ d_{51}x_2x_5x_6 + d_{52}x_3x_4x_5 + d_{53}x_3x_4x_6 + d_{54}x_3x_5x_6 + d_{55}x_4x_5x_6$$

$$\dot{x}_5 = x_6 + e_1x_1^3 + e_2x_3^3 + e_3x_5^3 + e_4x_1^2x_3 + e_5x_1^2x_4 + e_6x_1^2x_5 + e_7x_1^2x_6$$

$$+ e_8x_3^2x_1 + e_9x_3^2x_2 + e_{10}x_3^2x_5 + e_{11}x_3^2x_6 + e_{12}x_5^2x_1 + e_{13}x_5^2x_2 + e_{14}x_5^2x_3$$

$$+ e_{15}x_5^2x_4 + e_{16}x_7^2x_1 + e_{17}x_7^2x_3 + e_{18}x_7^2x_5 + e_{19}x_8^2x_1 + e_{20}x_8^2x_3 + e_{21}x_8^2x_5$$

$$+ e_{22}x_1x_2x_3 + e_{23}x_1x_2x_5 + e_{24}x_1x_3x_4 + e_{25}x_1x_3x_5 + e_{26}x_1x_3x_6 + e_{27}x_1x_4x_5$$

$$+ e_{28}x_1x_5x_6 + e_{29}x_2x_3x_5 + e_{30}x_3x_4x_5 + e_{31}x_3x_5x_6$$

$$\dot{x}_6 = g_1x_1^3 + g_2x_3^3 + g_3x_5^3 + g_4x_1^2x_2 + g_5x_1^2x_3 + g_6x_1^2x_4 + g_7x_1^2x_5 + g_8x_1^2x_6$$

$$+ g_9x_2^2x_3 + g_{10}x_2^2x_5 + g_{11}x_3^2x_1 + g_{12}x_3^2x_2 + g_{13}x_3^2x_4 + g_{14}x_3^2x_5 + g_{15}x_3^2x_6$$

$$+ g_{16}x_4^2x_1 + g_{17}x_4^2x_5 + g_{18}x_5^2x_1 + g_{19}x_5^2x_2 + g_{20}x_5^2x_3 + g_{21}x_5^2x_4 + g_{22}x_5^2x_6$$

$$+ g_{23}x_6^2x_1 + g_{24}x_6^2x_3 + g_{25}x_7^2x_1 + g_{26}x_7^2x_2 + g_{27}x_7^2x_3 + g_{28}x_7^2x_4$$

$$+ g_{29}x_7^2x_5 + g_{30}x_7^2x_6 + g_{31}x_8^2x_1 + g_{32}x_8^2x_2 + g_{33}x_8^2x_3 + g_{34}x_8^2x_4 + g_{35}x_8^2x_5$$

$$+ g_{36}x_8^2x_6 + g_{37}x_1x_2x_3 + g_{38}x_1x_2x_4 + g_{39}x_1x_2x_5 + g_{40}x_1x_2x_6 + g_{41}x_1x_3x_4$$

$$+ g_{42}x_1x_3x_5 + g_{43}x_1x_3x_6 + g_{44}x_1x_4x_5 + g_{45}x_1x_4x_6$$

$$+ g_{46}x_1x_5x_6 + g_{47}x_2x_3x_4 + g_{48}x_2x_3x_5 + g_{49}x_2x_3x_6 + g_{50}x_2x_4x_5 + g_{51}x_2x_5x_6$$

$$+ g_{52}x_3x_4x_5 + g_{53}x_3x_4x_6 + g_{54}x_3x_5x_6 + g_{55}x_4x_5x_6$$

$$\dot{x}_7 = -\sigma x_8 + h_1x_7^3 + h_2x_8^3 + h_3x_1^2x_7 + h_4x_1^2x_8 + h_5x_3^2x_7 + h_6x_3^2x_8$$

$$+ h_7x_5^2x_7 + h_8x_5^2x_8 + h_9x_7^2x_8 + h_{10}x_8^2x_7 + h_{11}x_1x_3x_7 + h_{12}x_1x_3x_8$$

$$+ h_{13}x_1x_4x_7 + h_{14}x_1x_4x_8 + h_{15}x_1x_5x_7 + h_{16}x_1x_5x_8 + h_{17}x_1x_6x_7$$

$$+ h_{18}x_1x_6x_8 + h_{19}x_2x_3x_7 + h_{20}x_2x_3x_8 + h_{21}x_2x_5x_7 + h_{22}x_2x_5x_8 + h_{23}x_3x_5x_7$$

$$+ h_{24}x_3x_5x_8 + h_{25}x_3x_6x_7 + h_{26}x_3x_6x_8 + h_{27}x_4x_5x_7 + h_{28}x_4x_5x_8$$

$$\dot{x}_8 = \sigma x_7 + j_1x_7^3 + j_2x_8^3 + j_3x_1^2x_7 + j_4x_1^2x_8 + j_5x_3^2x_7 + j_6x_3^2x_8 + j_7x_5^2x_7$$

$$+ j_8x_5^2x_8 + j_9x_7^2x_8 + j_{10}x_8^2x_7 + j_{11}x_1x_3x_7 + j_{12}x_1x_3x_8$$

$$+ j_{13}x_1x_4x_7 + j_{14}x_1x_4x_8 + j_{15}x_1x_5x_7 + j_{16}x_1x_5x_8 + j_{17}x_1x_6x_7 + j_{18}x_1x_6x_8$$

$$+ j_{19}x_2x_3x_7 + j_{20}x_2x_3x_8 + j_{21}x_2x_5x_7 + j_{22}x_2x_5x_8 + j_{23}x_3x_5x_7$$

$$+ j_{24}x_3x_5x_8 + j_{25}x_3x_6x_7 + j_{26}x_3x_6x_8 + j_{27}x_4x_5x_7 + j_{28}x_4x_5x_8 \tag{3-101}$$

对于线性矩阵 A 有四对双零特征值的情况，由于该种情况所得的规范形结果及非线性变换均非常复杂，本节没有详细给出。

3.6　规范形理论在非线性动力学中的应用

利用改进的共轭算子法计算了八维非线性动力系统的三阶规范形及所用的非线性变换。利用这种方法，只用一个 Maple 主程序就可以计算出在五种不同线性部分情况下八维非线性动力系统的三阶规范形。从结果可以看出，经过规范形方法处理后的非线性系统要比原系统简单很多，而且在规范形结果里面也可以看出来一定的对称性。当研究多自由度非线性机械系统在不同共振情况的动力学问题时，上述计算方法就会显得非常方便。

作为非线性动力学的基本研究方法之一，规范形理论有着广泛的应用范围。本章将重点放在高维非线性系统规范形理论的应用。高维非线性振动系统的全局动力学分析是十分重要且难度很大的问题，目前仍然主要依靠数值模拟手段，可以成功应用于全局分析的理论方法不多，主要有高维 Melnikov 方法和 Shilnikov 方法。

大部分工程实际问题都需用多自由度非线性系统来描述，并且大多是高维扰动 Hamilton 系统。例如，对于振动机械，当振幅较大时刚度阻尼呈现非线性；或因各种耦合而出现耦合非线性；或在蓄能元件的设计时引入非线性等，从而成为一个多自由度非线性系统。在多自由度机械系统中，许多物理模型在经过摄动分析后，所得到的平均方程都是高维的 (四维、六维或八维)。例如，非平面运动悬臂梁模型的平均方程是一个四维方程；二级倒立摆模型的平均方程是一个六维方程；黏弹性传动带在摄动分析时如果取四阶模态就会得到一个八维方程，如果取三阶模态就会得到一个六维方程。因此，研究高维规范形理论在非线性机械系统中的应用对多自由度机械系统有着重要的指导意义。

在非线性动力学分析中，低维系统的平均方程较为简单，因此其数值模拟和分岔动力学及混沌动力学分析也相对容易。而对于高维非线性系统来说，由于方程项数大大增多，给动力学分析增加了很大难度。本章将前面章节所述的改进共轭算子法及 Maple 语言应用于两个工程模型，其中一个是弦–梁耦合系统模型，另外一个是黏弹性传动带系统模型。两个模型所建立的平均方程均为八维非线性系统，利用规范形理论进行简化，得到了相应的更为简单的平均方程。

3.6.1　弦–梁耦合系统平均方程的规范形

弦和梁模型在工程中具有广泛的应用。迄今为止，国内外学者对弦和梁的独立系统的非线性动力学问题进行了很多研究，并且取得大量有价值的研究成果。但是在实际工程中有很多系统都需要简化为弦–梁耦合系统，如用于通信传输的光纤耦合器，桥梁工程中的斜拉索桥等。因此，弦--梁耦合系统的非线性动力学特性的研究就显得十分迫切，当然就需要对所得到的平均方程进行简化。

在文献 [58, 60] 中，首先利用 Newton 法建立了弦--梁耦合系统的非线性动力学方程，然后运用 Galerkin 方法取二阶模态对偏微分方程进行离散，并用多尺度方法对弦--梁耦合系统进行摄动分析得到系统的平均方程。在所得到的平均方程中，假设 $\Omega_1 = 1$，可得

$$
\begin{aligned}
\dot{y}_1 = {} & -\frac{\mu_1}{2}y_1 - \sigma_1 y_2 - b_{11}y_4 + \frac{f_{21}}{2}y_2 + \frac{f_{22}}{2}y_4 + c_{12}(2y_1y_2y_3 - y_1^2 y_4 + y_2^2 y_4) \\
& + 3c_{11}(y_1^2 + y_2^2)y_2 + 2c_{12}(y_1^2 + y_2^2)y_4 + 2d_{11}(y_5^2 + y_6^2)y_2 + 2d_{12}(y_7^2 + y_8^2)y_2 \\
& + 2d_{13}(y_3^2 + y_4^2)y_2 + d_{13}(2y_1y_3y_4 - y_2y_3^2 + y_2y_4^2) + 2d_{14}(y_5y_7 + y_6y_8)y_2 \\
& + 3e_{11}(y_3^2 + y_4^2)y_4 + 2e_{14}(y_5^2 + y_6^2)y_4 + 2e_{15}(y_7^2 + y_8^2)y_4 + 2e_{16}(y_5y_7 + y_6y_8)y_4
\end{aligned}
\tag{3-102a}
$$

$$
\begin{aligned}
\dot{y}_2 = {} & -\frac{\mu_1}{2}y_2 + \sigma_1 y_1 - b_{11}y_3 + \frac{f_{21}}{2}y_1 + \frac{f_{22}}{2}y_3 - c_{12}(y_1^2 y_3 - y_2^2 y_3 + 2y_1y_2y_4) \\
& - 3c_{11}(y_1^2 + y_2^2)y_1 - 2c_{12}(y_1^2 + y_2^2)y_3 - 2d_{11}(y_5^2 + y_6^2)y_1 - 2d_{12}(y_7^2 + y_8^2)y_1 \\
& - 2d_{13}(y_3^2 + y_4^2)y_1 - d_{13}(y_1y_3^2 - y_1y_4^2 + 2y_2y_3y_4) - 2d_{14}(y_5y_7 + y_6y_8)y_1 \\
& - 3e_{11}(y_3^2 + y_4^2)y_3 - 2e_{14}(y_5^2 + y_6^2)y_3 - 2e_{15}(y_7^2 + y_8^2)y_3 - 2e_{16}(y_5y_7 + y_6y_8)y_3
\end{aligned}
\tag{3-102b}
$$

$$
\begin{aligned}
\dot{y}_3 = {} & -\frac{\mu_1}{2}y_3 - \sigma_2 y_4 + b_{21}y_2 + \frac{f_{23}}{2}y_2 + \frac{f_{24}}{2}y_4 + c_{22}(2y_1y_2y_3 - y_1^2 y_4 + y_2^2 y_4) \\
& + 3c_{21}(y_1^2 + y_2^2)y_2 + 2c_{22}(y_1^2 + y_2^2)y_4 + 2d_{21}(y_5^2 + y_6^2)y_2 + 2d_{22}(y_7^2 + y_8^2)y_2 \\
& + 2d_{23}(y_3^2 + y_4^2)y_2 + d_{23}(2y_1y_3y_4 - y_2y_3^2 + y_2y_4^2) + 2d_{24}(y_5y_7 + y_6y_8)y_2 \\
& + 3e_{21}(y_3^2 + y_4^2)y_4 + 2e_{24}(y_5^2 + y_6^2)y_4 + 2e_{25}(y_7^2 + y_8^2)y_4 + 2e_{26}(y_5y_7 + y_6y_8)y_4
\end{aligned}
\tag{3-102c}
$$

$$
\begin{aligned}
\dot{y}_4 = {} & -\frac{\mu_1}{2}y_4 + \sigma_2 y_3 - b_{21}y_1 + \frac{f_{23}}{2}y_1 + \frac{f_{24}}{2}y_3 - c_{22}(y_1^2 y_3 - y_2^2 y_3 + 2y_1y_2y_4) \\
& - 3c_{21}(y_1^2 + y_2^2)y_1 - 2c_{22}(y_1^2 + y_2^2)y_3 - 2d_{21}(y_5^2 + y_6^2)y_1 - 2d_{22}(y_7^2 + y_8^2)y_1 \\
& - 2d_{23}(y_3^2 + y_4^2)y_1 - d_{23}(y_1y_3^2 - y_1y_4^2 + 2y_2y_3y_4) - 2d_{24}(y_5y_7 + y_6y_8)y_1 \\
& - 3e_{21}(y_3^2 + y_4^2)y_3 - 2e_{24}(y_5^2 + y_6^2)y_3 - 2e_{25}(y_7^2 + y_8^2)y_3 - 2e_{26}(y_5y_7 + y_6y_8)y_3
\end{aligned}
\tag{3-102d}
$$

$$
\begin{aligned}
\dot{y}_5 = {} & -\frac{\mu_2}{2}y_5 - \frac{\sigma_3}{2}y_6 + \frac{b_{31}}{2}y_8 + (y_5^2 + y_6^2)y_6 + \frac{c_{32}}{2}(2y_5y_6y_7 - y_5^2 y_8 + y_6^2 y_8) \\
& + c_{32}(y_5^2 + y_6^2)y_8 + \frac{d_{31}}{2}(2y_5y_7y_8 - y_6y_7^2 + y_6y_8^2) + d_{31}(y_7^2 + y_8^2)y_6 + d_{32}(y_1^2 + y_2^2)y_6 \\
& + d_{33}(y_3^2 + y_4^2)y_6 + d_{36}(y_1y_3 + y_2y_4)y_6 + \frac{3e_{31}}{2}(y_7^2 + y_8^2)y_8 + e_{34}(y_1^2 + y_2^2)y_8 \\
& + e_{35}(y_3^2 + y_4^2)y_8 + \frac{e_{36}}{2}(y_1y_3y_8 + y_1y_4y_7 - y_2y_3y_7 + y_2y_4y_8)
\end{aligned}
\tag{3-102e}
$$

$$\dot{y}_6 = -\frac{\mu_2}{2}y_6 + \frac{\sigma_3}{2}y_5 - \frac{b_{31}}{2}y_7 - \frac{3c_{31}}{2}(y_5^2 + y_6^2)y_5 - \frac{c_{32}}{2}(y_5^2 y_7 - y_6^2 y_7 + 2y_5 y_6 y_8)$$

$$- c_{32}(y_5^2 + y_6^2)y_7 - \frac{d_{31}}{2}(y_5 y_7^2 - y_5 y_8^2 + 2y_6 y_7 y_8) - d_{31}(y_7^2 + y_8^2)y_5 - d_{32}(y_1^2 + y_2^2)y_5$$

$$- d_{33}(y_3^2 + y_4^2)y_5 - d_{36}(y_1 y_3 + y_2 y_4)y_5 - \frac{3e_{31}}{2}(y_7^2 + y_8^2)y_7 - e_{34}(y_1^2 + y_2^2)y_7$$

$$- e_{35}(y_3^2 + y_4^2)y_7 - \frac{e_{36}}{2}(y_1 y_3 y_7 - y_1 y_4 y_8 + y_2 y_3 y_8 + y_2 y_4 y_7) - \frac{f_{11}}{4} \qquad (3\text{-}102\text{f})$$

$$\dot{y}_7 = -\frac{\mu_2}{2}y_7 - \frac{\sigma_4}{2}y_8 + \frac{b_{41}}{2}y_6 + \frac{3c_{41}}{2}(y_5^2 + y_6^2)y_6 + \frac{c_{42}}{2}(2y_5 y_6 y_7 - y_5^2 y_8 + y_6^2 y_8)$$

$$+ c_{42}(y_5^2 + y_6^2)y_8 + \frac{d_{41}}{2}(2y_5 y_7 y_8 - y_6 y_7^2 + y_6 y_8^2) + d_{41}(y_7^2 + y_8^2)y_6 + d_{42}(y_1^2 + y_2^2)y_6$$

$$+ d_{43}(y_3^2 + y_4^2)y_6 + d_{46}(y_1 y_3 + y_2 y_4)y_6 + \frac{3e_{41}}{2}(y_7^2 + y_8^2)y_8 + e_{44}(y_1^2 + y_2^2)y_8$$

$$+ e_{45}(y_3^2 + y_4^2)y_8 + \frac{e_{46}}{2}(y_1 y_3 y_8 + y_2 y_3 y_7 - y_1 y_4 y_7 + y_2 y_4 y_8) \qquad (3\text{-}102\text{g})$$

$$\dot{y}_8 = -\frac{\mu_2}{2}y_8 + \frac{\sigma_4}{2}y_7 - \frac{b_{41}}{2}y_5 - \frac{3c_{41}}{2}(y_5^2 + y_6^2)y_5 - \frac{c_{42}}{2}(y_5^2 y_7 - y_6^2 y_7 + 2y_5 y_6 y_8)$$

$$- c_{42}(y_5^2 + y_6^2)y_7 - \frac{d_{41}}{2}(y_5 y_7^2 - y_5 y_8^2 + 2y_6 y_7 y_8) - d_{41}(y_7^2 + y_8^2)y_5 - d_{42}(y_1^2 + y_2^2)y_5$$

$$- d_{43}(y_3^2 + y_4^2)y_5 - d_{46}(y_1 y_3 + y_2 y_4)y_5 - \frac{3e_{41}}{2}(y_7^2 + y_8^2)y_7 - e_{44}(y_1^2 + y_2^2)y_7$$

$$- e_{45}(y_3^2 + y_4^2)y_7 - \frac{e_{46}}{2}(y_1 y_3 y_7 - y_2 y_3 y_8 + y_1 y_4 y_8 + y_2 y_4 y_7) - \frac{f_{12}}{4} \qquad (3\text{-}102\text{h})$$

显然,以上弦-梁耦合系统的 8×8 线性矩阵如下

$$M = \begin{bmatrix}
-\frac{1}{2}\mu_1 & \frac{1}{2}f_{21} - \sigma_1 & 0 & \frac{1}{2}f_{22} + b_{11} & 0 & 0 & 0 & 0 \\
\frac{1}{2}f_{21} + \sigma_1 & -\frac{1}{2}\mu_1 & \frac{1}{2}f_{22} - b_{11} & 0 & 0 & 0 & 0 & 0 \\
0 & \frac{1}{2}f_{23} + b_{21} & -\frac{1}{2}\mu_1 & \frac{1}{2}f_{24} - \sigma_2 & 0 & 0 & 0 & 0 \\
\frac{1}{2}f_{23} - b_{21} & 0 & \frac{1}{2}f_{24} - \sigma_2 & -\frac{1}{2}\mu_1 & 0 & 0 & 0 & 0 \\
0 & 0 & 0 & 0 & -\frac{1}{2}\mu_2 & -\frac{1}{2}\sigma_3 & 0 & \frac{1}{2}b_{31} \\
0 & 0 & 0 & 0 & \frac{1}{2}\sigma_3 & -\frac{1}{2}\mu_2 & -\frac{1}{2}b_{31} & 0 \\
0 & 0 & 0 & 0 & 0 & \frac{1}{2}b_{41} & -\frac{1}{2}\mu_2 & -\frac{1}{2}\sigma_4 \\
0 & 0 & 0 & 0 & -\frac{1}{2}b_{41} & 0 & \frac{1}{2}\sigma_4 & -\frac{1}{2}\mu_2
\end{bmatrix}$$

$$(3\text{-}103)$$

令 $b_{11} + \frac{1}{2}f_{22} = 0$, $\frac{1}{2}f_{22} - b_{11} = 0$, $b_{21} + \frac{1}{2}f_{23} = 0$, $\frac{1}{2}f_{23} - b_{21} = 0$, $\frac{1}{2}b_{31} = 0$, $\frac{1}{2}b_{41} = 0$。

显然, 经过以上假设后, 可以看到平均方程 (3-102) 有一个平凡解 $(x_1, x_2, x_3, x_4,$ $x_5, x_6, x_7, x_8) = (0, 0, 0, 0, 0, 0, 0, 0, 0)$, 在此奇点处的 Jacobi 矩阵为

$$
J = D_x X
$$

$$
= \begin{bmatrix}
-\dfrac{1}{2}\mu_1 & \dfrac{1}{2}f_{21} - \sigma_1 & 0 & 0 & 0 & 0 & 0 & 0 \\
\dfrac{1}{2}f_{21} + \sigma_1 & -\dfrac{1}{2}\mu_1 & 0 & 0 & 0 & 0 & 0 & 0 \\
0 & 0 & -\dfrac{1}{2}\mu_1 & \dfrac{1}{2}f_{24} - \sigma_2 & 0 & 0 & 0 & 0 \\
0 & 0 & \dfrac{1}{2}f_{24} - \sigma_2 & -\dfrac{1}{2}\mu_1 & 0 & 0 & 0 & 0 \\
0 & 0 & 0 & 0 & -\dfrac{1}{2}\mu_2 & -\dfrac{1}{2}\sigma_3 & 0 & 0 \\
0 & 0 & 0 & 0 & \dfrac{1}{2}\sigma_3 & -\dfrac{1}{2}\mu_2 & 0 & 0 \\
0 & 0 & 0 & 0 & 0 & 0 & -\dfrac{1}{2}\mu_2 & -\dfrac{1}{2}\sigma_4 \\
0 & 0 & 0 & 0 & 0 & 0 & \dfrac{1}{2}\sigma_4 & -\dfrac{1}{2}\mu_2
\end{bmatrix}
$$

$$(3\text{-}104)$$

因此, 平凡解所对应的特征方程为

$$
\left(\lambda^2 + \mu_1\lambda + \frac{1}{4}\mu_1^2 + \sigma_1^2 - f_0^2\right)\left(\lambda^2 + \mu_1\lambda + \frac{1}{4}\mu_1^2 + \sigma_2^2 - g_0^2\right)
$$
$$
\times \left(\lambda^2 + \mu_2\lambda + \frac{1}{4}\mu_2^2 + \frac{1}{4}\sigma_3^2\right)\left(\lambda^2 + \mu_2\lambda + \frac{1}{4}\mu_2^2 + \frac{1}{4}\sigma_4^2\right) = 0
$$

式中, $f_0 = \dfrac{1}{2}f_{21}$, $g_0 = \dfrac{1}{2}f_{24}$。

令

$$
\Delta_1 = \frac{1}{4}\mu_1^2 + \sigma_1^2 - f_0^2, \quad \Delta_2 = \frac{1}{4}\mu_1^2 + \sigma_2^2 - g_0^2, \quad \Delta_3 = \frac{1}{4}\mu_2^2 + \frac{1}{4}\sigma_3^2, \quad \Delta_4 = \frac{1}{4}\mu_2^2 + \frac{1}{4}\sigma_4^2
$$

当

$$
\mu_1 = \mu_2 = 0, \quad \Delta_1 = \sigma_1^2 - f_0^2 = 0, \quad \Delta_2 = \sigma_2^2 - g_0^2 = 0, \quad \Delta_3 = \frac{1}{4}\sigma_3^2 > 0, \quad \Delta_4 = \frac{1}{4}\sigma_4^2 > 0
$$

系统 (3-102) 具有两对双零特征值和两对纯虚特征值

$$
\lambda_{1,2} = \lambda_{3,4} = 0, \quad \lambda_{5,6} = \pm\frac{1}{2}\mathrm{i}\sigma_3, \quad \lambda_{7,8} = \pm\frac{1}{2}\mathrm{i}\sigma_4 \tag{3-105}
$$

令

$$\sigma_1 = \overline{\sigma_1} - f_0, \quad f_0 = \frac{1}{2}, \quad \sigma_2 = \overline{\sigma_2} - g_0, \quad g_0 = \frac{1}{2}$$

则不包含参数 f_{11} 和 f_{12} 情况下的系统 (3-102) 将变成如下形式

$$
\begin{aligned}
\dot{y}_1 = {}& y_2 + c_{12}(2y_1y_2y_3 - y_1^2y_4 + y_2^2y_4) \\
& + 3c_{11}(y_1^2 + y_2^2)y_2 + 2c_{12}(y_1^2 + y_2^2)y_4 + 2d_{11}(y_5^2 + y_6^2)y_2 + 2d_{12}(y_7^2 + y_8^2)y_2 \\
& + 2d_{13}(y_3^2 + y_4^2)y_2 + d_{13}(2y_1y_3y_4 - y_2y_3^2 + y_2y_4^2) + 2d_{14}(y_5y_7 + y_6y_8)y_2 \\
& + 3e_{11}(y_3^2 + y_4^2)y_4 + 2e_{14}(y_5^2 + y_6^2)y_4 + 2e_{15}(y_7^2 + y_8^2)y_4 + 2e_{16}(y_5y_7 + y_6y_8)y_4
\end{aligned}
$$

$$(3\text{-}106a)$$

$$
\begin{aligned}
\dot{y}_2 = {}& - c_{12}(y_1^2y_3 - y_2^2y_3 + 2y_1y_2y_4) \\
& - 3c_{11}(y_1^2 + y_2^2)y_1 - 2c_{12}(y_1^2 + y_2^2)y_3 - 2d_{11}(y_5^2 + y_6^2)y_1 - 2d_{12}(y_7^2 + y_8^2)y_1 \\
& - 2d_{13}(y_3^2 + y_4^2)y_1 - d_{13}(y_1y_3^2 - y_1y_4^2 + 2y_2y_3y_4) - 2d_{14}(y_5y_7 + y_6y_8)y_1 \\
& - 3e_{11}(y_3^2 + y_4^2)y_3 - 2e_{14}(y_5^2 + y_6^2)y_3 - 2e_{15}(y_7^2 + y_8^2)y_3 - 2e_{16}(y_5y_7 + y_6y_8)y_3
\end{aligned}
$$

$$(3\text{-}106b)$$

$$
\begin{aligned}
\dot{y}_3 = {}& y_4 + c_{22}(2y_1y_2y_3 - y_1^2y_4 + y_2^2y_4) \\
& + 3c_{21}(y_1^2 + y_2^2)y_2 + 2c_{22}(y_1^2 + y_2^2)y_4 + 2d_{21}(y_5^2 + y_6^2)y_2 + 2d_{22}(y_7^2 + y_8^2)y_2 \\
& + 2d_{23}(y_3^2 + y_4^2)y_2 + d_{23}(2y_1y_3y_4 - y_2y_3^2 + y_2y_4^2) + 2d_{24}(y_5y_7 + y_6y_8)y_2 \\
& + 3e_{21}(y_3^2 + y_4^2)y_4 + 2e_{24}(y_5^2 + y_6^2)y_4 + 2e_{25}(y_7^2 + y_8^2)y_4 + 2e_{26}(y_5y_7 + y_6y_8)y_4
\end{aligned}
$$

$$(3\text{-}106c)$$

$$
\begin{aligned}
\dot{y}_4 = {}& - c_{22}(y_1^2y_3 - y_2^2y_3 + 2y_1y_2y_4) \\
& - 3c_{21}(y_1^2 + y_2^2)y_1 - 2c_{22}(y_1^2 + y_2^2)y_3 - 2d_{21}(y_5^2 + y_6^2)y_1 - 2d_{22}(y_7^2 + y_8^2)y_1 \\
& - 2d_{23}(y_3^2 + y_4^2)y_1 - d_{23}(y_1y_3^2 - y_1y_4^2 + 2y_2y_3y_4) - 2d_{24}(y_5y_7 + y_6y_8)y_1 \\
& - 3e_{21}(y_3^2 + y_4^2)y_3 - 2e_{24}(y_5^2 + y_6^2)y_3 - 2e_{25}(y_7^2 + y_8^2)y_3 - 2e_{26}(y_5y_7 + y_6y_8)y_3
\end{aligned}
$$

$$(3\text{-}106d)$$

$$
\begin{aligned}
\dot{y}_5 = {}& - \frac{1}{2}\sigma_3 y_6 + (y_5^2 + y_6^2)y_6 + \frac{c_{32}}{2}(2y_5y_6y_7 - y_5^2y_8 + y_6^2y_8) \\
& + c_{32}(y_5^2 + y_6^2)y_8 + \frac{d_{31}}{2}(2y_5y_7y_8 - y_6y_7^2 + y_6y_8^2) + d_{31}(y_7^2 + y_8^2)y_6 + d_{32}(y_1^2 + y_2^2)y_6 \\
& + d_{33}(y_3^2 + y_4^2)y_6 + d_{36}(y_1y_3 + y_2y_4)y_6 + \frac{3e_{31}}{2}(y_7^2 + y_8^2)y_8 + e_{34}(y_1^2 + y_2^2)y_8 \\
& + e_{35}(y_3^2 + y_4^2)y_8 + \frac{e_{36}}{2}(y_1y_3y_8 + y_1y_4y_7 - y_2y_3y_7 + y_2y_4y_8)
\end{aligned}
$$

$$(3\text{-}106e)$$

$$
\begin{aligned}
\dot{y}_6 = {}& \frac{1}{2}\sigma_3 y_5 - \frac{3c_{31}}{2}(y_5^2 + y_6^2)y_5 - \frac{c_{32}}{2}(y_5^2y_7 - y_6^2y_7 + 2y_5y_6y_8) \\
& - c_{32}(y_5^2 + y_6^2)y_7 - \frac{d_{31}}{2}(y_5y_7^2 - y_5y_8^2 + 2y_6y_7y_8) - d_{31}(y_7^2 + y_8^2)y_5 - d_{32}(y_1^2 + y_2^2)y_5
\end{aligned}
$$

$$- d_{33}(y_3^2 + y_4^2)y_5 - d_{36}(y_1y_3 + y_2y_4)y_5 - \frac{3e_{31}}{2}(y_7^2 + y_8^2)y_7 - e_{34}(y_1^2 + y_2^2)y_7$$

$$- e_{35}(y_3^2 + y_4^2)y_7 - \frac{e_{36}}{2}(y_1y_3y_7 - y_1y_4y_8 + y_2y_3y_8 + y_2y_4y_7) \tag{3-106f}$$

$$\dot{y}_7 = -\frac{1}{2}\sigma_4 y_8 + \frac{3c_{41}}{2}(y_5^2 + y_6^2)y_6 + \frac{c_{42}}{2}(2y_5y_6y_7 - y_5^2y_8 + y_6^2y_8)$$

$$+ c_{42}(y_5^2 + y_6^2)y_8 + \frac{d_{41}}{2}(2y_5y_7y_8 - y_6y_7^2 + y_6y_8^2) + d_{41}(y_7^2 + y_8^2)y_6 + d_{42}(y_1^2 + y_2^2)y_6$$

$$+ d_{43}(y_3^2 + y_4^2)y_6 + d_{46}(y_1y_3 + y_2y_4)y_6 + \frac{3e_{41}}{2}(y_7^2 + y_8^2)y_8 + e_{44}(y_1^2 + y_2^2)y_8$$

$$+ e_{45}(y_3^2 + y_4^2)y_8 + \frac{e_{46}}{2}(y_1y_3y_8 + y_2y_3y_7 - y_1y_4y_7 + y_2y_4y_8) \tag{3-106g}$$

$$\dot{y}_8 = \frac{1}{2}\sigma_4 y_7 - \frac{3c_{41}}{2}(y_5^2 + y_6^2)y_5 - \frac{c_{42}}{2}(y_5^2y_7 - y_6^2y_7 + 2y_5y_6y_8)$$

$$- c_{42}(y_5^2 + y_6^2)y_7 - \frac{d_{41}}{2}(y_5y_7^2 - y_5y_8^2 + 2y_6y_7y_8) - d_{41}(y_7^2 + y_8^2)y_5 - d_{42}(y_1^2 + y_2^2)y_5$$

$$- d_{43}(y_3^2 + y_4^2)y_5 - d_{46}(y_1y_3 + y_2y_4)y_5 - \frac{3e_{41}}{2}(y_7^2 + y_8^2)y_7 - e_{44}(y_1^2 + y_2^2)y_7$$

$$- e_{45}(y_3^2 + y_4^2)y_7 - \frac{e_{46}}{2}(y_1y_3y_7 - y_2y_3y_8 + y_1y_4y_8 + y_2y_4y_7) \tag{3-106h}$$

显然，有

$$A = \begin{bmatrix} 0 & 1 & 0 & 0 & 0 & 0 & 0 & 0 \\ 0 & 0 & 0 & 0 & 0 & 0 & 0 & 0 \\ 0 & 0 & 0 & 1 & 0 & 0 & 0 & 0 \\ 0 & 0 & 0 & 0 & 0 & 0 & 0 & 0 \\ 0 & 0 & 0 & 0 & 0 & -\frac{1}{2}\sigma_3 & 0 & 0 \\ 0 & 0 & 0 & 0 & \frac{1}{2}\sigma_3 & 0 & 0 & 0 \\ 0 & 0 & 0 & 0 & 0 & 0 & 0 & -\frac{1}{2}\sigma_4 \\ 0 & 0 & 0 & 0 & 0 & 0 & \frac{1}{2}\sigma_4 & 0 \end{bmatrix} \tag{3-107}$$

以及

$$A^* = \begin{bmatrix} 0 & 0 & 0 & 0 & 0 & 0 & 0 & 0 \\ 1 & 0 & 0 & 0 & 0 & 0 & 0 & 0 \\ 0 & 0 & 0 & 0 & 0 & 0 & 0 & 0 \\ 0 & 0 & 1 & 0 & 0 & 0 & 0 & 0 \\ 0 & 0 & 0 & 0 & 0 & \frac{1}{2}\sigma_3 & 0 & 0 \\ 0 & 0 & 0 & 0 & -\frac{1}{2}\sigma_3 & 0 & 0 & 0 \\ 0 & 0 & 0 & 0 & 0 & 0 & 0 & \frac{1}{2}\sigma_4 \\ 0 & 0 & 0 & 0 & 0 & 0 & -\frac{1}{2}\sigma_4 & 0 \end{bmatrix} \tag{3-108}$$

由 Maple 计算程序 [61]，可以得到系统 (3-106) 的规范形为

$$\dot{x}_1 = x_2 \tag{3-109a}$$

$$\begin{aligned}\dot{x}_2 = &-3c_{11}x_1^3 - 3e_{11}x_3^3 - 3c_{12}x_1^2 x_3 - 3d_{13}x_1 x_3^2 - 2d_{11}x_1 x_5^2 - 2e_{14}x_3 x_5^2 \\ &- 2d_{11}x_1 x_6^2 - 2e_{14}x_3 x_6^2 - 2d_{12}x_1 x_7^2 - 2e_{15}x_3 x_7^2 - 2d_{12}x_1 x_8^2 - 2e_{15}x_3 x_8^2\end{aligned} \tag{3-109b}$$

$$\dot{x}_3 = x_4 - \frac{2}{3}d_{23}x_2 x_3^2 + \frac{2}{3}d_{23}x_1 x_3 x_4 \tag{3-109c}$$

$$\begin{aligned}\dot{x}_4 = &-3c_{21}x_1^3 - 3e_{21}x_3^3 - 3c_{22}x_1^2 x_3 - 3d_{23}x_1 x_3^2 + \frac{2}{3}d_{23}x_1 x_4^2 - 2d_{21}x_1 x_5^2 - 2e_{24}x_3 x_5^2 \\ &- 2d_{21}x_1 x_6^2 - 2e_{24}x_3 x_6^2 - 2d_{22}x_1 x_7^2 - 2e_{25}x_3 x_7^2 - 2d_{22}x_1 x_8^2 \\ &- 2e_{25}x_3 x_8^2 - \frac{2}{3}d_{23}x_2 x_3 x_4\end{aligned} \tag{3-109d}$$

$$\begin{aligned}\dot{x}_5 = &-\frac{1}{2}\sigma_3 x_6 + \frac{3}{2}c_{31}x_6^3 + d_{32}x_1^2 x_6 + d_{33}x_3^2 x_6 + \frac{3}{2}c_{31}x_5^2 x_6 + d_{31}x_6 x_7^2 \\ &+ d_{31}x_6 x_8^2 + d_{36}x_1 x_3 x_6\end{aligned} \tag{3-109e}$$

$$\begin{aligned}\dot{x}_6 = &\frac{1}{2}\sigma_3 x_5 - \frac{3}{2}c_{31}x_5^3 - d_{32}x_1^2 x_5 - d_{33}x_3^2 x_5 - \frac{3}{2}c_{31}x_5 x_6^2 - d_{31}x_5 x_7^2 \\ &- d_{31}x_5 x_8^2 - d_{36}x_1 x_3 x_5\end{aligned} \tag{3-109f}$$

$$\begin{aligned}\dot{x}_7 = &-\frac{1}{2}\sigma_4 x_8 + \frac{3}{2}e_{41}x_8^3 + e_{44}x_1^2 x_8 + e_{45}x_3^2 x_8 + c_{42}x_5^2 x_8 + c_{42}x_6^2 x_8 \\ &+ \frac{3}{2}e_{41}x_7^2 x_8 + \frac{1}{2}e_{46}x_1 x_3 x_8 - \frac{1}{2}e_{46}x_1 x_4 x_7 + \frac{1}{2}e_{46}x_2 x_3 x_7\end{aligned} \tag{3-109g}$$

$$\begin{aligned}\dot{x}_8 = &\frac{1}{2}\sigma_4 x_7 - \frac{3}{2}e_{41}x_7^3 - e_{44}x_1^2 x_7 - e_{45}x_3^2 x_7 - c_{42}x_5^2 x_7 - c_{42}x_6^2 x_7 \\ &- \frac{3}{2}e_{41}x_7 x_8^2 - \frac{1}{2}e_{46}x_1 x_3 x_7 - \frac{1}{2}e_{46}x_1 x_4 x_8 + \frac{1}{2}e_{46}x_2 x_3 x_8\end{aligned} \tag{3-109h}$$

同时也可以得到近恒同变换，由于过于复杂，这里没有给出具体结果。显然，规范形 (3-109) 要比原来系统的平均方程 (3-102) 简单许多，而且第一个方程的所有非线性项均消失。由于变换前后拓扑等价，因此不影响其后续的非线性动力学定性分析。

3.6.2 传动带系统平均方程的规范形

带传动是动力传输中的一种重要方式，广泛地应用于工程系统。带传动中的非线性振动问题一直是较为活跃的研究领域。近年来，有关这方面的研究成果较多，但大部分的研究集中在单自由度和二自由度系统的非线性振动问题。对于多自由度非线性系统的研究成果很少。由于在运动过程中可以忽略弯曲刚度，因此其动力学模型可以简化成为具有黏弹性特性的轴向运动弦线。这种弦线沿轴向方向平移，承受很大的轴向力作用而张紧，因此会产生横向振动。由于黏弹性传动带的本构关系是非线性的，传动过程的作用力也是非线性的，所以黏弹性传动带系统的动力学建模和非线性动力学分析都很复杂。

文献 [59] 研究了四自由度传动带系统在 1:2:3:4 内共振情况下的非线性动力学。首先建立带传动系统的非线性动力学方程，然后用多尺度方法对动力学方程进行摄动分析，并且对所得结果进行 Galerkin 离散，得到黏弹性传动带系统的八维平均方程如下

$$
\begin{aligned}
\dot{x}_1 = &-\mu x_1 + (\sigma_1 + \alpha b_{101})\, x_2 + \alpha b_{102} x_5 - \alpha b_{103} x_6 + a_{101} x_2 \left(x_1^2 + x_2^2\right) \\
&+ a_{102} x_2 \left(x_3^2 + x_4^2\right) + a_{103} x_2 \left(x_5^2 + x_6^2\right) + a_{104} x_2 \left(x_7^2 + x_8^2\right) + a_{105} x_1 \left(x_1^2 + x_2^2\right) \\
&+ a_{106} x_1 \left(x_3^2 + x_4^2\right) + a_{107} x_1 \left(x_5^2 + x_6^2\right) + a_{108} x_1 \left(x_7^2 + x_8^2\right) \\
&+ a_{109} x_6 \left(x_3^2 - x_4^2\right) - 2 a_{109} x_3 x_4 x_5 + a_{110} x_5 \left(x_3^2 - x_4^2\right) + 2 a_{110} x_3 x_4 x_6 \\
&+ a_{111} x_8 \left(x_3 x_5 - x_4 x_6\right) - a_{111} x_7 \left(x_3 x_6 - x_4 x_5\right) + a_{112} x_7 \left(x_3 x_5 - x_4 x_6\right) \\
&+ a_{112} x_8 \left(x_3 x_6 - x_4 x_5\right) + 2 a_{113} x_1 x_2 x_5 - a_{113} x_6 \left(x_1^2 - x_2^2\right) + a_{114} x_5 \left(x_1^2 - x_2^2\right) \\
&+ 2 a_{114} x_1 x_2 x_6 + a_{115} x_7 \left(x_1 x_4 + x_2 x_3\right) - a_{115} x_8 \left(x_1 x_3 - x_2 x_4\right) \\
&+ a_{116} x_7 \left(x_1 x_3 - x_2 x_4\right) + a_{116} x_8 \left(x_1 x_4 + x_2 x_3\right)
\end{aligned}
\tag{3-110a}
$$

$$
\begin{aligned}
\dot{x}_2 = &\,(\alpha b_{101} - \sigma_1)\, x_1 - \mu x_2 + \alpha b_{103} x_5 + \alpha b_{102} x_6 - a_{101} x_1 \left(x_1^2 + x_2^2\right) \\
&- a_{102} x_1 \left(x_3^2 + x_4^2\right) - a_{103} x_1 \left(x_5^2 + x_6^2\right) - a_{104} x_1 \left(x_7^2 + x_8^2\right) + a_{105} x_2 \left(x_1^2 + x_2^2\right) \\
&+ a_{106} x_2 \left(x_3^2 + x_4^2\right) + a_{107} x_2 \left(x_5^2 + x_6^2\right) + a_{108} x_2 \left(x_7^2 + x_8^2\right) + a_{109} x_5 \left(x_3^2 - x_4^2\right) \\
&+ 2 a_{109} x_3 x_4 x_6 - a_{110} x_6 \left(x_3^2 - x_4^2\right) + 2 a_{110} x_3 x_4 x_5 + a_{111} x_7 \left(x_3 x_5 - x_4 x_6\right) \\
&+ a_{111} x_8 \left(x_3 x_6 - x_4 x_5\right) - a_{112} x_8 \left(x_3 x_5 - x_4 x_6\right) + a_{112} x_7 \left(x_3 x_6 - x_4 x_5\right) \\
&+ 2 a_{113} x_1 x_2 x_6 + a_{113} x_5 \left(x_1^2 - x_2^2\right) + a_{114} x_6 \left(x_1^2 - x_2^2\right) - 2 a_{114} x_1 x_2 x_5 \\
&+ a_{115} x_8 \left(x_1 x_4 + x_2 x_3\right) + a_{115} x_7 \left(x_1 x_3 - x_2 x_4\right) + a_{116} x_8 \left(x_1 x_3 - x_2 x_4\right) \\
&- a_{116} x_7 \left(x_1 x_4 + x_2 x_3\right)
\end{aligned}
\tag{3-110b}
$$

$$
\begin{aligned}
\dot{x}_3 = &-\mu x_3 + \sigma_2 x_4 + \alpha b_{201} x_7 - \alpha b_{202} x_8 + a_{201} x_4 \left(x_3^2 + x_4^2\right) + a_{202} x_4 \left(x_1^2 + x_2^2\right) \\
&+ a b_{203} x_4 \left(x_5^2 + x_6^2\right) + a_{204} x_4 \left(x_7^2 + x_8^2\right) + a_{205} x_3 \left(x_3^2 + x_4^2\right) + a_{206} x_3 \left(x_1^2 + x_2^2\right) \\
&+ a_{207} x_3 \left(x_5^2 + x_6^2\right) + a_{208} x_3 \left(x_7^2 + x_8^2\right) + a_{209} x_5 \left(x_1 x_4 - x_2 x_3\right) \\
&- a_{209} x_6 \left(x_1 x_3 + x_2 x_4\right) + a_{210} x_5 \left(x_1 x_3 + x_2 x_4\right) + a_{210} x_6 \left(x_1 x_4 - x_2 x_3\right) \\
&+ a_{211} x_7 \left(x_1 x_6 - x_2 x_5\right) - a_{211} x_8 \left(x_1 x_5 + x_2 x_6\right) + a_{212} x_7 \left(x_1 x_5 + x_2 x_6\right) \\
&+ a_{212} x_8 \left(x_1 x_6 - x_2 x_5\right) + a_{213} x_8 \left(x_5^2 - x_6^2\right) - 2 a_{213} x_5 x_6 x_7 + a_{214} x_7 \left(x_5^2 - x_6^2\right) \\
&+ 2 a_{214} x_5 x_6 x_8 + 2 a_{215} x_1 x_2 x_7 - a_{215} x_8 \left(x_1^2 - x_2^2\right) \\
&+ a_{216} x_7 \left(x_1^2 - x_2^2\right) + 2 a_{216} x_1 x_2 x_8
\end{aligned}
\tag{3-110c}
$$

$$
\dot{x}_4 = -\sigma_2 x_3 - \mu x_4 + \alpha b_{202} x_7 + \alpha b_{201} x_8 - a_{201} x_3 \left(x_3^2 + x_4^2\right)
$$

$$- a_{202}x_3 \left(x_1^2 + x_2^2\right) - a_{203}x_3 \left(x_5^2 + x_6^2\right) - a_{204}x_3 \left(x_7^2 + x_8^2\right)$$

$$+ a_{205}x_4 \left(x_3^2 + x_4^2\right) + a_{206}x_4 \left(x_1^2 + x_2^2\right) + a_{207}x_4 \left(x_5^2 + x_6^2\right) + a_{208}x_4 \left(x_7^2 + x_8^2\right)$$

$$+ a_{209}x_6 \left(x_1x_4 - x_2x_3\right) + a_{209}x_5 \left(x_1x_3 + x_2x_4\right) + a_{210}x_6 \left(x_1x_3 + x_2x_4\right)$$

$$- a_{210}x_5 \left(x_1x_4 - x_2x_3\right) + a_{211}x_8 \left(x_1x_6 - x_2x_5\right) + a_{211}x_7 \left(x_1x_5 + x_2x_6\right)$$

$$+ a_{212}x_8 \left(x_1x_5 + x_2x_6\right) - a_{212}x_7 \left(x_1x_6 - x_2x_5\right) + a_{213}x_7 \left(x_5^2 - x_6^2\right)$$

$$+ 2a_{213}x_5x_6x_8 - a_{214}x_8 \left(x_5^2 - x_6^2\right) + 2a_{214}x_5x_6x_7 + 2a_{215}x_1x_2x_8$$

$$+ a_{215}x_7 \left(x_1^2 - x_2^2\right) + a_{216}x_8 \left(x_1^2 - x_2^2\right) - 2a_{216}x_1x_2x_7 \tag{3-110d}$$

$$\dot{x}_5 = \alpha b_{301}x_1 - \alpha b_{302}x_2 - \mu x_5 + \sigma_3 x_6 + a_{301}x_6 \left(x_5^2 + x_6^2\right)$$

$$+ a_{302}x_6 \left(x_1^2 + x_2^2\right) + a_{303}x_6 \left(x_3^2 + x_4^2\right) + a_{304}x_6 \left(x_7^2 + x_8^2\right) + a_{305}x_5 \left(x_5^2 + x_6^2\right)$$

$$+ a_{306}x_5 \left(x_1^2 + x_2^2\right) + a_{307}x_5 \left(x_3^2 + x_4^2\right) + a_{308}x_5 \left(x_7^2 + x_8^2\right) + 3a_{309}x_1^2 x_2 - a_{309}x_2^3$$

$$+ a_{310}x_1^3 - 3a_{310}x_1x_2^2 + a_{311}x_7 \left(x_1x_4 - x_2x_3\right) - a_{311}x_8 \left(x_1x_3 + x_2x_4\right)$$

$$+ a_{312}x_7 \left(x_1x_3 + x_2x_4\right) + a_{312}x_8 \left(x_1x_4 - x_2x_3\right) + a_{313}x_2 \left(x_3^2 - x_4^2\right)$$

$$- 2a_{313}x_1x_3x_4 + a_{314}x_1 \left(x_3^2 - x_4^2\right) + 2a_{314}x_2x_3x_4 + a_{315}x_7 \left(x_3x_6 - x_4x_5\right)$$

$$- a_{315}x_8 \left(x_3x_5 + x_4x_6\right) + a_{316}x_7 \left(x_3x_5 + x_4x_6\right) + a_{316}x_8 \left(x_3x_6 - x_4x_5\right) \tag{3-110e}$$

$$\dot{x}_6 = \alpha b_{302}x_1 + \alpha b_{301}x_2 - \sigma_3 x_5 - \mu x_6 - a_{301}x_5 \left(x_5^2 + x_6^2\right)$$

$$- a_{302}x_5 \left(x_1^2 + x_2^2\right) - a_{303}x_5 \left(x_3^2 + x_4^2\right) - a_{304}x_5 \left(x_7^2 + x_8^2\right) + a_{305}x_6 \left(x_5^2 + x_6^2\right)$$

$$+ a_{306}x_6 \left(x_1^2 + x_2^2\right) + a_{307}x_6 \left(x_3^2 + x_4^2\right) + a_{308}x_6 \left(x_7^2 + x_8^2\right) - a_{309}x_1^3 + 3a_{309}x_1x_2^2$$

$$+ 3a_{310}x_1^2 x_2 - a_{310}x_2^3 + a_{311}x_8 \left(x_1x_4 - x_2x_3\right) + a_{311}x_7 \left(x_1x_3 + x_2x_4\right)$$

$$+ a_{312}x_8 \left(x_1x_3 + x_2x_4\right) - a_{312}x_7 \left(x_1x_4 - x_2x_3\right) + a_{313}x_1 \left(x_3^2 - x_4^2\right)$$

$$+ 2a_{313}x_2x_3x_4 - a_{314}x_2 \left(x_3^2 - x_4^2\right) + 2a_{314}x_1x_3x_4 + a_{315}x_8 \left(x_3x_6 - x_4x_5\right)$$

$$+ a_{315}x_7 \left(x_3x_5 + x_4x_6\right) + a_{316}x_8 \left(x_3x_5 + x_4x_6\right) - a_{316}x_7 \left(x_3x_6 - x_4x_5\right) \tag{3-110f}$$

$$\dot{x}_7 = \alpha b_{401}x_3 - \alpha b_{402}x_4 - \mu x_7 + \sigma_4 x_8 + a_{401}x_8 \left(x_7^2 + x_8^2\right)$$

$$+ a_{402}x_8 \left(x_1^2 + x_2^2\right) + a_{403}x_8 \left(x_3^2 + x_4^2\right) + a_{404}x_8 \left(x_5^2 + x_6^2\right)$$

$$+ a_{405}x_7 \left(x_7^2 + x_8^2\right) + a_{406}x_7 \left(x_1^2 + x_2^2\right) + a_{407}x_7 \left(x_3^2 + x_4^2\right) + a_{408}x_7 \left(x_5^2 + x_6^2\right)$$

$$+ a_{409}x_4 \left(x_1^2 - x_2^2\right) + 2a_{409}x_1x_2x_3 + a_{410}x_3 \left(x_1^2 - x_2^2\right) - 2a_{410}x_1x_2x_4$$

$$+ a_{411}x_5 \left(x_2x_3 - x_1x_4\right) - a_{411}x_6 \left(x_1x_3 + x_2x_4\right)$$

$$+ a_{412}x_5 \left(x_1x_3 + x_2x_4\right) + a_{412}x_6 \left(x_2x_3 - x_1x_4\right) + a_{413}x_4 \left(x_5^2 - x_6^2\right)$$

$$- 2a_{413}x_3x_5x_6 + a_{414}x_3 \left(x_5^2 - x_6^2\right) + 2a_{414}x_4x_5x_6 \tag{3-110g}$$

$$\dot{x}_8 = \alpha b_{402}x_3 + \alpha b_{401}x_4 - \sigma_4 x_7 - \mu x_8 - a_{401}x_7 \left(x_7^2 + x_8^2\right)$$

$$- a_{402}x_7\left(x_1^2+x_2^2\right) - a_{403}x_7\left(x_3^2+x_4^2\right) - a_{404}x_7\left(x_5^2+x_6^2\right)$$

$$+ a_{405}x_8\left(x_7^2+x_8^2\right) + a_{406}x_8\left(x_1^2+x_2^2\right) + a_{407}x_8\left(x_3^2+x_4^2\right) + a_{408}x_8\left(x_5^2+x_6^2\right)$$

$$- a_{409}x_3\left(x_1^2-x_2^2\right) + 2a_{409}x_1x_2x_4 + a_{410}x_4\left(x_1^2-x_2^2\right) + 2a_{410}x_1x_2x_3$$

$$+ a_{411}x_6\left(x_2x_3-x_1x_4\right) + a_{411}x_5\left(x_1x_3+x_2x_4\right) + a_{412}x_6\left(x_1x_3+x_2x_4\right)$$

$$- a_{412}x_5\left(x_2x_3-x_1x_4\right) + a_{413}x_3\left(x_5^2-x_6^2\right) + 2a_{413}x_4x_5x_6$$

$$- a_{414}x_4\left(x_5^2-x_6^2\right) + 2a_{414}x_3x_5x_6 \tag{3-110h}$$

式中，a_i, b_i 为平均方程的系数。

引入线性变换

$$x_1\to x_2,\quad x_2\to x_1,\quad x_3\to x_4,\quad x_4\to x_3,\quad x_5\to x_6,\quad x_6\to x_5,\quad x_7\to x_8,\quad x_8\to x_7$$

假设 $b_{102}=b_{103}=b_{201}=b_{202}=b_{301}=b_{302}=b_{401}=b_{402}=0$，经过以上处理，改写后的平均方程有一个平凡解 $(x_1,x_2,\cdots,x_7,x_8)=(0,0,\cdots,0,0)$，系统 Jacobi 矩阵为

$$J = D_x X$$

$$= \begin{bmatrix} -\mu & f_0-\sigma_1 & 0 & 0 & 0 & 0 & 0 & 0 \\ f_0+\sigma_1 & -\mu & 0 & 0 & 0 & 0 & 0 & 0 \\ 0 & 0 & -\mu & -\sigma_2 & 0 & 0 & 0 & 0 \\ 0 & 0 & \sigma_2 & -\mu & 0 & 0 & 0 & 0 \\ 0 & 0 & 0 & 0 & -\mu & -\sigma_3 & 0 & 0 \\ 0 & 0 & 0 & 0 & \sigma_3 & -\mu & 0 & 0 \\ 0 & 0 & 0 & 0 & 0 & 0 & -\mu & -\sigma_4 \\ 0 & 0 & 0 & 0 & 0 & 0 & \sigma_4 & -\mu \end{bmatrix}$$

式中，$f_0=\alpha b_{101}$。

平凡解所对应的特征方程为

$$(\lambda^2+2\mu\lambda+\mu^2+\sigma_1^2-f_0^2)(\lambda^2+2\mu\lambda+\mu^2+\sigma_2^2)(\lambda^2+2\mu\lambda+\mu^2+\sigma_3^2)(\lambda^2+2\mu\lambda+\mu^2+\sigma_4^2)=0$$

令

$$\Delta_1=\mu^2+\sigma_1^2-f_0^2,\quad \Delta_2=\mu^2+\sigma_2^2,\quad \Delta_3=\mu^2+\sigma_3^2,\quad \Delta_4=\mu^2+\sigma_4^2$$

当

$$\mu=0,\quad \Delta_1=\sigma_1^2-f_0^2=0\quad 且\quad \Delta_2=\sigma_2^2>0,\quad \Delta_3=\sigma_3^2>0,\quad \Delta_4=\sigma_4^2>0$$

系统 (3-110) 有一对双零特征值和三对纯虚特征值

$$\lambda_{1,2} = 0, \quad \lambda_{3,4} = \pm i\sigma_2, \quad \lambda_{5,6} = \pm i\sigma_3, \quad \lambda_{7,8} = \pm i\sigma_4 \quad (3\text{-}111)$$

令

$$\sigma_1 = \overline{\sigma_1} - f_0, \quad f_0 = \frac{1}{2}, \quad \sigma_2 = \overline{\sigma_2} - g_0, \quad g_0 = \frac{1}{2}$$

则处理后的系统有

$$A = \begin{bmatrix} 0 & 1 & 0 & 0 & 0 & 0 & 0 & 0 \\ 0 & 0 & 0 & 0 & 0 & 0 & 0 & 0 \\ 0 & 0 & 0 & -\sigma_2 & 0 & 0 & 0 & 0 \\ 0 & 0 & \sigma_2 & 0 & 0 & 0 & 0 & 0 \\ 0 & 0 & 0 & 0 & 0 & -\sigma_3 & 0 & 0 \\ 0 & 0 & 0 & 0 & \sigma_3 & 0 & 0 & 0 \\ 0 & 0 & 0 & 0 & 0 & 0 & 0 & -\sigma_4 \\ 0 & 0 & 0 & 0 & 0 & 0 & \sigma_4 & 0 \end{bmatrix} \quad (3\text{-}112)$$

以及

$$A^* = \begin{bmatrix} 0 & 0 & 0 & 0 & 0 & 0 & 0 & 0 \\ 1 & 0 & 0 & 0 & 0 & 0 & 0 & 0 \\ 0 & 0 & 0 & \sigma_2 & 0 & 0 & 0 & 0 \\ 0 & 0 & -\sigma_2 & 0 & 0 & 0 & 0 & 0 \\ 0 & 0 & 0 & 0 & 0 & \sigma_3 & 0 & 0 \\ 0 & 0 & 0 & 0 & -\sigma_3 & 0 & 0 & 0 \\ 0 & 0 & 0 & 0 & 0 & 0 & 0 & \sigma_4 \\ 0 & 0 & 0 & 0 & 0 & 0 & -\sigma_4 & 0 \end{bmatrix} \quad (3\text{-}113)$$

由 Maple 计算程序[61], 用 x 代替 y, 可以得到系统 (3-110) 的三阶规范形如下

$$\begin{aligned} \dot{x}_1 = {}& x_2 + a_{105}x_1^3 + a_{106}x_3^2x_1 + a_{106}x_4^2x_1 + a_{107}x_5^2x_1 + a_{107}x_6^2x_1 \\ & + a_{108}x_7^2x_1 + a_{108}x_8^2x_1 \end{aligned} \quad (3\text{-}114\text{a})$$

$$\begin{aligned} \dot{x}_2 = {}& a_{101}x_1^3 + a_{105}x_1^2x_2 + a_{102}x_3^2x_1 + a_{106}x_3^2x_2 + a_{102}x_4^2x_1 + a_{106}x_4^2x_2 \\ & + a_{103}x_5^2x_1 + a_{107}x_5^2x_2 - a_{203}x_5^2x_4 + a_{103}x_6^2x_1 + a_{107}x_6^2x_2 \\ & + a_{104}x_7^2x_1 + a_{108}x_7^2x_2 + a_{104}x_8^2x_1 + a_{108}x_8^2x_2 \end{aligned} \quad (3\text{-}114\text{b})$$

$$\begin{aligned} \dot{x}_3 = {}& -\sigma_2 x_4 + a_{205}x_3^3 - a_{201}x_4^3 + a_{206}x_1^2x_3 - a_{202}x_1^2x_4 - a_{201}x_3^2x_4 \\ & + a_{205}x_4^2x_3 + a_{207}x_5^2x_3 + a_{207}x_6^2x_3 - a_{203}x_6^2x_4 \\ & + a_{208}x_7^2x_3 - a_{204}x_7^2x_4 + a_{208}x_8^2x_3 - a_{204}x_8^2x_4 \end{aligned} \quad (3\text{-}114\text{c})$$

$$\dot{x}_4 = \sigma_2 x_3 + a_{201}x_3^3 + a_{205}x_4^3 + a_{202}x_1^2x_3 + a_{206}x_1^2x_4 + a_{205}x_3^2x_4$$
$$+ a_{201}x_4^2x_3 + a_{203}x_5^2x_3 + a_{207}x_5^2x_4 + a_{203}x_6^2x_3 + a_{207}x_6^2x_4 + a_{204}x_7^2x_3$$
$$+ a_{208}x_7^2x_4 + a_{204}x_8^2x_3 + a_{208}x_8^2x_4 \tag{3-114d}$$

$$\dot{x}_5 = -\sigma_3 x_6 + a_{305}x_5^3 - a_{301}x_6^3 - a_{302}x_1^2x_6 + a_{306}x_1^2x_5 - a_{303}x_3^2x_6$$
$$+ a_{307}x_3^2x_5 + a_{307}x_4^2x_5 - a_{303}x_4^2x_6 - a_{301}x_5^2x_6 + a_{305}x_6^2x_5 + a_{308}x_7^2x_5$$
$$- a_{304}x_7^2x_6 + a_{308}x_8^2x_5 - a_{304}x_8^2x_6 \tag{3-114e}$$

$$\dot{x}_6 = \sigma_3 x_5 + a_{301}x_5^3 + a_{305}x_6^3 + a_{302}x_1^2x_5 + a_{306}x_1^2x_6 + a_{303}x_3^2x_5$$
$$+ a_{307}x_3^2x_6 + a_{303}x_4^2x_5 + a_{307}x_4^2x_6 + a_{305}x_5^2x_6 + a_{301}x_6^2x_5 + a_{304}x_7^2x_5$$
$$+ a_{308}x_7^2x_6 + a_{304}x_8^2x_5 + a_{308}x_8^2x_6 \tag{3-114f}$$

$$\dot{x}_7 = -\sigma_4 x_8 + a_{405}x_7^3 - a_{401}x_8^3 + a_{406}x_1^2x_7 - a_{402}x_1^2x_8 + a_{407}x_3^2x_7$$
$$- a_{403}x_3^2x_8 + a_{407}x_4^2x_7 - a_{403}x_4^2x_8 + a_{408}x_5^2x_7 - a_{404}x_5^2x_8 + a_{408}x_6^2x_7$$
$$- a_{404}x_6^2x_8 - a_{401}x_7^2x_8 + a_{405}x_8^2x_7 \tag{3-114g}$$

$$\dot{x}_8 = \sigma_4 x_7 + a_{401}x_7^3 + a_{405}x_8^3 + a_{402}x_1^2x_7 + a_{406}x_1^2x_8 + a_{403}x_3^2x_7$$
$$+ a_{407}x_3^2x_8 + a_{403}x_4^2x_7 + a_{407}x_4^2x_8 + a_{404}x_5^2x_7 + a_{408}x_5^2x_8 + a_{404}x_6^2x_7$$
$$+ a_{408}x_6^2x_8 + a_{405}x_7^2x_8 + a_{401}x_8^2x_7 \tag{3-114h}$$

利用规范形理论研究了两个具体的工程实例，得到了更为简单的平均方程。结果表明，对于弦–梁耦合系统的平均方程来说，经过规范形处理后，方程的项数大大减少。对于黏弹性传动带系统也是如此。在不损失系统的定性特性的前提下，更加简单的平均方程极大地方便了动力系统的分岔和混沌动力学分析。

参 考 文 献

[1] Brjuno A D. Analytical forms of differential equations I. Transactions of the Moscow Mathematical Society, 1971, 25: 132-198.

[2] Brjuno A D. Analytical forms of differential equations II. Transactions of the Moscow Mathematical Society, 1972, 25: 199-299.

[3] Arnold V I. Mathematical Methods of Classical Mechanics. Berlin: Springer-Verlag, 1978.

[4] Moser J. Stable and Random Motion in Dynamical Systems. Princeton. New Jersey: Hermann Weyl Lectures, 1973.

[5] Johnson T L, Rand R H. On the existence and bifurcation of minimal normal modes. Journal of Nonlinear Mechanics, 1979, 14: 1-14.

[6] Hamdon M N, Burton T D. Analysis of forced nonlinear undamped oscillators by a time

transformation method. Journal of Sound and Vibration, 1986, 110: 223-232.

[7] Hsu L. Analysis of critical and post-critical behavior of nonlinear dynamical systems by the normal form method. Journal of Sound and Vibration, Part I: Normalization Formulate, 1983, 89: 169-181.

[8] Hsu L. Analysis of critical and post-critical behavior of nonlinear dynamical systems by the normal form method. Journal of Sound and Vibration, Part II: Divergence and Flutter, 1983, 89: 181-194.

[9] Marsden J E, Mccracken M. The Hopf Bifurcation and Its Applications. Applied Mathematical Sciences. Berlin: Springer-Verlag, 1976, Vol 19.

[10] Guckenheimer J, Holmes P. Nonlinear Oscillations, Dynamical Systems, and Bifurcation of Vector Fields. Berlin: Springer-Verlag, 1983.

[11] Elphick C, Tirapegui E, Brachet M E, et al. A simple global characterization for normal forms of singular vector fields. Physica D, 1987, 29: 95-117.

[12] Cushman R, Sanders J A, White N. Normal form for the (2;n)-nilpotent vector field, using invariant theory. Physica D: Nonlinear Phenomena, 1988, 30(3): 399-412

[13] Wang D. An introduction to the normal form theory of ordinary differential equations. Advance in Mathematics, 1990, 9: 38-71.

[14] Ushiki S. Normal forms for singularities of vector fields. Japan Journal of Applied Mathematics, 1984, 1: 1-37.

[15] Yu P, Zhang W, Bi Q S. Vibration analysis on a thin plate with the aid of computation of normal forms. International Journal of Non-Linear Mechanics, 2001, 36: 597-627.

[16] Szemplinska-Stupnicka W. Nonlinear normal modes and the generalized Ritz Method in the problems of vibrations of nonlinear elastic continuous systems. International Journal of Non-Linear Mechanics, 1983, 18: 149-165.

[17] Jezequel L, Lamarque L H. Analysis of nonlinear dynamical systems by the normal form theory. Journal of Sound and Vibration, 1991, 149(3): 429-459.

[18] Leung A Y T, Zhang Q C. Complex normal form for strongly nonlinear vibration systems exemplified by Duffing-Van der Pol Equation. Journal of Sound and Vibration, 1998, 213: 907-914.

[19] Han J L, Zhu D M. Normal form and averaging method for nonlinear vibration systems. Journal of Vibration Engineering, 1996, 9: 317-377.

[20] van der Beek G A. Normal form and periodic solutions in the theory of nonlinear oscillations existence and asymptotic theory. Journal of Nonlinear Mechanics, 1989, 24: 236-279.

[21] Zhang W. Computation of the higher order normal form and co-dimension three degenerate bifurcation in a nonlinear dynamical system with Z_2-symmetry. Acta, Mechanica Sinica, 1993, 25: 548-559.

[22] 张伟, 陈予恕. 共轭算子法和非线性动力系统的高阶规范形. 应用数学和力学, 1997, 18(5): 421-430.

[23] 张琪昌, 郝淑英, 陈予恕. 用范式理论研究强非线性振动问题. 振动工程学报, 2000, 13(3): 481-486.

[24] Ushiki S. Normal forms for vector fields. Japan Jourual of Applied Mathemafics, 1984, 43: 1-37.

[25] Chen G. Further reductions of normal forms of dynamical systems. Journal of Differential Equations, 2000, 166: 79-106.

[26] Chen G. An algorithm for computing a new normal form for dynamical systems. Journal of Symbolic Computation, 2000, 29: 393-418.

[27] Chen G. Further reduction of normal forms for vector fields. Numerical Algorithms, 2001, 27: 1-33.

[28] Kokubu H, Oka H. Linear grading function and further reduction of normal forms. Journal of Differential Equations, 1996, 132: 293-318.

[29] Wang D, Li J, Huang M, et al. Unique normal form of Bogdanov-Takens singularities. Journal of Differential Equations, 2000, 163: 223-238.

[30] Basto-Goncalves J. Normal forms and linearization of resonant vector fields with multiple eigenvalues. Journal of Mathematical Analysis Applications, 2005, 301: 219-236.

[31] Hironobu. A normal form of Hamiltonian systems of several time variables with a regular singularity. Journal of Differential Equations, 1996, 127: 337-364.

[32] Wang L, Bosley D L. An asymptotic analysis of the 1:3:4 Hamiltonian normal form. Physica D, 1996, 99: 1-17.

[33] Yan J G G. Bifurcation at 1:1 resonance in a reversible system using the 3-jet of the normal form. Journal of Differential Equations, 1993, 106: 416-436.

[34] Zhitomirskii M. Normal forms of symmetric Hamiltonian systems. Journal of Differential Equations, 1994, 111: 58-78.

[35] Murdock J. Asymptotic unfoldings of dynamical systems by normalizing beyond the normal form. Journal of Differential Equations, 1998, 143: 151-190.

[36] Murdock J. On the structure of nilpotent normal form modules. Journal of Differential Equations, 2002, 180: 198-237.

[37] Yu P. Computation of normal forms via a perturbation technique. Journal of Sound and Vibration, 1998, 211(1): 19-38.

[38] Yu P. Symbolic computation of normal forms for resonant double Hopf bifurcations using a perturbation technique. Journal of Sound and Vibration, 2001, 274(4): 615-632.

[39] Yu P. Analysis on double Hopf bifurcation using computer algebra with the aid of multiple scales. Nonlinear Dynamics, 2002, 27: 19-53.

[40] Nestor E. Sanchez. The method of multiple scales: asymptotic solutions and normal forms for nonlinear oscillatory problems. Journal of Symbolic Computation, 1996, 21:

245-252.

[41] Yu P, Zhu S. Computation of the normal forms for general M-DOF systems using multiple time scales. Part I : autonomous systems. Communications in Nonlinear Science and Numerical Simulation, 2005, 10: 869-905.

[42] Yu P. Simplest normal forms of Hopf and generalized Hopf bifurcations. International Journal of Bifurcation and Chaos, 1999, 9(10): 1917-1939.

[43] Yuan Y, Yu P. Computation of simplest normal forms of differential equations associated with a doule-zero elgenvalue. International Journal of Bifurcation and Chaos, 2001, 11(5): 1307-1330.

[44] Yu P, Yuan Y. The simplest normal forms associated with a triple zero eigenvalue of indices one and two. Nonlinear Analysis, 2001, 47: 1105-1116.

[45] Yu P. Computation of the simplest normal forms with perturbation parameters based on Lie transform and rescaling. Journal of Computational and Mathematics, 2002, 144: 359-373.

[46] Yu P, Yuan Y. An efficient method for computing the simplest normal forms of vector fields. International Journal of Bifurcation and Chaos, 2003, 13(1): 19-46.

[47] Yu P, Leung A Y T. The simplest normal form of bifurcation. Nonlinearity, 2003, 16: 277-300.

[48] Yu P, Yuan Y. A matching pursuit technique for computing the simplest normal forms of vector fields. Journal of Symbolic Computation, 2003, 35: 591-615.

[49] Yu P, Leung A Y T. A perturbation method for computing the simplest normal forms of dynamical systems. Journal of Sound and Vibration, 2003, 261: 123-151.

[50] Bi Q S, Yu P. Symbolic computation of normal forms for semi-simple cases. Journal of Computational and Applied Mathematics, 1999, 102: 195-220.

[51] Bi Q S, Yu P. Symbolic software development for computing the normal form of double Hopf Bifurcation. Mathematical and Computer Modelling. 1999, 29: 49-70.

[52] Zhang Q C. Normal form of double Hopf bifurcation in forced oscillators. Journal of Sound and Vibration, 2000, 231(4): 1057-1069.

[53] Zhang W, Wang F, Zu J W. Computation of normal forms for high dimensional nonlinear systems and application to nonplanar nonlinear oscillations of a cantilever beam. Journal of Sound and Vibration, 2004, 278: 949-974.

[54] Perfilieva I. Normal forms in BL-algebra and their contribution to universal approximation of functions. Fuzzy Sets and Systems, 2004, 143: 111-127.

[55] Vladimirov V, al Dhayeh A M. Normal forms application for studying solitary wave solutions of non-integrable evolution systems. Communications in Nonlinear Science and Numerical Simulation, 2004, 9: 615-631.

[56] Yang R, Hong Y, Qin H, et al. Anticontrol of chaos for dynamical systems in p-normal form: A homogeneity-based approach. Chaos, Solitons and Fractals, 2005, 25: 687-697.

[57] 王凤霞. 柔性悬臂梁的非线性振动与全局动力学的研究. 北京：北京工业大学工学硕士学位论文. 2002: 50-58.

[58] Cao D, Zhang W. Analysis on nonlinear dynamics of a string-beam coupled system. International Journal of Non-Linear Sciences and Numerical Simulation. 2005, 6: 47-54.

[59] 宋春枝. 多自由度粘弹性传动带系统非线性动力学的研究. 北京：北京工业大学硕士学位论文. 2005: 22-24.

[60] 曹东兴. 梁结构的非线性动力学理论与实验研究. 北京：北京工业大学博士学位论文. 2007: 12-45.

[61] 陈祎. 高维规范形理论及其在多自由度非线性机械系统中的应用. 北京：北京工业大学硕士学位论文. 2005: 9-71.

第4章 四维自治非线性系统的能量相位法和广义 Melnikov 方法

能量相位法和广义 Melnikov 方法是分析高维非线性系统多脉冲轨道和混沌动力学的两种解析方法。在本章里，主要是简单地介绍一下这两种方法的理论框架。

4.1 能量相位法

能量相位法是由 Haller 和 Wiggins[1~10] 发展的一种全局摄动分析方法，这种方法综合了几何奇异摄动理论、高维 Melnikov 方法和横截理论。根据所分析的系统，能量相位法又分为完全可积 Hamilton 系统的能量相位法和近可积 Hamilton 系统的能量相位法。由于实际工程中，遇到的大量模型都带有耗散项，所以利用能量相位法分析问题时，都是应用含有耗散的近可积 Hamilton 系统的能量相位法。因此在本节里，主要介绍近可积 Hamilton 系统的能量相位法。

近可积 Hamilton 系统的能量相位法是研究两个自由度近可积系统的慢流形的多脉冲同宿轨道的全局摄动方法，考虑一个四维近可积 Hamilton 系统，形式如下

$$\dot{x} = JD_x H_0(x, I) + \varepsilon JD_x H_1(x, I, \gamma, \varepsilon) + \varepsilon g^x(x, I, \gamma, \mu, \varepsilon) \tag{4-1a}$$

$$\dot{I} = -\varepsilon D_\gamma H_1(x, I, \gamma, \varepsilon) + \varepsilon g^I(x, I, \gamma, \mu, \varepsilon) \tag{4-1b}$$

$$\dot{\gamma} = D_I H_0(x, I) + \varepsilon D_I H_1(x, I, \gamma, \mu, \varepsilon) + \varepsilon g^\gamma(x, I, \gamma, \mu, \varepsilon) \tag{4-1c}$$

系统 (4-1) 是定义在四维相空间 $\boldsymbol{P} = \mathbf{R}^2 \times \mathbf{R} \times S^1$ 上，D_x、D_I 和 D_γ 分别表示对 x、I 和 γ 的偏导数，H_0 是 Hamilton 函数，H_1 是 Hamilton 扰动，g^x、g^I 和 g^γ 是 C^r 光滑扰动项，$0 < \varepsilon \ll 1$ 是小扰动参数，方程 (4-1) 中的矩阵 J 的表达式为

$$J = \begin{pmatrix} 0 & 1 \\ -1 & 0 \end{pmatrix} \tag{4-2}$$

系统 (4-1) 有一个光滑的 $C^{r+1}(r \geqslant 3)$ Hamilton 函数 $H = H_0 + \varepsilon H_1$，$C^r$ 光滑函数 g^x，g^I 和 g^γ 是依赖参数 μ 的一般耗散项或激励项，这里 μ 是参数向量场 $\mu \in \mathbf{R}^P$。

当 $\varepsilon = 0$ 时，可以得到系统 (4-1) 的未扰动方程

$$\dot{x} = JD_x H_0(x, I) \tag{4-3a}$$

$$\dot{I} = 0 \tag{4-3b}$$

$$\dot{\gamma} = D_I H_0(x, I) \tag{4-3c}$$

这是一个完全可积 Hamilton 系统, 有两个积分函数 $H_0(x, I)$ 和 I。由于 $\dot{I} = 0$, 所以方程 (4-3a) 中的变量 I 是作为一个参数出现的, 因此方程 (4-3a) 可以解耦。解耦后的方程是一个依赖参数 I 的单自由度 Hamilton 系统。为了说明方程 (4-3a) 的相空间结构, 引入如下假设。

假设 4.1　当 $\varepsilon = 0$ 时, 存在 $I_1, I_2 \in \mathbf{R}$, $I_1 < I_2$, 对一任意 $I \in [I_1, I_2]$, 方程 (4-3a) 有一个双曲固定点 $\bar{x}_0(I)$, 连接固定点的是两条同宿轨线 $x^{h+}(t, I)$ 和 $x^{h-}(t, I)$。

当 $\varepsilon = 0$ 时, 对一任意 $I \in [I_1, I_2]$, $\bar{x}_0(I) \times S^1$ 表示双曲固定点的直角坐标与变量 γ 的不变圆的叉积, 考虑系统 (4-3) 的一个二维不变流形 M, 其形式如下

$$M = \left\{ (x, I, \phi) \in \mathbf{P} \,|\, x = \bar{x}_0(I), I \in [I_1, I_2], \gamma \in S^1 \right\} \tag{4-4}$$

显而易见, 在假设 4.1 下, M 有两个三维同宿流形 W_0^+ 和 W_0^-, 每一个流形都包括稳定流形 $W^s(M)$ 和不稳定流形 $W^u(M)$, 流形 M, $W^s(M)$ 和 $W^u(M)$ 在四维相空间中的几何结构如图 4-1 所示。

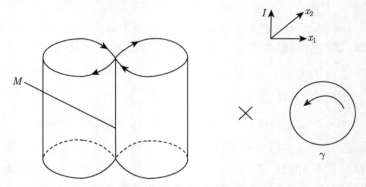

图 4-1　四维相空间同宿流形的几何结构

方程 (4-3) 在流形 $W_0^{\pm}$ 的解可以写成

$$X_0^{\pm}(t, I, \gamma_0) = \left(x^{h\pm}(t, I), I_1 < I < I_2, \int_0^t D_I H_0(x^{h\pm}(\tau, I), I)\mathrm{d}\tau + \gamma_0 \right) \tag{4-5}$$

上述解是流形 M 上的同宿周期解, 它们满足 $I \equiv I_0$, $x \equiv \bar{x}_0(I_0)$ 和 $\dot{\gamma} = D_I H(\bar{x}_0(I_0), I_0) \neq 0$ 这三个条件。而且当 $\varepsilon = 0$ 时, 它们的二维稳定流形和不稳定流形是重合的。考虑流形 M 上的一个周期轨道会衰减到零, 那么就会产生一个鞍点环, 于是有假设 4.2。

假设 4.2 存在一个 $I_r \in (I_1, I_2)$，满足下面条件

$$D_I H_0(\bar{x}_0(I_r), I_r) = 0 \tag{4-6}$$

$$m(I_r) = D_I^2 [H_0(\bar{x}_0(I), I)]\big|_{I=I_r} \neq 0 \tag{4-7}$$

从方程 (4-5) 可以看出，当 $I = I_r$ 时，会出现共振，这里的 I_r 是共振振幅，I_r 所对应的固定点是共振固定点。当 $I = I_r$ 时，流形 M 上的圆环 C_r 可以看成退化解或共振周期解。所以，共振圆环 C_r 用如下形式来表示

$$C_r = \left\{ (x, I, \gamma) \in \boldsymbol{P} \mid x = \bar{x}_0(I), I_r \in [I_1, I_2], \gamma \in S^1 \right\} \tag{4-8}$$

从上面的阐述可以看到，在流形 $W_0^{\pm}$ 上，$I = I_r$ 的解连接着共振圆环 C_r 的平衡点。两个相互连接的平衡点 x 坐标和 I 坐标都相同，但 γ 坐标不同。γ 坐标沿着异宿轨道有一个变化量 $\Delta\gamma$，如图 4-2 所示。

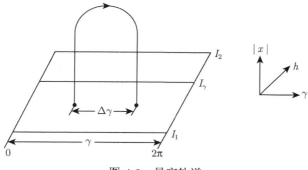

图 4-2　异宿轨道

利用公式 (4-5)，可以写成如下形式

$$\Delta\gamma^{\pm} = \gamma^{\pm}(+\infty, I_r) - \gamma^{\pm}(-\infty, I_r) = \int_{-\infty}^{+\infty} D_I H_0(x^{h\pm}(t, I_r), I)\mathrm{d}t \tag{4-9}$$

这里的符号 $\pm$ 取决于连接轨道的两个同宿流形。如果 $\Delta\gamma^{\pm}$ 是 2π 的整数倍，C_r 上的点是通过 $W_0^{\pm}$ 上的同宿轨道来连接的；如果 $\Delta\gamma^{\pm}$ 不是 2π 的整数倍，C_r 上的点是通过 $W_0^{\pm}$ 上的不同平衡点之间的异宿轨道来连接的。不论是哪一种情况，这些连接轨道都在二维同宿流形 $W_0^+(C_r)$ 和 $W_0^-(C_r)$ 上。在模态相互作用的问题中，经常会出现这种未扰动几何结构。

第三个假设是未扰动方程 (4-3) 的结构对称性假设，即相位漂移角 $\Delta\gamma^+$ 和 $\Delta\gamma^-$ 相等都等于 $\Delta\gamma$。

假设 4.3 相位漂移角满足下面的对称关系

$$\Delta\gamma = \gamma(+\infty, I_r) - \gamma(-\infty, I_r)$$

$$= \int_{-\infty}^{+\infty} D_I H_0(x^{h+}(t, I_r), I_r) \mathrm{d}t = \int_{-\infty}^{+\infty} D_I H_0(x^{h-}(t, I_r), I_r) \mathrm{d}t \qquad (4\text{-}10)$$

由于不变流形 M 是正则双曲流形，也就是说流形上的法向延伸率比切向延伸率占优势，因此在弱扰动下，根据一些经典理论，流形 M 仍然存在。这就意味着在充分小扰动 $(\varepsilon > 0)$ 下，流形 M 摄动成为方程 (4-1) 的 C^r 不变流形 M_ε，流形 M 和流形 M_ε 的距离的数量级是 $O(\varepsilon)$，流形 M_ε 仍然有稳定流形 $W^s(M_\varepsilon)$ 和不稳定流形 $W^u(M_\varepsilon)$，只是它们已经破裂，不能构成同宿流形。人们所关心的问题是：在 $I = I_r$ 的邻域内流形 M_ε 上存在什么样的运动？$W^s(M_\varepsilon)$ 和 $W^u(M_\varepsilon)$ 上的轨线有怎样的联系？为了把这些问题都集中在 $I = I_r$ 的共振区内来讨论，引入如下坐标变换

$$I = I_r + \sqrt{\varepsilon} h, \quad h \in [-h_0, h_0] \qquad (4\text{-}11\mathrm{a})$$

$$\gamma = \gamma \qquad (4\text{-}11\mathrm{b})$$

这里 $h_0 > 0$，变换 (4-11) 把相空间 $\boldsymbol{P}$ 的共振区放大为

$$\boldsymbol{P}_{\sqrt{\varepsilon}} = \left\{ (x, I, \gamma) \in \boldsymbol{P} \,|\, I \in [I_r - h_0\sqrt{\varepsilon}, I_r + h_0\sqrt{\varepsilon}] \right\} \qquad (4\text{-}12)$$

这时发现方程 (4-1) 的轨线双倍趋近于不变流形 M_ε 的近共振区

$$M_\varepsilon^R = M_\varepsilon \cap P_{\sqrt{\varepsilon}}, \quad \varepsilon > 0 \qquad (4\text{-}13)$$

当 $\varepsilon = 0$ 时，系统 (4-1) 中的 $g^x = g^I = g^\gamma \equiv 0$，这种情况是扰动部分为 Hamilton 扰动。这时，扰动系统的解仍然在能量平面 $E_\varepsilon(H)$ 内

$$E_\varepsilon(H) = \left\{ (x, I, \gamma) \in \boldsymbol{P} \,|\, H(x, I, \gamma, \varepsilon) = H \right\} \qquad (4\text{-}14)$$

用 ε 次幂的 Taylor 展开，可以看到流形 $M_\varepsilon^R (\varepsilon > 0)$ 上的解将趋近于公式 (4-15) 中的 Hamilton 函数的等值线

$$\hat{H}(h, \gamma) = \frac{1}{2} m(I_r) h^2 + H_1(\bar{x}_0(I_r), I_r, \gamma, 0) \qquad (4\text{-}15)$$

这里的 $m(I_r)$ 已经在假设 4.2 中定义过了。从上面的分析可以看出，M_ε^R 上的动力学行为是由下面的单自由度系统所决定

$$\dot{h} = -\sqrt{\varepsilon} D_\gamma \hat{H}(h, \gamma) + O(\varepsilon) \qquad (4\text{-}16\mathrm{a})$$

$$\dot{\gamma} = \sqrt{\varepsilon} D_h \hat{H}(h, \gamma) + O(\varepsilon) \qquad (4\text{-}16\mathrm{b})$$

这个系统的时间尺度的数量级是 $O(\sqrt{\varepsilon})$，这说明了 M_ε^R 是慢流形。对于一个任意正整数 n，定义 n 阶能量差分函数 $\Delta^n \hat{H}$ 如下

$$\Delta^n \hat{H}(\gamma) = \hat{H}(h, \gamma + n\Delta\gamma) - \hat{H}(h, \gamma)$$

$$= H_1(\bar{x}_0(I_r), I_r, \gamma + n\Delta\gamma, 0) - H_1(\bar{x}_0(I_r), I_r, \gamma, 0) \tag{4-17}$$

这里的 $\Delta^n \hat{H}$ 既包括扰动系统的能量信息又包括未扰动系统的相位信息, 而且 $\Delta^n \hat{H}$ 粗略地度量了 M_ε^R 上原来被异宿轨道所连接的点之间的低阶能量差。

现在来看更一般的情况, 即系统 (4-1) 中耗散项 $g^x = g^I = g^\gamma \neq 0$, 这样就把扰动部分为纯 Hamilton 系统扩展到一般情况。处理这种情况有两种方法, 一种方法是假设耗散扰动比 Hamilton 扰动小, 这样就把纯 Hamilton 系统的结果推广到一般情况。在这个假设条件下, 由 Hamilton 扰动所决定的 M_ε^R 上的多脉冲同宿 Shilnikov 轨道仍然存在, 但是根据流形 M_ε^R 上的弱耗散动力学, 这些轨道的渐近性却发生了变化, 在本章里, 不研究这种弱耗散扰动, 而是采用第二种方法来分析耗散项不等于零的一般情况。第二种方法就是考虑耗散扰动与 Hamilton 扰动 H_1 是同阶的情况。

简单的 Taylor 展开后, 慢流形 M_ε^R 上的动力学可以近似为下面的二维耗散系统

$$\dot{h} = -D_\gamma \hat{H}_D(h, \gamma) + \sqrt{\varepsilon} D_I g^I(\bar{x}_0(I_r), I_r, \gamma, 0)h \tag{4-18a}$$

$$\dot{\gamma} = D_h \hat{H}_D(h, \gamma) + \sqrt{\varepsilon} g^\gamma(\bar{x}_0(I_r), I_r, \gamma, 0) \tag{4-18b}$$

其中, 函数 $\hat{H}_D$ 的表达式如下

$$\hat{H}_D(h, \gamma) = \hat{H}(h, \gamma) - \int_0^\gamma g_I(\bar{x}_0(I_r), I_r, u, 0)\mathrm{d}u \tag{4-19}$$

式 (4-15) 中定义了 $\hat{H}$, 当 $\varepsilon = 0$ 时, 方程 (4-18) 是一个未扰动 Hamilton 系统。未扰动 Hamilton 系统的相图如图 4-3(a) 所示, 扰动 Hamilton 系统的相图如图 4-3(b) 所示。

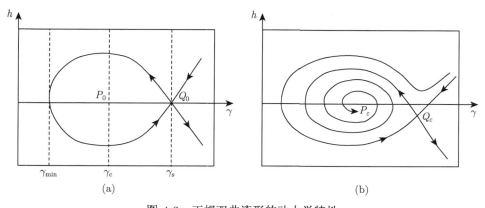

(a)　　　　　　　　　　　　　　　　(b)

图 4-3　正规双曲流形的动力学特性

当 $\varepsilon > 0$，要想让系统 (4-18) 成为真正的耗散系统，那么还必须满足假设 4.4 的非退化条件。

假设 4.4

$$D_I g_I(\bar{x}_0(I_r), I_r, \gamma; 0) + D_\gamma g_\gamma(\bar{x}_0(I_r), I_r, \gamma; 0) \neq 0 \tag{4-20}$$

在此条件下，系统 (4-18) 以 $O(\varepsilon)$ 精度近似趋近于慢流形 M_ε^R 上的轨线。但是，注意到当 $\varepsilon > 0$ 时，系统 (4-18) 可能没有轨线，而只有孤立的奇点。这是因为未 Hamilton 扰动 M_ε^R 通常是流出不变流形或者流入不变流形，即 M_ε^R 只能是一个时间方向的不变流形。

为了使公式简单明晰和更好的应用，提出假设 4.5。

假设 4.5 当 $\varepsilon = 0$ 时，$t \in \mathbf{R}$，对于系统 (4-1) 的任意两个未扰动解 $X_0^+(t, I_r, \gamma_0^+)$ 和 $X_0^-(t, I_r, \gamma_0^-)$，而且 $X_0^+(t, I_r, \gamma_0^+) \in W_0^+$，$X_0^-(t, I_r, \gamma_0^-) \in W_0^-$，$\lim\limits_{t \to -\infty} X_0^+(t, I_r, \gamma_0^+) = \lim\limits_{t \to -\infty} X_0^-(t, I_r, \gamma_0^-)$，则如下关系式成立

$$\int_{-\infty}^{+\infty} \langle DH_0, g \rangle_{X_0^+(t, I_r, \gamma_0^+)} \mathrm{d}t = \int_{-\infty}^{+\infty} \langle DH_0, g \rangle_{X_0^-(t, I_r, \gamma_0^-)} \mathrm{d}t \tag{4-21}$$

用含有耗散项的能量相位法分析问题时，一般有以下几个步骤：

(1) 计算单自由度系统 (4-18)，确定慢流形 M_ε^R 的动力学，按照式 (4-19) 的定义来计算函数 $\hat{H}_D(h, \gamma)$。

(2) 计算任意正整数 n 所对应的 n 阶能量差分函数 $\Delta^n \hat{H}_D$，计算公式如下

$$\Delta^n \hat{H}_D(\gamma) = \Delta^n \hat{H}(\gamma) - \sum_{i=1}^{n} \int_{-\infty}^{+\infty} \langle DH_0, g \rangle \big|_{X^i(t)} \mathrm{d}t \tag{4-22}$$

这里，$\Delta^n \hat{H}$ 是 Hamilton 扰动情形下的式 (4-17) 所定义的能量差分函数。$X^i(t)$ 表示当 $\varepsilon = 0$ 时，系统 (4-1) 的任意一个未扰动异宿解，$X^i(t)$ 连接点 $(\bar{x}_0(I_r), I_r, \gamma + (i-1)\Delta\gamma)$ 和点 $(\bar{x}_0(I_r), I_r, \gamma + i\Delta\gamma)$。然后，计算能量差分函数 (4-22) 的零点，目的是为了确定系统 (4-18) 的脉冲个数。

(3) $\Delta^n \hat{H}_D$ 的零点集合与 Hamilton 函数 $\hat{H}_D$ 的任意稳定轨道 $\hat{\gamma}$ 的脉冲个数 $N(\hat{\gamma})$ 有关系。如果能够直接求出脉冲个数的定义表达式，这就表明在慢流形 M_ε^R 上存在横截的第 $N(\hat{\gamma})$ 个脉冲的同宿轨道，这条同宿轨道趋近于慢轨道 $\hat{\gamma}$；如果 $N(\hat{\gamma})$ 的表达式含有参数，不能直接求出，那就计算共振脉冲个数 $N_R(\hat{\gamma})$。这表明在慢流形 M_ε^R 上存在非横截的第 $N_R(\hat{\gamma})$ 个脉冲的同宿轨道，这条同宿轨道趋近于慢轨道 $\hat{\gamma}$。

(4) 描述多脉冲 Shilnikov 轨道的形状，确定脉冲序列。

(5) 证明慢流形 M_ε^R 的 N 脉冲 Shilnikov 同宿轨道的存在性。

4.2 广义 Melnikov 方法

广义 Melnikov 方法是 Kovacic[11~15] 等提出的分析多脉冲混沌的另外一种解析方法。它应用的范围较广，利用它既可以分析系统共振情形下的多脉冲混沌运动，也可以研究系统非共振情形下的多脉冲混沌运动；既适用于完全可积系统，又适用于近可积系统。但是，由于计算多脉冲 Melnikov 函数复杂，以及证明广义 Melnikov 方法的开折条件很困难，因此限制了广义 Melnikov 方法在工程问题中的应用。

因为本章研究的是高维机械系统共振情形下的多脉冲混沌，所以在本节里，主要介绍的是近可积系统共振情形下的广义 Melnikov 方法。

考虑如下一个四维系统

$$\dot{x} = JD_xH(x, I) + \varepsilon g^x(x, I, \gamma, \mu, \varepsilon) \tag{4-23a}$$

$$\dot{I} = \varepsilon g^I(x, I, \gamma, \mu, \varepsilon) \tag{4-23b}$$

$$\dot{\gamma} = \Omega(x, I) + \varepsilon g^\gamma(x, I, \gamma, \mu, \varepsilon) \tag{4-23c}$$

这里，$x = (x_1, x_2) \in \mathbf{R}^2$，$I \in \mathbf{R}$，$\gamma \in S^1$，$H(x, I)$ 是自变量为 x 和 I 的 Hamilton 函数，$\mu \in \mathbf{R}$ 是一个实参数，$\varepsilon \ll 1$ 是一个小参数，D_x 是对 x 的偏导数，D_I 是对 I 的偏导数，矩阵 $J = \begin{pmatrix} 0 & 1 \\ -1 & 0 \end{pmatrix}$。$\langle \cdot, \cdot \rangle$ 是 $\mathbf{R}^n$ 上的欧氏内积，n 是自变量向量场的维数，$\|\cdot\|$ 是欧氏范数和矩阵范数。

当 $\varepsilon = 0$ 时，就得到系统 (4-23) 的未扰动方程

$$\dot{x} = JD_xH(x, I) \tag{4-24a}$$

$$\dot{I} = 0 \tag{4-24b}$$

$$\dot{\gamma} = \Omega(x, I) \tag{4-24c}$$

方程 (4-24a) 是一个与变量 γ 无关 Hamilton 系统。在文献 [10] 中，关于未扰动方程 (4-24)，Kovacic 等提出两个假设条件，第一个假设条件是关于函数光滑性的。

假设 4.6 未扰动 Hamilton 函数 $H(x, I)$ 是一个实解析函数。

第二个假设条件是介绍在方程 (4-24) 的相空间中存在同宿轨道。

假设 4.7 在区间 $I_1 < I < I_2$ 中的每一个 I，方程 (4-24) 都有一个双曲奇点 $x = \bar{x}_0(I)$，它随 I 连续变化，稳定流形和不稳定流形分别是 $W^s(\bar{x}_0(I))$ 和 $W^u(\bar{x}_0(I))$，沿着连接奇点 $x = \bar{x}_0(I)$ 的同宿轨道 $W(\bar{x}_0(I))$ 横截。

根据奇点 $x = \bar{x}_0(I)$ 的双曲率，则 Jacobi 矩阵 $JD_x^2 H(\bar{x}_0(I), I)$ 必须有一对非零实特征根。而且，根据解析函数的隐函数定理要求向量 $\bar{x}_0(I)$ 依赖变量 I 而变化。由于方程 (4-24a) 是自治系统，所以同宿轨道 $W(\bar{x}_0(I))$ 上的所有解有一个表达式 $x^h(t - t_0, I)$。设 $t_0 = 0$，当解 $x^h(t - t_0, I)$ 的时间变量 t 是变化的时候，就可以得到流形 $W(\bar{x}_0(I))$ 上的参数化轨道。

在系统 (4-24) 的四维 (x, I, γ) 相空间里，每一个奇点 $\bar{x}_0(I)$ 对应一个参数化周期轨道 O^I，即

$$x = \bar{x}_0(I), \quad I = I, \quad \gamma = \Omega(\bar{x}_0(I), I)t + \gamma_0 \tag{4-25}$$

或者

$$O^I = \{(x, I, \gamma) \,|\, x = \bar{x}_0, I, \Omega(\bar{x}_0(I), I)t + \gamma_0\} \tag{4-26}$$

每一个周期轨道都有二维稳定流形 $W^s(O^I)$ 和不稳定流形 $W^u(O^I)$，它们是奇点 $\bar{x}_0(I)$ 的稳定流形 $W^s(\bar{x}_0(I))$ 和不稳定流形 $W^u(\bar{x}_0(I))$ 与相位角 γ 的叉积。同宿流形 $W(\bar{x}_0(I))$ 的存在意味着流形 $W^s(O^I)$ 和 $W^u(O^I)$ 沿着二维同宿流形 $W(O^I)$ 方向是重合的。

取遍历 $I_1 < I < I_2$ 的所有轨道 O^I 的集合，就得到一个二维不变环面 M，环面 M 有三维稳定流形 $W^s(M)$ 和不稳定流形 $W^u(M)$，它们沿着三维同宿流形 $W(M)$ 横截。沿着区间 $I_1 < I < I_2$ 的流形 $W^s(O^I)$，$W^u(O^I)$ 和 $W(O^I)$ 的并集形成了所有的流形，同宿流形 $W(M)$ 是由下面的解所确定

$$x = x^h(t, I) \tag{4-27a}$$

$$I = I \tag{4-27b}$$

$$\gamma = \gamma^h(t, I) + \gamma_0 = \int_0^t \Omega(x^h(\tau, I), I) \mathrm{d}\tau + \gamma_0 \tag{4-27c}$$

上面的解还可以写成另外一种形式

$$X_0(t, I, \gamma_0) = \left(x^h(t, I), I_1 < I < I_2, \int_0^t \Omega(x^h(\tau, I), I) \mathrm{d}\tau + \gamma_0 \right) \tag{4-28}$$

同宿流形 $W(M)$ 可以通过解下面的方程而得到

$$H(x, I) - H(\bar{x}_0(I), I) = 0 \tag{4-29}$$

系统 (4-24) 的相位漂移角可以用下面的公式计算

$$\Delta\gamma(I) = \int_{-\infty}^{+\infty} \left[\Omega(x^h(\tau, I), I) - \Omega(\bar{x}_0(I), I) \right] \mathrm{d}\tau \tag{4-30}$$

引入充分小的正数 ε 后, 上面关于双曲结构的一些结论仍然成立。这些结论有未扰动环面 M 仍然与局部稳定流形 $W_{\mathrm{loc}}^{\mathrm{s}}(M)$ 和局部不稳定流形 $W_{\mathrm{loc}}^{\mathrm{u}}(M)$ 连接在一起, 即连接稳定流形 $W^{\mathrm{s}}(M)$ 和不稳定流形 $W^{\mathrm{u}}(M)$ 的连接部分包含于 M 的一些充分小的邻域内, 并且沿着 M 横截。这就保证了非单值局部不变环面 M_ε 和它的局部稳定流形 $W_{\mathrm{loc}}^{\mathrm{s}}(M_\varepsilon)$、局部不稳定流形 $W_{\mathrm{loc}}^{\mathrm{u}}(M_\varepsilon)$ 之间的距离为 $O(\varepsilon)$, 这里 $W_{\mathrm{loc}}^{\mathrm{s}}(M_\varepsilon)$ 和 $W_{\mathrm{loc}}^{\mathrm{u}}(M_\varepsilon)$ 与局部流形 $W_{\mathrm{loc}}^{\mathrm{s}}(M)$ 和 $W_{\mathrm{loc}}^{\mathrm{u}}(M)$ 的距离也是 $O(\varepsilon)$ 的。两个流形的切空间距离也是 $O(\varepsilon)$ 数量级的。环面 M_ε 的局部不变性不仅反映了 M_ε 可以通过边界泄漏相点, 同时还反映了 M_ε 具有非单值性。因为环面 M_ε 一定包含所有的不变集, 所以保证环面 M_ε 的非单值性不是主要困难。

下面引入几个定义。首先, 给出积分形式的 Melnikov 函数 $M(I, \gamma_0, \mu)$

$$M(I, \gamma_0, \mu) = \int_{-\infty}^{+\infty} \langle \boldsymbol{n}(p^h(t)), \boldsymbol{g}(p^h(t), \mu, 0) \rangle \mathrm{d}t \tag{4-31}$$

其中

$$\boldsymbol{n} = (D_x H(x, I), D_I H(x, I) - D_I H(\bar{x}_0(I), I), 0) \tag{4-32}$$

$$\boldsymbol{g} = (g^x(x, I, \gamma, \mu, 0), g^I(x, I, \gamma, \mu, 0), g^\gamma(x, I, \gamma, \mu, 0)) \tag{4-33}$$

$$p^h(t) = (x^h(t, I), I, \gamma^h(t, I) + \gamma_0) \tag{4-34}$$

式中, $p^h(t)$ 是未扰动系统 (4-24) 的同宿轨道 (4-27); 向量 $\boldsymbol{n}$ 是同宿流形 $W(M)$ 的法向量。

其次, 定义未扰动同宿流形 $W(M)$ 的法向量 $\boldsymbol{n}$ 的正负号 σ, 公式如下

$$\begin{aligned}\sigma &= \lim_{t \to +\infty} \frac{\langle n(P^h(t)), \dot{P}^h(-t) \rangle}{\|D_x H(x^h(t, I), I)\| \|D_x H(x^h(-t, I), I)\|} \\ &= \lim_{t \to +\infty} \frac{\langle D_x H(x^h(t, I), I), J D_x H(x^h(-t, I), I) \rangle}{\|D_x H(x^h(t, I), I)\| \|D_x H(x^h(-t, I), I)\|}\end{aligned} \tag{4-35}$$

因此, 如果未扰动同宿流形 $W(M)$ 的法向量 n 所指的方向是环面 M 上点 $(\bar{x}_0(I), I, \gamma)$ 的不稳定流形 $W^{\mathrm{u}}(M)$ 上的未扰动流方向, 那么 σ 就是正的; 否则, σ 就是负的。由于奇点 $\bar{x}_0(I)$ 的两个流形 $W^{\mathrm{s}}(\bar{x}_0(I))$ 和 $W^{\mathrm{u}}(\bar{x}_0(I))$ 横截相交, 所以 $\sigma \neq 0$。

最后, 定义第 k 个脉冲的 Melnikov 函数 $M_k(\varepsilon, I, \gamma_0, \mu)(k = 1, 2, \cdots)$ 为

$$M_k(\varepsilon, I, \gamma_0, \mu) = \sum_{j=0}^{k-1} M(I, j\Delta\gamma(I) + \Gamma_j(\varepsilon, I, \gamma_0, \mu) + \gamma_0, \mu) \tag{4-36}$$

其中

$$\Gamma_j(\varepsilon, I, \gamma_0, \mu) = \frac{\Omega(\bar{x}_0(I), I)}{\lambda(I)} \sum_{r=1}^{j} \log \left| \frac{\varsigma(I)}{\varepsilon M_r(\varepsilon, I, \gamma_0, \mu)} \right| \tag{4-37}$$

式中, $j = 1, \cdots, k-1$。当 $j = 0$ 时, $\Gamma_0(\varepsilon, I, \gamma_0, \mu) = 0$。所以第一个脉冲的 Melnikov 函数 $M_1(\varepsilon, I, \gamma_0, \mu)$ 与式 (4-31) 中的标准 Melnikov 函数 $M(I, \gamma_0, \mu)$ 是一样的。函数 $\varsigma(I)$ 是根据方程 (4-24a) 的奇点 $x = \bar{x}_0(I)$ 处的 Jacobi 矩阵来定义的, 其形式如下

$$\varsigma(I) = \frac{2(\lambda(I))^2 \, |A_2(I)| \, f_+(I) f_-(I)}{\sqrt{[(A_2(I))^2 + (\lambda(I) - A_0(I))^2][(A_2(I))^2 + (\lambda(I) + A_0(I))^2]}} \tag{4-38}$$

这里

$$
\begin{aligned}
A_0(I) &= D_{x_1} D_{x_2} H(\bar{x}_0(I), I) \\
A_1(I) &= D_{x_1}^2 H(\bar{x}_0(I), I) \\
A_2(I) &= D_{x_2}^2 H(\bar{x}_0(I), I) \\
f_+(I) &= \lim_{t \to +\infty} \frac{1}{\lambda(I)} \mathrm{e}^{\lambda(I)t} \left\| D_x H(x^h(t, I), I) \right\| \\
f_-(I) &= \lim_{t \to -\infty} \frac{1}{\lambda(I)} \mathrm{e}^{-\lambda(I)t} \left\| D_x H(x^h(t, I), I) \right\|
\end{aligned}
\tag{4-39}
$$

注意到如果某一 I 的频率 $\omega(I) = \Omega(\bar{x}_0(I), I)$ 等于零, 即如果 I 值对应的周期轨道退化为奇点环, 那么函数 $\Gamma_j(\varepsilon, I, \gamma_0, \mu)$ 恒等于零。

对于非共振情形的多脉冲 Melnikov 有以下一些结论。

定理　对某一整数 k, 充分小参数 $\varepsilon > 0$, 有一个不依赖 ε 的常数 $B > 0$, 当 $I = \bar{I}$, $\mu = \bar{\mu}$, 存在一个函数 $\gamma_0 = \bar{\gamma}_0(\varepsilon)$, 它们满足下面的条件:

(1) k 脉冲 Melnikov 函数在 γ_0 处有一个简单零点, 即 $M_k(\varepsilon, \bar{I}, \bar{\gamma}_0(\varepsilon), \bar{\mu}) = 0$, 并且 $\left| D_{\gamma_0} M_k(\varepsilon, \bar{I}, \bar{\gamma}_0(\varepsilon), \bar{\mu}) \right| > B$。

(2) 当 $i = 1, \cdots, k-1, k > 1$ 时, $M_i(\varepsilon, \bar{I}, \bar{\gamma}_0(\varepsilon), \bar{\mu}) \neq 0$, 并且如果法向量 $\boldsymbol{n}$ 的符号 σ 是正的, 则 $M_i(\varepsilon, \bar{I}, \bar{\gamma}_0(\varepsilon), \bar{\mu})$ 为正; 如果 σ 是负的, 则 $M_i(\varepsilon, \bar{I}, \bar{\gamma}_0(\varepsilon), \bar{\mu})$ 为负。

(3) 当 $i = 1, \cdots, k-1, k > 1$ 时,

$$\left| \frac{1 - \dfrac{\Omega(\bar{x}_0(\bar{I}), \bar{I})}{\lambda(\bar{I})} D_{\gamma_0} \log |M_1 M_2 \cdots M_i| \, (\varepsilon, \bar{I}, \bar{\gamma}_0(\varepsilon), \bar{\mu})}{1 - \dfrac{\Omega(\bar{x}_0(\bar{I}), \bar{I})}{\lambda(\bar{I})} D_{\gamma_0} \log |M_1 M_2 \cdots M_{i-1}| \, (\varepsilon, \bar{I}, \bar{\gamma}_0(\varepsilon), \bar{\mu})} \right| > B \tag{4-40}$$

式中, 当 $i = 1$ 时, 式 (4-40) 的分母定义为 1。于是当所有的 I 趋近 $\bar{I}$, 所有的 μ 趋近 $\bar{\mu}$, 所有的 ε 都充分小时, 则存在二维横截面 $\sum_{\varepsilon}^{\mu}(\bar{\gamma}_0)$, 它沿着环面 M_ε 的稳定流形 $W^s(M_\varepsilon)$ 和不稳定流形 $W^u(M_\varepsilon)$ 的横截方向, 并且环面 M_ε 的稳定流形 $W^s(M_\varepsilon)$

和不稳定流形 $W^u(M_\varepsilon)$ 是在数量级为 $O(\varepsilon)$ 的相位角处横截。而且在环面 M_ε 的小领域外, 当 $j = 0, \cdots, k-1$, 方程 (4-28) 中相位角为 $\gamma_0 = \hat{\gamma}_0(\varepsilon, I, \mu) + j\Delta\gamma(I) + \Gamma_j(\varepsilon, I, \hat{\gamma}_0(\varepsilon, I, \mu), \mu)$ 的轨道的集合张成一个平面, 这个平面与横截面 $\sum\limits_{\varepsilon}^{\mu}(\bar{\gamma}_0)$ 之间的距离的数量级是 $O(\varepsilon)$。在这里, 有三角标记的 $(I, \hat{\gamma}_0(\varepsilon, I, \mu), \mu)$ 在 $I = \bar{I}$, $\mu = \bar{\mu}$, $\hat{\gamma}_0(\varepsilon, \bar{I}, \bar{\mu}) = \bar{\gamma}_0(\varepsilon)$ 的邻域内同样满足方程 $M_k(\varepsilon, I, \hat{\gamma}_0(\varepsilon, I, \mu), \mu) = 0$。

因为计算广义 Melnikov 函数是一个递归的过程, 所以首先要计算第一个脉冲的 Melnikov 函数。广义 Melnikov 函数依赖小摄动参数 ε, 但是, 这种依赖关系是随着 Melnikov 方法而变化的。比较特殊的情形就是共振区的广义 Melnikov 方法, 这时计算 k 脉冲 Melnikov 函数相对而言就简单一些。应用定理分析共振区的同宿轨道时, 除了假设 4.6 和假设 4.7, 还应该有如下假设。

假设 4.8 对于区间上的某一个 $I = I_r \in (I_1, I_2)$, 它的频率 $\omega(I) = \Omega(\bar{x}_0(I), I)$ 在 I_r 处有一个简单零点, 即

$$\omega(I_r) = \Omega(\bar{x}_0(I_r), I_r) = 0, \quad D_I\omega(I_r) \neq 0 \tag{4-41}$$

从方程 (4-41) 可以看出, 当 $I = I_r$ 时, 会出现共振, 这里的 I_r 是共振振幅, I_r 所对应的奇点是共振奇点。

为了集中在 $I = I_r$ 的共振区讨论问题, 引入如下坐标变换

$$I = I_r + \sqrt{\varepsilon}h, \quad h \in [-h_0, h_0] \tag{4-42a}$$

$$\gamma = \gamma \tag{4-42b}$$

这里 $h_0 > 0$, 变换 (4-42) 把相空间 $\boldsymbol{P}$ 的共振区放大为

$$\boldsymbol{P}_{\sqrt{\varepsilon}} = \left\{ (x, I, \gamma) \in \boldsymbol{P} \mid I \in [I_r - h_0\sqrt{\varepsilon}, I_r + h_0\sqrt{\varepsilon}] \right\} \tag{4-43}$$

这时发现方程 (4-23) 的轨线双倍趋近于不变流形 M_ε 的近共振区

$$M_\varepsilon^R = M_\varepsilon \cap \boldsymbol{P}_{\sqrt{\varepsilon}}, \quad \varepsilon > 0 \tag{4-44}$$

把变换 (4-42) 代入方程 (4-23) 的后两个方程, 然后作 $\sqrt{\varepsilon}$ 次幂的 Taylor 展开, 这样就得到下面的方程

$$h' = g^I(\bar{x}_0(I_r), I_r, \gamma, \mu) + \sqrt{\varepsilon}G(h, \gamma, \mu) + O(\varepsilon) \tag{4-45a}$$

$$\gamma' = \frac{\mathrm{d}}{\mathrm{d}I}[\Omega(\bar{x}_0(I_r), I_r)]h + \sqrt{\varepsilon}F(h, \gamma, \mu) + O(\varepsilon) \tag{4-45b}$$

在这里, 符号 "$'$" 表示对 $\sqrt{\varepsilon}t$ 求导数, 函数 $G(h, \gamma, \mu)$ 和 $F(h, \gamma, \mu)$ 分别为

$$G(h, \gamma, \mu) = \frac{\mathrm{d}}{\mathrm{d}I}\left[g^I(\bar{x}_0(I_r), I_r, \gamma, \mu)\right]h \tag{4-46}$$

$$F(h,\gamma,\mu) = \frac{1}{2}\frac{\mathrm{d}^2}{\mathrm{d}I^2}[\Omega(\bar{x}_0(I_r),I_r)]h^2 + D_x\Omega(\bar{x}_0(I_r),I_r)\bar{x}_1(I_r,\gamma,\mu)$$
$$+ g^\gamma(\bar{x}_0(I_r),I_r,\gamma,\mu) \tag{4-47}$$

这里的 $\bar{x}_1(I_r,\gamma,\mu)$ 为

$$\bar{x}_1 = \left[JD_x^2H(\bar{x}_0(I_r),I_r)\right]^{-1} \cdot (g^I(\bar{x}_0(I_r),I_r,\gamma,\mu)D_I\bar{x}_0(I_r)$$
$$- g^x(\bar{x}_0(I_r),I_r,\gamma,\mu)) \tag{4-48}$$

在原来的坐标系 (x,I,γ) 中, 应用定理可以确定第 k 个脉冲同宿横截面 $\sum\limits_\varepsilon^\mu(\bar{\gamma}_0)$。
注意到在这种情况下, 对任意整数 k, 在共振 $I=I_r$ 时, k 脉冲 Melnikov 函数等于

$$M_k(I_r,\gamma_0,\mu) = \sum_{j=0}^{k-1} M(I_r,\gamma_0 + j\Delta\gamma(I_r),\mu) \tag{4-49}$$

这里, 当 $I=I_r$ 时, Melnikov 函数 $M(I_r,\gamma_0,\mu)$ 的形式与式 (4-31) 中的一样, 根据式 (4-30), 相位漂移角等于

$$\Delta\gamma(I_r) = \int_{-\infty}^{+\infty} \Omega(x^h(\tau,I_r),I_r)\mathrm{d}\tau \tag{4-50}$$

因为共振情形 $I=I_r$ 时, $\Omega(\bar{x}_0(I_r),I_r)=0$。注意到式 (4-49) 的共振区同宿轨道的 k 脉冲 Melnikov 函数不依赖参数 ε, 并且 $\Gamma_j(\varepsilon,I_r,\gamma_0,\mu)=0(j=0,1,\cdots,k-1)$。在实际工程应用中, 一般是共振情形反映了系统的主要非线性行为, 正是因为共振情形下的 $\Gamma_j(\varepsilon,I_r,\gamma_0,\mu)=0$ $(j=0,1,\cdots,k-1)$, 所以简化了广义 Melnikov 函数的计算。显而易见, 在假设 4.8 的条件下, 在 $I=I_r$ 处以及距离 $I=I_r$ 为 $O(\sqrt{\varepsilon})$ 的所有 I 值, 开折条件 (4-40) 总是满足, 因此可以从定理中去掉开折条件, 那么在共振情形下, 定理就变成了如下命题。

命题　在共振情形 $I=I_r$, 对某一整数 k, $\mu=\bar{\mu}$, 存在一个相位角 $\gamma_0=\bar{\gamma}_0$, 它们满足以下几个条件:

(1) 在 γ_0 处, k 脉冲 Melnikov 函数有一个简单零点, 即

$$M_k(I_r,\bar{\gamma}_0,\bar{\mu}) = 0, \quad D_{\gamma_0}M_k(I_r,\bar{\gamma}_0,\bar{\mu}) \neq 0 \tag{4-51}$$

(2) 当 $i=1,\cdots,k-1,k>1$ 时, $M_i(I_r,\bar{\gamma}_0,\bar{\mu}) \neq 0$, 如果法向量 n 的符号 σ 是正的, 则 $M_i(I_r,\bar{\gamma}_0,\bar{\mu})$ 是正的; 如果 σ 是负的, 则 $M_i(I_r,\bar{\gamma}_0,\bar{\mu})$ 是负的。于是当所有的 I 趋近 I_r, 所有的 μ 趋近 $\bar{\mu}$, 则存在二维横截面 $\sum\limits_\varepsilon^\mu(\bar{\gamma}_0)$, 它沿着环面 M_ε 的稳定流形 $W^s(M_\varepsilon)$ 和不稳定流形 $W^u(M_\varepsilon)$ 的横截方向, 并且环面 M_ε 的稳定流形 $W^s(M_\varepsilon)$ 和不稳定流形 $W^u(M_\varepsilon)$ 是在数量级为 $O(\varepsilon)$ 的相位角处横截。而

且在环面 M_ε 的小邻域外，在 (x, h, γ) 坐标系中，当 $j = 0, \cdots, k-1$，h 为任意值时，由方程 (4-28) 所确定的轨道中参数为 $I = I_r$，$\gamma_0 = \bar\gamma_0(\mu) + j\Delta\gamma(I_r)$ 的轨道张成一个表面 $\sum\limits_0^\mu (\bar\gamma_0)$，表面 $\sum\limits_\varepsilon^\mu (\bar\gamma_0)$ 会光滑地衰减到 $\sum\limits_0^\mu (\bar\gamma_0)$ 上。这里的 $\bar\gamma_0(\mu)$ 是 k 脉冲 Melnikov 函数 $M_k(I_r, \gamma_0, \mu)$ 的简单零点。二维表面 $\sum\limits_0^\mu (\bar\theta_0)$ 沿着圆柱体 M_0 上的直线 $\gamma = \gamma_0(\mu) - \Delta\gamma^-(I_r)$ 出发，最后又回到圆柱体 M_0 上的直线 $\gamma = \bar\gamma_0(\mu) + (k-1)\Delta\gamma(I_r) + \Delta\gamma^+(I_r)$，这里的相位差 $\Delta\gamma^-(I_0)$ 和 $\Delta\gamma^+(I_0)$ 定义为

$$\Delta\gamma^+(I_0) = \int_0^{+\infty} \Omega(x^h(\tau, I_r), I_r)\mathrm{d}\tau, \quad \Delta\gamma^-(I_r) = \int_{-\infty}^0 \Omega(x^h(\tau, I_r), I_r)\mathrm{d}\tau \qquad (4\text{-}52)$$

如果由未扰动同宿流形 $W(M_\varepsilon)$ 所围成的区域是凸的，则方程 (4-35) 的符号 σ 不必计算，这里把这种有边界的表面 $\sum\limits_0^\mu (\bar\gamma_0)$ 称为奇异同宿横截面。

4.3　两种全局摄动方法的区别和联系

能量相位法和广义 Melnikov 方法是分析高维非线性系统多脉冲跳跃和混沌动力学的两种全局摄动方法。由于四维相空间很难给出直观的几何描述，所以能量相位法和广义 Melnikov 法分别从不同的几何角度研究多脉冲轨道，它们既有区别又有联系。以四维相空间中系统 (4-1) 的同宿流形为例，如图 4-1 所示，分别说明能量相位法和广义 Melnikov 方法的几何意义[16]。

能量相位法是以 (h, γ) 平面为基准来研究多脉冲的，它的主要思想是脉冲跳跃时，每一个脉冲都对应唯一一个能量函数，因此多脉冲是与能量函数序列相对应的，图 4-4 是三脉冲示意图。

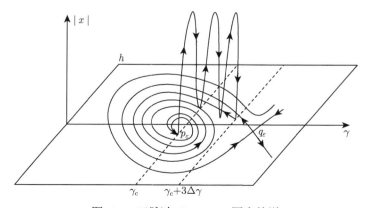

图 4-4　三脉冲 Shilnikov 同宿轨道

广义 Melnikov 方法主要是在 (x_1, x_2) 平面上来研究多脉冲轨道之间的关系, 系统 (4-1) 的未扰动流形为 M, 其稳定流形和不稳定流形分别为 $W^s(M)$ 和 $W^u(M)$, 并且稳定流形 $W^s(M)$ 和不稳定流形 $W^u(M)$ 重合, 形成一条同宿轨道。受扰动后流形为 M_ε, 同宿轨道破裂, 这时稳定流形和不稳定流形分别为 $W^s(M_\varepsilon)$ 和 $W^u(M_\varepsilon)$。流形 M_ε 的局部稳定流形和不稳定流形分别为 $W_{loc}^s(M_\varepsilon)$ 和 $W_{loc}^u(M_\varepsilon)$, 取一邻域 $U_\delta(M_\varepsilon)$ 作为研究对象, O^L 是不稳定流形 $W^u(M_\varepsilon)$ 上的一条轨道, 当 O^L 进入邻域 $U_\delta(M_\varepsilon)$ 时, 与该邻域相交于点 q_1, 退出该邻域时相交于点 q_2。以两脉冲为例来解释广义 Melnikov 方法的几何意义, 如图 4-5 所示, 轨道 O^L 进入邻域时是第一个脉冲, 对应的 Melnikov 函数 M_1 度量的距离是 O^L 与局部稳定流形 $W_{loc}^s(M_\varepsilon)$ 之间的距离, 即 $\overline{q_1 q_1^s}$; 退出邻域时是第二个脉冲, 对应的 Melnikov 函数 M_2 度量的距离是 O^L 与稳定流形 $W^s(M_\varepsilon)$ 之间的距离, 即 $\overline{q_2 q_2^s}$。

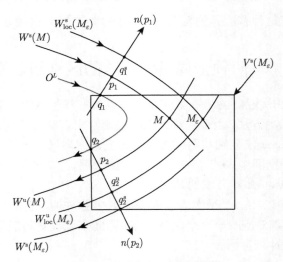

图 4-5   两脉冲几何示意图

值得注意的是, 虽然广义 Melnikov 函数形式上是一个加和函数, 但它的几何意义并不表示距离的加和。除了第一个脉冲函数 M_1 是表示进入邻域时稳定流形和不稳定流形之间的距离外, 其他的脉冲函数 $M_k(k > 1)$ 都表示第 k 个脉冲退出邻域时稳定流形和不稳定流形之间的距离。轨道 O^L 与稳定流形 $W^s(M_\varepsilon)$ 和不稳定流形 $W^u(M_\varepsilon)$ 之间的关系如图 4-6 所示。

从上面的论述可以看到, 能量相位法和广义 Melnikov 法是从不同的几何角度分别研究多脉冲轨道, 它们之间有区别, 但是这两种方法还有一定的联系。以一个脉冲为例, 来说明两种方法的关系, 如图 4-7 所示。x_ε^1 是稳定流形 $W^s(M_\varepsilon)$ 上的一条轨道, 即 $x_\varepsilon^1 \subset W^s(M_\varepsilon)$; x_ε^2 是不稳定流形 $W^u(M_\varepsilon)$ 上的一条轨道, 即 $x_\varepsilon^2 \subset W^u(M_\varepsilon)$。

轨道 x_ε^1 趋近于流形 M 上的轨道 O^1，O^1 与 M 上的直线 $\bar{\gamma}_{0,1} + \Delta\gamma_+$ 相交于一点 g_1^s；轨道 x_ε^2 趋近于流形 M 上的轨道 O^2，O^2 与 M 上的直线 $\bar{\gamma}_{0,1} + \Delta\gamma_+$ 相交于一点 g_1^u。广义 Melnikov 函数 M_1 所表示的 (x_1, x_2) 平面上的距离 $\overline{q_1 q_1^s}$ 与直线 $\bar{\gamma}_{0,1} + \Delta\gamma_+$ 上的线段 $\overline{g_1^s g_1^u}$ 有关。

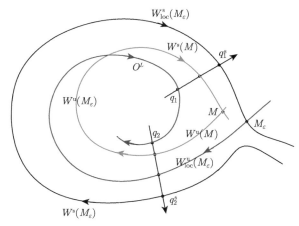

图 4-6　轨道 O^L 的几何示意图

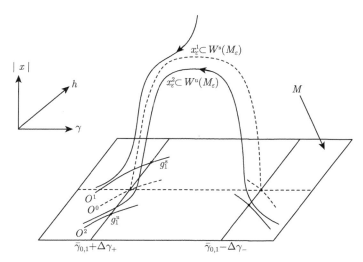

图 4-7　广义 Melnikov 方法与能量相位法的关系

　　本章所研究的内容都是发生在共振情形下，所以四维相空间的几何结构就变得相对简单一些。图 4-8 表示未扰动时，共振情形下的 (x_1, x_2, γ) 相空间的流形关系。

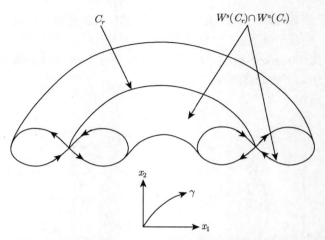

图 4-8　相空间 (x_1, x_2, γ) 中的稳定流形和不稳定流形

参 考 文 献

[1]　Haller G, Wiggins S. Orbits homoclinic to resonances: the Hamiltonian case. Physics D, 1993, 66: 298-346.

[2]　Haller G. Diffusion at intersecting resonances in Hamiltonian systems. Physics Letters A, 1995, 200: 34-42.

[3]　Haller G, Wiggins S. N-pulse homoclinic orbits in perturbations of resonant Hamiltonian systems. Archive for Rational Mechanics and Analysis, 1995, 130: 25-101.

[4]　Haller G, Wiggins S. Multi-pulse jumping orbits and homoclinic trees in a modal truncation of the damped-forced nonlinear Schrödinger equation. Physica D, 1995, 85: 311-347.

[5]　Haller G, Wiggins S. Geometry and chaos near resonant equilibria of 3-DOF Hamiltonian systems. Physica D, 1996, 90: 319-365.

[6]　Haller G. Universal homoclinic bifurcations and chaos near double resonances. Journal of Statistical Physics, 1997, 86: 1011-1051.

[7]　Haller G. Multi-dimensional homoclinic jumping and the discretized NLS equation. Communications in Mathematical Physics, 1998, 193: 1-46.

[8]　Haller G. Homoclinic jumping in the perturbed nonlinear Schrödinger equation. Communications on Pure and Applied Mathematics, 1999, LII: 1-47.

[9]　Haller G, Menon G, Rothos V M. Shilnikov manifolds in coupled nonlinear Schrödinger equations. Physics Letters A, 1999, 263: 175-185.

[10]　Haller G. Chaos near resonance. New York: Springer-Verlag, 1999, 91-158.

[11]　Kovacic G and Wiggins S. Orbits homoclinic to resonances, with an application to chaos in a model of the forced and damped sine-Gordon equation. Physica D, 1992, 57:

185-225.

[12] Kovacic G. Hamiltonian dynamics of orbits homoclinic to a resonance band. Physics Letters A, 1992, 167: 137-142.

[13] Kovacic G. Dissipative dynamics of orbits homoclinic to a resonance band. Physics Letters A, 1992, 167: 143-150.

[14] Kovacic G. Singular perturbation theory for homoclinic orbits in a class of near-integrable Hamiltonian systems. Journal of Dynamics and Differential Equations, 1993, 5: 559-597.

[15] Kovacic G. Singular perturbation theory for homoclinic orbits in a class of near-integrable dissipative systems. SIMA Journal of Mathematical Analysis, 1995, 26: 1611-1643.

[16] 姚明辉. 多自由度非线性机械系统的全局分岔和混沌动力学研究. 北京: 北京工业大学博士学位论文，2006.

第 5 章 四维非自治非线性系统的
Melnikov 方法

对系统的非线性动力学,尤其是分岔和混沌方面的研究能够揭示出系统很多丰富的动力学行为,以此来指导工程实际。大部分工程实际问题都可以用高维非线性动力系统来描述,但是用于研究高维非线性系统的全局分析和混沌动力学的理论方法还不多,本章将致力于研究高维非自治非线性系统的动力学行为的理论方法。非自治系统是指系统中显含时间 t 的系统。通常情况下,为了利用现有的理论方法分析系统的动力学行为,必须对系统进行多次化简,本章的目的是尽量减少工程实际模型的简化过程,使全局摄动分析所得到的结果更加符合原始系统的动态特性。

5.1 引 言

如何研究这些工程实际问题所建立的非线性动力学方程是工程领域中非常重要的研究课题。许多工程问题根据力学中的牛顿运动定律或 Hamilton 原理建立数学模型的动力学方程,然后经过 Galerkin 方法得到非自治常微分方程组,利用多尺度方法、平均法或者渐近摄动法等把高维非自治非线性系统变换成为自治非线性系统。在此过程中,利用多尺度方法或平均法得到的平均方程要比较复杂。为了对所得到的平均方程能够进行解析研究,需要利用规范形理论等各种简化方法将非线性平均方程作进一步的简化,得到系统的规范形方程。在此基础上,可以利用广义 Melnikov 方法或能量相位方法对化简后得到的规范形系统进行全局摄动分析。从原始非线性动力学方程到规范形方程,虽然可以从理论上保证化简后得到的系统其拓扑性质保持不变,但是每次化简得到的系统都是原系统的近似,有可能会损失原始系统的一些有用信息。为了使全局摄动分析所得到的结果更加符合原始系统的动态特性,迫切需要发展能够直接处理高维非自治非线性动力系统的全局摄动方法。本章直接以非自治常微分方程为研究对象进行理论分析,改进了多自由度系统的 Melnikov 方法,直接对非自治常微分方程进行全局分析,比文献中经过多次化简近似所得到的规范形方程减少了两次化简过程,更加接近原始系统的性质(图 5-1)。

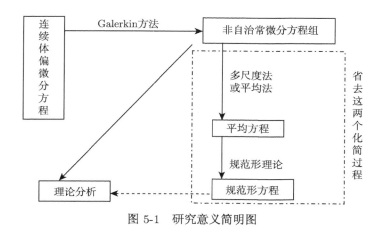

图 5-1 研究意义简明图

5.2 非自治非线性系统的 Melnikov 方法

本节简要介绍了 Yagasaki[1~9] 所发展的多自由度非线性系统的 Melnikov 方法。与 Wiggnis[10] 的标准高维 Melnikov 方法相比较, 这里要求未扰动系统不必是完全可积的, 而且未扰动系统可以是鞍-中心结构, 其稳定流形与不稳定流形可以交于较低维数的同宿流形。

考虑如下形式的具有周期扰动的 Hamilton 系统 [1~9]

$$\dot{x} = JD_xH(x, I) + \varepsilon g(x, \omega t, \mu) \tag{5-1}$$

其中, $x \in \mathbf{R}^{2n}$; 函数 H 为方程 (5-1) 在 $\varepsilon = 0$ 时未扰动系统的 Hamilton 函数; 函数 g 为时间 t 的周期函数, 其周期为 $T = 2\pi/\omega$。函数 H 和 g 在其定义域上是充分可微的。DH 表示函数 H 对自变量的全导数, D_xH 表示函数 H 对 x 的偏导数。J 为辛矩阵, 为如下形式

$$J = \begin{pmatrix} 0 & I_n \\ -I_n & 0 \end{pmatrix} \tag{5-2}$$

将扰动系统 (5-1) 化为不显含时间 t 的系统为

$$\dot{x} = JD_xH(x, I) + \varepsilon g(x, \theta, \mu) \tag{5-3a}$$

$$\dot{\theta} = \omega \tag{5-3b}$$

当 $\varepsilon = 0$ 时, 得到未扰动系统

$$\dot{x} = JD_xH(x, I) \tag{5-4}$$

未扰动系统 (5-4) 满足如下假设条件:

(1) 方程 (5-4) 有鞍–中心平衡点 $x = x_0$,矩阵 $JDH(x_0)$ 有 n_h 对实部符号相反的特征根,n_c 对纯虚根,并且有 $n_h + n_c = n$ 成立。

(2) 鞍–中心 $x = x_0$ 具有同宿轨道 $x^h(t, \alpha)$,其中 $\alpha = (\alpha_1, \alpha_2, \cdots, \alpha_{l-1})$ 为参数,并且 $\dfrac{\partial x^h}{\partial t}(t, \alpha) = J_n DH(x^h(t, \alpha))$,$\dfrac{\partial x^h}{\partial \alpha_j}(t, \alpha)$,$j = 1, 2, \cdots, l-1$ 线性独立。

(3) 同宿轨 $x^h(t, \alpha)$ 对应的变分方程

$$\dot{\xi} = JD^2 H(x^h(t, \alpha))\xi \tag{5-5}$$

仅有 l 个线性独立有界解,并且在 $t \to \infty$ 时指数地趋于零。

(4) $n_h < \sigma(j) \leqslant n_h + 2n_c$,当 $n_h < j \leqslant n_h + 2n_c$ 时,$\sigma(j)$ 为 j 的一个置换。

对扰动系统 (5-3) 有以下两个假设条件:

(5) 扰动系统仍有双曲周期轨 γ_ε。

(6) 未扰动系统的中心部分在扰动后,线性部分特征值实部全部为正或全负。

当 $n_c = 0$ 时,根据假设条件 (1) 很容易得到假设条件 (5) 满足,此时假设条件 (4) 和假设条件 (6) 将没有意义。假设条件 (2) 表示参数化的同宿轨道表达式对参数的一阶偏导数组成的向量是线性无关的,以此来表示同宿流形的几何结构。验证假设条件 (3) 是很困难的,与 Wiggins 的标准 Melnikov 方法 [10] 相比较,这里的假设条件 (3) 成立就要求满足标准 Melnikov 理论里流形的法向双曲性质。根据前面的分析,有如下结论:

定理 5.1　　如果系统 (5-1) 满足假设条件 (1)~(6),系统的 Melnikov 函数可由如下形式给出

$$M_1(\theta, \alpha) = \int_{-\infty}^{+\infty} DH(x^h(t, \alpha)) \cdot g(x^h(t, \alpha), \omega t + \theta)\mathrm{d}t \tag{5-6a}$$

$$M_{j-1}(\theta, \alpha) = \int_{-\infty}^{+\infty} J\frac{\partial x^h}{\partial \alpha_j}(t, \alpha) \cdot g(x^h(t, \alpha), \omega t + \theta)\mathrm{d}t, \quad j = 1, 2, \cdots, l-1 \tag{5-6b}$$

若系统 (5-1) 的 Melnikov 函数存在简单零点,即 $M(\theta_0, \alpha_0) = 0$,且 $DM(\theta_0, \alpha_0) \neq 0$,则系统存在 Smale 马蹄意义下的混沌。

如果考虑的系统满足假设条件 (1)~(6),则可以根据定理 5.1 计算相应的 Melnikov 函数的简单零点,得到系统的稳定流形与不稳定流形横截相交,进而得到系统会存在 Smale 马蹄意义下的混沌。此方法对于分析高维非自治非线性系统,只能考虑其特殊情形,因此它的推广应用具有局限性。所以,需要改进非自治非线性系统的 Melnikov 方法。

工程系统中许多问题的数学模型和动力学方程都可以用高维非自治非线性系统来描述,而目前研究高维非线性系统混沌动力学的理论方法大多数只能处理自

治非线性系统。研究的方法和步骤大多数是利用多尺度方法或平均法把高维非自治非线性系统化简为高维自治非线性系统,利用规范形理论等各种简化方法将非线性系统进一步简化,然后利用广义 Melnikov 方法或能量相位法等理论方法分析自治非线性系统的多脉冲混沌运动。为了使理论分析所得到的结果更加符合原始系统的动态特性,把用于研究自治系统多脉冲混沌动力学的广义 Melnikov 方法,推广到非自治非线性动力系统,对广义 Melnikov 方法进行改进。文献 [11] 中给出了四维自治 Hamilton 系统的广义 Melnikov 方法,但是有些系统的方程不适合化成极坐标形式或化成极坐标后反而使系统方程变得很复杂。因此,有必要将广义 Melnikov 方法推广到直角坐标系下的高维非自治非线性系统。

5.3　直角坐标系下非自治非线性系统的广义 Melnikov 方法

将广义 Melnikov 方法拓展到高维非自治非线性系统,用来研究高维非自治非线性系统的复杂动力学行为。考虑如下形式的高维非自治非线性系统

$$\dot{u} = JD_uH(u, v_1) + \varepsilon g^u(u, v, \omega t, \mu, \varepsilon) \tag{5-7a}$$

$$\dot{v}_1 = \varepsilon g^{v_1}(u, v, \omega t, \mu, \varepsilon) \tag{5-7b}$$

$$\dot{v}_2 = \Omega(u, v_1) + \varepsilon g^{v_2}(u, v, \omega t, \mu, \varepsilon) \tag{5-7c}$$

其中, $u = (u_1, u_2) \in \mathbf{R}^2$, $v = (v_1, v_2) \in \mathbf{R}^2$, $0 < \varepsilon \ll 1$, $\mu \in \mathbf{R}^p$ 表示系统的参数。系统中所有的函数在其定义域上都是充分可微的,并且 $g = (g^u, g^{v_1}, g^{v_2})$ 是 t 的周期函数,令 $\phi = \omega t$, 函数 g 的周期为 $T = 2\pi/\omega$, D_uH 表示函数 H 对变量 u 的偏导数,矩阵 J 为辛矩阵

$$J = \begin{pmatrix} 0 & 1 \\ -1 & 0 \end{pmatrix} \tag{5-8}$$

令 $\varepsilon = 0$, 得到系统 (5-7) 的未扰动系统为

$$\dot{u} = JD_uH(u, v_1) \tag{5-9a}$$

$$\dot{v}_1 = 0 \tag{5-9b}$$

$$\dot{v}_2 = \Omega(u, v_1) \tag{5-9c}$$

其中, H 是未扰动系统 (5-9) 的 Hamilton 函数。对未扰动系统有如下的假设。

假设 5.1　对于每个 $v_1 \in [L, N]$, 其中 L、N 为非负实数,未扰动系统有双曲平衡点 $u = u_0(v_1)$, 并且存在连接此平衡点的同宿轨道 $u^h(t, v_1)$。

假设 5.2　对于某个 $v_1 = v_{10}$, $v_1 \in [L, N]$, 以下条件满足

$$\Omega(u_0(v_{10}), v_{10}) = 0 \quad \text{且} \quad \frac{\mathrm{d}\Omega(u_0(v_1), v_1)}{\mathrm{d}v_1}(v_{10}) \neq 0 \tag{5-10}$$

　　注意到未扰动系统 (5-9) 是四维的，而扰动系统 (5-7) 是五维系统，在五维增广相空间中引入如下形式的横截面

$$\Sigma^{\phi_0} = \{(u, v, \phi) | \phi = \phi_0\} \tag{5-11}$$

　　图 5-2 给出了横截面 Σ^{ϕ_0} 的几何解释。主要思想是先固定 ϕ，在横截面 Σ^{ϕ_0} 上研究系统的动力学行为，然后再让 ϕ 跑遍环 S^1，即首先研究如下形式的系统

$$\dot{u} = JD_u H(u, v_1) + \varepsilon g^u(u, v, \phi_0, \mu, \varepsilon) \tag{5-12a}$$

$$\dot{v}_1 = \varepsilon g^{v_1}(u, v, \phi_0, \mu, \varepsilon) \tag{5-12b}$$

$$\dot{v}_2 = \Omega(u, v_1) + \varepsilon g^{v_2}(u, v, \phi_0, \mu, \varepsilon) \tag{5-12c}$$

然后再令 ϕ 从 0 到 2π 变化。

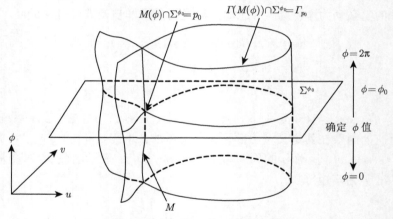

图 5-2　横截面 Σ^{ϕ_0} 的几何结构

　　假设 5.1 表明

$$M_0 = \{(u, v) | u = u_0(v_1), v_1 \in [L, N], v_2 \in \mathbf{R}\} \tag{5-13}$$

是两维的法向双曲不变流形，其中 L、N 为非负实数。

　　由于 $v_2 \in \mathbf{R}$，流形 M_0 是一个无界流形，因此不能应用文献 [7] 中的不变流形定理来证明它的稳定流形及不稳定流形的存在性。定义如下形式的 "部分" 流形

$$M = \{(u, v) | u = u_0(v_1), v_1 \in [L, N], |v_2| < A\} \tag{5-14}$$

流形 M 是一个法向双曲部分不变带边流形 [11]，其中 A 为非负实数。

下面证明系统 (5-12) 的法向双曲 "部分" 不变流形 M_ε 的存在性。引入如下形式的光滑函数

$$\varphi(s) = \begin{cases} 0, & |s| \geqslant 2A \\ s, & |s| < A \end{cases} \tag{5-15}$$

函数 $\varphi(s)$ 对所有 $s \in \mathbf{R}$ 是光滑函数。定义如下形式的系统

$$\dot{u} = JD_u H(u, v_1) + \varepsilon g^u(u, v, \phi_0, \mu, \varepsilon) \tag{5-16a}$$

$$\dot{v}_1 = \varepsilon g^{v_1}(u, v, \phi_0, \mu, \varepsilon) \tag{5-16b}$$

$$\dot{v}_2 = \varphi'(v_2)\Omega(u, v_1) + \varepsilon\varphi'(v_2)g^{v_2}(u, v, \phi_0, \mu, \varepsilon) \tag{5-16c}$$

当 $\varepsilon = 0$ 时，方程 (5-16) 变为如下形式

$$\dot{u} = JD_u H(u, v_1) \tag{5-17a}$$

$$\dot{v}_1 = 0 \tag{5-17b}$$

$$\dot{v}_2 = \varphi'(v_2)\Omega(u, v_1) \tag{5-17c}$$

因此，在 $|v_2| < A$ 时，方程 (5-16) 与方程 (5-12) 是等同的，方程 (5-17) 与方程 (5-9) 是等同的。

显然对于式 (5-14) 来说，即流形 M 在系统 (5-17) 下，是法向双曲不变流形。根据 Fenichel 不变流形定理 [11]，方程 (5-16) 存在局部不变法向双曲流形 M_ε，ε 逼近于流形 M，并且流形 M_ε 定义在如下形式的邻域内

$$U^\kappa = \{(u, v) \,|\, |u - u_0| \leqslant \kappa, v_1 \in [L_1, N_1] \subset [L, N], |v_2| \leqslant A_1 < A\} \tag{5-18}$$

流形 M_ε 可以表示为如下形式

$$M_\varepsilon = \{(u, v) \,|\, u = u_0(v_1) + O(\varepsilon), v_1 \in [L_1, N_1] \subset [L, N], |v_2| \leqslant A_1 < A\} \tag{5-19}$$

因为在 $|v_2| < A$ 时，方程 (5-16) 与方程 (5-12) 是等同的，所以流形 M_ε 是方程 (5-12) 的局部不变法向双曲流形。

流形 M 及其稳定流形与不稳定流形在四维空间的几何结构如图 5-3 所示。流形 M 有三维的稳定流形与不稳定流形 $W^s(M)$ 和 $W^u(M)$，并且它们相交于三维的同宿流形 Γ: $\Gamma = W^s(M) \cap W^u(M)$

$$\Gamma = \left\{(u, v) \,\middle|\, u = u^h(t, v_1), v_1 \in [L, N], v_2 = \int_{-\infty}^{t} D_{v_1} H(u^h, v_{10})\mathrm{d}s + v_{20}\right\} \tag{5-20}$$

同宿流形 Γ 的几何结构如图 5-4 表示。图 5-4 中，u 方向上中间曲线表示轨道异宿到不动点，两侧两曲线分别表示了两种不同的同宿情形。将图 5-2 ~ 图 5-4 结合起来，则整个系统 (5-7) 的空间结构就比较清楚了。

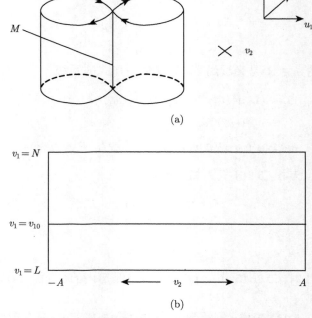

(a)

(b)

图 5-3　未扰动系统在四维相空间中的几何关系

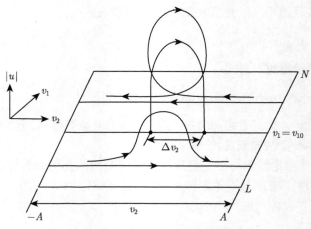

图 5-4　同宿流形的几何结构

从整个五维空间 $\mathbf{R}^4 \times S^1$ 来看，法向双曲部分不变流形 M 可以写成

$$M(\phi) = \{(u,v) \mid u = u_0(v_1), v_1 \in [L,N], |v_2| < A, \phi = \omega t + \phi_0\} \tag{5-21}$$

令流形 $M_\varepsilon^{\phi_0}$ 表示五维增广相空间 $\mathbf{R}^4 \times S^1$ 中，流形 M_ε 在横截面 Σ^{ϕ_0} 上的部分。

令 $\varPhi_t(\cdot)$ 表示方程 (5-12) 产生的流，定义全局的稳定与不稳定流形

$$W^{\mathrm{s}}(M_\varepsilon^{\phi_0}) = \bigcup_{t\leqslant 0} \varPhi_t(W_{\mathrm{loc}}^{\mathrm{s}}(M_\varepsilon^{\phi_0}) \cap U^\kappa), \quad W^{\mathrm{u}}(M_\varepsilon^{\phi_0}) = \bigcup_{t\geqslant 0} \varPhi_t(W_{\mathrm{loc}}^{\mathrm{u}}(M_\varepsilon^{\phi_0}) \cap U^\kappa) \quad (5\text{-}22)$$

以下是在直角坐标下的一些符号表达式，相应极坐标形式的定义可以在文献中看到。首先 Melnikov 函数定义为

$$M(v_0, \phi_0, \mu) = \int_{-\infty}^{+\infty} \langle \boldsymbol{n}(p^h(t)), \boldsymbol{g}(p^h(t), \omega t + \phi_0, \mu, 0)\rangle \mathrm{d}t \quad (5\text{-}23)$$

其中

$$\boldsymbol{n} = (D_u H(u, v_1), D_{v_1} H(u, v_1) - D_{v_1} H(u_0(v_1), v_1), 0) \quad (5\text{-}24)$$

$$\boldsymbol{g} = (g^u(u, v, \omega t, \mu, 0), g^{v_1}(u, v, \omega t, \mu, 0), g^{v_2}(u, v, \omega t, \mu, 0)) \quad (5\text{-}25)$$

$$p^h(t) = (u^h(t, v_1), v_1, v_2^h(t, v_1) + v_{20}) \quad (5\text{-}26)$$

向量 $\boldsymbol{n}$ 为同宿流形 $\varGamma$ 的法向量。

k 脉冲 Melnikov 函数 M_k $(k = 1, 2, \cdots)$ 定义为

$$M_k(v_0, \phi_0, \mu) = \sum_{j=0}^{k-1} M(v_{10}, v_{20} + j\Delta v_2(v_{10}), \phi_0, \mu) \quad (5\text{-}27)$$

其中

$$\Delta v_2(v_{10}) = \int_{-\infty}^{+\infty} \left[\varOmega\left(u^h(\tau, v_1), v_{10}\right) - \varOmega\left(u_0(v_{10}), v_{10}\right)\right] \mathrm{d}\tau \quad (5\text{-}28)$$

根据假设 5.2 中的条件 (5-10)，可以容易地得到如下表达式

$$\Delta v_2(v_{10}) = \int_{-\infty}^{+\infty} \varOmega\left(u^h(\tau, v_1), v_{10}\right) \mathrm{d}\tau \quad (5\text{-}29)$$

假设 5.2 表明流形 M 上布满了平衡点，Δv_2 表示 M 上两个平衡点之间的距离。在 $v_1 = v_{10}$ 附近，流形 M 是慢变流形，而变量 u 在快变流形上，因此在这种情形下，流形 M 上没有 "折" 存在，即文献中的开折条件自动满足。

根据文献 [11]，表示法向量 $\boldsymbol{n}$ 取正负号的符号函数 σ 为如下形式

$$\begin{aligned}\sigma &= \lim_{t\to+\infty} \frac{\langle n\left(P^h(t)\right), \dot{P}^h(-t)\rangle}{\|D_u H(u^h(t, v_1), v_1)\| \, \|D_u H(u^h(-t, v_1), v_1)\|} \\ &= \lim_{t\to+\infty} \frac{\langle D_u H(u^h(t, v_1), v_1), J'D_u H(u^h(-t, v_1), v_1)\rangle}{\|D_u H(u^h(t, v_1), v_1)\| \, \|D_u H(u^h(-t, v_1), v_1)\|}\end{aligned} \quad (5\text{-}30)$$

文献 [11] 中给出了如下的结论, 即如果同宿流形 Γ 围成的区域是凸的, 则符号函数 σ 的符号无需验证。但是在文献 [11] 中, 辛矩阵 J' 的形式为

$$J' = \begin{pmatrix} 0 & -1 \\ 1 & 0 \end{pmatrix}$$

与矩阵 (5-8) 相比较, 辛矩阵 J 与 J' 相差一个负号, 因此文献 [11] 的结论在这里要作相应的修改, 即如果未扰动同宿流形 Γ 所围的区域为凹的, 则符号函数 σ 式 (5-30) 的符号无需验证。根据前面的分析, 得到如下形式的定理。

定理 5.2　如果对于整数 k, 和某个 $v_2 = \bar{v}_{20}$, $\mu = \bar{\mu}$, 以下条件满足

(1) k 脉冲 Melnikov 函数有简单零点, 即

$$M_k(v_{10}, \bar{v}_{20}, \phi_0, \bar{\mu}) = 0, \quad D_{v_2} M_k(v_{10}, \bar{v}_{20}, \phi_0, \bar{\mu}) \neq 0 \tag{5-31}$$

(2) $M_i(v_{10}, \bar{v}_{20}, \phi_0, \bar{\mu}) \neq 0$, $i = 1, \cdots, k-1, k > 1$。

则对于所有的 $v_1 \to v_{10}$, $\mu \to \bar{\mu}$, 扰动系统的稳定流形与不稳定流形 $W^s(M_\varepsilon^{\phi_0})$ 和 $W^u(M_\varepsilon^{\phi_0})$ 横截相交于一个二维的横截面 $\sum_\varepsilon^\mu(\bar{v}_{20})$。而且在环 $M_\varepsilon^{\phi_0}$ 的一个小邻域外, 横截面 $\sum_\varepsilon^\mu(\bar{v}_{20})$ 光滑地逼近于由未扰动系统的同宿轨道在 $v_1 = v_{10}$ 和 $v_{20} = \bar{v}_{20} + j\Delta v_2(v_{10})$, $j = 0, 1, \cdots, k-1$ 时, 张成的横截面 $\sum_0^\mu(\bar{v}_{20})$。这里 $\bar{v}_{20}$ 是 k 脉冲 Melnikov 函数 $M_k(v_{10}, v_{20}, \phi_0, \mu)$ 的简单零点的取值。

本节的主要思想是将非自治系统通过一系列坐标变换, 使之满足文献中定理的条件, 因此定理 5.2 的证明与文献 [11] 中的证明很类似, 本节将给出 k 脉冲 Melnikov 函数表达式的推导过程 [12]。假设文献中的一些结果是成立的, 包括距离估计、切空间的封闭性、距离计算及距离转换。实际上根据文献中推导过程, 这些结论用在系统 (5-7) 中仍然成立。下面将这些结果写成命题的形式, 首先给出一些符号的定义。

不稳定流形 $W^u(M_\varepsilon^{\phi_0})$ 的跳跃部分用 L 表示, $O^L \in L$, 为 L 上的一条轨道。定义流形 $M_\varepsilon^{\phi_0}$ 的邻域 $U_\delta(M_\varepsilon^{\phi_0})$

$$U_\delta(M_\varepsilon^{\phi_0}) = \{(u_1, u_2, v_1, v_2) \,|\, |u_1| < \delta, |u_2| < \delta, v_1 \in [L, N], |v_2| < A\} \tag{5-32}$$

命题 5.1　令流形 L 以 $O(\varepsilon^\alpha)$ 逼近于局部稳定流形 $W^s_{\text{loc}}(M_\varepsilon^{\phi_0})$, 并且在进入邻域 $U_\delta(M_\varepsilon^{\phi_0})$ 时, 它们相应的切空间也是 $O(\varepsilon^\alpha)$ 逼近的。则在跳出邻域 $U_\delta(M_\varepsilon^{\phi_0})$ 点时, 流形 L 的切空间 $O(\varepsilon^{\alpha-\beta})$ 逼近于局部不稳定流形 $W^u_{\text{loc}}(M_\varepsilon^{\phi_0})$ 的切空间。其中 α 和 β 是任意小的正实数。

命题 5.2　令 $p^h(0)$ 为未扰动同宿流形 $W(M)$ 在离开邻域 $U_\delta(M_\varepsilon^{\phi_0})$ 时与邻域的交点, 过 $p^h(0)$ 的同宿流形 $W(M)$ 的法向量 $\boldsymbol{n}(p^h(0))$ 分别交流形 L 与局部

不稳定流形 $W_{\mathrm{loc}}^{\mathrm{u}}(M_\varepsilon^{\phi_0})$ 于点 $q^l(0)$ 和 $q^{\mathrm{u}}(0)$。则沿着法向量 $\boldsymbol{n}(p^h(t))$，流形 L 和 $W_{\mathrm{loc}}^{\mathrm{u}}(M_\varepsilon^{\phi_0})$ 之间的有向距离为

$$d^{l,u}(\tilde{p}^h(t)) = \frac{\langle q^l(0) - q^{\mathrm{u}}(0), \boldsymbol{n}(p^h(0))\rangle}{\|\boldsymbol{n}(\tilde{p}^h(t))\|} + O((\varepsilon^\alpha + \varepsilon)^{2-\beta}) \tag{5-33}$$

其中，$\tilde{p}^h(t)$ 为同宿流形 $W(M)$ 的法向量 $\boldsymbol{n}(\tilde{p}^h(t))$ 与 $W(M)$ 的交点。

命题 5.3　在扰动情形下，轨道 $q^l(t)$ 在距局部稳定流形 $W_{\mathrm{loc}}^{\mathrm{s}}(M_\varepsilon^{\phi_0})$ 的 $c\varepsilon^\alpha$ 处进入邻域 $U_\delta(M_\varepsilon^{\phi_0})$，交 $W_{\mathrm{loc}}^{\mathrm{s}}(M_\varepsilon^{\phi_0})$ 于点 $q^l(0)$，轨道在点 $q^l(T)$ 处离开邻域。$\boldsymbol{n}_q(0)$ 和 $\boldsymbol{n}_q(T)$ 分别为未扰动稳定流形与不稳定流形 $W_{\mathrm{loc}}^{\mathrm{s}}(M)$ 和 $W_{\mathrm{loc}}^{\mathrm{u}}(M)$ 的过点 $q^{\mathrm{s}}(0) \in W_{\mathrm{loc}}^{\mathrm{s}}(M_\varepsilon^{\phi_0})$ 和 $q^{\mathrm{u}}(T) \in W_{\mathrm{loc}}^{\mathrm{u}}(M_\varepsilon^{\phi_0})$ 的法向量，则有

$$\langle \boldsymbol{n}_q(0), q^l(0) - q^{\mathrm{s}}(0)\rangle = \langle \boldsymbol{n}_q(T), q^l(T) - q^{\mathrm{u}}(T)\rangle + O\left(\varepsilon^{2\alpha - D\varepsilon}\log\frac{1}{\varepsilon} + \varepsilon^{1+\alpha}\left(\log\frac{1}{\varepsilon}\right)^2\right) \tag{5-34}$$

命题 5.3 给出了如何将流形 L 与 $W^{\mathrm{s}}(M_\varepsilon^{\phi_0})$ 之间的距离转化成流形 L 与 $W^{\mathrm{u}}(M_\varepsilon^{\phi_0})$ 之间的距离。

令 q_1 为第一脉冲 O^L 上一点，过 q_1 的未扰动同宿流形 Γ 的法向量 $\boldsymbol{n}(p_1)$ 交流形 Γ 于点 p_1，与稳定流形 $W^{\mathrm{s}}(M_\varepsilon^{\phi_0})$ 交于点 q_1^{s}。根据标准 Melnikov 理论，点 q_1 与稳定流形 $W^{\mathrm{s}}(M_\varepsilon^{\phi_0})$ 之间沿着法向量 $\boldsymbol{n}(p_1)$ 的有向距离为

$$d^{l,s}(p_1) = |q_1 - q_1^{\mathrm{s}}| = \frac{\langle q_1 - q_1^{\mathrm{s}}, \boldsymbol{n}(p_1)\rangle}{\|\boldsymbol{n}(p_1)\|} = \varepsilon\frac{M(v_{10}, v_{20}, \phi_0, \mu)}{\|\boldsymbol{n}(p_1)\|} \tag{5-35}$$

这里略去了 ε 的高阶项。

考虑轨道 O^L 上第二脉冲上的点，根据命题 5.2 和命题 5.3，在命题 5.1 条件下，在跳出邻域 $U_\delta(M_\varepsilon^{\phi_0})$ 点处，轨道 O^L 与不稳定流形 $W^{\mathrm{u}}(M_\varepsilon^{\phi_0})$ 之间的有向距离为如下形式，这里依然省去了 ε 的高阶无穷小项。

$$d^{l,u}(p_2) = |q_2 - q_2^{\mathrm{u}}| = \frac{\langle q_2 - q_2^{\mathrm{u}}, \boldsymbol{n}(p_2)\rangle}{\|\boldsymbol{n}(p_2)\|} = \frac{\langle q_1 - q_1^{\mathrm{s}}, \boldsymbol{n}(p_1)\rangle}{\|\boldsymbol{n}(p_2)\|} = \varepsilon\frac{M(v_{10}, v_{20}, \phi_0, \mu)}{\|\boldsymbol{n}(p_2)\|} \tag{5-36}$$

其中，p_2，q_2 分别为第二脉冲上与 p_1，q_1 性质相同的点；点 q_2^{u} 为第二脉冲上不稳定流形 $W^{\mathrm{u}}(M_\varepsilon^{\phi_0})$ 上的点。

流形 $W_{\mathrm{loc}}^{\mathrm{u}}(M_\varepsilon^{\phi_0})$ 与 $W^{\mathrm{s}}(M_\varepsilon^{\phi_0})$ 之间沿着法向量 $\boldsymbol{n}(p_2)$ 方向的有向距离为

$$d^{u,s}(p_2) = |q_2^{\mathrm{u}} - q_2^{\mathrm{s}}| = \frac{\langle q_2^{\mathrm{u}} - q_2^{\mathrm{s}}, \boldsymbol{n}(p_2)\rangle}{\|\boldsymbol{n}(p_2)\|} = \varepsilon\frac{M(v_{10}, v_{21}, \phi_0, \mu)}{\|\boldsymbol{n}(p_2)\|} \tag{5-37}$$

根据式 (5-35) 和式 (5-36)，点 q_2 与稳定流形 $W^{\mathrm{s}}(M_\varepsilon^{\phi_0})$ 之间的有向距离为

$$d^{l,s}(p_2) = |q_2 - q_2^{\mathrm{s}}| = \varepsilon\frac{M(v_{10}, v_{20}, \phi_0, \mu) + M(v_{10}, v_{21}, \phi_0, \mu)}{\|\boldsymbol{n}(p_2)\|} \tag{5-38}$$

根据文献中 [11] 的第 8 节及假设 5.2 中的条件 (5-10)，有以下结果

$$v_{21} = v_{20} + \Delta v_2(v_{10}) \tag{5-39}$$

因此，2-脉冲 Melnikov 函数可以写为

$$M_2(v_{10}, v_{20}, \phi_0, \mu) = M(v_{10}, v_{20}, \phi_0, \mu) + M(v_{10}, v_{20} + \Delta v_2(v_{10}), \phi_0, \mu) \tag{5-40}$$

图 5-5 给出了前两个脉冲距离计算及其转换的几何示意图。图 5-5 表明，流形 $O^L \in L \subset W^{\mathrm{u}}(M_\varepsilon^{\phi_0})$ 和 $W_{\mathrm{loc}}^{\mathrm{u}}(M_\varepsilon^{\phi_0})$ 在跳出邻域 $U_\delta(M_\varepsilon^{\phi_0})$ 点处之间的有向距离可以由流形 O^L 和 $W_{\mathrm{loc}}^{\mathrm{s}}(M_\varepsilon^{\phi_0})$ 在进入邻域 $U_\delta(M_\varepsilon^{\phi_0})$ 点处的距离表示，即第一脉冲处之间的距离表示。在第二脉冲的进入点，即第一脉冲的跳出点处，流形 $L \subset W^{\mathrm{u}}(M_\varepsilon^{\phi_0})$ 和 $W^{\mathrm{s}}(M_\varepsilon^{\phi_0})$ 在跳出邻域 $U_\delta(M_\varepsilon^{\phi_0})$ 点处的距离可以由第一脉冲处的有向距离与式 (5-37) 的和来表示。

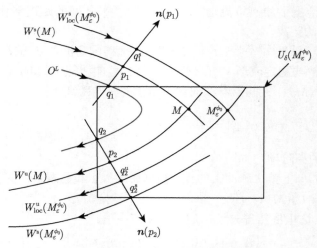

图 5-5　前两个脉冲几何示意图

下面利用有限归纳法来完成证明。令 p_{j-1}, q_{j-1} 和 q_{j-1}^{s}, $j > 1$ 为轨道 O^L 上与 p_1, q_1 和 q_1^{s} 类似的点，假设第 $j-1$ 脉冲上，点 q_{j-1} 和 q_{j-1}^{s} 之间的距离为

$$d^{l,\mathrm{s}}(p_{j-1}) = \varepsilon \frac{M_{j-1}(v_{10}, v_{20}, \phi_0, \mu)}{\|\boldsymbol{n}(p_{j-1})\|} \tag{5-41}$$

对于第 j 脉冲，命题 5.1 和命题 5.3 保证了轨道 O^L 的回归行为及距离的阶数为 $O(\varepsilon)$，根据命题 5.2，有

$$d^{l,\mathrm{u}}(p_j) = \varepsilon \frac{M_{j-1}(v_{10}, v_{20}, \phi_0, \mu)}{\|\boldsymbol{n}(p_j)\|} \tag{5-42}$$

与 $j=2$ 时类似, 可以计算 $d^{l,s}(p_j)$

$$d^{l,s}(p_j) = \varepsilon \frac{M_{j-1}(v_{10}, v_{20}, \phi_0, \mu) + M(v_{10}, v_{2,j-1}, \phi_0, \mu)}{\|\boldsymbol{n}(p_j)\|} \tag{5-43}$$

得到 j 脉冲 Melnikov 函数为如下表达式

$$M_j(v_{10}, v_{20}, \phi_0, \mu) = M_{j-1}(v_{10}, v_{20}, \phi_0, \mu) + M(v_{10}, v_{20} + (j-1)\Delta v_2(v_{10}), \phi_0, \mu) \tag{5-44}$$

于是可以得到 k 脉冲 Melnikov 函数

$$M_k(v_0, \phi_0, \mu) = \sum_{j=0}^{k-1} M\left(v_{10}, v_{20} + j\Delta v_2(v_{10}), \phi_0, \mu\right)$$

扰动系统的稳定流形与不稳定流形横截相交意味着存在横截同宿轨。根据 Smale-Birkhoff 定理, 横截同宿轨的存在性意味着系统存在 Smale 马蹄意义下的混沌。根据定理 5.2 得到系统存在多脉冲混沌运动。

5.4 混合坐标系下非自治系统的广义 Melnikov 方法

本节给出了混合坐系标下具有非自治周期扰动 Hamilton 系统的广义 Melnikov 方法。为了分析系统的动力学行为, 考虑了不含阻尼与激励摄动参数的规范形方程, 在计算 Melnikov 函数时遇到了很大的困难。解决的办法是, 首先对被积函数中的两项进行 Taylor 级数展开, 然后运用留数理论, 计算出每一项。下面给出研究混合坐标下非自治系统多脉冲混沌动力学的广义 Melnikov 方法。

考虑如下带有非自治周期扰动的 Hamilton 系统

$$\dot{x} = JD_xH(x, I) + \varepsilon g^x(x, I, \gamma, \mu, \phi, \varepsilon) \tag{5-45a}$$

$$\dot{I} = \varepsilon g^I(x, I, \gamma, \mu, \phi, \varepsilon) \tag{5-45b}$$

$$\dot{\gamma} = \Omega(x, I) + \varepsilon g^\gamma(x, I, \gamma, \mu, \phi, \varepsilon) \tag{5-45c}$$

$$\dot{\phi} = \omega \tag{5-45d}$$

其中, $(x, I, \gamma, \phi) \in \mathbf{R}^2 \times \mathbf{R} \times S^1 \times S^1$, $0 < \varepsilon \ll 1$, $\mu \in \mathbf{R}^p$ 为系统参数。方程 (5-45) 中所有函数在其定义域上是充分可微的, 函数 $g = (g^x, g^I, g^\gamma)$ 是关于 t 的周期函数, 周期为 $T = 2\pi/\omega$。J 为辛矩阵

$$J = \begin{pmatrix} 0 & 1 \\ -1 & 0 \end{pmatrix} \tag{5-46}$$

容易看出，方程 (5-45) 是五维的。而当 $\varepsilon = 0$ 时，系统 (5-45) 的未扰动系统是四维的，为如下形式

$$\dot{x} = J D_x H(x, I) \tag{5-47a}$$

$$\dot{I} = 0 \tag{5-47b}$$

$$\dot{\gamma} = \Omega(x, I) \tag{5-47c}$$

其中，H 为未扰动系统 (5-47) 的 Hamilton 函数。

显然，未扰动系统 (5-47) 与变量 ϕ 无关，而又因为 $\dot{I} = 0$，变量 I 保持常数，所以方程 (5-47) 是一个解耦的四维系统。对未扰动系统 (5-47)，有如下假设。

假设 5.3   对于每个 I，其中 $I_1 < I < I_2$，方程 (5-47a) 有双曲平衡点 $x = x_0(I)$，随 I 连续变化，并且有连接平衡点的同宿轨道 $x^h(t, I)$。

假设 5.3 表明，在四维相空间 (x, I, γ) 中，下列集合

$$M = \{ (x, I, \gamma) \,|\, x = x_0(I), I_1 \leqslant I \leqslant I_2, 0 \leqslant \gamma < 2\pi \} \tag{5-48}$$

是一个两维的法向双曲不变流形。流形 M 有三维的稳定流形与不稳定流形，分别表示为 $W^s(M)$ 和 $W^u(M)$。而且，由同宿轨道的存在性表明，稳定流形与不稳定流形 $W^s(M)$ 和 $W^u(M)$ 交于三维的同宿流形 Γ

$$\Gamma = \left\{ (x, I, \gamma) \,\middle|\, x = x^h(t, I), I_1 \leqslant I \leqslant I_2, \gamma = \int_{t_0}^{t} D_I H(x^h(t, I), I) \mathrm{d}s + \gamma_0 \right\} \tag{5-49}$$

图 5-6 给出了在四维的未扰动系统空间中，法向双曲部分不变流形 M 及其稳定流形与不稳定流形的几何解释。

假设 5.4   存在 $I = I_r$，其中 $I_1 < I_r < I_2$，如下条件满足

$$\Omega(x_0(I_r), I_r) = 0 \quad \text{且} \quad \left. \frac{\mathrm{d}\Omega(x_0(I), I)}{\mathrm{d}I} \right|_{I = I_r} \neq 0 \tag{5-50}$$

假设 5.4 中条件 (5-50) 满足时，称为共振。其中非负实数 $I = I_r$ 为共振 I 值，对应于 I_r 的系统的不动点称为共振不动点。

因为 γ 可以代表非线性振动的相位，当 $I = I_r$ 时，相位漂移角 $\Delta\gamma$ 定义为

$$\Delta\gamma = \gamma(+\infty, I_r) - \gamma(-\infty, I_r) \tag{5-51}$$

注意到满足假设 5.4 的 $I = I_r$ 在流形 M 上定义了一个奇异点环。因此，相位漂移角 $\Delta\gamma$ 给出了连接不动点环上两个不动点之间的相位差，当 $\Delta\gamma \neq 2k\pi$ 时，其中 k 为整数，称连接这两个不动点的轨道为异宿轨道。

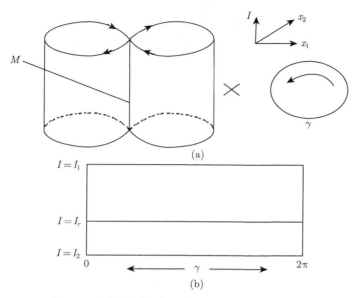

图 5-6 未扰动系统在四维相空间中的几何关系

在整个五维相空间 $\mathbf{R}^3 \times S^2$ 中，流形 M 可以写为如下形式

$$M(\phi) = \{(x, I, \gamma, \phi) \,|\, x = x_0(I), I_1 \leqslant I \leqslant I_2, 0 \leqslant \gamma < 2\pi, \phi = \omega t + \phi_0\} \quad (5\text{-}52)$$

注意到 $M(\phi)$ 是三维的法向双曲不变流形。相应地，流形 $M(\phi)$ 有四维的稳定流形与不稳定流形，分别用 $W^{\mathrm{s}}(M(\phi))$ 和 $W^{\mathrm{u}}(M(\phi))$ 表示。

下面分析扰动系统的动力学行为。根据文献 [11] 中的分析可知，流形 $M(\phi)$ 在充分可微的小扰动下保持不变，由下式表示

$$M_\varepsilon(\phi) = \{(x, I, \gamma, \phi) \,|\, x = x_0(I) + O(\varepsilon), I_1 \leqslant I \leqslant I_2, 0 \leqslant \gamma < 2\pi, \phi = \omega t + \phi_0\}$$
$$(5\text{-}53)$$

流形 $M_\varepsilon(\phi)$，$W^{\mathrm{s}}(M_\varepsilon(\phi))$ 和 $W^{\mathrm{u}}(M_\varepsilon(\phi))$ 分别 $C^r\varepsilon$-逼近于流形 $M(\phi)$，$W^{\mathrm{s}}(M(\phi))$ 和 $W^{\mathrm{u}}(M(\phi))$。对于系统 (5-45)，在五维增广相空间中定义如下形式的横截面

$$\sum\nolimits^{\phi_0} = \{(x, I, \gamma, \phi) \,|\, \phi = \phi_0\} \quad (5\text{-}54)$$

令 $M_{I_0,\gamma_0}(\phi)$ 和 $\Gamma_{I_0,\gamma_0}(\phi)$ 分别表示当变量 I 和 γ 保持不变，而 ϕ 跑遍整个 S^1 时的流形 $M(\phi)$ 和同宿流形 Γ，并且有如下关系

$$M_{I_0,\gamma_0}(\phi) \cap \Sigma^{\phi_0} = x_0 \quad (5\text{-}55)$$

和

$$\Gamma_{I_0,\gamma_0}(\phi) \cap \Sigma^{\phi_0} = \Gamma_{x_0} \quad (5\text{-}56)$$

图 5-7 给出了横截面 Σ^{ϕ_0} 的几何解释，其主要思想是先让 ϕ 固定，在横截面 Σ^{ϕ_0} 上研究系统的动力学行为，然后让 ϕ 跑遍整个环 S^1。

令 $x_\varepsilon(t, I)$ 表示扰动向量场的轨道，相应地，$x(t, I)$ 表示未扰动向量场上的轨道。注意到未扰动向量场是自治的，因此 $x(t, I)$ 与 ϕ 无关。而 $x_\varepsilon(t, I)$ 依赖于 ϕ，因为带扰动向量场是非自治的。因此 $x_\varepsilon(t, I)$ 在横截面 Σ^{ϕ_0} 上是非常复杂的曲线，并且有可能自己多次相交。为了克服这个困难，引入由扰动向量场的流产生的 Poincaré 映射，由横截面 Σ^{ϕ_0} 映到自身

$$P_\varepsilon : \Sigma^{\phi_0} \to \Sigma^{\phi_0} \tag{5-57a}$$

$$x_\varepsilon(0) \mapsto x_\varepsilon(2\pi/\omega) \tag{5-57b}$$

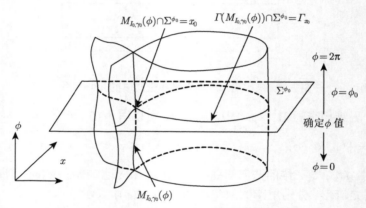

图 5-7　横截面 Σ^{ϕ_0} 的几何结构

引入如下符号表示流形 $M_\varepsilon(\phi)$ 与横截面 Σ^{ϕ_0} 的交集

$$p_{\varepsilon,\phi_0} = M_\varepsilon(\phi) \cap \Sigma^{\phi_0} \tag{5-58}$$

注意到 p_{ε,ϕ_0} 是一个环，这个环上充满了 Poincaré 映射的双曲不动点，它有三维的稳定流形与不稳定流形，分别由 $W^{\mathrm{s}}(p_{\varepsilon,\phi_0})$ 和 $W^{\mathrm{u}}(p_{\varepsilon,\phi_0})$ 表示

$$W^{\mathrm{s}}(p_{\varepsilon,\phi_0}) = W^{\mathrm{s}}(M_\varepsilon(\phi)) \cap \Sigma^{\phi_0} \tag{5-59a}$$

$$W^{\mathrm{u}}(p_{\varepsilon,\phi_0}) = W^{\mathrm{u}}(M_\varepsilon(\phi)) \cap \Sigma^{\phi_0} \tag{5-59b}$$

流形 $W^{\mathrm{s}}(p_{\varepsilon,\phi_0})$ 和 $W^{\mathrm{u}}(p_{\varepsilon,\phi_0})$ 分别 $C^r\varepsilon$-逼近于流形 $W^{\mathrm{s}}(M)$ 和 $W^{\mathrm{u}}(M)$。至此，将图 5-6 与图 5-7 的几何结构结合起来，整个系统 (5-45) 的动力学行为就比较清楚了。在以后的讨论中，令流形 $M_\varepsilon^{\phi_0}$ 表示在横截面 Σ^{ϕ_0} 上的流形 $M_\varepsilon(\phi)$。下面给出几个定义。

首先, 第 1 个脉冲的 Melnikov 函数为

$$M(I_\gamma, \gamma_0, \phi_0, \mu) = \int_{-\infty}^{+\infty} \langle \boldsymbol{n}(p^h(t)), \boldsymbol{g}(p^h(t), \omega t + \phi_0, \mu, 0) \rangle \mathrm{d}t \qquad (5\text{-}60)$$

其中

$$\boldsymbol{n} = (D_x H(x, I), D_I H(x, I) - D_I H(x(I_\gamma), I_\gamma), 0) \qquad (5\text{-}61)$$

$$\boldsymbol{g} = (g^x(x, I, \gamma, \phi, \mu, 0), g^I(x, I, \gamma, \phi, \mu, 0), g^\gamma(x, I, \gamma, \phi, \mu, 0)) \qquad (5\text{-}62)$$

$$p^h(t) = (x^h(t, I), I, \gamma^h(t, I) + \gamma_0) \qquad (5\text{-}63)$$

这里向量 $\boldsymbol{n}$ 为同宿流形 $\varGamma$ 上的法向量。

k 脉冲的 Melnikov 函数 $M_k(k = 1, 2, \cdots)$ 定义为

$$M_k(I_\gamma, \gamma_0, \phi_0, \mu) = \sum_{j=0}^{k-1} M\left(I_\gamma, \gamma_0 + j\Delta\gamma(I_\gamma), \phi_0, \mu\right) \qquad (5\text{-}64)$$

其中

$$\Delta\gamma(I_\gamma) = \int_{-\infty}^{+\infty} \left[\varOmega(x^h(\tau, I_\gamma), I_\gamma) - \varOmega(x(I_\gamma), I_\gamma)\right] \mathrm{d}\tau \qquad (5\text{-}65)$$

根据假设 5.4 的条件 (5-50), 很容易得到相位漂移角为

$$\Delta\gamma(I_\gamma) = \int_{-\infty}^{+\infty} \varOmega(x^h(\tau, I_\gamma), I_\gamma) \mathrm{d}\tau \qquad (5\text{-}66)$$

假设 5.4 表明由方程 (5-48) 表示的流形 M 上充满了系统的不动点, 而由方程 (5-66) 表示的 $\Delta\gamma$ 给出了两个不动点之间的距离。由假设 (2) 可以得到, 流形 M 是一个慢变流形, 而向量 x 在快变流形上, 因此, 在流形 M 上没有 "折" 存在, 即文献中的开折条件自动满足。

基于前面的分析, 得到如下结果

定理 5.3 对于整数 k, 存在 $\gamma = \bar{\gamma}_0$, $\phi = \bar{\phi}_0$ 和系统参数 $\mu = \bar{\mu}$, 使得以下条件满足

(1) k 脉冲 Melnikov 函数关于 $\bar{\gamma}_0$ 或 $\bar{\phi}_0$ 存在简单零点, 即

$$M_k(I_\gamma, \bar{\gamma}_0, \bar{\phi}_0, \bar{\mu}) = 0, \quad D_{\gamma_0} M_k(I_\gamma, \bar{\gamma}_0, \bar{\phi}_0, \bar{\mu}) \neq 0 \qquad (5\text{-}67a)$$

或

$$M_k(I_\gamma, \bar{\gamma}_0, \bar{\phi}_0, \bar{\mu}) = 0, \quad D_{\phi_0} M_k(I_\gamma, \bar{\gamma}_0, \bar{\phi}_0, \bar{\mu}) \neq 0 \qquad (5\text{-}67b)$$

(2) $M_i(I_\gamma, \bar{\gamma}_0, \bar{\phi}_0, \bar{\mu}) \neq 0$, $i = 1, \cdots, k-1$, $k > 1$。

则对于所有的 $\gamma \to \bar{\gamma}_0$, $\phi \to \bar{\phi}_0$ 及 $\mu \to \bar{\mu}$, 存在两维的横截面 $\sum_\varepsilon^\mu (\bar{\gamma}_0)$。沿着此横截面，扰动系统在环面 $M_\varepsilon^{\phi_0}$ 上的稳定流形与不稳定流形 $W^s(M_\varepsilon^{\phi_0})$ 和 $W^u(M_\varepsilon^{\phi_0})$ 横截相交。而且在 $M_\varepsilon^{\phi_0}$ 的一个小邻域外，横截面 $\sum_\varepsilon^\mu (\bar{\gamma}_0)$ 光滑地逼近于由同宿流形 Γ 上的同宿轨道在 $I = I_\gamma$ 和 $\gamma_0 = \bar{\gamma}_0 + j\Delta\gamma(I_0)$, $j = 0, 1, \cdots, k-1$ 时张成的截面，其中 $\bar{\gamma}_0$ 是对应于 k 脉冲 Melnikov 函数 $M_k(I_\gamma, \gamma_0, \phi_0, \mu)$ 简单零点的取值。

　　本节的主要思想是将非自治系统通过一系列变换，并引入横截面 Σ^{ϕ_0}，使之满足文献中定理的条件，因此本节定理的证明与文献中的证明类似。扰动系统的稳定流形与不稳定流形横截相交意味着存在横截同宿轨，根据 Smale-Birkhoff 定理横截同宿轨的存在性意味着系统存在 Smale 马蹄意义下的混沌。根据定理 5.3 系统存在多脉冲混沌运动 [11,12]。

参 考 文 献

[1] Yagasaki K. Periodic and homoclinic motions in forced coupled oscillators. Nonlinear Dynamics, 1999, 20: 319-359.

[2] Yagasaki K. The method of Melnikov for perturbations of multi-degree-of-freedom Hamiltonian systems. Nonlinearity, 1999, 12: 799-822.

[3] Yagasaki K. Codimension-two bifurcations in a pendulum with feedback control. International Journal of Nonlinear Mechanics, 1999, 34: 983-1002.

[4] Yagasaki K. Horseshoe in two-degree-of-freedom Hamiltonian systems with saddle-centers. Archive for Rational Mechanics and Analysis, 2000, 154: 275-296.

[5] Yagasaki K. Homoclinic and heteroclinic orbits to invariant tori in multi-degree-of-freedom Hamiltonian systems with saddle-centres. Nonlinearity, 2005, 18: 1331-1350.

[6] Yagasaki K. Galoisian obstructions to integrability and Melnikov criteria for chaos in two-degree-of freedom Hamiltonian systems with saddle centres. Nonlinearity, 2003, 16: 2003-2012.

[7] Yagasaki K. Chaotic dynamics of quasi-periodically forced oscillators detected by Melnikov method. SIAM Journal on Mathematical Analysis, 1992, 23(5): 1230-1254.

[8] Yagasaki K. Homoclinic tangles, phase locking, and chaos in a two-frequency perturbation of Duffing equation. Journal of Nolinear Science, 1999, 9: 131-148.

[9] Yagasaki K, Wagenknecht T. Dection of symmetric homoclinic otbits to saddle-centre in reversible systems. Physica D, 2006, 214: 169-181.

[10] Wiggins S. Global Bifurcations and Chaos. New York: Springer-Verlag, 1988.

[11] Camassa R, Kovacic G, Tin S K. A Melnikov method for homoclinic orbits with many pulses. Archive for Rational Mechanics and Analysis, 1998, 143: 105-193.

[12] 张君华. 高维非自治非线性系统的全局摄动分析和多脉冲混沌动力学研究. 北京: 北京工业大学博士学位论文, 2009.

第6章 六维自治非线性系统的混沌动力学

在四维自治方程和非自治方程的混沌动力学方面，人们已经有了一定的研究成果，但是至今没有人对具有实际工程应用背景的六维非线性系统的多脉冲同宿轨道和异宿轨道进行全局分析。对于高维非线性动力学系统的研究来说，不仅理论方法上有困难，几何描述和数值计算都有困难，因此，其系统动力学特性的研究难度比低维非线性动力学系统要大得多。不仅理论方法上有困难，而且几何描述和数值计算都有困难。高维非线性系统和无限维非线性系统，从理论上讲，都可用中心流形理论和惯性流形理论进行降维处理，使系统的维数降低。但是降维后系统的维数仍然很高，并且高维非线性系统中的稳定流形和不稳定流形的几何结构难于直观的构造和描述，其后续研究仍然非常困难。本章把全局摄动方法和能量相位法扩展到六维非线性系统中，研究具有实际工程应用背景的高维非线性系统的全局分岔和混沌动力学特性。

6.1 六维自治非线性系统的全局摄动理论

随着材料科学的发展，工程中传动带的材料更多地采用高分子高强度的聚合材料和人造纤维等黏弹性材料。黏弹性传动带的弯曲刚度比较小，因此可忽略其弯曲刚度，将模型简化为轴向运动弦线进行研究[1]。将具有黏弹性特性传动带简化为两端简支的轴向运动弦线，并且承受拉力，如图 6-1 所示。

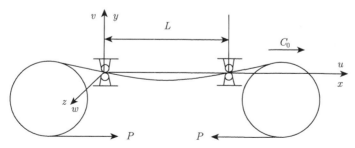

图 6-1 黏弹性传动带的动力学模型

假设传动带的材料是均匀的，变形前垂直于带轴线的横截面在变形后仍垂直于变形的轴线，模型服从 Euler-Bernoulli 理论，传动带运动过程中考虑线性阻尼的影响。选取黏弹性材料的本构关系为开尔文 (Kelvin) 模型，应用 Hamilton 原理可

以得到传动带的非线性控制方程, 利用多尺度法和 Galerkin 方法得到系统在 1:2:3
内共振情况下振动的平均方程为

$$\dot{x}_1 = -\mu x_1 + (\sigma_1 + \alpha b_{101})x_2 + \alpha b_{102}x_5 - \alpha b_{103}x_6 + (a_{101}x_2 + a_{104}x_1)(x_1^2 + x_2^2)$$
$$+ 2a_{108}x_3x_4x_6 + (a_{102}x_2 + a_{105}x_1)(x_3^2 + x_4^2) + (a_{106}x_1 + a_{103}x_2)(x_5^2 + x_6^2)$$
$$+ (a_{107}x_6 + a_{108}x_5)(x_3^2 - x_4^2) + (a_{110}x_5 - a_{109}x_6)(x_1^2 - x_2^2)$$
$$- 2a_{107}x_3x_4x_5 + 2a_{109}x_1x_2x_5 + 2a_{110}x_1x_2x_6 \tag{6-1a}$$

$$\dot{x}_2 = (\alpha b_{101} - \sigma_1)x_1 - \mu x_2 + \alpha b_{103}x_5 + \alpha b_{102}x_6$$
$$+ (a_{104}x_2 - a_{101}x_1)(x_1^2 + x_2^2) + 2a_{108}x_3x_4x_5$$
$$+ (a_{105}x_2 - a_{102}x_1)(x_3^2 + x_4^2) + (a_{106}x_2 - a_{103}x_1)(x_5^2 + x_6^2)$$
$$+ (a_{107}x_5 - a_{108}x_6)(x_3^2 - x_4^2) + (a_{109}x_5 + a_{110}x_6)(x_1^2 - x_2^2)$$
$$+ 2a_{107}x_3x_4x_6 + 2a_{109}x_1x_2x_6 - 2a_{110}x_1x_2x_5 \tag{6-1b}$$

$$\dot{x}_3 = -\mu x_3 + \sigma_2 x_4 + (a_{202}x_4 + a_{205}x_3)(x_1^2 + x_2^2) + (a_{201}x_4 + a_{204}x_3)(x_3^2 + x_4^2)$$
$$+ (a_{206}x_3 + a_{203}x_4)(x_5^2 + x_6^2) + (a_{207}x_5 + a_{208}x_6)(x_1x_4 - x_2x_3)$$
$$+ (a_{208}x_5 - a_{207}x_6)(x_1x_3 + x_2x_4) + f_1 \tag{6-1c}$$

$$\dot{x}_4 = -\sigma_2 x_3 - \mu x_4 + (a_{205}x_4 - a_{202}x_3)(x_1^2 + x_2^2) + (a_{204}x_4 - a_{201}x_3)(x_3^2 + x_4^2)$$
$$+ (a_{206}x_4 - a_{203}x_3)(x_5^2 + x_6^2) + (a_{207}x_6 - a_{208}x_5)(x_1x_4 - x_2x_3)$$
$$+ (a_{208}x_6 + a_{207}x_5)(x_1x_3 + x_2x_4) \tag{6-1d}$$

$$\dot{x}_5 = \alpha b_{301}x_1 - \alpha b_{302}x_2 - \mu x_5 + \sigma_3 x_6 + (a_{305}x_5 + a_{302}x_6)(x_1^2 + x_2^2)$$
$$+ 2a_{310}x_2x_3x_4 + f_2 + (a_{306}x_5 + a_{303}x_6)(x_3^2 + x_4^2)$$
$$+ (a_{304}x_5 + a_{301}x_6)(x_5^2 + x_6^2) + (a_{310}x_1 + a_{309}x_2)(x_3^2 - x_4^2) + 3a_{307}x_1^2x_2$$
$$- a_{307}x_2^3 + a_{308}x_1^3 - 3a_{308}x_1x_2^2 - 2a_{309}x_1x_3x_4 \tag{6-1e}$$

$$\dot{x}_6 = \alpha b_{302}x_1 + \alpha b_{301}x_2 - \sigma_3 x_5 - \mu x_6 + (a_{305}x_6 - a_{302}x_5)(x_1^2 + x_2^2)$$
$$- a_{307}x_1^3 + 3a_{307}x_1x_2^2 + (a_{306}x_6 - a_{303}x_5)(x_3^2 + x_4^2)$$
$$+ (a_{304}x_6 - a_{301}x_5)(x_5^2 + x_6^2) + 3a_{308}x_1^2x_2 - a_{308}x_2^3$$
$$+ (a_{313}x_1 - a_{310}x_2)(x_3^2 - x_4^2) + 2a_{310}x_1x_3x_4 + 2a_{309}x_2x_3x_4 \tag{6-1f}$$

6.1.1　规范形理论化简

　　注意到, 平均方程 (6-1) 具有复杂的非线性项, 还不能直接利用全局摄动法研
究其复杂的动力学特性, 因此, 下面将考虑利用规范形理论去化简该平均方程。规
范形理论是微分方程定性研究的重要手段, 近年来被广泛应用到各种分岔研究中。

这一基本思想是利用原有常微分方程的线性部分, 用李括号 (Lie bracket) 定义一个近恒同的变换来去掉尽可能多的非线性项, 使得变换后得到的非线性系统与原系统是拓扑等价的, 即去掉的非线性项对系统来说是次要的。

方程 (6-1) 的线性部分系数矩阵记为 A

$$A = \begin{bmatrix} -\mu & \sigma_1 + ab_{101} & 0 & 0 & ab_{102} & -ab_{103} \\ ab_{101} - \sigma_1 & -\mu & 0 & 0 & ab_{103} & ab_{102} \\ 0 & 0 & -\mu & \sigma_2 & 0 & 0 \\ 0 & 0 & -\sigma_2 & -\mu & 0 & 0 \\ ab_{301} & -ab_{302} & 0 & 0 & -\mu & \sigma_3 \\ ab_{302} & ab_{301} & 0 & 0 & -\sigma_3 & -\mu \end{bmatrix} \quad (6\text{-}2)$$

显而易见, 平均方程 (6-1) 有一个平凡解 $(x_1, x_2, x_3, x_4, x_5, x_6) = (0, 0, 0, 0, 0, 0)$。假设 $ab_{101} = f_0$, $a_{203} = a_{303}$, 同时引入线性变换

$$x_1 \to x_2, \quad x_2 \to x_1, \quad x_3 \to x_4, \quad x_4 \to x_3, \quad x_5 \to x_6, \quad x_6 \to x_5 \quad (6\text{-}3)$$

则变换后系统的线性部分系数矩阵为

$$J = \begin{bmatrix} -\mu & f_0 - \sigma_1 & 0 & 0 & ab_{102} & ab_{103} \\ f_0 + \sigma_1 & -\mu & 0 & 0 & -ab_{103} & ab_{102} \\ 0 & 0 & -\mu & -\sigma_2 & 0 & 0 \\ 0 & 0 & \sigma_2 & -\mu & 0 & 0 \\ ab_{301} & ab_{302} & 0 & 0 & -\mu & -\sigma_3 \\ -ab_{302} & ab_{301} & 0 & 0 & \sigma_3 & -\mu \end{bmatrix} \quad (6\text{-}4)$$

已知, 平均方程 (6-1) 平凡解所对应的特征方程为

$$[(\lambda + \mu)^2 + \sigma_2^2] \times \left\{ [(\lambda + \mu)^2 + \sigma_1^2 - f_0^2][(\lambda + \mu)^2 + \sigma_3^2] \right.$$
$$\left. - ((ab_{102})^2 + (ab_{103})^2)((ab_{301})^2 + (ab_{302})^2) \right\} = 0 \quad (6\text{-}5)$$

令

$$\Delta_1 = \mu^2 + \sigma_1^2 - f_0^2, \quad \Delta_2 = \mu^2 + \sigma_2^2, \quad \Delta_3 = \mu^2 + \sigma_3^2 \quad (6\text{-}6)$$

当满足下列条件

$$ab_{102} = ab_{103} = ab_{301} = ab_{302} = 0, \quad \mu = 0,$$
$$\Delta_1 = \sigma_1^2 - f_0^2 = 0, \quad \Delta_2 = \sigma_2^2 > 0, \quad \Delta_3 = \sigma_3^2 > 0 \quad (6\text{-}7)$$

系统存在一对双零特征值和两对纯虚特征值

$$\lambda_{1,2} = 0, \quad \lambda_{3,4} = \pm i\sigma_2, \quad \lambda_{5,6} = \pm i\sigma_3 \quad (6\text{-}8)$$

令 $\sigma_1 = \bar{\sigma}_1 - f_0, f_0 = \dfrac{1}{2}$，把 $\bar{\sigma}_1, \mu, f_1, f_2$ 作为摄动参数，利用 Zhang 等 [2,3] 的 Maple 计算程序，可以得到平均方程 (6-1) 的带参数的三阶规范形为

$$\dot{y}_1 = -\mu y_1 + (1 - \bar{\sigma}_1)y_2 + a_{104}y_1^3 + a_{105}y_1(y_3^2 + y_4^2) + a_{106}y_1(y_5^2 + y_6^2) \quad (6\text{-}9a)$$

$$\dot{y}_2 = \bar{\sigma}_1 y_1 - \mu y_2 + a_{101}y_1^3 + a_{102}y_1(y_3^2 + y_4^2) + a_{103}y_1(y_5^2 + y_6^2)$$
$$+ a_{104}y_1^2 y_2 + a_{105}y_2(y_3^2 + y_4^2) + a_{106}y_2(y_5^2 + y_6^2) \quad (6\text{-}9b)$$

$$\dot{y}_3 = -\mu y_3 - \sigma_2 y_4 - a_{201}y_4(y_3^2 + y_4^2) - a_{202}y_1^2 y_4 - a_{203}y_4(y_5^2 + y_6^2)$$
$$+ a_{204}y_3(y_3^2 + y_4^2) + a_{205}y_1^2 y_3 + a_{206}y_3(y_5^2 + y_6^2) \quad (6\text{-}9c)$$

$$\dot{y}_4 = \sigma_2 y_3 - \mu y_4 + a_{201}y_3(y_3^2 + y_4^2) + a_{202}y_1^2 y_3 + a_{203}y_3(y_5^2 + y_6^2)$$
$$+ a_{204}y_4(y_3^2 + y_4^2) + a_{205}y_1^2 y_4 + a_{206}y_4(y_5^2 + y_6^2) + f_1 \quad (6\text{-}9d)$$

$$\dot{y}_5 = -\mu y_5 - \sigma_3 y_6 - a_{301}y_6(y_5^2 + y_6^2) - a_{302}y_1^2 y_6 - a_{303}y_6(y_3^2 + y_4^2)$$
$$+ a_{304}y_5(y_5^2 + y_6^2) + a_{305}y_1^2 y_5 + a_{306}y_5(y_3^2 + y_4^2) \quad (6\text{-}9e)$$

$$\dot{y}_6 = \sigma_3 y_5 - \mu y_6 + a_{301}y_5(y_5^2 + y_6^2) + a_{302}y_1^2 y_5 + a_{303}y_5(y_3^2 + y_4^2)$$
$$+ a_{304}y_6(y_5^2 + y_6^2) + a_{305}y_1^2 y_6 + a_{306}y_6(y_3^2 + y_4^2) + f_2 \quad (6\text{-}9f)$$

这里规范形变换过程中所用的近恒同非线性变换如下

$$x_1 = \frac{a_{108}(\sigma_3 + 1 - 2\sigma_2)}{\sigma_3^2 - 4\sigma_2\sigma_3 + 4\sigma_2^2}(y_3^2 - y_4^2)y_6 + \frac{a_{107}(\sigma_3 + 1 - 2\sigma_2)}{\sigma_3^2 - 4\sigma_2\sigma_3 + 4\sigma_2^2}(y_3^2 - y_4^2)y_5$$
$$+ a_{104}y_1^2 y_2 + \frac{\sigma_3 - 1}{\sigma_3^2}(a_{109}y_5 - a_{110}y_6)y_1^2$$
$$+ \frac{2(\sigma_3^2 - 2\sigma_3 + 2)}{\sigma_3^3}y_1 y_2(a_{110}y_5 + a_{109}y_6) - \frac{1}{6}a_{101}y_1^3$$
$$+ \frac{6\sigma_3 - 6 + \sigma_3^3 - 3\sigma_3^2}{\sigma_3^4}y_2^2(a_{110}y_6 - a_{109}y_5)$$
$$+ \frac{2(\sigma_3 + 1 - 2\sigma_2)}{\sigma_3^2 - 4\sigma_2\sigma_3 + 4\sigma_2^2}y_3 y_4(a_{107}y_6 - a_{108}y_5)$$
$$- a_{103}y_1(y_5^2 + y_6^2) - a_{102}y_1(y_3^2 + y_4^2) \quad (6\text{-}10a)$$

$$x_2 = \frac{2y_3 y_4}{\sigma_3 - 2\sigma_2}(a_{107}y_5 + a_{108}y_6) - \frac{\sigma_3^2 - 2\sigma_3 + 2}{\sigma_3^3}y_2^2(a_{110}y_5 + a_{109}y_6)$$
$$+ \frac{y_1^2}{\sigma_3}(a_{110}y_5 + a_{109}y_6) + \frac{y_3^2}{\sigma_3 - 2\sigma_2}(a_{108}y_5 - a_{107}y_6)$$
$$- \frac{y_4^2}{\sigma_3 - 2\sigma_2}(a_{108}y_5 - a_{107}y_6) + \frac{2(\sigma_3 - 1)}{\sigma_3^2}y_1 y_2(a_{110}y_6 - a_{109}y_5)$$
$$+ a_{101}y_2^3 + y_1 y_2\left(a_{104}y_2 + \frac{1}{2}a_{101}y_1\right) \quad (6\text{-}10b)$$

$$x_3 = -\frac{1}{\sigma_3 - 2\sigma_2} y_1 y_4 \left(a_{208} y_5 + a_{207} y_6\right)$$

$$-\frac{1}{\sigma_3 - 2\sigma_2} y_1 y_3 \left(a_{207} y_5 - a_{208} y_6\right) + \left(a_{205} y_3 - a_{202} y_4\right) y_1 y_2$$

$$+\frac{\sigma_3 + 1 - 2\sigma_2}{\sigma_3^2 - 4\sigma_2 \sigma_3 + 4\sigma_2^2} y_2 y_3 \left(a_{208} y_5 + a_{207} y_6\right)$$

$$-\frac{\sigma_3 + 1 - 2\sigma_2}{\sigma_3^2 - 4\sigma_2 \sigma_3 + 4\sigma_2^2} y_2 y_4 \left(a_{207} y_5 - a_{208} y_6\right) \tag{6-10c}$$

$$x_4 = -\frac{1}{\sigma_3 - 2\sigma_2} y_1 y_6 \left(a_{208} y_4 + a_{207} y_3\right) - \frac{1}{\sigma_3 - 2\sigma_2} y_1 y_5 \left(a_{208} y_3 - a_{207} y_4\right)$$

$$+\left(a_{205} y_4 + a_{202} y_3\right) y_1 y_2 - \frac{\sigma_3 + 1 - 2\sigma_2}{\sigma_3^2 - 4\sigma_2 \sigma_3 + 4\sigma_2^2} y_2 y_5 \left(a_{208} y_4 + a_{207} y_3\right)$$

$$-\frac{\sigma_3 + 1 - 2\sigma_2}{\sigma_3^2 - 4\sigma_2 \sigma_3 + 4\sigma_2^2} y_2 y_6 \left(a_{207} y_4 - a_{208} y_3\right) \tag{6-10d}$$

$$x_5 = \frac{2\left(-4\sigma_2^2 a_{313} + 2\sigma_2 \sigma_3 a_{313} + 2\sigma_2 a_{309} + \sigma_3^2 a_{309} - 2\sigma_2 \sigma_3 a_{309} + \sigma_3 a_{309}\right)}{-2\sigma_2 \sigma_3^2 + 8\sigma_2^3 + \sigma_3^3 - 4\sigma_2^2 \sigma_3} y_2 y_3 y_4$$

$$-\frac{2a_{310} y_3 + a_{309} y_4}{\sigma_3 - 2\sigma_2} y_1 y_4 + \frac{a_{310}\left(\sigma_3 + 1 - 2\sigma_2\right)}{\sigma_3^2 - 4\sigma_2 \sigma_3 + 4\sigma_2^2} y_2 \left(y_3^2 - y_4^2\right) + \frac{a_{309} y_1}{\sigma_3 - 2\sigma_2}\left(y_3^2 - y_4^2\right)$$

$$+\frac{a_{307} y_1^3}{\sigma_3} + \frac{3a_{308}\left(\sigma_3 - 1\right)}{\sigma_3^2} y_1^2 y_2 - \frac{3a_{307}\left(\sigma_3^2 - 2\sigma_3 + 2\right)}{\sigma_3^3} y_1 y_2^2$$

$$-\frac{a_{308}\left(6\sigma_3 - 6 + \sigma_3^3 - 3\sigma_3^2\right)}{\sigma_3^4} y_2^3 + a_{305} y_1 y_2 y_5 - a_{302} y_1 y_2 y_6 \tag{6-10e}$$

$$x_6 = \frac{-4\sigma_2^2 a_{309} - 2\sigma_2 \sigma_3 a_{313} + 2\sigma_2 a_{309} + \sigma_3^2 a_{313} + 2\sigma_2 \sigma_3 a_{309} + \sigma_3 a_{309}}{-2\sigma_2 \sigma_3^2 + 8\sigma_2^3 + \sigma_3^3 - 4\sigma_2^2 \sigma_3} y_2 \left(y_4^2 - y_3^2\right)$$

$$+\frac{2a_{310}\left(\sigma_3 + 1 - 2\sigma_2\right)}{\sigma_3^2 - 4\sigma_2 \sigma_3 + 4\sigma_2^2} y_2 y_3 y_4 + \frac{2a_{309}}{\sigma_3 - 2\sigma_2} y_1 y_3 y_4 + \frac{a_{310} y_1}{\sigma_3 - 2\sigma_2}\left(y_3^2 - y_4^2\right)$$

$$+\frac{3a_{307}\left(\sigma_3 - 1\right)}{\sigma_3^2} y_1^2 y_2 + \frac{3a_{308}\left(\sigma_3^2 - 2\sigma_3 + 2\right)}{\sigma_3^3} y_1 y_2^2$$

$$-\frac{a_{307}\left(6\sigma_3 - 6 + \sigma_3^3 - 3\sigma_3^2\right)}{\sigma_3^4} y_2^3 - \frac{a_{308} y_1^3}{\sigma_3} + a_{305} y_1 y_2 y_6 + a_{302} y_1 y_2 y_5 \tag{6-10f}$$

为了便于利用全局摄动方法分析系统的动力学性质, 在下面的分析中, 将方程 (6-9) 的后四维方程的坐标从直角坐标形式转化为极坐标形式, 令

$$y_3 = I_1 \cos \varphi_1, \quad y_4 = I_1 \sin \varphi_1 \tag{6-11a}$$

$$y_5 = I_2 \cos \varphi_2, \quad y_6 = I_2 \sin \varphi_2 \tag{6-11b}$$

将方程 (6-11) 代入方程 (6-9), 得到带参数的较为简单的规范形如下

$$\dot{y}_1 = f_1^3 = -\mu y_1 + (1 - \bar{\sigma}_1) y_2 + a_{104} y_1^3 + a_{105} y_1 I_1^2 + a_{106} y_1 I_2^2 \tag{6-12a}$$

$$\dot{y}_2 = f_2^3 = \bar{\sigma}_1 y_1 - \mu y_2 + a_{101} y_1^3 + a_{102} y_1 I_1^2 + a_{103} y_1 I_2^2 + a_{104} y_1^2 y_2$$
$$+ a_{105} y_2 I_1^2 + a_{106} y_2 I_2^2 \tag{6-12b}$$

$$\dot{I}_1 = f_3^3 = -\mu I_1 + a_{204} I_1^3 + a_{205} y_1^2 I_1 + a_{206} I_1 I_2^2 + f_1 \sin\varphi_1 \tag{6-12c}$$

$$I_1 \dot{\varphi}_1 = f_4^3 = \sigma_2 I_1 + a_{201} I_1^3 + a_{202} y_1^2 I_1 + a_{203} I_1 I_2^2 + f_1 \cos\varphi_1 \tag{6-12d}$$

$$\dot{I}_2 = f_5^3 = -\mu I_2 + a_{304} I_2^3 + a_{305} y_1^2 I_2 + a_{306} I_2 I_1^2 + f_2 \sin\varphi_2 \tag{6-12e}$$

$$I_2 \dot{\varphi}_2 = f_6^3 = \sigma_3 I_2 + a_{301} I_2^3 + a_{302} y_1^2 I_2 + a_{303} I_2 I_1^2 + f_2 \cos\varphi_2 \tag{6-12f}$$

在上面的计算中，由于所选择的补空间不唯一，所以规范形和非线性近恒同变换也不唯一，因此方程 (6-12) 并不是最简规范形。根据文献 [4~6]，可知方程 (6-12) 中的一些非线性项可以用规范形理论进一步化简，所以选择另外一个补空间，利用内积的方法 [4,7,8] 对方程 (6-12) 再次应用规范形理论化简。

首先，在线性空间 H_n^k 上定义内积。这里 H_n^k 代表 R^n 上 n 个变量 k 次同类多项式的线性空间

$$\dim H_n^k = n \cdot \binom{n+k-1}{k} = n \cdot \frac{(n+k-1)!}{k!(n-1)!} \tag{6-13}$$

例如，当 $n=4$ 和 $k=3$ 时，则 $\dim H_n^k = 80$。

假设对于任意的 $p(z), q(z) \in H_n^k$ 都有

$$p(z) = \sum_{i=1}^{n} \sum_{|\alpha|=k} p_{\alpha_i} y^\alpha e_i \tag{6-14a}$$

$$q(z) = \sum_{i=1}^{n} \sum_{|\alpha|=k} q_{\alpha_i} y^\alpha e_i \tag{6-14b}$$

这里，$|\alpha| = \alpha_1 + \alpha_2 + \cdots + \alpha_n$, $y^\alpha = y_1^{\alpha_1} y_2^{\alpha_2} \cdots y_n^{\alpha_n}$。

那么空间 H_n^k 上的内积定义为

$$\langle p(y), q(y) \rangle = \sum_{i=1}^{n} \sum_{|\alpha|=k} p_{\alpha_i} \bar{q}_{\alpha_i} \alpha! \tag{6-15}$$

这里，$\alpha! = \alpha_1! \alpha_2! \cdots \alpha_n!$。

从内积的定义 (6-15) 中，可以得到以下三个结论

$$(1) \qquad \langle y^\alpha, y^\beta \rangle = \begin{cases} \alpha! = \alpha_1! \alpha_2! \cdots \alpha_n!, & \alpha = \beta \\ 0, & \alpha \neq \beta \end{cases} \tag{6-16a}$$

$$(2) \qquad \langle y^\alpha e_i, y^\beta e_j \rangle = \begin{cases} \alpha!, & i=j, \quad \alpha = \beta \\ 0, & i \neq j, \quad \alpha \neq \beta \end{cases} \tag{6-16b}$$

这里，$e_i = \underbrace{(0, \cdots, 1, \cdots, 0)}_{i}$ 是一组标准正交基。

(3) 假设任意两个多项式向量 $v(y), w(y) \in H_n^k$，这里 $v(y) = (v_1(y), \cdots, v_n(y))$，$w(y) = (w_1(y), \cdots, w_n(y))$，则两个多项式的内积为

$$\langle v(y), w(y) \rangle = \sum_{i=1}^{n} \langle v_i(y), w_i(y) \rangle \tag{6-17}$$

令 V 是有限维内积空间，L 是空间 V 上的线性算子，L^* 是 L 的共轭算子，$\{v_1, \cdots, v_s\}$ 是零空间 $\mathrm{Ker} L^*$ 的基，那么 $\{w_1, \cdots, w_s\}$ 满足如下条件

$$\langle v_i, w_j \rangle = \delta_{ij}, \quad i, j = 1, 2, \cdots, s \tag{6-18}$$

这里，δ_{ij} 是 Kroneker 符号。用 $\mathrm{Im} L$ 表示空间 V 上 L 的值域，则空间 $C^k = \mathrm{span}\{w_1, \cdots, w_s\}$ 是空间 V 上 $\mathrm{Im} L$ 的非垂直补子空间。

假设 $H_n^k = \mathrm{Im} ad_A^k \oplus C^k$，则定义线性算子 ad_A^k 如下

$$ad_A^k : H_n^k \to H_n^k$$

$$ad_A^k \xi^k(y) = D\xi^k(y)Ay - A\xi^k(y), \quad \xi^k(y) \in H_n^k \tag{6-19}$$

同时假设函数 $f^k(y) \in H_n^k$ 是 k 次同类多项式，$g^k(y)$ 是在空间 C^k 上 $f^k(y)$ 的映射，$v = (v_1, \cdots, v_s)$ 是零空间 $\mathrm{Ker} ad_{A^*}^k$ 的基，$w = (w_1, \cdots, w_s)$ 是 C^k 的基。

如果两组基满足条件 (6-18)，空间 C^k 上的 $f^k(y)$ 的映射 $g^k(y)$ 可以表示为

$$g^k(y) = \sum_{i=1}^{s} \langle f^k(y), v_i \rangle w_i \tag{6-20}$$

应用上述方法，可以将方程 (6-12) 进一步进行化简。

下面寻找这样的两组基，如果定义 $(v_1, v_2, v_3, v_4, v_5, v_6) \in \mathrm{Ker} ad_{A^*}^3$ 如下

$$v_1 = y_1^3 e_2 + y_1(I_2^2 + \varphi_2^2)e_2$$
$$v_2 = [y_1^2 y_2 + y_1(I_1^2 + \varphi_1^2)]e_2 + y_2(I_2^2 + \varphi_2^2)e_2 \tag{6-21a}$$
$$v_3 = [I_1(I_1^2 + \varphi_1^2) - \varphi_1(I_2^2 + \varphi_2^2)]e_4$$
$$v_4 = [\varphi_1(I_1^2 + \varphi_1^2) + I_1(I_2^2 + \varphi_2^2)]e_4 \tag{6-21b}$$
$$v_5 = [I_2(I_2^2 + \varphi_2^2) - \varphi_2(I_1^2 + \varphi_1^2)]e_6$$
$$v_6 = [\varphi_2(I_2^2 + \varphi_2^2) + I_2(I_1^2 + \varphi_1^2)]e_6 \tag{6-21c}$$

以及 $(w_1, w_2, w_3, w_4, w_5, w_6) \in C^3$ 如下

$$w_1 = \frac{1}{12} y_1^3 e_2 + \frac{1}{4}(y_1 I_2^2 + y_1^2 I_2)e_6, w_2 = \frac{1}{2}(y_1 I_1^2 e_2 + y_1^2 I_1 e_4) \tag{6-22a}$$

$$w_3 = \frac{1}{6}I_1^3 e_4, \quad w_4 = \frac{1}{2}I_1 I_2^2 e_4, \quad w_5 = \frac{1}{6}I_2^3 e_6, \quad w_6 = \frac{1}{2}I_2 I_1^2 e_6 \qquad (6\text{-}22b)$$

这里

$$e_1 = (1,0,0,0,0,0)^T, \quad e_2 = (0,1,0,0,0,0)^T, \quad e_3 = (0,0,1,0,0,0)^T,$$

$$e_4 = (0,0,0,1,0,0)^T, \quad e_5 = (0,0,0,0,1,0)^T, \quad e_6 = (0,0,0,0,0,1)^T \qquad (6\text{-}22c)$$

是一组标准正交基。

不难发现, v_i 和 w_i 满足条件 (6-18), 因此将基 (6-21) 和基 (6-22) 代入方程 (6-20), 可以计算得到

$$g^3(y) = \sum_{i=1}^{6} \langle f_i^3(y), v_i \rangle w_i$$

$$= \begin{vmatrix} 0 \\ \left(\dfrac{1}{2}a_{101} + \dfrac{1}{6}a_{103}\right) y_1^3 + (a_{102} + a_{104} + a_{106})y_1 I_1^2 + \left(\dfrac{3}{2}a_{101} + \dfrac{1}{2}a_{103}\right) y_1 I_2^2 \\ 0 \\ a_{201}I_1^3 + (a_{102} + a_{104} + a_{106})y_1^2 I_1 + a_{203}I_1 I_2^2 \\ 0 \\ a_{301}I_2^3 + \left(\dfrac{3}{2}a_{101} + \dfrac{1}{2}a_{103}\right) y_1^2 I_2 + a_{303}I_1^2 I_2 \end{vmatrix}$$

$$\qquad (6\text{-}23)$$

从而, 可以得到如下形式的规范形

$$\dot{y}_1 = -\mu y_1 + (1 - \bar{\sigma}_1)y_2 \qquad (6\text{-}24a)$$

$$\dot{y}_2 = \bar{\sigma}_1 y_1 - \mu y_2 + \left(\frac{1}{2}a_{101} + \frac{1}{6}a_{103}\right) y_1^3 + (a_{102} + a_{104} + a_{106})y_1 I_1^2$$

$$\qquad + \left(\frac{3}{2}a_{101} + \frac{1}{2}a_{103}\right) y_1 I_2^2 \qquad (6\text{-}24b)$$

$$\dot{I}_1 = -\mu I_1 + f_1 \sin\varphi_1 \qquad (6\text{-}24c)$$

$$I_1\dot{\varphi}_1 = \sigma_2 I_1 + a_{201}I_1^3 + (a_{102}+a_{104}+a_{106})y_1^2 I_1 + a_{203}I_1 I_2^2 + f_1\cos\varphi_1 \qquad (6\text{-}24d)$$

$$\dot{I}_2 = -\mu I_2 + f_2 \sin\varphi_2 \qquad (6\text{-}24e)$$

$$I_2\dot{\varphi}_2 = \sigma_3 I_2 + a_{301}I_2^3 + \left(\frac{3}{2}a_{101} + \frac{1}{2}a_{103}\right) y_1^2 I_2 + a_{303}I_1^2 I_2 + f_2\cos\varphi_2 \quad (6\text{-}24f)$$

在方程 (6-24) 中引进线性变换

$$\begin{bmatrix} y_1 \\ y_2 \end{bmatrix} = \begin{bmatrix} \sqrt{1-\bar{\sigma}_1} & 0 \\ \dfrac{\mu}{\sqrt{1-\bar{\sigma}_1}} & \dfrac{1}{\sqrt{1-\bar{\sigma}_1}} \end{bmatrix} \begin{bmatrix} u_1 \\ u_2 \end{bmatrix} \qquad (6\text{-}25)$$

则可以得到较为简单的规范形为

$$\dot{u}_1 = u_2 \tag{6-26a}$$

$$\dot{u}_2 = -\mu_1 u_1 - \mu_2 u_2 + \eta_1 u_1^3 + \alpha_1 u_1 I_1^2 + \alpha_2 u_1 I_2^2 \tag{6-26b}$$

$$\dot{I}_1 = -\mu I_1 + f_1 \sin \varphi_1 \tag{6-26c}$$

$$I_1 \dot{\varphi}_1 = \sigma_2 I_1 + \eta_2 I_1^3 + \alpha_1 u_1^2 I_1 + \alpha_3 I_1 I_2^2 + f_1 \cos \varphi_1 \tag{6-26d}$$

$$\dot{I}_2 = -\mu I_2 + f_2 \sin \varphi_2 \tag{6-26e}$$

$$I_2 \dot{\varphi}_2 = \sigma_3 I_2 + \eta_3 I_2^3 + \alpha_2 u_1^2 I_2 + \alpha_3 I_1^2 I_2 + f_2 \cos \varphi_2 \tag{6-26f}$$

这里参数分别为

$$\mu_1 = \mu^2 - \bar{\sigma}_1(1 - \bar{\sigma}_1), \quad \mu_2 = 2\mu, \quad \eta_2 = a_{201}, \quad \eta_3 = a_{301},$$

$$\alpha_1 = (a_{102} + a_{104} + a_{106})(1 - \bar{\sigma}_1), \quad \alpha_2 = \left(\frac{3}{2} a_{101} + \frac{1}{2} a_{103}\right)(1 - \bar{\sigma}_1),$$

$$\alpha_3 = a_{203} = a_{303}, \quad \eta_1 = \left(\frac{1}{2} a_{101} + \frac{1}{6} a_{103}\right)(1 - \bar{\sigma}_1)^3 \tag{6-27}$$

下一步, 将在系统 (6-26) 中阻尼和激励项引入小扰动参数 $\varepsilon(\varepsilon > 0)$

$$\mu_2 \to \varepsilon \mu_2, \quad \mu \to \varepsilon \mu, \quad f_1 \to \varepsilon f_1, \quad f_2 \to \varepsilon f_2 \tag{6-28}$$

则系统 (6-26) 可以写为如下带有扰动项的形式

$$\dot{u}_1 = \frac{\partial H}{\partial u_2} + \varepsilon g^{u_1} = u_2 \tag{6-29a}$$

$$\dot{u}_2 = -\frac{\partial H}{\partial u_1} + \varepsilon g^{u_2} = -\mu_1 u_1 + \eta_1 u_1^3 + \alpha_1 u_1 I_1^2 + \alpha_2 u_1 I_2^2 - \varepsilon \mu_2 u_2 \tag{6-29b}$$

$$\dot{I}_1 = \frac{\partial H}{\partial \varphi_1} + \varepsilon g^{I_1} = -\varepsilon \mu I_1 + \varepsilon f_1 \sin \varphi_1 \tag{6-29c}$$

$$I_1 \dot{\varphi}_1 = -\frac{\partial H}{\partial I_1} + \varepsilon g^{\varphi_1} = \sigma_2 I_1 + \eta_2 I_1^3 + \alpha_1 u_1^2 I_1 + \alpha_3 I_1 I_2^2 + \varepsilon f_1 \cos \varphi_1 \tag{6-29d}$$

$$\dot{I}_2 = \frac{\partial H}{\partial \varphi_2} + \varepsilon g^{I_2} = -\varepsilon \mu I_2 + \varepsilon f_2 \sin \varphi_2 \tag{6-29e}$$

$$I_2 \dot{\varphi}_2 = -\frac{\partial H}{\partial I_2} + \varepsilon g^{\varphi_2} = \sigma_3 I_2 + \eta_3 I_2^3 + \alpha_2 u_1^2 I_2 + \alpha_3 I_1^2 I_2 + \varepsilon f_2 \cos \varphi_2 \tag{6-29f}$$

当 $\varepsilon = 0$ 时, 未扰动系统为完全可积的形式, 其 Hamilton 函数 H 为

$$H = \frac{1}{2} u_2^2 + \frac{1}{2} \mu_1 u_1^2 - \frac{1}{4} \eta_1 u_1^4 - \frac{1}{2} \alpha_1 u_1^2 I_1^2 - \frac{1}{2} \alpha_2 u_1^2 I_2^2 - \frac{1}{2} \sigma_2 I_1^2$$

$$- \frac{1}{4} \eta_2 I_1^4 - \frac{1}{2} \alpha_3 I_1^2 I_2^2 - \frac{1}{2} \sigma_3 I_2^2 - \frac{1}{4} \eta_3 I_2^4 \tag{6-30}$$

当 $\varepsilon \neq 0$ 时，扰动项为

$$g^{u_1} = 0, \quad g^{u_2} = -\mu_2 u_2, \quad g^{I_1} = -\mu I_1 + f_1 \sin \varphi_1, \quad g^{\varphi_1} = f_1 \cos \varphi_1,$$

$$g^{I_2} = -\mu I_2 + f_2 \sin \varphi_2, \quad g^{\varphi_2} = f_2 \cos \varphi_2 \tag{6-31}$$

6.1.2　全局摄动方法分析

在本小节中，基于以上对六维黏弹性传动带平均方程化简后得到的规范形，将应用全局摄动方法来研究该系统的混沌动力学性质。经过分析发现，系统在未扰动的情况下是完全可积的，并且是一个具有两个参数的两维圆环结构的四维的正规双曲不变流形。在有扰动情况下，圆环的稳定流形和不稳定流形横截相交，具有 Shilnikov 型的混沌运动。

1. 未扰动系统动力学特性分析

在系统 (6-29) 中，当 $\varepsilon = 0$ 时，由于 $\dot{I}_1 = 0$ 和 $\dot{I}_2 = 0$，变量 $I_1 = \mathrm{constant}$ 和 $I_2 = \mathrm{constant}$ 在系统 (6-29) 中可以作为参数来考虑。考虑如下的解耦方程

$$\dot{u}_1 = u_2 \tag{6-32a}$$

$$\dot{u}_2 = -\mu_1 u_1 + \eta_1 u_1^3 + \alpha_1 u_1 I_1^2 + \alpha_2 u_1 I_2^2 - \varepsilon \mu_2 u_2 \tag{6-32b}$$

从方程 (6-32) 中可以看出，如果满足条件 $\mu_1 - (\alpha_1 I_1^2 + \alpha_2 I_2^2) > 0$，方程存在唯一的零解 $(u_1, u_2) = (0, 0)$。

当方程 (6-32) 满足条件

$$\eta_1 < 0, \quad -\mu_1 + (\alpha_1 I_1^2 + \alpha_2 I_2^2) > 0 \tag{6-33}$$

方程 (6-32) 可以出现同宿分岔。在由 $\mu_1 - (\alpha_1 I_1^2 + \alpha_2 I_2^2) = 0$ 定义的曲线上，零解 $(u_1, u_2) = (0, 0)$ 经过叉式 (Pitchfork) 分岔分为三个解 $q_0 = (0, 0)$ 和 $q_{\pm}(I_1, I_2) = (\pm B, 0)$，这里 $B = \sqrt{[\mu_1 - (\alpha_1 I_1^2 + \alpha_2 I_2^2)]/\eta_1}$。显而易见，不动点 q_0 是鞍点。

已知变量 I_i 和 $\varphi_i (i = 1, 2)$ 分别代表的是振动的振幅和相位角，因此，假定 $I_i \geqslant 0 (i = 1, 2)$，并且考虑下面的情况

$$\alpha_1 I_1^2 + \alpha_2 I_2^2 \geqslant \mu_1, \quad 0 \leqslant I_{11} < I_{12} < +\infty, \quad 0 \leqslant I_{21} < I_{22} < +\infty \tag{6-34}$$

对所有的 $(I_1, I_2) \in U = [I_{11}, I_{12}] \times [I_{21}, I_{22}] \subset \mathbf{R}^2$，系统 (6-32) 具有由一对同宿轨道 $u_i^h(t, I_i)$ 连接的双曲鞍点 q_0，也就是说 $\lim\limits_{t \to \pm\infty} u_i^h(t, I_i) = q_0 (i = 1, 2)$。

通过计算得到方程 (6-32) 的同宿轨道如下

$$u_1 = \pm\sqrt{\frac{2\varepsilon_1}{\delta_1}} \mathrm{sech}\left(\sqrt{\varepsilon_1} t\right) \tag{6-35a}$$

$$u_2 = \mp \frac{\sqrt{2}\varepsilon_1}{\sqrt{\delta_1}} \operatorname{th}\left(\sqrt{\varepsilon_1} t\right) \operatorname{sech}\left(\sqrt{\varepsilon_1} t\right) \tag{6-35b}$$

这里，$\varepsilon_1 = -\mu_1 + \alpha_1 I_1^2 + \alpha_2 I_2^2$，$\delta_1 = -\eta_1$。

在六维空间 $(u_1, u_2, I_1, I_2, \varphi_1, \varphi_2)$ 中，可知

$$M = \left\{ (u, I, \varphi) \in \mathbf{R}^2 \times \mathbf{R}^2 \times S^2 \,|\, u = q_0, I \in U, 0 < \varphi_1 \leqslant 2\pi, 0 < \varphi_2 \leqslant 2\pi \right\} \tag{6-36}$$

是一个四维的正规双曲不变流形，这里 $I = (I_1, I_2)^{\mathrm{T}}$ 和 $\varphi = (\varphi_1, \varphi_2)^{\mathrm{T}}$。流形 M 具有五维的稳定流形 $W^{\mathrm{s}}(M)$ 和五维的不稳定流形 $W^{\mathrm{u}}(M)$，$W^{\mathrm{s}}(M)$ 和 $W^{\mathrm{u}}(M)$ 重合形成五维的同宿流形 Γ 如下

$$\Gamma = \left\{ (u, I, \varphi) \in \mathbf{R}^2 \times \mathbf{R}^2 \times S^2 \,|\, u = (u_1, u_2), I \in U, 0 < \varphi_1 \leqslant 2\pi, 0 < \varphi_2 \leqslant 2\pi \,|\right\} \tag{6-37}$$

在流形 M 上，对每一个 $I = (I_1, I_2)^{\mathrm{T}}$，二维的正规双曲不变圆环 $\varphi(I)$ 具有三维的稳定流形 $W^{\mathrm{s}}(\varphi(I))$ 和三维的不稳定流形 $W^{\mathrm{u}}(\varphi(I))$ 重合形成三维的同宿流形 Γ_I。六维相图如图 6-2 所示。

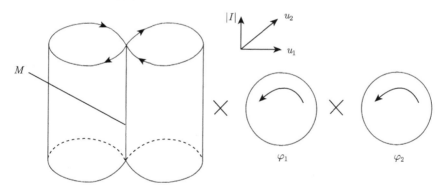

图 6-2　六维空间中流形 M 的几何结构

在流形 M 上考虑方程 (6-29) 的未扰动系统

$$\dot{I}_1 = 0 \tag{6-38a}$$

$$I_1 \dot{\varphi}_1 = -\frac{\partial H}{\partial I_1} = D_{I_1} H(q_0, I) = \sigma_2 I_1 + \eta_2 I_1^3 + \alpha_1 u_1^2 I_1 + \alpha_3 I_1 I_2^2 \tag{6-38b}$$

$$\dot{I}_2 = 0 \tag{6-38c}$$

$$I_2 \dot{\varphi}_2 = -\frac{\partial H}{\partial I_2} = D_{I_2} H(q_0, I) = \sigma_3 I_2 + \eta_3 I_2^3 + \alpha_2 u_1^2 I_2 + \alpha_3 I_1^2 I_2 \tag{6-38d}$$

如果能够找到非零向量 $n = (n_1, n_2)$，使得条件 $\langle D_{I_i} H(q_0, I), n \rangle = 0$ 成立，则此情况被称为共振情形 [9,10]。根据 Haller 和 Wiggins 所获得的结果 [9]，如果条件

$D_{I_1}H(q_0, I) \neq 0$ 和 $D_{I_2}H(q_0, I) \neq 0$ 同时成立，其中 $I = (I_1, I_2)^{\mathrm{T}}$，则 $I =$constant 是具有两个参数的两维圆环。如果 $D_{I_1}H(q_0, I) = 0$ 和 $D_I H(q_0, I) = 0$ 同时成立，则 $I =$constant 是不动点圆环。令使 $D_I H(q_0, I) = 0$ 成立的共振 $I = (I_1, I_2)^{\mathrm{T}} \in U$ 的值为 $I_r = (I_{1r}, I_{2r})$。

考虑下列情况

$$D_{I_1}H(q_0, I) = \sigma_2 I_{1r} + \eta_2 I_{1r}^3 + \alpha_1 u_1^2 I_{1r} + \alpha_3 I_{1r} I_{2r}^2 = 0 \tag{6-39a}$$

$$D_{I_2}H(q_0, I) = \sigma_3 I_{2r} + \eta_3 I_{2r}^3 + \alpha_2 u_1^2 I_{2r} + \alpha_3 I_{1r}^2 I_{2r} = 0 \tag{6-39b}$$

从方程 (6-39) 中可以得到

$$I_{1r} = \sqrt{\frac{\sigma_2 \eta_3 - \sigma_3 \alpha_3}{\alpha_3^2 - \eta_2 \eta_3}}, \quad I_{2r} = \sqrt{\frac{\sigma_3 \eta_2 - \sigma_2 \alpha_3}{\alpha_3^2 - \eta_2 \eta_3}} \tag{6-40}$$

此处要求 $I_{1r}, I_{2r} \in U$，即参数满足条件

$$\frac{\sigma_2(\alpha_1 \eta_3 - \alpha_2 \alpha_3) - \sigma_3(\alpha_2 \alpha_3 - \alpha_2 \eta_2)}{\alpha_3^2 - \eta_2 \eta_3} \geqslant \mu_1 \tag{6-41}$$

从积分方程 (6-38b) 和方程 (6-38d) 中，可以得到系统的两个相位角如下

$$\varphi_1 = \int_0^t D_{I_1}H(q_0, I)\mathrm{d}t + \varphi_{10} = (\sigma_2 + \eta_2 I_1^2 + \alpha_3 I_2^2)t$$
$$+ \frac{2\alpha_1 \sqrt{\varepsilon_1}}{\delta_1}\mathrm{th}(\sqrt{\varepsilon_1}t) + \varphi_{10} \tag{6-42a}$$

$$\varphi_2 = \int_0^t D_{I_2}H(q_0, I)\mathrm{d}t + \varphi_{20} = (\sigma_3 + \eta_3 I_2^2 + \alpha_3 I_1^2)t$$
$$+ \frac{2\alpha_2 \sqrt{\varepsilon_1}}{\delta_1}\mathrm{th}(\sqrt{\varepsilon_1}t) + \varphi_{20} \tag{6-42b}$$

其中，φ_{10} 和 φ_{20} 为系统的两个初始相位角。

共振是系统产生破坏的主要原因之一，因此，主要关注非线性系统在共振情况下的复杂动力学特性，此时 $I = I_r$ $(I = (I_1, I_2)^{\mathrm{T}})$，系统的两个相位漂移角可以分别计算如下

$$\Delta\varphi_1(I_{ir}) = \varphi_1(+\infty, I_{ir}, \varphi_{10}) - \varphi_1(-\infty, I_{ir}, \varphi_{10})$$
$$= \int_{-\infty}^{+\infty}[D_{I_1}H(u, I_{ir}) - D_{I_1}H(q_0, I_{ir})]\mathrm{d}t$$
$$= \frac{2\alpha_1 \sqrt{\varepsilon_1}}{\delta_1}\mathrm{th}(\sqrt{\varepsilon_1}t)\big|_{-\infty}^{+\infty} = \frac{4\alpha_1 \sqrt{\varepsilon_1}}{\delta_1} \tag{6-43a}$$

$$\Delta\varphi_2(I_{ir}) = \varphi_2(+\infty, I_{ir}, \varphi_{20}) - \varphi_2(-\infty, I_{ir}, \varphi_{20})$$

$$= \int_{-\infty}^{+\infty} [D_{I_2} H(u, I_{ir}) - D_{I_1} H(q_0, I_{ir})] \mathrm{d}t$$

$$= \frac{2\alpha_2 \sqrt{\varepsilon_1}}{\delta_1} \mathrm{th}(\sqrt{\varepsilon_1} t) \big|_{-\infty}^{+\infty} = \frac{4\alpha_2 \sqrt{\varepsilon_1}}{\delta_1} \tag{6-43b}$$

2. 扰动动力系统特性分析

接下来，将分析扰动系统的动力学和小扰动对流形 M 的影响。由文献 [9, 10] 可知，在充分小的扰动下，流形 M 的稳定流形和不稳定流形是不变的。在小扰动下，q_0 仍然是鞍点，特别是当 $M \to M_\varepsilon$ 时，因此，记

$$M_\varepsilon = \left\{ (u, I, \varphi) \in \mathbf{R}^2 \times \mathbf{R}^2 \times S^2 \,|\, u = q_{0\varepsilon}, I \subset \mathbf{U}, 0 < \varphi_1 \leqslant 2\pi, 0 < \varphi_2 \leqslant 2\pi \right\} \tag{6-44}$$

限制在 M_ε 上，在共振值 I_{1r} 和 I_{2r} 附近研究方程 (6-26c)~(6-26f) 的复杂动力学行为。基于该种目的，引入尺度变换

$$I = I_r + \sqrt{\varepsilon} \xi, \quad \tau = \sqrt{\varepsilon} t \tag{6-45}$$

将上述变换代入系统 (6-29) 的后四个方程，可以得到慢变流形

$$\xi_1' = -\mu I_{1r} + f_1 \sin \varphi_1 - \sqrt{\varepsilon} \mu \xi_1 \tag{6-46a}$$

$$\varphi_1' = 2I_{1r}\eta_2\xi_1 + 2I_{2r}\alpha_3\xi_2 + \sqrt{\varepsilon}\left(\eta_2\xi_1^2 + \alpha_3\xi_2^2 + \frac{f_1 \cos \varphi_1}{I_{1r}}\right) \tag{6-46b}$$

$$\xi_2' = -\mu I_{2r} + f_2 \sin \varphi_2 - \sqrt{\varepsilon} \mu \xi_2 \tag{6-46c}$$

$$\varphi_2' = 2I_{1r}\alpha_3\xi_1 + 2I_{2r}\eta_3\xi_2 + \sqrt{\varepsilon}\left(\alpha_3\xi_1^2 + \eta_3\xi_2^2 + \frac{f_2 \cos \varphi_2}{I_{2r}}\right) \tag{6-46d}$$

这里 "$\prime$" 表示对时间尺度 τ 求导。

为了得到方程 (6-46) 未扰动部分的 Hamilton 函数，考虑下列线性变换

$$\begin{pmatrix} h_1 \\ h_2 \end{pmatrix} = \begin{pmatrix} \sqrt{\dfrac{I_{1r}}{I_{2r}}} & 0 \\ 0 & \sqrt{\dfrac{I_{2r}}{I_{1r}}} \end{pmatrix} \begin{pmatrix} \xi_1 \\ \xi_2 \end{pmatrix} \tag{6-47}$$

将变换式 (6-47) 代入方程 (6-46)，得到

$$h_1' = -\mu I_{1r} \sqrt{\frac{I_{1r}}{I_{2r}}} + f_1 \sqrt{\frac{I_{1r}}{I_{2r}}} \sin \varphi_1 - \sqrt{\varepsilon} \mu h_1 \tag{6-48a}$$

$$\varphi_1' = 2\eta_2 \sqrt{I_{1r}I_{2r}} h_1 + 2\alpha_3 \sqrt{I_{1r}I_{2r}} h_2$$
$$+ \sqrt{\varepsilon}\left(\eta_2 \frac{I_{2r}}{I_{1r}} h_1^2 + \alpha_3 \frac{I_{1r}}{I_{2r}} h_2^2 + \frac{f_1 \cos \varphi_1}{I_{1r}}\right) \tag{6-48b}$$

$$h_2' = -\mu I_{2r}\sqrt{\frac{I_{2r}}{I_{1r}}} + f_2\sqrt{\frac{I_{2r}}{I_{1r}}}\sin\varphi_2 - \sqrt{\varepsilon}\mu h_2 \tag{6-48c}$$

$$\varphi_2' = 2\alpha_3\sqrt{I_{1r}I_{2r}}h_1 + 2\eta_3\sqrt{I_{1r}I_{2r}}h_2$$

$$+ \sqrt{\varepsilon}\left(\alpha_3\frac{I_{2r}}{I_{1r}}h_1^2 + \eta_3\frac{I_{1r}}{I_{2r}}h_2^2 + \frac{f_2\cos\varphi_2}{I_{2r}}\right) \tag{6-48d}$$

方程 (6-48) 的未扰动部分是 Hamilton 系统, 其 Hamilton 函数为

$$H_1(h,\varphi) = \sqrt{\frac{I_{1r}}{I_{2r}}}(-\mu I_{1r}\varphi_1 - f_1\cos\varphi_1) + \sqrt{\frac{I_{2r}}{I_{1r}}}(-\mu I_{2r}\varphi_2 - f_2\cos\varphi_2)$$

$$- \sqrt{I_{1r}I_{2r}}(\eta_2 h_1^2 + \eta_3 h_2^2 + 2\alpha_3 h_1 h_2) \tag{6-49}$$

当 $\eta_2\eta_3 - \alpha_3^2 \neq 0$ 的时候, 方程 (6-48) 的未扰动系统的奇点分别为

$$q_1 = \left(0, \arcsin\left(\frac{\mu I_{1r}}{f_1}\right), 0, \arcsin\left(\frac{\mu I_{2r}}{f_2}\right)\right) \tag{6-50a}$$

$$q_2 = \left(0, \pi - \arcsin\left(\frac{\mu I_{1r}}{f_1}\right), 0, \pi - \arcsin\left(\frac{\mu I_{2r}}{f_2}\right)\right) \tag{6-50b}$$

$$q_3 = \left(0, \arcsin\left(\frac{\mu I_{1r}}{f_1}\right), 0, \pi - \arcsin\left(\frac{\mu I_{2r}}{f_2}\right)\right) \tag{6-50c}$$

$$q_4 = \left(0, \pi - \arcsin\left(\frac{\mu I_{1r}}{f_1}\right), 0, \arcsin\left(\frac{\mu I_{2r}}{f_2}\right)\right) \tag{6-50d}$$

当 $\varepsilon = 0$ 时, 方程 (6-48) 的 Jacobi 矩阵为

$$J = \begin{bmatrix} 0 & f_1\sqrt{\dfrac{I_{1r}}{I_{2r}}}\cos\varphi_1 & 0 & 0 \\ 2\eta_2\sqrt{I_{1r}I_{2r}} & 0 & 2\alpha_3\sqrt{I_{1r}I_{2r}} & 0 \\ 0 & 0 & 0 & f_2\sqrt{\dfrac{I_{2r}}{I_{1r}}}\cos\varphi_2 \\ 2\alpha_3\sqrt{I_{1r}I_{2r}} & 0 & 2\eta_3\sqrt{I_{1r}I_{2r}} & 0 \end{bmatrix} \tag{6-51}$$

方程 (6-51) 的特征方程为

$$|\lambda E - J| = 0 \tag{6-52a}$$

或写为

$$\left[\lambda^2 - (f_1\eta_2 I_{1r}\cos\varphi_1 + f_2\eta_3 I_{2r}\cos\varphi_2)\right]^2$$

$$= (f_1\eta_2 I_{1r}\cos\varphi_1 + f_2\eta_3 I_{2r}\cos\varphi_2)^2$$

$$-4(\eta_2\eta_3 - \alpha_3^2)f_1f_2I_{1r}I_{2r}\cos\varphi_1\cos\varphi_2 \tag{6-52b}$$

考虑下列情况

$$(f_1\eta_2I_{1r}\cos\varphi_1 + f_2\eta_3I_{2r}\cos\varphi_2)^2 - 4(\eta_2\eta_3 - \alpha_3^2)f_1f_2I_{1r}I_{2r}\cos\varphi_1\cos\varphi_2 \geqslant 0 \tag{6-53a}$$

$$\eta_2\eta_3 - \alpha_3^2 > 0 \tag{6-53b}$$

此时系统的不动点 q_1 是鞍点, q_2 是中心点。

对 $\varepsilon(\varepsilon > 0)$ 充分小, 如果下列条件满足

$$\left(\eta_3 I_{2r}\sqrt{f_2^2 - \mu^2 I_{2r}^2} - \eta_2 I_{1r}\sqrt{f_1^2 - \mu^2 I_{1r}^2}\right)^2 + 4I_{1r}I_{2r}\alpha_3^2\sqrt{f_1^2 - \mu^2 I_{1r}^2}\sqrt{f_2^2 - \mu^2 I_{2r}^2} > 0 \tag{6-54}$$

中心点 q_2 受扰动后变为稳定焦点。

3. Melnikov 函数

对 $I_r = (I_{1r}, I_{2r}) \in U, \varphi_\varepsilon(I_r) \subset M_\varepsilon$ 是一个两维的正规双曲不变流形, 具有稳定流形 $W^s(\varphi_\varepsilon(I_r))$ 和不稳定流形 $W^u(\varphi_\varepsilon(I_r))$, 下面我们通过计算 Melnikov 函数来确定 $\varphi_\varepsilon(I_r)$ 的稳定流形和不稳定流形是否横截相交。根据 Kovacic 和 Wiggins[11] 提出的全局摄动理论, 得到 Melnikov 函数如下

$$
\begin{aligned}
M(\mu, \varphi_{10}, \varphi_{20}) &= \int_{-\infty}^{+\infty} < D_x H, g > \mathrm{d}t \\
&= \int_{-\infty}^{+\infty} \left[-\mu_2 u_2^2 + (-\mu I_{1r} + f_1\sin\varphi_1)\left(\sigma_2 I_{1r} + \eta_2 I_{1r}^3 + \alpha_1 u_1^2 I_{1r} + \alpha_3 I_{2r}^2 I_{1r}\right) \right. \\
&\quad \left. + (-\mu I_{2r} + f_2\sin\varphi_2)\left(\sigma_3 I_{2r} + \eta_3 I_{2r}^3 + \alpha_2 u_1^2 I_{2r} + \alpha_3 I_{1r}^2 I_{2r}\right) \right] \mathrm{d}t \\
&= -\frac{4\mu_2\varepsilon_1^{3/2}}{3\delta_1} - \mu(I_{1r}^2\Delta\varphi_1 + I_{2r}^2\Delta\varphi_2) \\
&\quad - f_1 I_{1r}\left[\cos\left(\varphi_{10} + \frac{2\alpha_1\sqrt{\varepsilon_1}}{\delta_1}\right) - \cos\left(\varphi_{10} - \frac{2\alpha_1\sqrt{\varepsilon_1}}{\delta_1}\right)\right] \\
&\quad - f_2 I_{2r}\left[\cos\left(\varphi_{20} + \frac{2\alpha_2\sqrt{\varepsilon_1}}{\delta_1}\right) - \cos\left(\varphi_{20} - \frac{2\alpha_2\sqrt{\varepsilon_1}}{\delta_1}\right)\right]
\end{aligned} \tag{6-55}
$$

为了验证是否存在同宿分岔, 我们需要选择合适的参数 μ, φ_{10} 和 φ_{20}, 使得方程 (6-55) 具有简单零点, 也就是说下列条件必须满足:

(1) $M(\mu, \varphi_{10}, \varphi_{20}) = 0$, 即有

$$2I_{1r}f_1\sin\left(\frac{2\alpha_1\sqrt{\varepsilon_1}}{\delta_1}\right)\sin\varphi_{10} + 2I_{2r}f_2\sin\left(\frac{2\alpha_2\sqrt{\varepsilon_1}}{\delta_1}\right)\sin\varphi_{20}$$

$$=\mu\left[\frac{8\varepsilon_1^{3/2}}{3\delta_1}+\left(\frac{4\alpha_1\sqrt{\varepsilon_1}}{\delta_1}I_{1r}^2+\frac{4\alpha_2\sqrt{\varepsilon_1}}{\delta_1}I_{2r}^2\right)\right] \tag{6-56}$$

(2) $\left[\operatorname{rank}\left(D_{(\mu,\varphi_{10},\varphi_{20})}M(\mu,\varphi_{10},\varphi_{20})\right)\right]=1$，即 $D_\mu M\neq 0, D_{\varphi_{10}}M\neq 0$ 和 $D_{\varphi_{20}}M$ $\neq 0$ 有一个成立即可

$$\frac{8\varepsilon_1^{3/2}}{3\delta_1}+\left(I_{1r}^2\frac{4\alpha_1\sqrt{\varepsilon_1}}{\delta_1}+I_{2r}^2\frac{4\alpha_2\sqrt{\varepsilon_1}}{\delta_1}\right)\neq 0 \tag{6-57a}$$

$$2I_{1r}f_1\sin\left(\frac{2\alpha_1\sqrt{\varepsilon_1}}{\delta_1}\right)\cos\varphi_{10}\neq 0 \tag{6-57b}$$

$$2I_{2r}f_2\sin\left(\frac{2\alpha_2\sqrt{\varepsilon_1}}{\delta_1}\right)\cos\varphi_{20}\neq 0 \tag{6-57c}$$

显而易见，当阻尼 $\mu\in(0,1)$ 的时候，通过选择合适的初值参数 φ_{10} 和 φ_{20}，方程 (6-56) 和 (6-57a) 能够同时成立。经过验证知道，把中心点 q_2 代入验证的话，方程 (6-56) 和 (6-57a) 不能同时成立，因此只要在 q_2 的附近肯定能找到初值参数 φ_{10} 和 φ_{20} 满足条件 (6-56) 和 (6-57a)，也就是说我们选择的初值参数 φ_{10} 和 φ_{20} 存在于中心点 q_2 的受扰动后的小邻域内。基于 Kovacic 和 Wiggins[11] 中的理论，圆环 $\varphi_s(I_r)$ 的稳定流形和不稳定流形横截相交。

同时我们注意到，系统要具有 Shilnikov 型的混沌运动，脉冲轨道的落点必须位于 q_2 的受扰动后 $q_{2\varepsilon}$ 的吸引域中，也就是说，$\varphi_{1\min}<\varphi_{1c}+\Delta\varphi_1<\varphi_{1s}$ 和 $\varphi_{2\min}<\varphi_{2c}+\Delta\varphi_2<\varphi_{2s}$ 必须同时成立，这里 $\varphi_{is}(i=1,2)$ 是鞍点 q_1 的 $\varphi_i(i=1,2)$ 值，$\varphi_{ic}(i=1,2)$ 是中心 q_2 的 $\varphi_i(i=1,2)$ 值。

当 $h=0$ 的时候，$\varphi_{i\min}(i=1,2)$ 的吸引域的估计值为

$$\sqrt{\frac{I_{1r}}{I_{2r}}}\left(-\mu I_{1r}\varphi_{1\min}-f_1\cos\varphi_{1\min}\right)+\sqrt{\frac{I_{2r}}{I_{1r}}}\left(-\mu I_{2r}\varphi_{2\min}-f_2\cos\varphi_{2\min}\right)$$

$$=\sqrt{\frac{I_{1r}}{I_{2r}}}\left(-\mu I_{1r}\varphi_{1s}-f_1\cos\varphi_{1s}\right)+\sqrt{\frac{I_{2r}}{I_{1r}}}\left(-\mu I_{2r}\varphi_{2s}-f_2\cos\varphi_{2s}\right) \tag{6-58}$$

把方程 (6-50a) 和 (6-50b) 代入方程 (6-58)，可以得到

$$\sqrt{\frac{I_{1r}}{I_{2r}}}\left(-\mu I_{1r}\varphi_{1\min}-f_1\cos\varphi_{1\min}\right)+\sqrt{\frac{I_{2r}}{I_{1r}}}\left(-\mu I_{2r}\varphi_{2\min}-f_2\cos\varphi_{2\min}\right)$$

$$=\sqrt{\frac{I_{1r}}{I_{2r}}}\left[-\mu I_{1r}\arcsin\left(\frac{\mu I_{1r}}{f_1}\right)-\sqrt{f_1^2-\mu^2 I_{1r}^2}\right]$$

$$+\sqrt{\frac{I_{2r}}{I_{1r}}}\left[-\mu I_{2r}\arcsin\left(\frac{\mu I_{2r}}{f_2}\right)-\sqrt{f_2^2-\mu^2 I_{2r}^2}\right] \tag{6-59}$$

分析方程 (6-59) 可知，在 $I_i=I_r$ 附近定义一个邻域 A_ε 如下

$$A_\varepsilon=\left\{(u_1,u_2,I_i,\varphi_i)\,|\,u_1=0,u_2=0,|I_i-I_{ir}|<\sqrt{\varepsilon}c_i,\varphi_i\in T^1,i=1,2\right\} \tag{6-60}$$

这里 c_i 是一个常数，并且 c_i 总是被选的足够大，从而使得未扰动轨道包含在该环形域里，也就保证了 $\varphi_{1\min} < \varphi_{1c} + \Delta\varphi_1 < \varphi_{1s}$ 和 $\varphi_{2\min} < \varphi_{2c} + \Delta\varphi_2 < \varphi_{2s}$ 可以同时成立。

注意到，A_ε 中的五维稳定流形 $W^s(A_\varepsilon)$ 和不稳定流形 $W^u(A_\varepsilon)$ 分别是 $W^s(M_\varepsilon)$ 和 $W^u(M_\varepsilon)$ 的子集，对于扰动系统，在 A_ε 上的鞍焦点 P_ε 有一条同宿轨道，并且在六维相空间中，轨道从环形域 A_ε 出发又返回到该环形域。如图 6-3 所示，六维系统的未扰动部分的中心 φ^c 和鞍点 φ^s 被描述在半径为 $|I|^2 = |I_1|^2 + |I_2|^2$ 的球体上，在扰动情况下，系统的单脉冲轨道螺旋渐近的趋于双曲汇 φ_ε^c。

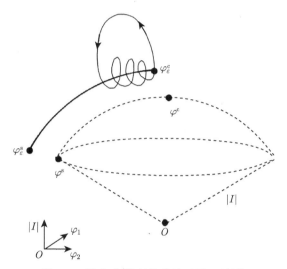

图 6-3　鞍焦点类型的单脉冲跳跃轨道

4. 数值模拟

数值模拟是探索非线性系统非线性动力学行为的有效工具。既可以计算特定的非线性系统的各种运动的时间历程，包括平衡、周期运动和非周期运动等，也可以通过数值计算确定参数对系统运动的影响。数值方法的基础是常微分方程组的初值问题的数值解法，通过数值求解非线性微分方程，得到非线性系统在特定的参数条件和初始条件下的运动规律。

为了进一步验证理论分析结果的正确性，可以利用四阶 Runge-Kutta 方法对平均方程 (6-1) 进行数值模拟研究，利用系统的相图、波形图和频谱图反映参数变化对系统非线性动力学行为的影响。在数值模拟中，所取的初始条件为 $x_1 = 0.9$，$x_2 = 0.32$，$x_3 = 0.4$，$x_4 = 0.75$，$x_5 = 0.5$，$x_6 = 0.12$。固定一组参数，只改变激励 f_1，这里所选取的参数分别为 $\mu = 0.07$，$\sigma_1 = 5.2$，$\sigma_2 = 0.26$，$\sigma_3 = 2.2$，$\alpha = 4.37$，$b_{101} = 3$，

$b_{102} = 2, b_{103} = -4.5, b_{301} = 23, b_{302} = 3, a_{101} = 0.3, a_{102} = 5, a_{103} = -23, a_{104} = -126,$
$a_{105} = -36, a_{106} = 8, a_{107} = 3.2, a_{108} = 15, a_{109} = -23, a_{110} = 8, a_{201} = -3.3,$
$a_{202} = -3.36, a_{203} = 36, a_{204} = -6, a_{205} = 43, a_{206} = -12, a_{207} = -2.9, a_{208} = 6, a_{301} = -47, a_{302} = -3, a_{303} = 17, a_{304} = -7, a_{305} = 6.2, a_{306} = -7.2, a_{307} = 4.6, a_{308} = 7.2, a_{309} = -5.1, a_{310} = 15, f_2 = 19.2。$

　　当激励 $f_1 = 37.6$ 时，黏弹性传动带系统的混沌运动如图 6-4 所示，其中图 6-4(a) 和图 6-4(b) 分别表示 (x_1, x_2, x_3) 和 (x_4, x_5, x_6) 空间中的三维相图。图 6-4(f) 表示 x_1 平面的频谱图，图 6-4(c)～ 图 6-4(e) 分别表示 (x_1, x_2) 平面、(x_3, x_4) 和 (x_5, x_6) 平面上的二维相图。由图 6-4(f) 可知黏弹性传动带系统可以产生混沌运动，并且观察三维相图 6-4(a) 和图 6-4(b)，可以发现系统的混沌运动具有脉冲跳跃现象。

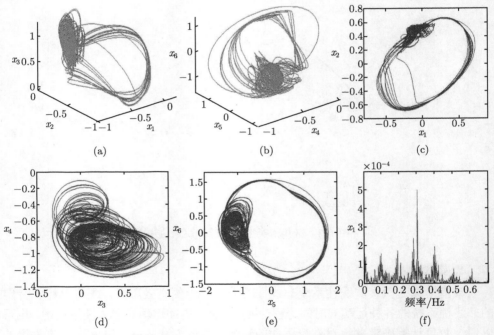

图 6-4　当 $f_1 = 37.6$ 时，黏弹性传动带系统的混沌运动

　　如果继续增大激励 $f_1 = 38.6$，可以看到，传动带系统的运动状态由混沌运动进入周期运动，而且从三维相图 6-5(a) 和图 6-5(b)，可以清楚地看到系统存在着脉冲跳跃轨道，如图 6-5 所示。

　　当激励增大到 $f_1 = 45.6$ 时发现，黏弹性传动带系统再次进入混沌运动状态，并且同样存在着非常明显的脉冲跳跃轨道，如图 6-6 所示。

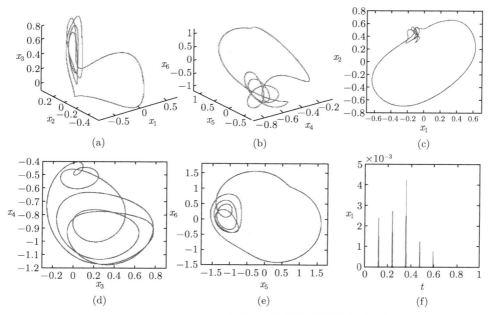

图 6-5 当 $f = 38.6$ 时，黏弹性传动带系统的周期运动

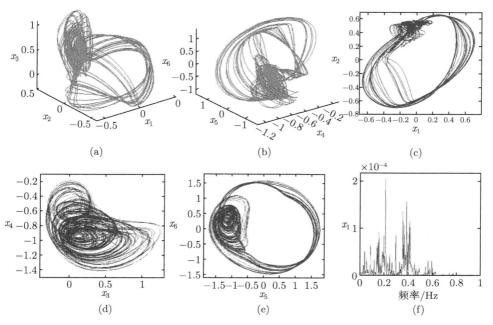

图 6-6 当 $f_1 = 45.6$ 时，黏弹性传动带系统的混沌运动

　　进一步改变激励 $f_1 = 50.6$，传动带系统的非线性振动为具有脉冲跳跃现象的周期运动，从三维相图中可以清楚的看出轨道的运动状态，如图 6-7 所示。

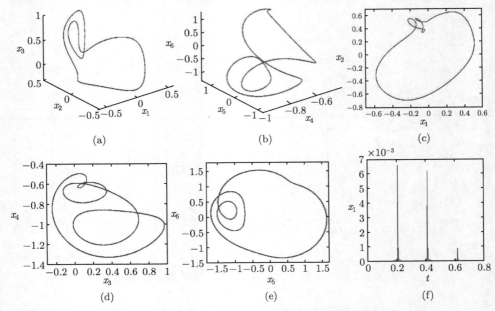

图 6-7　当 $f_1 = 50.6$ 时，黏弹性传动带系统的周期运动

　　在本节中，通过应用规范形理论和全局摄动方法，研究了黏弹性传动带系统在 1:2:3 内共振情形下的复杂的混沌动力学。考虑到黏弹性传动带系统的平均方程存在一对双零特征值和两对纯虚特征值的情况，利用规范形理论对平均方程进行化简。由于补空间的选择不唯一，导致规范形的化简也是不唯一的，所以选择补空间的一组基并利用内积法得到了较为简单的规范形。在此基础上，利用全局摄动方法分析了系统的混沌动力学。将系统的后四维方程转变为慢变系统，在扰动存在的情况下，研究了前两维轨道在慢变流形上的变化情况，发现系统在小扰动情况下，存在连接同宿轨道的 Shilnikov 型单脉冲混沌运动现象。

　　在研究系统的单脉冲混沌动力学特性的过程中，本节给出了六维相空间单脉冲轨道的几何表示。结果表明，未扰动系统的中心 φ^c 和鞍点 φ^s 被描述在半径为 $|I|^2 = |I_1|^2 + |I_2|^2$ 的球体上，在扰动情况下，系统的单脉冲轨道螺旋渐近的趋于双曲汇 φ^c_ε。

　　最后，利用数值方法研究了六维黏弹性传动带系统的复杂非线性动力学响应。数值结果表明系统存在具有跳跃现象的混沌、周期运动，从图 6-4～图 6-7 可以发现，激励 f_1 对黏弹性传动带系统的非线性动力学行为具有显著的影响，随着激励 f_1 的增大，系统响应的变化规律为：混沌运动 → 周期运动 → 混沌运动 → 周期运动。因此，可以通过调节激励 f_1，使得黏弹性传动带从混沌运动进入周期运动，从而避免实际工程系统的破坏。

6.2 六维自治非线性系统的能量相位法

本节从黏弹性传动带含有扰动项的规范形开始进行分析。为了表达简便，重记系统的规范形 (6-29) 如下

$$\dot{u}_1 = \frac{\partial H}{\partial u_2} + \varepsilon g^{u_1} = u_2 \tag{6-61a}$$

$$\dot{u}_2 = -\frac{\partial H}{\partial u_1} + \varepsilon g^{u_2} = -\mu_1 u_1 + \eta_1 u_1^3 + \alpha_1 u_1 I_1^2 + \alpha_2 u_1 I_2^2 - \varepsilon \mu_2 u_2 \tag{6-61b}$$

$$\dot{I}_1 = \frac{\partial H}{\partial \varphi_1} + \varepsilon g^{I_1} = -\varepsilon \mu I_1 + \varepsilon f_1 \sin \varphi_1 \tag{6-61c}$$

$$I_1 \dot{\varphi}_1 = -\frac{\partial H}{\partial I_1} + \varepsilon g^{\varphi_1} = \sigma_2 I_1 + \eta_2 I_1^3 + \alpha_1 u_1^2 I_1 + \alpha_3 I_1 I_2^2 + \varepsilon f_1 \cos \varphi_1 \tag{6-61d}$$

$$\dot{I}_2 = \frac{\partial H}{\partial \varphi_2} + \varepsilon g^{I_2} = -\varepsilon \mu I_2 + \varepsilon f_2 \sin \varphi_2 \tag{6-61e}$$

$$I_2 \dot{\varphi}_2 = -\frac{\partial H}{\partial I_2} + \varepsilon g^{\varphi_2} = \sigma_3 I_2 + \eta_3 I_2^3 + \alpha_2 u_1^2 I_2 + \alpha_3 I_1^2 I_2 + \varepsilon f_2 \cos \varphi_2 \tag{6-61f}$$

当 $\varepsilon = 0$ 时，未扰动系统为完全可积的形式，其 Hamilton 函数为

$$H = \frac{1}{2} u_2^2 + \frac{1}{2} \mu_1 u_1^2 - \frac{1}{4} \eta_1 u_1^4 - \frac{1}{2} \alpha_1 u_1^2 I_1^2 - \frac{1}{2} \alpha_2 u_1^2 I_2^2 - \frac{1}{2} \sigma_2 I_1^2$$
$$- \frac{1}{4} \eta_2 I_1^4 - \frac{1}{2} \alpha_3 I_1^2 I_2^2 - \frac{1}{2} \sigma_3 I_2^2 - \frac{1}{4} \eta_3 I_2^4 \tag{6-62}$$

其扰动项分别为

$$g^{u_1} = 0, \quad g^{u_2} = -\mu_2 u_2, \quad g^{I_1} = -\mu I_1 + f_1 \sin \varphi_1, \quad g^{\varphi_1} = f_1 \cos \varphi_1,$$
$$g^{I_2} = -\mu I_2 + f_2 \sin \varphi_2, \quad g^{\varphi_2} = f_2 \cos \varphi_2 \tag{6-63}$$

1. 未扰动系统的动力学

自从 Haller 和 Wiggins 首次提出能量相位法以来，该方法主要用于研究四维非线性系统的多脉冲混沌动力学。下面将从以下几个方面详细分析能量相位法是如何被扩展应用到六维黏弹性传动带系统。

在系统 (6-61) 中，当 $\varepsilon = 0$ 时，由于 $\dot{I}_1 = 0$ 和 $\dot{I}_2 = 0$，变量 $I_1 =$constant 和 $I_2 =$constant 可以作为参数来考虑，这样方程 (6-61a) 和方程 (6-61b) 就与方程

(6-61) 的后面四个方程解耦。因此，前二维方程可以写成如下形式

$$\dot{u}_1 = u_2 \tag{6-64a}$$

$$\dot{u}_2 = -\mu_1 u_1 + \eta_1 u_1^3 + \alpha_1 u_1 I_1^2 + \alpha_2 u_1 I_2^2 - \varepsilon \mu_2 u_2 \tag{6-64b}$$

从方程 (6-64) 可以看到，如果 $\mu_1 - (\alpha_1 I_1^2 + \alpha_2 I_2^2) > 0$，方程存在唯一的零解 $(u_1, u_2) = (0, 0)$。如果满足条件

$$\eta_1 < 0, \quad -\mu_1 + (\alpha_1 I_1^2 + \alpha_2 I_2^2) > 0 \tag{6-65}$$

则系统 (6-64) 存在同宿分岔。在由 $\mu_1 - (\alpha_1 I_1^2 + \alpha_2 I_2^2) = 0$ 所定义的分岔曲线上，零解经过 Pitchfork 分岔后，可以分为三个解 $q_0 = (0, 0)$ 和 $q_\pm(I_1, I_2) = (\pm B, 0)$，这里 $B = \sqrt{[\mu_1 - (\alpha_1 I_1^2 + \alpha_2 I_2^2)]/\eta_1}$。通过简单判断可知，不动点 q_0 是鞍点。

已知变量 I_i 和 φ_i $(i = 1, 2)$ 分别代表非线性振动的振幅和相位角，因此，可以假定 $I_i \geqslant 0$ $(i = 1, 2)$，并且考虑情况

$$\alpha_1 I_1^2 + \alpha_2 I_2^2 \geqslant \mu_1, \quad 0 \leqslant I_{11} < I_{12} < +\infty, \quad 0 \leqslant I_{21} < I_{22} < +\infty \tag{6-66}$$

对所有的 $(I_1, I_2) \in \mathbf{U} = [I_{11}, I_{12}] \times [I_{21}, I_{22}] \subset \mathbf{R}^2$，系统 (6-64) 具有由一对同宿轨道 $u_i^h(t, I_i)$ 连接的双曲鞍点 q_0，即 $\lim_{t \to \pm\infty} u_i^h(t, I_i) = q_0$ $(i = 1, 2)$。

得到系统 (6-64) 的一对同宿轨道方程为

$$u_1 = \pm\sqrt{\frac{2\varepsilon_1}{\delta_1}} \operatorname{sech}(\sqrt{\varepsilon_1} t) \tag{6-67a}$$

$$u_2 = \mp\frac{\sqrt{2}\varepsilon_1}{\sqrt{\delta_1}} \operatorname{th}(\sqrt{\varepsilon_1} t) \operatorname{sech}(\sqrt{\varepsilon_1} t) \tag{6-67b}$$

这里 $\varepsilon_1 = -\mu_1 + \alpha_1 I_1^2 + \alpha_2 I_2^2$, $\delta_1 = -\eta_1$。

在六维相空间 $(u_1, u_2, I_1, I_2, \varphi_1, \varphi_2)$ 中，已知

$$M = \left\{ (u, I, \varphi) \in \mathbf{R}^2 \times \mathbf{R}^2 \times S^2 \,|\, u = q_0, I \in U, 0 < \varphi_1 \leqslant 2\pi, 0 < \varphi_2 \leqslant 2\pi \right\} \tag{6-68}$$

是一个四维的正规双曲不变流形，如图 6-2 所示，这里 $I = (I_1, I_2)^{\mathrm{T}}$ 和 $\varphi = (\varphi_1, \varphi_2)^{\mathrm{T}}$。流形 M 具有五维的稳定流形 $W^{\mathrm{s}}(M)$ 和不稳定流形 $W^{\mathrm{u}}(M)$，$W^{\mathrm{s}}(M)$ 和 $W^{\mathrm{u}}(M)$ 重合形成五维的同宿流形 Γ，可以表示为

$$\Gamma = \left\{ (u, I, \varphi) \in \mathbf{R}^2 \times \mathbf{R}^2 \times S^2 \,|\, u = (u_1, u_2), I \in U, 0 < \varphi_1 \leqslant 2\pi, 0 < \varphi_2 \leqslant 2\pi \,| \right\} \tag{6-69}$$

在流形 M 上, 对于每一个 $I = (I_1, I_2)^{\mathrm{T}}$, 二维的正规双曲不变圆环 $\varphi(I)$ 具有三维的稳定流形 $W^s(\varphi(I))$ 和三维的不稳定流形 $W^u(\varphi(I))$, 重合形成三维的同宿流形 Γ_I。

在流形 M 上考虑方程 (6-61) 的未扰动系统

$$\dot{I}_1 = 0 \tag{6-70a}$$

$$I_1 \dot{\varphi}_1 = -\frac{\partial H}{\partial I_1} = D_{I_1} H(q_0, I) = \sigma_2 I_1 + \eta_2 I_1^3 + \alpha_1 u_1^2 I_1 + \alpha_3 I_1 I_2^2 \tag{6-70b}$$

$$\dot{I}_2 = 0 \tag{6-70c}$$

$$I_2 \dot{\varphi}_2 = -\frac{\partial H}{\partial I_2} = D_{I_2} H(q_0, I) = \sigma_3 I_2 + \eta_3 I_2^3 + \alpha_2 u_1^2 I_2 + \alpha_3 I_1^2 I_2 \tag{6-70d}$$

如果能够找到非零向量 $n = (n_1, n_2)$, 使得条件 $\langle D_{I_i} H(q_0, I), n \rangle = 0$ 成立, 则此情况被称为共振情形 [10]。根据 Haller 和 Wiggins 所获得的结果 [9], 如果条件 $D_{I_1} H(q_0, I) \neq 0$ 和 $D_{I_2} H(q_0, I) \neq 0$ 同时成立, 其中 $I = (I_1, I_2)^{\mathrm{T}}$, 则 $I =$ constant 是具有两个参数的两维圆环。如果 $D_{I_1} H(q_0, I) = 0$ 和 $D_I H(q_0, I) = 0$ 同时成立, 则 $I =$ constant 是不动点圆环。令使 $D_I H(q_0, I) = 0$ 成立的共振 $I = (I_1, I_2)^{\mathrm{T}} \in U$ 值为 $I_r = (I_{1r}, I_{2r})$。

考虑下列情况

$$D_{I_1} H(q_0, I) = \sigma_2 I_{1r} + \eta_2 I_{1r}^3 + \alpha_1 u_1^2 I_{1r} + \alpha_3 I_{1r} I_{2r}^2 = 0 \tag{6-71a}$$

$$D_{I_2} H(q_0, I) = \sigma_3 I_{2r} + \eta_3 I_{2r}^3 + \alpha_2 u_1^2 I_{2r} + \alpha_3 I_{1r}^2 I_{2r} = 0 \tag{6-71b}$$

从方程 (6-71) 可以得到

$$I_{1r} = \sqrt{\frac{\sigma_2 \eta_3 - \sigma_3 \alpha_3}{\alpha_3^2 - \eta_2 \eta_3}}, \quad I_{2r} = \sqrt{\frac{\sigma_3 \eta_2 - \sigma_2 \alpha_3}{\alpha_3^2 - \eta_2 \eta_3}} \tag{6-72}$$

要求 $I_{1r}, I_{2r} \in U$, 即参数满足条件

$$\frac{\sigma_2 (\alpha_1 \eta_3 - \alpha_2 \alpha_3) - \sigma_3 (\alpha_2 \alpha_3 - \alpha_2 \eta_2)}{\alpha_3^2 - \eta_2 \eta_3} \geqslant \mu_1 \tag{6-73}$$

积分方程 (6-70b) 和方程 (6-70d), 可以得到系统的两个相位角分别如下

$$\varphi_1 = \int_0^t D_{I_1} H(q_0, I) \mathrm{d}t + \varphi_{10}$$

$$= (\sigma_2 + \eta_2 I_1^2 + \alpha_3 I_2^2) t + \frac{2\alpha_1 \sqrt{\varepsilon_1}}{\delta_1} \mathrm{th}(\sqrt{\varepsilon_1} t) + \varphi_{10} \tag{6-74a}$$

$$\varphi_2 = \int_0^t D_{I_2} H(q_0, I) \mathrm{d}t + \varphi_{20}$$

$$= (\sigma_3 + \eta_3 I_2^2 + \alpha_3 I_1^2)t + \frac{2\alpha_2\sqrt{\varepsilon_1}}{\delta_1}\mathrm{th}(\sqrt{\varepsilon_1}t) + \varphi_{20} \qquad (6\text{-}74b)$$

这里，φ_{10} 和 φ_{20} 是初始相位角。

主要关注系统在共振情况下的动力学特性，此时 $I = I_r$ $(I = (I_1, I_2)^{\mathrm{T}})$，系统的两个相位漂移角可以分别获得如下

$$\begin{aligned}
\Delta\varphi_1(I_{ir}) &= \varphi_1(+\infty, I_{ir}, \varphi_{10}) - \varphi_1(-\infty, I_{ir}, \varphi_{10}) \\
&= \int_{-\infty}^{+\infty}[D_{I_1}H(u, I_{ir}) - D_{I_1}H(q_0, I_{ir})]\mathrm{d}t \\
&= \frac{2\alpha_1\sqrt{\varepsilon_1}}{\delta_1}\mathrm{th}(\sqrt{\varepsilon_1}t)\Big|_{-\infty}^{+\infty} = \frac{4\alpha_1\sqrt{\varepsilon_1}}{\delta_1}
\end{aligned} \qquad (6\text{-}75a)$$

$$\begin{aligned}
\Delta\varphi_2(I_{ir}) &= \varphi_2(+\infty, I_{ir}, \varphi_{20}) - \varphi_2(-\infty, I_{ir}, \varphi_{20}) \\
&= \int_{-\infty}^{+\infty}[D_{I_2}H(u, I_{ir}) - D_{I_1}H(q_0, I_{ir})]\mathrm{d}t \\
&= \frac{2\alpha_2\sqrt{\varepsilon_1}}{\delta_1}\mathrm{th}(\sqrt{\varepsilon_1}t)\Big|_{-\infty}^{+\infty} = \frac{4\alpha_2\sqrt{\varepsilon_1}}{\delta_1}
\end{aligned} \qquad (6\text{-}75b)$$

2. 扰动系统的动力学分析

在本节中，将考虑整个六维空间上系统的非线性动力学，应用能量相位法分析扰动系统的动力学和小扰动对流形 M 的影响。已知在充分小的扰动下，流形 M 的稳定流形和不稳定流形是不变的。因此，得到在小扰动下，不动点 q_0 仍然是鞍点。此时 M_ε 充分接近 M，因此，M_ε 可以记为

$$M_\varepsilon = \left\{(u, I, \varphi) \in \mathbf{R}^2 \times \mathbf{R}^2 \times S^2 \,|\, u = q_{0\varepsilon}, I \subset U, 0 < \varphi_1 \leqslant 2\pi, 0 < \varphi_2 \leqslant 2\pi\right\} \qquad (6\text{-}76)$$

限制在 M_ε 上，在共振值 I_{1r} 和 I_{2r} 附近研究系统 (6-61) 的复杂动力学行为。在四维空间 $(u_1, u_2, I_1, \varphi_1)$ 中，知道

$$M_1 = \left\{(u, I_1, \varphi_1) \in \mathbf{R}^2 \times \mathbf{R} \times S^1 \,|\, u = q_0, I_1 \in [I_{11}, I_{12}], 0 < \varphi_1 \leqslant 2\pi\right\} \qquad (6\text{-}77)$$

是一个两维的法向双曲不变流形。在六维相空间 $(u_1, u_2, I_1, \varphi_1, I_2, \varphi_2)$ 中，令 I_2 在区间 $U_1 = [I_{2r} - \varepsilon, I_{2r} + \varepsilon] \subset [I_{21}, I_{22}]$ 中改变，并且 $\varphi_2 \in (0, 2\pi]$，则可以得到四维的法向双曲不变流形

$$M \equiv U_1 \times S^1 \times M_1 \qquad (6\text{-}78)$$

这里，$I_2 \in U_1$，$\varphi_2 \in (0, 2\pi]$。

研究过程中，首先在六维空间 $(u_1, u_2, I_1, \varphi_1, I_2, \varphi_2)$ 内，定义一个横截面 $I_2 = I_{2r} \in U_1$ 和 $\varphi_2 \in (0, 2\pi]$，在共振值 I_{1r} 附近考虑系统 $(u_1, u_2, I_1, \varphi_1)$ 的动力学特性，然后让 I_2 取遍区间 $U_1 = [I_{2r} - \varepsilon, I_{2r} + \varepsilon] \subset [I_{21}, I_{22}]$ 中的每一个值，这样就可以得到整个六维空间 $(u_1, u_2, I_1, \varphi_1, I_2, \varphi_2)$ 的复杂动力学。

引入尺度变换

$$I_1 = I_{1r} + \sqrt{\varepsilon}h, \quad \tau = \sqrt{\varepsilon}t \tag{6-79}$$

将变换式 (6-79) 代入方程 (6-61c) 和方程 (6-61d)，可以得到

$$h_1' = -\mu I_{1r} + f_1 \sin \varphi_1 - \sqrt{\varepsilon}\mu h \tag{6-80a}$$

$$\varphi_1' = 2I_{1r}\eta_2 h + \sqrt{\varepsilon}\left(\eta_2 h^2 + \frac{f_1 \cos \varphi_1}{I_{1r}}\right) \tag{6-80b}$$

这里，"′" 表示对时间尺度 τ 求导。

方程 (6-80) 的未扰动部分是 Hamilton 系统，具有 Hamilton 函数为

$$H_1(h, \varphi_1) = -\mu I_{1r}\varphi_1 - f_1 \cos \varphi_1 - I_{1r}\eta_2 h^2 \tag{6-81}$$

方程 (6-80) 未扰动系统的不动点为

$$p_0(h_{1c}, \varphi_{1c}) = \left(0, \arcsin\left(\frac{\mu I_{1r}}{f_1}\right)\right) \tag{6-82a}$$

$$q_0(h_{1s}, \varphi_{1s}) = \left(0, \pi - \arcsin\left(\frac{\mu I_{1r}}{f_1}\right)\right) \tag{6-82b}$$

通过计算可以判断得知不动点 q_0 是鞍点，p_0 为中心。当满足条件式 (6-83) 时，对于充分小的 ε 所产生的扰动，不动点 q_0 和 p_0 变成鞍-焦点类型的不动点

$$-2\mu - \frac{f_1}{I_{1r}}\sin\varphi_1 < 0 \tag{6-83}$$

3. 能量差分函数

上述内容详细地分析了未扰动系统 (6-64) 子空间 (u_1, u_2) 的非线性动力学特性，以及小扰动 ε $(0 < \varepsilon \ll 1)$ 对系统的影响。为了揭示黏弹性传动带多脉冲同宿轨道的存在性，计算系统在受扰动后，n 脉冲轨道的起跳点和着陆点之间的低阶能量差，从而来判断系统是否存在多脉冲的轨道。

用 Haller 和 Wiggins[13] 推导的能量差分函数的一般表达式，得到扰动系统 (6-61) 含有耗散项的能量差分函数

$$\Delta^n h(u_1, u_2, I_1, \varphi_1, I_2, \varphi_2) = H_1(\varphi_1 + n\Delta\varphi_1) - H_1(\varphi_1) - \sum_{i=1}^{n}\int_{-\infty}^{+\infty}\langle DH, g\rangle\big|_{u^i(t)}\,\mathrm{d}t \tag{6-84}$$

该函数包含系统 (6-61) 的未扰动部分的相位信息和扰动部分的能量信息，同时给出了 n 脉冲轨道的起跳点和着陆点之间的首阶能量差。

在方程 (6-84) 中

$$H_1(\varphi_1 + n\Delta\varphi_1) - H_1(\varphi_1) = -\mu n I_{1r}\Delta\varphi_1 - f_1\left[\cos(\varphi_1 + n\Delta\varphi_1) - \cos\varphi_1\right] \tag{6-85a}$$

$$\int_{-\infty}^{+\infty} \langle DH, g \rangle \big|_{u^i(t)} \, \mathrm{d}t = \int_A \left[-\frac{\mathrm{d}}{\mathrm{d}u_1} g^{u_1}(u_1, u_2, I, \varphi) - \frac{\mathrm{d}}{\mathrm{d}u_2} g^{u_2}(u_1, u_2, I, \varphi) \right] \mathrm{d}u_1 \mathrm{d}u_2$$

$$- \int_{\partial A_l} g^I \mathrm{d}\varphi \tag{6-85b}$$

这里，A 表示子空间 (u_1, u_2) 中由一对同宿轨道围成的区域，∂A_l 是区域 A 的边界。

方程 (6-85b) 中的第一项是在未扰动空间 (u_1, u_2) 的同宿轨道所围成的区域上进行积分，积分计算如下

$$\int_A \left[-\frac{\mathrm{d}}{\mathrm{d}u_1} g^{u_1}(u_1, u_2, I, \varphi) - \frac{\mathrm{d}}{\mathrm{d}u_2} g^{u_2}(u_1, u_2, I, \varphi) \right] \mathrm{d}u_1 \mathrm{d}u_2 = \mu_2 \int_A \mathrm{d}u_1 \mathrm{d}u_2 \tag{6-86}$$

把同宿轨道方程 (6-67) 代入方程 (6-86)，计算得到

$$\mu_2 \int_A \mathrm{d}u_1 \mathrm{d}u_2 = 4\mu_2 \int_0^{\sqrt{\varepsilon_1/\eta_1}} \mathrm{d}u_1 \int_0^{u_2} \mathrm{d}u_2$$

$$= \frac{4\mu_2 \varepsilon_1^{3/2}}{\sqrt{2}\eta_1} \int_0^{+\infty} \sec h^4 \left(\frac{\sqrt{2\varepsilon_1}}{2} t \right) \mathrm{d} \left(\frac{\sqrt{2\varepsilon_1}}{2} t \right)$$

$$= -\frac{\sqrt{2}\mu_2 \varepsilon_1}{3\alpha_1} \Delta\varphi_1 \tag{6-87}$$

把扰动项 (6-63) 代入方程 (6-85b) 的第二项，可以得到

$$\int_{\partial A_l} g^I \mathrm{d}\varphi = \int_{-\frac{\Delta\varphi_1}{2}}^{\frac{\Delta\varphi_1}{2}} (-\mu I_{1r} + f_1 \sin\varphi_1) \mathrm{d}\varphi_1 + \int_{-\frac{\Delta\varphi_2}{2}}^{\frac{\Delta\varphi_2}{2}} (-\mu I_{2r} + f_2 \sin\varphi_2) \mathrm{d}\varphi_2$$

$$= -\mu I_{1r} \Delta\varphi_1 - \mu I_{2r} \Delta\varphi_2 \tag{6-88}$$

因此，能量差分函数方程 (6-84) 计算如下

$$\Delta^n h(u_1, u_2, I_1, \varphi_1, I_2, \varphi_2)$$

$$= -f_1 \left[\cos(\varphi_1 + n\Delta\varphi_1) - \cos\varphi_1 \right] + n\mu I_{2r} \Delta\varphi_2 + \frac{4n\mu\varepsilon_1}{3\alpha_1} \Delta\varphi_1$$

$$= 2f_1 \sin\left(\varphi_1 + \frac{n}{2}\Delta\varphi_1 \right) \sin\left(\frac{n}{2}\Delta\varphi_1 \right) + n\mu I_{2r} \Delta\varphi_2 + \frac{4n\mu\varepsilon_1}{3\alpha_1} \Delta\varphi_1 \tag{6-89}$$

为了判断在黏弹性传动带系统非线性振动中是否存在多脉冲跳跃轨道，首先需要寻找能量差分函数方程 (6-89) 的零点。因此，求解方程 $\Delta^n h = 0$，得到如下等式

$$\sin\left(\varphi_1 + \frac{n\Delta\varphi_1}{2} \right) = \frac{3\alpha_1 I_{2r} \Delta\varphi_2 + 4\varepsilon_1 \Delta\varphi_1}{6\alpha_1 \sin\frac{n\Delta\varphi_1}{2}} nd \tag{6-90}$$

这里我们定义耗散因子为 $d = \dfrac{\mu}{f_1}$，它给出了耗散因素与激励振幅之间的关系。

根据方程 (6-90)，可以计算出耗散因子的上确界为

$$|d| < d_{\max} = \left| \frac{6\alpha_1 \sin \dfrac{n\Delta\varphi_1}{2}}{n\left(3\alpha_1 I_{2r}\Delta\varphi_2 + 4\varepsilon_1\Delta\varphi_1\right)} \right| \tag{6-91}$$

式 (6-91) 说明当耗散因子 d 的值给定时，不是对应于所有的脉冲数 n 的多脉冲轨道都能够发生。因为在耗散因子 d 中，阻尼较小，所以 $d < 1$，于是得到脉冲数的上确界为

$$n < n_{\max} = \left| \frac{6\alpha_1}{d\left(3\alpha_1 I_{2r}\Delta\varphi_2 + 4\varepsilon_1\Delta\varphi_1\right)} \right| \tag{6-92}$$

显然，从方程 (6-92) 可知，最大脉冲数的上确界 $n_{\max}$ 与耗散因子 d 成反比关系。

在下面的分析中，确定能量差分函数的横截零点。定义一个包含所有横截零点的集合

$$Z_-^n = \left\{ (h_1, \varphi_1) \,\middle|\, \Delta^n h(\varphi_1) = 0, D_{\varphi_1}\Delta^n h(\varphi_1) \neq 0 \,\middle|\, \varphi_1 = \left\{\varphi_{1,1}^n, \varphi_{1,2}^n\right\} \in \left[-\frac{\pi}{2}, \frac{\pi}{2}\right] \right\} \tag{6-93}$$

耗散能量差分函数 $\Delta^n h(\varphi_1)$ 的横截零点由下面方程给出

$$\varphi_1 + \frac{n}{2}\Delta\varphi_1 = 2m\pi + (-1)^m\alpha \tag{6-94}$$

其中，$m \in \mathbf{Z}$，以及

$$\alpha = \arcsin \left(\frac{3\alpha_1 I_{2r}\Delta\varphi_2 + 4\varepsilon_1\Delta\varphi_1}{6\alpha_1 \sin \dfrac{n\Delta\varphi_1}{2}} nd \right) \tag{6-95}$$

为了把 (h_1, φ_1) 空间中的内轨道进行分类，利用每一条轨道都只有唯一的一个能量函数与其相对应的特性。因此，与同宿轨道相对应的能量函数用 $\bar{h}_0$ 表示，与焦点相对应的能量函数用 $\bar{h}_\infty$ 来表示，与同宿轨道连接区域内的任意一条周期轨道相对应的能量函数用 $\bar{h}_n$ 表示，根据方程 (6-81)，定义能量函数序列

$$\bar{h}_0 = H_1(h_{1s}, \varphi_{1s}) = f_1\left[-d_1 I_{1r}\left(\pi - \arcsin(I_{1r}d)\right) - \sqrt{1 - d_1^2 I_{1r}^2}\right] \tag{6-96a}$$

$$\bar{h}_n = \min\left[H_1(h_{1s}, \varphi_{1s}), H_1(h_{1c}, \varphi_{1c})\right] \tag{6-96b}$$

$$\bar{h}_\infty = H_1(h_{1c}, \varphi_{1c}) = f_1\left[-d_1 I_{1r}\left(\arcsin(I_{1r}d)\right) + \sqrt{1 - d_1^2 I_{1r}^2}\right] \tag{6-96c}$$

从方程 (6-96) 可以发现，能量函数序列存在 $\bar{h}_0 < \bar{h}_n < \bar{h}_\infty$ 的关系。也就是说，沿着轨道趋近于焦点的方向，能量是逐渐增加的。

4. Shilnikov 同宿轨道

在下面的分析中，将研究在整个六维相空间中 Shilnikov 型多脉冲轨道的存在性问题。在文献 [9, 10, 12~16] 中，Haller 和 Wiggins 研究了在慢变流形 M_ε 上同宿于内轨线的多脉冲轨道的存在性问题。在耗散扰动情形下，在慢变流形 M_ε 上并不存在这样的内周期轨道，并且中心奇点变成双曲焦点或鞍-焦点。

当扰动存在时，Shilnikov 型多脉冲轨道渐近趋近于鞍-焦点，可以导致系统出现 Smale 马蹄意义下的混沌运动。把 Haller[12] 的研究结果应用到下面的分析中。

首先，需要证明 Hamilton 函数 H_1 存在非退化的零点。在 (h_1, φ_1) 相空间中，显然系统有中心点 $p_0 = \left(0, \arcsin \dfrac{\mu I_{1r}}{f_1} \right)$，由于耗散因子定义为 $d = \dfrac{\mu}{f_1}$，所以中心点又可以改写为 $p_0(d) = (0, \arcsin(dI_{1r}))$，这是一个非退化的零点。

其次，需要在六维相空间 $(u_1, u_2, I_1, \varphi_1, I_2, \varphi_2)$ 中，计算能量差分函数在中心点 $p_0(0, 0, h_{1c}, \varphi_{1c}, I_{2r}, \varphi_2)$ 处的零解，即要求下式成立

$$\Delta^n h(u_1, u_2, I_1, \varphi_1, I_2, \varphi_2)|_{p_0} = 0 \tag{6-97}$$

也就是

$$\sqrt{1 - d^2 I_{1r}^2} \left[\cos(n\Delta\varphi_1) - 1 \right] = d\Phi \tag{6-98}$$

这里

$$\Phi = I_{1r} \sin(n\Delta\varphi_1) + n I_{2r} \Delta\varphi_2 + \frac{4n\varepsilon_1}{3\alpha_1} \Delta\varphi_1 \tag{6-99}$$

求解方程 (6-98)，得到耗散因子为

$$d = \frac{\cos(n\Delta\varphi_1) - 1}{\sqrt{\Psi}} \tag{6-100}$$

这里

$$\Psi = \left[\cos(n\Delta\varphi_1) - 1 \right]^2 I_{1r} + \Phi^2 \tag{6-101}$$

等式 (6-100) 对非零的耗散因子成立，即要求下列条件满足

$$\Delta\varphi_1 \neq \frac{2k\pi}{n}, \quad k \in \mathbf{Z}^+, \quad \Phi \neq 0 \tag{6-102}$$

由 Haller[12] 的研究结果可知，能量差分函数 $\Delta^n h(p_0)$ 还必须满足下面的非退化条件

$$D_d \Delta^n h(u_1, u_2, I_1, \varphi_1, I_2, \varphi_2)|_{p_0} \neq 0 \tag{6-103}$$

即

$$D_d \left[\sqrt{1 - d^2 I_{1r}^2} \left[\cos(n\Delta\varphi_1) - 1 \right] - d \left[I_{1r} \sin(n\Delta\varphi_1) + n I_{2r} \Delta\varphi_2 + \frac{4n\varepsilon_1}{3\alpha_1} \Delta\varphi_1 \right] \right] \neq 0 \tag{6-104}$$

反之，对能量差分函数微分后，有下述等式成立

$$\sqrt{1 - d^2 I_{1r}^2} \Phi = -dI_{1r}^2 \left[\cos(n\Delta\varphi_1) - 1\right] \tag{6-105}$$

经过简单地计算可以知道，在条件 (6-102) 的条件下，方程 (6-98) 和方程 (6-95) 是不能同时满足的。也就是说在条件 (6-102) 下，选择适当的参数，方程 (6-97) 和条件 (6-103) 能够同时满足，即能量差分函数存在着简单的零点。

最后，要确保从慢流形上起跳的 n 脉冲跳跃轨道的着陆点要落在 $p_{0\varepsilon}(d)$ 的吸引域内。由于 n 脉冲跳跃轨道的落点位于点 $(0, \varphi_{1c}(d) + n\Delta\varphi_1)$ 附近，考虑区间 $\left[-\dfrac{\pi}{2}, \dfrac{3\pi}{2}\right]$ 上一点 $\varphi_1^n(d)$，这一点距离落点有 $2k\pi$ 长度。因此，有

$$\varphi_1^n(d) = \varphi_{1s}(d) + \left[\varphi_{1c}(d) + n\Delta\varphi_1 - \varphi_{1s}(d)\right] \bmod 2\pi \tag{6-106}$$

这里

$$\varphi_{1s}(d) = \pi - \arcsin(dI_{1r}), \quad \varphi_{1c}(d) = \arcsin(dI_{1r}) \tag{6-107}$$

为了验证距离落点有 $2k\pi$ 长度的点平移 $2k\pi$ 后，是否距离区域 $\left[-\dfrac{\pi}{2}, \dfrac{3\pi}{2}\right]$ 上的鞍点很近，给出如下分析。如果 $\varphi_1^n(d) > \varphi_{1s}(d)$，由于相图具有对称性 $\varphi \to \varphi - 2\pi$，重新定义 $\varphi_1^n(d)$ 为 $\varphi_1^n(d) - 2\pi$。根据由式 (6-96) 得到的能量序列关系，可以知道如果 $\varphi_1(d)$ 点的能量比鞍点 q_0 处的能量高，则有

$$H_1(0, \varphi_1^n(d)) > H_1(0, \varphi_{1s}(d)) \tag{6-108}$$

将方程 (6-107) 代入 Hamilton 函数方程 (6-81)，有

$$\cos(\varphi_1^n(d)) - \cos(\varphi_{1s}(d)) > dI_{1r}(\varphi_1^n(d) - \varphi_{1s}(d)) \tag{6-109}$$

这样，对充分小的扰动 ε $(\varepsilon > 0)$，n 脉冲跳跃轨道的着陆点将位于鞍–焦点 $p_{0\varepsilon}(d)$ 的吸引域内，系统将产生 Shilnikov 型多脉冲混沌运动。

5. 数值模拟

为了进一步验证所得到的理论分析结果的正确性，从平均方程 (6-1) 出发，应用 Runge-Kutta 方法对高维黏弹性传动带系统进行数值模拟，通过选择适当的参数，给出系统多脉冲混沌运动的相图和功率谱图，得到系统的非线性动力学响应。

在数值模拟中，所取的初始条件和参数分别为 $x_1 = 0.9$, $x_2 = 0.32$, $x_3 = 0.4$, $x_4 = 0.75$, $x_5 = 0.5$, $x_6 = 0.12$, $\mu = 0.01$, $\sigma_1 = 5.2$, $\sigma_2 = 2.26$, $\sigma_3 = 2$, $\alpha = 4.37$, $b_{101} = -49$, $b_{102} = 12$, $b_{103} = 4.5$, $b_{301} = 23$, $b_{302} = 3$, $a_{101} = -20.3$, $a_{102} = 5$, $a_{103} = -23$, $a_{104} = -26$, $a_{105} = -36$, $a_{106} = -28$, $a_{107} = 19.2$, $a_{108} = 15$, $a_{109} = -23$,

$a_{110} = 8$, $a_{201} = 13$, $a_{202} = -32$, $a_{203} = 36$, $a_{204} = -6$, $a_{205} = 43$, $a_{206} = -12$, $a_{207} = -29$, $a_{208} = 6$, $a_{301} = 37$, $a_{302} = -3$, $a_{303} = 17$, $a_{304} = -7$, $a_{305} = -11.2$, $a_{306} = -7.2$, $a_{307} = 4.6$, $a_{308} = 72$, $a_{309} = -51$, $a_{310} = 15$, $f_1 = 60.6$。

当激励 $f_2 = 22.4$ 时，可以得到黏弹性传动带系统的多脉冲混沌运动，如图 6-8 所示，其中图 6-8(a) 和图 6-8(b) 分别表示 (x_1, x_2, x_3) 和 (x_4, x_5, x_6) 空间中的三维相图，图 6-8(c)～ 图 6-8(e) 分别表示 (x_1, x_2), (x_3, x_4) 和 (x_5, x_6) 平面上的二维相图，图 6-8(f) 表示 x_1 平面的功率谱图。由 6-8(f) 可知黏弹性传动带系统能够产生混沌运动，并且观察三维相图 6-8(a) 和图 6-8(b)，发现系统的混沌运动具有多脉冲跳跃轨道。

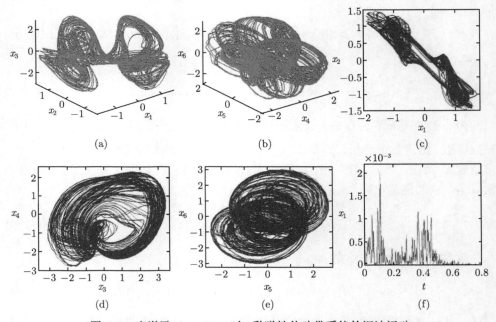

图 6-8　当激励 $f_2 = 22.4$ 时，黏弹性传动带系统的混沌运动

增大激励 $f_2 = 51.4$，黏弹性传动带系统出现周期运动，从三维相图中可以明显的看出，黏弹性传动带系统具有跳跃轨道，如图 6-9 所示。继续增大激励 $f_2 = 67.8$，黏弹性传动带系统进入混沌运动，如图 6-10 所示。由此发现这同样是一个多脉冲混沌运动。当激励 $f_2 = 72.4$ 时，黏弹性传动带系统出现一倍周期运动，从三维相图 6-11(a) 和图 6-11(b) 中可以清楚地看出跳跃轨道的运动走向，如图 6-11 所示。

在同一组参数条件下，图 6-12 直观的反映出激励 f_2 对于系统动力学响应的影响，其中图 6-12 (a)，图 6-12 (b) 和图 6-12 (c) 分别表示 x_1, x_3 和 x_5 随激励 f_2 变化时黏弹性传动带系统的分岔图。随着激励 f_2 的逐渐增大，黏弹性传动带系统的响应由周期运动演化为混沌运动。当激励 f_2 大约在 46 左右时，系统出现多倍周期运动的窗口；当激励 f_2 大约在 $51 \sim 53$ 左右时，系统同样出现多倍周期运动的窗口；当激励 f_2 大于 55 时，系统的响应进入混沌运动状态。

在 6.1 节中利用全局摄动方法研究了黏弹性传动带系统空间横向振动的 1:2:3 内共振情形的单脉冲混沌动力学 [17,18]。在研究过程中发现，未扰动系统具有同宿分岔现象，在研究扰动系统的动力学特性时，将系统的后四维方程转化为慢变系统，在共振值的附近，研究了前二维系统的轨道在慢变流形上的变化情况。研究发现系统在未扰动时是完全可积的 Hamilton 形式，具有二维正规双曲不变圆环，扰动情况下，圆环的稳定流形和不稳定流形横截相交，具有 Shilnikov 型的单脉冲混沌运动现象。

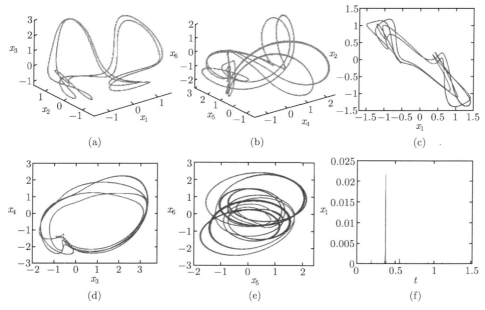

图 6-9 当激励 $f_2 = 51.4$ 时，黏弹性传动带系统的周期运动

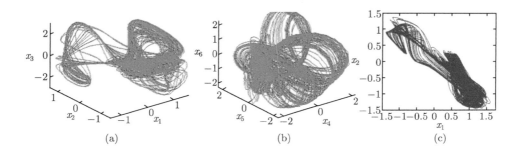

图 6-10　当激励 $f_2 = 67.8$ 时，黏弹性传动带系统的混沌运动

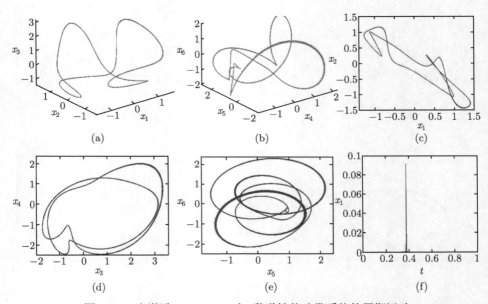

图 6-11　当激励 $f_2 = 72.4$ 时，黏弹性传动带系统的周期运动

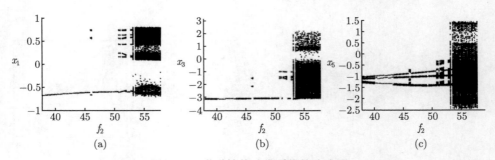

图 6-12　黏弹性传动带系统的分岔图

本节在 6.1 节研究的基础上，利用近可积系统的能量相位法研究六维黏弹性传动带的多脉冲同宿轨道和混沌动力学 [17,18]。在研究扰动系统的动力学特性时，在六维相空间 $(u_1, u_2, I_1, \varphi_1, I_2, \varphi_2)$ 中定义一个横截面 $I_2 = I_{2r} \in U_1$ 和 $\varphi_2 \in (0, 2\pi]$，在共振值 I_{1r} 附近研究系统在四维相空间 $(u_1, u_2, I_1, \varphi_1)$ 中的非线性动力学特性，然后让 I_2 取遍区间 $U_1 = [I_{2r} - \varepsilon, I_{2r} + \varepsilon] \subset [I_{21}, I_{22}]$ 中的每一个值，能够得到在整个六维相空间 $(u_1, u_2, I_1, \varphi_1, I_2, \varphi_2)$ 中系统的非线性动力学特性。引入二维慢变流形，发现在一定条件下系统能够产生同宿分岔，在小扰动情况下，系统存在 Shilnikov 型多脉冲轨道，多脉冲轨道是从不变流形的鞍-焦点出发，经过 n 个脉冲跳跃以后，落点回到鞍-焦点的收敛域内。

最后，数值分析结果进一步表明系统存在具有跳跃现象的混沌运动。数值结果发现，在一定的参数取值条件下，黏弹性传动带系统出现周期和混沌运动现象。研究发现激励 f_2 对黏弹性传动带的非线性动力学特性具有显著的影响，通过调节激励 f_2，系统出现混沌运动 → 周期运动 → 混沌运动 → 周期运动。

参 考 文 献

[1] 刘彦琦. 粘弹性传动带系统的非线性动力学研究. 北京: 北京工业大学博士学位论文, 2008.

[2] Zhang W, Wang F X, Zu J W. Computation of normal forms for high dimensional nonlinear systems and application to nonplanar nonlinear oscillations of a cantilever beam. Journal of Sound and Vibration, 2004, 278: 949-974.

[3] Chen Y, Zhang W. Computation of the third order normal form for six-dimensional nonlinear dynamical systems. Journal of Dynamics and Control, 2004, 2: 31-35.

[4] Zhang W, Wen H B, Yao M H. Periodic and chaotic oscillation of a parametrically excited viscoelastic moving belt with 1:3 Internal resonance. Acta Mechanics Sinica, 2004, 36: 443-454.

[5] Zhang W, Chen Y, Cao D X. Computation of normal form for eight-dimensional nonlinear dynamical system and application to a viscoelastic moving belt. International Journal of Nonlinear Sciences and Nummerical Simulation, 2006, 7: 35-58.

[6] Li J, Wang D, Zhang W. General forms of the simplest normal form of Bogdanov-Takens singularities. Dynamics of Continuous, Discrete and Impulsive Systems, 2001, 8: 519-530.

[7] Chen G T, Dora J D. An algorithm for computing a new normal form for dynamical systems. Journal of Symbolic Computation, 2000, 29: 393-418.

[8] Elphick C, Tirapegui E, Brachet M E, et al. A simple global characterization for normal forms of singular vector fields. Physica D, 1987, 29: 95-117.

[9] Haller G, Wiggins S. Orbits homoclinic to resonances: the Hamiltonian case. Physica

D, 1993, 66: 298-346.

[10]　Haller G, Wiggins S. Geometry and chaos near resonant equilibria of 3-DOF Hamiltonian systems. Physica D, 1996, 90: 319-365.

[11]　Kovacic G, Wiggins S. Orbits homoclinic to resonances, with an application to chaos in a model of the forced and damped sine-Gordon equation. Physica D, 1992, 57: 185-225.

[12]　Haller G. Chaos Near Resonance. New York: Springer-Verlag, 1999.

[13]　Haller G. Wiggins S. Multi-pulse jumping orbits and homoclinic trees in a modal truncation of the damped-forced nonlinear Schrödinger equation. Physica D, 1995, 85: 311-347.

[14]　Haller G. Multi-dimensional homoclinic jumping and the discredited NLS equation. Communications in Mathematical Physic, 1998, 193: 1-46.

[15]　Haller G. Homoclinic jumping in the perturbed nonlinear Schrödinger equation. Communications on Pure and Applied Mathematics, 1999, LII: 1-47.

[16]　Haller G, Menon G, Rothos V M. Shilnikov manifolds in coupled nonlinear Schrödinger equations. Physics Letters A, 1999, 263: 175-185.

[17]　姚明辉. 多自由度非线性机械系统的全局分岔和混沌动力学研究. 北京: 北京工业大学博士学位论文, 2006.

[18]　高美娟. 六维非线性系统的复杂动力学研究. 北京: 北京工业大学博士学位论文, 2009.

第7章　六维非自治非线性系统的混沌动力学

随着科学技术的进步，研究低维非线性系统的动力学问题已经不能满足一些实际工程的需要。为了得到非线性系统中更加详细的复杂动力学行为，需要研究更高维数的非线性动力学系统。但是与研究低维系统的非线性动力学行为相比，研究高维系统的非线性动力学问题的理论是很困难的。特别是为了得到与原始系统较为接近的理论分析结果，需要直接研究高维非自治非线性系统的复杂动力学问题。这与以前的研究方法相比，减少了中间化简的过程，保留了更多原始系统的特性，因此研究高维非自治非线性系统的复杂动力学行为具有重要的科学意义和工程应用价值。本章在研究四维非自治非线性动力学系统的基础上，将一些方法推广应用到六维非自治非线性系统的复杂动力学中。

7.1　混合坐标系下六维非自治非线性系统的广义 Melnikov 方法

自从 Melnikov 方法在 1963 年被 Melnikov 提出来以后，经历了研究单脉冲混沌的高维 Melnikov 方法 [1] 到研究多脉冲混沌的广义 Melnikov 方法。Kaper 和 Kovacic[2] 对广义 Melnikov 方法进行了初步的证明。后来，Camassa 等 [3] 进一步改进了广义 Melnikov 方法，并且给出了严谨的证明。在这期间，很多学者也用这些方法研究了许多具有工程背景系统的单脉冲和多脉冲混沌运动。但是这些系统大部分是自治非线性动力学系统。Zhang 等 [4] 将广义 Melnikov 方法进行了改进，用来研究四维混合坐标系下的非自治非线性动力学系统。在此基础上，本章将文献 [4] 中改进的方法继续推广到混合坐标系下的六维非自治非线性动力学系统。

1. 广义 Melnikov 方法

考虑如下带有周期扰动的 Hamilton 系统

$$\dot{u} = JD_u H(u, I) + \varepsilon g^u(u, I, \theta, \mu, \phi, \varepsilon) \tag{7-1a}$$

$$\dot{I} = \varepsilon g^I(u, I, \theta, \mu, \phi, \varepsilon) \tag{7-1b}$$

$$\dot{\theta} = \Omega(u, I) + \varepsilon g^\theta(u, I, \theta, \mu, \phi, \varepsilon) \tag{7-1c}$$

$$\dot{\phi} = \omega \tag{7-1d}$$

其中，$u = (u_1, u_2)^{\mathrm{T}} \in \mathbf{R}^2$, $I = (I_1, I_2)^{\mathrm{T}} \in \mathbf{R}^2$, $\theta = (\theta_1, \theta_2)^{\mathrm{T}} \in S^2$, $\Omega = (\Omega_1, \Omega_2)^{\mathrm{T}}$, $\phi \in$

S^1, $0 < \varepsilon \ll 1$ 和 $\mu \in \mathbf{R}^p$ 为系统参数, 系统 (7-1) 中所有函数在其定义域上是充分可微的, 函数 $g = (g^u, g^I, g^\theta)$ 是关于 t 的周期函数, 周期为 $T = 2\pi/\omega$, J 为辛矩阵

$$J = \begin{pmatrix} 0 & 1 \\ -1 & 0 \end{pmatrix} \tag{7-2}$$

2. 未扰动系统动力学

显而易见, 系统 (7-1) 是一个七维自治非线性动力学系统。当 $\varepsilon = 0$ 时, 系统 (7-1) 的未扰动系统为

$$\dot{u} = JD_uH(u, I) \tag{7-3a}$$

$$\dot{I} = 0 \tag{7-3b}$$

$$\dot{\theta} = \Omega(u, I) \tag{7-3c}$$

$$\dot{\phi} = \omega \tag{7-3d}$$

显然, 未扰动系统 (7-3) 的前三个方程与变量 ϕ 无关, 因此系统 (7-3) 是一个解耦的七维系统。

在下面的分析中, 首先考虑系统 (7-3) 的前三个方程

$$\dot{u} = JD_uH(u, I) \tag{7-4a}$$

$$\dot{I} = 0 \tag{7-4b}$$

$$\dot{\theta} = \Omega(u, I) \tag{7-4c}$$

其中, H 是未扰动系统 (7-4) 的 Hamilton 函数。

因为在系统 (7-4) 中 $\dot{I} = 0$, 所以变量 I 为常数。对未扰动系统 (7-4), 有如下两个假设。

假设 7.1　对于每个 $I = (I_1, I_2) \in U = [I_{11}, I_{12}] \times [I_{21}, I_{22}] \subset \mathbf{R}^2$, 方程 (7-4a) 有双曲平衡点 $u = u_0(I)$ 随 I 连续变化, 并且有连接平衡点的同宿轨道 $u^h(t, I)$。

假设 7.1 表明在六维相空间 $(u_1, u_2, I_1, I_2, \theta_1, \theta_2)$ 中, 存在如下形式的集合 M

$$M = \{(u, I, \theta) \,|\, u = u_0(I), I_{11} \leqslant I_1 \leqslant I_{12}, I_{21} \leqslant I_2 \leqslant I_{22}, 0 < \theta_1 \leqslant 2\pi, 0 < \theta_2 \leqslant 2\pi\} \tag{7-5}$$

流形 M 是一个四维法向双曲不变流形, 如图 7-1 所示, 其中 $I = (I_1, I_2)^{\mathrm{T}}$ 和 $\theta = (\theta_1, \theta_2)^{\mathrm{T}}$。流形 M 有五维的稳定流形 $W^{\mathrm{s}}(M)$ 和不稳定流形 $W^{\mathrm{u}}(M)$。由同宿轨道的存在性表明, 稳定流形 $W^{\mathrm{s}}(M)$ 与不稳定流形 $W^{\mathrm{u}}(M)$ 横截相交于五维同宿流形 Γ

$$\Gamma = \left\{ (u, I, \theta) \middle| u = u^h(t, I), I_{11} \leqslant I_1 \leqslant I_{12}, I_{21} \leqslant I_2 \leqslant I_{22}, \right.$$

$$\theta_1 = \int_{t_0}^{t} \Omega_1(u^h(s,I),I)\mathrm{d}s + \theta_{10}, \theta_2 = \int_{t_0}^{t} \Omega_2(u^h(s,I),I)\mathrm{d}s + \theta_{20} \Bigg\} \qquad (7\text{-}6)$$

其中，$\theta_0 = (\theta_{10},\theta_{20})^{\mathrm{T}}, \theta_{10}$ 和 θ_{20} 是初始相位角。

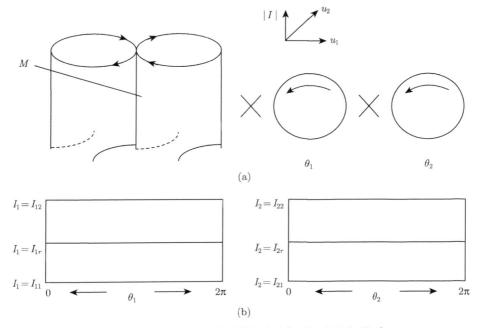

图 7-1 同宿流形 M 在六维混合坐标系下的几何关系

在流形 M 中，存在三维不变子流形 $\tilde{M} \subset M$，可用下式表示

$$\tilde{M} = \left\{(u,I,\theta) \,\middle|\, u = u_0(I), |I| = \sqrt{|I_1|^2 + |I_2|^2} \in U_1 \subset \mathbf{R}, 0 < \theta_1 \leqslant 2\pi, 0 < \theta_2 \leqslant 2\pi\right\}$$
$$(7\text{-}7)$$

其中，$U_1 = [\min|I|, \max|I|]$，并且 $I_1 \in [I_{11}, I_{12}]$ 和 $I_2 \in [I_{21}, I_{22}]$。

流形 $\tilde{M}$ 存在四维稳定流形 $W^{\mathrm{s}}(\tilde{M})$ 和不稳定流形 $W^{\mathrm{u}}(\tilde{M})$，它们相交于四维的同宿流形 $\tilde{\Gamma}$

$$\tilde{\Gamma} = \Bigg\{(u,I,\theta) \,\bigg|\, u = u^h(t,I), |I| = \sqrt{|I_1|^2 + |I_2|^2} \in U_1 \subset \mathbf{R},$$
$$\theta_1 = \int_0^t \Omega_1(u^h(s,I),I)\mathrm{d}s + \theta_{10}, \theta_2 = \int_0^t \Omega_2(u^h(s,I),I)\mathrm{d}s + \theta_{20} \Bigg\} \qquad (7\text{-}8)$$

假设 7.2 存在 $I = I_r = (I_{1r}, I_{2r})^{\mathrm{T}}$，其中 $I_{11} < I_{1r} < I_{12}$ 和 $I_{21} < I_{2r} < I_{22}$，如下条件满足

$$\Omega_1(u_0(I_r),I_r) = 0, \quad \left.\frac{\mathrm{d}\Omega_1(u_0(I),I)}{\mathrm{d}I_1}\right|_{I=I_r} \neq 0 \qquad (7\text{-}9\mathrm{a})$$

和

$$\Omega_2\left(u_0\left(I_r\right), I_r\right) = 0, \qquad \left.\frac{\mathrm{d}\Omega_2\left(u_0(I), I\right)}{\mathrm{d}I_2}\right|_{I=I_r} \neq 0 \tag{7-9b}$$

当假设 7.2 中条件式 (7-9) 满足时，则称为共振，其中非负实数 $I = I_r$ 称为共振 I 值，与之相对应的系统不动点称为共振不动点。

在条件式 (7-9) 下，即 $I = I_r$ 时，流形 M 变成不动点轮胎面，因此子流形 $\tilde{M}$ 变成了不动点球面。不动点球面可以表示为

$$C = \{(u, I, \theta)|u = u_0(I_r), |I| = |I_r| \in U_1 \subset \mathbf{R}, 0 < \theta_1 \leqslant 2\pi, 0 < \theta_2 \leqslant 2\pi\} \tag{7-10}$$

其中，$|I_r| = \sqrt{|I_{1r}|^2 + |I_{2r}|^2}$，并且 $I_{1r} \in [I_{11}, I_{12}]$ 和 $I_{2r} \in [I_{21}, I_{22}]$。

因为 θ 可以表示非线性振动的相位，则当 $I = I_r$ 时，相位漂移角 $\Delta\theta$ 可定义为

$$\Delta\theta = \theta(+\infty, I_r) - \theta(-\infty, I_r) \tag{7-11}$$

其中，$\Delta\theta = (\Delta\theta_1, \Delta\theta_2)^{\mathrm{T}} \in \mathbf{R}^2$。

因此，当 $\Delta\theta_1 \neq 2k\pi$ 和 $\Delta\theta_2 \neq 2k\pi$ 时，其中 k 为整数，相位漂移角 $\Delta\theta$ 给出了连接两个双曲不动点之间的相位差。

假设 7.2 表明流形 $\tilde{M}$ 是慢变流形，而向量 u 在快变流形上，因此在流形 $\tilde{M}$ 上没有 "折" 存在，即文献 [3] 中的开折条件自动满足。

在整个七维相空间 $\mathbf{R}^4 \times S^2 \times S^1$ 中，流形 M 可以写成如下形式

$$\begin{aligned}M(\phi) = \{&(u, I, \theta, \phi)|u = u_0(I), I_{11} \leqslant I_1 \leqslant I_{12}, I_{21} \leqslant I_2 \leqslant I_{22}, \\ &0 < \theta_1 \leqslant 2\pi, 0 < \theta_2 \leqslant 2\pi, \phi = \omega t + \phi_0\}\end{aligned} \tag{7-12}$$

容易发现，当考虑变量 ϕ 时，流形 $M(\phi)$ 是一个五维的双曲不变流形。流形 $M(\phi)$ 存在六维的稳定流形 $W^{\mathrm{s}}(M(\phi))$ 和不稳定流形 $W^{\mathrm{u}}(M(\phi))$。因此，流形 $M(\phi)$ 的子流形 $\tilde{M}(\phi)$ 可以写成如下的形式

$$\tilde{M}(\phi) = \{(u, I, \theta, \phi)|u = u_0(I), |I| \in U_1 \subset \mathbf{R}, 0 < \theta_1 \leqslant 2\pi, 0 < \theta_2 \leqslant 2\pi, \phi = \omega t + \phi_0\} \tag{7-13}$$

流形 $\tilde{M}$ 是一个四维的双曲不变流形，并且有一个五维稳定流形 $W^{\mathrm{s}}(\tilde{M}(\phi))$ 和不稳定流形 $W^{\mathrm{u}}(\tilde{M}(\phi))$。

3. 扰动系统动力学

在下面的分析中，将考虑扰动系统的非线性动力学。根据文献 [3] 中的分析，流形 $M(\phi)$ 在充分可微的小扰动下保持不变，即扰动系统的流形 $M_\varepsilon(\phi)$、稳定流形 $W^{\mathrm{s}}(M_\varepsilon(\phi))$ 和不稳定流形 $W^{\mathrm{u}}(M_\varepsilon(\phi))$ 分别 $C^r\varepsilon$-逼近于未扰动系统的流形 $M(\phi)$、稳定流形 $W^{\mathrm{s}}(M(\phi))$ 和不稳定流形 $W^{\mathrm{u}}(M(\phi))$，其中 $M_\varepsilon(\phi)$ 可以表示为

$$M_\varepsilon(\phi) = \left\{(u, I, \theta, \phi)|u = u_0(I) + O(\varepsilon), I \in U, 0 < \theta_1 \leqslant 2\pi,\right.$$

$$0 < \theta_2 \leqslant 2\pi, \phi = \omega t + \phi_0 \Big\} \tag{7-14}$$

因为 $\tilde{M}(\phi) \subset M(\phi)$，因此扰动系统的子流形 $\tilde{M}_\varepsilon(\phi)$、稳定流形 $W^s(\tilde{M}_\varepsilon(\phi))$ 和不稳定流形 $W^u(\tilde{M}_\varepsilon(\phi))$ 分别 C^r-ε 逼近于未扰动系统的子流形 $\tilde{M}(\phi)$、稳定流形 $W^s(\tilde{M}(\phi))$ 和不稳定流形 $W^u(\tilde{M}(\phi))$，其中 $\tilde{M}_\varepsilon(\phi)$ 可写成如下的形式

$$\tilde{M}_\varepsilon(\phi) = \Big\{ (u, I, \theta, \phi) | u = u_0(I) + O(\varepsilon), |I| \in U_1, 0 < \theta_1 \leqslant 2\pi,$$

$$0 < \theta_2 \leqslant 2\pi, \phi = \omega t + \phi_0 \Big\} \tag{7-15}$$

对于系统 (7-1)，在七维增广相空间中定义如下形式的横截面

$$\Sigma^{\phi_0} = \{ (u, I, \theta, \phi) | \phi = \phi_0 \} \tag{7-16}$$

如图 7-2 所示，给出了横截面 Σ^{ϕ_0} 的几何解释。

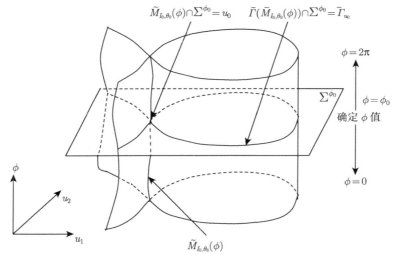

图 7-2　横截面 Σ^{ϕ_0} 的几何结构

在图 7-2 中 $\tilde{M}_{I_0, \theta_0}(\phi)$ 和 $\tilde{\Gamma}(\tilde{M}_{I_0, \theta_0}(\phi))$ 分别表示子流形 $\tilde{M}(\phi)$ 和同宿流形 $\tilde{\Gamma}$ 在变量 I 和 θ 固定下而 ϕ 在圆 S^1 上变化时的流形。由图 7-2 可得，存在如下的关系

$$\tilde{M}_{I_0, \theta_0}(\phi) \cap \Sigma^{\phi_0} = u_0 \tag{7-17a}$$

和

$$\tilde{\Gamma}(\tilde{M}_{I_0, \theta_0}(\phi)) \cap \Sigma^{\phi_0} = \tilde{\Gamma}_{u_0} \tag{7-17b}$$

其中，$\tilde{\Gamma}_{u_0}$ 表示流形 $\tilde{\Gamma}(\tilde{M}_{I_0, \theta_0}(\phi))$ 在横截面 Σ^{ϕ_0} 上的子流形。

　　主要的思想是先让 ϕ 固定，在横截面 Σ^{ϕ_0} 上研究系统 (7-1) 的非线性动力学问题。然后让 ϕ 跑遍整个环 S^1，再研究系统 (7-1) 的非线性动力学问题。

　　令 $u(t, I)$ 和 $u_\varepsilon(t, I)$ 分别表示未扰动向量场的轨道和扰动向量场上的轨道。容易发现，未扰动向量场是自治的，因此 $u(t, I)$ 与 ϕ 无关；而扰动向量场 $u_\varepsilon(t, I)$ 依赖于 ϕ。因为带扰动向量场是非自治的，因此扰动向量场 $u_\varepsilon(t, I)$ 在横截面 Σ^{ϕ_0} 上是非常复杂的曲线，并且有可能自己多次相交。为了克服这个困难，引入由扰动向量场的流产生的 Poincaré 映射，由横截面 Σ^{ϕ_0} 映到自身

$$P_\varepsilon : \Sigma^{\phi_0} \to \Sigma^{\phi_0} \tag{7-18a}$$

$$u_\varepsilon(0) \to u_\varepsilon\left(\frac{2\pi}{\omega}\right) \tag{7-18b}$$

　　定义符号

$$p_{\varepsilon,\phi_0} = \tilde{M}_\varepsilon(\phi) \cap \Sigma^{\phi_0} \tag{7-19}$$

容易发现 p_{ε,ϕ_0} 表示 Poincaré 映射上的三维双曲不变流形，并且它分别有四维的稳定子流形 $W^{\mathrm{s}}(p_{\varepsilon,\phi_0})$ 和不稳定子流形 $W^{\mathrm{u}}(p_{\varepsilon,\phi_0})$，可以分别表示成如下的形式

$$W^{\mathrm{s}}(p_{\varepsilon,\phi_0}) = W^{\mathrm{s}}(\tilde{M}_\varepsilon(\phi)) \cap \Sigma^{\phi_0} \tag{7-20a}$$

和

$$W^{\mathrm{u}}(p_{\varepsilon,\phi_0}) = W^{\mathrm{u}}(\tilde{M}_\varepsilon(\phi)) \cap \Sigma^{\phi_0} \tag{7-20b}$$

　　由此可知，稳定子流形 $W^{\mathrm{s}}(p_{\varepsilon,\phi_0})$ 和不稳定子流形 $W^{\mathrm{u}}(p_{\varepsilon,\phi_0})$ 分别 $C^r\varepsilon$-逼近于未扰动系统的稳定子流形 $W^{\mathrm{s}}(\tilde{M})$ 和不稳定子流形 $W^{\mathrm{u}}(\tilde{M})$。

4. 广义 Melnikov 函数

　　根据文献 [3, 4] 的分析，下面给出几个定义。首先，1-脉冲的 Melnikov 函数为

$$M\left(I_r, \theta_0, \phi_0, \mu\right) = \int_{-\infty}^{+\infty} \left\langle \boldsymbol{n}\left(p^h(t)\right), \boldsymbol{g}\left(p^h(t), \omega t + \phi_0, \mu, 0\right)\right\rangle \mathrm{d}t \tag{7-21}$$

其中

$$\boldsymbol{n} = (D_u H(u, I), D_I H(u, I) - D_I H(u_0(I), I), 0) \tag{7-22a}$$

$$\boldsymbol{g} = (g^u(u, I, \theta, \phi, \mu, 0), g^I(u, I, \theta, \phi, \mu, 0), g^\theta(u, I, \theta, \phi, \mu, 0)) \tag{7-22b}$$

$$p^h(t) = \left(u^h(t, I), I, \theta^h(t, I) + \theta_0\right) \tag{7-22c}$$

向量 $\boldsymbol{n}$ 为同宿流形 $\tilde{\Gamma}$ 的法向量。

其次, k 脉冲 Melnikov 函数 M_k $(k = 1, 2, \cdots)$ 为

$$M_k(I_r, \theta_0, \phi_0, \mu) = \sum_{j=0}^{k-1} M(I_r, \theta_0 + j\Delta\theta(I_r), \phi_0, \mu) \tag{7-23}$$

其中

$$\Delta\theta(I_r) = \int_{-\infty}^{+\infty} \left[\Omega\left(u^h(\tau, I_r), I_r\right) - \Omega\left(u_0(I_r), I_r\right) \right] \mathrm{d}\tau \tag{7-24}$$

根据假设 7.2 的条件式 (7-9) 得到如下形式的相位漂移角

$$\Delta\theta(I_r) = \int_{-\infty}^{+\infty} \Omega\left(u^h(\tau, I_r), I_r\right) \mathrm{d}\tau \tag{7-25}$$

定理 7.1 对于整数 k, 存在 $\theta = \bar{\theta}_0, \phi = \bar{\phi}_0$ 和系统参数 $\mu = \bar{\mu}$, 使得以下条件满足

(1) k 脉冲 Melnikov 函数存在简单零点, 即

$$M_k(I_r, \bar{\theta}_0, \bar{\phi}_0, \bar{\mu}) = 0 \tag{7-26a}$$

和

$$D_{\theta_{10}} M_k(I_r, \bar{\theta}_0, \bar{\phi}_0, \bar{\mu}) \neq 0 \tag{7-26b}$$

或

$$D_{\theta_{20}} M_k(I_r, \bar{\theta}_0, \bar{\phi}_0, \bar{\mu}) \neq 0$$
$$D_{\phi_0} M_k(I_r, \bar{\theta}_0, \bar{\phi}_0, \bar{\mu}) \neq 0 \tag{7-26c}$$

(2) $M_i(I_r, \bar{\theta}_0, \bar{\phi}_0, \bar{\mu}) \neq 0$, $i = 1, \cdots, k-1$, $k > 1$。

则对于所有的 $\theta \to \bar{\theta}_0, \phi \to \bar{\phi}_0$ 和 $\mu \to \bar{\mu}$, 存在三维的横截面 $\Sigma_\varepsilon^\mu(\bar{\theta}_0)$, 沿着此横截面, 扰动系统在环面 $\tilde{M}_\varepsilon^{\phi_0}$ 上的稳定流形 $W^s(\tilde{M}_\varepsilon^{\phi_0})$ 和不稳定流形 $W^u(\tilde{M}_\varepsilon^{\phi_0})$ 横截相交, 其中 $\tilde{M}_\varepsilon^{\phi_0}$ 表示扰动系统的子流形 $\tilde{M}_\varepsilon(\phi)$ 在横截面 Σ^{ϕ_0} 上的子流形。在 $\tilde{M}_\varepsilon^{\phi_0}$ 的小邻域外, 横截面 $\Sigma_\varepsilon^\mu(\bar{\theta}_0)$ 光滑地逼近于由同宿流形 $\tilde{\Gamma}$ 上的同宿轨道在 $I = I_r$ 和 $\theta_0 = \bar{\theta}_0 + j\Delta\theta(I_r)$ $(j = 0, 1, \cdots, k-1)$ 时张成的截面 $\Sigma_0^\mu(\bar{\theta}_0)$, 其中 $\bar{\theta}_0$ 是对应于 k 脉冲 Melnikov 函数 $M_k(I_r, \theta_0, \phi_0, \mu)$ 简单零点的取值。

在下面的分析中, 将给出简要的证明, 说明如何获得 k 脉冲 Melnikov 函数。主要思想是将非自治系统通过坐标变换和引入横截面 Σ^{ϕ_0}, 使之满足文献 [3] 中定理 1 的条件, 因此定理 7.1 的证明与文献 [3] 中的证明类似。在这里假设文献中的

一些结果是成立的，包括距离估计、切空间的封闭性，以及距离计算和距离转换。实际上，根据文献 [3] 中的推导过程，这些结论用在系统 (7-1) 仍然成立。下面将这些结果写成假设的形式。

首先给出一些符号的定义。不稳定流形 $W^{\mathrm{u}}(\tilde{M}_\varepsilon^{\phi_0})$ 的跳跃部分用流形 L 表示。流形 $O^L \in L$ 为流形 L 上的一条轨道。定义流形 $\tilde{M}_\varepsilon^{\phi_0}$ 的一个邻域 $U_\delta(\tilde{M}_\varepsilon^{\phi_0})$

$$U_\delta(\tilde{M}_\varepsilon^{\phi_0}) = \left\{ (u_1, u_2, I, \theta) \,\middle|\, |u_1| < \delta, |u_2| < \delta, |I| \in U_1, \theta_1 \in S^1, \theta_2 \in S^1 \right\} \quad (7\text{-}27)$$

假设 7.3　令流形 L 以 $O(\varepsilon^\alpha)$ 逼近于局部稳定流形 $W^{\mathrm{s}}_{\mathrm{loc}}(\tilde{M}_\varepsilon^{\phi_0})$，并且在进入邻域 $U_\delta(\tilde{M}_\varepsilon^{\phi_0})$ 时它们相应的切空间也是 $O(\varepsilon^\alpha)$ 逼近的。则在跳出邻域 $U_\delta(\tilde{M}_\varepsilon^{\phi_0})$ 点，流形 L 的切空间 $O(\varepsilon^{\alpha-\beta})$ 逼近于局部不稳定流形 $W^{\mathrm{u}}_{\mathrm{loc}}(\tilde{M}_\varepsilon^{\phi_0})$ 的切空间，其中 α 和 β 是任意小的正实数。

假设 7.4　令 $p^h(0)$ 为未扰动同宿流形 $W(\tilde{M})$ 在离开邻域 $U_\delta(\tilde{M}_\varepsilon^{\phi_0})$ 时与邻域的交点，过 $p^h(0)$ 的 $W(\tilde{M})$ 的法向量 $\boldsymbol{n}(p^h(0))$ 分别交流形 L 与局部不稳定流形 $W^{\mathrm{u}}_{\mathrm{loc}}(M_\varepsilon^{\phi_0})$ 于点 $q^l(0)$ 和 $q^{\mathrm{u}}(0)$。则沿着法向量 $\boldsymbol{n}(p^h(t))$，流形 L 和 $W^{\mathrm{u}}(\tilde{M}_\varepsilon^{\phi_0})$ 之间的有向距离为

$$d^{l,\mathrm{u}}(\tilde{p}^h(t)) = \frac{\langle q^l(0) - q^{\mathrm{u}}(0), \boldsymbol{n}(p^h(0)) \rangle}{\|\boldsymbol{n}(\tilde{p}^h(t))\|} + O((\varepsilon^\alpha + \varepsilon)^{2-\beta}) \quad (7\text{-}28)$$

其中，$\tilde{p}^h(t)$ 是同宿流形 $W(\tilde{M})$ 的法向量 $\boldsymbol{n}(\tilde{p}^h(t))$ 与 $W(\tilde{M})$ 的交点。

如图 7-3 所示，给出了假设 7.4 的几何解释。

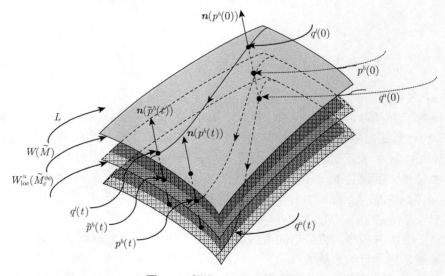

图 7-3　假设 7.4 的几何解释

假设 7.5 在扰动情形下，轨道 $q^l(t)$ 在距局部稳定流形 $W_{\text{loc}}^{\text{s}}(\tilde{M}_\varepsilon^{\phi_0})$ 的 $c\varepsilon^\alpha$ 处进入邻域 $U_\delta(\tilde{M}_\varepsilon^{\phi_0})$，交 $W_{\text{loc}}^{\text{s}}(\tilde{M}_\varepsilon^{\phi_0})$ 于点 $q^l(0)$，轨道在点 $q^l(T)$ 离开邻域。$\boldsymbol{n}_q(0)$ 和 $\boldsymbol{n}_q(T)$ 分别为未扰动稳定流形 $W_{\text{loc}}^{\text{s}}(\tilde{M})$ 与不稳定流形 $W_{\text{loc}}^{\text{u}}(\tilde{M})$ 过点 $q^{\text{s}}(0) \in W_{\text{loc}}^{\text{s}}(\tilde{M}_\varepsilon^{\phi_0})$ 和 $q^{\text{u}}(T) \in W_{\text{loc}}^{\text{u}}(\tilde{M}_\varepsilon^{\phi_0})$ 的法向量，则有

$$\langle \boldsymbol{n}_q(0), q^l(0) - q^{\text{s}}(0) \rangle = \langle \boldsymbol{n}_p(0), p^l(0) - p^{\text{s}}(0) \rangle$$
$$+ O\left(\varepsilon^{2\alpha - D\varepsilon} \log\frac{1}{\varepsilon} + \varepsilon^{1+\alpha} \left(\log\frac{1}{\varepsilon} \right)^2 \right) \quad (7\text{-}29\text{a})$$

$$\langle \boldsymbol{n}_q(T), q^l(T) - q^{\text{u}}(T) \rangle = \langle \boldsymbol{n}_p(T), p^l(T) - p^{\text{u}}(T) \rangle$$
$$+ O\left(\varepsilon^{2\alpha - D\varepsilon} \log\frac{1}{\varepsilon} + \varepsilon^{1+\alpha} \left(\log\frac{1}{\varepsilon} \right)^2 \right) \quad (7\text{-}29\text{b})$$

假设 7.5 给出了如何将流形 L 与 $W^{\text{s}}(\tilde{M}_\varepsilon^{\phi_0})$ 之间的距离转化成流形 L 与 $W^{\text{u}}(\tilde{M}_\varepsilon^{\phi_0})$ 之间的距离。如图 7-4 所示，给出了假设 7.5 的几何解释。

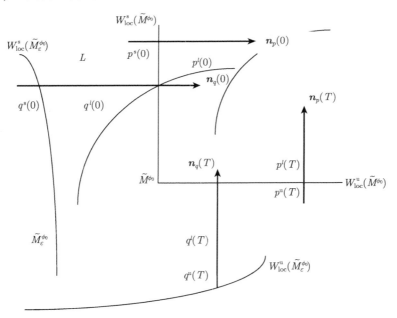

图 7-4 假设 7.5 的几何解释

下面应用归纳法给出 Melnikov 函数的推导过程。

令 q_1 为第一脉冲 O^L 上一点，过 q_1 点的未扰动同宿流形 $\tilde{\Gamma}$ 的法向量 $\boldsymbol{n}(p_1)$ 交 $\tilde{\Gamma}$ 于 p_1 点，交稳定流形 $W^{\text{s}}(\tilde{M}_\varepsilon^{\phi_0})$ 于 q_1^{s} 点。根据标准 Melnikov 理论，点 q_1 与

稳定流形 $W^s(\tilde{M}_\varepsilon^{\phi_0})$ 之间沿着法向量 $\boldsymbol{n}(p_1)$ 的有向距离为

$$d^{l,s}(p_1) = |q_1 - q_1^s| = \frac{\langle q_1 - q_1^s, \boldsymbol{n}(p_1) \rangle}{\|\boldsymbol{n}(p_1)\|} = \varepsilon \frac{M(I_r, \theta_0, \phi_0, \mu)}{\|\boldsymbol{n}(p_1)\|} + O(\varepsilon) \tag{7-30}$$

其中略去了 ε 的高阶项。

考虑轨道 O^L 上第二脉冲上的点，根据假设 7.4 和假设 7.5，在假设 7.3 的条件下，在跳出邻域 $U_\delta(\tilde{M}_\varepsilon^{\phi_0})$ 点处，轨道 O^L 与不稳定流形 $W^u(\tilde{M}_\varepsilon^{\phi_0})$ 之间的有向距离为如下形式，这里依然省去了 ε 的高阶无穷小。

$$\begin{aligned} d^{l,u}(p_2) &= |q_2 - q_2^u| = \frac{\langle q_2 - q_2^u, \boldsymbol{n}(p_2) \rangle}{\|\boldsymbol{n}(p_2)\|} \\ &= \frac{\langle q_1 - q_1^s, \boldsymbol{n}(p_1) \rangle}{\|\boldsymbol{n}(p_2)\|} = \varepsilon \frac{M(I_r, \theta_0, \phi_0, \mu)}{\|\boldsymbol{n}(p_2)\|} + O(\varepsilon) \end{aligned} \tag{7-31}$$

其中，p_2 和 q_2 分别为第二脉冲上与 p_1 和 q_1 类似的点，点 q_2^u 为第二脉冲上不稳定流形 $W^u(\tilde{M}_\varepsilon^{\phi_0})$ 上的点。

流形 $W^u_{loc}(\tilde{M}_\varepsilon^{\phi_0})$ 与 $W^s(\tilde{M}_\varepsilon^{\phi_0})$ 之间沿着法向量 $\boldsymbol{n}(p_2)$ 方向的有向距离为

$$d^{u,s}(p_2) = |q_2^u - q_2^s| = \frac{\langle q_2^u - q_2^s, \boldsymbol{n}(p_2) \rangle}{\|\boldsymbol{n}(p_2)\|} = \varepsilon \frac{M(I_r, \theta_0, \phi_0, \mu)}{\|\boldsymbol{n}(p_2)\|} + O(\varepsilon) \tag{7-32}$$

根据式 (7-31) 和式 (7-32)，点 q_2 与稳定流形 $W^s(\tilde{M}_\varepsilon^{\phi_0})$ 之间的有向距离为

$$d^{l,s}(p_2) = |q_2 - q_2^s| = \varepsilon \frac{M(I_r, \theta_0, \phi_0, \mu) + M(I_r, \theta_0, \phi_0, \mu)}{\|\boldsymbol{n}(p_2)\|} + O(\varepsilon) \tag{7-33}$$

根据文献 [3] 中的第 8 节及假设 7.2 中的条件式 (7-9)，有以下结果

$$\theta_1 = \theta_{10} + \Delta\theta_1(I_r) \tag{7-34a}$$

$$\theta_2 = \theta_{20} + \Delta\theta_2(I_r) \tag{7-34b}$$

因此 2-脉冲 Melnikov 函数可以写为

$$M_2(I_r, \theta_0, \phi_0, \mu) = M(I_r, \theta_0, \phi_0, \mu) + M(I_r, \theta_0 + \Delta\theta(I_r), \phi_0, \mu) \tag{7-35}$$

图 7-5 给出了前两个脉冲距离计算及转换的几何示意图。

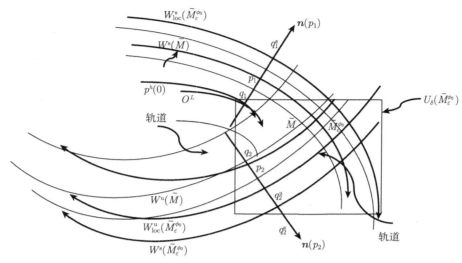

图 7-5　两个脉冲几何示意图

利用有限归纳法，令 p_{j-1}, q_{j-1} 和 q_{j-1}^s，$j > 1$ 为轨道 O^L 上与 p_1, q_1 和 q_1^s 类似的点，假设第 $j-1$ 脉冲上，点 q_{j-1} 和 q_{j-1}^s 之间的距离为

$$d^{l,s}(p_{j-1}) = \varepsilon \frac{M_{j-1}(I_r, \theta_0, \phi_0, \mu)}{\|\boldsymbol{n}(p_{j-1})\|} + O(\varepsilon) \tag{7-36}$$

对于第 j 脉冲，假设 7.3 和假设 7.5 保证了轨道 O^L 的回归行为，以及距离的阶数为 $O(\varepsilon)$，根据假设 7.4，有

$$d^{l,u}(p_j) = \varepsilon \frac{M_{j-1}(I_r, \theta_0, \phi_0, \mu)}{\|\boldsymbol{n}(p_j)\|} + O(\varepsilon) \tag{7-37}$$

与 $j = 2$ 时类似，可以计算 $d^{l,s}(p_j)$

$$d^{l,s}(p_j) = \varepsilon \frac{M_{j-1}(I_r, \theta_0, \phi_0, \mu) + M(I_r, \theta_{j-1}, \phi_0, \mu)}{\|\boldsymbol{n}(p_j)\|} + O(\varepsilon) \tag{7-38}$$

得到 j 脉冲 Melnikov 函数为如下表达式

$$M_j(I_r, \theta_0, \phi_0, \mu) = M_{j-1}(I_r, \theta_0, \phi_0, \mu) + M(I_r, \theta_0 + (j-1)\Delta\theta(I_r), \phi_0, \mu) \tag{7-39}$$

于是可以得到 k 脉冲 Melnikov 函数 (7-23)。

扰动系统的稳定流形与不稳定流形横截相交意味着存在横截同宿轨，根据 Smale-Birkhoff 定理，横截同宿轨的存在性意味着系统存在 Smale 马蹄意义下的混沌。根据文献 [3] 中的定理，系统 (7-1) 存在多脉冲混沌运动。

7.2　直角坐标系下六维非自治非线性系统的 广义 Melnikov 方法

Camassa 等 [3] 改进了广义 Melnikov 方法使其能够用来研究四维自治非线性系统的多脉冲混沌动力学, 并且给出了严谨的证明。后来, Zhang 等 [5] 改进了广义 Melnikov 方法, 并且研究了直角坐标系下四维非自治非线性动力学系统。将广义 Melnikov 方法推广到混合坐标系下六维非自治非线性动力学系统。但是对于某些系统, 如果将后四维化成极坐标的形式不但不能够使系统变得简单, 反而会增加系统的研究难度。因此, 需要将广义 Melnikov 方法推广到直角坐标系下六维非自治非线性动力学系统。这样就扩大了研究六维非自治非线性系统多脉冲混沌动力学的广义 Melnikov 方法的适用范围。

1. 广义 Melnikov 理论

与 7.1 节的方法相似, 在这里仅概述直角坐标系下六维非自治非线性系统的广义 Melnikov 方法。考虑如下形式的六维非自治非线性系统

$$\dot{u} = JD_uH(u, v_1, v_3) + \varepsilon g^u(u, v, \omega t, \mu, \varepsilon) \tag{7-40a}$$

$$\dot{v}_1 = \varepsilon g^{v_1}(u, v, \omega t, \mu, \varepsilon) \tag{7-40b}$$

$$\dot{v}_2 = \Omega_1(u, v_1, v_3) + \varepsilon g^{v_2}(u, v, \omega t, \mu, \varepsilon) \tag{7-40c}$$

$$\dot{v}_3 = \varepsilon g^{v_3}(u, v, \omega t, \mu, \varepsilon) \tag{7-40d}$$

$$\dot{v}_4 = \Omega_2(u, v_1, v_3) + \varepsilon g^{v_4}(u, v, \omega t, \mu, \varepsilon) \tag{7-40e}$$

其中, $u = (u_1, u_2) \in \mathbf{R}^2, v = (v_1, v_2, v_3, v_4) \in \mathbf{R}^4, 0 < \varepsilon \ll 1$。$\mu \in \mathbf{R}^p$ 表示系统的参数。系统中所有的函数在其定义域上都是充分可微的, 并且 $g = (g^u, g^{v_1}, g^{v_2}, g^{v_3}, g^{v_4})$ 是 t 的周期函数, 矩阵 J 为辛矩阵

$$J = \begin{pmatrix} 0 & 1 \\ -1 & 0 \end{pmatrix} \tag{7-41}$$

令 $\phi = \omega t$, 则系统 (7-40) 可化为

$$\dot{u} = JD_uH(u, v_1, v_3) + \varepsilon g^u(u, v, \phi, \mu, \varepsilon) \tag{7-42a}$$

$$\dot{v}_1 = \varepsilon g^{v_1}(u, v, \phi, \mu, \varepsilon) \tag{7-42b}$$

$$\dot{v}_2 = \Omega_1(u, v_1, v_3) + \varepsilon g^{v_2}(u, v, \phi, \mu, \varepsilon) \tag{7-42c}$$

$$\dot{v}_3 = \varepsilon g^{v_3}(u, v, \phi, \mu, \varepsilon) \tag{7-42d}$$

$$\dot{v}_4 = \Omega_2(u, v_1, v_3) + \varepsilon g^{v_4}(u, v, \phi, \mu, \varepsilon) \tag{7-42e}$$

$$\dot{\phi} = \omega \tag{7-42f}$$

显然，系统 (7-42) 是一个七维自治非线性动力学系统。

2. 未扰动系统动力学

当 $\varepsilon = 0$ 时，系统 (7-42) 的未扰动系统为

$$\dot{u} = J D_u H(u, v_1, v_3) \tag{7-43a}$$

$$\dot{v}_1 = 0 \tag{7-43b}$$

$$\dot{v}_2 = \Omega_1(u, v_1, v_3) \tag{7-43c}$$

$$\dot{v}_3 = 0 \tag{7-43d}$$

$$\dot{v}_4 = \Omega_2(u, v_1, v_3) \tag{7-43e}$$

$$\dot{\phi} = \omega \tag{7-43f}$$

显然，未扰动系统 (7-43) 的前五个方程与变量 ϕ 无关，因此方程 (7-43) 是一个解耦的七维系统。在下面的分析中，首先考虑系统 (7-43) 的前五个方程，即

$$\dot{u} = J D_u H(u, v_1, v_3) \tag{7-44a}$$

$$\dot{v}_1 = 0 \tag{7-44b}$$

$$\dot{v}_2 = \Omega_1(u, v_1, v_3) \tag{7-44c}$$

$$\dot{v}_3 = 0 \tag{7-44d}$$

$$\dot{v}_4 = \Omega_2(u, v_1, v_3) \tag{7-44e}$$

其中，H 是未扰动系统 (7-44) 的 Hamilton 函数。

因为在系统 (7-44) 中 $\dot{v}_1 = 0$ 和 $\dot{v}_3 = 0$，所以变量 v_1 和 v_3 为常数。对系统 (7-44) 有如下的两个假设。

假设 7.6 对于每个 $v_1 \in [L_1, N_1]$ 和 $v_3 \in [L_2, N_2]$，未扰动系统 (7-44) 有双曲平衡点 $u = u_0(v_1, v_3)$，并且存在连接平衡点的同宿轨道 $u^h(t, v_1, v_3)$。

假设 7.6 表明在六维相空间 $(u_1, u_2, v_1, v_2, v_3, v_4)$ 中，存在如下形式的流形 M_0

$$M_0 = \{(u, v) \,|\, u = u_0(v_1, v_3), v_1 \in [L_1, N_1], v_3 \in [L_2, N_2], v_2 \in \mathbf{R}, v_4 \in \mathbf{R}\} \tag{7-45}$$

流形 M_0 是一个四维法向双曲不变流形。定义如下形式的流形

$$M = \{(u, v) \,|\, u = u_0(v_1, v_3), v_1 \in [L_1, N_1], v_3 \in [L_2, N_2], |v_2| < H_1, |v_4| < H_2\} \tag{7-46}$$

流形 M 是一个四维法向双曲部分不变流形，如图 7-6 所示。流形 M 有五维的稳定流形 $W^s(M)$ 和不稳定流形 $W^u(M)$，并且它们相交于五维的同宿流形 Γ

$$\Gamma = \left\{ (u, v) \,\middle|\, u = u^h(t, v_1, v_3), v_1 \in [L_1, N_1], v_3 \in [L_2, N_2], \right.$$

$$v_2 = \int_0^t \Omega_1(u^h(s,v_1,v_3),v_1,v_3)\mathrm{d}s + v_2^0, \; v_4 = \int_0^t \Omega_2(u^h(s,v_1,v_3),v_1,v_3)\mathrm{d}s + v_4^0 \Big\}$$

$$(7\text{-}47)$$

其中，v_2^0 和 v_4^0 是初始相位角。

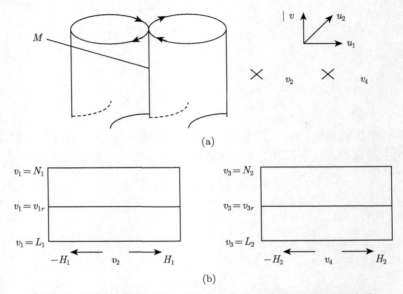

图 7-6　同宿情形下未扰动系统在六维直角坐标系中的几何关系

假设 7.7　对于 v_{1r} 和 v_{3r}, $v_{1r} \in [L_1, N_1]$ 和 $v_{3r} \in [L_2, N_2]$，以下条件满足

$$\Omega_1(u_0(v_{1r},v_{3r}),v_{1r},v_{3r}) = 0, \quad \left.\frac{\mathrm{d}\Omega_1(u_0(v_1,v_3),v_1,v_3)}{\mathrm{d}v_1}\right|_{(v_{1r},v_{3r})} \neq 0 \quad (7\text{-}48a)$$

和

$$\Omega_2(u_0(v_{1r},v_{3r}),v_{1r},v_{3r}) = 0, \quad \left.\frac{\mathrm{d}\Omega_2(u_0(v_1,v_3),v_1,v_3)}{\mathrm{d}v_3}\right|_{(v_{1r},v_{3r})} \neq 0 \quad (7\text{-}48b)$$

假设 7.7 表明方程 Ω_1 和 Ω_2 关于变量 v_{1r} 和 v_{3r} 有简单零点。另外，当条件式 (7-48) 满足时，则称为共振。流形 M 是慢变流形，而变量 u 在快变流形上，因此在这种情形下，流形 M 上没有"折"存在，即文献 [3] 中的开折条件自动满足。

3. 扰动系统动力学

从整个七维空间 $\mathbf{R}^6 \times S^1$ 来看，即系统 (7-42)，法向双曲部分不变流形 M 可以写成如下形式

$$M(\phi) = \{(u,v,\phi) \,|\, u = u_0(v_1,v_3), v_1 \in [L_1, N_1], v_3 \in [L_2, N_2],$$

$$|v_2| < H_1, |v_4| < H_2, \phi = \omega t + \phi_0\} \tag{7-49}$$

根据文献 [3] 中的分析，未扰动系统的流形 $M(t)$ 及其稳定流形与不稳定流形在小扰动下保持不变，即扰动系统的流形 $M_\varepsilon(\phi)$、稳定流形 $W^s(M_\varepsilon(\phi))$ 和不稳定流形 $W^u(M_\varepsilon(\phi))$ 分别 $C^r\varepsilon$-逼近于未扰动系统的流形 $M(\phi)$、稳定流形 $W^s(M(\phi))$ 和不稳定流形 $W^u(M(\phi))$，其中

$$M_\varepsilon(\phi) = \{(u,v)\,|\,u = u_0(v_1, v_3) + O(\varepsilon), v_1 \in [L_1, N_1], v_3 \in [L_2, N_2],$$
$$|v_2| < H_1, |v_4| < H_2, \phi = \omega t + \phi_0\} \tag{7-50}$$

在七维空间 $\mathbf{R}^6 \times S^1$ 中，引入如下形式的横截面

$$\Sigma^{\phi_0} = \{(u, v, \phi)\,|\,\phi = \phi_0\} \tag{7-51}$$

基本思想是先固定 ϕ，在横截面 Σ^{ϕ_0} 上研究系统的非线性动力学行为，然后，再让 ϕ 跑遍环 S^1，如图 7-7 所示。令流形 $M_\varepsilon^{\phi_0}$ 表示流形 $M_\varepsilon(\phi)$ 在横截面 Σ^{ϕ_0} 上的部分。

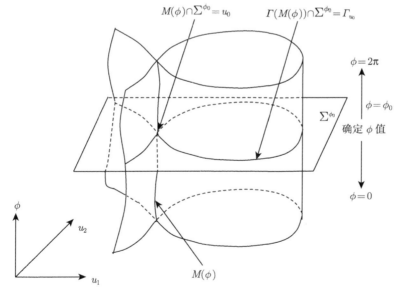

图 7-7 横截面 Σ^{ϕ_0} 的几何结构

4. 广义 Melnikov 函数

下面给出直角坐标系下的一些符号表达式。首先，1-脉冲 Melnikov 函数为

$$M(v_{1r}, v_2^0, v_{3r}, v_4^0, \phi_0, \mu) = \int_{-\infty}^{+\infty} \langle \boldsymbol{n}\left(p^h(t)\right), \boldsymbol{g}\left(p^h(t), \omega t + \phi_0, \mu, 0\right) \rangle \mathrm{d}t \tag{7-52}$$

其中

$$\boldsymbol{n} = (D_u H(u, v_1, v_3), D_{v_1} H(u, v_1, v_3) - D_{v_1} H(u_0(v_1, v_3), v_1, v_3), 0,$$

$$D_{v_3} H(u, v_1, v_3) - D_{v_3} H(u_0(v_1, v_3), v_1, v_3), 0)$$

$$\boldsymbol{g} = (g^u(u, v, \phi, \mu, 0), g^{v_1}(u, v, \phi, \mu, 0), g^{v_2}(u, v, \phi, \mu, 0), \tag{7-53a}$$

$$g^{v_3}(u, v, \phi, \mu, 0), g^{v_4}(u, v, \phi, \mu, 0)) \tag{7-53b}$$

$$p^h(t) = \left(u^h(t, v_1, v_3), v_1, v_2^h(t, v_1, v_3) + v_2^0, v_3, v_4^h(t, v_1, v_3) + v_4^0\right) \tag{7-53c}$$

向量 $\boldsymbol{n}$ 是同宿流形 Γ 的法向量。

k 脉冲 Melnikov 函数 M_k $(k = 1, 2, \cdots)$ 为

$$M_k(v_{1r}, v_2^0, v_{3r}, v_4^0, \phi_0, \mu)$$

$$= \sum_{j=0}^{k-1} M\left(v_{1r}, v_2^0 + j\Delta v_2(v_{1r}, v_{3r}), v_{3r}, v_4^0 + j\Delta v_4(v_{1r}, v_{3r}), \phi_0, \mu\right) \tag{7-54}$$

其中

$$\Delta v_2(v_{1r}, v_{3r}) = \int_{-\infty}^{+\infty} \left[\Omega_1\left(u^h(\tau, v_{1r}, v_{3r}), v_{1r}, v_{3r}\right) - \Omega_1\left(u_0(v_{1r}, v_{3r}), v_{1r}, v_{3r}\right)\right] \mathrm{d}\tau \tag{7-55a}$$

$$\Delta v_4(v_{1r}, v_{3r}) = \int_{-\infty}^{+\infty} \left[\Omega_2\left(u^h(\tau, v_{1r}, v_{3r}), v_{1r}, v_{3r}\right) - \Omega_2\left(u_0(v_{1r}, v_{3r}), v_{1r}, v_{3r}\right)\right] \mathrm{d}\tau \tag{7-55b}$$

根据假设 7.7 中的条件式 (7-48)，很容易得到如下表达式

$$\Delta v_2(v_{1r}, v_{3r}) = \int_{-\infty}^{+\infty} \Omega_1\left(u^h(\tau, v_{1r}, v_{3r}), v_{1r}, v_{3r}\right) \mathrm{d}\tau \tag{7-56a}$$

$$\Delta v_4(v_{1r}, v_{3r}) = \int_{-\infty}^{+\infty} \Omega_2\left(u^h(\tau, v_{1r}, v_{3r}), v_{1r}, v_{3r}\right) \mathrm{d}\tau \tag{7-56b}$$

于是，可以得到如下形式的定理。

定理 7.2　如果对于整数 k 和某个 $v_2^0 = \bar{v}_2^0$，$v_4^0 = \bar{v}_4^0$，$\phi_0 = \bar{\phi}_0$ 和 $\mu = \bar{\mu}$，以下条件满足：

(1) k 脉冲 Melnikov 函数有简单零点，即

$$M_k(v_{1r}, \bar{v}_2^0, v_{3r}, \bar{v}_4^0, \bar{\phi}_0, \bar{\mu}) = 0 \tag{7-57a}$$

和

$$D_{v_2} M_k(v_{1r}, \bar{v}_2^0, v_{3r}, \bar{v}_4^0, \bar{\phi}_0, \bar{\mu}) \neq 0 \tag{7-57b}$$

或

$$D_{v_4} M_k(v_{1r}, \bar{v}_2^0, v_{3r}, \bar{v}_4^0, \bar{\phi}_0, \bar{\mu}) \neq 0 \tag{7-57c}$$

$$D_{\phi_0} M_k(v_{1r}, \bar{v}_2^0, v_{3r}, \bar{v}_4^0, \bar{\phi}_0, \bar{\mu}) \neq 0 \tag{7-57d}$$

(2) $M_i(v_{1r}, \bar{v}_2^0, v_{3r}, \bar{v}_4^0, \bar{\phi}_0, \bar{\mu}) \neq 0, i = 1, \cdots, k-1, k > 1$ (7-57e)

则对于所有的 $v_2^0 \to \bar{v}_2^0, v_4^0 \to \bar{v}_4^0, \phi_0 \to \bar{\phi}_0$ 和 $\mu \to \bar{\mu}$, 扰动系统的稳定流形 $W^s(M_\varepsilon^{\phi_0})$ 与不稳定流形 $W^u(M_\varepsilon^{\phi_0})$ 横截相交。

扰动系统的稳定流形与不稳定流形横截相交意味着存在横截同宿轨道, 根据 Smale-Birkhoff 定理, 横截同宿轨道的存在性意味着系统存在 Smale 马蹄意义下的混沌。根据定理 7.2 可知系统存在着多脉冲混沌运动。

把用于研究带有扰动 Hamilton 系统多脉冲混沌动力学的广义 Melnikov 方法, 推广到直角坐标系下具有周期扰动的六维非自治非线性动力学系统[6,7]。首先, 引入了部分不变流形的概念, 使直角坐标系下六维非自治非线性动力学系统满足广义 Melnikov 方法要求的条件; 其次, 引入横截面 Σ^{ϕ_0}, 基本思想是先固定 ϕ, 在横截面 Σ^{ϕ_0} 上研究系统的非线性动力学问题, 再让 ϕ 跑遍环 S^1; 最后, 通过坐标变换, 使之满足文献 [3] 中定理 1 的条件。因此, k 脉冲 Melnikov 函数表达式的推导过程和本节定理 7.2 的证明与文献 [3] 中的方法非常类似。这里将给出直角坐标系下 k 脉冲 Melnikov 函数表达式的推导过程。假设文献 [3] 中的一些结果是成立的, 包括距离估计、切空间的封闭性、以及距离计算和距离转换。实际上, 根据文献 [3] 中的推导过程, 这些结论用在系统 (7-40) 仍然成立。下面将这些结果写成假设的形式。

首先给出一些符号的定义。不稳定流形 $W^u(M_\varepsilon^{\phi_0})$ 的跳跃部分用流形 L 表示。流形 $O^L \in L$ 为流形 L 上的一条轨道。定义流形 $M_\varepsilon^{\phi_0}$ 的一个邻域 $U_\delta(M_\varepsilon^{\phi_0})$

$$U_\delta(M_\varepsilon^{\phi_0}) = \{(u_1, u_2, v_1, v_2, v_3, v_4) \,||u_1| < \delta, |u_2| < \delta, v_1 \in [L_1, N_1],$$

$$v_3 \in [L_2, N_2], |v_2| < H_1, |v_4| < H_2\} \tag{7-58}$$

假设 7.8 令流形 L 以 $O(\varepsilon^\alpha)$ 逼近于局部稳定流形 $W^s_{\mathrm{loc}}(M_\varepsilon^{\phi_0})$, 并且在进入邻域 $U_\delta(M_\varepsilon^{\phi_0})$ 时, 它们相应的切空间也是 $O(\varepsilon^\alpha)$ 逼近的。则在跳出邻域 $U_\delta(M_\varepsilon^{\phi_0})$ 点, 流形 L 的切空间 $O(\varepsilon^{\alpha-\beta})$ 逼近于局部不稳定流形 $W^u_{\mathrm{loc}}(M_\varepsilon^{\phi_0})$ 的切空间, 其中 α 和 β 是任意小的正实数。

假设 7.9　令 $p^h(0)$ 为未扰动同宿流形 $W(M)$ 在离开邻域 $U_\delta(M_\varepsilon^{\phi_0})$ 时与邻域的交点, 过 $p^h(0)$ 的 $W(M)$ 的法向量 $\boldsymbol{n}(p^h(0))$ 分别交流形 L 与局部不稳定流形 $W_{\mathrm{loc}}^{\mathrm{u}}(M_\varepsilon^{\phi_0})$ 于点 $q^l(0)$ 和 $q^{\mathrm{u}}(0)$。则沿着法向量 $\boldsymbol{n}(p^h(t))$, 流形 L 和 $W^{\mathrm{u}}(M_\varepsilon^{\phi_0})$ 之间的有向距离为

$$d^{l,\mathrm{u}}(\tilde{p}^h(t)) = \frac{\langle q^l(0) - q^{\mathrm{u}}(0), \boldsymbol{n}(p^h(0))\rangle}{\|\boldsymbol{n}(\tilde{p}^h(t))\|} + O((\varepsilon^\alpha + \varepsilon)^{2-\beta}) \tag{7-59}$$

其中, $\tilde{p}^h(t)$ 是同宿流形 $W(M)$ 的法向量 $\boldsymbol{n}(\tilde{p}^h(t))$ 与 $W(M)$ 的交点。

如图 7-8 所示, 给出了假设 7.9 的几何解释。

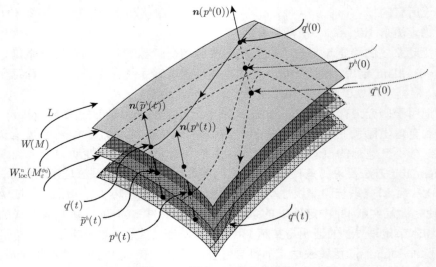

图 7-8　假设 7.9 的几何解释

假设 7.10　在扰动情形下, 轨道 $q^l(t)$ 在距局部稳定流形 $W_{\mathrm{loc}}^{\mathrm{s}}(M_\varepsilon^{\phi_0})$ 的 $c\varepsilon^\alpha$ 处进入邻域 $U_\delta(M_\varepsilon^{\phi_0})$, 交 $W_{\mathrm{loc}}^{\mathrm{s}}(M_\varepsilon^{\phi_0})$ 于点 $q^l(0)$, 轨道在点 $q^l(T)$ 离开邻域。$\boldsymbol{n}_q(0)$ 和 $\boldsymbol{n}_q(T)$ 分别为未扰动稳定流形 $W_{\mathrm{loc}}^{\mathrm{s}}(M)$ 与不稳定流形 $W_{\mathrm{loc}}^{\mathrm{u}}(M)$ 过点 $q^{\mathrm{s}}(0) \in W_{\mathrm{loc}}^{\mathrm{s}}(M_\varepsilon^{\phi_0})$ 和 $q^{\mathrm{u}}(T) \in W_{\mathrm{loc}}^{\mathrm{u}}(M_\varepsilon^{\phi_0})$ 的法向量, 则有

$$\langle \boldsymbol{n}_q(0), q^l(0) - q^{\mathrm{s}}(0)\rangle = \langle \boldsymbol{n}_q(T), q^l(T) - q^{\mathrm{u}}(T)\rangle$$
$$+ O\left(\varepsilon^{2\alpha - D\varepsilon}\log\frac{1}{\varepsilon} + \varepsilon^{1+\alpha}\left(\log\frac{1}{\varepsilon}\right)^2\right) \tag{7-60a}$$

$$\langle \boldsymbol{n}_q(T), q^l(T) - q^{\mathrm{u}}(T)\rangle = \langle \boldsymbol{n}_p(T), p^l(T) - p^{\mathrm{u}}(T)\rangle$$
$$+ O\left(\varepsilon^{2\alpha - D\varepsilon}\log\frac{1}{\varepsilon} + \varepsilon^{1+\alpha}\left(\log\frac{1}{\varepsilon}\right)^2\right) \tag{7-60b}$$

假设 7.10 给出了如何将流形 L 与 $W^{\mathrm{s}}(M_\varepsilon^{\phi_0})$ 之间的距离转化成流形 L 与 $W^{\mathrm{u}}(M_\varepsilon^{\phi_0})$ 之间的距离。如图 7-9 所示，给出了假设 7.10 的几何解释。

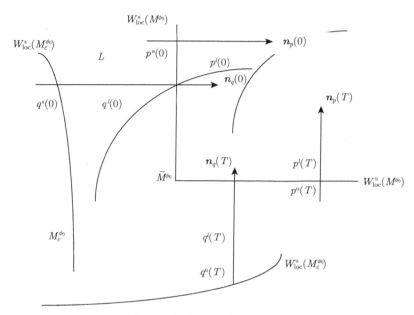

图 7-9　假设 7.10 的几何解释

令 q_1 为第一脉冲 O^L 上一点，过 q_1 点的未扰动同宿流形 Γ 的法向量 $\boldsymbol{n}(p_1)$ 交 Γ 于 p_1 点，交稳定流形 $W^{\mathrm{s}}(M_\varepsilon^{\phi_0})$ 于 q_1^{s} 点，根据标准 Melnikov 理论，点 q_1 与稳定流形 $W^{\mathrm{s}}(M_\varepsilon^{\phi_0})$ 之间沿着法向量 $\boldsymbol{n}(p_1)$ 的有向距离为

$$d^{l,\mathrm{s}}(p_1) = |q_1 - q_1^{\mathrm{s}}| = \frac{\langle q_1 - q_1^{\mathrm{s}}, \boldsymbol{n}(p_1)\rangle}{\|\boldsymbol{n}(p_1)\|} = \varepsilon \frac{M\left(v_{1r}, v_2^0, v_{3r}, v_4^0, \phi_0, \mu\right)}{\|\boldsymbol{n}(p_1)\|} + O(\varepsilon) \quad (7\text{-}61)$$

其中，略去了 ε 的高阶无穷小项。

考虑轨道 O^L 上第二脉冲上的点，根据假设 7.9 和假设 7.10，在假设 7.8 条件下，在跳出邻域 $U_\delta(M_\varepsilon^{\phi_0})$ 点处，轨道 O^L 与不稳定流形 $W^{\mathrm{u}}(M_\varepsilon^{\phi_0})$ 之间的有向距离为如下形式

$$d^{l,\mathrm{u}}(p_2) = |q_2 - q_2^{\mathrm{u}}| = \frac{\langle q_2 - q_2^{\mathrm{u}}, \boldsymbol{n}(p_2)\rangle}{\|\boldsymbol{n}(p_2)\|} = \frac{\langle q_1 - q_1^{\mathrm{s}}, \boldsymbol{n}(p_1)\rangle}{\|\boldsymbol{n}(p_2)\|}$$

$$= \varepsilon \frac{M\left(v_{1r}, v_2^0, v_{3r}, v_4^0, \phi_0, \mu\right)}{\|\boldsymbol{n}(p_2)\|} + O(\varepsilon) \quad (7\text{-}62)$$

其中，略去了 ε 的高阶无穷小项；p_2 和 q_2 分别为第二脉冲上与 p_1 和 q_1 类似的点；点 q_2^{u} 为第二脉冲上不稳定流形 $W^{\mathrm{u}}(M_\varepsilon^{\phi_0})$ 上的点。

流形 $W_{\text{loc}}^{\text{u}}(M_\varepsilon^{\phi_0})$ 与 $W^{\text{s}}(M_\varepsilon^{\phi_0})$ 之间沿着法向量 $\boldsymbol{n}(p_2)$ 方向的有向距离为

$$d^{\text{u,s}}(p_2) = |q_2^{\text{u}} - q_2^{\text{s}}| = \frac{\langle q_2^{\text{u}} - q_2^{\text{s}}, \boldsymbol{n}(p_2)\rangle}{\|\boldsymbol{n}(p_2)\|} = \varepsilon \frac{M\left(v_{1r}, v_2^1, v_{3r}, v_4^1, \phi_0, \mu\right)}{\|\boldsymbol{n}(p_2)\|} + O(\varepsilon) \quad (7\text{-}63)$$

根据式 (7-62) 和式 (7-63)，点 q_2 与稳定流形 $W^{\text{s}}(M_\varepsilon^{\phi_0})$ 之间的有向距离为

$$d^{l,\text{s}}(p_2) = |q_2 - q_2^{\text{s}}| = \varepsilon \frac{M\left(v_{1r}, v_2^0, v_{3r}, v_4^0, \phi_0, \mu\right) + M\left(v_{1r}, v_2^1, v_{3r}, v_4^1, \phi_0, \mu\right)}{\|\boldsymbol{n}(p_2)\|} + O(\varepsilon)$$
$$(7\text{-}64)$$

根据文献 [3] 中的第 8 节和假设 7.7 中的条件式 (7-48)，可以得到如下结果

$$v_2^1 = v_2^0 + \Delta v_2(v_{1r}, v_{3r}) \tag{7-65a}$$
$$v_4^1 = v_4^0 + \Delta v_4(v_{1r}, v_{3r}) \tag{7-65b}$$

因此 2-脉冲 Melnikov 函数为

$$\begin{aligned}
&M_2\left(v_{1r}, v_2^0, v_{3r}, v_4^0, \phi_0, \mu\right)\\
&= M\left(v_{1r}, v_2^0, v_{3r}, v_4^0, \phi_0, \mu\right)\\
&\quad + M(v_{1r}, v_2^0 + \Delta v_2(v_{1r}, v_{3r}), v_{3r}, v_4^0 + \Delta v_4(v_{1r}, v_{3r}), \phi_0, \mu)
\end{aligned} \tag{7-66}$$

图 7-10 给出了前两个脉冲距离计算及转换的几何示意图。

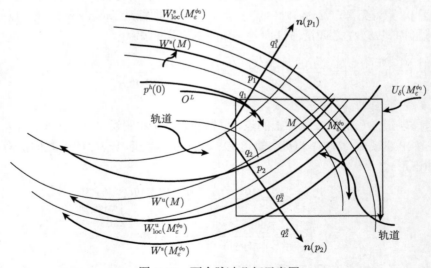

图 7-10   两个脉冲几何示意图

利用有限归纳法，令 p_{j-1}, q_{j-1} 和 q_{j-1}^s, $(j > 1)$ 为轨道 O^L 上与 p_1, q_1 和 q_1^s 类似的点，假设第 $j-1$ 脉冲上，点 q_{j-1} 和 q_{j-1}^s 之间的距离为

$$d^{l,\mathrm{s}}(p_{j-1}) = \varepsilon \frac{M_{j-1}\left(v_{1r}, v_2^0, v_{3r}, v_4^0, \phi_0, \mu\right)}{\|\boldsymbol{n}(p_{j-1})\|} + O(\varepsilon) \qquad (7\text{-}67)$$

对于第 j 脉冲，假设 7.8 和假设 7.9 保证了轨道 O^L 的回归行为及距离的阶数为 $O(\varepsilon)$，根据假设 7.9，可得

$$d^{l,\mathrm{u}}(p_j) = \varepsilon \frac{M_{j-1}\left(v_{1r}, v_2^0, v_{3r}, v_4^0, \phi_0, \mu\right)}{\|\boldsymbol{n}(p_j)\|} + O(\varepsilon) \qquad (7\text{-}68)$$

与 $j = 2$ 时类似，可以计算 $d^{l,\mathrm{s}}(p_j)$

$$d^{l,\mathrm{s}}(p_j) = \varepsilon \frac{M_{j-1}\left(v_{1r}, v_2^0, v_{3r}, v_4^0, \phi_0, \mu\right) + M\left(v_{1r}, v_2^{j-1}, v_{3r}, v_4^{j-1}, \phi_0, \mu\right)}{\|\boldsymbol{n}(p_j)\|} + O(\varepsilon) \tag{7-69}$$

得到 j 脉冲 Melnikov 函数为如下表达式

$$\begin{aligned}
&M_j\left(v_{1r}, v_2^0, v_{3r}, v_4^0, \phi_0, \mu\right) \\
&= M_{j-1}\left(v_{1r}, v_2^0, v_{3r}, v_4^0, \phi_0, \mu\right) \\
&\quad + M\left(v_{1r}, v_2^0 + (j-1)\Delta v_2(v_{1r}, v_{3r}), v_{3r}, v_4^0 + (j-1)\Delta v_4(v_{1r}, v_{3r}), \phi_0, \mu\right)
\end{aligned} \tag{7-70}$$

于是可以得到 k 脉冲 Melnikov 函数 (7-54)。

参 考 文 献

[1] Yagasaki K. The method of Melnikov for perturbations of multi-degree-of-freedom Hamiltonian systems. Nonlinearity, 1991, 12: 799-822.

[2] Kaper T J, Kovacic G. Multi-bump orbits homoclinic to resonance bands. Transactions of the American Mathematical Society, 1996, 348: 3835-3887.

[3] Camassa R, Kovacic G, Tin S K. A Melnikov method for homoclinic orbits with many pulses. Archive for Rational Mechanics and Analysis, 1998, 143: 105-193.

[4] Zhang W, Zhang J H, Yao M H, et al. Multi-pulse chaotic dynamics of non-autonomous nonlinear system for a laminated composite piezoelectric rectangular plate. Acta Mechanica, 2010, 211: 23-47.

[5]　Zhang W, Zhang J H, Yao M H. The extended Melnikov method for non-autonomous nonlinear dynamical system of a buckled thin plate. Nonlinear Analysis: Real World Application, 2010, 11: 1442-1457.

[6]　张君华. 高维非自治非线性系统的全局摄动分析和多脉冲混沌动力学研究. 北京: 北京工业大学工学博士学位论文, 2009.

[7]　郝五零. 六维非自治非线性系统的复杂动力学研究及应用. 北京: 北京工业大学工学博士学位论文, 2013.

第8章 四边简支薄板四维非线性系统的多脉冲混沌动力学

本章利用改进的能量相位法和广义 Melnikov 方法研究了四边简支薄板的异宿多脉冲轨道和混沌动力学。首先，得到薄板的主参数共振–基本参数共振–1:2 内共振情形的平均方程，利用规范形理论进行化简，应用改进的能量相位法研究薄板的异宿多脉冲轨道，求解轨道函数，证明多脉冲轨道是 Shilnikov 轨道；其次，利用广义 Melnikov 方法分析薄板的多脉冲混沌动力学，证明广义 Melnikov 方法的开折条件，从而论证了系统会出现 Smale 马蹄意义的混沌；最后，数值计算得到薄板的二维和三维混沌图、二维波形图和 Poincaré 截面图。

8.1 引　　言

薄板结构广泛应用于航空航天、车辆、海洋、建筑等工程领域，因此，关于薄板的非线性振动、分岔和混沌动力学的研究就显得非常有意义，在近十几年里取得了许多进展。Holmes 等 [1,2] 用有限元法研究了薄板的非线性振动和分岔。Yang 和 Sethna[3] 用平均法分析了参数激励正方形板的局部分岔和全局分岔，他们利用 $Z_2 \oplus Z_2$ 对称性把方程 von Karman 方程简化为两个自由度含参数激励的非线性系统，并且分析了平均方程的全局动力学。研究结果表明，系统存在异宿环和 Smale 马蹄意义的混沌运动。根据 Yang 和 Sethna[3] 的研究结果，Feng 和 Sethna[4] 用全局摄动方法进一步研究了参数激励下薄板的分岔和混沌动力学，他们得到了 Shilnikov 同宿轨道和混沌运动存在的条件。

Abe 等 [5] 用多尺度法分析了简支矩形薄板的模态响应。Popov 等 [6] 研究了参数激励下壳的不同模态之间的相互作用和分岔。Hadian 和 Nayfeh[7] 利用多尺度法分析了谐波激励作用下的非线性夹紧圆板混合内共振情形的响应。Nayfeh 和 Vakakis[8] 利用多尺度法研究了薄轴对称几何非线性圆板的亚谐移动波，发现了线性固有频率相同的模态之间的非线性作用。Tian 等 [9,10] 用平均法和 Melnikov 方法分析了简谐激励作用下的两个自由度薄弓的 1:2 和 1:1 内共振情形的全局分岔和混沌动力学。Chang 等 [11] 研究了矩形薄板 1:1 内共振情形的分岔和混沌动力学。Zhang 等 [12,13] 研究了参数激励和外激励联合作用下的简支矩形薄板的全局分岔和混沌动力学。Yu 等 [14] 利用规范形理论得到了薄板的双零和纯虚特征根的简单规范形。

　　由于高维非线性系统的全局分岔和混沌动力学在理论分析上和工程应用上都具有重要意义，因此这一问题成为近 20 年的研究热点。因为研究方法的限制，目前对高维非线性系统的全局分析解析方法主要有两种：一种是广义 Melnikov 方法；另外一种方法是综合了几何奇异摄动理论、高维 Melnikov 理论和横截理论的能量相位法。

　　Wiggins[15] 曾在其专著中用 Melnikov 方法把高维扰动 Hamilton 系统分为三类，利用标准的 Melnikov 方法详细地研究了这些系统的全局分岔和混沌问题。后来，Kovacic[16~20]，Yagasaki[21~24]，Camassa[25] 等学者进一步发展了 Melnikov 方法，他们用高维 Melnikov 方法处理超次谐分岔轨道；用 Melnikov 方法研究多自由度 Hamilton 系统的动力学行为；并且把 Melnikov 方法与平均法、平均变分法和 KAM 法结合起来，处理了一些特殊系统的动力学问题，建立了相应的 Melnikov 方法。国内的学者 Zhang 等 [12,26] 用高维 Melnikov 方法研究了简支矩形薄板和悬索的全局分岔和混沌动力学。上述这些改进的 Melnikov 方法在解决单脉冲混沌动力学方面取得了很大进展，但是传统的 Melnikov 和高维 Melnikov 在处理多脉冲混沌运动方面却遇到了很大的困难。直到 Kovacic 等 [27,28] 提出广义 Melnikov 方法，广义 Melnikov 方法是分析非线性系统多脉冲混沌运动的一种解析方法，但是由于广义 Melnikov 方法在理解、计算和开折条件的证明上，存在很大的难度，因此一直没有应用到实际工程中研究一些具体的模型。2005 年，姚明辉和张伟 [29] 把广义 Melnikov 方法推广到实际工程中，研究了非线性非平面运动悬臂梁的多脉冲混沌运动。

　　分析高维非线性系统的多脉冲混沌动力学的另外一种解析方法就是能量相位法。1993 年，Haller 和 Wiggins[30] 第一次用能量相位法分析了 Hamilton 系统的同宿单脉冲混沌运动，后来又研究了非线性 Schrödinger 方程中的同宿多脉冲混沌运动 [31~34]。1999 年，Haller[35] 在其专著中详细地总结了能量相位法，并且阐述了这一方法在工程中的应用。

　　本章主要研究在面内激励和横向激励联合作用下的四边简支薄板的多脉冲 Shilnikov 轨道和混沌动力学。考虑 1:2 内共振-主参数共振-基本参数共振情形。首先，根据 von Karman 方程推导出矩形薄板的运动控制方程，利用 Galerkin 方法得到参数激励和外激励联合作用下的两个自由度的运动方程。其次，应用多尺度法把两个自由度的非自治系统转换成平均方程；在平均方程的基础之上，利用规范形理论得到简单规范形。用两种全局摄动解析方法来研究薄板的异宿多脉冲混沌运动，应用 Kovacic 等 [27,28] 提出的广义 Melnikov 方法研究薄板的多脉冲混沌运动，在分析时，本章改进了近可积 Hamilton 系统的多脉冲 Melnikov 函数的计算。最后，应用 Haller 等 [30~35] 发展的能量相位法来分析矩形薄板的多脉冲 Shilnikov 轨道。在使用时，为了确保相图的拓扑结构等价性，本章改进了能量相位法。两种方法的理论分析发现，在平均方程的扰动相空间里存在多脉冲 Shilnikov 跳跃轨道。数值计算也发现了四边简支矩形薄板存在混沌运动和多脉冲 Shilnikov 轨道，进一步验证了理论分析结果。

8.2 运动方程的建立和摄动分析

我们研究四边简支矩形薄板，其边长为 a 和 b，厚度是 h，薄板同时受横向激励和面内激励，所建立的直角坐标系如图 8-1 所示。坐标系 Oxy 位于薄板的中面上，u、v 和 w 分别表示薄板中面上的一点在 x、y 和 z 方向的位移，薄板面内的激励为 $p = p_0 - p_1 \cos(\Omega_2 t)$。

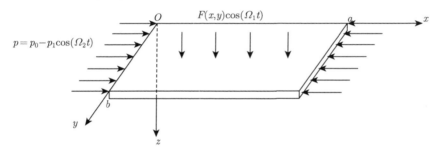

图 8-1 矩形薄板的模型及坐标系

根据薄板的 von Karman 方程 [36]，可以得到矩形薄板的运动方程如下

$$D\nabla^4 w + \rho h \frac{\partial^2 w}{\partial t^2} - \frac{\partial^2 w}{\partial x^2}\frac{\partial^2 \phi}{\partial y^2} - \frac{\partial^2 w}{\partial y^2}\frac{\partial^2 \phi}{\partial x^2} + 2\frac{\partial^2 w}{\partial x \partial y}\frac{\partial^2 \phi}{\partial x \partial y} + \mu\frac{\partial w}{\partial t} = F(x,y)\cos(\Omega_1 t) \quad (8\text{-}1)$$

$$\nabla^4 \phi = Eh\left[\left(\frac{\partial^2 w}{\partial x \partial y}\right)^2 - \frac{\partial^2 w}{\partial x^2}\frac{\partial^2 w}{\partial y^2}\right] \quad (8\text{-}2)$$

这里，ρ 是薄板的密度；$D = Eh^3/(12(1-\nu^2))$ 是弯曲刚度，其中，E 是杨氏模量，ν 是 Possion 比；ϕ 是应力函数；μ 是阻尼系数。

简支边界条件为

$$\text{当 } x = 0, a, \quad w = \frac{\partial^2 w}{\partial x^2} = 0; \quad \text{当 } y = 0, b, \quad w = \frac{\partial^2 w}{\partial y^2} = 0 \quad (8\text{-}3)$$

应力函数 ϕ 满足边界条件，可以表示成如下形式

$$u = \int_0^a \left[\frac{1}{E}\left(\frac{\partial^2 \phi}{\partial y^2} - \nu\frac{\partial^2 \phi}{\partial x^2}\right) - \frac{1}{2}\left(\frac{\partial w}{\partial x}\right)^2\right]\mathrm{d}x = \delta_x, \quad h = \int_0^b \frac{\partial^2 \phi}{\partial y^2}\mathrm{d}y = p, \quad x = 0, a$$

$$(8\text{-}4)$$

$$v = \int_0^b \left[\frac{1}{E} \left(\frac{\partial^2 \phi}{\partial x^2} - \nu \frac{\partial^2 \phi}{\partial y^2} \right) - \frac{1}{2} \left(\frac{\partial w}{\partial y} \right)^2 \right] \mathrm{d}x = 0, \quad \int_0^a \frac{\partial^2 \phi}{\partial x^2} \mathrm{d}x = 0, \quad y = 0, b \quad (8\text{-}5)$$

这里, δ_x 是边界上 x 方向的位移。

考虑薄板的第一、第二模态的非线性振动, 那么, w 的表示形式如下

$$w(x, y, t) = u_1(t) \sin \frac{\pi x}{a} \sin \frac{3\pi y}{b} + u_2(t) \sin \frac{3\pi x}{a} \sin \frac{\pi y}{b} \quad (8\text{-}6)$$

这里, $u_i(t)(i = 1, 2)$ 分别表示两个模态的振幅, 横向激励可以表示成

$$F(x, y) = F_1 \sin \frac{\pi x}{a} \sin \frac{3\pi y}{b} + F_2 \sin \frac{3\pi x}{a} \sin \frac{\pi y}{b} \quad (8\text{-}7)$$

这里, $F_i \ (i = 1, 2)$ 分别代表两个非线性模态的横向受迫激励的振幅。

将方程 (8-6) 代入方程 (8-2), 同时考虑边界条件 (8-4) 和 (8-5), 并且积分, 于是得到应力函数如下

$$\begin{aligned} \phi(x, y, t) = {} & \phi_{20}(t) \cos \frac{2\pi x}{a} + \phi_{02}(t) \cos \frac{2\pi y}{b} + \phi_{60}(t) \cos \frac{6\pi x}{a} \\ & + \phi_{06}(t) \cos \frac{6\pi y}{b} + \phi_{22}(t) \cos \frac{2\pi x}{a} \cos \frac{2\pi y}{b} + \phi_{24}(t) \cos \frac{2\pi x}{a} \cos \frac{4\pi y}{b} \\ & + \phi_{42}(t) \cos \frac{4\pi x}{a} \cos \frac{2\pi y}{b} + \phi_{44}(t) \cos \frac{4\pi x}{a} \cos \frac{4\pi y}{b} - \frac{1}{2} p y^2 \quad (8\text{-}8) \end{aligned}$$

这里

$$\phi_{20}(t) = \frac{9Eh}{32\lambda^2} u_1^2, \quad \phi_{02}(t) = \frac{9\lambda^2 Eh}{32} u_2^2, \quad \phi_{60}(t) = \frac{Eh}{288\lambda^2} u_2^2,$$

$$\phi_{06}(t) = \frac{\lambda^2 Eh}{288} u_1^2, \quad \phi_{22}(t) = -\frac{\lambda^2 Eh}{(\lambda^2 + 1)^2} u_1 u_2, \quad \phi_{24}(t) = \frac{25\lambda^2 Eh}{16(\lambda^2 + 4)^2} u_1 u_2,$$

$$\phi_{42}(t) = \frac{25\lambda^2 Eh}{16(4\lambda^2 + 1)^2} u_1 u_2, \quad \phi_{44}(t) = -\frac{\lambda^2 Eh}{16(\lambda^2 + 1)^2} u_1 u_2, \quad \lambda = \frac{b}{a} \quad (8\text{-}9)$$

为了得到无量纲方程, 引入变量和参数变换

$$\bar{x}_i = \frac{(ab)^{1/2}}{h^2} u_i \ (i = 1, 2), \quad \bar{F}_i = \frac{(ab)^{7/2}}{\pi^4 Eh^7} F_i \ (i = 1, 2), \quad \bar{p} = \frac{b^2}{\pi^2 D} p,$$

$$\bar{\Omega}_k = \frac{ab}{\pi^2} \left(\frac{\rho h}{D} \right)^{1/2}, \quad \Omega_k(k = 1, 2), \quad \varepsilon = \frac{12(1 - \nu^2) h^2}{ab}, \quad \bar{t} = \frac{\pi^2}{ab} \left(\frac{D}{\rho h} \right)^{1/2} t,$$

$$\bar{\mu} = \frac{a^2 b^2}{\pi^2 h^4} \left(\frac{1}{12(1 - \nu^2) \rho E} \right)^{1/2} \mu \quad (8\text{-}10)$$

这里, ε 是小参数。为了便于分析, 去掉符号 "–", 应用 Galerkin 方法将方程 (8-6)~方程 (8-8) 代入方程 (8-1), 并且积分, 就得到无量纲运动方程如下

$$\ddot{x}_1 + \varepsilon \mu \dot{x}_1 + (\omega_1^2 + 2\varepsilon f_1 \cos(\Omega_2 t)) x_1 + \varepsilon (\alpha_1 x_1^3 + \alpha_2 x_1 x_2^2) = \varepsilon F_1 \cos(\Omega_1 t) \quad (8\text{-}11a)$$

$$\ddot{x}_2 + \varepsilon\mu\dot{x}_2 + (\omega_2^2 + 2\varepsilon f_2\cos(\Omega_2 t))x_2 + \varepsilon(\beta_1 x_2^3 + \beta_2 x_1^2 x_2) = \varepsilon F_2\cos(\Omega_1 t) \quad (8\text{-}11b)$$

这里

$$\alpha_1 = \frac{\lambda^2+81}{16\lambda^2}, \quad \beta_1 = \frac{1}{16}\left(81\lambda^2 + \frac{1}{\lambda^2}\right),$$

$$\alpha_2 = \beta_2 = \frac{17\lambda^2}{(1+\lambda^2)^2} + \frac{625\lambda^2}{16(4+\lambda^2)^2} + \frac{625\lambda^2}{16(1+4\lambda^2)^2},$$

$$\omega_k^2 = ((\omega_k^*)^2 - h_k p_0), \quad h_k = \begin{cases} 1, & k=1 \\ 9, & k=2 \end{cases},$$

$$p_1^* = (\omega_1^*)^2 = \frac{(9+\lambda^2)^2}{\lambda^2}, \quad p_2^* = (\omega_2^*)^2 = \frac{(9\lambda^2+1)^2}{\lambda^2},$$

$$f_k = \frac{1}{2}h_k p_1, \quad k=1,2 \quad (8\text{-}12)$$

这里，ω_k $(k=1,2)$ 是薄板的两个线性固有频率；p_k^* $(k=1,2)$ 是使薄板失去稳定性的两个弯曲模态的临界载荷；ω_k^* $(k=1,2)$ 是两个弯曲模态的固有频率；f_k $(k=1,2)$ 是参数激励的振幅。

用多尺度法 [37] 得到方程 (8-11) 的统一解的形式如下

$$x_n(t,\varepsilon) = x_{n0}(T_0,T_1) + \varepsilon x_{n1}(T_0,T_1) + \cdots, \quad n=1,2 \quad (8\text{-}13)$$

这里，$T_0 = t, T_1 = \varepsilon t$。那么，微分算子

$$\frac{\mathrm{d}}{\mathrm{d}t} = \frac{\partial}{\partial T_0}\frac{\partial T_0}{\partial t} + \frac{\partial}{\partial T_1}\frac{\partial T_1}{\partial t} + \cdots = D_0 + \varepsilon D_1 + \cdots \quad (8\text{-}14)$$

$$\frac{\mathrm{d}^2}{\mathrm{d}t^2} = (D_0 + \varepsilon D_1 + \cdots)^2 = D_0^2 + 2\varepsilon D_0 D_1 + \cdots \quad (8\text{-}15)$$

这里，$D_k = \dfrac{\partial}{\partial T_k}, k=0,1$。

本章仅研究 1:2 内共振–主参数共振–基本参数共振情形，共振关系表示如下

$$\omega_1^2 = \frac{1}{4}\Omega_2^2 + \varepsilon\sigma_1, \quad \omega_2^2 = \Omega_2^2 + \varepsilon\sigma_2, \quad \Omega_1 = \Omega_2 \quad (8\text{-}16)$$

这里，σ_1, σ_2 是两个调谐参数。为了便于下面的分析，设 $\Omega_1 = \Omega_2 = 2$。

将方程 (8-13)～ 方程 (8-15) 代入方程 (8-11)，并且比较方程两边 ε 同阶次的系数，得到下面的微分方程：

(1) ε^0 阶

$$D_0^2 x_{10} + x_{10} = 0 \tag{8-17a}$$

$$D_0^2 x_{20} + 4x_{20} = 0 \tag{8-17b}$$

(2) ε^1 阶

$$D_0^2 x_{11} + x_{11} = -2D_0 D_1 x_{10} - \mu D_0 x_{10} - \sigma_1 x_{10} - 2f_1 x_{10} \cos(2T_0) - \alpha_1 x_{10}^3$$
$$- \alpha_2 x_{10} x_{20}^2 + F_1 \cos(2T_0) \tag{8-18a}$$

$$D_0^2 x_{21} + 4x_{21} = -2D_0 D_1 x_{20} - \mu D_0 x_{20} - \sigma_2 x_{20} - 2f_2 x_{20} \cos(2T_0) - \beta_1 x_{20}^3$$
$$- \beta_2 x_{10}^2 x_{20} + F_2 \cos(2T_0) \tag{8-18b}$$

方程 (8-17) 的解的复数形式如下

$$x_{n0} = A_n(T_1) e^{inT_0} + \bar{A}_n(T_1) e^{-inT_0} \tag{8-19}$$

这里, $n = 1, 2$; $\bar{A}$ 是 A 的共轭。将方程 (8-19) 代入方程 (8-18), 得

$$D_0^2 x_{11} + x_{11} = \left[-2\mathrm{i} D_1 A_1 - \mathrm{i}\mu A_1 - \sigma_1 A_1 - f_1 \bar{A}_1 - 3\alpha_1 A_1^2 \bar{A}_1 - 2\alpha_2 A_1 A_2 \bar{A}_2 \right] e^{\mathrm{i}T_0}$$
$$+ cc + \mathrm{NST} \tag{8-20a}$$

$$D_0^2 x_{21} + 4x_{21} = \left[-4\mathrm{i} D_1 A_2 - \mathrm{i}2\mu A_2 - \sigma_2 A_2 - 3\beta_1 A_2^2 \bar{A}_2 - 2\beta_2 A_1 \bar{A}_1 A_2 + \frac{1}{2} F_2 \right] e^{\mathrm{i}2T_0},$$
$$+ cc + \mathrm{NST} \tag{8-20b}$$

这里的符号 cc 和 NST 分别表示方程 (8-18) 右边函数的共轭项和非长期项。令方程 (8-20) 的长期项等于零, 得到复数形式的平均方程

$$D_1 A_1 = -\frac{1}{2}\mu A_1 + \frac{1}{2}\mathrm{i}\sigma_1 A_1 + \frac{1}{2}\mathrm{i}f_1 \bar{A}_1 + \frac{3}{2}\mathrm{i}\alpha_1 A_1^2 \bar{A}_1 + \mathrm{i}\alpha_2 A_1 A_2 \bar{A}_2 \tag{8-21a}$$

$$D_1 A_2 = -\frac{1}{2}\mu A_2 + \frac{1}{4}\mathrm{i}\sigma_2 A_2 + \frac{3}{4}\mathrm{i}\beta_1 A_2^2 \bar{A}_2 + \frac{1}{2}\mathrm{i}\beta_2 A_1 \bar{A}_1 A_2 - \frac{1}{8}\mathrm{i}F_2 \tag{8-21b}$$

函数 A_1 和 A_2 可以表示成直角坐标的形式

$$A_1(T_1) = \frac{1}{2}[x_1(T_1) + \mathrm{i}x_2(T_1)] \tag{8-22a}$$

$$A_2(T_1) = \frac{1}{2}[x_3(T_1) + \mathrm{i}x_4(T_1)] \tag{8-22b}$$

这里的变量 x_n $(n = 1, 2, 3, 4)$ 是自变量为 T_1 的实函数。把方程 (8-22) 代入方程 (8-21), 分离实部和虚部, 从方程中解出 $\dfrac{\mathrm{d}x_n}{\mathrm{d}T_1}$ $(n = 1, 2, 3, 4)$, 就可以得到直角坐标

形式的平均方程

$$\frac{\mathrm{d}x_1}{\mathrm{d}T_1} = -\frac{1}{2}\mu x_1 - \frac{1}{2}(\sigma_1 - f_1)x_2 - \frac{3}{2}\alpha_1 x_2(x_1^2 + x_2^2) - \alpha_2 x_2(x_3^2 + x_4^2) \quad \text{(8-23a)}$$

$$\frac{\mathrm{d}x_2}{\mathrm{d}T_1} = \frac{1}{2}(\sigma_1 + f_1)x_1 - \frac{1}{2}\mu x_2 + \frac{3}{2}\alpha_1 x_1(x_1^2 + x_2^2) + \alpha_2 x_1(x_3^2 + x_4^2) \quad \text{(8-23b)}$$

$$\frac{\mathrm{d}x_3}{\mathrm{d}T_1} = -\frac{1}{2}\mu x_3 - \frac{1}{4}\sigma_2 x_4 - \frac{3}{4}\beta_1 x_4(x_3^2 + x_4^2) - \frac{1}{2}\beta_2 x_4(x_1^2 + x_2^2) \quad \text{(8-23c)}$$

$$\frac{\mathrm{d}x_4}{\mathrm{d}T_1} = -\frac{1}{8}F_2 + \frac{1}{4}\sigma_2 x_3 - \frac{1}{2}\mu x_4 + \frac{3}{4}\beta_1 x_3(x_3^2 + x_4^2) + \frac{1}{2}\beta_2 x_3(x_1^2 + x_2^2) \quad \text{(8-23d)}$$

在 8.3 节里，将给出参数激励和外激励联合作用下的四边简支矩形薄板的非线性振动平均方程 (8-23) 的规范形。

8.3　规范形计算

为了便于分析四边简支矩形薄板的非线性振动的多脉冲 Shilnikov 轨道的混沌动力学，需要把平均方程 (8-23) 化简为较简单的规范形。显而易见，没有参数的平均方程 (8-23) 具有 $Z_2 \oplus Z_2$ 和 D_4 对称性，这种对称性在规范形中也成立。把激励振幅 F_2 作为摄动参数，当分析多脉冲 Shilnikov 轨道时，振幅 F_2 作为开折参数来处理，显然，不考虑摄动参数，方程 (8-23) 就变成如下形式

$$\frac{\mathrm{d}x_1}{\mathrm{d}T_1} = -\frac{1}{2}\mu x_1 - \frac{1}{2}(\sigma_1 - f_1)x_2 - \frac{3}{2}\alpha_1 x_2(x_1^2 + x_2^2) - \alpha_2 x_2(x_3^2 + x_4^2) \quad \text{(8-24a)}$$

$$\frac{\mathrm{d}x_2}{\mathrm{d}T_1} = \frac{1}{2}(\sigma_1 + f_1)x_1 - \frac{1}{2}\mu x_2 + \frac{3}{2}\alpha_1 x_1(x_1^2 + x_2^2) + \alpha_2 x_1(x_3^2 + x_4^2) \quad \text{(8-24b)}$$

$$\frac{\mathrm{d}x_3}{\mathrm{d}T_1} = -\frac{1}{2}\mu x_3 - \frac{1}{4}\sigma_2 x_4 - \frac{3}{4}\beta_1 x_4(x_3^2 + x_4^2) - \frac{1}{2}\beta_2 x_4(x_1^2 + x_2^2) \quad \text{(8-24c)}$$

$$\frac{\mathrm{d}x_4}{\mathrm{d}T_1} = \frac{1}{4}\sigma_2 x_3 - \frac{1}{2}\mu x_4 + \frac{3}{4}\beta_1 x_3(x_3^2 + x_4^2) + \frac{1}{2}\beta_2 x_3(x_1^2 + x_2^2) \quad \text{(8-24d)}$$

显而易见，方程 (8-24) 有一个平凡解 $(x_1, x_2, x_3, x_4) = (0, 0, 0, 0)$，其 Jacobi 矩阵写成如下形式

$$J = D_x X = \begin{bmatrix} -\dfrac{1}{2}\mu & -\dfrac{1}{2}(\sigma_1 - f_1) & 0 & 0 \\[2mm] \dfrac{1}{2}(\sigma_1 + f_1) & -\dfrac{1}{2}\mu & 0 & 0 \\[2mm] 0 & 0 & -\dfrac{1}{2}\mu & -\dfrac{1}{4}\sigma_2 \\[2mm] 0 & 0 & \dfrac{1}{4}\sigma_2 & -\dfrac{1}{2}\mu \end{bmatrix} \quad \text{(8-25)}$$

平凡解的特征方程形式如下

$$(4\lambda^2 + 4\mu\lambda + \mu^2 + \sigma_1^2 - f_1^2)\left(4\lambda^2 + 4\mu\lambda + \mu^2 + \frac{1}{4}\sigma_2^2\right) = 0 \qquad (8\text{-}26)$$

令

$$\Delta_1 = \mu^2 + \sigma_1^2 - f_1^2, \quad \Delta_2 = \mu^2 + \frac{1}{4}\sigma_2^2 \qquad (8\text{-}27)$$

当 $\mu = 0$, $\Delta_1 = 0$, $\Delta_2 = \frac{1}{4}\sigma_2^2 > 0$ 三个条件同时满足时, 方程 (8-24) 有一个双零特征根和一对纯虚特征根

$$\lambda_{1,2} = 0, \quad \lambda_{3,4} = \pm i\omega \qquad (8\text{-}28)$$

这里, $\omega^2 = \frac{1}{16}\sigma_2^2$。

令 $\sigma_1 = 2\bar{\sigma}_1 - f_1$, $f_1 = 1$, 把 $\bar{\sigma}_1$, μ, F_2 作为摄动参数, 那么, 无摄动参数的平均方程 (8-24) 就变成如下形式

$$\frac{\mathrm{d}x_1}{\mathrm{d}T_1} = x_2 - \frac{3}{2}\alpha_1 x_2(x_1^2 + x_2^2) - \alpha_2 x_2(x_3^2 + x_4^2) \qquad (8\text{-}29\mathrm{a})$$

$$\frac{\mathrm{d}x_2}{\mathrm{d}T_1} = \frac{3}{2}\alpha_1 x_1(x_1^2 + x_2^2) + \alpha_2 x_1(x_3^2 + x_4^2) \qquad (8\text{-}29\mathrm{b})$$

$$\frac{\mathrm{d}x_3}{\mathrm{d}T_1} = -\frac{1}{4}\sigma_2 x_4 - \frac{3}{4}\beta_1 x_4(x_3^2 + x_4^2) - \frac{1}{2}\beta_2 x_4(x_1^2 + x_2^2) \qquad (8\text{-}29\mathrm{c})$$

$$\frac{\mathrm{d}x_4}{\mathrm{d}T_1} = \frac{1}{4}\sigma_2 x_3 + \frac{3}{4}\beta_1 x_3(x_3^2 + x_4^2) + \frac{1}{2}\beta_2 x_3(x_1^2 + x_2^2) \qquad (8\text{-}29\mathrm{d})$$

在这种情形下, 线性部分的矩阵如下

$$L = \begin{bmatrix} 0 & 1 & 0 & 0 \\ 0 & 0 & 0 & 0 \\ 0 & 0 & 0 & -\dfrac{1}{4}\sigma_2 \\ 0 & 0 & \dfrac{1}{4}\sigma_2 & 0 \end{bmatrix} \qquad (8\text{-}30)$$

利用 Zhang 等 [38] 的 Maple 程序计算, 得到方程 (8-29) 的三阶规范形

$$\dot{y}_1 = y_2 \qquad (8\text{-}31\mathrm{a})$$

$$\dot{y}_2 = \frac{3}{2}\alpha_1 y_1^3 + \alpha_2 y_1 y_3^2 + \alpha_2 y_1 y_4^2 \qquad (8\text{-}31\mathrm{b})$$

$$\dot{y}_3 = -\frac{1}{4}\sigma_2 y_4 - \frac{3}{4}\beta_1 y_4^3 - \frac{1}{2}\beta_2 y_1^2 y_4 - \frac{3}{4}\beta_1 y_3^2 y_4 \qquad (8\text{-}31\mathrm{c})$$

$$\dot{y}_4 = \frac{1}{4}\sigma_2 y_3 + \frac{3}{4}\beta_1 y_3^3 + \frac{1}{2}\beta_2 y_1^2 y_3 + \frac{3}{4}\beta_1 y_3 y_4^2 \qquad (8\text{-}31\mathrm{d})$$

这里所使用的非线性近恒同变换如下

$$x_1 = y_1 - \frac{1}{4}\alpha_1 y_1^3 - \alpha_2 y_1 y_3^2 - \alpha_2 y_1 y_4^2 \tag{8-32a}$$

$$x_2 = y_2 + \frac{3}{2}\alpha_1 y_2^3 + \frac{3}{4}\alpha_1 y_1^2 y_2 \tag{8-32b}$$

$$x_3 = y_3 - \frac{1}{2}\beta_2 y_1 y_2 y_4 \tag{8-32c}$$

$$x_4 = y_4 + \frac{1}{2}\beta_2 y_1 y_2 y_3 \tag{8-32d}$$

上面的结果与 Yu 等 [39] 的计算结果一致。这样，含参数的规范形就可以写成如下形式

$$\dot{y}_1 = -\bar{\mu}y_1 + (1 - \bar{\sigma}_1)y_2 \tag{8-33a}$$

$$\dot{y}_2 = \bar{\sigma}_1 y_1 - \bar{\mu}y_2 + \frac{3}{2}\alpha_1 y_1^3 + \alpha_2 y_1 y_3^2 + \alpha_2 y_1 y_4^2 \tag{8-33b}$$

$$\dot{y}_3 = -\bar{\mu}y_3 - \bar{\sigma}_2 y_4 - \frac{3}{4}\beta_1 y_4^3 - \frac{1}{2}\beta_2 y_1^2 y_4 - \frac{3}{4}\beta_1 y_3^2 y_4 \tag{8-33c}$$

$$\dot{y}_4 = -\bar{f}_2 + \bar{\sigma}_2 y_3 - \bar{\mu}y_4 + \frac{3}{4}\beta_1 y_3^3 + \frac{1}{2}\beta_2 y_1^2 y_3 + \frac{3}{4}\beta_1 y_3 y_4^2 \tag{8-33d}$$

这里，$\bar{\mu} = \frac{1}{2}\mu$, $\bar{\sigma}_2 = \frac{1}{4}\sigma_2$, $\bar{f}_2 = \frac{1}{8}F_2$。

引入下面的变换

$$y_3 = I\cos\gamma, \quad y_4 = I\sin\gamma \tag{8-34}$$

把方程 (8-34) 代入方程 (8-33) 得

$$\dot{y}_1 = -\bar{\mu}y_1 + (1 - \bar{\sigma}_1)y_2 \tag{8-35a}$$

$$\dot{y}_2 = \bar{\sigma}_1 y_1 - \bar{\mu}y_2 + \frac{3}{2}\alpha_1 y_1^3 + \alpha_2 y_1 I^2 \tag{8-35b}$$

$$\dot{I} = -\bar{\mu}I - \bar{f}_2\sin\gamma \tag{8-35c}$$

$$I\dot{\gamma} = \bar{\sigma}_2 I + \frac{3}{4}\beta_1 I^3 + \frac{1}{2}\beta_2 I y_1^2 - \bar{f}_2\cos\gamma \tag{8-35d}$$

为了得到方程 (8-35) 的开折形式，引入线性变换

$$\begin{bmatrix} y_1 \\ y_2 \end{bmatrix} = \frac{\sqrt{|\alpha_2|}}{\sqrt{\left|\frac{1}{2}\beta_2\right|}} \begin{bmatrix} 1 - \bar{\sigma}_1 & 0 \\ \bar{\mu} & 1 \end{bmatrix} \begin{bmatrix} u_1 \\ u_2 \end{bmatrix} \tag{8-36}$$

得到

$$\begin{bmatrix} u_1 \\ u_2 \end{bmatrix} = \frac{\sqrt{\left|\frac{1}{2}\beta_2\right|}}{\sqrt{|\alpha_2|}(1 - \bar{\sigma}_1)} \begin{bmatrix} 1 & 0 \\ -\bar{\mu} & 1 - \bar{\sigma}_1 \end{bmatrix} \begin{bmatrix} y_1 \\ y_2 \end{bmatrix} \tag{8-37}$$

将方程 (8-36) 和方程 (8-37) 代入方程 (8-35) 中, 去掉参数 $\bar{\sigma}_1$ 的非线性项, 得到方程如下

$$\dot{u}_1 = u_2 \tag{8-38a}$$

$$\dot{u}_2 = -\mu_1 u_1 - \mu_2 u_2 + \eta_1 u_1^3 + \alpha_2 u_1 I^2 \tag{8-38b}$$

$$\dot{I} = -\bar{\mu} I - \bar{f}_2 \sin \gamma \tag{8-38c}$$

$$I \dot{\gamma} = \bar{\sigma}_2 I + \eta_2 I^3 + \alpha_2 I u_1^2 - \bar{f}_2 \cos \gamma \tag{8-38d}$$

这里, $\mu_1 = \bar{\mu}^2 - \bar{\sigma}_1 (1 - \bar{\sigma}_1)$, $\mu_2 = 2\bar{\mu}$, $\eta_1 = \dfrac{3\alpha_1 \alpha_2}{\beta_2}$, $\eta_2 = \dfrac{3}{4} \beta_1$。

引入如下的尺度变换

$$\mu_2 \to \varepsilon \mu_2, \quad \bar{\mu} \to \varepsilon \bar{\mu}, \quad \bar{f}_2 \to \varepsilon \bar{f}_2, \quad \eta_1 \to \eta_1, \quad \eta_2 \to \eta_2 \tag{8-39}$$

那么, 规范形方程 (8-38) 写成带有扰动项的形式

$$\dot{u}_1 = \frac{\partial H}{\partial u_2} + \varepsilon g^{u_1} = u_2 \tag{8-40a}$$

$$\dot{u}_2 = -\frac{\partial H}{\partial u_1} + \varepsilon g^{u_2} = -\mu_1 u_1 + \eta_1 u_1^3 + \alpha_2 u_1 I^2 - \varepsilon \mu_2 u_2 \tag{8-40b}$$

$$\dot{I} = \frac{\partial H}{\partial \gamma} + \varepsilon g^I - \varepsilon \bar{f}_2 \sin \gamma = -\varepsilon \bar{\mu} I - \varepsilon \bar{f}_2 \sin \gamma \tag{8-40c}$$

$$I \dot{\gamma} = -\frac{\partial H}{\partial I} + \varepsilon g^\gamma - \varepsilon \bar{f}_2 \cos \gamma = \bar{\sigma}_2 I + \eta_2 I^3 + \alpha_2 I u_1^2 - \varepsilon \bar{f}_2 \cos \gamma \tag{8-40d}$$

这里 Hamilton 函数 H 的形式如下

$$H(u_1, u_2, I, \gamma) = \frac{1}{2} u_2^2 + \frac{1}{2} \mu_1 u_1^2 - \frac{1}{4} \eta_1 u_1^4 - \frac{1}{2} \alpha_2 I^2 u_1^2 - \frac{1}{2} \bar{\sigma}_2 I^2 - \frac{1}{4} \eta_2 I^4 \tag{8-41}$$

这里

$$g^{u_1} = 0, \quad g^{u_2} = -\mu_2 u_2, \quad g^I = -\bar{\mu} I, \quad g^\gamma = 0 \tag{8-42}$$

$$g_1^{u_1} = 0, \quad g_1^{u_2} = -\mu_2 u_2, \quad g_1^I = -\bar{\mu} I - \bar{f}_2 \sin \gamma, \quad g_1^\gamma = \bar{f}_2 \cos \gamma \tag{8-43}$$

8.4　解耦系统的动力学

当 $\varepsilon = 0$, 系统 (8-40) 是一个解耦的两个自由度的非线性系统。因为 $\dot{I} = 0$, 所以在系统 (8-40) 的 (u_1, u_2) 子空间中, 变量 I 可以看成一个参数。分析前两个解耦方程

$$\dot{u}_1 = u_2 \tag{8-44a}$$

$$\dot{u}_2 = -\mu_1 u_1 + \eta_1 u_1^3 + \alpha_2 I^2 u_1 \tag{8-44b}$$

因为 $\eta_1 > 0$ 时, 系统 (8-44) 会出现异宿分岔, 从系统 (8-44) 很容易看出当 $\mu_1 - \alpha_2 I^2 < 0$, 系统 (8-44) 有唯一的平凡零解 $(u_1, u_2) = (0,0)$, 并且它是一个鞍点, 在由 $\mu_1 = \alpha_2 I^2$ 所决定的曲线上, 即

$$\bar{\mu}^2 = \bar{\sigma}_1(1 - \bar{\sigma}_1) + \alpha_2 I^2 \tag{8-45}$$

或

$$I_{1,2} = \pm \left[\frac{\bar{\mu}^2 - \bar{\sigma}_1(1 - \bar{\sigma}_1)}{\alpha_2} \right]^{\frac{1}{2}} \tag{8-46}$$

上述平凡零解通过 Pitchfork 分岔, 分岔为三个解, 它们分别由 $q_0 = (0,0)$ 和 $q_{\pm}(I) = (B,0)$ 给出, 这里

$$B = \pm \left\{ \frac{1}{\eta_1} [\bar{\mu}^2 - \bar{\sigma}_1(1 - \bar{\sigma}_1) - \alpha_2 I^2] \right\}^{\frac{1}{2}} \tag{8-47}$$

通过计算在非零解处的 Jacobi 矩阵, 可知奇点 $q_{\pm}(I)$ 是鞍点. 可以看出 I 和 γ 分别代表振动的幅值和相位. 因此, 可以假设 $I \geqslant 0$, 则方程 (8-46) 变为

$$I_1 = 0, \quad I_2 = \left[\frac{\bar{\mu}^2 - \bar{\sigma}_1(1 - \bar{\sigma}_1)}{\alpha_2} \right]^{\frac{1}{2}} \tag{8-48}$$

因此, 对所有的 $I \in [I_1, I_2]$, 系统 (8-44) 有两个双曲鞍点 $q_{\pm}(I)$, 它们由一对异宿轨道连接 $u_{\pm}^h(T_1, I)$, 即 $\lim\limits_{T_1 \to \pm\infty} u_{\pm}^h(T_1, I) = q_{\pm}(I)$. 在四维相空间中, 定义集合

$$M = \{ (u, I, \gamma) \mid u = q_{\pm}(I), I_1 \leqslant I \leqslant I_2, 0 \leqslant \gamma \leqslant 2\pi \} \tag{8-49}$$

它是一个两维不变流形, 从参考文献 [16, 33, 34] 所获得的结果可知这个二维不变流形 M 是正规双曲的. 这个二维正规双曲不变流形 M 有三维稳定流形和不稳定流形, 分别用 $W^s(M)$ 和 $W^u(M)$ 表示. 系统 (8-44) 中, 连接奇点 $q_{\pm}(I) = (B,0)$ 的异宿轨道的存在表明 $W^s(M)$ 和 $W^u(M)$ 沿着三维异宿流形相交, 此流形 Γ 定义如下

$$\Gamma = \left\{ (u, I, \gamma) \middle| u = u_{\pm}^h(T_1, I), I_1 < I < I_2, \gamma = \int_0^{T_1} D_I H(u_{\pm}^h(T_1, I), I) \mathrm{d}s + \gamma_0 \right\} \tag{8-50}$$

接下来, 研究限制在流形 M 上的未扰动系统 (8-38) 的动力学特性. 限制在流形 M 上的未扰动系统 (8-38) 为

$$\dot{I} = 0 \tag{8-51a}$$

$$I\dot{\gamma} = D_I H(q_\pm(I), I), \quad I_1 \leqslant I \leqslant I_2 \tag{8-51b}$$

这里

$$D_I H(q_\pm(I), I) = -\frac{\partial H(q_\pm(I), I)}{\partial I} = \bar{\sigma}_2 I + \eta_2 I^3 + \alpha_2 I q_\pm^2(I) \tag{8-52}$$

由 Kovacic 和 Wiggins[16] 所得到的结果可知: 如果 $D_I H(q_\pm(I), I) \neq 0$, 则 $I =$ 常数称为一个周期轨道; 如果 $D_I H(q_\pm(I), I) = 0$, 则 $I =$ 常数称为奇点环。在 $D_I H(q_\pm(I), I) = 0$ 处的 $I \in [I_1, I_2]$ 值称为共振 I 值, 这些奇点则称为共振奇点。用 I_r 代表共振值, 因此有

$$D_I H(q_\pm(I), I) = \bar{\sigma}_2 I_r + \eta_2 I_r^3 + \frac{\alpha_2}{\eta_1}[\bar{\mu}^2 - \bar{\sigma}_1(1 - \bar{\sigma}_1) - \alpha_2 I_r^2]I_r = 0 \tag{8-53}$$

所以, 得到共振值 I_r 为

$$I_r = \pm \left\{ \frac{\bar{\sigma}_2 \eta_1 + \alpha_2[\bar{\mu}^2 - \bar{\sigma}_1(1 - \bar{\sigma}_1)]}{\alpha_2^2 - \eta_1 \eta_2} \right\}^{\frac{1}{2}} \tag{8-54}$$

未扰动系统 (8-40) 在四维相空间 M 中的稳定流形和不稳定流形的几何结构如图 8-2 所示。因为 γ 代表振动的相位, 当 $I = I_r$ 时, 振动的相位漂移角 $\Delta\gamma$ 的定义式如下

$$\Delta\gamma = \gamma(+\infty, I_r) - \gamma(-\infty, I_r) \tag{8-55}$$

相位漂移的物理意义是轨道两个端点的相位差。在 (u_1, u_2) 子空间中, 连接两个鞍点的是一对异宿轨道, 因此, 事实上子空间 (I, γ) 中的同宿轨道在四维空间 (u_1, u_2, I, γ) 中具有异宿连接。相位漂移可以表示轨道离开和回到 M 的吸引域时相位 γ 的差值。在下面的分析中, 将利用相位漂移来得到多脉冲 Shilnikov 轨道的存在条件。在对异宿轨道的分析中将会对相位漂移进行计算。

分析系统 (8-44) 的异宿轨道, 令 $\varepsilon_1 = \mu_1 - \alpha_2 I^2$ 和 $\mu_2 = \varepsilon_2$, 系统 (8-44) 可写为

$$\dot{u}_1 = u_2 \tag{8-56a}$$

$$\dot{u}_2 = -\varepsilon_1 u_1 + \eta_1 u_1^3 - \varepsilon\varepsilon_2 u_2 \tag{8-56b}$$

令系统 (8-56) 中的 $\varepsilon = 0$, 则系统 (8-56) 是一个 Hamilton 系统, 其 Hamilton 函数为

$$\bar{H}(u_1, u_2) = \frac{1}{2}u_2^2 + \frac{1}{2}\varepsilon_1 u_1^2 - \frac{1}{4}\eta_1 u_1^4 \tag{8-57}$$

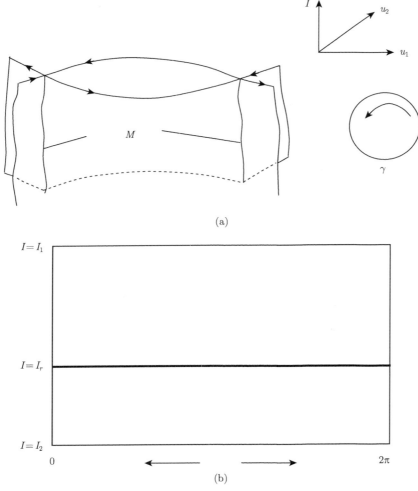

(a)

(b)

图 8-2 M, $W^s(M)$ 和 $W^u(M)$ 在四维相空间的几何结构

将奇点 $q_\pm(I) = (B, 0)$ 代入方程 (8-57)，可以得到 $\bar{H} = \varepsilon_1^2/(4\eta_1)$，将方程 (8-56) 和方程 (8-57) 联立求解，发现系统 (8-56) 存在一个异宿环 Γ^0，它包含两个双曲鞍点 $q_\pm(I)$ 和一对异宿轨道 $u_\pm(T_1)$。为了计算相位漂移和能量差分函数，必须要计算出一对异宿轨道

$$u_1(T_1) = \pm\sqrt{\frac{\varepsilon_1}{\eta_1}} \tanh\left(\frac{\sqrt{2\varepsilon_1}}{2} T_1\right) \tag{8-58a}$$

$$u_2(T_1) = \pm\frac{\varepsilon_1}{\sqrt{2\eta_1}} \operatorname{sech}^2\left(\frac{\sqrt{2\varepsilon_1}}{2} T_1\right) \tag{8-58b}$$

首先计算相位漂移，将方程 (8-58) 的第一个方程代入未扰动方程 (8-40) 的第

四个方程 (8-40d)，得

$$\dot{\gamma} = \bar{\sigma}_2 + \eta_2 I^2 + \frac{\alpha_2 \varepsilon_1}{\eta_1} \tanh^2 \left(\frac{\sqrt{2\varepsilon_1}}{2} T_1 \right) \tag{8-59}$$

对积分方程 (8-59) 求积分，得

$$\gamma(T_1) = \omega_r T_1 - \frac{\alpha_2 \sqrt{2\varepsilon_1}}{\eta_1} \tanh \left(\frac{\sqrt{2\varepsilon_1}}{2} T_1 \right) + \gamma_0 \tag{8-60}$$

这里，$\omega_r = \bar{\sigma}_2 + \eta_2 I^2 + \dfrac{\varepsilon_1 \alpha_2}{\eta_1}$。

因为在 $I = I_r$ 处，$\omega_r \equiv 0$，所以相位漂移可以表示成如下形式

$$\Delta\gamma = \left[-\frac{2\alpha_2 \sqrt{2\varepsilon_1}}{\eta_1} \right]_{I=I_r} = -\frac{2\alpha_2}{\eta_1} \sqrt{2[\bar{\mu}^2 - \bar{\sigma}_1(1 - \bar{\sigma}_1) - \alpha_2 I_r^2]} \tag{8-61}$$

在上述的分析中，没有使用 Haller[33] 和 Feng 等 [4] 提出的变换 $y_1 = \sqrt{2P} \sin Q$ 和 $y_2 = \sqrt{2P} \cos Q$。原因是这种变换不是拓扑等价变换。它改变了多脉冲连接的形式和相空间的拓扑结构，即这种变换把子空间 (u_1, u_2) 中一对异宿轨道所围成的区域变成了同宿轨道所围成的区域。而本章上述的分析，保持了相空间拓扑结构的不变性。

8.5　扰动系统的动力学

通过上面的分析，得到了未扰动系统 (8-40) 中子空间 (u_1, u_2) 的详细的非线性动力学特性。接下来，将要研究未扰动系统 (8-40) 上的小扰动 ε $(0 < \varepsilon \ll 1)$ 的影响，分析小扰动对流形 M 的影响。目的是确定扰动相空间中多脉冲轨道可能存在的参数范围。这些多脉冲轨道并不渐近于慢流形 M_ε 的一些不变流形，而是多次离开和进入 M_ε 的小邻域，最后渐近地回到 M_ε 的不变集上。这些多脉冲轨道是由 Hamilton 扰动和耗散扰动引起的。多脉冲轨道的存在表明扰动系统中存在复杂动力学。

接下来，分析扰动系统的动力学和小扰动对流形 M 的影响。根据参考文献 [30,31] 的研究结果，可知在充分小扰动下，M 沿着稳定流形和不稳定流形是不变的。在小扰动下，$q_\pm(I)$ 仍然是鞍点，特别是当 $M \to M_\varepsilon$ 时，因此，就得到

$$M = M_\varepsilon = \{(u, I, \gamma) | u = q_\pm(I), I_1 \leqslant I \leqslant I_2, 0 \leqslant \gamma < 2\pi\} \tag{8-62}$$

考虑系统 (8-38) 的后两个方程

$$\dot{I} = -\bar{\mu} I - \bar{f}_2 \sin \gamma \tag{8-63a}$$

$$\dot{\gamma} = \bar{\sigma}_2 + \eta_2 I^2 + \alpha_2 u_1^2 - \frac{\bar{f}_2}{I}\cos\gamma \tag{8-63b}$$

从上面的分析，可知系统 (8-38) 的后两个方程有一对纯虚特征根，所以在系统 (8-63) 中会出现共振。引入如下尺度变换

$$\bar{\mu} \to \varepsilon\bar{\mu}, \quad I = I_r + \sqrt{\varepsilon}h, \quad \bar{f}_2 \to \varepsilon\bar{f}_2, \quad T_1 \to \frac{T_1}{\sqrt{\varepsilon}} \tag{8-64}$$

将上面的变换代入方程 (8-63) 得

$$\dot{h} = -\bar{\mu}I_r - \bar{f}_2\sin\gamma - \sqrt{\varepsilon}h\bar{\mu} \tag{8-65a}$$

$$\dot{\gamma} = -\frac{2\delta}{\eta_1}I_r h - \sqrt{\varepsilon}\left(\frac{\delta}{\eta_1}h^2 + \frac{\bar{f}_2}{I_r}\cos\gamma\right) \tag{8-65b}$$

这里，$\delta = \alpha_2^2 - \eta_1\eta_2$。当 $\varepsilon = 0$，方程 (8-65) 变成如下形式

$$\dot{h} = -\bar{\mu}I_r - \bar{f}_2\sin\gamma \tag{8-66a}$$

$$\dot{\gamma} = -\frac{2\delta}{\eta_1}I_r h \tag{8-66b}$$

未扰动系统 (8-66) 是一个 Hamilton 系统，其 Hamilton 函数为

$$\hat{H}_D(h, \gamma) = -\bar{\mu}I_r\gamma + \bar{f}_2\cos\gamma + \frac{\delta}{\eta_1}I_r h^2 \tag{8-67}$$

计算出系统 (8-66) 的奇点为

$$P_0 = (0, \gamma_c) = \left(0, -\arcsin\frac{\bar{\mu}I_r}{\bar{f}_2}\right), \quad Q_0 = (0, \gamma_s) = \left(0, \pi + \arcsin\frac{\bar{\mu}I_r}{\bar{f}_2}\right) \tag{8-68}$$

根据两个奇点处 P_0 和 Q_0 的特征方程，可知两个奇点的稳定性。方程 (8-66) 的 Jacobi 矩阵为

$$J = \begin{bmatrix} 0 & -\bar{f}_2\cos\gamma \\ -\dfrac{2\delta}{\eta_1}I_r & 0 \end{bmatrix} \tag{8-69}$$

根据矩阵 (8-69)，可以得到奇点 P_0 的特征方程

$$\lambda^2 - \frac{2\delta}{\eta_1}I_r\bar{f}_2\cos\gamma_c = 0 \tag{8-70}$$

当条件 $(2\delta I_r\bar{f}_2\cos\gamma_c/\eta_1) < 0$ 满足时，方程 (8-66) 有一对纯虚特征根，由此可知，奇点 P_0 是中心点。

奇点 Q_0 的特征方程为

$$\lambda^2 - \frac{2\delta}{\eta_1}I_r\bar{f}_2\cos\gamma_s = 0 \tag{8-71}$$

当满足条件 $(2\delta I_r \bar{f}_2 \cos \gamma_s / \eta_1) > 0$ 时，系统 (8-66) 有两个符号相反不等的实根，所以，奇点 Q_0 是一个鞍点，而且它是由一个同宿轨道连接。系统 (8-66) 的相图由图 8-3(a) 给出。

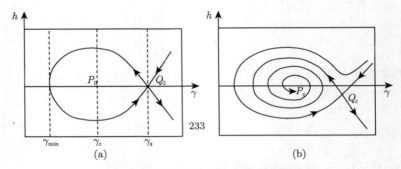

图 8-3　正规双曲流形的动力学特性

经分析发现对于充分小的 ε 所产生的扰动，奇点 Q_0 仍然保持为双曲奇点，而且扰动后的奇点 Q_ε 仍为鞍点。方程 (8-65) 的线性部分的 Jacobi 矩阵为

$$J_{P_\varepsilon} = \begin{bmatrix} -\sqrt{\varepsilon}\bar{\mu} & -\bar{f}_2 \cos \gamma_c \\ -\dfrac{2\delta}{\eta_1} I_r & \sqrt{\varepsilon}\dfrac{\bar{f}_2}{I_r} \sin \gamma_c \end{bmatrix} \tag{8-72}$$

或

$$J_{P_\varepsilon} = \begin{bmatrix} -\sqrt{\varepsilon}\bar{\mu} & -\bar{f}_2 \cos \gamma_c \\ -\dfrac{2\delta}{\eta_1} I_r & -\sqrt{\varepsilon}\bar{\mu} \end{bmatrix} \tag{8-73}$$

根据矩阵 (8-73)，发现系统 (8-65) 的线性部分的迹的低阶项在同宿环内总是小于零的。所以，在小扰动下奇点 P_0 变成双曲焦点 P_ε，扰动系统 (8-65) 的相图由图 8-3(b) 给出。

当 $h = 0$ 时，可以得到 $\gamma_{\min}$ 的吸引域的估算值为

$$-\bar{\mu} I_r \gamma_{\min} + \bar{f}_2 \cos \gamma_{\min} = -\bar{\mu} I_r \gamma_s + \bar{f}_2 \cos \gamma_s \tag{8-74}$$

将方程 (8-68) 的 γ_s 代入方程 (8-74) 得

$$\gamma_{\min} - \frac{\bar{f}_2}{\bar{\mu} I_r} \cos \gamma_{\min} = \pi + \arcsin \frac{\bar{\mu} I_r}{\bar{f}_2} + \frac{\sqrt{\bar{f}_2^2 - \bar{\mu}^2 I_r^2}}{\bar{\mu} I_r} \tag{8-75}$$

在 $I = I_r$ 附近，定义一个环形域 A_ε

$$A_\varepsilon = \left\{ (u_1, u_2, I, \gamma) \,|\, u_1 = B, u_2 = 0, |I - I_r| < \sqrt{\varepsilon}C, \gamma \in T^l \right\} \tag{8-76}$$

这里 C 是一个常数，并且 C 总是被选的足够大，从而使未扰动轨道包含在该环形域里。注意到 A_ε 中的三维稳定流形和不稳定流形 $W^s(A_\varepsilon)$ 和 $W^u(A_\varepsilon)$ 分别是 $W^s(M_\varepsilon)$ 和 $W^u(M_\varepsilon)$ 的子集。对于扰动系统，在 A_ε 上的鞍焦点 P_ε 有多脉冲轨道，并且在四维相空间中，多脉冲轨道从环形域 A_ε 出发，又返回到该环形域，最终便产生了多脉冲 Shilnikov 环，如图 8-4 所示。

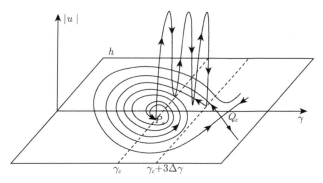

图 8-4 三脉冲 Shilnikov 轨道

8.6 利用广义 Melnikov 方法研究多脉冲轨道

利用 Kovacic 等 [27,28] 提出的广义 Melnikov 方法来分析矩形简支薄板的异宿 Shilnikov 多脉冲轨道，研究广义 Melnikov 函数 $M_k(\varepsilon, I, \gamma_0, \mu)$ 的非退化零点，把含有这些参数 $\varepsilon, I, \gamma_0, \mu$ 的广义 Melnikov 函数 $M_k(\varepsilon, I, \gamma_0, \mu)$ 称为 k 脉冲 Melnikov 函数。

为了揭示矩形简支薄板的非线性振动存在异宿多脉冲轨道，关键是计算 k 脉冲 Melnikov 函数的表达式。首先，根据第 4 章的式 (4-31)，计算共振情形 $I = I_r$ 的第一个脉冲的 Melnikov 函数，在异宿流形 $W^s(M)$ 和 $W^u(M)$ 上的第一个脉冲的 Melnikov 函数 $M(I, \gamma_0, \mu)$ 为

$$
\begin{aligned}
M(I_r, \gamma_0, \bar{\mu}, \eta_1, \alpha_2, \varepsilon_1) &= \int_{-\infty}^{+\infty} \langle \boldsymbol{n}(p^h(t)), \boldsymbol{g}_1(p^h(t), \mu, 0) \rangle \mathrm{d}T_1 \\
&= \int_{-\infty}^{+\infty} \left(\frac{\partial H}{\partial u_1} g_1^{u_1} + \frac{\partial H}{\partial u_2} g_1^{u_2} + \frac{\partial H}{\partial I} g_1^I + \frac{\partial H}{\partial \gamma} g_1^\gamma \right) \mathrm{d}T_1 \\
&= -\frac{2\sqrt{2}\mu_2}{3\eta_1} \varepsilon_1^{3/2} + \bar{\mu} I_r^2 \Delta\gamma - \bar{f}_2 I_r \left[\cos\left(\gamma_0 - \alpha_2 \frac{\sqrt{2\varepsilon_1}}{\eta_1} \right) \right. \\
&\left. - \cos\left(\gamma_0 + \alpha_2 \frac{\sqrt{2\varepsilon_1}}{\eta_1} \right) \right]
\end{aligned}
\tag{8-77}
$$

根据 Kovacic 等 [27,28] 的研究结果可知，共振情形下的广义 Melnikov 方法不

依赖小参数 ε, 即 $\Gamma_j(\varepsilon, I_r, \gamma_0, \mu) = 0$ $(j = 0, 1, \cdots, k-1)$. 因此, 利用第 4 章的式 (4-49), 计算 k 脉冲 Melnikov 函数如下

$$
\begin{aligned}
&M_k(I_r, \gamma_0, \bar{\mu}, \eta_1, \alpha_2, \varepsilon_1) \\
={}&\sum_{j=0}^{k-1} M(I_r, \gamma_0 + j\Delta\gamma(I_r), \bar{\mu}, \eta_1, \alpha_2, \varepsilon_1) \\
={}&-\bar{f}_2 I_r\left[\cos\left(\gamma_0 - \alpha_2\frac{\sqrt{2\varepsilon_1}}{\eta_1}\right) - \cos\left(\gamma_0 + \alpha_2\frac{\sqrt{2\varepsilon_1}}{\eta_1}\right)\right] - \frac{2\sqrt{2}\mu_2}{3\eta_1}\varepsilon_1^{3/2} + \bar{\mu}I_r^2\Delta\gamma \\
&-\bar{f}_2 I_r\left[\cos\left(\gamma_0 - \alpha_2\frac{\sqrt{2\varepsilon_1}}{\eta_1} - 2\alpha_2\frac{\sqrt{2\varepsilon_1}}{\eta_1}\right) - \cos\left(\gamma_0 + \alpha_2\frac{\sqrt{2\varepsilon_1}}{\eta_1} - 2\alpha_2\frac{\sqrt{2\varepsilon_1}}{\eta_1}\right)\right] \\
&-\frac{2\sqrt{2}\mu_2}{3\eta_1}\varepsilon_1^{3/2} + \bar{\mu}I_r^2\Delta\gamma + \cdots - \bar{f}_2 I_r\left[\cos\left(\gamma_0 - \alpha_2\frac{\sqrt{2\varepsilon_1}}{\eta_1} - 2(k-1)\alpha_2\frac{\sqrt{2\varepsilon_1}}{\eta_1}\right)\right. \\
&\left.- \cos\left(\gamma_0 + \alpha_2\frac{\sqrt{2\varepsilon_1}}{\eta_1} - 2(k-1)\alpha_2\frac{\sqrt{2\varepsilon_1}}{\eta_1}\right)\right] - \frac{2\sqrt{2}\mu_2}{3\eta_1}\varepsilon_1^{3/2} + \bar{\mu}I_r^2\Delta\gamma \\
={}&-\vec{f}_2 I_r\left[\cos\left(\gamma_0 - \alpha_2\frac{\sqrt{2\varepsilon_1}}{\eta_1} - 2(k-1)\alpha_2\frac{\sqrt{2\varepsilon_1}}{\eta_1}\right) - \cos\left(\gamma_0 + \alpha_2\frac{\sqrt{2\varepsilon_1}}{\eta_1}\right)\right] \\
&-\frac{2\sqrt{2}k\mu_2}{3\eta_1}\varepsilon_1^{3/2} + k\bar{\mu}I_r^2\Delta\gamma
\end{aligned}
\tag{8-78}
$$

令 $\Delta\gamma = -2\alpha_2\dfrac{\sqrt{2\varepsilon_1}}{\eta_1}$, $\gamma_{k-1} = \gamma_0 + (k-1)\dfrac{\Delta\gamma}{2}$, 方程 (8-78) 可以写成如下形式

$$
\begin{aligned}
M_k(I_r, \gamma_0, \bar{\mu}, \eta_1, \alpha_2, \varepsilon_1) ={}& M_k\left(I_r, \gamma_{k-1} - (k-1)\frac{\Delta\gamma}{2}, \bar{\mu}, \eta_1, \alpha_2, \varepsilon_1\right) \\
={}&\bar{f}_2 I_r\left[\cos\left(\gamma_{k-1} - \frac{1}{2}k\Delta\gamma\right) - \cos\left(\gamma_{k-1} + \frac{1}{2}k\Delta\gamma\right)\right] \\
&+ \frac{k\mu_2\varepsilon_1}{3\alpha_2}\Delta\gamma + 2\bar{\mu}I_r^2\left(\frac{1}{2}k\Delta\gamma\right) \\
={}&2\bar{f}_2 I_r\sin\gamma_{k-1}\sin\left(\frac{1}{2}k\Delta\gamma\right) \\
&+ \frac{2\mu_2\varepsilon_1}{3\alpha_2}\left(\frac{1}{2}k\Delta\gamma\right) + 2\bar{\mu}I_r^2\left(\frac{1}{2}k\Delta\gamma\right)
\end{aligned}
\tag{8-79}
$$

根据第 4 章 Kovacic 等 [27,28] 提出的命题, 可知共振情形下的 k 脉冲 Melnikov 函数总是满足开折条件的. 因此, 得到如下两个条件

$$
\left|\frac{\frac{1}{2}k\Delta\gamma}{\sin\left(\frac{1}{2}k\Delta\gamma\right)}\frac{(\mu_2\varepsilon_1 + 3\alpha_2\bar{\mu}I_r^2)}{3\alpha_2\bar{f}_2 I_r}\right| < 1
\tag{8-80}
$$

$$\frac{1}{2}k\Delta\gamma \neq n\pi, \quad n = 0, \pm 1, \pm 2, \cdots \tag{8-81}$$

下面主要是确定 k 脉冲 Melnikov 函数的简单零点, 定义一个包含所有简单零点的集合

$$Z_-^n = \{(I_r, \gamma_{k-1}, \bar{\mu}, \eta_1, \alpha_2, \varepsilon_1) \mid M_k = 0, D_{\gamma_0}M_k \neq 0\} \tag{8-82}$$

在区间 $\gamma_{k-1} \in [0, \pi]$ 上, k 脉冲 Melnikov 函数有两个简单零点, 即

$$\bar{\gamma}_{k-1,1} = -\arcsin\frac{\dfrac{1}{2}k\Delta\gamma}{\sin\left(\dfrac{1}{2}k\Delta\gamma\right)}\frac{\mu_2\varepsilon_1 + 3\alpha_2\bar{\mu}I_r^2}{3\alpha_2\bar{f}_2 I_r} \tag{8-83}$$

$$\bar{\gamma}_{k-1,2} = \pi + \bar{\gamma}_{k-1,1} \tag{8-84}$$

根据以上分析, 得出如下结论。

当参数 k, μ_2, ε_1, $\bar{\mu}$, α_2, $\bar{f}_2$ 满足条件式 (8-80) 和式 (8-81) 时, k 脉冲 Melnikov 函数 (8-79) 在 γ_{k-1} 处有简单零点, 即 $\gamma_{k-1} = \bar{\gamma}_{k-1,1}$, $\gamma_{k-1} = \bar{\gamma}_{k-1,2} = \pi + \bar{\gamma}_{k-1,1}$。当 $i = 1$ 或 $i = 2$, $\bar{\gamma}_{0,i} = \bar{\gamma}_{k-1,i} - (k-1)(\Delta\gamma/2)$, 并且当 $j = 1, \cdots, k-1$, $j < k$ 时, j 脉冲 Melnikov 函数 $M_j(I_r, \bar{\gamma}_{0,i}, \bar{\mu}, \eta_1, \alpha_2, \varepsilon_1)$ 没有简单零点。因此, 稳定流形 $W^{\mathrm{s}}(\mathrm{M}_\varepsilon)$ 和不稳定流形 $W^{\mathrm{u}}(\mathrm{M}_\varepsilon)$ 沿着二维对称 k 脉冲奇异面 $\Sigma_{\pm,\varepsilon}^{\bar{\mu},\eta_1,\alpha_2,\varepsilon_1}(\bar{\gamma}_{k-1,i})$ 横截。这意味着 n 脉冲 Shilnikov 轨道的存在导致矩形简支薄板非线性振动的 Smale 马蹄意义的混沌。在系统 (8-40) 的未扰动系统的相空间里, 二维对称 k 脉冲奇异面会光滑衰减到 k 脉冲奇异面的极限面 $\Sigma_{\pm,0}^{\bar{\mu},\beta_1,\delta_1,\varepsilon_1}(\bar{\gamma}_{k-1,i})$ 上, 极限面的参数满足方程 (8-58) 和方程 (8-60), 并且这里 $I = I_r$, $\gamma_0 = \bar{\gamma}_{k-1,i} - (k-1)(\Delta\gamma/2) + j\Delta\gamma$, $j = 1, \cdots, k-1$, h 为任意值。方程 (8-58) 中的正负符号是由 j 脉冲 Melnikov 函数 $M_j(I_r, \bar{\gamma}_{0,i}, \bar{\mu}, \eta_1, \alpha_2, \varepsilon_1)$ 的符号来决定。

从上面的讨论不难发现, 当 $\bar{\gamma}_{0,i} = \bar{\gamma}_{k-1,i} - (k-1)(\Delta\gamma/2) + j\Delta\gamma (i = 1$ 或 $i = 2)$ 时, 对所有的 $j = 1, \cdots, k-1$, $j < k$, j 脉冲 Melnikov 函数 $M_j(I_r, \bar{\gamma}_{0,i}, \bar{\mu}, \eta_1, \alpha_2, \varepsilon_1)$ 的值不等于零, 而且 $M_j(I_r, \bar{\gamma}_{0,i}, \bar{\mu}, \eta_1, \alpha_2, \varepsilon_1)$ 的符号相同。对于 $\bar{\gamma}_{0,1}$, $M_j(I_r, \bar{\gamma}_{0,i}, \bar{\mu}, \eta_1, \alpha_2, \varepsilon_1)$ 的符号是负的; 对于 $\bar{\gamma}_{0,2}$, $M_j(I_r, \bar{\gamma}_{0,i}, \bar{\mu}, \eta_1, \alpha_2, \varepsilon_1)$ 的符号是正的。因此, 对所有的 k, k 脉冲奇异面 $\Sigma_{\pm,\varepsilon}^{\bar{\mu},\eta_1,\alpha_2,\varepsilon_1}(\bar{\gamma}_{k-1,1})$ 和 $\Sigma_{\pm,\varepsilon}^{\bar{\mu},\eta_1,\alpha_2,\varepsilon_1}(\bar{\gamma}_{k-1,2})$ 都真实存在。当 $\varepsilon = 0$ 时, k 脉冲极限面 $\Sigma_{\pm,0}^{\bar{\mu},\eta_1,\alpha_2,\varepsilon_1}(\bar{\gamma}_{k-1,1})$ 和 $\Sigma_{\pm,0}^{\bar{\mu},\eta_1,\alpha_2,\varepsilon_1}(\bar{\gamma}_{k-1,2})$ 也存在。由于被稳定流形 $W^{\mathrm{s}}(\mathrm{M})$ 和不稳定流形 $W^{\mathrm{u}}(\mathrm{M})$ 所围成的区域是凸的, 法向量 $\boldsymbol{n} = ((-\mu_1 u_1 + \eta_1 u_1^3 + \alpha_2 I^2 u_1), -u_2, 0, 0)$ 的方向是背向流形的, 这表明形成奇异面 $\Sigma_{\pm,0}^{\bar{\mu},\eta_1,\alpha_2,\varepsilon_1}(\bar{\gamma}_{k-1,1})$ 的轨道是由方程 (8-58) 和方程 (8-60) 所决定, 而且轨道的正负号是交替的; 而形成奇异面 $\Sigma_{\pm,0}^{\bar{\mu},\eta_1,\alpha_2,\varepsilon_1}(\bar{\gamma}_{k-1,2})$ 的轨道是由方程 (8-58) 和方程 (8-60) 所决定, 但轨道的正负号是一致的。

当参数 $\mu = \bar{\mu}$ 时，在环面 M 上存在 $N-1$ 个轨道段 $O_i(\bar{\mu})(i = 2, \cdots, N)$，每一段 $O_i(\bar{\mu})$ 的端点分别是 $d_i(\bar{\mu})$ 和 $c_i(\bar{\mu})$。轨道段 $O_i(\bar{\mu})$ 在系统 (8-66) 的轨道上，随着时间的变化从端点 $d_i(\bar{\mu})$ 流向端点 $c_i(\bar{\mu})$。因此，端点 $d_i(\bar{\mu})$ 和 $c_i(\bar{\mu})$ 分别表示异宿轨线 Γ_i 的起跳点和着陆点。此外，当 $i = 2, \cdots, N$ 时，在端点 $c_i(\bar{\mu})$ 处，直线 $\gamma = \bar{\gamma}_{0,i}(I_r, \bar{\mu}) - \Delta\gamma^-(I_r)$ 横截轨道段 $O_i(\bar{\mu})$；当 $i = 1, \cdots, N-1$ 时，在端点 $d_{i+1}(\bar{\mu})$ 处，直线 $\gamma = \bar{\gamma}_{0,i}(I_r, \bar{\mu}) + \Delta\gamma^+(I_r)$ 横截轨道段 $O_{i+1}(\bar{\mu})$。对于所有的 $i = 2, \cdots, N-1$，两个端点 $c_i(\bar{\mu})$ 和 $d_{i+1}(\bar{\mu})$ 的 h 坐标之差等于零，即

$$h(c_i(\bar{\mu})) - h(d_{i+1}(\bar{\mu})) = 0 \tag{8-85}$$

这表明当 $\mu = \bar{\mu}$，对每一个 $i = 2, \cdots, N-1$，都有一个异宿轨道 Γ_i，它包含在极限面 $\Sigma_0^{\bar{\mu},\eta_1,\alpha_2,\varepsilon_1}(\bar{\gamma}_{0,i})$ 上，并且异宿轨道连接两个横截点 $c_i(\bar{\mu})$ 和 $d_{i+1}(\bar{\mu})$。因此，极限面 $\Sigma_0^{\bar{\mu},\eta_1,\alpha_2,\varepsilon_1}(\bar{\gamma}_{0,1})$ 上的异宿轨道 Γ_1 连接环面 M 上的某一点 $c_1(\bar{\mu})$ 和轨道段 $O_2(\bar{\mu})$ 上的端点 $d_2(\bar{\mu})$。由此可以知道，极限面 $\Sigma_0^{\bar{\mu},\eta_1,\alpha_2,\varepsilon_1}(\bar{\gamma}_{0,N})$ 上的异宿轨道 Γ_N 连接轨道段 $O_N(\bar{\mu})$ 上的端点 $c_N(\bar{\mu})$ 和环面 M 上的某一点 $d_{N+1}(\bar{\mu})$。根据 Kovacic 等 [27,28] 的研究结果，知道系统存在一个 n 跳跃奇异过渡轨道或者一个修正的 n 跳跃奇异过渡轨道。

图 8-5 描述了含有一个脉冲的三个跳跃的异宿轨道。在图 8-5 中，含有一个脉冲的三个跳跃的异宿轨道由两部分组成。一部分是当参数 $\mu = \bar{\mu}$ 时，极限面 $\Sigma_0^{\bar{\mu},\eta_1,\alpha_2,\varepsilon_1}(\bar{\gamma}_{0,i})$ $(i = 1, 2, 3)$ 上的异宿轨道 Γ_i $(i = 1, 2, 3)$，另外一部分是系统 (8-66) 的轨道段 $O_1(\bar{\mu})$ 和 $O_2(\bar{\mu})$。由上面的分析可知，轨道段 $O_i(\bar{\mu})$ $(i = 2, \cdots, N)$ 与直线 $\gamma = \bar{\gamma}_{0,i}(I_r, \bar{\mu}) + \Delta\gamma^+(I_r)$ 和 $\gamma = \bar{\gamma}_{0,i}(I_r, \bar{\mu}) - \Delta\gamma^-(I_r)$ 横截。

图 8-6 表示两个跳跃的奇异面，它是由两个单脉冲奇异横截面 $\Sigma_0^{\bar{\mu},\eta_1,\alpha_2,\varepsilon_1}(\bar{\gamma}_{k-1,1})$ 和 $\Sigma_0^{\bar{\mu},\eta_1,\alpha_2,\varepsilon_1}(\bar{\gamma}_{k-1,2})$ 组成。奇异面连接系统 (8-66) 的奇点，这些奇点都在环面 M

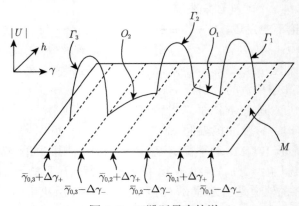

图 8-5　三跳跃异宿轨道

的直线 $\gamma = \bar{\gamma}_{0,1} - \Delta\gamma^-$ 和直线 $\gamma = \bar{\gamma}_{0,1} - \Delta\gamma^+$ 上。

　　显然,可以得到无数条奇异轨道,每条轨道都是从环面 M 上的奇点 Q_0 的流形 $W(Q_0)$ 的一个分支开始。然后,奇异轨道沿着一条奇异 k 脉冲轨道 Γ_k 从环面 M 上起跳,再回到环面 M 上连接奇点 Q_0 的分界线上的一点。接着沿分界线运动一段时间,奇异轨道又沿着一条奇异 l 脉冲轨道 Γ_l 起跳,如此反复,最后奇异轨道回到分界线。因此得出结论,系统 (8-40) 的异宿多脉冲轨道是由双曲流形 M_ε 上的几个慢变线段和离开流形 M_ε 的几个快速异宿脉冲组成,它们形成了一个连续的、循环的过程。

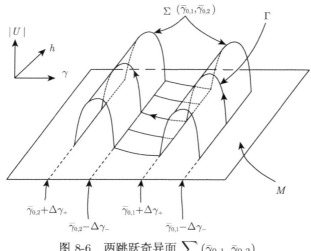

图 8-6　两跳跃奇异面 $\sum (\bar{\gamma}_{0,1}, \bar{\gamma}_{0,2})$

8.7　利用能量相位法研究多脉冲轨道

　　能量相位法是分析高维非线性系统多脉冲轨道和混沌动力学的一种全局摄动方法。它结合了几何奇异摄动理论、高维的 Melnikov 方法和横截理论,是一种能量相位准则。近年来,能量相位法被扩展到工程领域来分析一些实际工程系统的动力学问题。

1. 能量差分函数

　　本节用能量相位法来研究薄板的多脉冲混沌运动。为了揭示矩形简支薄板非线性振动的多脉冲轨道的存在性,最重要的是求得能量差分函数的表达式,利用 Haller 和 Wiggins[30,31] 推导的能量差分函数的一般表达式,可以得到含有耗散项的能量差分函数

$$\Delta^n \hat{H}_D(\gamma) = \hat{H}_D(h, \gamma + n\Delta\gamma) - \hat{H}_D(h, \gamma) - n \int_A \left[\frac{\mathrm{d}}{\mathrm{d}u_1} g^{u_1}(u_1, u_2, I, \gamma) \right]$$

$$+ \frac{\mathrm{d}}{\mathrm{d}u_2} g^{u_2}(u_1, u_2, I, \gamma) \bigg] \mathrm{d}u_1 \mathrm{d}u_2 - n \int_{\partial A_l} g^I \mathrm{d}\gamma \qquad (8\text{-}86)$$

这里

$$\hat{H}_D(h, \gamma + n\Delta\gamma) - \hat{H}_D(h, \gamma) = -n\bar{\mu} I_r \Delta\gamma + \bar{f}_2 \left[\cos(\gamma + n\Delta\gamma) - \cos\gamma\right] \qquad (8\text{-}87)$$

A 代表子空间 (u_1, u_2) 上由一对异宿轨道所围成的区域; ∂A_l 是区域 A 的边界, $\Delta\gamma$ 是由方程 (8-61) 所得到的相位差。

　　能量差分函数给出了 n 脉冲轨道的起跳点和着陆点之间的低阶能量差, 该函数包含系统 (8-40) 的未扰动部分的相位信息和扰动部分的能量信息。

　　方程 (8-86) 中的第三项是在子空间 (u_1, u_2) 未扰动系统异宿轨道所围成的区域上进行积分, 积分可以化简成如下形式

$$\int_A \left[\frac{\mathrm{d}}{\mathrm{d}u_1} g^{u_1}(u_1, u_2, I, \gamma) + \frac{\mathrm{d}}{\mathrm{d}u_2} g^{u_2}(u_1, u_2, I, \gamma) \right] \mathrm{d}u_1 \mathrm{d}u_2 = \int_A (-\mu_2) \mathrm{d}u_1 \mathrm{d}u_2 \qquad (8\text{-}88)$$

将方程 (8-58) 代入方程 (8-88) 得

$$-\mu_2 \int_A \mathrm{d}u_1 \mathrm{d}u_2 = -4\mu_2 \int_0^{\sqrt{\frac{\varepsilon_1}{\eta_1}}} \frac{\varepsilon_1}{\sqrt{2\eta_1}} \sec h^2 \left(\frac{\sqrt{2\varepsilon_1}}{2} T_1 \right) \mathrm{d}u_1$$

$$= -\frac{2\mu_2 \varepsilon_1^2}{\eta_1} \int_0^{+\infty} \mathrm{sech}^4 \left(\frac{\sqrt{2\varepsilon_1}}{2} T_1 \right) \mathrm{d}T_1 = \frac{2\mu_2 \varepsilon_1}{3\alpha_2} \Delta\gamma \qquad (8\text{-}89)$$

方程 (8-86) 的第四项还可以表示成如下形式

$$-n \int_{\partial A_l} g^I \mathrm{d}\gamma = -ng^I \Delta\gamma = n\bar{\mu} I_r \Delta\gamma \qquad (8\text{-}90)$$

将方程 (8-87)~ 方程 (8-89) 和方程 (8-90) 代入方程 (8-86), 得到耗散形式的能量差分函数的表达式

$$\Delta^n \hat{H}_D(\gamma) = \bar{f}_2 \left[\cos(\gamma + n\Delta\gamma) - \cos\gamma \right] - \frac{2n\mu_2 \varepsilon_1 \Delta\gamma}{3\alpha_2} \qquad (8\text{-}91)$$

　　定义耗散因子 $d = \mu_2/\bar{f}_2, d$ 给出了耗散因素与激励振幅之间的关系, 方程 (8-91) 改写成如下的形式

$$\Delta^n \hat{H}_D(\gamma) = \bar{f}_2 \left[-2 \sin\left(\gamma + \frac{n\Delta\gamma}{2} \right) \sin\frac{n\Delta\gamma}{2} - \frac{2nd\varepsilon_1 \Delta\gamma}{3\alpha_2} \right] \qquad (8\text{-}92)$$

通过解下面的方程得到 $\Delta^n \hat{H}_D(\gamma)$ 的零点

$$\sin\left(\gamma + \frac{n\Delta\gamma}{2} \right) = \frac{-nd\varepsilon_1 \Delta\gamma}{3\alpha_2 \sin\dfrac{n\Delta\gamma}{2}} \qquad (8\text{-}93)$$

根据方程 (8-93)，可以得到耗散因子的上界

$$|d| < d_{\max} = \frac{3\alpha_2}{n\varepsilon_1} \left| \frac{\sin \dfrac{n\Delta\gamma}{2}}{\Delta\gamma} \right| \tag{8-94}$$

式 (8-94) 说明当耗散因子 d 的值给定时，不是所有的脉冲数 n 都存在多脉冲轨道。由于耗散因子 d 中的耗散因素很小，所以 $d < 1$，于是就得到最大脉冲数的上界

$$n < n_{\max} = \left| \frac{3\alpha_2}{\varepsilon_1 d \Delta\gamma} \right| \tag{8-95}$$

显然，从方程 (8-95) 可知，最大脉冲数的上界 $n_{\max}$ 与耗散因子 d 是成反比关系。

2. 能量差分函数的零点

下面的分析主要是确定能量差分函数的横截零点，定义一个包含所有横截零点的集合

$$Z_-^n = \left\{ (h, \gamma) \mid \Delta^n \hat{H}_D(\gamma) = 0, D_\gamma \Delta^n \hat{H}_D(\gamma) \neq 0 \right\} \tag{8-96}$$

耗散能量差分函数 $\Delta^n \hat{H}_D(\gamma)$ 的横截零点由下面的方程给出

$$\gamma + \frac{n\Delta\gamma}{2} = 2m\pi + (-1)^m \alpha \tag{8-97}$$

这里，$m \in \mathbf{Z}$，并且

$$\alpha = \arcsin \frac{-nd\varepsilon_1 \Delta\gamma}{3\alpha_2 \sin \dfrac{n\Delta\gamma}{2}} \tag{8-98}$$

对于任意一个满足条件 $n\Delta\gamma \neq 4l\pi$ $(l = 0, 1, 2, \cdots)$ 的整数 n，在区间 $\gamma \in \left[-\dfrac{\pi}{2}, \dfrac{3\pi}{2} \right]$ 上，耗散能量差分函数有两个横截零点，即

$$\gamma_{0,1}^n = \frac{3\pi}{2} - \left(\frac{n\Delta\gamma}{2} + \alpha \right) \bmod 2\pi \tag{8-99a}$$

$$\gamma_{0,2}^n = \frac{3\pi}{2} - \left(\pi + \frac{n\Delta\gamma}{2} - \alpha \right) \bmod 2\pi \tag{8-99b}$$

为了把 (h, γ) 空间中的内轨道分类，利用每一条轨道都只有唯一的一个能量函数与其相对应的特性，定义与同宿轨道相连接的轨道的能量函数用 $\bar{h}_0$ 表示，与焦点相对应的能量函数用 $\bar{h}_\infty$ 来表示，同宿连接区域内的任意一条周期轨道的能量函数用 $\bar{h}_n$ 表示，根据方程 (8-67)，定义能量函数序列

$$\bar{h}_0 = \hat{H}_D(0, \gamma^s) = \frac{1}{2} \bar{f}_2 \left[-dI_r \left(\pi + \arcsin \frac{1}{2} dI_r \right) - \sqrt{4 - d^2 I_r^2} \right] \tag{8-100a}$$

$$\bar{h}_n = \min[\hat{H}_D(0, \gamma_{0,1}^n), \hat{H}_D(0, \gamma_{0,2}^n)] \tag{8-100b}$$

$$\bar{h}_\infty = \hat{H}_D(0, \gamma^c) = \frac{1}{2}\bar{f}_2 \left(dI_r \arcsin \frac{1}{2}dI_r + \sqrt{4 - d^2 I_r^2} \right) \tag{8-100c}$$

从方程 (8-100)，可以发现能量函数序列存在 $\bar{h}_0 < \bar{h}_n < \bar{h}_\infty$ 的关系，这意味着当轨道向焦点运动时，能量是单调增加的。

3. Shilnikov 型多脉冲轨道的存在性

在这里，主要是论证多脉冲 Shilnikov 轨道的存在性。在文献 [30~35] 中，Haller 和 Wiggins 研究了慢流形 M_ε 上的内周期轨道的同宿多脉冲轨道的存在性，但是在耗散扰动情形下，慢流形 M_ε 上不存在内周期轨道。由于存在耗散扰动，所以中心奇点变成双曲焦点或鞍–焦点。在下面的分析中，将要研究的内容是鞍–焦点的多脉冲轨道，即多脉冲 Shilnikov 轨道。当存在耗散扰动时，在整个四维相空间中，多脉冲 Shilnikov 轨道渐近趋近于鞍–焦点。研究表明系统的 n 脉冲 Shilnikov 轨道会导致 Smale 马蹄意义的混沌。为了确定多脉冲 Shilnikov 轨道的存在，把 Haller[33~35] 的研究结果应用到下面的分析中。

首先，要求系统存在 $\hat{H}_D$ 的非退化平衡点。在 (h, γ) 相空间中，根据方程 (8-68) 和 $\mu_2 = 2\bar{\mu}$，可以知道这个奇点是

$$p^c = (h^c, \gamma^c) = \left(0, -\arcsin \frac{dI_r}{2} \right) \tag{8-101}$$

其次，在整个四维相空间 (u_1, u_2, h, γ) 中，计算鞍–中心 $(B, 0, 0, \gamma^c)$ 处的耗散能量差分函数的零点。为了得到 $\Delta^n \hat{H}_D(\gamma^c)$ 的零点，解下面的方程

$$\Delta^n \hat{H}_D(\gamma^c) = -2\bar{f}_2 \sin \left(\gamma^c + \frac{n\Delta\gamma}{2} \right) \sin \frac{n\Delta\gamma}{2} - \frac{2n\mu_2\varepsilon_1\Delta\gamma}{3\alpha_2} = 0 \tag{8-102}$$

由方程 (8-102) 得出

$$\sqrt{1 - \frac{d^2 I_r^2}{4}} [1 - \cos(n\Delta\gamma)] = \frac{1}{2}d \left[I_r \sin(n\Delta\gamma) - \frac{4n\varepsilon_1\Delta\gamma}{3\alpha_2} \right] \tag{8-103}$$

根据方程 (8-103)，得到耗散因子

$$d = \frac{\mu_2}{\bar{f}_2} = \frac{2[1 - \cos(n\Delta\gamma)]}{\sqrt{I_r^2[1 - \cos(n\Delta\gamma)]^2 + \left[I_r \sin(n\Delta\gamma) - \frac{4n\varepsilon_1\Delta\gamma}{3\alpha_2} \right]^2}} \tag{8-104}$$

当阻尼不等于零时，上述的结果是正确的，即

$$\Delta\gamma \neq \frac{2m\pi}{n}, \quad m \in \mathbf{Z} \tag{8-105}$$

为了说明在方程 (8-40) 中存在多脉冲 Shilnikov 轨道,耗散能量差分函数 $\Delta^n \hat{H}_D$ (γ^c) 必须满足下面的两个非退化条件

$$D_d \Delta^n \hat{H}_D(\gamma^c) \neq 0, \quad D_{\gamma^c} \Delta^n \hat{H}_D(\gamma^c) \neq 0 \tag{8-106}$$

不管什么时候方程 (8-104) 和方程 (8-105) 都要同时成立。

方程 (8-106) 的第一个条件可写成如下形式

$$D_d \left[\cos\left(-\arcsin\frac{dI_r}{2} + n\Delta\gamma \right) - \cos\left(-\arcsin\frac{dI_r}{2} \right) - \frac{2nd\varepsilon_1\Delta\gamma}{3\alpha_2} \right] \neq 0 \tag{8-107}$$

在方程 (8-107) 中,求对 d 的微分,显然与方程 (8-107) 相反的条件是

$$\sqrt{1 - \frac{d^2 I_r^2}{4}} \left[I_r \sin(n\Delta\gamma) - \frac{4n\varepsilon_1\Delta\gamma}{3\alpha_2} \right] = \frac{dI_r^2}{2}[\cos(n\Delta\gamma) - 1] \tag{8-108}$$

从上面的分析过程,可以看到如果方程 (8-105) 必须满足,那么方程 (8-103) 和方程 (8-108) 就不能同时满足,看起来好像分析过程存在着矛盾。但是,方程 (8-106) 中的第二个非退化,在求 $\Delta^n \hat{H}_D$ 的横截零点时,就已经满足了;不等式 (8-94) 也满足方程 (8-106) 的第一个条件,所以方程 (8-106) 的两个条件在求耗散能量差分函数 $\Delta^n \hat{H}_D$ 的横截零点和耗散因子的上界 $d_{\max}$ 时,就已经都满足了。因此,从整个的分析过程来看,方程 (8-104)$\sim$ 方程 (8-106) 都成立。

最后,要验证下面的条件,目的是确保从慢流形上起跳的 n 脉冲轨道的着陆点要落在焦点的吸引域内。在区间 $[0, 2\pi]$ 上定义一点,它与着陆点 $\gamma^c + n\Delta\gamma$ 的相位差大约是 $2k\pi$,这一点表示如下

$$\gamma_*^n = \gamma^s + [\gamma^c + n\Delta\gamma - \gamma^s] \bmod 2\pi \tag{8-109}$$

这里

$$\gamma^s = \pi + \arcsin\frac{dI_r}{2}, \quad \gamma^c = -\arcsin\frac{dI_r}{2} \tag{8-110}$$

如果 $\gamma_*^n > \gamma^s$,就把原来的 γ_*^n 减去 2π 定义为 γ_*^n,目的是为了保证着陆点平移 $2k\pi$ 后,距离区域 $\left[-\frac{\pi}{2}, \frac{3\pi}{2} \right]$ 上的鞍点 γ^s 很近,原因是相图具有对称性 $\gamma \to \gamma - 2\pi$,因为 γ_*^n 点的能量比鞍点处的能量多,即

$$\hat{H}_D(0, \gamma_*^n) > \hat{H}_D(0, \gamma^s) \tag{8-111}$$

ε ($\varepsilon > 0$) 为充分小参数, 所以, 着陆点 $\gamma^c + n\Delta\gamma$ 将在焦点的吸引域内, 根据式 (8-111) 的能量条件计算, 得

$$\cos\gamma_*^n - \cos\gamma^s > \frac{dI_r}{2}(\gamma_*^n - \gamma^s) \tag{8-112}$$

当脉冲数 $n = 3$ 时, 所对应的轨道形状如图 8-4 所示。根据上面的分析, 把主要结果概括成下面的定理, 这个定理与 Haller[35] 得到的定理相似。

定理　对任意整数 $n \geqslant 1$, 一个正数 $\varepsilon_0(n) > 0$ 和参数空间 $(\varepsilon_1, \alpha_2, \mu_2, \bar{f}_2, \varepsilon)$ 附近的余维 1 表面的有限集合 C_n; 耗散因子 d $(0 < d < 1)$ 满足方程 (8-104) 和方程 (8-112) 等条件, 那么对任意一组参数 $(\varepsilon_1, \alpha_2, \mu_2, \bar{f}_2, \varepsilon) \in C_n$ 和 $0 < \varepsilon < \varepsilon_0(n)$, 下面的结论成立。

(1) 如果整数

$$R = \mathrm{int}\left[\frac{1}{2} + \frac{n\Delta\gamma - 2\arcsin\dfrac{dI_r}{2}}{2\pi}\right] \tag{8-113}$$

是偶数, 那么, 包含在慢流性 M_ε 上的每一个鞍–焦点型奇点都有两类 Shilnikov 轨道。如果整数 R 是奇数, 那么, 存在两类 Shilnikov 轨道的异宿环, 它们是由不同的鞍点连接起来的。在这两种情形下, n 脉冲轨道是成对出现的, 并且关于子空间 $(u_1, u_2) = (B, 0)$ 对称。

(2) 存在一个包含 C_n 的参数值的开集, 它使系统 (8-40) 存在 Smale 马蹄意义的动力学。

给出定理中 (1) 的解释。(1) 的意义在于能够利用整数 R 确定着陆点的区域, 这个区域以未扰动系统的鞍点为边界, 如果区域为 $(0, 4\pi)$, 那么, 选择两个区域为

$$D_1 = \left(\pi + \arcsin\frac{dI_r}{2}, 3\pi + \arcsin\frac{dI_r}{2}\right) \tag{8-114a}$$

和

$$D_2 = \left(3\pi + \arcsin\frac{dI_r}{2}, 5\pi + \arcsin\frac{dI_r}{2}\right) \tag{8-114b}$$

着陆点 $\gamma^c + n\Delta\gamma$ 将落在两个区域中的一个或者落在两个区域平移 2π 后的区域里。如果着陆点落在区域 D_1 中, 并且满足条件 (8-104) 和式 (8-112), 那么, 每一个鞍点都有一个 Shilnikov 轨道。但是, 如果着陆点落在区域 D_2, 并且满足条件 (8-104) 和式 (8-112), 那么, 系统存在 Shilnikov 轨道的异宿环, 它连接两个鞍点。每一种情况下, 轨道都是成对的, 并且它们关于平面 $(u_1, u_2) = (B, 0)$ 对称, 这是因为系统存在对称性 $(u_1, u_2) \to (-u_1, -u_2)$。

如果着陆点 $\gamma^{c} + n\Delta\gamma$ 在区域 D_1 中或者在 D_1 平移 2π 后的区域里，有如下关系

$$\gamma^{c} + n\Delta\gamma \in (\gamma^{s} + 2m\pi, \gamma^{s} + 2\pi + 2m\pi) \tag{8-115}$$

由式 (8-115) 推导出

$$\gamma^{c} + n\Delta\gamma - \gamma^{s} \in (2m\pi, 2m\pi + 2\pi) \tag{8-116}$$

因此，式 (8-113) 表示的整数是偶数；相反，如果着陆点落在区域 D_2 中或者 D_2 平移 2π 后的区域里，同样可以得到

$$\gamma^{c} + n\Delta\gamma \in (\gamma^{s} + 2m\pi + 2\pi, \gamma^{s} + 4\pi + 2m\pi) \tag{8-117}$$

从式 (8-117)，可以得到

$$\gamma^{c} + n\Delta\gamma - \gamma^{s} \in (2(m+1)\pi, 2(m+1)\pi + 2\pi) \tag{8-118}$$

所以，可知式 (8-113) 表示的整数是奇数。

定理中 (2) 的证明根据文献 [35] 中 Haller 的定理 2.8.2 而得出。

8.8 混沌运动的数值计算

选择平均方程 (8-23) 作混沌运动的数值分析，发现横向激励和面内激励联合作用下的矩形简支薄板的非线性振动存在 Shilnikov 多脉冲混沌运动，如图 8-7~ 图 8-17 所示。在这些图中，图 (a) 表示在 (x_1, x_2) 平面内的相图；图 (b) 表示在 (t, x_1) 平面内的波形图；图 (c) 表示在 (x_3, x_4) 平面内的相图；图 (d) 表示在 (t, x_3) 平面内的波形图；图 (e) 表示在 (x_1, x_2, x_3) 三维相空间的相图；图 (f) 表示在 (x_1, x_2) 平面内的 Poincaré 截面。

图 8-7 表明非线性振动的矩形简支薄板存在 Shilnikov 多脉冲混沌运动，其初始条件和参数为 $x_{10} = 0.35$, $x_{20} = -0.180$, $x_{30} = 0.1385$, $x_{40} = 0.55$, $\mu = 0.1$, $\sigma_1 = 2.0, \sigma_2 = 3.5, \alpha_1 = -3.2, \alpha_2 = -5.1, \beta_1 = 2.7, \beta_2 = -6.3, f_1 = 90, F_2 = 421.1$。

当初始条件和参数变为 $x_{10} = 0.1385$, $x_{20} = 0.55$, $x_{30} = 0.35$, $x_{40} = -0.180$, $\mu = 0.1$, $\sigma_1 = 1.0$, $\sigma_2 = 1.75$, $\alpha_1 = 1.6$, $\alpha_2 = 2.55$, $\beta_1 = -1.35, \beta_2 = 3.15$, $f_1 = 90$, $F_2 = 210.6$，混沌运动如图 8-8 所示。对比图 8-7 和图 8-8 可以发现，无论是二维平面 (x_1, x_2) 和 (x_3, x_4) 的相图，还是三维空间 (x_1, x_2, x_3) 的相图，两者存在很大差异。

图 8-8 中，如果初始条件和参数激励 f_1 和阻尼系数 μ 不变，而改变其他参数和外激励 F_2 为 $\sigma_1 = 4.0$, $\sigma_2 = 7.0$, $\alpha_1 = 6.4$, $\alpha_2 = 10.2$, $\beta_1 = -5.4$, $\beta_2 = 12.6$, $F_2 = 205.5$，则出现的混沌运动如图 8-9 所示。

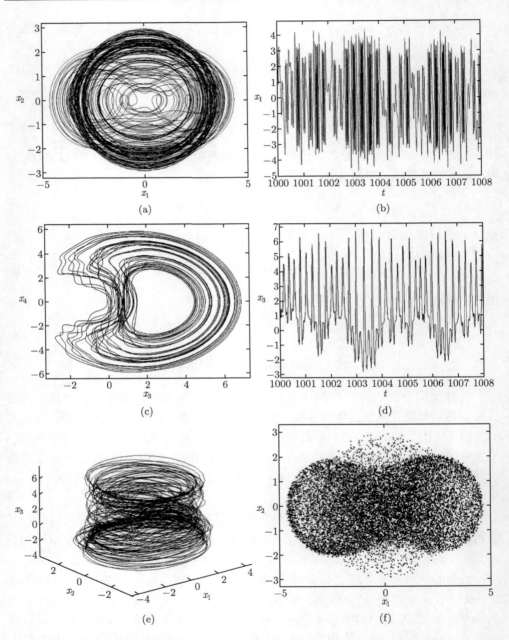

图 8-7　初始条件和参数为 $x_{10} = 0.35$, $x_{20} = -0.180$, $x_{30} = 0.1385$, $x_{40} = 0.55$, $\mu = 0.1$, $\sigma_1 = 2.0$, $\sigma_2 = 3.5$, $\alpha_1 = -3.2$, $\alpha_2 = -5.1$, $\beta_1 = 2.7$, $\beta_2 = -6.3$, $f_1 = 90$, $F_2 = 421.1$ 时，系统的 Shilnikov 多脉冲混沌运动

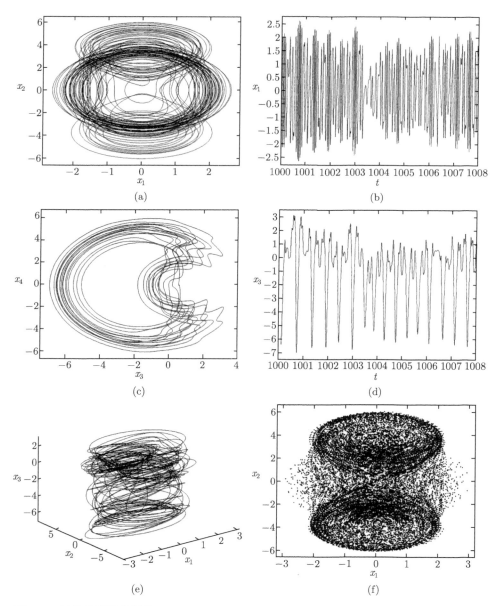

图 8-8 初始条件和参数为 $x_{10} = 0.1385$, $x_{20} = 0.55$, $x_{30} = 0.35$, $x_{40} = -0.180$, $\mu = 0.1$, $\sigma_1 = 1.0$, $\sigma_2 = 1.75$, $\alpha_1 = 1.6$, $\alpha_2 = 2.55$, $\beta_1 = -1.35$, $\beta_2 = 3.15$, $f_1 = 90$, $F_2 = 210.6$ 时, 系统的 Shilnikov 多脉冲混沌运动

当改变初始条件、激励及其他参数为 $x_{10} = 0.1385$, $x_{20} = 0.55$, $x_{30} = 0.35$, $x_{40} = 0.18$, $f_1 = 90$, $F_2 = 551.1$, $\mu = 0.1$, $\sigma_1 = 2.0$, $\sigma_2 = 3.5$, $\alpha_1 = 0.6$, $\alpha_2 = -5.1$,

$\beta_1 = 1.7$, $\beta_2 = 2.3$ 时，矩形简支薄板的 Shilnikov 多脉冲混沌运动如图 8-10 所示。

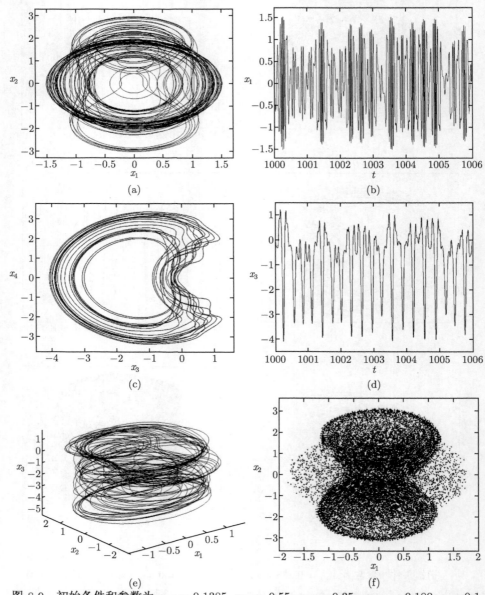

(a)

(b)

(c)

(d)

(e)

(f)

图 8-9　初始条件和参数为 $x_{10} = 0.1385$, $x_{20} = 0.55$, $x_{30} = 0.35$, $x_{40} = -0.180$, $\mu = 0.1$, $\sigma_1 = 4.0$, $\sigma_2 = 7.0$, $\alpha_1 = 6.4$, $\alpha_2 = 10.2$, $\beta_1 = -5.4$, $\beta_2 = 12.6$, $f_1 = 90$, $F_2 = 205.5$ 时，系统的 Shilnikov 多脉冲混沌运动

在图 8-10 中，初始条件和调谐参数 σ_1 不变，当改变阻尼系数、其他参数和激

励为 $\mu = 0.01$, $\sigma_2 = 8.5$, $\alpha_1 = -11.8$, $\alpha_2 = 15.1$, $\beta_1 = -2.7$, $\beta_2 = -11.3$, $f_1 = 120$, $F_2 = 901.1$ 时，多脉冲混沌运动如图 8-11 所示。

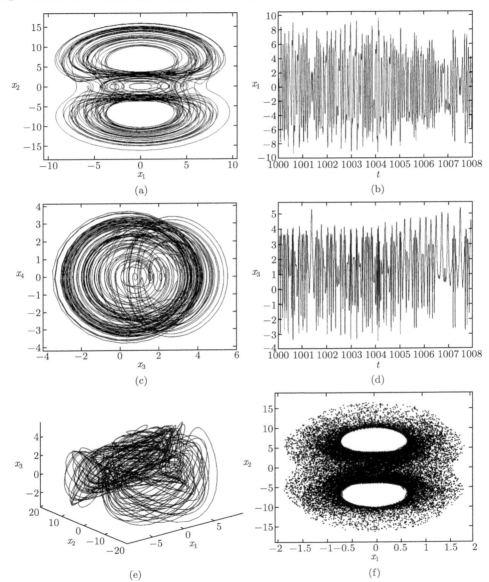

图 8-10 初始条件和参数为 $x_{10} = 0.1385$, $x_{20} = 0.55$, $x_{30} = 0.35$, $x_{40} = 0.18$, $\mu = 0.1$, $\sigma_1 = 2.0$, $\sigma_2 = 3.5$, $\alpha_1 = 0.6$, $\alpha_2 = -5.1$, $\beta_1 = 1.7$, $\beta_2 = 2.3$, $f_1 = 90$, $F_2 = 551.1$ 时，

系统的 Shilnikov 多脉冲混沌运动

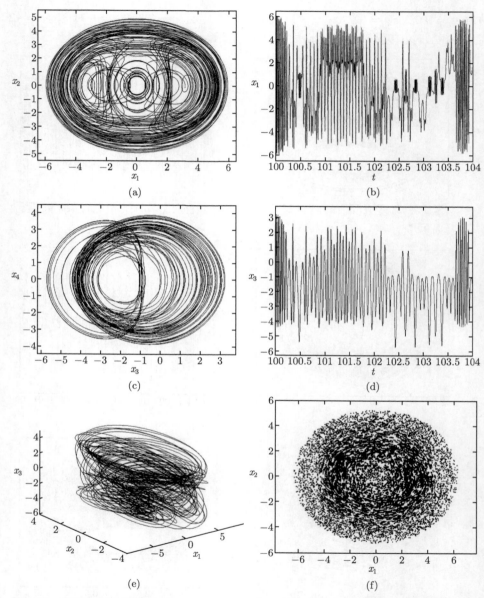

图 8-11　初始条件和参数为 $x_{10} = 0.1385$, $x_{20} = 0.55$, $x_{30} = 0.35$, $x_{40} = 0.18$, $\mu = 0.01$, $\sigma_1 = 2.0$, $\sigma_2 = 8.5$, $\alpha_1 = -11.8$, $\alpha_2 = 15.1$, $\beta_1 = -2.7$, $\beta_2 = -11.3$, $f_1 = 120$, $F_2 = 901.1$ 时, 系统的 Shilnikov 多脉冲混沌运动

如果选择初始条件、激励及其他参数为 $x_{10} = 1.4$, $x_{20} = 0.55$, $x_{30} = 2.35$, $x_{40} = 1.8$, $\mu = 0.01$, $\sigma_1 = 2.0$, $\sigma_2 = 6.5$, $\alpha_1 = -1.6$, $\alpha_2 = 1.1$, $\beta_1 = -5.7$, $\beta_2 = -2.3$,

$f_1 = 70$, $F_2 = 531.1$ 时，非线性振动的矩形简支薄板会出现如图 8-12 所示的混沌运动。当把图 8-12 中的调谐参数 α_1 变为 $\alpha_1 = 1.6$、α_2 变为 $\alpha_2 = -1.1$ 时，混沌运动变为图 8-13 所示。

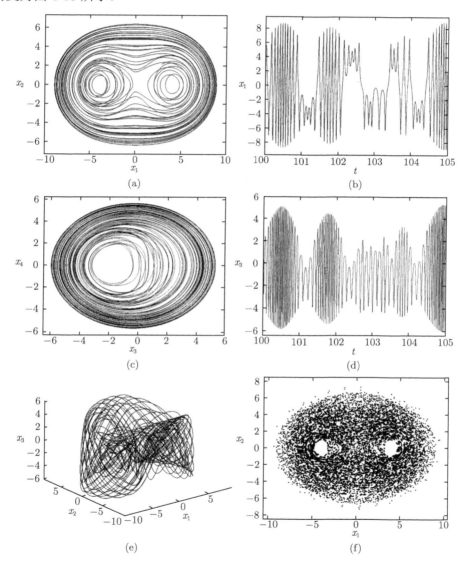

图 8-12　初始条件和参数为 $x_{10} = 1.4$, $x_{20} = 0.55$, $x_{30} = 2.35$, $x_{40} = 1.8$, $\mu = 0.01$, $\sigma_1 = 2.0$, $\sigma_2 = 6.5$, $\alpha_1 = -1.6$, $\alpha_2 = 1.1$, $\beta_1 = -5.7$, $\beta_2 = -2.3$, $f_1 = 70$, $F_2 = 531.1$ 时，系统的 Shilnikov 多脉冲混沌运动

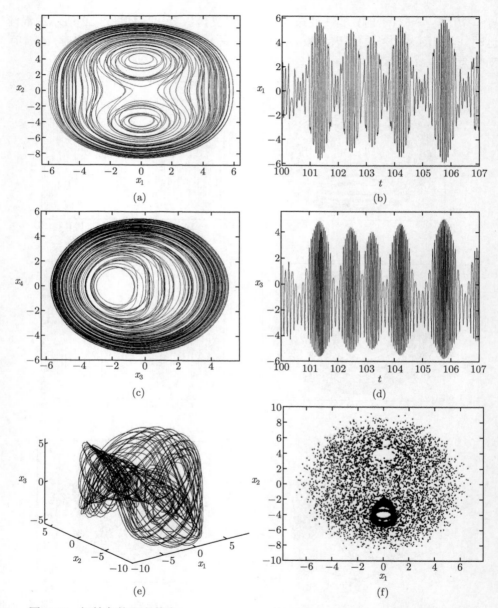

图 8-13　初始条件和参数为 $x_{10} = 1.4$, $x_{20} = 0.55$, $x_{30} = 2.35$, $x_{40} = 1.8$, $\mu = 0.01$, $\sigma_1 = 2.0$, $\sigma_2 = 6.5$, $\alpha_1 = 1.6$, $\alpha_2 = -1.1$, $\beta_1 = -5.7$, $\beta_2 = -2.3$, $f_1 = 70$, $F_2 = 531.1$ 时, 系统的 Shilnikov 多脉冲混沌运动

当选择初始条件、激励及其他参数为 $x_{10} = 0.14$, $x_{20} = 0.55$, $x_{30} = 0.35$, $x_{40} = -0.180$, $\mu = 0.03$, $\sigma_1 = 2.0$, $\sigma_2 = 3.5$, $\alpha_1 = -3.2$, $\alpha_2 = -5.1$, $\beta_1 = -2.7$, $\beta_2 = 6.3$,

$f_1 = 62$, $F_2 = 122.2$ 时，矩形简支薄板的 Shilnikov 多脉冲混沌运动如图 8-14 所示。当只改变调谐参数和外激励为 $\sigma_2 = 35$, $F_2 = 222.2$，混沌运动如图 8-15 所示。

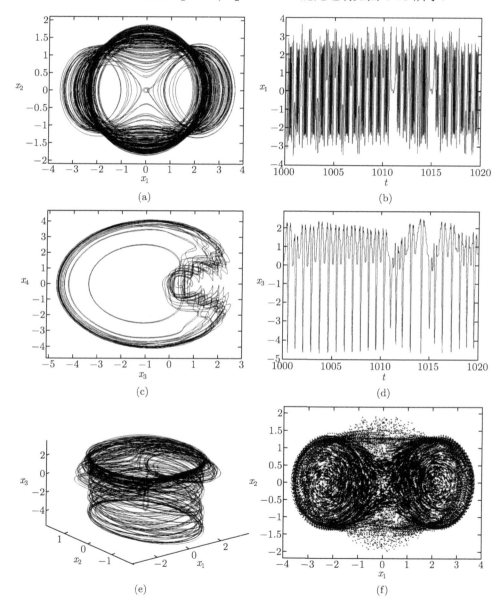

图 8-14　初始条件和参数为 $x_{10} = 0.14$, $x_{20} = 0.55$, $x_{30} = 0.35$, $x_{40} = -0.180$, $\mu = 0.03$, $\sigma_1 = 2.0$, $\sigma_2 = 3.5$, $\alpha_1 = -3.2$, $\alpha_2 = -5.1$, $\beta_1 = -2.7$, $\beta_2 = 6.3$, $f_1 = 62$, $F_2 = 122.2$ 时，

系统的 Shilnikov 多脉冲混沌运动

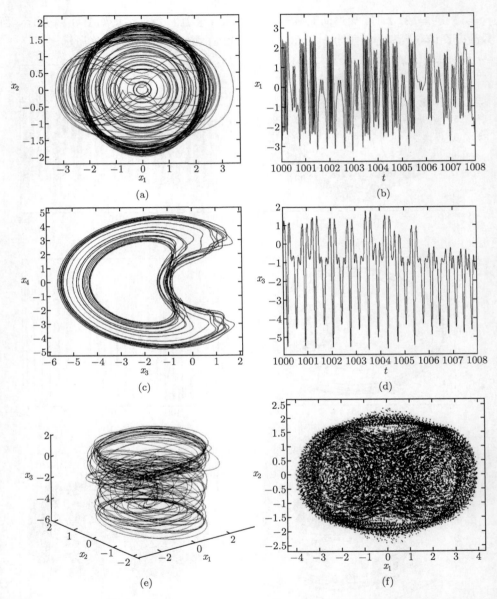

图 8-15　初始条件和参数为 $x_{10} = 0.14$, $x_{20} = 0.55$, $x_{30} = 0.35$, $x_{40} = -0.180$, $\mu = 0.03$, $\sigma_1 = 2.0$, $\sigma_2 = 35$, $\alpha_1 = -3.2$, $\alpha_2 = -5.1$, $\beta_1 = -2.7$, $\beta_2 = 6.3$, $f_1 = 62$, $F_2 = 222.2$ 时, 系统的 Shilnikov 多脉冲混沌运动

当选择初始条件、激励及其他参数为 $x_{10} = 0.14$, $x_{20} = 0.55$, $x_{30} = 0.35$, $x_{40} = -0.180$, $\mu = 0.03$, $\sigma_1 = 2.0$, $\sigma_2 = 45$, $\alpha_1 = -3.2$, $\alpha_2 = -5.1$, $\beta_1 = -2.7$,

$\beta_2 = 6.3$, $f_1 = 62$, $F_2 = 222.2$ 时，矩形简支薄板的混沌运动如图 8-16 所示。当把这组参数中的调谐参数 α_2 变为 $\sigma_2 = 34$ 时，混沌运动变为图 8-17 所示。

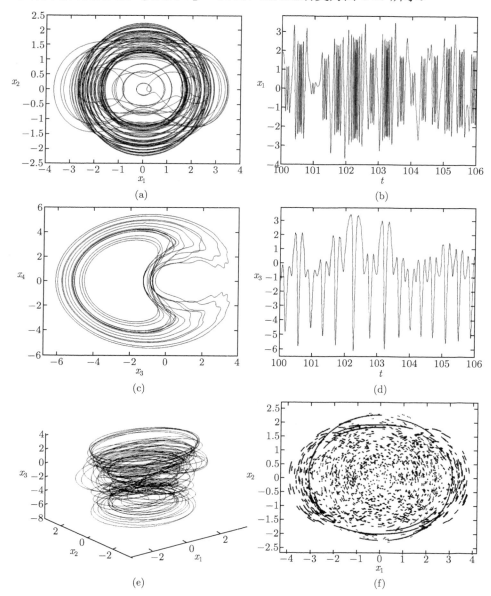

(a)

(b)

(c)

(d)

(e)

(f)

图 8-16　初始条件和参数为 $x_{10} = 0.14$, $x_{20} = 0.55$, $x_{30} = 0.35$, $x_{40} = -0.180$, $\mu = 0.03$, $\sigma_1 = 2.0$, $\sigma_2 = 45$, $\alpha_1 = -3.2$, $\alpha_2 = -5.1$, $\beta_1 = -2.7$, $\beta_2 = 6.3$, $f_1 = 62$, $F_2 = 222.2$ 时，系统的 Shilnikov 多脉冲混沌运动

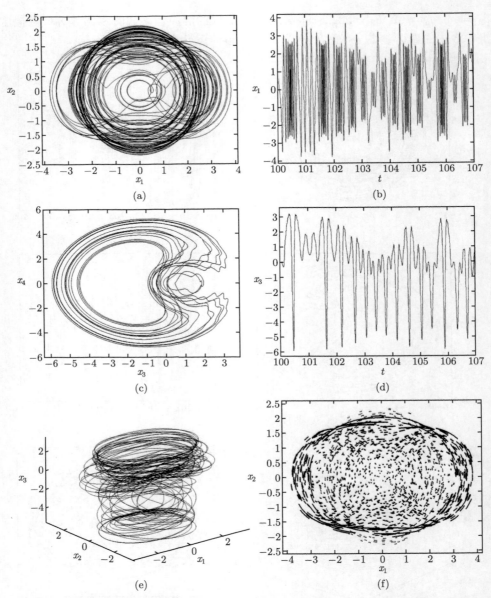

图 8-17　初始条件和参数为 $x_{10} = 0.14$, $x_{20} = 0.55$, $x_{30} = 0.35$, $x_{40} = -0.180$, $\mu = 0.03$, $\sigma_1 = 2.0$, $\sigma_2 = 34$, $\alpha_1 = -3.2$, $\alpha_2 = -5.1$, $\beta_1 = -2.7$, $\beta_2 = 6.3$, $f_1 = 62$, $F_2 = 222.2$ 时，系统的 Shilnikov 多脉冲混沌运动

本章研究面内载荷和横向载荷联合作用下四边简支矩形薄板的多脉冲异宿轨道和 Shilnikov 型混沌运动[40]。考虑方程 (8-11) 的 1:2 内共振、主参数共振-基本参数共振情况,得到了二自由度非线性系统的平均方程。利用广义 Melnikov 方法和能量相位法这两种全局摄动方法,分析含有耗散扰动项的四边简支矩形薄板的多脉冲异宿轨道。通过上面的理论分析和数值模拟,可以得到以下几个结论。

(1) 广义 Melnikov 方法和能量相位法涉及两个时间尺度,双曲流形 M_ε 上的动力学是慢变时间尺度,从双曲流形 M_ε 上跳起的多脉冲是快变时间尺度。

(2) 利用能量相位法,首次从理论上得到了四边简支矩形薄板产生 Shilnikov 型混沌的必要条件,数值模拟同样发现在面内载荷和横向载荷联合作用下四边简支矩形薄板中存在着 Shilnikov 型多脉冲混沌运动。

(3) 发现多脉冲 Shilnikov 轨道依赖于耗散阻尼和面内周期激励。当轨线趋近焦点 P_ε 时,Shilnikov 轨道会再次跳起,在四维相空间里不断地重复这种运动,最后形成 Shilnikov 型多脉冲轨道。在 Shilnikov 型多脉冲轨道中,最后一个脉冲与单脉冲相类似。由此,可以推断出四边简支矩形薄板不同模态之间可能通过 Shilnikov 型多脉冲轨道传递能量。

(4) 利用广义 Melnikov 方法研究了面内载荷与横向载荷联合作用下四边简支矩形薄板的多脉冲异宿轨道和混沌动力学。得到了在共振情况下判断这个系统产生多脉冲混沌运动的广义 Melnikov 函数,从理论上给出了这个系统产生 Shilnikov 型混沌的必要条件。数值结果说明了理论结果的正确性,并且发现一些参数和初始条件对于四边简支矩形薄板产生多脉冲混沌运动有着较大的影响。

(5) k 脉冲 Melnikov 函数的几何意义是第 k 个脉冲的不稳定流形与稳定流形在未扰动异宿轨道法线方向上的距离,而且这段距离是有正负之分。k 脉冲 Melnikov 函数反映了能量的变化,Haller[30~35] 借鉴了这种思想,发展了能量相位法,构造了能量差分函数,能量差分函数比 k 脉冲 Melnikov 函数计算简单,几何意义直观。相对而言,用能量相位法解决实际问题较简单一些。由于共振情形下的 k 脉冲广义 Melnikov 函数 $M_k(I, \gamma_0, \bar{\mu})$ 不依赖小参数 $0 < \varepsilon \ll 1$,致使 $\Gamma_j(\varepsilon, I_r, \gamma_0, \bar{\mu}) = 0$ ($j = 0, 1, \cdots, k-1$),因此,简化了广义 Melnikov 函数的计算和开折条件的证明。

(6) 数值结果表明在四边简支矩形薄板的平均方程中确实存在 Shilnikov 型多脉冲混沌运动。由此可知,在一定参数条件下,平均方程的 Shilnikov 型多脉冲混沌运动导致了面内载荷与横向载荷联合作用下四边简支矩形薄板的 Shilnikov 型调幅多脉冲混沌振动。

(7) 数值分析表明,当横向载荷、面内载荷及其他参数和初始条件取一定数值时,四边简支矩形薄板会出现不同形状的 Shilnikov 型多脉冲混沌运动。数值模拟结果说明,横向载荷 f_1、面内载荷 F_2 和阻尼系数 μ 是影响横向载荷和面内载荷联合作用下四边简支矩形薄板的 Shilnikov 型多脉冲混沌运动的主要因素。

参 考 文 献

[1] Holmes P J. Bifurcations to divergence and flutter in flow-induced oscillations: A finite-dimensional analysis. Journal of Sound and Vibration, 1977, 53: 161-174.

[2] Holmes P J, Marsden J E. Bifurcations to divergence and flutter in flow-induced oscillations: An infinite-dimensional analysis. Automatic, 1978, 14: 367-384.

[3] Yang X L, Sethna P R. Local and global bifurcations in parametrically excited vibrations nearly square plates. International Journal of Non-linear Mechanics, 1990, 26: 199-220.

[4] Feng Z C, Sethna P R. Global bifurcations in the motion of parametrically excited thin plate. Nonlinear Dynamics, 1993, 4: 389-408.

[5] Abe A, Kobayashi Y, Yamada G. Two-mode response of simply supported, rectangular laminated plates. International Journal of Non-linear Mechanics, 1998, 33: 675-690.

[6] Popov A A, Thompson J M, Croll J G. Bifurcation analyses in the parametrically excited vibrations of cylindrical panels. Nonlinear Dynamics, 1998, 17: 205-225.

[7] Hadian J, Nayfeh A H. Modal interaction in circular plates. Journal of Sound and Vibration, 1990, 142: 279-292.

[8] Nayfeh T A, Vakakis A F. Subharmonic traveling waves in a geometrically non-linear circular plate. International Journal of Non-linear Mechanics, 1994, 29: 233-245.

[9] Tian W M, Namachchivaya N S, Bajaj A K. Non-linear dynamics of a shallow arch under periodic excitation I. 1:2 internal resonance. International Journal of Non-linear Mechanics, 1994, 29: 349-366.

[10] Tian W M, Namachchivaya N S, Malhotra N. Non-linear dynamics of a shallow arch under periodic excitation II. 1:1 internal resonance. International Journal of Non-linear Mechanics, 1994, 29: 367-386.

[11] Chang S I, Bajaj A K, Krousgrill C M. Non-linear vibrations and chaos in harmonically excited rectangular plates with one-to-one internal resonance. Nonlinear Dynamics, 1993, 4: 433-460.

[12] Zhang W. Global and Chaotic Dynamics for a Parametrically Excited Thin Plate. Journal of Sound and Vibration, 2001, 239(5): 1013-1036.

[13] Zhang W, Liu Z M, Yu P. Global dynamics of a parametrically externally excited thin plate. Nonlinear Dynamics, 2001, 24: 245-268.

[14] Yu P, Zhang W, Bi Q S. Vibration analysis on a thin plate with the aid of computation of normal forms. International Journal of Non-Linear Mechanics, 2001, 36: 597-627.

[15] Wiggins S. Global Bifurcations and Chaos. New York: Springer-Verlag, 1988: 330-418.

[16] Kovacic G, Wiggins S. Orbits homoclinic to resonances, with an application to chaos in a model of the forced and damped sine-Gordon equation. Physica D. 1992, 57: 185-225.

[17] Kovacic G. Singular perturbation theory for homoclinic orbits in a class of near-integrable Hamiltonian systems. Journal of Dynamics and Differential Equations. 1993, 5: 559-

597.

[18] Kovacic G. Singular perturbation theory for homoclinic orbits in a class of near-integrable dissipative systems. SIMA Journal of Mathematical Analysis, 1995, 26: 1611-1643.

[19] Kovacic G. Hamiltonian dynamics of orbits homoclinic to a resonance band. Physics Letters A, 1992, 167:137-142.

[20] Kovacic G. Dissipative dynamics of orbits homoclinic to a resonance band. Physics Letters A, 1992, 167: 143-150.

[21] Yagasaki K. Periodic and homoclinic motions in forced, coupled oscillators. Nonlinear Dynamics, 1999, 20: 319-359.

[22] Yagasaki K. The method of Melnikov for perturbations of multi-degree-of-degree Hamiltonian systems. Nonlinearity, 1999, 12: 799-822.

[23] Yagasaki K. Horseshoe in two-degree-of-freedom Hamiltonian systems with saddle-centers. Archive for Rational Mechanics and Analysis, 2000, 154: 275-296.

[24] Yagasaki K. Galoisian obstructions to integrability and Melnikov criteria for chaos in two-degree-of freedom Hamiltonian systems with saddle centres. Nonlinearity, 2003, 16: 2003-2012.

[25] Camassa R. On the geometry of an atmospheric slow manifold. Physica D, 1995, 84: 357-397.

[26] Zhang W, Tang Y. Global dynamics of the cable under combined parametrical and external excitations. International Journal of Non-Linear Mechanics, 2002, 37: 505-526.

[27] Kaper T J, Kovacic G. Multi-bump orbits homoclinic to resonance bands. Transactions of the American mathematical society, 1996, 348(10): 3835-3887.

[28] Camassa R, Kovacic G, Tin S K. A Melnikov method for homoclinic orbits with many pulses. Archive for Rational Mechanics and Analysis, 1998, 143: 105-193.

[29] 姚明辉, 张伟. 用广义 Melnikov 方法分析柔性悬臂梁非平面运动的多脉冲轨道. 北京: 中国力学学会学术大会, 2005: 1565.

[30] Haller G, Wiggins S. Orbits homoclinic to resonances: the Hamiltonian case. Physics D, 1993, 66: 298-346.

[31] Haller G, Wiggins S. Multi-pulse jumping orbits and homoclinic trees in a modal truncation of the damped-forced nonlinear Schrödinger equation. Physica D, 1995, 85: 311-347.

[32] Haller G. Muti-dimensional homoclinic jumping and the discretized NLS equation. Communications in Mathematical Physics, 1998, 193: 1-46.

[33] Haller G. Homoclinic jumping in the perturbed nonlinear Schrödinger equation. Communications on Pure and Applied Mathematics, 1999, LII: 1-47.

[34] Haller G, Menon G, Rothos V M. Silnikov manifolds in coupled nonlinear Schrödinger equations. Physics Letters A, 1999, 263: 175-185.

[35] Haller G. Chaos Near Resonance. New York: Springer-Verlag, 1999: 91-158.

[36] Chia C Y. Non-linear Analysis of Plate. New York: McGraw-Hill, 1980: 110-145.

[37]　Nayfeh A H, Mook D T. Nonlinear Oscillations. New York: Wiley-Interscience, 1979: 59-79.

[38]　Zhang W, Wang F X, Zu J W. Computation of normal forms for high dimensional nonlinear systems and application to nonplanar motions of a cantilever beam. Journal of Sound and Vibration, 2004, 278: 949-974.

[39]　Yu P, Zhang W, Bi Q S. Vibration analysis on a thin plate with the aid of computation of normal forms. International Journal of Non-Linear Mechanics, 2001, 36: 597-627.

[40]　姚明辉. 多自由度非线性机械系统的全局分岔和混沌动力学研究. 北京: 北京工业大学工学博士学位论文, 2006.

第9章 四边简支薄板四维非自治非线性系统的混沌动力学

如何研究工程实际问题所建立的非线性动力学方程是工程领域中非常重要的研究课题。许多工程问题根据力学中的牛顿运动定律或 Hamilton 原理建立数学模型的动力学方程，然后经过 Galerkin 方法得到非自治常微分方程，用多尺度法或平均法得到平均方程，根据规范形理论得到规范形方程，然后对此规范形进行全局分析。从原始方程到规范形方程，虽然从理论上保证了其定性性质保持不变，但每次化简得到的都是近似结果，总要损失系统的一些信息。为了更加接近原始系统的性质，应该直接从非自治常微分方程入手进行全局分析。因此，本章旨在使定性分析的系统更加接近原系统，核心内容是非自治高维非线性系统的全局摄动分析及多脉冲混沌动力学的研究，将非自治高维非线性系统经过坐标变换转化成扰动 Hamilton 系统。对其应用广义 Melnikov 方法进行多脉冲分岔计算，将广义 Melnikov 方法推广到非自治高维非线性系统。

9.1 引　言

首先利用改进的多自由度系统的 Melnikov 方法研究了参数激励下四边简支矩形薄板在屈曲状态下的全局分岔与混沌动力学。直接对非自治常微分方程进行全局分析，比文献中经过多次化简近似所得到的规范形方程更加接近原始系统的性质，并且薄板的屈曲状态是利用文献中的方法所不能研究的。分析结果表明，参数激励下四边简支矩形薄板存在 Smale 马蹄意义下的混沌。数值模拟进一步验证了解析方法的正确性。

薄板广泛应用于航空航天领域，人们关注的问题是大变形时薄板的非线性振动。近十几年来，关于薄板的非线性振动、分岔和混沌动力学的研究取得了一些进展。Hadian 和 Nayfeh[1] 利用多尺度法分析了谐波激励作用下的非线性夹紧圆板混合内共振情形的响应。Nayfeh 和 Vakakis[2] 利用多尺度法研究了轴对称几何非线性圆板的亚谐移动波，发现了线性固有频率相同的模态之间的非线性作用。Yang 和 Sethna[3] 用平均法分析了参数激励正方形板的局部分岔和全局分岔，研究结果表明系统存在异宿环和 Smale 马蹄意义的混沌运动。根据 Yang 和 Sethna[3] 的研究结果，Feng 和 Sethna[4] 用全局摄动方法进一步研究了参数激励下薄板的分岔和混沌动力学, 他们得到了 Shilnikov 同宿轨道和混沌运动存在的条件。Abe 等 [5] 用多尺度法分析了简支矩形薄板的模态响应。Zhang 等 [6,7] 研究了参数激励和外激励联合作用下的简支矩形薄板规范形方程的全局分岔和混沌动力学。Awrejcewicz 等 [8] 研究了在周期载荷作用下柔薄板的周期、概周期及混沌运动。Awrejcewicz 和 Krysko[9] 利用 Bubnov-Galerkin 法研究了柔薄板和壳在有限自由度离散系统下的动力学。而后, Awrejcewicz 等 [10] 利用高阶 Bubnov-Galerkin 方法和有限差分法研究了同时受横向及轴向激励薄板的复杂非线性振动与分岔。Han 等 [11] 利用 Galerkin 方法和平均法研究了大变形弹性矩形板的非线性动力学。Akour 和 Nayfeh[12] 研究了具有简单支撑边界条件的圆板的非线性振动。

9.2　薄板的动力学方程

本章研究四边简支矩形薄板, 其边长为 a 和 b, 厚度是 h, 薄板受面内激励, 所建立的直角坐标系如图 9-1 所示。坐标系 Oxy 位于薄板的中面上, u, v, w 分别表示薄板中面上的一点在 x, y 和 z 方向的位移, 薄板面内的激励为 $p = p_0 - p_1 \cos \Omega_2 t$。

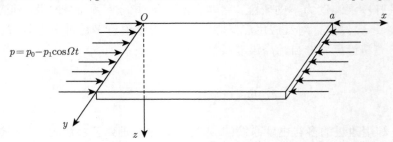

图 9-1　薄板的模型及坐标系

根据薄板的 von Karman 方程 [13], 可以得到矩形薄板的运动方程如下 [6]

$$D\nabla^4 w + \rho h \frac{\partial^2 w}{\partial t^2} - \frac{\partial^2 w}{\partial x^2}\frac{\partial^2 \phi}{\partial y^2} - \frac{\partial^2 w}{\partial y^2}\frac{\partial^2 \phi}{\partial x^2} + 2\frac{\partial^2 w}{\partial x \partial y}\frac{\partial^2 \phi}{\partial x \partial y} + \mu \frac{\partial w}{\partial t} = 0 \tag{9-1}$$

$$\nabla^4 \phi = E h \left[\left(\frac{\partial^2 w}{\partial x \partial y} \right)^2 - \frac{\partial^2 w}{\partial x^2}\frac{\partial^2 w}{\partial y^2} \right] \tag{9-2}$$

其中, ρ 是薄板的密度; $D = Eh^3/(12(1-\nu^2))$ 是弯曲刚度; E 是杨氏模量; ν 是 Possion 比; ϕ 是应力函数; μ 是阻尼系数。

简支边界条件为

$$\text{当 } x = 0, a \text{ 时,}\quad w = \frac{\partial^2 w}{\partial x^2} = 0; \quad \text{当 } y = 0, b \text{ 时,}\quad w = \frac{\partial^2 w}{\partial y^2} = 0 \tag{9-3}$$

应力函数 ϕ 满足边界条件, 可以表示成如下形式。

当 $x = 0, a$ 时

$$u = \int_0^a \left[\frac{1}{E} \left(\frac{\partial^2 \phi}{\partial y^2} - \nu \frac{\partial^2 \phi}{\partial x^2} \right) - \frac{1}{2} \left(\frac{\partial w}{\partial x} \right)^2 \right] \mathrm{d}x = \delta_x, \quad h = \int_0^b \frac{\partial^2 \phi}{\partial y^2} \mathrm{d}y = p \quad (9\text{-}4\mathrm{a})$$

当 $y = 0, b$ 时

$$v = \int_0^b \left[\frac{1}{E} \left(\frac{\partial^2 \phi}{\partial x^2} - \nu \frac{\partial^2 \phi}{\partial y^2} \right) - \frac{1}{2} \left(\frac{\partial w}{\partial y} \right)^2 \right] \mathrm{d}x = 0, \quad \int_0^a \frac{\partial^2 \phi}{\partial x^2} \mathrm{d}x = 0 \quad (9\text{-}4\mathrm{b})$$

其中, δ_x 是边界上 x 方向的位移。

考虑薄板的第一、第二模态的非线性振动, 则 w 的表示形式如下

$$w(x, y) = u_1(t) \sin \frac{\pi x}{a} \sin \frac{3\pi y}{b} + u_2(t) \sin \frac{3\pi x}{a} \sin \frac{\pi y}{b} \quad (9\text{-}5)$$

其中, $u_i(t)(i = 1, 2)$ 分别表示两个模态的振幅。

将方程 (9-5) 代入方程 (9-2), 同时考虑边界条件式 (9-4), 并且积分, 得到应力函数如下

$$\phi(x, y, t) = \phi_{20}(t) \cos \frac{2\pi x}{a} + \phi_{02}(t) \cos \frac{2\pi y}{b} + \phi_{60}(t) \cos \frac{6\pi x}{a}$$

$$+ \phi_{06}(t) \cos \frac{6\pi y}{b} + \phi_{22}(t) \cos \frac{2\pi x}{a} \cos \frac{2\pi y}{b} + \phi_{24}(t) \cos \frac{2\pi x}{a} \cos \frac{4\pi y}{b}$$

$$+ \phi_{42}(t) \cos \frac{4\pi x}{a} \cos \frac{2\pi y}{b} + \phi_{44}(t) \cos \frac{4\pi x}{a} \cos \frac{4\pi y}{a} - \frac{1}{2} p y^2 \quad (9\text{-}6)$$

其中

$$\phi_{20}(t) = \frac{9Eh}{32\lambda^2} u_1^2, \quad \phi_{02}(t) = \frac{9\lambda^2 Eh}{32} u_2^2, \quad \phi_{60}(t) = \frac{Eh}{288\lambda^2} u_2^2,$$

$$\phi_{06}(t) = \frac{\lambda^2 Eh}{288} u_1^2, \quad \phi_{22}(t) = -\frac{\lambda^2 Eh}{(\lambda^2 + 1)^2} u_1 u_2, \quad \phi_{24}(t) = \frac{25\lambda^2 Eh}{16(\lambda^2 + 4)^2} u_1 u_2,$$

$$\phi_{42}(t) = \frac{25\lambda^2 Eh}{16(4\lambda^2 + 1)^2} u_1 u_2, \quad \phi_{44}(t) = -\frac{\lambda^2 Eh}{16(\lambda^2 + 1)^2} u_1 u_2, \quad \lambda = \frac{b}{a} \quad (9\text{-}7)$$

为了得到无量纲方程, 引入变量和参数变换

$$\bar{x}_i = \frac{(ab)^{1/2}}{h^2} u_i \ (i = 1, 2), \quad \bar{p} = \frac{b^2}{\pi^2 D} p, \quad \bar{\Omega} = \frac{ab}{\pi^2} \left(\frac{\rho h}{D} \right)^{1/2} \Omega,$$

$$\bar{t} = \frac{\pi^2}{ab} \left(\frac{D}{\rho h} \right)^{1/2} t, \quad \bar{\mu} = \frac{ab}{\pi^2 h^2} \left(\frac{12(1 - \nu^2)}{\rho E} \right)^{1/2} \mu \quad (9\text{-}8)$$

为了便于分析，去掉参数和变量上面的符号 "-"，将方程 (9-5)∼ 方程 (9-7) 代入方程 (9-1)，应用 Galerkin 方法并积分，得到无量纲运动方程如下

$$\ddot{x}_1 + \mu\dot{x}_1 - g_1x_1 + 2x_1f_1\cos\Omega t + \alpha_1x_1^3 + \alpha_2x_1x_2^2 = 0 \tag{9-9a}$$

$$\ddot{x}_2 + \mu\dot{x}_2 - g_2x_2 + 2x_2f_2\cos\Omega t + \beta_1x_2^3 + \beta_2x_1^2x_2 = 0 \tag{9-9b}$$

其中

$$\alpha_1 = \frac{12(1-v^2)h^2}{ab}\frac{\lambda^4+81}{16\,\lambda^2}, \quad \beta_1 = \frac{3(1-v^2)h^2}{4ab}\left(81\,\lambda^2+\frac{1}{\lambda^2}\right),$$

$$\alpha_2 = \beta_2 = \frac{12(1-v^2)h^2}{ab}\left[\frac{17\,\lambda^2}{(1+\lambda^2)^2}+\frac{625\,\lambda^2}{16\,(4+\lambda^2)^2}+\frac{625\,\lambda^2}{16\,(1+4\,\lambda^2)^2}\right],$$

$$g_k = \left(h_kp_0-(\omega_k^*)^2\right), \quad h_k = \begin{cases} 1, & k=1 \\ 9, & k=2 \end{cases},$$

$$p_1^* = (\omega_1^*)^2 = \frac{(9+\lambda^2)^2}{\lambda^2}, \quad p_2^* = (\omega_2^*)^2 = \frac{(9\,\lambda^2+1)^2}{\lambda^2},$$

$$f_k = \frac{1}{2}h_kp_1, \quad k=1,2 \tag{9-10}$$

其中，g_k $(k=1,2)$ 是薄板的两个线性固有频率；p_k^* $(k=1,2)$ 是使薄板失去稳定性的两个弯曲模态的临界载荷；ω_k^* $(k=1,2)$ 是两个弯曲模态的固有频率；f_k $(k=1,2)$ 是参数激励的振幅。在本章中，考虑静态载荷大于屈曲载荷，即 $p_0 > p_{0c}/h_k$ 的情况，因此，将研究在屈曲状态下薄板的混沌动力学问题。

9.3　非自治非线性薄板系统的单脉冲混沌动力学

利用 Yagasaki[14∼22] 的多自由度系统 Melnikov 方法，研究薄板的混沌动力学行为。首先对方程 (9-9) 引入如下形式的坐标变换

$$y_1 = x_1, \quad \dot{y}_1 = y_2, \quad y_3 = x_2, \quad y_4 = \dot{x}_2$$

并将阻尼项与激励项加上小参数，得到如下形式的方程

$$\dot{y}_1 = y_2 \tag{9-11a}$$

$$\dot{y}_2 = g_1y_1 - \alpha_1y_1^3 - \alpha_2y_1y_3^2 - \varepsilon\mu y_2 - 2\varepsilon y_1f_1\cos\theta \tag{9-11b}$$

$$\dot{y}_3 = y_4 \tag{9-11c}$$

$$\dot{y}_4 = g_2y_3 - \beta_1y_3^3 - \alpha_2y_1^2y_3 - \varepsilon\mu y_4 - 2\varepsilon y_3f_2\cos\theta \tag{9-11d}$$

$$\dot{\theta} = \Omega \tag{9-11e}$$

令 $\varepsilon = 0$, 得到方程 (9-11) 的未扰动系统

$$\dot{y}_1 = y_2 \tag{9-12a}$$

$$\dot{y}_2 = g_1 y_1 - \alpha_1 y_1^3 - \alpha_2 y_1 y_3^2 \tag{9-12b}$$

$$\dot{y}_3 = y_4 \tag{9-12c}$$

$$\dot{y}_4 = g_2 y_3 - \beta_1 y_3^3 - \alpha_2 y_1^2 y_3 \tag{9-12d}$$

系统 (9-12) 的 Hamilton 函数为如下形式

$$H = \frac{1}{2} y_2^2 + \frac{1}{2} y_4^2 - \frac{1}{2} g_1 y_1^2 - \frac{1}{2} g_2 y_3^2 + \frac{1}{4} \alpha_1 y_1^4 + \frac{1}{4} \beta_1 y_3^4 + \frac{1}{2} y_1^2 y_3^2 \tag{9-13}$$

点 $y = (0,\ 0,\ 0,\ 0)^{\mathrm{T}}$ 是系统 (9-12) 的平衡点，并且有 $H(0,\ 0,\ 0,\ 0) = 0$。考虑以下两种情形。

第一种情形：$g_1,\ g_2 > 0$，薄板的两阶模态都处于屈曲状态。

此时点 $O(0,\ 0,\ 0,\ 0)$ 是系统 (9-12) 的双曲平衡点，相应 Jacobi 矩阵的特征值分别为 $\lambda = \pm\sqrt{g_1}$ 与 $\lambda = \pm\sqrt{g_2}$，因此满足第 5 章的假设 5.1。

计算未扰动系统 (9-12) 的同宿轨道为

$$y^h(t) = \left(\pm\sqrt{\frac{2g_1}{\alpha_1}}\,\mathrm{sech}\sqrt{g_1}t,\ \pm\sqrt{\frac{2}{\alpha_1}}\,g_1\mathrm{sech}\sqrt{g_1}t\,\tanh\sqrt{g_1}t,\ 0,\ 0 \right) \tag{9-14}$$

和

$$y^h(t) = \left(0,\ 0,\ \pm\sqrt{\frac{2g_2}{\beta_1}}\,\mathrm{sech}\sqrt{g_2}t,\ \pm\sqrt{\frac{2}{\beta_1}}\,g_2\mathrm{sech}\sqrt{g_2}t\,\tanh\sqrt{g_2}t \right) \tag{9-15}$$

因此，第 5 章的假设 5.2 满足，其中 $l = 1$。同宿轨道 (9-14) 的变分方程写为如下形式

$$\dot{\xi}_1 = \xi_2 \tag{9-16a}$$

$$\dot{\xi}_2 = \left(g_1 - 6g_1\mathrm{sech}^2\sqrt{g_1}t \right)\xi_1 \tag{9-16b}$$

$$\dot{\xi}_3 = \xi_4 \tag{9-16c}$$

$$\dot{\xi}_4 = \left(g_2 - \alpha_2\frac{2g_1}{\alpha_1}\mathrm{sech}^2\sqrt{g_1}t \right)\xi_3 \tag{9-16d}$$

同宿轨道 (9-15) 的变分方程为

$$\dot{\xi}_1 = \xi_2 \tag{9-17a}$$

$$\dot{\xi}_2 = \left(g_1 - \alpha_2\frac{2g_2}{\alpha_1}\mathrm{sech}^2\sqrt{g_2}t \right)\xi_1 \tag{9-17b}$$

$$\dot{\xi}_3 = \xi_4 \tag{9-17c}$$

$$\dot{\xi}_4 = \left(g_2 - 6g_2 \operatorname{sech}^2 \sqrt{g_2}t\right) \xi_3 \tag{9-17d}$$

方程 (9-16) 和方程 (9-17) 都可简化写成两个独立的如下形式的二维系统

$$\dot{\eta}_1 = \eta_2 \tag{9-18a}$$

$$\dot{\eta}_2 = (\lambda - k\operatorname{sech}^2 t)\eta_1 \tag{9-18b}$$

易知, 方程 (9-18) 与文献 [14] 中的方程式具有相同的形式, 因此根据文献 [14] 及其附录中的结果, 第 5 章中的条件 (5-5) 满足。根据 5.2 节的假设条件 (1) 可以得到假设条件 (5) 成立, 假设条件 (4) 和条件 (6) 在这里没有意义。

计算同宿轨道 (9-14) 的 Melnikov 函数为

$$
\begin{aligned}
M(\theta) &= \int_{-\infty}^{+\infty} y_2[-\mu y_2 - 2y_1 f_1 \cos(\Omega t + \theta)]\mathrm{d}t \\
&= -\frac{2g_1^{3/2}\mu}{\alpha_1} \int_{-\infty}^{+\infty} \tanh^2 \sqrt{g_1}t\,\mathrm{d}(\tanh^2 \sqrt{g_1}t) \\
&\quad + \frac{8g_1}{\alpha_1} f_1 \sin \theta \int_{0}^{+\infty} \sin \Omega t \frac{\operatorname{sh}\sqrt{g_1}t}{\operatorname{ch}^3 \sqrt{g_1}t}\mathrm{d}(\sqrt{g_1}t) \\
&= \pm \frac{2\Omega^2\pi}{\alpha_1} f_1 \sin \theta \operatorname{csch}\left(\frac{\Omega\pi}{2\sqrt{g_1}}\right) - \frac{4\mu g_1^{3/2}}{3\alpha_1}
\end{aligned}
\tag{9-19}
$$

同宿轨道 (9-15) 的 Melnikov 函数为

$$
\begin{aligned}
M(\theta) &= \int_{-\infty}^{+\infty} y_4[-\mu y_4 - 2y_3 f_2 \cos(\Omega t + \theta)]\mathrm{d}t \\
&= \pm \frac{2\Omega^2\pi}{\beta_1} f_2 \sin \theta \operatorname{csch}\left(\frac{\Omega\pi}{2\sqrt{g_2}}\right) - \frac{4\mu g_2^{3/2}}{3\beta_1}
\end{aligned}
\tag{9-20}
$$

取 f_1 和 f_2 为控制参数, 根据前面的理论结果, 如果以下条件满足

$$
f_1 > \frac{2\mu g_1^{3/2}}{3\Omega^2\pi}\operatorname{sh}\left(\frac{\Omega\pi}{2\sqrt{g_1}}\right), \quad f_2 > \frac{2\mu g_2^{3/2}}{3\Omega^2\pi}\operatorname{sh}\left(\frac{\Omega\pi}{2\sqrt{g_2}}\right)
\tag{9-21}
$$

则扰动系统方程 (9-11) 的稳定流形与不稳定流形 $W^{\mathrm{s}}(\gamma_\varepsilon)$ 和 $W^{\mathrm{u}}(\gamma_\varepsilon)$ 横截相交, 进而薄板 (9-11) 在第一种情形下存在 Smale 马蹄意义下的混沌。

第二种情形: $g_1 g_2 < 0$. 不妨设 $g_1 > 0$, $g_2 < 0$, 表示薄板在第一阶模态屈曲, 而在第二阶模态不屈曲。

此时平衡点 $O(0, 0, 0, 0)$ 是系统 (9-12) 的鞍–中心点, 相应 Jacobi 矩阵的特征值分别为 $\lambda = \pm\sqrt{g_1}$ 和 $\lambda = \pm\mathrm{i}\sqrt{-g_2}$。对应于 y_1 和 y_2 的同宿轨道与第一种情形的式 (9-14) 一致

$$
y^h(t) = \left(\pm\sqrt{\frac{2g_1}{\alpha_1}}\operatorname{sech}\sqrt{g_1}t, \ \pm\sqrt{\frac{2}{\alpha_1}}g_1\operatorname{sech}\sqrt{g_1}t\tanh\sqrt{g_1}t, \ 0, \ 0\right)
\tag{9-22}
$$

这里只需要验证 5.2 节的假设条件 (4)~(6)。二维子空间 $\{\xi \in R^4 | \xi_1 = \xi_2 = 0\}$ 在系统 (9-16) 的流下保持不变，由特征值 $\pm i\sqrt{-g_2}$ 生成，因此 5.2 节的假设条件 (4) 满足。

下面验证 5.2 节的假设条件 (5) 和假设条件 (6)。矩阵 $A_1 = D_x g(0, \theta)$ 是个常值矩阵，并且有

$$A_0 = \begin{pmatrix} 0 & 1 & 0 & 0 \\ g_1 & 0 & 0 & 0 \\ 0 & 0 & 0 & 1 \\ 0 & 0 & g_2 & 0 \end{pmatrix}, \quad \varepsilon A_1 = \begin{pmatrix} 0 & 0 & 0 & 0 \\ -2\varepsilon f_1 \cos\theta & -\varepsilon\mu & 0 & 0 \\ 0 & 0 & 0 & 0 \\ 0 & -2\varepsilon f_2 \cos\theta & 0 & -\varepsilon\mu \end{pmatrix} \tag{9-23}$$

$$A_0 + \varepsilon A_1 = \begin{pmatrix} 0 & 1 & 0 & 0 \\ -2\varepsilon f_1 \cos\theta & -\varepsilon\mu & 0 & 0 \\ 0 & 0 & 0 & 1 \\ 0 & -2\varepsilon f_2 \cos\theta & g_2 & -\varepsilon\mu \end{pmatrix} \tag{9-24}$$

矩阵 $A_\varepsilon = A_0 + \varepsilon A_1$ 的对应于 y_3 和 y_4 的特征值为 $\lambda_{3,4} = -\varepsilon\mu \pm i\sqrt{-4g_2 - \varepsilon^2\mu^2}$，因此 5.2 节的假设条件 (5) 和假设条件 (6) 成立。

对应于 y_1 和 y_2 的 Melnikov 函数与第一种情形下的式 (9-19) 一致

$$M(\theta) = \int_{-\infty}^{+\infty} y_2[-\mu y_2 - 2y_1 f_1 \cos(\Omega t + \theta)]\mathrm{d}t = \pm\frac{2\Omega^2\pi}{\alpha_1} f_1 \sin\theta \operatorname{csch}\left(\frac{\Omega\pi}{2\sqrt{g_1}}\right) - \frac{4\mu g_1^{3/2}}{3\alpha_1} \tag{9-25}$$

取 f_1 为控制参数，根据第 5 章的定理 5.1，如果下列条件满足

$$f_1 > \frac{2\mu g_1^{3/2}}{3\Omega^2\pi} \operatorname{sh}\left(\frac{\Omega\pi}{2\sqrt{g_1}}\right) \tag{9-26}$$

扰动系统方程 (9-11) 的稳定流形与不稳定流形 $W^s(\gamma_\varepsilon)$ 和 $W^u(\gamma_\varepsilon)$ 横截相交，进而薄板方程 (9-11) 在第二种情形条件下存在 Smale 马蹄意义下的混沌。

9.4 非自治非线性薄板系统的多脉冲混沌动力学

本节研究面内载荷作用下，四边简支矩形薄板的 Shilnikov 型多脉冲混沌动力学。根据 9.1 节的分析，得到了矩形薄板的二自由度非自治常微分方程为如下形式

$$\ddot{x}_1 + \mu\dot{x}_1 - g_1 x_1 + 2x_1 f_1 \cos\Omega t + \alpha_1 x_1^3 + \alpha_2 x_1 x_2^2 = 0 \tag{9-27a}$$

$$\ddot{x}_2 + \mu\dot{x}_2 - g_2 x_2 + 2x_2 f_2 \cos\Omega t + \beta_1 x_2^3 + \beta_2 x_1^2 x_2 = 0 \tag{9-27b}$$

已知方程 (9-27a) 和方程 (9-27) 分别代表了薄板系统在第一阶和第二阶模态的振动。从工程实际的角度讲，第二阶模态的振动比第一阶模态的振动要快得多。因此，在以下的研究中，把第一阶模态的方程，即方程 (9-27b) 放到慢变流形上考虑。

引入如下形式的坐标变换

$$\sqrt{\mu}u_1 = x_2, \quad \sqrt{\mu}u_2 = \dot{x}_2, \quad v_1 = x_1, \quad \mu v_2 = \dot{x}_1, \quad \phi = \Omega t \tag{9-28}$$

可以得到方程 (9-27) 的如下等价形式

$$\dot{u}_1 = u_2 \tag{9-29a}$$

$$\dot{u}_2 = g_2 u_1 - \tilde{\beta}_1 u_1^3 - \alpha_2 v_1^2 u_1 - \mu u_2 - 2u_1 f_2 \cos\phi \tag{9-29b}$$

$$\dot{v}_1 = \mu v_2 \tag{9-29c}$$

$$\dot{v}_2 = \tilde{g}_1 v_1 - \tilde{\alpha}_1 v_1^3 - \alpha_2 u_1^2 v_1 - \mu v_2 - 2v_1 \tilde{f}_1 \cos\phi \tag{9-29d}$$

$$\dot{\phi} = \Omega \tag{9-29e}$$

其中, $\tilde{\beta}_1 = \mu\beta_1$, $\tilde{g}_1 = \dfrac{g_1}{\mu}$, $\tilde{\alpha}_1 = \dfrac{\alpha_1}{\mu}$, $\tilde{f}_1 = \dfrac{f_1}{\mu}$。

将方程 (9-28) 中的阻尼项与激励项加上小参数 ε, 引入如下的尺度变换

$$\mu \to \varepsilon\mu, \quad f_2 \to \varepsilon f_2, \quad \tilde{f}_1 \to \varepsilon\tilde{f}_1 \tag{9-30}$$

因此方程 (9-29) 可以变成如下形式

$$\dot{u}_1 = u_2 \tag{9-31a}$$

$$\dot{u}_2 = g_2 u_1 - \tilde{\beta}_1 u_1^3 - \alpha_2 v_1^2 u_1 - \varepsilon\mu u_2 - 2\varepsilon u_1 f_2 \cos\phi \tag{9-31b}$$

$$\dot{v}_1 = \varepsilon\mu v_2 \tag{9-31c}$$

$$\dot{v}_2 = \tilde{g}_1 v_1 - \tilde{\alpha}_1 v_1^3 - \alpha_2 u_1^2 v_1 - \varepsilon\mu v_2 - 2\varepsilon v_1 \tilde{f}_1 \cos\phi \tag{9-31d}$$

$$\dot{\phi} = \Omega \tag{9-31e}$$

令 $\varepsilon = 0$, 得到方程 (9-31) 的未扰动系统

$$\dot{u}_1 = u_2 \tag{9-32a}$$

$$\dot{u}_2 = g_2 u_1 - \tilde{\beta}_1 u_1^3 - \alpha_2 v_1^2 u_1 \tag{9-32b}$$

$$\dot{v}_1 = 0 \tag{9-32c}$$

$$\dot{v}_2 = \tilde{g}_1 v_1 - \tilde{\alpha}_1 v_1^3 - \alpha_2 u_1^2 v_1 \tag{9-32d}$$

未扰动系统方程 (9-32) 的 Hamilton 函数为

$$H = \frac{1}{2}u_2^2 - \frac{1}{2}g_2 u_1^2 + \frac{1}{4}\tilde{\beta}_1 u_1^4 + \frac{1}{2}\alpha_2 u_1^2 v_1^2 - \frac{1}{2}\tilde{g}_1 v_1^2 + \frac{1}{4}\tilde{\alpha}_1 v_1^4 \tag{9-33}$$

为了得到方程 (9-32a) 和方程 (9-32b) 满足 5.3 节中假设 5.2 的不动点，得到如下表达式

$$u_2 = 0, \quad g_2 u_1 - \tilde{\beta}_1 u_1^3 - \alpha_2 v_1^2 u_1 = 0, \quad \tilde{g}_1 v_1 - \tilde{\alpha}_1 v_1^3 - \alpha_2 u_1^2 v_1 = 0 \tag{9-34}$$

解得方程 (9-34) 为如下形式

$$当 \ v_{10} = \pm \sqrt{\frac{\tilde{g}_1}{\tilde{\alpha}_1}} 时, \ (u_{10}, \ u_{20}) = (0, \ 0) \tag{9-35a}$$

$$当 \ v_{10} = 0时, \ (u_1, \ u_2) = \left(\pm \sqrt{\frac{g_2}{\tilde{\beta}_1}}, \ 0 \right) \tag{9-35b}$$

其中，不动点 $(u_{10}, \ u_{20}) = (0, \ 0)$ 是方程 (9-32a) 和方程 (9-32b) 的鞍点，不动点 $(u_1, \ u_2) = \left(\pm \sqrt{g_2/\tilde{\beta}_1}, \ 0 \right)$ 是两个中心点，因此方程 (9-32a) 和 (9-32b) 存在同宿分岔。经计算，连接鞍点 $(u_{10}, \ u_{20}) = (0, \ 0)$ 的同宿轨道为

$$u_1^h = \pm \sqrt{\frac{2R}{\tilde{\beta}_1}} \mathrm{sech} \sqrt{R} t \tag{9-36a}$$

$$u_2^h = \pm \sqrt{\frac{2}{\tilde{\beta}_1}} R \mathrm{sech} \sqrt{R} t \tanh \sqrt{R} t \tag{9-36b}$$

其中，$R = g_2 - \alpha_2 \tilde{g}/\tilde{\alpha}_1 \geqslant 0$。

根据第 5 章中的方程 (5-14)，在四维相空间中，下列集合

$$M = \left\{ (u_1, \ u_2, \ v_1, \ v_2) \Big| u_1 = u_2 = 0, \ v_1 \in \left[-\sqrt{\frac{g_2}{\alpha_2}}, \ \sqrt{\frac{g_2}{\alpha_2}} \right], \ |v_2| < C \right\} \tag{9-37}$$

是一个两维的部分不变流形，这个部分不变流形 M 是法向双曲的。根据方程 (5-20)，三维的同宿流形 Γ 可以写为

$$\Gamma = \left\{ (u_1, \ u_2, \ v_1, \ v_2) \Big| u_1^h, \ u_2^h, \ v_1 \in \left[-\sqrt{\frac{g_2}{\alpha_2}}, \ \sqrt{\frac{g_2}{\alpha_2}} \right], \right.$$

$$\left. v_2 = \int_{-\infty}^{t} D_{v_1} H \left(u_1^h, \ u_2^h, \ \pm \sqrt{\frac{\tilde{g}_1}{\tilde{\alpha}_1}} \right) \mathrm{d}s + v_{20} \right\} \tag{9-38}$$

根据第 5 章中的方程 (5-29)，得到

$$\Delta v_2 = \int_{-\infty}^{+\infty} -\alpha_2 \sqrt{\frac{\tilde{g}_1}{\tilde{\alpha}_1}} u_1^2 \mathrm{d}t = -\frac{4\alpha_2}{\tilde{\alpha}_1 \tilde{\beta}_1} \sqrt{\tilde{g}_1 \tilde{\alpha}_1} R \tag{9-39}$$

根据第 5 章中的方程 (5-21)，在五维增广相空间 $\mathbf{R}^4 \times S^1$ 中，方程 (9-31) 的部分不变法向双曲流形 M 可以写作如下形式

$$M(t) = \left\{ (u_1,\ u_2,\ v_1,\ v_2,\ \phi) \Big| u_1 = u_2 = 0,\ v_1 \in \left[-\sqrt{\frac{g_2}{\alpha_2}},\ \sqrt{\frac{g_2}{\alpha_2}} \right], \right.$$

$$\left. |v_2| < C,\ \phi = \Omega t + \phi_0 \right\} \tag{9-40}$$

已知流形 $M(t)$ 及其稳定流形与不稳定流形在小的、充分可微的扰动下是保持不变的，并且流形 $M_\varepsilon(t)$，$W^{\mathrm{s}}(M_\varepsilon(t))$ 和 $W^{\mathrm{u}}(M_\varepsilon(t))$ 以 $C^r\varepsilon$-逼近 $M(t)$，$W^{\mathrm{s}}(M(t))$ 和 $W^{\mathrm{u}}(M(t))$。

根据第 5 章中的方程 (5-11)，带扰动项的系统 (9-31) 的横截面为如下形式

$$\sum^{\phi_0} = \{(u_1,\ u_2,\ v_1,\ v_2,\ \phi) | \phi = \phi_0\} \tag{9-41}$$

根据前面的分析，方程 (9-27c) 和方程 (9-27d) 分别代表了矩形薄板在第一阶模态和第二阶模态的振动，而第一阶模态的振动要远比第二阶模态的振动慢得多。因此，将第一阶模态的振动方程放到慢变流形上考虑，对方程 (9-31c) 和方程 (9-31d) 引入如下形式的坐标变换

$$v_1 = v_{10} + \sqrt{\varepsilon}\bar{v}_1,\quad \tau = \sqrt{\varepsilon}t \tag{9-42}$$

并且对变换后的方程关于 $\sqrt{\varepsilon}$ Taylor 级数展开，得到如下形式

$$v_1' = \mu v_2 \tag{9-43a}$$

$$v_2' = (\tilde{g}_1 - 3v_{10}^2\tilde{\alpha}_1)v_1 - 3\sqrt{\varepsilon}v_{10}\alpha_1 v_1^2 - \sqrt{\varepsilon}\mu v_2 - 2\sqrt{\varepsilon}v_{10}\tilde{f}_1\cos\Omega t \tag{9-43b}$$

其中，$v_i' = \dfrac{\mathrm{d}v_i}{\mathrm{d}\tau}$，$i = 1,\ 2$。

为方便起见，仍用 v_1'，v_2' 表示。当 $\varepsilon = 0$ 时，方程 (9-43) 的未扰动系统为如下形式

$$v_1' = \mu v_2 \tag{9-44a}$$

$$v_2' = (\tilde{g}_1 - 3v_{10}^2\tilde{\alpha}_1)v_1 \tag{9-44b}$$

点 $(v_1, v_2) = (0, 0)$ 是未扰动系统 (9-44) 的中心点，在方程 (9-43) 中扰动成双曲的汇。因此，得出方程 (9-31) 的轨道是 Shilnikov 型的。图 9-2 为方程 (9-31) 中三脉冲 Shilnikov 型轨道在压缩掉变量 ϕ 时的示意图。

根据第 5 章中的方程 (5-23)，计算得到第一个脉冲的 Melnikov 函数为如下形式

$$M = \int_{-\infty}^{+\infty} [-\mu u_2^2 - 2f_2 u_1 u_2 \cos(\Omega(t+t_0) + \phi_0) + \alpha_2 \mu v_2 v_{10} u_1^2] \mathrm{d}t$$

$$= -\frac{4\mu R\sqrt{R}}{3\tilde{\beta}_1} - \frac{2f_2\Omega^2\pi}{\tilde{\beta}_1}\sin(\Omega t_0 + \phi_0)\mathrm{csch}\left(\frac{\Omega\pi}{2\sqrt{R}}\right) + \frac{4\alpha_2\mu}{\tilde{\beta}_1}\sqrt{\frac{\tilde{g}_1 R}{\tilde{\alpha}_1}}v_{20} \quad (9\text{-}45)$$

其中，$R = g_2 - \alpha_2\tilde{g}_1/\tilde{\alpha}_1 > 0$。

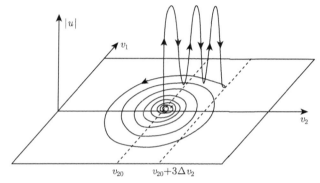

图 9-2 方程 (9-31) 的 Shilnikov 型三脉冲示意图

根据文献 [23] 中第 712 页和第 713 页中的结果，固定 t_0，让 ϕ_0 变化与固定 ϕ_0，让 t_0 变化是等价的。因为当扰动系统的稳定流形与不稳定流形相交时，根据解的存在唯一性，它们不会只交于一点，而是过这一点的轨道，并且是时间 t 为负与时间 t 为正时相对称的轨道。因此，式 (9-45) 可以写成如下形式

$$M = -\frac{4\mu R\sqrt{R}}{3\tilde{\beta}_1} - \frac{2f_2\Omega^2\pi}{\tilde{\beta}_1}\sin\phi_0\,\mathrm{csch}\left(\frac{\Omega\pi}{2\sqrt{R}}\right) + \frac{4\alpha_2\mu}{\tilde{\beta}_1}\sqrt{\frac{\tilde{g}_1 R}{\tilde{\alpha}_1}}v_{20} \quad (9\text{-}46)$$

根据第 5 章中的方程 (5-27)，获得 k 脉冲 Melnikov 函数为

$$M_k = -\frac{4\mu R\sqrt{R}}{3\tilde{\beta}_1}k - \frac{2f_2\Omega^2\pi}{\tilde{\beta}_1}k\sin\phi_0\,\mathrm{csch}\left(\frac{\Omega\pi}{2\sqrt{R}}\right)$$

$$+ \frac{4\alpha_2\mu}{\tilde{\beta}_1}\sqrt{\frac{\tilde{g}_1 R}{\tilde{\alpha}_1}}v_{20}k \pm k(k-1)\frac{2\alpha_2\mu}{\tilde{\beta}_1}\sqrt{\frac{\tilde{g}_1 R}{\tilde{\alpha}_1}} \quad (9\text{-}47)$$

如果 k 脉冲 Melnikov 函数 M_k 有简单零点，则必须满足如下条件

$$-\frac{4\mu R\sqrt{R}}{3\tilde{\beta}_1} - \frac{2f_2\Omega^2\pi}{\tilde{\beta}_1}\sin\phi_0\,\mathrm{csch}\left(\frac{\Omega\pi}{2\sqrt{R}}\right) + \frac{4\alpha_2\mu}{\tilde{\beta}_1}\sqrt{\frac{\tilde{g}_1 R}{\tilde{\alpha}_1}}v_{20}$$

$$+ (k-1)\frac{2\alpha_2\mu}{\tilde{\beta}_1}\sqrt{\frac{\tilde{g}_1 R}{\tilde{\alpha}_1}} = 0 \quad (9\text{-}48)$$

并且

$$D_{v_{20}}M_k = \frac{4\alpha_2\mu}{\tilde{\beta}_1}\sqrt{\frac{\tilde{g}_1 R}{\tilde{\alpha}_1}}k \neq 0 \tag{9-49}$$

方程 (9-48) 可以写为如下形式

$$k = \frac{2R\sqrt{\tilde{\alpha}_1}}{3\alpha_2\sqrt{\tilde{g}_1}} + \frac{f_2\Omega^2\pi\sqrt{\tilde{\alpha}_1}}{\mu\alpha_2\sqrt{R\tilde{g}_1}}\sin\phi_0\,\mathrm{csch}\left(\frac{\Omega\pi}{2\sqrt{R}}\right) - 2v_{20} + 1 \tag{9-50}$$

在方程 (9-50) 中，取合适的参数，使得下式

$$\frac{2R\sqrt{\tilde{\alpha}_1}}{3\alpha_2\sqrt{\tilde{g}_1}} + \frac{f_2\Omega^2\pi\sqrt{\tilde{\alpha}_1}}{\mu\alpha_2\sqrt{R\tilde{g}_1}}\sin\phi_0\,\mathrm{csch}\left(\frac{\Omega\pi}{2\sqrt{R}}\right) - 2v_{20} \tag{9-51}$$

的值为非负整数，则根据第 5 章的定理 5.2，系统 (9-31) 的稳定流形与不稳定流形横截相交，即矩形薄板系统存在 k 脉冲 Shilnikov 型混沌运动。例如，令 $\phi_0 = n\pi$，其中 n 是自然数，取 $v_{20} = 1$, $\tilde{\alpha}_1 = 9$, $\alpha_2 = 0.5$, $\tilde{g}_1 = 1$, 得到 $k = 7$, 即表明系统 (9-29) 具有 7 脉冲 Shilnikov 型混沌运动。在 9.5 节将给出数值模拟。

9.5　混沌运动的数值模拟

运用变步长的四阶 Runge-Kutta 算法给出参数激励四边简支矩形薄板在屈曲情形下的 Shilnikov 型多脉冲混沌运动，从而验证前面的理论分析结果。图 9-3～图 9-6 分别表示方程 (9-27) 的不同形态的多脉冲混沌运动。

图 9-3 中，取参数 $\mu = 0.3$, $v_{20} = 1$, $\tilde{\alpha}_1 = 9$, $\alpha_2 = 0.5$, $\tilde{g}_1 = 1$, 根据前面的理论分析，得到 $\dot{x}_{10} = 0.3$, $\alpha_1 = 2.7$, $g_1 = 0.3$, $\alpha_2 = 0.5$。其余参数及初值分别取为 $g_2 = 1.76$, $\beta_1 = 2.56$, $f_1 = 79$, $f_2 = 109$, $\Omega = 1$, $x_{10} = 0.1$, $x_{20} = 0.5$, $\dot{x}_{20} = 0.16$。图 9-3(a) 和图 9-3(c) 分别表示 $(x_1, \dot{x}_1)$ 和 $(x_2, \dot{x}_2)$ 平面上的相图。图 9-3(b) 和图 9-3(d) 分别是平面 (t, x_1) 和 (t, x_2) 上的波形图。图 9-3(e) 和图 9-3(f) 则分别表示三维空间 $(x_1, \dot{x}_1, x_2)$ 和空间 $(x_2, \dot{x}_2, x_1)$ 的相图。

图 9-4 中改变参数激励为 $f_1 = 58$ 和 $f_2 = 65$，其余参数和初值与图 9-3 中的相同，得到了另外一种形式的多脉冲混沌运动。

图 9-5 给出了另外一种形式的多脉冲混沌运动。改变某些参数的值为 $\mu = 0.6$, $g_1 = 0.6$, $\alpha_1 = 5.4$, $\dot{x}_{10} = 0.6$, 其余参数与初值和图 9-4 中的相同。

从图 9-6 可以看到另外一种形式的薄板的多脉冲混沌运动。在图 9-5 的基础上改变激励参数为 $f_1 = 85$, $f_2 = 116$, 取 $\dot{x}_{10} = 0.3$, 其余参数与初值与图 9-5 中的相同。

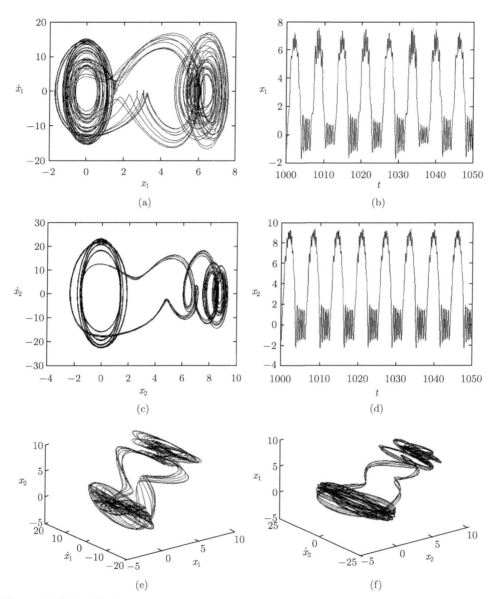

图 9-3　初值和参数为 $x_{10} = 0.1$, $\dot{x}_{10} = 0.3$, $x_{20} = 0.5$, $\dot{x}_{20} = 0.16$, $\mu = 0.3$, $v_{20} = 1$, $\tilde{\alpha}_1 = 9$, $\alpha_1 = 2.7$, $\alpha_2 = 0.5$, $\tilde{g}_1 = 1$, $g_1 = 0.3$, $g_2 = 1.76$, $\beta_1 = 2.56$, $f_1 = 79$, $f_2 = 109$, $\Omega = 1$ 时, 薄板的混沌运动

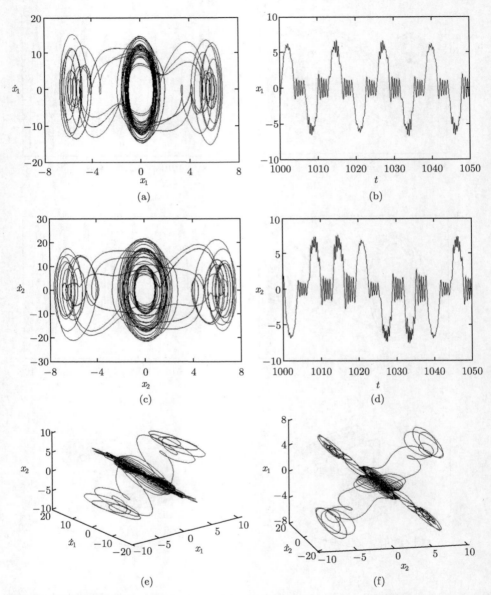

图 9-4　初值和参数为 $x_{10} = 0.1$, $\dot{x}_{10} = 0.3$, $x_{20} = 0.5$, $\dot{x}_{20} = 0.16$, $\mu = 0.3$, $v_{20} = 1$, $\tilde{\alpha}_1 = 9$, $\alpha_1 = 2.7$, $\alpha_2 = 0.5$, $\tilde{g}_1 = 1$, $g_1 = 0.3$, $g_2 = 1.76$, $\beta_1 = 2.56$, $f_1 = 58$, $f_2 = 65$, $\Omega = 1$ 时，薄板的混沌运动

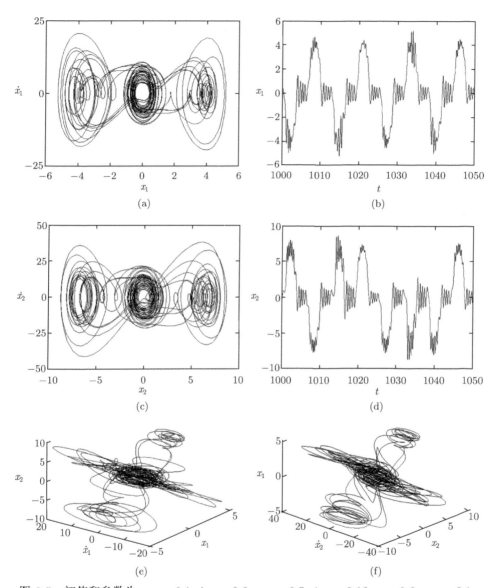

图 9-5 初值和参数为 $x_{10} = 0.1$, $\dot{x}_{10} = 0.6$, $x_{20} = 0.5$, $\dot{x}_{20} = 0.16$, $\mu = 0.6$, $v_{20} = 0.1$, $\tilde{\alpha}_1 = 9$, $\alpha_1 = 5.4$, $\alpha_2 = 0.5$, $\tilde{g}_1 = 1$, $g_1 = 0.6$, $g_2 = 1.76$, $\beta_1 = 2.56$, $f_1 = 58$, $f_2 = 65$, $\Omega = 1$ 时,薄板的混沌运动

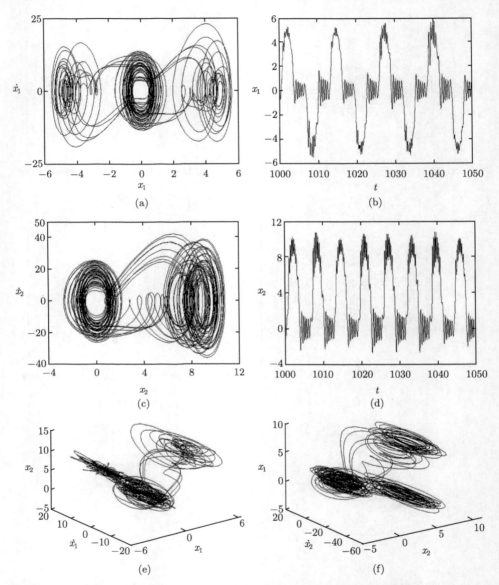

图 9-6　初值和参数为 $x_{10} = 0.1$, $\dot{x}_{10} = 0.3$, $x_{20} = 0.5$, $\dot{x}_{20} = 0.16$, $\mu = 0.6$, $v_{20} = 1$, $\tilde{\alpha}_1 = 9$, $\alpha_1 = 5.4$, $\alpha_2 = 0.5$, $\tilde{g}_1 = 1$, $g_1 = 0.6$, $g_2 = 1.76$, $\beta_1 = 2.56$, $f_1 = 85$, $f_2 = 116$, $\Omega = 1$ 时, 薄板的混沌运动

　　通过大量的数值模拟可以得出, 当选取满足定理条件的参数时, 屈曲矩形薄板系统 (9-27) 更容易出现多脉冲混沌运动, 但脉冲数目不一定相同, 理论结果与数值模拟的一致性需要作进一步更深入的研究。

本章把用于研究带扰动项的标准 Hamilton 系统多脉冲混沌动力学的广义 Melnikov 方法，推广到具有非自治周期扰动的直角坐标下的系统。首先，引入部分不变流形的概念，并证明了它的存在性，使直角坐标系下的系统满足广义 Melnikov 方法的条件，并作了简单的证明。其次，引入横截面 Σ^{ϕ_0}，基本思想是先固定 ϕ，在横截面 Σ^{ϕ_0} 上研究系统的动力学行为，然后再让 ϕ 跑遍环 S^1。给出了直角坐标系下，具有非自治周期扰动的 Hamilton 系统的广义 Melnikov 方法。然后，利用此理论，研究面内载荷作用下，四边简支矩形屈曲薄板在非自治常微分方程下的 Shilnikov 型多脉冲混沌动力学。最后，通过大量的数值模拟，给出了矩形屈曲薄板的混沌运动。

参 考 文 献

[1] Hadian J, Nayfeh A H. Modal interaction in circular plates. Journal of Sound and Vibration, 1990, 142: 279-292.

[2] Nayfeh T A, Vakakis A F. Subharmonic traveling waves in a geometrically non-linear circular plate. International Journal of Non-linear Mechanics, 1994, 29: 233-245.

[3] Yang X L, Sethna P R. Local and global bifurcations in parametrically excited vibrations nearly square plates. International Journal of Non-linear Mechanics, 1990, 26: 199-220.

[4] Feng Z C, Sethna P R. Global bifurcations in the motion of parametrically excited thin plate. Nonlinear Dynamics, 1993, 4: 389-408.

[5] Abe A, Kobayashi Y, Yamada G. Two-mode response of simply supported, rectangular laminated plates. International Journal of Non-linear Mechanics, 1998, 33: 675-690.

[6] Zhang W. Global and chaotic dynamics for a parametrically excited thin plate. Journal of Sound and Vibration, 2001, 239(5): 1013-1036.

[7] Zhang W, Liu Z M, Yu P. Global dynamics of a parametrically and externally excited thin plate. Nonlinear Dynamics, 2001, 24: 245-268.

[8] Awerjcewicz J, Krysko V A, Krysko A V. Spatio-temporal chaos and solitons exhibited by von kármán model. International Journal of Bifurcation and Chaos, 2002, 12: 1465-1513.

[9] Awrejcewicz J, Krysko A V. Analysis of complex parametric vibrations of plates and shells using Bubnov-Galerkin approach. Archive of Applied Mechanics, 2003, 73: 467-532.

[10] Awrejcewicz J, Krysko V A, Narkaitis G G. Bifurcations of a thin plate-strip excited transversally and axially. Nonlinear Dynamics, 2003, 32: 187-209.

[11] Han Q, Dai L, Dong M. Bifurcation and chaotic motion of an elastic plate of large deflection under parametric excitation. International Journal of Bifurcation and Chaos,

2005, 15: 2849-2863.

[12] Akour S N, Nayfeh J F. Nonlinear dynamics of polar-orthotropic circular plates. International Journal of Structural Stablilty and Dynamics, 2006, 6: 253-268.

[13] Chia C Y. Non-linear Analysis of Plate. New York: McMraw-Hill Inc., 1980.

[14] Yagasaki K. Periodic and homoclinic motions in forced coupled oscillators. Nonlinear Dynamics, 1999, 20: 319-359.

[15] Yagasaki K. The method of Melnikov for perturbations of multi-degree-of-freedom Hamiltonian systems. Nonlinearity, 1999, 12: 799-822.

[16] Yagasaki K. Codimension-two bifurcations in a pendulum with feedback control. International Journal of Nonlinear Mechanics, 1999, 34: 983-1002.

[17] Yagasaki K. Horseshoe in two-degree-of-freedom Hamiltonian systems with saddle-centers. Archive for Rational Mechanics and Analysis, 2000, 154: 275-296.

[18] Yagasaki K. Homoclinic and heteroclinic orbits to invariant tori in multi-degree-of-freedom Hamiltonian systems with saddle-centres. Nonlinearity, 2005, 18: 1331-1350.

[19] Yagasaki K. Galoisian obstructions to integrability and Melnikov criteria for chaos in two-degree-of-freedom Hamiltonian systems with saddle centres. Nonlinearity, 2003, 16: 2003-2012.

[20] Yagasaki K. Chaotic dynamics of quasi-periodically forced oscillators detected by Melnikov method. SIAM Journal on Mathematical Analysis, 1992, 23(5): 1230-1254.

[21] Yagasaki K. Homoclinic tangles, phase locking, and chaos in a two-frequency perturbation of Duffing equation. Journal of Nolinear Science, 1999, 9: 131-148.

[22] Yagasaki K, Wagenknecht T. Dection of symmetric homoclinic otbits to saddle-centre in reversible systems. Physica D, 2006, 214: 169-181.

[23] Wiggins S. Introduction to Applied Nonlinear Dynamics Systems and Chaos. New York: Springer-Verlag, 1990.

第10章 压电复合材料层合板六维自治非线性系统的多脉冲混沌动力学

在四维非自治方程混沌动力学方面已经取得了一定的研究成果，但是在研究某些实际工程的振动问题时，需要建立三自由度或者更高自由度的微分方程，这样就使得理论方法需要向高维扩展，以便于指导实际工程。本章核心内容是利用六维自治非线性系统的能量相位法研究压电复合材料层合矩形板的全局分岔及混沌动力学性质。

10.1 引　　言

压电材料的频响范围宽，可以从几十赫兹到几百兆赫兹；压电材料的输入输出均为电信号，且功耗低，易于测量与控制；压电材料容易加工得很薄，特别适合于柔性结构。在复合材料中嵌入压电材料，解决了传统的离散型传感器、控制器有可能被安装在结构振动模态的节点或节线上而造成的检测信号丢失、控制信号不起作用的问题，使得材料既具有高的耦合系数、压电常数，又具有低密度、低声阻抗和良好的柔韧性，能够适应航天技术大型化、轻型化和柔性化的发展趋势。正是因为压电复合材料具有可控性能好、比强度高、比刚度大和抗疲劳性能好等优点，所以在航空和航天工程中得到广泛应用。例如，美国研究的第五代战斗机中采用的智能蒙皮和智能骨架，其原理是在复合材料中埋入压电材料和形状记忆合金丝作为传感器和动作器，用来感觉飞机的应力和应变，并对此做出反应，智能结构与飞机的飞行控制系统结合在一起，充分发挥飞机的性能。

但是，航天柔性结构在受到诸如本身的运动、陨石及太空垃圾的撞击、表面温差等因素的激励时，可能产生大幅度的振动。结构长时间的振动一方面影响结构自身的性能，另一方面还会使结构产生过早的疲劳破坏。因此，对于大型化、轻型化和柔性化的航天结构，用非线性动力学的方法研究其振动是很有必要的。

2005 年，Mallik 和 Ray[1] 讨论了对边简支压电纤维增强材料层合板静力学问题。Reddy 等 [2,3] 利用有限元的方法和纽马克 (Newmark) 方法数值求解，得到压电复合材料结构静力学响应和瞬态动力学响应，进一步论证了 Reddy 三阶剪切理论有较高的精度。Della 和 Shu[4] 综述了压电复合材料层合板各种模型和数值分析结果。Zhang 等 [5] 建立了在横向载荷、纵向参数激励、横向压电参数激励作用下的四边简支的压电复合材料层合板系统的非线性控制方程，研究了系统的周期和混沌运动现象。同时，在文献 [6,7] 中应用规范形理论和能量相位法研究了在横向载荷、面内载荷、压电激励联合作用下压电复合材料层合矩形板的复杂动力学。研究结果发现，在压电复合材料层合矩形板的非线性振动中，存在同宿分岔和 Shilnikov 型的多脉冲混沌运动现象；数值方法同样发现压电复合材料层合矩形板能够产生多脉冲混沌运动现象。

压电复合材料层合矩形板系统是一个非常复杂的非线性系统，振动过程中会呈现出分岔和混沌现象。本章将利用近可积系统的能量相位法来研究压电复合材料层合矩形板在 1:2:4 内共振情形下的多脉冲同宿轨道和混沌动力学。首先，应用规范形理论对压电复合材料层合矩形板的六维平均方程进行化简；其次，计算得到脉冲同宿轨道的能量差分函数，求解能量差分函数满足的条件，理论论证系统可以出现 Shilnikov 型的混沌跳跃现象；最后，数值模拟得到压电复合材料层合板的二维和三维相图、波形图和频谱图，进一步验证了解析方法分析结果的正确性。

10.2   建立压电复合材料层合板的动力学方程

考虑如图 10-1 所示的四边简支压电复合材料层合板 [5,7,8]。板的长、宽和高分别是 a, b 和 h。压电复合材料层合板是由纤维增强复合材料和压电材料间隔正交对称铺设 n 层而成的。直角坐标系 $Oxyz$ 位于压电复合材料层合板的对称平面内。设 u_1, u_2 和 u_3 分别表示板上任意一点在 x 轴，y 轴和 z 轴方向上的位移，u_0, v_0 和 w_0 分别表示板中面上任意一点在 x 轴，y 轴和 z 轴方向上的位移。压电复合材料层合板在 $x = 0$ 处沿 y 轴方向，$y = 0$ 处沿 x 轴方向受面内激励 $q_0 + q_x \cos(\Omega_1 t)$ 和 $q_1 + q_y \cos(\Omega_2 t)$ 作用，在 z 轴方向受横向简谐激励 $q \cos(\Omega_3 t)$ 作用，压电激励的形式考虑为简谐激励 $E_3 = E_z \cos(\Omega_4 t)$。

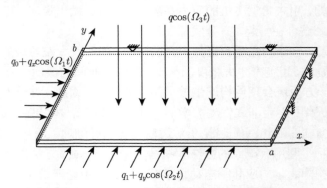

图 10-1   压电复合材料层合板的力学模型

基于 von Karman 方程和 Reddy 的高阶剪切变形理论, 应用 Hamilton 原理得到压电复合材料层合矩形板的非线性运动方程 [5,7,8]

$$\frac{\partial N_{xx}}{\partial x} + \frac{\partial N_{xy}}{\partial y} = I_0\,\ddot{u}_0 + J_1\,\ddot{\phi}_x - c_1\,I_3\,\frac{\partial \ddot{w}_0}{\partial x} \tag{10-1a}$$

$$\frac{\partial N_{xy}}{\partial x} + \frac{\partial N_{yy}}{\partial y} = I_0\,\ddot{v}_0 + J_1\,\ddot{\phi}_y - c_1\,I_3\,\frac{\partial \ddot{w}_0}{\partial y} \tag{10-1b}$$

$$\frac{\partial \bar{Q}_x}{\partial x} + \frac{\partial \bar{Q}_y}{\partial y} + \frac{\partial}{\partial x}\left(N_{xx}\frac{\partial w_0}{\partial x} + N_{xy}\frac{\partial w_0}{\partial y}\right) + \frac{\partial}{\partial y}\left(N_{xy}\frac{\partial w_0}{\partial x} + N_{yy}\frac{\partial w_0}{\partial y}\right)$$
$$+ c_1\left(\frac{\partial^2 P_{xx}}{\partial x^2} + 2\frac{\partial^2 P_{xy}}{\partial x\,\partial y} + \frac{\partial^2 P_{yy}}{\partial y^2}\right) + q$$
$$= I_0\,\ddot{w}_0 - c_1^2\,I_6\left(\frac{\partial \ddot{w}_0}{\partial x^2} + \frac{\partial \ddot{w}_0}{\partial y^2}\right) + c_1\left[I_3\left(\frac{\partial \ddot{u}_0}{\partial x} + \frac{\partial \ddot{v}_0}{\partial y}\right) + I_4\left(\frac{\partial \ddot{\phi}_x}{\partial x} + \frac{\partial \ddot{\phi}_y}{\partial y}\right)\right] \tag{10-1c}$$

$$\frac{\partial \bar{M}_{xx}}{\partial x} + \frac{\partial \bar{M}_{xy}}{\partial y} - \bar{Q}_x = J_1\,\ddot{u}_0 + k_2\,\ddot{\phi}_x - c_1\,J_4\,\frac{\partial \ddot{w}_0}{\partial x} \tag{10-1d}$$

$$\frac{\partial \bar{M}_{xy}}{\partial x} + \frac{\partial \bar{M}_{yy}}{\partial y} - \bar{Q}_y = J_1\ddot{v}_0 + k_2\ddot{\phi}_y - c_1 J_4\frac{\partial \ddot{w}_0}{\partial y} \tag{10-1e}$$

其中, $c_1 = \dfrac{4}{3h^2}$, h 为层合板的厚度; u_0, w_0, ϕ_x 分别为中面轴向, 横向位移和转角。

进一步, 对方程 (10-1) 进行 Galerkin 离散, 得到压电复合材料层合矩形板无量纲形式的非线性动力学方程为 [5,7,8]

$$\ddot{w}_1 + \varepsilon\mu_1\dot{w}_1 + \omega_1^2 w_1 + \varepsilon(a_2\cos(\Omega_1 t) + a_3\cos(\Omega_2 t) + a_4\cos(\Omega_4 t))w_1$$
$$+ \varepsilon a_5 w_1^2 w_2 + \varepsilon a_6 w_1^2 w_3 + \varepsilon a_7 w_2^2 w_1 + \varepsilon a_8 w_2^2 w_3 + \varepsilon a_9 w_3^2 w_1 + \varepsilon a_{10} w_3^2 w_2$$
$$+ \varepsilon a_{11} w_3^3 + \varepsilon a_{12} w_2^3 + \varepsilon a_{13} w_1^3 + \varepsilon a_{14} w_1 w_2 w_3 = \varepsilon f_1\cos(\Omega_3 t) \tag{10-2a}$$

$$\ddot{w}_2 + \varepsilon\mu_2\dot{w}_2 + \varepsilon\omega_2^2 w_2 + \varepsilon(b_2\cos(\Omega_1 t) + b_3\cos(\Omega_2 t) + b_4\cos(\Omega_4 t))w_2$$
$$+ \varepsilon b_5 w_1^2 w_2 + \varepsilon b_6 w_1^2 w_3 + \varepsilon b_7 w_2^2 w_1 + \varepsilon b_8 w_2^2 w_3 + \varepsilon b_9 w_3^2 w_1 + \varepsilon b_{10} w_3^2 w_2$$
$$+ \varepsilon b_{11} w_3^3 + \varepsilon b_{12} w_2^3 + \varepsilon b_{13} w_1^3 + \varepsilon b_{14} w_1 w_2 w_3 = \varepsilon f_2\cos(\Omega_3 t) \tag{10-2b}$$

$$\ddot{w}_3 + \varepsilon\mu_3\dot{w}_3 + \omega_3^2 w_3 + \varepsilon(d_2\cos(\Omega_1 t) + d_3\cos(\Omega_2 t) + d_4\cos(\Omega_4 t))w_3$$
$$+ \varepsilon d_5 w_1^2 w_2 + \varepsilon d_6 w_1^2 w_3 + \varepsilon d_7 w_2^2 w_1 + \varepsilon d_8 w_2^2 w_3 + \varepsilon d_9 w_3^2 w_1 + \varepsilon d_{10} w_3^2 w_2$$
$$+ \varepsilon d_{11} w_3^3 + \varepsilon d_{12} w_2^3 + \varepsilon d_{13} w_1^3 + \varepsilon d_{14} w_1 w_2 w_3 = \varepsilon f_3\cos(\Omega_3 t) \tag{10-2c}$$

为得到方程 (10-2) 的平均方程, 使用多尺度法, 设方程有如下形式的解

$$w_1(t,\varepsilon) = x_0(T_0, T_1) + \varepsilon x_1(T_0, T_1) + \cdots \tag{10-3a}$$

$$w_2(t,\varepsilon) = y_0(T_0, T_1) + \varepsilon y_1(T_0, T_1) + \cdots \tag{10-3b}$$

$$w_3(t,\varepsilon) = z_0(T_0, T_1) + \varepsilon z_1(T_0, T_1) + \cdots \tag{10-3c}$$

其中, $T_0 = t$, $T_1 = \varepsilon t$。

有如下算子

$$\frac{\mathrm{d}}{\mathrm{d}t} = \frac{\partial}{\partial T_0}\frac{\partial T_0}{\partial t} + \frac{\partial}{\partial T_1}\frac{\partial T_1}{\partial t} + \cdots = D_0 + \varepsilon D_1 + \cdots \tag{10-4a}$$

$$\frac{\mathrm{d}^2}{\mathrm{d}t^2} = (D_0 + \varepsilon D_1 + \cdots)^2 = D_0^2 + 2\varepsilon D_0 D_1 + \cdots \tag{10-4b}$$

其中, $D_0 = \partial/\partial T_0$, $D_1 = \partial/\partial T_1$。

考虑主参数共振和 1:2:4 内共振

$$\omega_1^2 = \omega^2 + \varepsilon\sigma_1, \quad \omega_2^2 = 4\omega^2 + \varepsilon\sigma_2, \quad \omega_3^2 = 16\omega^2 + \varepsilon\sigma_3,$$
$$\Omega_3 = \omega, \quad \Omega_1 = \Omega_2 = \Omega_4 = 2\omega, \quad \omega_2 \approx 2\omega_1, \quad \omega_3 \approx 4\omega_1 \tag{10-5}$$

利用多尺度法就可以得到压电复合材料层合矩形板在 1:2:4 内共振情形下的六维平均方程为 [8]

$$\dot{x}_1 = -\frac{1}{2}a_1 x_1 - \left(\frac{1}{2}\sigma_1 + \frac{1}{4}(a_2 + a_3 + a_4)\right)x_2 + a_7 x_2(x_3^2 + x_4^2) + a_9 x_2(x_5^2 + x_6^2)$$
$$+ \frac{3}{2}a_{13}x_2(x_1^2 + x_2^2) + \frac{1}{2}a_{14}(-x_1 x_3 x_4 + x_2 x_4 x_6 + x_1 x_4 x_5 + x_2 x_3 x_5) \tag{10-6a}$$

$$\dot{x}_2 = -\frac{1}{2}a_1 x_2 + \left(\frac{1}{2}\sigma_1 - \frac{1}{4}(a_2 + a_3 + a_4)\right)x_1 - a_7 x_1(x_3^2 + x_4^2) - a_9 x_1(x_5^2 + x_6^2)$$
$$- \frac{3}{2}a_{13}x_1(x_1^2 + x_2^2) - \frac{1}{2}a_{14}(x_2 x_3 x_6 - x_2 x_4 x_5 + x_1 x_3 x_5 + x_1 x_4 x_6) \tag{10-6b}$$

$$\dot{x}_3 = -\frac{1}{2}b_1 x_3 - \frac{1}{4}\sigma_2 x_4 + \frac{1}{2}b_5 x_4(x_1^2 + x_2^2) + \frac{1}{4}b_6(x_1^2 x_6 - 2x_1 x_2 x_5 - x_2^2 x_6)$$
$$+ \frac{1}{2}b_{10}x_4(x_5^2 + x_6^2) + \frac{3}{4}b_{12}x_4(x_3^2 + x_4^2) \tag{10-6c}$$

$$\dot{x}_4 = -\frac{1}{2}b_1 x_4 + \frac{1}{4}\sigma_2 x_3 - \frac{1}{2}b_5 x_3(x_1^2 + x_2^2) + \frac{1}{4}b_6(x_2^2 x_5 - 2x_1 x_2 x_6 - x_1^2 x_5)$$

$$-\frac{1}{2}b_{10}x_3(x_5^2 + x_6^2) - \frac{3}{4}b_{12}x_3(x_3^2 + x_4^2) \tag{10-6d}$$

$$\dot{x}_5 = -\frac{1}{2}d_1x_5 - \frac{1}{8}\sigma_3x_6 + \frac{1}{8}d_5(x_4x_1^2 - x_4x_2^2 + 2x_1x_2x_3) + \frac{1}{4}d_6x_6(x_1^2 + x_2^2)$$

$$+ \frac{1}{4}d_8x_6(x_3^2 + x_4^2) + \frac{3}{8}d_{11}x_6(x_5^2 + x_6^2) \tag{10-6e}$$

$$\dot{x}_6 = -\frac{1}{2}d_1x_6 + \frac{1}{8}\sigma_3x_5 + \frac{1}{8}d_5(x_3x_1^2 - x_3x_2^2 + 2x_1x_2x_4) - \frac{1}{4}d_6x_5(x_1^2 + x_2^2)$$

$$- \frac{1}{4}d_8x_5(x_3^2 + x_4^2) - \frac{3}{8}d_{11}x_5(x_5^2 + x_6^2) + f \tag{10-6f}$$

其中, $f = f_3$。

能量相位法是分析高维非线性系统的多脉冲轨道和混沌动力学的一种全局摄动方法。在接下来的分析中, 先利用规范形理论对压电复合材料层合矩形板的平均方程进行化简, 然后应用能量相位法研究压电复合材料层合矩形板的混沌动力学特性。

10.3 规范形理论化简

由 10.2 节讨论注意到, 压电复合材料层合矩形板的平均方程 (10-6) 具有复杂的非线性项, 所以并不能直接利用能量相位法研究其复杂的非线性动力学特性, 因此, 下面将考虑利用规范形理论去化简该平均方程, 使得化简后的非线性系统与原系统拓扑等价。

方程 (10-6) 的线性部分系数矩阵

$$A = \begin{bmatrix} -\frac{1}{2}a_1 & -\frac{1}{2}\sigma_1 - \frac{1}{4}(a_2 + a_3 + a_4) & 0 & 0 & 0 & 0 \\ \frac{1}{2}\sigma_1 - \frac{1}{4}(a_2 + a_3 + a_4) & -\frac{1}{2}a_1 & 0 & 0 & 0 & 0 \\ 0 & 0 & -\frac{1}{2}b_1 & -\frac{1}{4}\sigma_2 & 0 & 0 \\ 0 & 0 & \frac{1}{4}\sigma_2 & -\frac{1}{2}b_1 & 0 & 0 \\ 0 & 0 & 0 & 0 & -\frac{1}{2}d_1 & -\frac{1}{8}\sigma_3 \\ 0 & 0 & 0 & 0 & \frac{1}{8}\sigma_3 & -\frac{1}{2}d_1 \end{bmatrix} \tag{10-7}$$

显而易见, 平均方程 (10-6) 有一个平凡解 $(x_1, x_2, x_3, x_4, x_5, x_6) = (0, 0, 0, 0, 0, 0)$, 平凡解所对应的特征方程为

$$\left(\lambda^2 + a_1\lambda + \frac{1}{4}a_1^2 + \frac{1}{4}\sigma_1^2 - f_0^2\right)\left(\lambda^2 + b_1\lambda + \frac{1}{4}b_1^2 + \frac{1}{16}\sigma_2^2\right)$$
$$\left(\lambda^2 + d_1\lambda + \frac{1}{4}d_1^2 + \frac{1}{64}\sigma_3^2\right) = 0 \tag{10-8}$$

定义

$$\Delta_1 = \frac{1}{4}a_1^2 + \frac{1}{4}\sigma_1^2 - f_0^2, \quad \Delta_2 = \frac{1}{4}b_1^2 + \frac{1}{16}\sigma_2^2, \quad \Delta_3 = \frac{1}{4}d_1^2 + \frac{1}{64}\sigma_3^2 \tag{10-9}$$

其中，$f_0 = \frac{1}{4}(a_2 + a_3 + a_4)$，$a_1$，$b_1$ 和 d_1 为阻尼参数。为了以后计算方便，不妨考虑一种特殊的情况，设阻尼参数满足 $\frac{1}{2}a_1 = \frac{1}{2}b_1 = \frac{1}{2}d_1 = \mu$。

当

$$\mu = 0, \quad \Delta_1 = 0 \tag{10-10}$$

时，平均方程 (10-6) 存在一对双零特征值和两对纯虚特征值

$$\lambda_{1,2} = 0, \quad \lambda_{3,4} = \pm\frac{1}{4}\sigma_2 \mathrm{i}, \quad \lambda_{5,6} = \pm\frac{1}{8}\sigma_3\mathrm{i} \tag{10-11}$$

令 $\sigma_1 = 2(\bar{\sigma}_1 + f_0)$ 和 $f_0 = -\frac{1}{2}$，把 $\bar{\sigma}_1$，μ 和 f 作为开折参数，利用 Zhang 等[9,10] 的 Maple 程序对平均方程 (10-6) 进行计算，得到带有参数的三阶规范形为

$$\dot{y}_1 = -\mu y_1 + (1 - \bar{\sigma}_1)y_2 \tag{10-12a}$$

$$\dot{y}_2 = \bar{\sigma}_1 y_1 - \mu y_2 - \frac{3}{2}a_{13}y_1^3 - a_7 y_1\left(y_3^2 + y_4^2\right) - a_9 y_1\left(y_5^2 + y_6^2\right) \tag{10-12b}$$

$$\dot{y}_3 = -\mu y_3 - \frac{1}{4}\sigma_2 y_4 + \frac{3}{4}b_{12}y_4\left(y_3^2 + y_4^2\right) + \frac{1}{2}b_{10}y_4\left(y_5^2 + y_6^2\right) + \frac{1}{2}b_5 y_1^2 y_4 \tag{10-12c}$$

$$\dot{y}_4 = \frac{1}{4}\sigma_2 y_3 - \mu y_4 - \frac{3}{4}b_{12}y_3\left(y_3^2 + y_4^2\right) - \frac{1}{2}b_{10}y_3\left(y_5^2 + y_6^2\right) - \frac{1}{2}b_5 y_1^2 y_3 \tag{10-12d}$$

$$\dot{y}_5 = -\mu y_5 - \frac{1}{8}\sigma_3 y_6 + \frac{3}{8}d_{11}y_6\left(y_5^2 + y_6^2\right) + \frac{1}{4}d_8 y_6\left(y_3^2 + y_4^2\right) + \frac{1}{4}d_6 y_1^2 y_6 \tag{10-12e}$$

$$\dot{y}_6 = \frac{1}{8}\sigma_3 y_5 - \mu y_6 - \frac{3}{8}d_{11}y_6\left(y_5^2 + y_6^2\right) - \frac{1}{4}d_8 y_6\left(y_3^2 + y_4^2\right) - \frac{1}{4}d_6 y_1^2 y_5 + f \tag{10-12f}$$

规范形变换过程中所用的近恒同非线性变换如下

$$x_1 = [4a_{14}(16\sigma_2^4 + 32\sigma_2^2\sigma_3^2 - 8\sigma_2^2\sigma_3^2 - 512\sigma_2\sigma_3 - 64\sigma_2^2\sigma_3 - 128\sigma_3^2 + \sigma_3^4 - 512\sigma_2^2)y_2 y_4 y_5]$$
$$\Big/ (8\sigma_2^2\sigma_3^3 - 16\sigma_2^3\sigma_3^2 + 2\sigma_2\sigma_3^4 - \sigma_3^5 + 32\sigma_2^5 - 16\sigma_2^4\sigma_3) + \frac{1}{4}a_{13}y_1^2$$
$$- \frac{2a_{14}y_2 y_3 y_4}{\sigma_2^2} - \frac{4a_{14}\left(-16\sigma_2 - 8\sigma_3 + 2\sigma_2\sigma_3 - \sigma_3^2\right)y_1 y_4 y_6}{8\sigma_2^3 - 4\sigma_3\sigma_2^2 - 2\sigma_2\sigma_3^2 + \sigma_3^3} + a_9 y_1 y_6^2$$

$$- [4a_{14}(16\sigma_2^4 - 64\sigma_2^3 - 8\sigma_2^2\sigma_3^2 - 512\sigma_2^2 + 32\sigma_3\sigma_2^2 - 512\sigma_2\sigma_3 - 16\sigma_3^2\sigma_2 - 128\sigma_3^2 + \sigma_3^4$$

$$+ 8\sigma_3^3)y_2y_3y_6]/(8\sigma_2^2\sigma_3^3 - 16\sigma_2^3\sigma_3^2 + 2\sigma_2\sigma_3^4 - \sigma_3^5 + 32\sigma_2^5 - 16\sigma_2^4\sigma_3)$$

$$- \frac{8a_{14}\left(-8\sigma_2 + 2\sigma_2^2 - 4\sigma_3 - \sigma_2\sigma_3\right)y_1y_3y_5}{8\sigma_2^3 - 4\sigma_2^2\sigma_3 - 2\sigma_2\sigma_3^2 + \sigma_3^3} - \frac{1}{2}\frac{(a_{14} - 2a_7\sigma_2)}{\sigma_2}y_1y_4^2$$

$$+ \frac{1}{2}\frac{(a_{14} + 2a_7\sigma_2)}{\sigma_2}y_1y_3^2 + a_9y_1y_5^2 + \frac{3}{2}a_{13}y_1y_2^2 \tag{10-13a}$$

$$x_2 = \frac{4a_{14}y_1y_3y_6}{2\sigma_2 - \sigma_3} - \frac{4a_{14}\left(2\sigma_2 - \sigma_3 + 8\right)y_2y_4y_6}{4\sigma_2^2 - 4\sigma_2\sigma_3 + \sigma_3^2} - \frac{4a_{14}\left(2\sigma_2 - \sigma_3 + 8\right)y_2y_3y_5}{4\sigma_2^2 - 4\sigma_2\sigma_3 + \sigma_3^2}$$

$$- \frac{4a_{14}y_1y_4y_5}{2\sigma_2 - \sigma_3} - \frac{3}{4}a_{13}y_1^2y_2 \tag{10-13b}$$

$$x_3 = \frac{4b_6\left(2\sigma_2 - \sigma_3 + 8\right)y_1y_2y_6}{4\sigma_2^2 - 4\sigma_2\sigma_3 + \sigma_3^2} - \frac{2b_6\left(32\sigma_2 - 4\sigma_2\sigma_3 + 4\sigma_2^2 - 16\sigma_3 + 128 + \sigma_3^2\right)y_2^2y_5}{8\sigma_2^3 - 12\sigma_2^2\sigma_3 + 6\sigma_3^2\sigma_2 - \sigma_3^3}$$

$$+ \frac{2b_6y_1^2y_5}{2\sigma_2 - \sigma_3} + \frac{1}{2}b_5y_1y_2y_4 \tag{10-13c}$$

$$x_4 = - \frac{4b_6\left(2\sigma_2 - \sigma_3 + 8\right)y_1y_2y_5}{4\sigma_2^2 - 4\sigma_2\sigma_3 + \sigma_3^2} - \frac{2b_6\left(32\sigma_2 - 4\sigma_2\sigma_3 + 4\sigma_2^2 - 16\sigma_3 + 128 + \sigma_3^2\right)y_2^2y_6}{8\sigma_2^3 - 12\sigma_2^2\sigma_3 + 6\sigma_3^2\sigma_2 - \sigma_3^3}$$

$$+ \frac{2b_6y_1^2y_6}{2\sigma_2 - \sigma_3} - \frac{1}{2}b_5y_1y_2y_3 \tag{10-13d}$$

$$x_5 = \frac{1}{4}d_6y_1y_2y_6 - \frac{d_5y_1^2y_3}{2\sigma_2 + \sigma_3} + \frac{2d_5\left(4\sigma_2^2 + 4\sigma_2\sigma_3 + 16\sigma_2 + \sigma_3^2 - 8\sigma_3\right)y_1y_2y_4}{8\sigma_2^3 + 4\sigma_2^2\sigma_3 - 2\sigma_3^2\sigma_2 - \sigma_3^3}$$

$$+ [d_5(16\sigma_2^4 + 128\sigma_2^3 - 8\sigma_2^2\sigma_3^2 + 512\sigma_2^2 + 192\sigma_2^2\sigma_3 - 512\sigma_2\sigma_3 + 96\sigma_3^2\sigma_2 + 128\sigma_3^2$$

$$+ \sigma_3^4 + 16\sigma_3^3)y_2^2y_3]/(\sigma_3^5 + 32\sigma_2^5 + 2\sigma_2\sigma_3^4 + 16\sigma_3\sigma_2^4 - 16\sigma_2^3\sigma_3^2 - 8\sigma_2^2\sigma_3^3) \tag{10-13e}$$

$$x_6 = - \frac{1}{4}d_6y_1y_2y_5 + \frac{d_5y_1^2y_4}{2\sigma_2 + \sigma_3} - \frac{2d_5\left(4\sigma_2^2 + 4\sigma_2\sigma_3 + 16\sigma_2 + \sigma_3^2 - 8\sigma_3\right)y_1y_2y_3}{8\sigma_2^3 + 4\sigma_2^2\sigma_3 - 2\sigma_3^2\sigma_2 - \sigma_3^3}$$

$$- [d_5(16\sigma_2^4 - 128\sigma_2^3 - 8\sigma_2^2\sigma_3^2 + 512\sigma_2^2 - 192\sigma_2^2\sigma_3 - 512\sigma_2\sigma_3 - 96\sigma_3^2\sigma_2 + 128\sigma_3^2$$

$$+ \sigma_3^4 - 16\sigma_3^3)y_2^2y_4]/(\sigma_3^5 + 32\sigma_2^5 + 2\sigma_2\sigma_3^4 + 16\sigma_3\sigma_2^4 - 16\sigma_2^3\sigma_3^2 - 8\sigma_2^2\sigma_3^3) \tag{10-13f}$$

在下面的分析中, 为了便于利用能量相位法分析系统的复杂的动力学特性, 将系统 (10-12) 的后四维坐标从直角坐标形式转化为极坐标形式, 令

$$y_3 = I_1\cos\theta_1, \quad y_4 = I_1\sin\theta_1, \quad y_5 = I_2\cos\theta_2, \quad y_6 = I_2\sin\theta_2 \tag{10-14}$$

将方程 (10-14) 代入方程 (10-12)，平均方程 (10-6) 的带参数的三阶规范形可以写为

$$\dot{y}_1 = -\mu y_1 + (1 - \bar{\sigma}_1)y_2 \tag{10-15a}$$

$$\dot{y}_2 = \bar{\sigma}_1 y_1 - \mu y_2 - \frac{3}{2}a_{13}y_1^3 - a_7 y_1 I_1^2 - a_9 y_1 I_2^2 \tag{10-15b}$$

$$\dot{I}_1 = -\mu I_1 \tag{10-15c}$$

$$I_1\dot{\theta}_1 = \frac{1}{4}\sigma_2 I_1 - \frac{3}{4}b_{12}I_1^3 - \frac{1}{2}b_{10}I_1 I_2^2 - \frac{1}{2}b_5 y_1^2 I_1 \tag{10-15d}$$

$$\dot{I}_2 = -\mu I_2 + f\sin\theta_2 \tag{10-15e}$$

$$I_2\dot{\theta}_2 = \frac{1}{8}\sigma_3 I_2 - \frac{3}{8}d_{11}I_1^3 - \frac{1}{4}d_8 I_2 I_1^2 - \frac{1}{4}d_6 y_1^2 I_2 + f\cos\theta_2 \tag{10-15f}$$

引进线性变换

$$\begin{pmatrix} y_1 \\ y_2 \\ I_1 \end{pmatrix} = \begin{pmatrix} \dfrac{4a_9}{d_6}\sqrt{1-\bar{\sigma}_1} & 0 & 0 \\ \dfrac{4a_9}{d_6}\dfrac{\mu}{\sqrt{1-\bar{\sigma}_1}} & \dfrac{1}{\sqrt{1-\bar{\sigma}_1}} & 0 \\ 0 & 0 & \sqrt{\dfrac{2b_{10}}{d_8}} \end{pmatrix} \begin{pmatrix} u_1 \\ u_2 \\ \xi_1 \end{pmatrix} \tag{10-16}$$

同时考虑下列条件

$$a_7 b_{10} d_6 = a_9 b_5 d_8, \quad \frac{b_{10}}{d_8} > 0 \tag{10-17}$$

将变换式 (10-16) 代入方程 (10-15) 中，同时用变量 I_1 替换 ξ_1，则方程 (10-15) 变成如下形式

$$\dot{u}_1 = \alpha u_2 \tag{10-18a}$$

$$\dot{u}_2 = -\mu_1 u_1 - \mu_2 u_2 + \eta_1 u_1^3 - \alpha_1 u_1 I_1^2 - \alpha_2 u_1 I_2^2 \tag{10-18b}$$

$$\dot{I}_1 = -\mu I_1 \tag{10-18c}$$

$$I_1\dot{\theta}_1 = \frac{1}{4}\sigma_2 I_1 - \eta_2 I_1^3 - \alpha_3 I_1 I_2^2 - \alpha_1 u_1^2 I_1 \tag{10-18d}$$

$$\dot{I}_2 = -\mu I_2 + f\sin\theta_2 \tag{10-18e}$$

$$I_2\dot{\theta}_2 = \frac{1}{8}\sigma_3 I_2 - \eta_3 I_2^3 - \alpha_3 I_2 I_1^2 - \alpha_2 u_1^2 I_2 + f\cos\theta_2 \tag{10-18f}$$

其中，参数

$$\alpha = \frac{d_6}{4a_9}, \quad \mu_1 = \left[\mu^2 - \bar{\sigma}_1(1 - \bar{\sigma}_1)\right]\frac{4a_9}{d_6}, \quad \mu_2 = 2\mu, \quad \eta_3 = \frac{3}{8}d_{11},$$

$$\eta_1 = -\frac{96a_9^3 a_{13}}{d_6^3}(1 - \bar{\sigma}_1), \quad \eta_2 = \frac{3b_{10}b_{12}}{2d_8}, \quad \alpha_1 = \frac{8a_7 a_9 b_{10}}{d_6 d_8}(1 - \bar{\sigma}_1),$$

$$\alpha_2 = \frac{4a_9^2}{d_6}(1 - \bar{\sigma}_1), \quad \alpha_3 = \frac{1}{2}b_{10} \tag{10-19}$$

在规范形 (10-18) 中的阻尼和激励项中引入小扰动参数 ε $(\varepsilon > 0)$

$$\mu_2 \to \varepsilon\mu_2, \quad \mu \to \varepsilon\mu, \quad f \to \varepsilon f \tag{10-20}$$

方程 (10-18) 可以写为如下带有扰动的形式

$$\dot{u}_1 = \frac{\partial H}{\partial u_2} + \varepsilon g^{u_1} = \alpha u_2 \tag{10-21a}$$

$$\dot{u}_2 = -\frac{\partial H}{\partial u_1} + \varepsilon g^{u_2} = -\mu_1 u_1 + \eta_1 u_1^3 - \alpha_1 u_1 I_1^2 - \alpha_2 u_1 I_2^2 - \varepsilon\mu_2 u_2 \tag{10-21b}$$

$$\dot{I}_1 = \frac{\partial H}{\partial \theta_1} + \varepsilon g^{I_1} = -\varepsilon\mu I_1 \tag{10-21c}$$

$$I_1\dot{\theta}_1 = -\frac{\partial H}{\partial I_1} + \varepsilon g^{\theta_1} = \frac{1}{4}\sigma_2 I_1 - \eta_2 I_1^3 - \alpha_3 I_1 I_2^2 - \alpha_1 u_1^2 I_1 \tag{10-21d}$$

$$\dot{I}_2 = \frac{\partial H}{\partial \theta_2} + \varepsilon g^{I_2} + \varepsilon f \sin\theta_2 = -\varepsilon\mu I_2 + \varepsilon f \sin\theta_2 \tag{10-21e}$$

$$I_2\dot{\theta}_2 = -\frac{\partial H}{\partial I_2} + \varepsilon g^{\theta_2} + \varepsilon f \cos\theta_2$$

$$= \frac{1}{8}\sigma_3 I_2 - \eta_3 I_2^3 - \alpha_3 I_2 I_1^2 - \alpha_2 u_1^2 I_2 + \varepsilon f \cos\theta_2 \tag{10-21f}$$

当 $\varepsilon = 0$ 时，未扰动系统为完全可积的形式，其 Hamilton 函数为

$$H = \frac{1}{2}\alpha u_2^2 + \frac{1}{2}\mu_1 u_1^2 - \frac{1}{4}\eta_1 u_1^4 + \frac{1}{2}\left(\alpha_1 I_1^2 + \alpha_2 I_2^2\right)u_1^2$$

$$- \frac{1}{8}\sigma_2 I_1^2 + \frac{1}{4}\eta_2 I_1^4 + \frac{1}{2}\alpha_3 I_1^2 I_2^2 - \frac{1}{16}\sigma_3 I_2^2 + \frac{1}{4}\eta_3 I_2^4 \tag{10-22}$$

当 $\varepsilon \neq 0$ 时，扰动项为

$$g^{u_1} = 0, \quad g^{u_2} = -\mu_2 u_2, \quad g^{I_1} = -\mu I_1, \quad g^{\theta_1} = 0,$$

$$g^{I_2} = -\mu I_2 + f \sin\theta_2, \quad g^{\theta_2} = f \cos\theta_2 \tag{10-23}$$

这样就完成了对系统平均方程 (10-6) 的化简，接下来，可以应用能量相位法研究压电复合材料层合矩形板在 1:2:4 内共振情况下的复杂混沌动力学。

10.4　未扰动系统的动力学

在系统 (10-21) 中，当 $\varepsilon = 0$ 时，由于在后面四维方程中有 $\dot{I}_1 = 0$ 和 $\dot{I}_2 = 0$，所以在前面二维方程中变量 I_1 和 I_2 可以作为参数来考虑。在此情况下，系统 (10-21) 的前面两个方程与后面四个方程可以解耦，因此，前面两个方程可以写成如下形式

$$\dot{u}_1 = \alpha u_2 \tag{10-24a}$$

$$\dot{u}_2 = -\mu_1 u_1 + \eta_1 u_1^3 - \alpha_1 u_1 I_1^2 - \alpha_2 u_1 I_2^2 - \varepsilon \mu_2 u_2 \tag{10-24b}$$

其 Hamilton 函数为

$$H_0(u_1,\, u_2) = \frac{1}{2}\alpha u_2^2 + \frac{1}{2}(\mu_1 + \alpha_1 I_1^2 + \alpha_2 I_2^2)u_1^2 - \frac{1}{4}\eta_1 u_1^4 \tag{10-25}$$

注意到，如果满足条件

$$\mu_1 + \alpha_1 I_1^2 + \alpha_2 I_2^2 < 0, \quad \alpha > 0 \tag{10-26}$$

方程 (10-24) 存在唯一的零解 $(u_1, u_2) = (0,\, 0)$ 且是鞍点。

当满足条件

$$\eta_1 < 0, \quad \mu_1 + \alpha_1 I_1^2 + \alpha_2 I_2^2 < 0, \quad \alpha > 0 \tag{10-27}$$

方程 (10-24) 出现同宿分岔。在由 $\mu_1 + (\alpha_1 I_1^2 + \alpha_2 I_2^2) = 0$ 定义的曲线上，零解通过 Pitchfork 分岔，分为三个解 $q_0 = (0,0)$ 和 $q_{\pm}(I_1, I_2) = (\pm B, 0)$，这里 $B = \pm\sqrt{[\mu_1 + (\alpha_1 I_1^2 + \alpha_2 I_2^2)]/\eta_1}$。经过分析计算，可知不动点 q_0 是鞍点。

已知变量 I_i 和 $\theta_i\,(i = 1,\, 2)$ 分别代表振动的振幅和相位角，因此，假定 $I_i \geqslant 0\,(i = 1,\, 2)$，在

$$\alpha_1 I_1^2 + \alpha_2 I_2^2 \geqslant -\mu_1, \quad 0 \leqslant I_{11} < I_{12} < +\infty, \quad 0 \leqslant I_{21} < I_{22} < +\infty \tag{10-28}$$

条件下，对所有的 $(I_1,\, I_2) \in U = [I_{11}, I_{12}] \times [I_{21}, I_{22}] \subset \mathbf{R}^2$，系统 (10-24) 具有由一对同宿轨道 $u_i^h(t,\, I_i)$ 连接的双曲鞍点 q_0，也就是说 $\lim\limits_{t \to \pm\infty} u_i^h(t,\, I_i) = q_0\,(i = 1,\, 2)$。

系统 (10-24) 的一对同宿轨道方程的表达式为

$$u_1 = \pm\sqrt{\frac{2\varepsilon_1}{\delta_1}}\,\mathrm{sech}\,(\sqrt{\alpha\varepsilon_1}\,t) \tag{10-29a}$$

$$u_2 = \mp\frac{\sqrt{2}\varepsilon_1}{\sqrt{\alpha\delta_1}}\,\mathrm{th}\,(\sqrt{\alpha\varepsilon_1}\,t)\,\mathrm{sech}\,(\sqrt{\alpha\varepsilon_1}\,t) \tag{10-29b}$$

其中，$-\varepsilon_1 = \mu_1 + \alpha_1 I_1^2 + \alpha_2 I_2^2$，$-\delta_1 = \eta_1$。

在六维空间 $(u_1,\ u_2,\ I_1,\ I_2,\ \theta_1,\ \theta_2)$ 中，流形 M 定义为

$$M = \left\{ (u,\ I,\ \theta)\ \in\ \mathbf{R}^2 \times \mathbf{R}^2 \times S^2\, |\, u = q_0,\ I \in U,\ 0 < \theta_1 \leqslant 2\pi,\ 0 < \theta_2 \leqslant 2\pi \right\}$$
(10-30)

它是一个四维的正规双曲不变流形，如图 10-2 所示。这里 $I = (I_1,\ I_2)^{\mathrm{T}}$ 和 $\theta = (\theta_1,\ \theta_2)^{\mathrm{T}}$。流形 M 具有五维的稳定流形 $W^{\mathrm{s}}(M)$ 和五维的不稳定流形 $W^{\mathrm{u}}(M)$，$W^{\mathrm{s}}(M)$ 和 $W^{\mathrm{u}}(M)$ 重合形成五维的同宿流形 Γ

$$\Gamma = \left\{ (u,\ I,\ \theta)\ \in\ \mathbf{R}^2 \times \mathbf{R}^2 \times S^2\, |\, u = (u_1,\ u_2),\ I \in U,\ 0 < \theta_1 \leqslant 2\pi,\ 0 < \theta_2 \leqslant 2\pi\, | \right\}$$
(10-31)

在流形 M 上，对每一个 $I = (I_1,\ I_2)^{\mathrm{T}}$，二维的正规双曲不变圆环 $\theta(I)$ 具有三维的稳定流形 $W^{\mathrm{s}}(\theta(I))$ 和三维的不稳定流形 $W^{\mathrm{u}}(\theta(I))$ 重合形成三维的同宿流形 Γ_I。

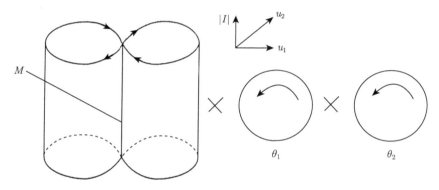

图 10-2　六维空间中流形 M 的几何结构

下面将在流形 M 上，分析系统 (10-21) 的未扰动系统

$$\dot{I}_1 = 0, \tag{10-32a}$$

$$I_1\dot{\theta}_1 = -\frac{\partial H}{\partial I_1} = D_{I_1}H(q_0,\ I) = \frac{1}{4}\sigma_2 I_1 - \eta_2 I_1^3 - \alpha_3 I_1 I_2^2 - \alpha_1 u_1^2 I_1 \tag{10-32b}$$

$$\dot{I}_2 = 0, \tag{10-32c}$$

$$I_2\dot{\theta}_2 = -\frac{\partial H}{\partial I_2} = D_{I_2}H(q_0,\ I) = \frac{1}{8}\sigma_3 I_2 - \eta_3 I_2^3 - \alpha_3 I_2 I_1^2 - \alpha_2 u_1^2 I_2 \tag{10-32d}$$

如果能够找到非零向量 $n = (n_1,\ n_2)$，使得条件 $\langle D_{I_i}H(q_0,\ I),\ n \rangle = 0$ 成立，则此情况被称为共振情形 [11]。根据 Haller 和 Wiggins 所获得的结果 [12]，如果条件 $D_{I_1}H(q_0,\ I) \neq 0$ 和 $D_{I_2}H(q_0,\ I) \neq 0$ 同时成立，其中 $I = (I_1,\ I_2)^{\mathrm{T}}$，则 $I = \text{constant}$ 是具有两个参数的两维圆环。如果 $D_{I_1}H(q_0,\ I) = 0$ 和 $D_I H(q_0,\ I) = 0$ 同时成立，

则 $I =$ constant 是不动点圆环。令使 $D_I H(q_0, I) = 0$ 成立的共振 $I = (I_1, I_2)^{\mathrm{T}} \in U$
值为 $I_r = (I_{1r}, I_{2r})$。

考虑下列情况

$$D_{I_1} H(q_0, I_r) = \frac{1}{4}\sigma_2 - \eta_2 I_{1r}^2 - \alpha_3 I_{2r}^2 - \alpha_1 u_1^2 = 0 \tag{10-33a}$$

$$D_{I_2} H(q_0, I_r) = \frac{1}{8}\sigma_3 - \eta_3 I_{2r}^2 - \alpha_3 I_{1r}^2 - \alpha_2 u_1^2 = 0 \tag{10-33b}$$

由方程 (10-33)，可以计算得到共振值

$$I_{1r} = \sqrt{\frac{\sigma_3\alpha_2 - 2\sigma_2\eta_3}{8\alpha_3^2 - 8\eta_2\eta_3}}, \quad I_{2r} = \sqrt{\frac{2\sigma_3\alpha_3 - \sigma_3\eta_2}{\alpha_3^2 - 8\eta_2\eta_3}} \tag{10-34}$$

这里要求 $I_{1r}, I_{2r} \in U$，即

$$\alpha_1 \frac{\alpha_3\sigma_3 - 2\sigma_2\eta_3}{8\alpha_3^2 - 8\eta_2\eta_3} + \alpha_2 \frac{2\alpha_3\sigma_3 - \eta_2\sigma_3}{\alpha_3^2 - 8\eta_2\eta_3} \geqslant -\mu_1 \tag{10-35}$$

将同宿轨道 (10-29) 代入方程 (10-32b) 和方程 (10-32d)，可以计算得到两个相
位角如下

$$\theta_1 = \int_0^t D_{I_1} H(q_0, I)\mathrm{d}t + \theta_{10} = \left(\frac{1}{4}\sigma_2 - \eta_2 I_1^2 - \alpha_3 I_2^2\right)t - \frac{2\alpha_1\sqrt{\alpha\varepsilon_1}}{\alpha\delta_1}\mathrm{th}(\sqrt{\alpha\varepsilon_1}t) + \theta_{10} \tag{10-36a}$$

$$\theta_2 = \int_0^t D_{I_2} H(q_0, I)\mathrm{d}t + \theta_{20} = \left(\frac{1}{8}\sigma_3 - \eta_3 I_2^2 - \alpha_3 I_1^2\right)t - \frac{2\alpha_2\sqrt{\alpha\varepsilon_1}}{\alpha\delta_1}\mathrm{th}(\sqrt{\alpha\varepsilon_1}t) + \theta_{20} \tag{10-36b}$$

其中，θ_{10} 和 θ_{20} 为初始相位角。

在系统共振的情况下，即满足条件 $D_I H(q_0, I_r) = 0$，得到系统的两个相位漂
移角分别为

$$\Delta\theta_1(I_r) = \theta_1(+\infty, I_r, \theta_{10}) - \theta_1(-\infty, I_r, \theta_{10})$$

$$= \int_{-\infty}^{+\infty} [D_{I_1} H(u, I_r) - D_{I_1} H(q_0, I_r)]\mathrm{d}t$$

$$= \int_{-\infty}^{+\infty} -\alpha_1 u_1^2 \mathrm{d}t = -\frac{4\alpha_1\sqrt{\alpha\varepsilon_1}}{\alpha\delta_1} \tag{10-37a}$$

$$\Delta\theta_2(I_r) = \theta_2(+\infty, I_r, \theta_{20}) - \theta_2(-\infty, I_r, \theta_{20})$$

$$= \int_{-\infty}^{+\infty} [D_{I_2} H(u, I_r) - D_{I_2} H(q_0, I_r)]\mathrm{d}t$$

$$= \int_{-\infty}^{+\infty} -\alpha_2 u_1^2 \mathrm{d}t = -\frac{4\alpha_2\sqrt{\alpha\varepsilon_1}}{\alpha\delta_1} \tag{10-37b}$$

10.5 扰动系统的动力学

下面考虑在整个六维空间上系统的非线性动力学特性,分析扰动系统的动力学和小扰动对流形 M 的影响。已知在充分小的扰动下,流形 M 的稳定流形和不稳定流形是不变的。在未扰动的情况下,对 $I_1 =$ constant, $I_2 =$ constant 和 $\theta \in S^2$,流形 M 具有二维的正规双曲不变圆环 $\theta(I)$。如果非退化条件 [13]

$$\det\left[D_I^2\left(H\,|\,M\right)\right] = \begin{bmatrix} -2\eta_2 I_1 & -2\alpha_3 I_2 \\ -2\alpha_3 I_1 & -2\eta_3 I_2 \end{bmatrix} = 4\left(\eta_2\eta_3 - \alpha_3^2\right)I_1 I_2 \neq 0 \qquad (10\text{-}38)$$

满足,那么对充分小的扰动 $\varepsilon > 0$,破裂后存在的圆环 C^1 靠近未扰动的圆环。在小扰动下,不动点 q_0 仍然是鞍点。此时 M_ε 充分接近 M,因此,M_ε 可以记为

$$M_\varepsilon = \left\{(u,\,I,\,\theta)\,\in\,\mathbf{R}^2\times\mathbf{R}^2\times S^2\,|\,u = q_{0\varepsilon},\,I \subset U,\,0 < \theta_1 \leqslant 2\pi,\,0 < \theta_2 \leqslant 2\pi\right\}$$
$$(10\text{-}39)$$

限制在 M_ε 上,在共振值 I_{1r} 和 I_{2r} 附近研究方程 (10-21) 的复杂动力学。在四维空间 $(u_1,\,u_2,\,I_2,\,\theta_2)$ 中,

$$M_1 = \left\{(u,\,I_2,\,\theta_2)\,\in\,\mathbf{R}^2\times\mathbf{R}\times S^1\,|\,u = q_0,\,I_2 \in [I_{21}, I_{22}],\,0 < \theta_2 \leqslant 2\pi\right\} \qquad (10\text{-}40)$$

是一个二维的法向双曲不变流形。在六维相空间 $(u_1,\,u_2,\,I_1,\,\theta_1, I_2,\,\theta_2)$ 中,令 I_1 在区间 $U_1 = [I_{1r} - \varepsilon, I_{1r} + \varepsilon] \subset [I_{11}, I_{12}]$ 中改变,并且 $\theta_1 \in (0, 2\pi]$,可以得到四维法向双曲不变流形如下

$$M \equiv U_1 \times S^1 \times M_1 \qquad (10\text{-}41)$$

其中,$I_1 \in U_1$,$\theta_1 \in (0, 2\pi]$。

此外,可以在六维空间 $(u_1,\,u_2,\,I_1,\,\theta_1, I_2,\,\theta_2)$ 中,固定 $I_1 = I_{1r} \in U_1$ 并令 $\theta_1 \in (0, 2\pi]$,可以定义一个横截面,并且在共振值 I_{2r} 附近和四维空间中 $(u_1,\,u_2,\,I_2,\,\theta_2)$ 考虑系统的复杂动力学特性。然后让 I_1 取遍区间 $U_1 = [I_{1r} - \varepsilon, I_{1r} + \varepsilon] \subset [I_{11}, I_{12}]$ 中的每一个值,这样就可以得到系统在整个六维空间 $(u_1,\,u_2,\,I_1,\,\theta_1, I_2,\,\theta_2)$ 中的动力学特性。

在四维系统

$$\dot{u}_1 = \frac{\partial H}{\partial u_2} + \varepsilon g^{u_1} = \alpha u_2 \qquad (10\text{-}42\text{a})$$

$$\dot{u}_2 = -\frac{\partial H}{\partial u_1} + \varepsilon g^{u_2} = -\mu_1 u_1 + \eta_1 u_1^3 - \alpha_1 u_1 I_1^2 - \alpha_2 u_1 I_2^2 - \varepsilon\mu_2 u_2 \qquad (10\text{-}42\text{b})$$

$$\dot{I}_2 = \frac{\partial H}{\partial \theta_2} + \varepsilon g^{I_2} + \varepsilon f\sin\theta_2 = -\varepsilon\mu I_2 + \varepsilon f\sin\theta_2 \qquad (10\text{-}42\text{c})$$

$$I_2 \dot{\theta}_2 = -\frac{\partial H}{\partial I_2} + \varepsilon g^{\theta_2} + \varepsilon f \cos \theta_2$$

$$= \frac{1}{8} \sigma_3 I_2 - \eta_3 I_2^3 - \alpha_3 I_2 I_1^2 - \alpha_2 u_1^2 I_2 + \varepsilon f \cos \theta_2 \tag{10-42d}$$

中引入尺度变换

$$I_2 = I_{2r} + \sqrt{\varepsilon}\eta, \quad \tau = \sqrt{\varepsilon}t \tag{10-43}$$

可以得到慢变流形

$$\eta' = -\mu I_{2r} + f \sin \theta_2 - \sqrt{\varepsilon}\mu\eta \tag{10-44a}$$

$$\theta_2' = -2I_{2r}\eta_3\eta - \sqrt{\varepsilon}\left[\eta_3\eta^2 - \frac{f \cos \theta_2}{I_{2r}}\right] \tag{10-44b}$$

这里 "$\prime$" 表示对时间尺度 τ 求导。

方程 (10-44) 的未扰动部分是 Hamilton 系统, 其 Hamilton 函数为

$$H_1(\eta, \theta_2) = -\mu I_{2r}\theta_2 - f \cos \theta_2 + I_{2r}\eta_3\eta^2 \tag{10-45}$$

得到方程 (10-44) 未扰动部分的奇点如下

$$p_0(\eta_c, \theta_{2c}) = \left(0, \ \arcsin \frac{\mu I_{2r}}{f}\right) \tag{10-46a}$$

$$p_1(\eta_s, \theta_{2s}) = \left(0, \ \pi - \arcsin \frac{\mu I_{2r}}{f}\right) \tag{10-46b}$$

当满足条件 $2I_{2r}\eta_3 f \cos \theta_2 \neq 0$ 时, 奇点 p_1 是鞍点, 而奇点 p_0 是中心点。对充分小的扰动 $\varepsilon(\varepsilon > 0)$, 如果满足条件

$$\mu I_{2r} + f \sin \theta_2 > 0 \tag{10-47}$$

中心 p_0 变为稳定焦点。

10.6　利用能量相位法研究多脉冲轨道

在本节中, 主要利用扩展后的六维自治非线性系统的能量相位法分析压电复合材料层合矩形板的 Shilnikov 型多脉冲混沌动力学。

1. 能量差分函数

在 10.5 节, 详细地分析了未扰动系统 (10-24) 子空间 (u_1, u_2) 的非线性动力学特性, 以及小扰动 ε $(0 < \varepsilon \ll 1)$ 对系统的影响。为了揭示压电复合材料层合板

系统多脉冲同宿轨道的存在性, 可以通过计算系统在受扰动后, n 脉冲轨道的起跳点和着陆点之间的低阶能量差来判断系统是否存在多脉冲的轨道。

利用 Haller[13] 和 Wiggins 推导的能量差分函数的一般表达式, 得到含有耗散项的能量差分函数

$$\Delta^n h(u_1, u_2, I_1, \theta_1, I_2, \theta_2) = H_1(\theta_1 + n\Delta\theta_1) - H_1(\theta_1) - \sum_{i=1}^{n} \int_{-\infty}^{+\infty} \langle DH, g \rangle \big|_{u^i(t)} \, \mathrm{d}t$$

$$(10\text{-}48)$$

该函数包含系统 (10-21) 的未扰动部分的相位信息和扰动部分的能量信息, 并且给出了 n 脉冲轨道的起跳点和着陆点之间的首阶能量差。

方程 (10-48) 中

$$H_1(\theta_2 + n\Delta\theta_2) - H_1(\theta_2) = -\mu n I_{2r}\Delta\theta_2 - f\left[\cos(\theta_2 + n\Delta\theta_2) - \cos\theta_2\right] \quad (10\text{-}49a)$$

$$\int_{-\infty}^{+\infty} \langle DH, g \rangle \big|_{u^i(t)} \, \mathrm{d}t$$

$$= -n \int_A \left[\frac{\mathrm{d}}{\mathrm{d}u_1} g^{u_1}(u_1, u_2, I_1, \theta_1, I_2, \theta_2) + \frac{\mathrm{d}}{\mathrm{d}u_2} g^{u_2}(u_1, u_2, I_1, \theta_1, I_2, \theta_2)\right] \mathrm{d}u_1 \mathrm{d}u_2$$

$$- n \int_{\partial A_l} g^I \mathrm{d}\theta \qquad (10\text{-}49b)$$

方程 (10-49b) 中的各项分别计算如下

$$\int_A \left[\frac{\mathrm{d}}{\mathrm{d}u_1} g^{u_1}(u_1, u_2, I_1, \theta_1, I_2, \theta_2) + \frac{\mathrm{d}}{\mathrm{d}u_2} g^{u_2}(u_1, u_2, I_1, \theta_1, I_2, \theta_2)\right] \mathrm{d}u_1 \mathrm{d}u_2$$

$$= \int_A (-\mu_2) \mathrm{d}u_1 \mathrm{d}u_2$$

$$= -4\mu_2 \int_0^{\sqrt{\frac{\varepsilon_1}{\delta_1}}} \left[\mp\frac{\sqrt{2}\varepsilon_1}{\sqrt{\alpha}\delta_1} \mathrm{th}\left(\sqrt{\alpha\varepsilon_1}t\right) \mathrm{sech}\left(\sqrt{\alpha\varepsilon_1}t\right)\right] \mathrm{d}u_1$$

$$= -\frac{8\mu_2 \varepsilon_1^2}{\sqrt{\alpha}\delta_1} \int_0^{+\infty} \mathrm{th}^2(\sqrt{\alpha\varepsilon_1}t) \mathrm{sech}^2(\sqrt{\alpha\varepsilon_1}t) \mathrm{d}(\sqrt{\alpha\varepsilon_1}t)$$

$$= -\frac{2\mu_2\varepsilon_1}{3\alpha_2}\Delta\theta_2 \qquad (10\text{-}50a)$$

$$-n \int_{\partial A_l} g^I \mathrm{d}\theta = -ng^I\Delta\theta = n\mu I_{1r}\Delta\theta_1 + n\mu I_{2r}\Delta\theta_2 \qquad (10\text{-}50b)$$

将方程 (10-49) 和方程 (10-50) 代入方程 (10-48)，同时引入参数 $\mu_2 = 2\mu$ 和 $d = \dfrac{\mu}{f}$，能量差分函数 (10-48) 计算如下

$$\Delta^n h(u_1, u_2, I_1, \theta_1, I_2, \theta_2)$$

$$= 2f \sin\left(\theta_2 + \frac{n}{2}\Delta\theta_2\right) \sin\left(\frac{n}{2}\Delta\theta_2\right) - \frac{4n\mu\varepsilon_1}{3\alpha_2}\Delta\theta_2 - \frac{4n\mu\alpha_1 I_{1r}\sqrt{\varepsilon_1}}{\sqrt{\alpha}\delta_1}$$

$$= 2f \sin\left(\theta_2 + \frac{n}{2}\Delta\theta_2\right) \sin\left(\frac{n}{2}\Delta\theta_2\right) - \left(\frac{4nf\varepsilon_1}{3\alpha_2}\Delta\theta_2 + \frac{4nf\alpha_1 I_{1r}\sqrt{\varepsilon_1}}{\sqrt{\alpha}\delta_1}\right)d \quad (10\text{-}51)$$

这里定义耗散因子为 $d = \dfrac{\mu}{f}$，它给出了阻尼与激励振幅之间的关系。

为了判断在压电复合材料层合矩形板非线性振动中是否存在多脉冲轨道，首先，需要寻找能量差分函数 $\Delta^n h$ 的零点。因此，求解方程 $\Delta^n h = 0$，得到如下等式

$$\sin\left(\theta_2 + \frac{n}{2}\Delta\theta_2\right) = \frac{12\mu\alpha_1\alpha_2 I_{1r}\sqrt{\varepsilon_1} + 4\mu\varepsilon_1\delta_1\sqrt{\alpha}\Delta\theta_2}{6\alpha_2\delta_1 f\sqrt{\alpha}\sin\left(\frac{n}{2}\Delta\theta_2\right)}nd \quad (10\text{-}52)$$

根据方程 (10-52)，可以计算得到耗散因子的上确界

$$|d| < d_{\max} = \left|\frac{1}{n}\frac{6\alpha_2\delta_1\sqrt{\alpha}\sin(\frac{n}{2}\Delta\theta_2)}{12\alpha_1\alpha_2 I_{1r}\sqrt{\varepsilon_1} + 4\varepsilon_1\delta_1\sqrt{\alpha}\Delta\theta_2}\right| \quad (10\text{-}53)$$

式 (10-53) 说明当耗散因子 d 的值给定时，不是对应于所有的脉冲数 n 的多脉冲轨道都能够发生。因为在耗散因子 d 中，阻尼较小，所以 $d < 1$，于是就得到脉冲数的上确界为

$$n < n_{\max} = \left|\frac{1}{d}\frac{6\alpha_2\delta_1\sqrt{\alpha}}{12\alpha_1\alpha_2 I_{1r}\sqrt{\varepsilon_1} + 4\varepsilon_1\delta_1\sqrt{\alpha}\Delta\theta_2}\right| \quad (10\text{-}54)$$

从方程 (10-54) 可知，最大脉冲数的上确界 $n_{\max}$ 与耗散因子 d 是成反比关系。

在下面分析中，确定能量差分函数的横截零点。定义一个包含所有横截零点的集合

$$Z_-^n = \left\{(\eta, \theta_2)\,\Big|\,\Delta^n h(\theta_2) = 0,\ D_{\theta_2}\Delta^n h(\theta_2) \neq 0\,\Big|\,\theta_2 = \{\theta_{2,1}^n, \theta_{2,2}^n\} \in \left[-\frac{\pi}{2}, \frac{\pi}{2}\right]\right\} \quad (10\text{-}55)$$

耗散能量差分函数 $\Delta^n h(\theta_2)$ 的横截零点由下面方程给出

$$\theta_2 + \frac{n}{2}\Delta\theta_2 = 2m\pi + (-1)^m\alpha \quad (10\text{-}56)$$

其中，$m \in \mathbf{Z}$ 及

$$\alpha = \arcsin\left(\frac{12n\mu\alpha_1\alpha_2 I_{1r}\sqrt{\varepsilon_1} + 4n\mu\varepsilon_1\delta_1\sqrt{\alpha}\Delta\theta_2}{6\alpha_2\delta_1 f\sqrt{\alpha}\sin\left(\frac{n}{2}\Delta\theta_2\right)}\right) \quad (10\text{-}57)$$

为了把 (η, θ_2) 空间中的内轨道进行分类, 将利用每一条轨道都只有唯一的一个能量函数与其相对应的特性。因此, 与同宿轨道相对应的能量函数用 $\bar{h}_0$ 表示, 与焦点相对应的能量函数用 $\bar{h}_\infty$ 来表示, 与同宿轨道连接区域内的任意一条周期轨道相对应的能量函数用 $\bar{h}_n$ 表示, 根据方程 (10-45), 定义能量函数序列

$$\bar{h}_0 = H_1(\eta_s, \theta_{2s}) = f\left[-d_1 I_{2r}\left(\pi - \arcsin(I_{2r}d)\right) - \sqrt{1 - d_1^2 I_{2r}^2}\right] \quad (10\text{-}58a)$$

$$\bar{h}_n = \min\left[H_1(\eta_s, \theta_{2s}),\ H_1(\eta_c, \theta_{2c})\right] \quad (10\text{-}58b)$$

$$\bar{h}_\infty = H_1(\eta_c, \theta_{2c}) = f\left[-d_1 I_{2r}\left(\arcsin(I_{2r}d)\right) + \sqrt{1 - d_1^2 I_{2r}^2}\right] \quad (10\text{-}58c)$$

从方程 (10-58) 可以发现, 能量函数序列存在 $\bar{h}_0 < \bar{h}_n < \bar{h}_\infty$ 的关系。也就是说, 沿着轨道趋近于焦点的方向, 能量是逐渐增加的。

2. Shilnikov 同宿轨道的存在性

在文献 [11~13] 中, Haller 和 Wiggins 研究了在慢变流形 M_ε 上同宿于内轨线的多脉冲轨道的存在性问题。在耗散扰动情形下, 在慢变流形 M_ε 上并不存在这样的内周期轨道, 并且中心奇点变成双曲焦点或鞍-焦点。

在下面的分析中, 将研究在整个六维相空间中 Shilnikov 型多脉冲轨道的存在性问题。当扰动存在时, Shilnikov 型多脉冲轨道渐近趋近于鞍-焦点, 可以导致系统出现 Smale 马蹄意义下的混沌运动。为了确定 Shilnikov 型多脉冲轨道的存在性, 把 Haller[13] 的研究结果应用到下面的分析中。

首先, 需要证明 Hamilton 函数 $H_1(\eta, \theta_2)$ 存在非退化的零点。

在 (η, θ_2) 相空间中, 方程 (10-42) 具有中心点 $p_0 = \left(0,\ \arcsin\dfrac{\mu I_{2r}}{f}\right)$。由于耗散因子定义为 $d = \dfrac{\mu}{f}$, 所以中心点又可以改写为 $p_0(d) = (0,\ \arcsin(dI_{2r}))$, 就是条件所要求的一个非退化的零点。

其次, 在六维相空间 $(u_1,\ u_2,\ I_1,\ \theta_1,\ I_2,\ \theta_2)$ 中, 需要计算能量差分函数在中心点 $p_0(0,\ 0,\ I_{1r},\ \theta_1,\ \eta_c,\ \theta_{2c})$ 处的零解, 即

$$\Delta^n h(u_1,\ u_2,\ I_1,\ \theta_1,\ I_2,\ \theta_2)\big|_{p_0} = 0 \quad (10\text{-}59)$$

方程 (10-59) 可以化简为

$$\sqrt{1 - d^2 I_{2r}^2}\left(\cos(n\Delta\theta_2) - 1\right) = d\Phi \quad (10\text{-}60)$$

这里

$$\Phi = I_{2r}\sin(n\Delta\theta_2) + \frac{4n\alpha_1 I_{1r}\sqrt{\varepsilon_1}}{\sqrt{\alpha}\delta_1} + \frac{4n\varepsilon_1}{3\alpha_2}\Delta\theta_2 \quad (10\text{-}61)$$

求解方程 (10-60)，可以得到耗散因子 d

$$d = \frac{\cos(n\Delta\theta_2) - 1}{\sqrt{\Psi}} \tag{10-62}$$

其中

$$\Psi = I_{2r}^2 \left(\cos(n\Delta\theta_2) - 1\right)^2 + \Phi^2 \tag{10-63}$$

因为方程 (10-62) 只有对非零的耗散因子才成立，即要求下列条件成立

$$\Delta\theta_2 \neq \frac{2k\pi}{n}, \quad k \in \mathbf{Z}^+, \quad \Psi > 0 \tag{10-64}$$

同时，能量差分函数 $\Delta^n h(p_0)$ 还必须满足非退化条件

$$D_d \Delta^n h(u_1, \ u_2, \ I_1, \ \theta_1, \ I_2, \ \theta_2)|_{p_0} \neq 0 \tag{10-65}$$

即

$$D_d \left[\sqrt{1 - d^2 I_{2r}^2} \left(\cos(n\Delta\theta_2) - 1\right) - d\Phi \right] \neq 0 \tag{10-66}$$

反之，对能量差分函数微分后，有下述等式成立

$$dI_{2r}^2 \left(\cos(n\Delta\theta_2) - 1\right) = \sqrt{1 - d^2 I_{2r}^2} \Phi \tag{10-67}$$

经过简单计算可以知道，在式 (10-64) 的条件下，式 (10-60) 和式 (10-67) 是不能同时满足的。也就是在条件式 (10-64) 下，选择适当的参数，方程 (10-59) 和方程 (10-65) 是能够同时满足，即能量差分函数存在着简单的零点。

最后，要确保从慢流形上起跳的 n 脉冲轨道的着陆点要落在 $p_{0\varepsilon}(d)$ 的吸引域内。

由于脉冲的落点位于点 $(0, \ \theta_{2c}(d) + n\Delta\theta_2)$ 附近，考虑区间 $\left[-\dfrac{\pi}{2}, \ \dfrac{3\pi}{2}\right]$ 上一点 $\theta_2(d)$，这一点距离落点有 $2k\pi$ 长度，有

$$\theta_2^n(d) = \theta_{2s}(d) + [\theta_{2c}(d) + n\Delta\theta_2 - \theta_{2s}(d)] \ \text{mod} \ 2\pi \tag{10-68}$$

这里

$$\theta_{2s}(d) = \pi - \arcsin(dI_{2r}) \tag{10-69a}$$

$$\theta_{2c}(d) = \arcsin(dI_{2r}) \tag{10-69b}$$

为了验证距离落点有 $2k\pi$ 长度的点平移 $2k\pi$ 后，是否距离区域 $\left[-\dfrac{\pi}{2}, \ \dfrac{3\pi}{2}\right]$ 上的鞍点很近，给出如下分析：如果 $\theta_2^n(d) > \theta_{2s}(d)$，由于相图具有对称性 $\theta \to \theta - 2\pi$，重新定义 $\theta_2^n(d)$ 为 $\theta_2(d) - 2\pi$。

根据方程 (10-58) 得到的能量序列关系, 可以知道如果 $\theta_2^n(d)$ 点的能量比鞍点处的能量高, 即

$$H_1(0, \theta_2^n(d)) > H_1(0, \theta_{2s}(d)) \tag{10-70}$$

将方程 (10-69a) 代入方程 (10-44), 可以计算得到

$$\cos(\theta_{2s}^n(d)) - \cos(\theta_{2s}(d)) > dI_{2r}(\theta_2^n(d) - \theta_{2s}(d)) \tag{10-71}$$

因此, 充分小的扰动 ε $(\varepsilon > 0)$, 脉冲的着陆点将位于鞍–焦点 $p_{0\varepsilon}(d)$ 的吸引域内, 系统将产生 Shilnikov 型的多脉冲混沌运动.

10.7 混沌运动的数值模拟

利用四阶 Runge-Kutta 法对平均方程 (10-6) 进行数值模拟分析, 利用相图、波形图和频谱图来描述在横向载荷、面内载荷和压电激励联合作用下压电复合材料层合矩形板的非线性动力学行为, 进一步验证前面的理论分析结果.

在数值模拟中, 初始条件选择为 $x_1 = 0.9$, $x_2 = 0.32$, $x_3 = 0.4$, $x_4 = 0.75$, $x_5 = 0.5$, $x_6 = 0.12$. 以横向激励 f 为控制参数, 其他参数保持不变, 不变参数选择为 $\mu = 0.5$, $\sigma_1 = 7.02$, $\sigma_2 = 0.26$, $\sigma_3 = 0.92$, $a_2 = 20.3$, $a_3 = 15.1$, $a_4 = 21.2$, $a_7 = 25.3$, $a_9 = -3$, $a_{13} = 17.3$, $a_{14} = -31.2$, $b_5 = -3.6$, $b_6 = 5$, $b_{10} = 34.5$, $b_{12} = -6.4$, $d_5 = 27.1$, $d_6 = -34.6$, $d_8 = -17.8$, $d_{11} = 27$.

如图 10-3 所示, 当横向激励 $f = 67.4$ 时, 压电复合材料层合矩形板产生多脉冲混沌运动, 其中图 10-3(a) 和图 10-3(b) 分别表示在相空间 (x_1, x_2, x_3) 和 (x_4, x_5, x_6) 中的三维相图; 图 10-3(d)~图 10-3(f) 分别表示平面 (x_1, x_2)、(x_3, x_4) 和 (x_5, x_6) 上的二维相图; 图 10-3(g)~图 10-3(i) 分别表示 x_1、x_3 和 x_5 上的波形图; 图 10-3(c) 表示 x_1 的频谱图. 由图 10-3(c) 可知系统产生混沌运动. 由图 10-3(a) 和图 10-3(b) 发现, 在压电复合材料层合矩形板的非线性振动中能够产生轨道跳跃和多脉冲混沌运动.

继续增大横向激励 $f = 72.4$, 图 10-4 给出了压电复合材料层合矩形板的轨道跳跃现象的多脉冲混沌运动.

本章中, 研究了在横向载荷、面内载荷和压电激励联合作用下压电复合材料层合矩形板的多脉冲混沌动力学. 首先, 应用规范形理论对压电复合材料层合矩形板在 1:2:4 内共振情况下的六维平均方程进行化简, 去掉某些对系统影响较小的项, 得到较为简单的规范形. 考虑六维平均方程存在一对双零特征值和两对纯虚特征值的情况, 应用规范形理论对六维平均方程进行化简, 得到较为简单的规范形. 在此基础上, 应用能量相位法研究了六维压电复合材料层合矩形板平均系统的非线性

动力学特性。在六维相空间 $(u_1, u_2, I_1, \theta_1, I_2, \theta_2)$ 中定义一个横截面 $I_1 = I_{1r} \in U_1$ 和 $\theta_1 \in (0, 2\pi]$，在共振值 I_{2r} 附近研究系统在四维相空间 $(u_1, u_2, I_2, \theta_2)$ 中的非线性动力学特性，然后让 I_1 取遍区间 $U_1 = [I_{1r} - \varepsilon, I_{1r} + \varepsilon] \subset [I_{11}, I_{12}]$ 中的每一个值，能够得到在整个六维相空间 $(u_1, u_2, I_1, \theta_1, I_2, \theta_2)$ 中系统的非线性动力学特性。引入二维慢变流形发现，在一定条件下系统能够产生同宿分岔，在小扰动情况下，系统存在 Shilnikov 型多脉冲轨道，多脉冲轨道是从不变流形的鞍–焦点出发，经过 n 个脉冲跳跃以后，落点回到鞍–焦点的收敛域内。

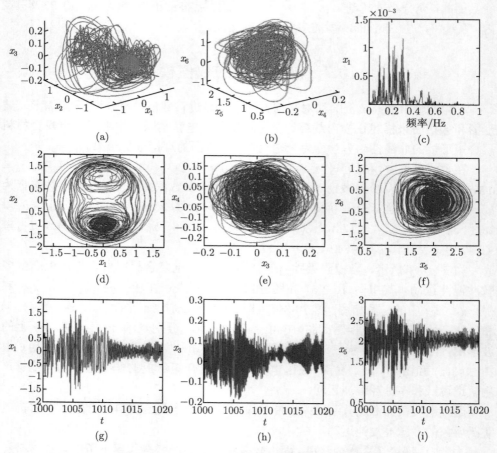

图 10-3　压电复合材料层合矩形板的混沌运动

为了验证理论分析结果的正确性，利用四阶 Runge-Kutta 法进行数值模拟。数值模拟结果表明，在一定的参数条件下，压电复合材料层合矩形板能够产生跳跃轨道和多脉冲混沌运动。

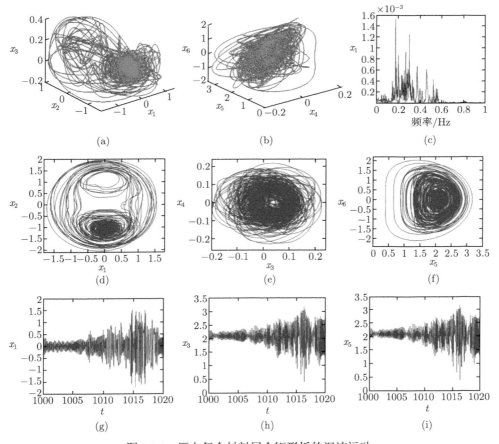

图 10-4   压电复合材料层合矩形板的混沌运动

参 考 文 献

[1] Mallik N, Ray M C. Exact solutions for the analysis of piezoelectric fiber reinforced composites as idstrubuted actuators for smart composite plates. International Journal of Mechanics and Materials in Design, 2005, 2: 81-97.

[2] Lee S J, Reddy J N. Nonlinear finite element analysis of laminate composite shells with actusting layers. Finite Elements in Analysis and Design, 2006, 43: 1-21.

[3] Arciniega R A, Reddy J N. Large deformation analysis of functionally graded shells. International Journal of Solids and Structures, 2006, 9: 1-17.

[4] Della C N, Shu D W. Vibration of delaminated composite laminates: A review. Applied Mechanics Reviews, 2007, 60: 1-20.

[5] Zhang W, Yao Z G, Yao M H. Periodic and chaotic dynamics of composite laminated

piezoelectric rectangular plate with one-to-two internal resonance. Science in China Series E: Technological Sciences, 2009, 52: 731-742.

[6]　Zhang W, Gao M J, Yao M H, et al. Higher-dimensional chaotic dynamics of a composite laminated piezoelectric rectangular plate. Science in China Series G: Physics, Mechanics & Astronomy, 2009, 52(12): 1989-2000.

[7]　张伟, 高美娟, 姚明辉, 等. 压电复合材料层合矩形板的高维混沌动力学研究. 中国科学 G, 2009, 39(8): 1105-1115.

[8]　Yao Z G, Zhang W, Chen L H. Research on chaotic oscillations of laminated composite piezoelectric rectangular plates with 1:2:3 internal resonances. Proceedings of the 5th International Conference on Nonlinear Mechanics, 2007: 720-725.

[9]　Zhang W, Wang F X, Zu J W. Computation of normal forms for high dimensional nonlinear systems and application to nonplanar nonlinear oscillations of a cantilever beam. Journal of Sound and Vibration, 2004, 278: 949-974.

[10]　Chen Y, Zhang W. Computation of the third order normal form for six-dimensional nonlinear dynamical systems. Journal of Dynamics and Control, 2004, 2: 31-35.

[11]　Haller G, Wiggins S. Geometry and chaos near resonant equilibria of 3-DOF Hamiltonian systems. Physica D, 1996, 90: 319-365.

[12]　Haller G, Wiggins S. Orbits homoclinic to resonances: the Hamiltonian case. Physica D, 1993, 66: 298-346.

[13]　Haller G. Chaos Near Resonance. New York: Springer-Verlag, 1999.

第11章 压电复合材料层合板六维非自治非线性系统的多脉冲混沌动力学

在工程系统中，有许多问题的数学模型和动力学方程都可用高维非线性系统来描述。如何研究这些工程实际问题所建立的无限维或高维非线性动力学方程是工程领域中非常重要的研究课题。许多问题的数学模型和动力学方程，经过 Galerkin 方法得到具有周期扰动的非自治非线性动力学方程，用多尺度法得到平均方程，根据规范形理论得到规范形方程，然后对此规范形方程进行全局分析。从原始方程到规范形方程从理论上讲，虽然保证了其定性性质保持不变，但每次化简得到的都是近似结果，不免损失系统的一些信息。为了更加接近原始系统的性质，直接从非自治非线性动力学方程入手进行全局分析。本章利用混合坐标系下六维非自治非线性广义 Melnikov 方法，研究面内激励与横向激励联合作用下四边简支压电复合材料层合矩形板的多脉冲混沌动力学。

11.1 引　　言

压电复合材料是 20 世纪 70 年代发展起来的一类功能复合材料，它是指材料在外力作用下产生电流，或反过来在电流作用下产生力或形变的一种功能材料。这种材料一般是由压电陶瓷和聚合物基体按照一定的连接方式、一定的体积或质量比例和一定的空间几何分布复合而成。因为这种材料具有可控性能好、比强度高、比刚度大和抗疲劳性能好等优点，所以在航空和航天工程中得到了广泛应用。因此，研究压电复合材料层合板的复杂动力学具有重要的理论和应用价值。

Huang 和 Shen[1] 研究了带有压电作动器的简支剪切变形层合板的非线性自由振动和受迫振动。Reddy 等 [2~4] 利用有限元方法和 Newmark 方法数值求解，得到压电复合材料结构静力学响应和瞬态动力学响应，进一步论证了 Reddy 三阶剪切理论有较高的精度。Fu 等 [5,6] 分析了激励作用下压电板的分岔和混沌动力学。Yao 等 [7,8] 建立了横向激励、纵向参数激励与横向压电参数激励联合作用下四边简支压电复合材料层合矩形板的非线性动力学方程，研究了此压电复合材料层合矩形板的周期和混沌运动。Zheng 等 [9] 研究了具有压电层的厚层合的板非线性动力学稳定性。Panda 和 Ray[10] 得到了压电纤维增强复合材料功能梯度板的几何非线性振动的主动控制。Dash 和 Singh[11] 研究了具有内嵌或外包压电层的复合材料层合板的非线性自由振动特性。2010 年，Mao 和 Fu[12] 分析了压电功能梯度板的非线性动力学响应和主动振动控制。Zhang 等 [13~15] 分别用能量相位法和全局摄动法研究了二自由度和三自由度自治压电复合材料层合矩形板的复杂动力学。Zhang 等 [16] 应用改进的广义 Melnikov 方法研究了二自由度非自治非线性压电复合材料层合矩形板的多脉冲混沌动力学。Pradyumna 和 Gupta[17] 分析了具有压电层的复合材料层合壳在热环境下的非线性动力学稳定性。Fakhari 和 Ohadi[18] 研究了具有集成压电传感器/作动器层的功能梯度板在热梯度和横向几何载荷作用下大幅振动控制。

11.2　压电复合材料层合板的三自由度非线性动力学方程

　　在文献 [7,8] 中得到了面内激励与横向激励联合作用下四边简支压电复合材料层合矩形板的非线性动力学方程。所研究的压电复合材料层合板的长、宽和高分别为 a、b 和 h。它是由 n 层正交对称铺设的压电薄膜类材料和光纤复合材料组成。直角坐标系 $Oxyz$ 位于压电复合材料层合板的中面，z 轴向下。设板内任一点沿 x、y 和 z 方向的位移分别为 u、v 和 w，沿着 x 和 y 方向作用的面内载荷分别为 $q_0 + q_x \cos(\Omega_1 t)$ 和 $q_1 + q_y \cos(\Omega_2 t)$，沿 z 方向的横向载荷为 $q \cos(\Omega_4 t)$，压电载荷为 $E_z \cos(\Omega_3 t)$，动力学简化模型如图 11-1 所示。

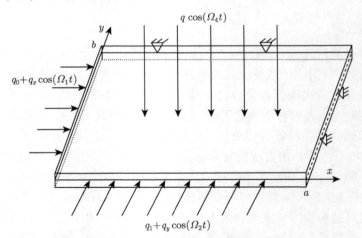

图 11-1　压电复合材料层合板结构简化模型

　　根据 Hamilton 原理及 Reddy 高阶剪切变形理论，得到压电复合材料层合板的动力学方程为

$$A_{11}\frac{\partial^2 u_0}{\partial x^2} + A_{66}\frac{\partial^2 u_0}{\partial y^2} + (A_{12} + A_{66})\frac{\partial^2 v_0}{\partial x \partial y} + A_{11}\frac{\partial w_0}{\partial x}\frac{\partial^2 w_0}{\partial x^2} + A_{66}\frac{\partial w_0}{\partial x}\frac{\partial^2 w_0}{\partial y^2}$$

$$+ \left(A_{12} + A_{66}\right) \frac{\partial w_0}{\partial y} \frac{\partial^2 w_0}{\partial x \partial y} = I_0 \ddot{u}_0 + J_1 \ddot{\phi}_x - c_1 I_3 \frac{\partial \ddot{w}_0}{\partial x} \tag{11-1a}$$

$$A_{66} \frac{\partial^2 v_0}{\partial x^2} + A_{22} \frac{\partial^2 v_0}{\partial y^2} + \left(A_{21} + A_{66}\right) \frac{\partial^2 u_0}{\partial x \partial y} + A_{66} \frac{\partial w_0}{\partial y} \frac{\partial^2 w_0}{\partial x^2} + A_{22} \frac{\partial w_0}{\partial y} \frac{\partial^2 w_0}{\partial y^2}$$

$$+ \left(A_{21} + A_{66}\right) \frac{\partial w_0}{\partial x} \frac{\partial^2 w_0}{\partial x \partial y} = I_0 \ddot{v}_0 + J_1 \ddot{\phi}_y - c_1 I_3 \frac{\partial \ddot{w}_0}{\partial y} \tag{11-1b}$$

$$A_{66} \frac{\partial w_0}{\partial x} \frac{\partial^2 u_0}{\partial y^2} - H_{22} c_1^2 \frac{\partial^4 w_0}{\partial y^4} + c_1 \left(2 F_{66} + F_{12} - 2 H_{66} c_1 - H_{12} c_1\right) \frac{\partial^3 \phi_y}{\partial y \partial x^2}$$

$$+ c_1 \left(F_{22} - H_{22} c_1\right) \frac{\partial^3 \phi_y}{\partial y^3} - H_{11} c_1^2 \frac{\partial^4 w_0}{\partial x^4} + A_{11} \frac{\partial w_0}{\partial x} \frac{\partial^2 u_0}{\partial x^2}$$

$$+ \left(F_{44} c_2^2 - 2 D_{44} c_2 + A_{44}\right) \frac{\partial \phi_y}{\partial y} + c_1 \left(F_{21} + 2 F_{66} - H_{21} c_1 - 2 H_{66} c_1\right) \frac{\partial^3 \phi_x}{\partial y^2 \partial x}$$

$$- c_1^2 \left(H_{21} + 4 H_{66} + H_{12}\right) \frac{\partial^4 w_0}{\partial y^2 \partial x^2}$$

$$+ \left(A_{44} - N_y^P \cos(\Omega_2 t) + F_{44} c_2^2 - 2 D_{44} c_2\right) \frac{\partial^2 w_0}{\partial y^2} - \frac{\partial N_y^P}{\partial y} \cos(\Omega_2 t) \frac{\partial w_0}{\partial y}$$

$$+ \left(A_{21} + 4 A_{66} + A_{12}\right) \frac{\partial w_0}{\partial x} \frac{\partial w_0}{\partial y} \frac{\partial^2 w_0}{\partial y \partial x} + c_1 \left(F_{11} - H_{11} c_1\right) \frac{\partial^3 \phi_x}{\partial x^3}$$

$$+ \left(A_{21} + A_{66}\right) \frac{\partial w_0}{\partial y} \frac{\partial^2 u_0}{\partial y \partial x} + A_{21} \frac{\partial u_0}{\partial x} \frac{\partial^2 w_0}{\partial y^2} + A_{66} \frac{\partial w_0}{\partial y} \frac{\partial^2 v_0}{\partial x^2}$$

$$+ A_{22} \frac{\partial w_0}{\partial y} \frac{\partial^2 v_0}{\partial y^2} + \frac{1}{2} \left(A_{12} + 2 A_{66}\right) \left(\frac{\partial w_0}{\partial y}\right)^2 \frac{\partial^2 w_0}{\partial x^2} + A_{22} \frac{\partial^2 w_0}{\partial y^2} \frac{\partial v_0}{\partial y}$$

$$+ \left(A_{12} + A_{66}\right) \frac{\partial w_0}{\partial x} \frac{\partial^2 v_0}{\partial y \partial x} + \frac{1}{2} \left(A_{21} + 2 A_{66}\right) \frac{\partial^2 w_0}{\partial y^2} \left(\frac{\partial w_0}{\partial x}\right)^2$$

$$+ \frac{3}{2} A_{11} \left(\frac{\partial w_0}{\partial x}\right)^2 \frac{\partial^2 w_0}{\partial x^2} + A_{11} \frac{\partial^2 w_0}{\partial x^2} \frac{\partial u_0}{\partial x} + A_{12} \frac{\partial^2 w_0}{\partial x^2} \frac{\partial v_0}{\partial y}$$

$$+ 2 A_{66} \frac{\partial^2 w_0}{\partial y \partial x} \frac{\partial v_0}{\partial x} + 2 A_{66} \frac{\partial^2 w_0}{\partial y \partial x} \frac{\partial u_0}{\partial y} + \frac{3}{2} A_{22} \left(\frac{\partial w_0}{\partial y}\right)^2 \frac{\partial^2 w_0}{\partial y^2}$$

$$+ \left(A_{55} + q_x \cos(\Omega_1 t) - N_x^P \cos(\Omega_4 t) + F_{55} c_2^2 - 2 D_{55} c_2\right) \frac{\partial^2 w_0}{\partial x^2}$$

$$- \frac{\partial N_x^P}{\partial x} \cos(\Omega_4 t) \frac{\partial w}{\partial x} + \left(F_{55} c_2^2 - 2 D_{55} c_2 + A_{55}\right) \frac{\partial \phi_x}{\partial x} - q \cos(\Omega_4 t) + k f \frac{\partial w_0}{\partial t}$$

$$= I_0\ddot{w}_0 - c_1^2 I_6 \left(\frac{\partial^2 \ddot{w}_0}{\partial x^2} + \frac{\partial^2 \ddot{w}_0}{\partial y^2} \right) + c_1 I_3 \left(\frac{\partial \ddot{u}_0}{\partial x} + \frac{\partial \ddot{v}_0}{\partial y} \right) + c_1 J_4 \left(\frac{\partial \ddot{\phi}_x}{\partial x} + \frac{\partial \ddot{\phi}_y}{\partial y} \right) \quad (11\text{-}1c)$$

$$\left(D_{11} - 2F_{11}c_1 + H_{11}c_1^2 \right) \frac{\partial^2 \phi_x}{\partial x^2} + \left(D_{66} - 2F_{66}c_1 + H_{66}c_1^2 \right) \frac{\partial^2 \phi_x}{\partial y^2}$$

$$- c_1 \left(F_{11} - H_{11}c_1 \right) \frac{\partial^3 w_0}{\partial x^3} - \left(F_{55}c_2^2 - 2D_{55}c_2 + A_{55} \right) \frac{\partial w_0}{\partial x}$$

$$+ \left(D_{12} + D_{66} + H_{66}c_1^2 - 2F_{66}c_1 + H_{12}c_1^2 - 2F_{12}c_1 \right) \frac{\partial^2 \phi_y}{\partial y \partial x}$$

$$- c_1 \left(2F_{66} + F_{12} - 2H_{66}c_1 - H_{12}c_1 \right) \frac{\partial^3 w_0}{\partial y^2 \partial x} + \left(2D_{55}c_2 - A_{55} - F_{55}c_2^2 \right) \phi_x$$

$$= J_1\ddot{u}_0 + K_2\ddot{\phi}_x - c_1 J_4 \frac{\partial \ddot{w}_0}{\partial x} \quad\quad\quad (11\text{-}1d)$$

$$\left(D_{66} - 2F_{66}c_1 + H_{66}c_1^2 \right) \frac{\partial^2 \phi_y}{\partial x^2} - c_1 \left(F_{21} + 2F_{66} - H_{21}c_1 - 2H_{66}c_1 \right) \frac{\partial^3 w_0}{\partial y \partial x^2}$$

$$+ \left(H_{21}c_1^2 + D_{66} + D_{21} - 2F_{21}c_1 + H_{66}c_1^2 - 2F_{66}c_1 \right) \frac{\partial^2 \phi_x}{\partial y \partial x}$$

$$+ \left(H_{22}c_1^2 + D_{22} - 2F_{22}c_1 \right) \frac{\partial^2 \phi_y}{\partial y^2} - c_1 \left(F_{22} - H_{22}c_1 \right) \frac{\partial^3 w_0}{\partial y^3}$$

$$- \left(F_{44}c_2^2 - 2D_{44}c_2 + A_{44} \right) \frac{\partial w_0}{\partial y} + \left(2D_{44}c_2 - F_{44}c_2^2 - A_{44} \right) \phi_y$$

$$= J_1\ddot{v}_0 + K_2\ddot{\phi}_y - c_1 J_4 \frac{\partial \ddot{w}_0}{\partial y} \quad\quad\quad (11\text{-}1e)$$

考虑压电复合材料层合板的边界条件为

当 $x = 0$ 时

$$v = w = \phi_y = N_{xy} = M_{xx} = 0 \quad\quad\quad (11\text{-}2a)$$

当 $x = a$ 时

$$u = v = w = \phi_y = N_{xy} = M_{xx} = 0 \quad\quad\quad (11\text{-}2b)$$

当 $y = 0$ 时

$$u = w = \phi_x = N_{xy} = M_{yy} = 0 \quad\quad\quad (11\text{-}2c)$$

当 $y = b$ 时

$$u = v = w = \phi_x = N_{xy} = M_{yy} = 0 \quad\quad\quad (11\text{-}2d)$$

$$\int_0^h N_{xx}\Big|_{x=0} \mathrm{d}z = -\int_0^h (q_x \cos(\varOmega_1 t))\,\mathrm{d}z \tag{11-2e}$$

$$\int_0^h N_{yy}\Big|_{y=0} \mathrm{d}z = -\int_0^h (q_y \cos(\varOmega_2 t))\mathrm{d}z \tag{11-2f}$$

方程 (11-1) 的模态函数可以取如下形式

$$u_0 = u_1(t)\cos\frac{\pi x}{2a}\cos\frac{\pi y}{2b} + u_2(t)\cos\frac{3\pi x}{2a}\cos\frac{\pi y}{2b} + u_3(t)\cos\frac{\pi x}{2a}\cos\frac{3\pi y}{2b} \tag{11-3a}$$

$$v_0 = v_1(t)\cos\frac{\pi y}{2b}\cos\frac{\pi x}{2a} + v_2(t)\cos\frac{\pi y}{2b}\cos\frac{3\pi x}{2a} + v_3(t)\cos\frac{3\pi y}{2b}\cos\frac{\pi x}{2a} \tag{11-3b}$$

$$w_0 = w_1(t)\sin\frac{\pi x}{a}\sin\frac{\pi y}{b} + w_2(t)\sin\frac{3\pi x}{a}\sin\frac{\pi y}{b} + w_3(t)\sin\frac{\pi x}{a}\sin\frac{3\pi y}{b} \tag{11-3c}$$

$$\phi_x = \phi_1(t)\cos\frac{\pi x}{a}\sin\frac{\pi y}{b} + \phi_2(t)\cos\frac{3\pi x}{a}\sin\frac{\pi y}{b} + \phi_3(t)\cos\frac{\pi x}{a}\sin\frac{3\pi y}{b} \tag{11-3d}$$

$$\phi_y = \phi_4(t)\cos\frac{\pi y}{b}\sin\frac{\pi x}{a} + \phi_5(t)\cos\frac{\pi y}{b}\sin\frac{3\pi x}{a} + \phi_6(t)\cos\frac{3\pi y}{b}\sin\frac{\pi x}{a} \tag{11-3e}$$

在方程 (11-1) 中引入无量纲变换为

$$\bar{u}=\frac{u_0}{a}, \quad \bar{v}=\frac{v_0}{b}, \quad \bar{w}=\frac{w_0}{h}, \quad \bar{\phi}_x=\phi_x, \quad \bar{\phi}_y=\phi_y, \quad \bar{x}=\frac{x}{a}, \quad \bar{y}=\frac{y}{b},$$

$$\bar{q}=\frac{b^2}{Eh^3}q, \quad \bar{q}_x=\frac{b^2}{Eh^3}q_x, \quad \bar{q}_y=\frac{b^2}{Eh^3}q_y, \quad \bar{t}=\pi^2\left(\frac{E}{ab\rho}\right)^{1/2}t, \quad \bar{A}_{ij}=\frac{(ab)^{1/2}}{Eh^2}A_{ij},$$

$$\bar{B}_{ij}=\frac{(ab)^{1/2}}{Eh^3}B_{ij}, \quad \bar{\varOmega}_i=\frac{1}{\pi^2}\left(\frac{ab\rho}{E}\right)^{1/2}\varOmega_i, \quad (i=1,2), \quad \bar{D}_{ij}=\frac{(ab)^{1/2}}{Eh^4}D_{ij},$$

$$\bar{E}_{ij}=\frac{(ab)^{1/2}}{Eh^5}E_{ij}, \quad \bar{F}_{ij}=\frac{(ab)^{1/2}}{Eh^6}F_{ij}, \quad \bar{H}_{ij}=\frac{(ab)^{1/2}}{Eh^8}H_{ij}, \quad \bar{I}_i=\frac{1}{(ab)^{(i+1)/2}\rho}I_i$$

为了便于下面的分析, 去掉参数和变量上面的符号 "-"。将方程 (11-2) 和方程 (11-3) 与上述的无量纲变换代入方程 (11-1) 中, 利用 Galerkin 方法进行离散, 得到压电复合材料层合板的三自由度非线性动力学方程为

$$\ddot{x}_1 + \mu_1\dot{x}_1 + \varpi_1^2 x_1 + (a_2\cos(\varOmega_1 t) + a_3\cos(\varOmega_2 t) + a_4\cos(\varOmega_3 t))\,x_1$$

$$+ a_5 x_1^2 x_2 + a_6 x_1^2 x_3 + a_7 x_2^2 x_1 + a_8 x_2^2 x_3 + a_9 x_3^2 x_1 + a_{10} x_3^2 x_2$$

$$+ a_{11} x_3^3 + a_{12} x_2^3 + a_{13} x_1^3 + a_{14} x_1 x_2 x_3 = f_1\cos(\varOmega_4 t) \tag{11-4a}$$

$$\ddot{x}_2 + \mu_2\dot{x}_2 + \varpi_2^2 x_2 + (b_2\cos(\varOmega_1 t) + b_3\cos(\varOmega_2 t) + b_4\cos(\varOmega_3 t))\,x_2$$

$$+ b_5 x_1^2 x_2 + b_6 x_1^2 x_3 + b_7 x_2^2 x_1 + b_8 x_2^2 x_3 + b_9 x_3^2 x_1 + b_{10} x_3^2 x_2$$

$$+ b_{11}x_3^3 + b_{12}x_2^3 + b_{13}x_1^3 + b_{14}x_1x_2x_3 = f_2\cos(\Omega_4 t) \tag{11-4b}$$

$$\ddot{x}_3 + \mu_3\dot{x}_3 + \varpi_3^2 x_3 + (d_2\cos(\Omega_1 t) + d_3\cos(\Omega_2 t) + d_4\cos(\Omega_3 t))\, x_3$$

$$+ d_5 x_1^2 x_2 + d_6 x_1^2 x_3 + d_7 x_2^2 x_1 + d_8 x_2^2 x_3 + d_9 x_3^2 x_1 + d_{10} x_3^2 x_2$$

$$+ d_{11}x_3^3 + d_{12}x_2^3 + d_{13}x_1^3 + d_{14}x_1x_2x_3 = f_3\cos(\Omega_4 t) \tag{11-4c}$$

其中, 所有的系数表达式可参看文献 [7, 8]。

11.3　规范形计算

容易发现方程 (11-4) 比较复杂, 无法直接利用改进的广义 Melnikov 方法来研究压电复合材料层合矩形板的非线性动力学特性。为了能够利用改进的广义 Melnikov 方法来分析压电复合材料层合矩形板的多脉冲混沌动力学行为, 需要对方程 (11-4) 作规范形计算。

已知方程 (11-4a)∼方程 (11-4c) 分别表示压电复合材料层合矩形板的前三阶模态的非线性振动。从工程实际出发, 可以发现第三阶模态的振动频率比前两阶模态的振动频率要大。从非线性动力学角度看, 即第三阶模态的振动频率比前两阶模态的振动频率要快。因此, 为了满足 7.1 节中假设 7.2 的条件 (7-9), 即向量 u 是快变流形, 需要对方程 (11-4) 作如下的坐标变换

$$x_1 = y_5, \quad \dot{x}_1 = \varpi_1 y_6, \quad x_2 = y_3, \quad \dot{x}_2 = \varpi_2 y_4, \quad x_3 = y_1, \quad \dot{x}_3 = y_2, \quad \phi = \Omega_4 t = \Omega t \tag{11-5}$$

同时考虑激励频率 $\Omega_i\,(i = 1, 2, 3)$ 是有理相关的, 它们有如下关系式

$$Z_1\phi = \Omega_1 t, \quad Z_2\phi = \Omega_2 t, \quad Z_3\phi = \Omega_3 t$$

其中, Z_1、Z_2 和 Z_3 都是非负整数。

因此, 把式 (11-5) 代入方程 (11-4), 可得

$$\dot{y}_1 = y_2 \tag{11-6a}$$

$$\dot{y}_2 = - \varpi_3^2 y_1 - d_5 y_3 y_5^2 - d_6 y_1 y_5^2 - d_7 y_3^2 y_5 - d_8 y_1 y_3^2 - d_9 y_1^2 y_5$$

$$- d_{10}y_1^2 y_3 - d_{11}y_1^3 - d_{12}y_3^3 - d_{13}y_5^3 - d_{14}y_1 y_2 y_3$$

$$- \mu_3 y_2 - y_1 \sum_{i=1}^{3} d_{i+1}\cos(Z_i\phi) + f_3\cos\phi \tag{11-6b}$$

$$\dot{y}_3 = \varpi_2 y_4 \tag{11-6c}$$

$$\dot{y}_4 = -\varpi_2 y_3 - \frac{b_5}{\varpi_2} y_3 y_5^2 - \frac{b_6}{\varpi_2} y_1 y_5^2 - \frac{b_7}{\varpi_2} y_3^2 y_5 - \frac{b_8}{\varpi_2} y_1 y_3^2 - \frac{b_9}{\varpi_2} y_1^2 y_5$$

$$- \frac{b_{10}}{\varpi_2} y_1^2 y_3 - \frac{b_{11}}{\varpi_2} y_1^3 - \frac{b_{12}}{\varpi_2} y_3^3 - \frac{b_{13}}{\varpi_2} y_5^3 - \frac{b_{14}}{\varpi_2} y_1 y_3 y_5$$

$$- \mu_2 y_4 - \frac{1}{\varpi_2} y_3 \sum_{i=1}^{3} b_{i+1} \cos(Z_i \phi) + \frac{f_2}{\varpi_2} \cos\phi \qquad (11\text{-}6\mathrm{d})$$

$$\dot{y}_5 = \varpi_1 y_6 \qquad (11\text{-}6\mathrm{e})$$

$$\dot{y}_6 = -\varpi_1 y_5 - \frac{a_5}{\varpi_1} y_3 y_5^2 - \frac{a_6}{\varpi_1} y_1 y_5^2 - \frac{a_7}{\varpi_1} y_3^2 y_5 - \frac{a_8}{\varpi_1} y_1 y_3^2 - \frac{a_9}{\varpi_1} y_1^2 y_5$$

$$- \frac{a_{10}}{\varpi_1} y_1^2 y_3 - \frac{a_{11}}{\varpi_1} y_1^3 - \frac{a_{12}}{\varpi_1} y_3^3 - \frac{a_{13}}{\varpi_1} y_5^3 - \frac{a_{14}}{\varpi_1} y_1 y_3 y_5$$

$$- \mu_1 y_6 - \frac{1}{\varpi_1} y_5 \sum_{i=1}^{3} a_{i+1} \cos(Z_i \phi) + \frac{f_1}{\varpi_1} \cos\phi \qquad (11\text{-}6\mathrm{f})$$

$$\dot{\phi} = \Omega \qquad (11\text{-}6\mathrm{g})$$

把方程 (11-6) 中的激励和阻尼项视为扰动项, 考虑如下无扰动项的系统

$$\dot{y}_1 = y_2 \qquad (11\text{-}7\mathrm{a})$$

$$\dot{y}_2 = -d_5 y_3 y_5^2 - d_6 y_1 y_5^2 - d_7 y_3^2 y_5 - d_8 y_1 y_3^2 - d_9 y_1^2 y_5 - d_{10} y_1^2 y_3$$

$$- d_{11} y_1^3 - d_{12} y_3^3 - d_{13} y_5^3 - d_{14} y_1 y_2 y_3 \qquad (11\text{-}7\mathrm{b})$$

$$\dot{y}_3 = \varpi_2 y_4 \qquad (11\text{-}7\mathrm{c})$$

$$\dot{y}_4 = -\varpi_2 y_3 - \frac{b_5}{\varpi_2} y_3 y_5^2 - \frac{b_6}{\varpi_2} y_1 y_5^2 - \frac{b_7}{\varpi_2} y_3^2 y_5 - \frac{b_8}{\varpi_2} y_1 y_3^2 - \frac{b_9}{\varpi_2} y_1^2 y_5$$

$$- \frac{b_{10}}{\varpi_2} y_1^2 y_3 - \frac{b_{11}}{\varpi_2} y_1^3 - \frac{b_{12}}{\varpi_2} y_3^3 - \frac{b_{13}}{\varpi_2} y_5^3 - \frac{b_{14}}{\varpi_2} y_1 y_3 y_5 \qquad (11\text{-}7\mathrm{d})$$

$$\dot{y}_5 = \varpi_1 y_6 \qquad (11\text{-}7\mathrm{e})$$

$$\dot{y}_6 = -\varpi_1 y_5 - \frac{a_5}{\varpi_1} y_3 y_5^2 - \frac{a_6}{\varpi_1} y_1 y_5^2 - \frac{a_7}{\varpi_1} y_3^2 y_5 - \frac{a_8}{\varpi_1} y_1 y_3^2 - \frac{a_9}{\varpi_1} y_1^2 y_5$$

$$- \frac{a_{10}}{\varpi_1} y_1^2 y_3 - \frac{a_{11}}{\varpi_1} y_1^3 - \frac{a_{12}}{\varpi_1} y_3^3 - \frac{a_{13}}{\varpi_1} y_5^3 - \frac{a_{14}}{\varpi_1} y_1 y_3 y_5 \qquad (11\text{-}7\mathrm{f})$$

$$\dot{\phi} = \Omega \qquad (11\text{-}7\mathrm{g})$$

因为方程 (11-7g) 与方程 (11-7) 的前六个方程可以解耦, 因此, 只对方程 (11-7) 的前六个方程进行规范形计算. 易见, 方程 (11-7a)~方程 (11-7f) 有零奇

点 $(y_1, y_2, y_3, y_4, y_5, y_6) = (0, 0, 0, 0, 0, 0)$，在此平衡点的线性方程的 Jacobi 矩阵为

$$A = \begin{pmatrix} 0 & 1 & 0 & 0 & 0 & 0 \\ 0 & 0 & 0 & 0 & 0 & 0 \\ 0 & 0 & 0 & \varpi_2 & 0 & 0 \\ 0 & 0 & -\varpi_2 & 0 & 0 & 0 \\ 0 & 0 & 0 & 0 & 0 & \varpi_1 \\ 0 & 0 & 0 & 0 & -\varpi_1 & 0 \end{pmatrix} \tag{11-8}$$

Jacobi 矩阵式 (11-8) 的特征方程为

$$|\lambda E - A| = \lambda^2(\lambda^2 + \varpi_2^2)(\lambda^2 + \varpi_1^2) = 0 \tag{11-9}$$

特征方程 (11-9) 有双零特征值和两对纯虚特征值

$$\lambda_{1,2} = 0, \quad \lambda_{3,4} = \pm \mathrm{i}\varpi_2, \quad \lambda_{5,6} = \pm \mathrm{i}\varpi_1 \tag{11-10}$$

利用三阶规范形 Maple 程序 [19] 进行计算，得到方程 (11-7a)~方程 (11-7f) 的三阶规范形方程为

$$\dot{y}_1 = y_2 \tag{11-11a}$$

$$\dot{y}_2 = -\frac{1}{2}d_8 y_1 y_3^2 - \frac{1}{2}d_8 y_1 y_4^2 - \frac{1}{2}d_6 y_1 y_5^2 - \frac{1}{2}d_6 y_1 y_6^2 - d_{11} y_1^3 \tag{11-11b}$$

$$\dot{y}_3 = \varpi_2 y_4 + \tilde{b}_{12} y_3^2 y_4 + \tilde{b}_{12} y_4^3 + \tilde{b}_5 y_4 y_5^2 + \tilde{b}_5 y_4 y_6^2 + \frac{1}{2}\tilde{b}_{10} y_1^2 y_4 \tag{11-11c}$$

$$\dot{y}_4 = -\varpi_2 y_3 - \tilde{b}_{12} y_3 y_4^2 - \tilde{b}_{12} y_3^3 - \tilde{b}_5 y_3 y_5^2 - \tilde{b}_5 y_3 y_6^2 - \frac{1}{2}\tilde{b}_{10} y_1^2 y_3 \tag{11-11d}$$

$$\dot{y}_5 = \varpi_1 y_6 + \tilde{a}_{13} y_5^2 y_6 + \tilde{a}_{13} y_6^3 + \tilde{a}_7 y_4^2 y_6 + \tilde{a}_7 y_3^2 y_6 + \frac{1}{2}\tilde{a}_9 y_1^2 y_6 \tag{11-11e}$$

$$\dot{y}_6 = -\varpi_1 y_5 - \tilde{a}_{13} y_5 y_6^2 - \tilde{a}_{13} y_5^3 - \tilde{a}_7 y_4^2 y_5 - \tilde{a}_7 y_3^2 y_5 - \frac{1}{2}\tilde{a}_9 y_1^2 y_5 \tag{11-11f}$$

其中，$\tilde{b}_{12} = \dfrac{3b_{12}}{8\varpi_2}$，$\tilde{b}_5 = \dfrac{b_5}{4\varpi_2}$，$\tilde{b}_{10} = \dfrac{b_{10}}{\varpi_2}$，$\tilde{a}_{13} = \dfrac{3a_{13}}{8\varpi_1}$，$\tilde{a}_7 = \dfrac{a_7}{4\varpi_1}$，$\tilde{a}_9 = \dfrac{a_9}{\varpi_1}$，所用非线性变换如下

$$y_1 = \frac{4d_5\varpi_1\varpi_2}{(4\varpi_1^2 - \varpi_2^2)^2} y_4 y_5 y_6 + \frac{4d_7\varpi_1\varpi_2}{(\varpi_1^2 - 4\varpi_2^2)^2} y_3 y_4 y_6 - \frac{2d_{14}\varpi_2(3\varpi_1^2 + \varpi_2^2)}{(\varpi_1^2 - \varpi_2^2)^3} y_2 y_4 y_5$$

$$+ \frac{2d_{14}\varpi_1\varpi_2}{(\varpi_1^2 - \varpi_2^2)^2} y_1 y_4 y_6 + \frac{2d_5\varpi_1^2(4\varpi_1^2 - 3\varpi_2^2)}{\varpi_2^2(4\varpi_1^2 - \varpi_2^2)^2} y_3 y_6^2 - \frac{2d_7\varpi_2^2(3\varpi_1^2 - 4\varpi_2^2)}{\varpi_1^2(\varpi_1^2 - 4\varpi_2^2)^2} y_4^2 y_5$$

$$+ \frac{d_{10}}{\varpi_2^2} y_1^2 y_3 + \frac{d_9}{\varpi_1^2} y_1^2 y_5 - \frac{6d_{10}}{\varpi_2^4} y_2^2 y_3 - \frac{6d_9}{\varpi_1^4} y_2^2 y_5 - \frac{d_8}{4\varpi_2^2} y_1 y_4^2$$

$$+ \frac{2d_{12}}{3\varpi_2^2} y_3 y_4^2 - \frac{d_6}{4\varpi_1^2} y_1 y_6^2 + \frac{2d_{13}}{3\varpi_1^2} y_5 y_6^2 + \frac{d_7(\varpi_1^4 - 2\varpi_1^2\varpi_2^2 + 8\varpi_2^4)}{\varpi_1^2(\varpi_1^2 - 4\varpi_2^2)^2} y_3^2 y_5$$

$$+ \frac{d_5(8\varpi_1^4 - 2\varpi_1^2\varpi_2^2 + \varpi_2^4)}{\varpi_2^2(4\varpi_1^2 - \varpi_2^2)^2} y_3 y_5^2 + \frac{d_{14}(\varpi_1^2 + \varpi_2^2)}{(\varpi_1^2 - \varpi_2^2)^2} y_1 y_3 y_5$$

$$+ \frac{2d_{14}\varpi_1(\varpi_1^2 + 3\varpi_2^2)}{(\varpi_1^2 - \varpi_2^2)^3} y_2 y_3 y_6 + \frac{7d_{12}}{9\varpi_2^2} y_3^3 + \frac{7d_{13}}{9\varpi_1^2} y_5^3 + \frac{4d_{10}}{\varpi_2^3} y_1 y_2 y_4$$

$$+ \frac{4d_9}{\varpi_1^3} y_1 y_2 y_6 + \frac{d_8}{4\varpi_2^3} y_2 y_3 y_4 + \frac{d_6}{4\varpi_1^3} y_2 y_5 y_6 \tag{11-12a}$$

$$y_2 = - \frac{2d_{14}\varpi_1\varpi_2}{(\varpi_1^2 - \varpi_2^2)^2} y_2 y_4 y_6 + \frac{d_{10}}{\varpi_2} y_1^2 y_4 + \frac{d_9}{\varpi_1} y_1^2 y_6 + \frac{d_{12}}{\varpi_2} y_3^2 y_4 + \frac{d_{13}}{\varpi_1} y_5^2 y_6$$

$$- \frac{2d_{10}}{\varpi_2^3} y_2^2 y_4 - \frac{2d_9}{\varpi_1^3} y_2^2 y_6 - \frac{d_8}{4\varpi_2^2} y_2 y_3^2 - \frac{d_6}{4\varpi_1^2} y_2 y_5^2 + \frac{d_7(\varpi_1^2 - 2\varpi_2^2)}{\varpi_1(\varpi_1^2 - 4\varpi_2^2)} y_3^2 y_6$$

$$+ \frac{d_5(2\varpi_1^2 - \varpi_2^2)}{\varpi_2(4\varpi_1^2 - \varpi_2^2)} y_4 y_5^2 + \frac{d_{14}\varpi_1}{\varpi_1^2 - \varpi_2^2} y_1 y_3 y_6 - \frac{2d_7\varpi_2^2}{\varpi_1(\varpi_1^2 - 4\varpi_2^2)} y_4^2 y_6$$

$$+ \frac{2d_5\varpi_1^2}{\varpi_2(4\varpi_1^2 - \varpi_2^2)} y_4 y_6^2 - \frac{d_{14}\varpi_2}{\varpi_1^2 - \varpi_2^2} y_1 y_4 y_5 - \frac{d_{14}(\varpi_1^2 + \varpi_2^2)}{(\varpi_1^2 - \varpi_2^2)^2} y_2 y_3 y_5$$

$$- \frac{2d_7\varpi_2}{\varpi_1^2 - 4\varpi_2^2} y_3 y_4 y_5 + \frac{2d_5\varpi_1}{4\varpi_1^2 - \varpi_2^2} y_3 y_5 y_6 + \frac{2d_{12}}{3\varpi_2} y_4^3 + \frac{2d_{13}}{3\varpi_1} y_6^3 - \frac{2d_{10}}{\varpi_2^2} y_1 y_2 y_3$$

$$- \frac{2d_9}{\varpi_1^2} y_1 y_2 y_5 + \frac{d_8}{2\varpi_2} y_1 y_3 y_4 + \frac{d_6}{2\varpi_1} y_1 y_5 y_6 \tag{11-12b}$$

$$y_3 = \frac{b_5\varpi_2}{4\varpi_1(\varpi_1^2 - \varpi_2^2)} y_4 y_5 y_6 + \frac{4b_7\varpi_1\varpi_2}{(\varpi_1^2 - \varpi_2^2)(\varpi_1^2 - 9\varpi_2^2)} y_3 y_4 y_6 + \frac{2b_{14}\varpi_2}{\varpi_1(\varpi_1^2 - 4\varpi_2^2)} y_1 y_4 y_6$$

$$+ \frac{b_{13}(7\varpi_1^2 - \varpi_2^2)}{(\varpi_1^2 - \varpi_2^2)(9\varpi_1^2 - \varpi_2^2)} y_5^3 + \frac{b_9}{\varpi_1^2 - \varpi_2^2} y_1^2 y_5 - \frac{b_{10}}{4\varpi_2^2} y_1^2 y_3 + \frac{6b_{11}}{\varpi_2^4} y_1 y_2^2$$

$$+ \frac{b_{10}}{4\varpi_2^4} y_2^2 y_3 - \frac{b_8}{3\varpi_2^2} y_1 y_3^2 - \frac{2b_8}{3\varpi_2^2} y_1 y_4^2 - \frac{3b_{12}}{8\varpi_2^2} y_3 y_4^2 - \frac{b_5}{4\varpi_2^2} y_3 y_5^2$$

$$- \frac{2b_9(3\varpi_1^2 + \varpi_2^2)}{(\varpi_1^2 - \varpi_2^2)^3} y_2^2 y_5 - \frac{b_6(2\varpi_1^2 - \varpi_2^2)}{\varpi_2^2(4\varpi_1^2 - \varpi_2^2)} y_1 y_5^2 - \frac{2b_6\varpi_1^2}{\varpi_2^2(4\varpi_1^2 - \varpi_2^2)} y_1 y_6^2$$

$$- \frac{b_5\varpi_1^2}{4\varpi_2^2(\varpi_1^2 - \varpi_2^2)} y_3 y_6^2 + \frac{4b_9\varpi_1}{(\varpi_1^2 - \varpi_2^2)^2} y_1 y_2 y_6 + \frac{2b_{14}\varpi_1}{(\varpi_1^2 - 4\varpi_2^2)^2} y_2 y_3 y_6$$

$$+ \frac{4b_6\varpi_1}{(4\varpi_1^2 - \varpi_2^2)^2} y_2 y_5 y_6 - \frac{2b_{14}\varpi_2(3\varpi_1^2 - 4\varpi_2^2)}{\varpi_1^2(\varpi_1^2 - 4\varpi_2^2)^2} y_2 y_4 y_5 - \frac{b_{11}}{\varpi_2^2} y_1^3 - \frac{b_{12}}{4\varpi_2^2} y_3^3$$

$$+ \frac{b_7(\varpi_1^2 - 3\varpi_2^2)}{(\varpi_1^2 - \varpi_2^2)(\varpi_1^2 - 9\varpi_2^2)} y_3^2 y_5 + \frac{b_{14}}{\varpi_1^2 - 4\varpi_2^2} y_1 y_3 y_5 - \frac{6b_7\varpi_2^2}{(\varpi_1^2 - \varpi_2^2)(\varpi_1^2 - 9\varpi_2^2)} y_4^2 y_5$$

$$+ \frac{6b_{13}\varpi_1^2}{(\varpi_1^2 - \varpi_2^2)(9\varpi_1^2 - \varpi_2^2)} y_5 y_6^2 - \frac{b_{10}}{4\varpi_2^3} y_1 y_2 y_4 + \frac{4b_8}{9\varpi_2^3} y_2 y_3 y_4 \tag{11-12c}$$

$$y_4 = \frac{2b_6\varpi_1}{\varpi_2(4\varpi_1^2 - \varpi_2^2)} y_1 y_5 y_6 - \frac{2b_9(\varpi_1^2 + \varpi_2^2)}{\varpi_2(\varpi_1^2 - \varpi_2^2)^2} y_1 y_2 y_5 - \frac{2b_6\varpi_1^2(4\varpi_1^2 - 3\varpi_2^2)}{\varpi_2^3(4\varpi_1^2 - \varpi_2^2)^2} y_2 y_6^2$$

$$+ \frac{3b_{13}\varpi_1(3\varpi_1^2 - \varpi_2^2)}{\varpi_2(\varpi_1^2 - \varpi_2^2)(9\varpi_1^2 - \varpi_2^2)} y_5^2 y_6 - \frac{2b_9\varpi_1(\varpi_1^2 + 3\varpi_2^2)}{\varpi_2(\varpi_1^2 - \varpi_2^2)^3} y_2^2 y_6$$

$$+ \frac{b_7\varpi_1(\varpi_1^2 - 7\varpi_2^2)}{\varpi_2(\varpi_1^2 - \varpi_2^2)(\varpi_1^2 - 9\varpi_2^2)} y_3^2 y_6 - \frac{3b_{11}}{\varpi_2^3} y_1^2 y_2 + \frac{b_{10}}{4\varpi_2^2} y_1^2 y_4 - \frac{7b_8}{9\varpi_2^3} y_2 y_3^2$$

$$+ \frac{3b_{12}}{8\varpi_2^2} y_3^2 y_4 - \frac{2b_8}{9\varpi_2^3} y_2 y_4^2 - \frac{b_5}{4(\varpi_1^2 - \varpi_2^2)} y_4 y_5^2 + \frac{b_9\varpi_1}{\varpi_2(\varpi_1^2 - \varpi_2^2)} y_1^2 y_6$$

$$- \frac{2b_7\varpi_1\varpi_2}{(\varpi_1^2 - \varpi_2^2)(\varpi_1^2 - 9\varpi_2^2)} y_4^2 y_6 - \frac{b_6(8\varpi_1^4 - 2\varpi_1^2\varpi_2^2 + \varpi_2^4)}{\varpi_2^3(4\varpi_1^2 - \varpi_2^2)^2} y_2 y_5^2$$

$$- \frac{2b_{14}\varpi_1}{(\varpi_1^2 - 4\varpi_2^2)^2} y_2 y_4 y_6 - \frac{2b_7(\varpi_1^2 - 3\varpi_2^2)}{(\varpi_1^2 - \varpi_2^2)(\varpi_1^2 - 9\varpi_2^2)} y_3 y_4 y_5$$

$$+ \frac{b_{14}(\varpi_1^2 - 2\varpi_2^2)}{\varpi_1\varpi_2(\varpi_1^2 - 4\varpi_2^2)} y_1 y_3 y_6 - \frac{b_{14}(\varpi_1^4 - 2\varpi_1^2\varpi_2^2 + 8\varpi_2^4)}{\varpi_2\varpi_1^2(\varpi_1^2 - 4\varpi_2^2)^2} y_2 y_3 y_5$$

$$+ \frac{b_5(2\varpi_1^2 - \varpi_2^2)}{4\varpi_1\varpi_2(\varpi_1^2 - \varpi_2^2)} y_3 y_5 y_6 + \frac{6b_{11}}{\varpi_2^5} y_2^3 + \frac{6b_{13}\varpi_1^3}{\varpi_2(\varpi_1^2 - \varpi_2^2)(9\varpi_1^2 - \varpi_2^2)} y_6^3$$

$$- \frac{b_{10}}{4\varpi_2^3} y_1 y_2 y_3 + \frac{2b_8}{3\varpi_2^2} y_1 y_3 y_4 - \frac{b_{14}}{\varpi_1^2 - 4\varpi_2^2} y_1 y_4 y_5 \tag{11-12d}$$

$$y_5 = -\frac{2a_{14}\varpi_1}{\varpi_2(4\varpi_1^2 - \varpi_2^2)} y_1 y_4 y_6 + \frac{4a_5\varpi_1\varpi_2}{(\varpi_1^2 - \varpi_2^2)(9\varpi_1^2 - \varpi_2^2)} y_4 y_5 y_6$$

$$- \frac{a_7\varpi_1}{4\varpi_2(\varpi_1^2 - \varpi_2^2)} y_3 y_4 y_6 + \frac{2a_{14}\varpi_1(4\varpi_1^2 - 3\varpi_2^2)}{\varpi_2^2(4\varpi_1^2 - \varpi_2^2)^2} y_2 y_3 y_6$$

$$- \frac{a_{12}(\varpi_1^2 - 7\varpi_2^2)}{(\varpi_1^2 - \varpi_2^2)(\varpi_1^2 - 9\varpi_2^2)} y_3^3 - \frac{a_{10}}{\varpi_1^2 - \varpi_2^2} y_1^2 y_3 - \frac{a_9}{4\varpi_1^2} y_1^2 y_5 + \frac{6a_{11}}{\varpi_1^4} y_1 y_2^2$$

$$+ \frac{a_9}{4\varpi_1^4} y_2^2 y_5 - \frac{a_7}{4\varpi_1^2} y_3^2 y_5 - \frac{a_6}{3\varpi_1^2} y_1 y_5^2 - \frac{2a_6}{3\varpi_1^2} y_1 y_6^2 - \frac{3a_{13}}{8\varpi_1^2} y_5 y_6^2$$

$$+ \frac{2a_{10}(\varpi_1^2 + 3\varpi_2^2)}{(\varpi_1^2 - \varpi_2^2)^3} y_2^2 y_3 - \frac{a_8(\varpi_1^2 - 2\varpi_2^2)}{\varpi_1^2(\varpi_1^2 - 4\varpi_2^2)} y_1 y_3^2 + \frac{2a_8\varpi_2^2}{\varpi_1^2(\varpi_1^2 - 4\varpi_2^2)} y_1 y_4^2$$

$$+ \frac{a_7\varpi_2^2}{4\varpi_1^2(\varpi_1^2-\varpi_2^2)}y_4^2y_5 + \frac{4a_{10}\varpi_2}{(\varpi_1^2-\varpi_2^2)^2}y_1y_2y_4 + \frac{4a_8\varpi_2}{(\varpi_1^2-4\varpi_2^2)^2}y_2y_3y_4$$

$$+ \frac{2a_{14}\varpi_2}{(4\varpi_1^2-\varpi_2^2)^2}y_2y_4y_5 - \frac{a_{11}}{\varpi_1^2}y_1^3 - \frac{a_{13}}{4\varpi_1^2}y_5^3 + \frac{6a_{12}\varpi_2^2}{(\varpi_1^2-\varpi_2^2)(\varpi_1^2-9\varpi_2^2)}y_3y_4^2$$

$$- \frac{a_5(3\varpi_1^2-\varpi_2^2)}{(\varpi_1^2-\varpi_2^2)(9\varpi_1^2-\varpi_2^2)}y_3y_5^2 - \frac{6a_5\varpi_1^2}{(\varpi_1^2-\varpi_2^2)(9\varpi_1^2-\varpi_2^2)}y_3y_6^2 - \frac{a_9}{4\varpi_1^3}y_1y_2y_6$$

$$- \frac{a_{14}}{4\varpi_1^2-\varpi_2^2}y_1y_3y_5 + \frac{4a_6}{9\varpi_1^3}y_2y_5y_6 \tag{11-12e}$$

$$y_6 = - \frac{2a_8\varpi_2}{\varpi_1(\varpi_1^2-4\varpi_2^2)}y_1y_3y_4 - \frac{2a_{10}(\varpi_1^2+\varpi_2^2)}{\varpi_1(\varpi_1^2-\varpi_2^2)^2}y_1y_2y_3 - \frac{a_5\varpi_2(7\varpi_1^2-\varpi_2^2)}{\varpi_1(\varpi_1^2-\varpi_2^2)(9\varpi_1^2-\varpi_2^2)}y_4y_5^2$$

$$+ \frac{2a_8\varpi_2^2(3\varpi_1^2-4\varpi_2^2)}{\varpi_1^3(\varpi_1^2-4\varpi_2^2)^2}y_2y_4^2 - \frac{3a_{12}\varpi_2(\varpi_1^2-3\varpi_2^2)}{\varpi_1(\varpi_1^2-\varpi_2^2)(\varpi_1^2-9\varpi_2^2)}y_3^2y_4$$

$$+ \frac{2a_{10}\varpi_2(3\varpi_1^2+\varpi_2^2)}{\varpi_1(\varpi_1^2-\varpi_2^2)^3}y_2^2y_4 - \frac{a_{14}(8\varpi_1^4-2\varpi_1^2\varpi_2^2+\varpi_2^4)}{\varpi_1\varpi_2^2(4\varpi_1^2-\varpi_2^2)^2}y_2y_3y_5$$

$$+ \frac{a_7(\varpi_1^2-2\varpi_2^2)}{4\varpi_1\varpi_2(\varpi_1^2-\varpi_2^2)}y_3y_4y_5 - \frac{3a_{11}}{\varpi_1^3}y_1^2y_2 + \frac{a_9}{4\varpi_1^2}y_1^2y_6 + \frac{a_7}{4(\varpi_1^2-\varpi_2^2)}y_3^2y_6$$

$$- \frac{7a_6}{9\varpi_1^3}y_2y_5^2 + \frac{3a_{13}}{8\varpi_1^2}y_5^2y_6 - \frac{2a_6}{9\varpi_1^3}y_2y_6^2 + \frac{a_{14}}{4\varpi_1^2-\varpi_2^2}y_1y_3y_6$$

$$+ \frac{6a_{12}\varpi_2^3}{\varpi_1(\varpi_1^2-\varpi_2^2)(\varpi_1^2-9\varpi_2^2)}y_4^3 - \frac{a_9}{4\varpi_1^3}y_1y_2y_5 + \frac{2a_6}{3\varpi_1^2}y_1y_5y_6$$

$$- \frac{a_{10}\varpi_2}{\varpi_1(\varpi_1^2-\varpi_2^2)}y_1^2y_4 - \frac{a_8(\varpi_1^4-2\varpi_1^2\varpi_2^2+8\varpi_2^4)}{\varpi_1^3(\varpi_1^2-4\varpi_2^2)^2}y_2y_3^2$$

$$- \frac{2a_5\varpi_1\varpi_2}{(\varpi_1^2-\varpi_2^2)(9\varpi_1^2-\varpi_2^2)}y_4y_6^2 - \frac{2a_{14}\varpi_2}{(4\varpi_1^2-\varpi_2^2)^2}y_2y_4y_6$$

$$+ \frac{2a_5(3\varpi_1^2-\varpi_2^2)}{(\varpi_1^2-\varpi_2^2)(9\varpi_1^2-\varpi_2^2)}y_3y_5y_6 + \frac{a_{14}(2\varpi_1^2-\varpi_2^2)}{\varpi_1\varpi_2(4\varpi_1^2-\varpi_2^2)}y_1y_4y_5 + \frac{6a_{11}}{\varpi_1^5}y_2^3 \tag{11-12f}$$

对方程 (11-11) 加上阻尼与激励项，考虑如下带扰动项的系统

$$\dot{y}_1 = y_2 \tag{11-13a}$$

$$\dot{y}_2 = -\varpi_3^2 y_1 - \frac{1}{2}d_8 y_1 y_3^2 - \frac{1}{2}d_8 y_1 y_4^2 - \frac{1}{2}d_6 y_1 y_5^2 - \frac{1}{2}d_6 y_1 y_6^2 - d_{11}y_1^3$$

$$- \mu_3 y_2 - y_1 \sum_{i=1}^{3} d_{i+1}\cos(Z_i\phi) + f_3\cos\phi \tag{11-13b}$$

$$\dot{y}_3 = \varpi_2 y_4 + \tilde{b}_{12} y_3^2 y_4 + \tilde{b}_{12} y_4^3 + \tilde{b}_5 y_4 y_5^2 + \tilde{b}_5 y_4 y_6^2 + \frac{1}{2}\tilde{b}_{10} y_1^2 y_4 \tag{11-13c}$$

$$\dot{y}_4 = -\varpi_2 y_3 - \tilde{b}_{12} y_3 y_4^2 - \tilde{b}_{12} y_3^3 - \tilde{b}_5 y_3 y_5^2 - \tilde{b}_5 y_3 y_6^2 - \frac{1}{2}\tilde{b}_{10} y_1^2 y_3$$

$$- \mu_2 y_4 - \frac{1}{\varpi_2} y_3 \sum_{i=1}^{3} b_{i+1} \cos(Z_i \phi) + \frac{f_2}{\varpi_2}\cos\phi \tag{11-13d}$$

$$\dot{y}_5 = \varpi_1 y_6 + \tilde{a}_{13} y_5^2 y_6 + \tilde{a}_{13} y_6^3 + \tilde{a}_7 y_4^2 y_6 + \tilde{a}_7 y_3^2 y_6 + \frac{1}{2}\tilde{a}_9 y_1^2 y_6 \tag{11-13e}$$

$$\dot{y}_6 = -\varpi_1 y_5 - \tilde{a}_{13} y_5 y_6^2 - \tilde{a}_{13} y_5^3 - \tilde{a}_7 y_4^2 y_5 - \tilde{a}_7 y_3^2 y_5 - \frac{1}{2}\tilde{a}_9 y_1^2 y_5$$

$$- \mu_1 y_6 - \frac{1}{\varpi_1} y_5 \sum_{i=1}^{3} a_{i+1} \cos(Z_i \phi) + \frac{f_1}{\varpi_1}\cos\phi \tag{11-13f}$$

$$\dot{\phi} = \Omega \tag{11-13g}$$

在方程 (11-13) 中引入如下形式的坐标变换

$$y_1 = u_1, \quad y_2 = u_2, \quad y_3 = I_1 \cos\theta_1, \quad y_4 = I_1 \sin\theta_1, \quad y_5 = I_2 \cos\theta_2, \quad y_6 = I_2 \sin\theta_2 \tag{11-14}$$

把式 (11-14) 代入方程 (11-13)，可得如下系统

$$\dot{u}_1 = u_2 \tag{11-15a}$$

$$\dot{u}_2 = -\varpi_3^2 u_1 - \frac{1}{2}d_8 u_1 I_1^2 - \frac{1}{2}d_6 u_1 I_2^2 - d_{11} u_1^3 - \mu_3 u_2$$

$$- u_1 \sum_{i=1}^{3} d_{i+1}\cos(Z_i\phi) + f_3 \cos\phi \tag{11-15b}$$

$$\dot{I}_1 = -\mu_2 I_1 \sin^2\theta_1 - \frac{1}{\varpi_2} I_1 \sin\theta_1 \cos\theta_1 \sum_{i=1}^{3} b_{i+1}\cos(Z_i\phi) + \frac{f_2}{\varpi_2}\sin\theta_1\cos\phi \tag{11-15c}$$

$$\dot{\theta}_1 I_1 = -\varpi_2 I_1 - \tilde{b}_{12} I_1^3 - \tilde{b}_5 I_1 I_2^2 - \frac{1}{2}\tilde{b}_{10} u_1^2 I_1 - \mu_2 I_1 \sin\theta_1\cos\theta_1$$

$$- \frac{1}{\varpi_2} I_1 \cos^2\theta_1 \sum_{i=1}^{3} b_{i+1}\cos(Z_i\phi) + \frac{f_2}{\varpi_2}\cos\theta_1\cos\phi \tag{11-15d}$$

$$\dot{I}_2 = -\mu_1 I_2 \sin^2\theta_2 - \frac{1}{\varpi_1} I_2 \sin\theta_2\cos\theta_2 \sum_{i=1}^{3} a_{i+1}\cos(Z_i\phi) + \frac{f_1}{\varpi_1}\sin\theta_2\cos\phi \tag{11-15e}$$

$$\dot{\theta}_2 I_2 = -\varpi_1 I_2 - \tilde{a}_{13} I_2^3 - \tilde{a}_7 I_1^2 I_2 - \frac{1}{2}\tilde{a}_9 u_1^2 I_2 - \mu_1 I_2 \sin\theta_2\cos\theta_2$$

$$- \frac{1}{\varpi_1} I_2 \cos^2 \theta_2 \sum_{i=1}^{3} a_{i+1} \cos(Z_i \phi) + \frac{f_1}{\varpi_1} \cos \theta_2 \cos \phi \tag{11-15f}$$

$$\dot{\phi} = \Omega \tag{11-15g}$$

在方程 (11-15) 中引入如下形式的坐标变换

$$u_1 = \sqrt{\frac{|d_6|}{|\tilde{a}_9|}} u_1', \quad u_2 = \sqrt{\frac{|d_6|}{|\tilde{a}_9|}} u_2', \quad I_1 = \sqrt{\frac{|\tilde{b}_5|}{|\tilde{a}_7|}} I_1', \quad I_2 = I_2', \quad \theta_1 = \theta_1', \quad \theta_2 = \theta_2' \tag{11-16}$$

同时满足条件 $\tilde{b}_{10} d_6 \tilde{a}_7 = d_8 \tilde{b}_5 \tilde{a}_9$，去掉 "'"，把式 (11-14) 代入方程 (11-13)，可得

$$\dot{u}_1 = u_2 \tag{11-17a}$$

$$\dot{u}_2 = - \varpi_3^2 u_1 - \frac{1}{2} \tilde{d}_8 u_1 I_1^2 - \frac{1}{2} d_6 u_1 I_2^2 - \tilde{d}_{11} u_1^3 - \mu_3 u_2$$

$$- u_1 \sum_{i=1}^{3} d_{i+1} \cos(Z_i \phi) + \tilde{f}_3 \cos \phi \tag{11-17b}$$

$$\dot{I}_1 = - \mu_2 I_1 \sin^2 \theta_1 - I_1 \sin \theta_1 \cos \theta_1 \sum_{i=1}^{3} \tilde{b}_{i+1} \cos(Z_i \phi) + \tilde{f}_2 \sin \theta_1 \cos \phi \tag{11-17c}$$

$$\dot{\theta}_1 I_1 = - \varpi_2 I_1 - \bar{b}_{12} I_1^3 - \tilde{b}_5 I_1 I_2^2 - \frac{1}{2} \tilde{d}_8 u_1^2 I_1 - \mu_2 I_1 \sin \theta_1 \cos \theta_1$$

$$- I_1 \cos^2 \theta_1 \sum_{i=1}^{3} \tilde{b}_{i+1} \cos(Z_i \phi) + \tilde{f}_2 \cos \theta_1 \cos \phi \tag{11-17d}$$

$$\dot{I}_2 = - \mu_1 I_2 \sin^2 \theta_2 - I_2 \sin \theta_2 \cos \theta_2 \sum_{i=1}^{3} \tilde{a}_{i+1} \cos(Z_i \phi) + \tilde{f}_1 \sin \theta_2 \cos \phi \tag{11-17e}$$

$$\dot{\theta}_2 I_2 = - \varpi_1 I_2 - \tilde{a}_{13} I_2^3 - \tilde{b}_5 I_1^2 I_2 - \frac{1}{2} d_6 u_1^2 I_2 - \mu_1 I_2 \sin \theta_2 \cos \theta_2$$

$$- I_2 \cos^2 \theta_2 \sum_{i=1}^{3} \tilde{a}_{i+1} \cos(Z_i \phi) + \tilde{f}_1 \cos \theta_2 \cos \phi \tag{11-17f}$$

$$\dot{\phi} = \Omega \tag{11-17g}$$

其中，$\tilde{d}_8 = \dfrac{d_7 \tilde{b}_5}{\tilde{a}_7}$，$\tilde{d}_{11} = \dfrac{d_{11} d_6}{\tilde{a}_9}$，$\tilde{f}_3 = \dfrac{f_3 \sqrt{|\tilde{a}_9|}}{\sqrt{|d_6|}}$，$\tilde{f}_2 = \dfrac{f_2}{\varpi_2} \sqrt{\dfrac{|\tilde{a}_7|}{|\tilde{b}_5|}}$，$\bar{b}_{12} = \dfrac{\tilde{b}_{12} \tilde{b}_5}{\tilde{a}_7}$，$\tilde{f}_1 = \dfrac{f_1}{\varpi_1}$，$\tilde{b}_{i+1} = \dfrac{b_{i+1}}{\varpi_2}$，$\tilde{a}_{i+1} = \dfrac{a_{i+1}}{\varpi_1}$。

对方程 (11-17) 中引入如下的尺度变换

$$\mu_1 \to \varepsilon\mu_1, \quad \mu_2 \to \varepsilon\mu_2, \quad \mu_3 \to \varepsilon\mu_3, \quad \tilde{f}_1 \to \varepsilon\tilde{f}_1, \quad \tilde{f}_2 \to \varepsilon\tilde{f}_2,$$

$$\tilde{f}_3 \to \varepsilon\tilde{f}_3, \quad \tilde{a}_{i+1} \to \varepsilon\tilde{a}_{i+1}, \quad \tilde{b}_{i+1} \to \varepsilon\tilde{b}_{i+1}, \quad d_{i+1} \to \varepsilon d_{i+1} \tag{11-18}$$

其中, $0 < \varepsilon \ll 1$。

把式 (11-18) 代入方程 (11-17), 可得

$$\dot{u}_1 = u_2 \tag{11-19a}$$

$$\dot{u}_2 = -\varpi_3^2 u_1 - \frac{1}{2}\tilde{d}_8 u_1 I_1^2 - \frac{1}{2}d_6 u_1 I_2^2 - \tilde{d}_{11} u_1^3 - \varepsilon\mu_3 u_2$$

$$- \varepsilon u_1 \sum_{i=1}^{3} d_{i+1}\cos(Z_i\phi) + \varepsilon\tilde{f}_3\cos\phi \tag{11-19b}$$

$$\dot{I}_1 = -\varepsilon\mu_2 I_1\sin^2\theta_1 - \varepsilon I_1\sin\theta_1\cos\theta_1\sum_{i=1}^{3}\tilde{b}_{i+1}\cos(Z_i\phi) + \varepsilon\tilde{f}_2\sin\theta_1\cos\phi \tag{11-19c}$$

$$\dot{\theta}_1 I_1 = -\varpi_2 I_1 - \bar{b}_{12} I_1^3 - \tilde{b}_5 I_1 I_2^2 - \frac{1}{2}\tilde{d}_8 u_1^2 I_1 - \varepsilon\mu_2 I_1\sin\theta_1\cos\theta_1$$

$$- \varepsilon I_1\cos^2\theta_1\sum_{i=1}^{3}\tilde{b}_{i+1}\cos(Z_i\phi) + \varepsilon\tilde{f}_2\cos\theta_1\cos\phi \tag{11-19d}$$

$$\dot{I}_2 = -\varepsilon\mu_1 I_2\sin^2\theta_2 - \varepsilon I_2\sin\theta_2\cos\theta_2\sum_{i=1}^{3}\tilde{a}_{i+1}\cos(Z_i\phi) + \varepsilon\tilde{f}_1\sin\theta_2\cos\phi \tag{11-19e}$$

$$\dot{\theta}_2 I_2 = -\varpi_1 I_2 - \tilde{a}_{13} I_2^3 - \tilde{b}_5 I_1^2 I_2 - \frac{1}{2}d_6 u_1^2 I_2 - \varepsilon\mu_1 I_2\sin\theta_2\cos\theta_2$$

$$- \varepsilon I_2\cos^2\theta_2\sum_{i=1}^{3}\tilde{a}_{i+1}\cos(Z_i\phi) + \varepsilon\tilde{f}_1\cos\theta_2\cos\phi \tag{11-19f}$$

$$\dot{\phi} = \Omega \tag{11-19g}$$

在系统 (11-19) 中, 定义如下形式的横截面

$$\Sigma^{\phi_0} = \{(u, I, \theta, \phi)|\phi = \phi_0\} \tag{11-20}$$

在本节的分析中, 首先在横截面 Σ^{ϕ_0} 上考虑系统 (11-19) 的非线性动力学特性, 然后让变量 ϕ 跑遍圆周 S^1。

当 $\varepsilon = 0$ 时, 方程 (11-19) 的未扰动系统为

$$\dot{u}_1 = u_2 \tag{11-21a}$$

$$\dot{u}_2 = -\varpi_3^2 u_1 - \frac{1}{2}\tilde{d}_8 u_1 I_1^2 - \frac{1}{2}d_6 u_1 I_2^2 - \tilde{d}_{11}u_1^3 \tag{11-21b}$$

$$\dot{I}_1 = 0 \tag{11-21c}$$

$$\dot{\theta}_1 I_1 = -\varpi_2 I_1 - \bar{b}_{12}I_1^3 - \tilde{b}_5 I_1 I_2^2 - \frac{1}{2}\tilde{d}_8 u_1^2 I_1 \tag{11-21d}$$

$$\dot{I}_2 = 0 \tag{11-21e}$$

$$\dot{\theta}_2 I_2 = -\varpi_1 I_2 - \tilde{a}_{13}I_2^3 - \tilde{b}_5 I_1^2 I_2 - \frac{1}{2}d_6 u_1^2 I_2 \tag{11-21f}$$

未扰动系统 (11-21) 是一个 Hamilton 系统, 其 Hamilton 函数为

$$H = \frac{1}{2}u_2^2 + \frac{1}{2}\varpi_3^2 u_1^2 + \frac{1}{4}\tilde{d}_8 u_1^2 I_1^2 + \frac{1}{4}d_6 u_1^2 I_2^2 + \frac{1}{4}\tilde{d}_{11}u_1^4 + \frac{1}{2}\varpi_2 I_1^2$$
$$+ \frac{1}{4}\bar{b}_{12}I_1^4 + \frac{1}{2}\tilde{b}_5 I_1^2 I_2^2 + \frac{1}{2}\varpi_1 I_2^2 + \frac{1}{4}\tilde{a}_{13}I_2^4 \tag{11-22}$$

11.4 非线性动力学分析

在未扰动系统 (11-21) 中, 注意到 $\dot{I}_1 = 0$ 和 $\dot{I}_2 = 0$, 所以在方程 (11-21) 的前两个方程中 I_1 和 I_2 可以被看成参数, 即方程 (11-21) 是一个解耦的三自由度非线性动力学系统。考虑解耦系统的前两个方程

$$\dot{u}_1 = u_2 \tag{11-23a}$$

$$\dot{u}_2 = -\varpi_3^2 u_1 - \frac{1}{2}\tilde{d}_8 u_1 I_1^2 - \frac{1}{2}d_6 u_1 I_2^2 - \tilde{d}_{11}u_1^3 \tag{11-23b}$$

方程 (11-23) 的 Hamilton 函数为

$$H_0 = \frac{1}{2}u_2^2 + \frac{1}{2}\varpi_3^2 u_1^2 + \frac{1}{4}\tilde{d}_8 I_1^2 u_1^2 + \frac{1}{4}d_6 u_1^2 I_2^2 + \frac{1}{4}\tilde{d}_{11}u_1^4 \tag{11-24}$$

令 $R = \varpi_3^2 + \frac{1}{2}\tilde{d}_8 I_1^2 + \frac{1}{2}d_6 I_2^2$, 则系统 (11-23) 可化为

$$\dot{u}_1 = u_2 \tag{11-25a}$$

$$\dot{u}_2 = -Ru_1 - \tilde{d}_{11}u_1^3 \tag{11-25b}$$

当 $R < 0$ 和 $\tilde{d}_{11} > 0$ 时, 方程 (11-25) 有三个奇点为 $q_0(u_1, u_2) = (0, 0)$ 和 $p_\pm(u_1, u_2) = \left(\pm\sqrt{-R/\tilde{d}_{11}}, 0\right)$。通过分析, 知道 $p_\pm(u_1, u_2)$ 是两个中心点, $q_0(u_1, u_2)$ 是一个鞍点。

当 $\tilde{d}_8 < 0$ 和 $d_6 < 0$, 即 $-\tilde{d}_8 I_1^2 - d_6 I_2^2 > 2\varpi_3^2$ 时, 并且令 $\bar{d}_8 = -\tilde{d}_8$ 和 $\bar{d}_6 = -d_6$, 那么 $\bar{d}_8 I_1^2 + \bar{d}_6 I_2^2 > 2\varpi_3^2$。知道变量 I_i 和 θ_i $(i = 1, 2)$ 分别表示非线性振动的振幅

和相位。因此，可以假设 $I_i \geqslant 0, (i = 1, 2)$ 存在，即能够得到 I 的取值范围为 $I_1 > \sqrt{2/\bar{d}_8}\varpi_3$ 和 $I_2 > \sqrt{2/\bar{d}_6}\varpi_3$。对于所有的 $(I_1, I_2) \in U = [I_{11}, I_{12}] \times [I_{21}, I_{22}]^2 \subset \mathbf{R}^2$，方程 (11-25) 有一条连接鞍点 q_0 的同宿轨道 $u^h(t, I)$，即 $\lim\limits_{t \to \pm\infty} u^h(t, I) = q_0$。

通过计算可得方程 (11-25) 的同宿轨道为

$$u_1^h = \pm\sqrt{\frac{2\bar{R}}{\tilde{d}_{11}}}\mathrm{sech}\left(\sqrt{\bar{R}}t\right) \tag{11-26a}$$

$$u_2^h = \mp\sqrt{\frac{2}{\tilde{d}_{11}}}\bar{R}\mathrm{sech}\left(\sqrt{\bar{R}}t\right)\tanh\left(\sqrt{\bar{R}}t\right) \tag{11-26b}$$

其中，$\bar{R} = -R$。

根据 7.1 节假设 7.2 中的条件 (7-9)，得到共振值为

$$I_{1r} = \sqrt{\frac{\varpi_2\tilde{d}_{11} - \tilde{b}_{10}\varpi_3}{\tilde{b}_{10}^2 - \tilde{d}_{11}\tilde{b}_{12}}}, \quad I_{2r} = \sqrt{\frac{\varpi_3\tilde{b}_{12} - \tilde{b}_{10}\varpi_2}{\tilde{b}_{10}^2 - \tilde{d}_{11}\tilde{b}_{12}}} \tag{11-27}$$

即有 $I_{1r}, I_{2r} \in U$。因此，有

$$I_{1r} > \sqrt{2/\bar{d}_8}\varpi_3, \quad I_{2r} > \sqrt{2/\bar{d}_6}\varpi_3 \tag{11-28}$$

把同宿轨道 (11-26) 代入方程 (11-21d) 和方程 (11-21f)，得到两个相位值为

$$\theta_1 = \int_0^t \Omega_1(u^h(s, I), I)\mathrm{d}s + \theta_{10}$$

$$= (-\varpi_2 - \bar{b}_{12}I_1^2 - \tilde{b}_5I_2^2)t - \frac{2\tilde{d}_8\sqrt{\bar{R}}}{\tilde{d}_{11}}\tanh\left(\sqrt{\bar{R}}t\right) + \theta_{10} \tag{11-29a}$$

$$\theta_2 = \int_0^t \Omega_2(u^h(s, I), I)\mathrm{d}s + \theta_{20}$$

$$= (-\varpi_1 - \tilde{a}_{13}I_2^2 - \tilde{b}_5I_1^2) - \frac{2d_6\sqrt{\bar{R}}}{\tilde{d}_{11}}\tanh\left(\sqrt{\bar{R}}t\right) + \theta_{20} \tag{11-29b}$$

其中，θ_{10} 和 θ_{20} 是初始相位角。

在共振情况下，即满足 7.1 节假设 7.2 中条件 (7-9) 时，得到系统的相位差为

$$\Delta\theta_1(I_r) = \theta_1(+\infty, I_r, \theta_{10}) - \theta_1(-\infty, I_r, \theta_{10})$$

$$= \int_{-\infty}^{+\infty}\left[\Omega_1(u^h(t, I_r), I_r) - \Omega_1(q_0, I_r)\right]\mathrm{d}t$$

$$= \int_{-\infty}^{+\infty}\left(-\frac{1}{2}\tilde{d}_8u_1^2\right)\mathrm{d}t = -\frac{2\tilde{d}_8\sqrt{\bar{R}}}{\tilde{d}_{11}} \tag{11-30a}$$

$$\Delta\theta_2(I_r) = \theta_2(+\infty,\, I_r,\, \theta_{20}) - \theta_2(-\infty,\, I_r,\, \theta_{20})$$

$$= \int_{-\infty}^{+\infty} \left[\Omega_2(u^h(t,\, I_r),\, I_r) - \Omega_2(q_0,\, I_r)\right]\mathrm{d}t$$

$$= \int_{-\infty}^{+\infty} \left(-\frac{1}{2}d_6 u_1^2\right)\mathrm{d}t = -\frac{2d_6\sqrt{R}}{\tilde{d}_{11}} \tag{11-30b}$$

下面将研究系统 (11-19) 在共振区附近的非线性动力学问题。首先考虑系统 (11-19) 在横截面 Σ^{ϕ_0} 上的非线性动力学行为。

在方程 (11-19c)~方程 (11-19f) 中引入如下的尺度变换

$$I_1 = I_{1r} + \sqrt{\varepsilon}\eta_1, \quad I_2 = I_{2r} + \sqrt{\varepsilon}\eta_2, \quad \tau = \sqrt{\varepsilon}t \tag{11-31}$$

把式 (11-31) 代入方程 (11-19c)~方程 (11-19f)，可得

$$\eta_1' = -\mu_2 I_{1r}\sin^2\theta_1 - \bar{b}I_{1r}\sin\theta_1\cos\theta_1 + \tilde{f}_2\cos\phi_0\sin\theta_1$$
$$+ \sqrt{\varepsilon}\left(-\mu_2\eta_1\sin^2\theta_1 - \bar{b}\eta_1\sin\theta_1\cos\theta_1\right) \tag{11-32a}$$

$$\theta_1' = -2\bar{b}_{12}I_{1r}\eta_1 - 2\tilde{b}_5 I_{2r}\eta_2$$
$$+ \sqrt{\varepsilon}\left(-\bar{b}_{12}\eta_1^2 - \tilde{b}_5\eta_2^2 - \mu_2\sin\theta_1\cos\theta_1 - \bar{b}\cos^2\theta_1 + \frac{\tilde{f}_2}{I_{1r}}\cos\phi_0\cos\theta_1\right) \tag{11-32b}$$

$$\eta_2' = -\mu_1 I_{2r}\sin^2\theta_2 - \bar{a}I_{2r}\sin\theta_2\cos\theta_2 + \tilde{f}_1\cos\phi_0\sin\theta_2$$
$$+ \sqrt{\varepsilon}\left(-\mu_1\eta_2\sin^2\theta_2 - \bar{a}\eta_2\sin\theta_2\cos\theta_2\right) \tag{11-32c}$$

$$\theta_2' = -2\tilde{a}_{13}I_{2r}\eta_2 - 2\tilde{b}_5 I_{1r}\eta_1$$
$$+ \sqrt{\varepsilon}\left(-\tilde{a}_{13}\eta_2^2 - \tilde{b}_5\eta_1^2 - \mu_1\sin\theta_2\cos\theta_2 - \bar{a}\cos^2\theta_2 + \frac{\tilde{f}_1}{I_{2r}}\cos\phi_0\cos\theta_2\right) \tag{11-32d}$$

其中，$\eta_i' = \dfrac{\mathrm{d}\eta_i}{\mathrm{d}\tau}$，$\theta_i' = \dfrac{\mathrm{d}\theta_i}{\mathrm{d}\tau}$ $(i = 1, 2)$，$\bar{a} = \displaystyle\sum_{i=1}^{3}\tilde{a}_{i+1}\cos(Z_i\phi_0)$，$\bar{b} = \displaystyle\sum_{i=1}^{3}\tilde{b}_{i+1}\cos(Z_i\phi_0)$。

为了得到方程 (11-32) 的 Hamilton 函数，需要对方程 (11-32) 作如下形式的线性变换

$$\eta_1 = \sqrt{\frac{I_{2r}}{I_{1r}}}h_1, \quad \eta_2 = \sqrt{\frac{I_{1r}}{I_{2r}}}h_2 \tag{11-33}$$

把式 (11-33) 代入方程 (11-32)，可得

$$h_1' = -\mu_2\sqrt{\frac{I_{1r}}{I_{2r}}}I_{1r}\sin^2\theta_1 - \bar{b}\sqrt{\frac{I_{1r}}{I_{2r}}}I_{1r}\sin\theta_1\cos\theta_1 + \tilde{f}_2\sqrt{\frac{I_{1r}}{I_{2r}}}\cos\phi_0\sin\theta_1$$
$$+ \sqrt{\varepsilon}\left(-\mu_2 h_1\sin^2\theta_1 - \bar{b}h_1\sin\theta_1\cos\theta_1\right) \tag{11-34a}$$

$$\theta_1' = -2\bar{b}_{12}\sqrt{I_{1r}I_{2r}}h_1 - 2\tilde{b}_5\sqrt{I_{1r}I_{2r}}h_2 + \sqrt{\varepsilon}\left(-\bar{b}_{12}\frac{I_{2r}}{I_{1r}}h_1^2 - \tilde{b}_5\frac{I_{1r}}{I_{2r}}h_2^2\right.$$

$$\left. -\mu_2\sin\theta_1\cos\theta_1 - \bar{b}\cos^2\theta_1 + \frac{\tilde{f}_2}{I_{1r}}\cos\phi_0\cos\theta_1\right) \tag{11-34b}$$

$$h_2' = -\mu_1\sqrt{\frac{I_{2r}}{I_{1r}}}I_{2r}\sin^2\theta_2 - \bar{a}\sqrt{\frac{I_{2r}}{I_{1r}}}I_{2r}\sin\theta_2\cos\theta_2 + \tilde{f}_1\sqrt{\frac{I_{2r}}{I_{1r}}}\cos\phi_0\sin\theta_2$$

$$+ \sqrt{\varepsilon}\left(-\mu_1 h_2\sin^2\theta_2 - \bar{a}h_2\sin\theta_2\cos\theta_2\right) \tag{11-34c}$$

$$\theta_2' = -2\tilde{a}_{13}\sqrt{I_{1r}I_{2r}}h_2 - 2\tilde{b}_5\sqrt{I_{1r}I_{2r}}h_1 + \sqrt{\varepsilon}\left(-\tilde{a}_{13}\frac{I_{1r}}{I_{2r}}h_2^2 - \tilde{b}_5\frac{I_{2r}}{I_{1r}}h_1^2\right.$$

$$\left. -\mu_1\sin\theta_2\cos\theta_2 - \bar{a}\cos^2\theta_2 + \frac{\tilde{f}_1}{I_{2r}}\cos\phi_0\cos\theta_2\right) \tag{11-34d}$$

当 $\varepsilon = 0$ 时，方程 (11-34) 的未扰动方程为

$$h_1' = -\mu_2\sqrt{\frac{I_{1r}}{I_{2r}}}I_{1r}\sin^2\theta_1 - \bar{b}\sqrt{\frac{I_{1r}}{I_{2r}}}I_{1r}\sin\theta_1\cos\theta_1 + \tilde{f}_2\sqrt{\frac{I_{1r}}{I_{2r}}}\cos\phi_0\sin\theta_1 \tag{11-35a}$$

$$\theta_1' = -2\bar{b}_{12}\sqrt{I_{1r}I_{2r}}h_1 - 2\tilde{b}_5\sqrt{I_{1r}I_{2r}}h_2 \tag{11-35b}$$

$$h_2' = -\mu_1\sqrt{\frac{I_{2r}}{I_{1r}}}I_{2r}\sin^2\theta_2 - \bar{a}\sqrt{\frac{I_{2r}}{I_{1r}}}I_{2r}\sin\theta_2\cos\theta_2 + \tilde{f}_1\sqrt{\frac{I_{2r}}{I_{1r}}}\cos\phi_0\sin\theta_2 \tag{11-35c}$$

$$\theta_2' = -2\tilde{a}_{13}\sqrt{I_{1r}I_{2r}}h_2 - 2\tilde{b}_5\sqrt{I_{1r}I_{2r}}h_1 \tag{11-35d}$$

显而易见，系统 (11-35) 是一个 Hamilton 系统，其 Hamilton 函数为

$$H = \bar{b}_{12}\sqrt{I_{1r}I_{2r}}h_1^2 + \tilde{a}_{13}\sqrt{I_{1r}I_{2r}}h_2^2 + 2\tilde{b}_5\sqrt{I_{1r}I_{2r}}h_1 h_2$$

$$- \mu_2\sqrt{\frac{I_{1r}}{I_{2r}}}I_{1r}\theta_1 - \frac{1}{4}\mu_2\sqrt{\frac{I_{1r}}{I_{2r}}}I_{1r}\sin 2\theta_1 + \frac{1}{4}\bar{b}\sqrt{\frac{I_{1r}}{I_{2r}}}I_{1r}\cos 2\theta_1$$

$$- \tilde{f}_2\sqrt{\frac{I_{1r}}{I_{2r}}}\cos\phi_0\cos\theta_1 - \mu_1\sqrt{\frac{I_{2r}}{I_{1r}}}I_{2r}\theta_2 - \frac{1}{4}\mu_1\sqrt{\frac{I_{2r}}{I_{1r}}}I_{2r}\sin 2\theta_2$$

$$+ \frac{1}{4}\bar{a}\sqrt{\frac{I_{2r}}{I_{1r}}}I_{2r}\cos 2\theta_2 - \tilde{f}_1\sqrt{\frac{I_{2r}}{I_{1r}}}\cos\phi_0\cos\theta_2 \tag{11-36}$$

当满足条件 $\bar{b}\tilde{a}_{13} - \tilde{b}_5^2 \neq 0$, $\sin\theta_1 \neq 0$ 和 $\sin\theta_2 \neq 0$ 时，考虑系统 (11-35) 的非线性动力学行为。通过计算得到系统 (11-35) 的奇点为

$$\tilde{q}_1 = \left(0, \arcsin\left(\frac{\tilde{f}_2\cos\phi_0}{I_{1r}\sqrt{\mu_2^2 + \bar{b}^2}}\right)\right)$$

$$- \varphi_1,\ 0,\ \arcsin\left(\frac{\tilde{f}_1 \cos\phi_0}{I_{2r}\sqrt{\mu_1^2 + \bar{a}^2}}\right) - \varphi_2\Bigg) \tag{11-37a}$$

$$\tilde{q}_2 = \Bigg(0,\ \pi - \arcsin\left(\frac{\tilde{f}_2 \cos\phi_0}{I_{1r}\sqrt{\mu_2^2 + \bar{b}^2}}\right) + \varphi_1,\ 0,\ \pi$$

$$- \arcsin\left(\frac{\tilde{f}_1 \cos\phi_0}{I_{2r}\sqrt{\mu_1^2 + \bar{a}^2}}\right) + \varphi_2\Bigg) \tag{11-37b}$$

$$\tilde{q}_3 = \Bigg(0,\ \arcsin\left(\frac{\tilde{f}_2 \cos\phi_0}{I_{1r}\sqrt{\mu_2^2 + \bar{b}^2}}\right) - \varphi_1,\ 0,\ \pi$$

$$- \arcsin\left(\frac{\tilde{f}_1 \cos\phi_0}{I_{2r}\sqrt{\mu_1^2 + \bar{a}^2}}\right) + \varphi_2\Bigg) \tag{11-37c}$$

$$\tilde{q}_4 = \Bigg(0,\ \pi - \arcsin\left(\frac{\tilde{f}_2 \cos\phi_0}{I_{1r}\sqrt{\mu_2^2 + \bar{b}^2}}\right) + \varphi_1,$$

$$0,\ \arcsin\left(\frac{\tilde{f}_1 \cos\phi_0}{I_{2r}\sqrt{\mu_1^2 + \bar{a}^2}}\right) - \varphi_2\Bigg) \tag{11-37d}$$

其中, $\tan\varphi_1 = \dfrac{\bar{b}}{\mu_2}$, $\tan\varphi_2 = \dfrac{\bar{a}}{\mu_1}$。

系统 (11-35) 的 Jacobi 矩阵为

$$J = \begin{pmatrix} 0 & \sqrt{\dfrac{I_{1r}}{I_{2r}}}A & 0 & 0 \\ -2\bar{b}_{12}\sqrt{I_{1r}I_{2r}} & 0 & -2\tilde{b}_5\sqrt{I_{1r}I_{2r}} & 0 \\ 0 & 0 & 0 & \sqrt{\dfrac{I_{2r}}{I_{1r}}}B \\ -2\tilde{b}_5\sqrt{I_{1r}I_{2r}} & 0 & -2\tilde{a}_{13}\sqrt{I_{1r}I_{2r}} & 0 \end{pmatrix} \tag{11-38}$$

其中

$$A = -\mu_2 I_{1r}\sin(2\theta_1) - \bar{b}I_{1r}\cos(2\theta_1) + \tilde{f}_2\cos\phi_0\cos\theta_1 \tag{11-39a}$$

$$B = -\mu_1 I_{2r}\sin(2\theta_2) - \bar{a}I_{2r}\sin(2\theta_2) + \tilde{f}_1\cos\phi_0\cos\theta_2 \tag{11-39b}$$

通过计算可得矩阵 (11-38) 的特征方程为

$$|\lambda E - J| = \lambda^4 - 2\lambda^2\left(\bar{b}_{12}I_{1r}A + \tilde{a}_{13}I_{2r}B\right) + 4\left(\bar{b}_{12}\tilde{a}_{13} - \tilde{b}_5^2\right)I_{1r}I_{2r}AB = 0 \tag{11-40}$$

如果方程 (11-40) 满足如下条件

$$\left[\lambda^2 - \left(\tilde{a}_{13}I_{2r}B + \bar{b}_{12}I_{1r}A\right)\right]^2 = \left(\tilde{a}_{13}I_{2r}B + \bar{b}_{12}I_{1r}A\right)^2 - 4\left(\bar{b}_{12}\tilde{a}_{13} - \tilde{b}_5^2\right)I_{1r}I_{2r}AB \geqslant 0$$

$$(11\text{-}41)$$

并且在满足条件 $\bar{b}\tilde{a}_{13} - \tilde{b}_5^2 > 0$ 的情况下可以得到, 两个奇点 $\tilde{q}_1$ 和 $\tilde{q}_2$ 中的一个是中心点, 而另外一个是鞍点. 不妨假设 $\tilde{q}_1$ 是鞍点, $\tilde{q}_2$ 是中心点.

当 $\varepsilon\ (\varepsilon > 0)$ 充分小时, 如果满足下面条件

$$\left(\tilde{a}_{13}I_{2r}B - \bar{b}_{12}I_{1r}A\right)^2 + 4\tilde{b}_5^2 I_{1r}I_{2r}AB \geqslant 0 \tag{11-42}$$

则中心点 $\tilde{q}_2$ 在连接鞍点 $\tilde{q}_1$ 的同宿轨道内变为焦点. 因此, 可知系统 (11-35) 可以出现 Shilnikov 型的跳跃轨道.

11.5　多脉冲 Melnikov 函数的计算

根据第 7 章中的方程 (7-21), 系统的 1 脉冲 Melnikov 函数为

$$M = \int_{-\infty}^{+\infty} \left(-\mu_3 u_2^2\right)\mathrm{d}t + \int_{-\infty}^{+\infty} \left(-u_1 u_2 \sum_{i=1}^{3} d_{i+1}\cos(\Omega_i t + Z_i\phi_0)\right)\mathrm{d}t$$

$$+ \int_{-\infty}^{+\infty} \left(\tilde{f}_3\cos(\Omega t + \phi_0)\right)\mathrm{d}t + \int_{-\infty}^{+\infty} \left(-\frac{1}{2}\tilde{d}_8\mu_2 u_1^2 I_{1r}^2 \sin^2\theta_1\right)\mathrm{d}t$$

$$+ \int_{-\infty}^{+\infty} \left(-\frac{\tilde{d}_8 I_{1r}^2}{4}u_1^2\sin(2\theta_1)\sum_{i=1}^{3}\tilde{b}_{i+1}\cos(\Omega_i t + Z_i\phi_0)\right)\mathrm{d}t$$

$$+ \int_{-\infty}^{+\infty} \left(\frac{1}{2}\tilde{d}_8 u_1^2 I_{1r}\tilde{f}_2\cos(\Omega t + \phi_0)\sin\theta_1\right)\mathrm{d}t + \int_{-\infty}^{+\infty} \left(-\frac{1}{2}d_6\mu_1 u_1^2 I_{2r}^2 \sin^2\theta_2\right)\mathrm{d}t$$

$$+ \int_{-\infty}^{+\infty} \left(-\frac{d_6 I_{2r}^2}{4}u_1^2\sin(2\theta_2)\sum_{i=1}^{3}\tilde{a}_{i+1}\cos(\Omega_i t + Z_i\phi_0)\right)\mathrm{d}t$$

$$+ \int_{-\infty}^{+\infty} \left(\frac{1}{2}d_6 u_1^2 I_{2r}\tilde{f}_1\cos(\Omega t + \phi_0)\sin\theta_2\right)\mathrm{d}t \tag{11-43}$$

方程 (11-43) 中的第五个积分计算如下

$$\int_{-\infty}^{+\infty} \frac{1}{4}\tilde{d}_8 u_1^2 I_{1r}^2 \tilde{b}_2\sin(2\theta_1)\cos(\Omega_1 t + Z_1\phi_0)\mathrm{d}t$$

$$= \frac{I_{1r}^2\tilde{d}_8\tilde{b}_2\bar{R}}{2\tilde{d}_{11}}\cos(2\theta_{10})\sin(Z_1\phi_0)$$

$$\int_{-\infty}^{+\infty} \left(\sin\left(\frac{4\tilde{d}_8\sqrt{\bar{R}}}{\tilde{d}_{11}}\tanh\left(\sqrt{\bar{R}}t\right)\right)\sin(\Omega_1 t)\operatorname{sech}^2\left(\sqrt{\bar{R}}t\right)\right)\mathrm{d}t$$

$$+ \frac{I_{1r}^2 \tilde{d}_8 \tilde{b}_2 \bar{R}}{2\tilde{d}_{11}} \sin(2\theta_{10}) \cos(Z_1 \phi_0)$$

$$\int_{-\infty}^{+\infty} \left(\cos\left(\frac{4\tilde{d}_8 \sqrt{\bar{R}}}{\tilde{d}_{11}} \tanh\left(\sqrt{\bar{R}t} \right) \right) \cos(\Omega_1 t) \operatorname{sech}^2\left(\sqrt{\bar{R}t} \right) \right) \mathrm{d}t \qquad (11\text{-}44)$$

然而，积分 (11-44) 不能精确计算出来，因此，需要对 $\sin\left(4\tilde{d}_8 \sqrt{\bar{R}}/\tilde{d}_{11} \tanh\left(\sqrt{\bar{R}t} \right) \right)$ 和 $\cos\left(4\tilde{d}_8 \sqrt{\bar{R}}/\tilde{d}_{11} \tanh\left(\sqrt{\bar{R}t} \right) \right)$ 进行 Taylor 级数展开，分别取其前两项，并且利用留数理论来计算积分 (11-44)，得到

$$\int_{-\infty}^{+\infty} \frac{1}{4} \tilde{d}_8 u_1^2 I_{1r}^2 \tilde{b}_2 \sin(2\theta_1) \cos(\Omega_1 t + Z_1 \phi_0) \mathrm{d}t$$

$$= \frac{\bar{R}\tilde{d}_8}{2\tilde{d}_{11}} I_{1r}^2 \tilde{b}_2 \cos(2\theta_{10}) \sin(Z_1 \phi_0) \operatorname{csch} \frac{\Omega_1 \pi}{2\sqrt{\bar{R}}} \left(\frac{4\tilde{d}_8 \sqrt{\bar{R}}}{\tilde{d}_{11}} \frac{\pi \Omega_1^2}{\bar{R}^{3/2}} - \left(\frac{4\tilde{d}_8 \sqrt{\bar{R}}}{\tilde{d}_{11}} \right)^3 \frac{1}{3!} \frac{\pi \Omega_1^4}{\bar{R}^{5/2}} \right)$$

$$+ \frac{\bar{R}\tilde{d}_8}{2\tilde{d}_{11}} I_{1r}^2 \tilde{b}_2 \sin(2\theta_{10}) \cos(Z_1 \phi_0) \operatorname{csch} \frac{\Omega_1 \pi}{2\sqrt{\bar{R}}} \left(\frac{\pi \Omega_1}{\bar{R}} + \left(\frac{4\tilde{d}_8 \sqrt{\bar{R}}}{\tilde{d}_{11}} \right)^2 \frac{1}{2!} \frac{\pi \Omega_1^3}{\bar{R}^2} \right)$$

$$= \pi I_{1r}^2 \tilde{b}_2 \operatorname{csch} \frac{\Omega_1 \pi}{2\sqrt{\bar{R}}} \left(\cos(2\theta_{10}) \sin(Z_1 \phi_0) \left(\frac{2\tilde{d}_8^2 \Omega_1^2}{\tilde{d}_{11}^2} - \frac{16\tilde{d}_8^4 \Omega_1^4}{3\tilde{d}_{11}^4} \right) \right.$$

$$\left. + \sin(2\theta_{10}) \cos(Z_1 \phi_0) \left(\frac{\tilde{d}_8 \Omega_1}{2\tilde{d}_{11}} + \frac{4\tilde{d}_8^3 \Omega_1^3}{\tilde{d}_{11}^3} \right) \right) \qquad (11\text{-}45)$$

同理，可得方程 (11-43) 中另外三个复杂的积分。方程 (11-43) 中的第六个积分为

$$\int_{-\infty}^{+\infty} \left(\frac{1}{2} \tilde{d}_8 u_1^2 I_{1r} \tilde{f}_2 \cos(\Omega t + \phi_0) \sin\theta_1 \right) \mathrm{d}t$$

$$= \pi I_{1r} \tilde{f}_2 \operatorname{csch} \frac{\Omega \pi}{2\sqrt{\bar{R}}} \left(\cos\theta_{10} \sin\phi_0 \left(\frac{\tilde{d}_8^2 \Omega^2}{\tilde{d}_{11}^2} - \frac{\tilde{d}_8^4 \Omega^4}{6\tilde{d}_{11}^4} \right) \right.$$

$$\left. + \sin\theta_{10} \cos\phi_0 \left(\frac{\tilde{d}_8 \Omega}{\tilde{d}_{11}} + \frac{\tilde{d}_8^3 \Omega^3}{2\tilde{d}_{11}^3} \right) \right) \qquad (11\text{-}46)$$

方程 (11-43) 中的第八个积分为

$$\int_{-\infty}^{+\infty} \left(-\frac{d_6 I_{2r}^2}{4} u_1^2 \sin(2\theta_2) \sum_{i=1}^{3} \tilde{a}_{i+1} \cos(\Omega_i t + Z_i \phi_0) \right) \mathrm{d}t$$

$$= -\pi I_{2r}^2 \sum_{i=1}^{3} \left(\tilde{a}_{i+1} \operatorname{csch} \frac{\Omega_i \pi}{2\sqrt{\bar{R}}} \left(\cos(2\theta_{20}) \sin(Z_i \phi_0) \left(\frac{2d_6^2 \Omega_i^2}{\tilde{d}_{11}^2} - \frac{16d_6^4 \Omega_i^4}{3\tilde{d}_{11}^4} \right) \right. \right.$$

$$+ \sin(2\theta_{20})\cos(Z_i\phi_0)\left(\frac{d_6\Omega_i}{2\tilde{d}_{11}} + \frac{4d_6^3\Omega_i^3}{\tilde{d}_{11}^3}\right)\Biggr)\Biggr) \tag{11-47}$$

方程 (11-43) 中的第九个积分为

$$\int_{-\infty}^{+\infty}\left(\frac{1}{2}d_6u_1^2I_{2r}\tilde{f}_1\cos(\Omega t + \phi_0)\sin\theta_2\right)\mathrm{d}t$$

$$= \pi I_{2r}\tilde{f}_1\mathrm{csch}\frac{\Omega\pi}{2\sqrt{\bar{R}}}\left(\cos\theta_{20}\sin\phi_0\left(\frac{d_6^2\Omega^2}{\tilde{d}_{11}^2} - \frac{d_6^4\Omega^4}{6\tilde{d}_{11}^4}\right)\right.$$

$$\left. + \sin\theta_{20}\cos\phi_0\left(\frac{d_6\Omega}{\tilde{d}_{11}} + \frac{d_6^3\Omega^3}{2\tilde{d}_{11}^3}\right)\right) \tag{11-48}$$

把方程 (11-45)~方程 (11-48) 代入方程 (11-43)，并且对方程 (11-43) 中其他简单的积分进行计算，可得

$$M = -\frac{4\mu_3\bar{R}^{3/2}}{3\tilde{d}_{11}} + \sum_{i=1}^{3}\frac{\pi\bar{R}d_{i+1}\Omega_i^2}{\tilde{d}_{11}}\sin(Z_i\phi_0)\mathrm{csch}\frac{\Omega_i\pi}{2\sqrt{\bar{R}}}$$

$$- \sqrt{\frac{2\bar{R}}{\tilde{d}_{11}}}\pi\Omega\tilde{f}_3\sin\phi_0\mathrm{sech}\frac{\Omega\pi}{2\sqrt{\bar{R}}} + \frac{1}{2}\mu_2I_{1r}^2\left(\Delta\theta_1 - \sin\Delta\theta_1\cos(2\theta_{10})\right)$$

$$- \pi I_{1r}^2\sum_{i}^{3}\left(\tilde{b}_{i+1}\csc h\frac{\Omega_i\pi}{2\sqrt{\bar{R}}}\left(\cos(2\theta_{10})\sin(Z_i\phi_0)\left(\frac{2\tilde{d}_8^2\Omega_i^2}{\tilde{d}_{11}^2} - \frac{16\tilde{d}_8^4\Omega_i^4}{3\tilde{d}_{11}^4}\right)\right.\right.$$

$$\left.\left. + \sin(2\theta_{10})\cos(Z_i\phi_0)\left(\frac{\tilde{d}_8\Omega_i}{2\tilde{d}_{11}} + \frac{4\tilde{d}_8^3\Omega_i^3}{\tilde{d}_{11}^3}\right)\right)\right)$$

$$+ \pi I_{1r}\tilde{f}_2\mathrm{csch}\frac{\Omega\pi}{2\sqrt{\bar{R}}}\left(\cos\theta_{10}\sin\phi_0\left(\frac{\tilde{d}_8^2\Omega^2}{\tilde{d}_{11}^2} - \frac{\tilde{d}_8^4\Omega^4}{6\tilde{d}_{11}^4}\right)\right.$$

$$\left. + \sin\theta_{10}\cos\phi_0\left(\frac{\tilde{d}_8\Omega}{\tilde{d}_{11}} + \frac{\tilde{d}_8^3\Omega^3}{2\tilde{d}_{11}^3}\right)\right) + \frac{1}{2}\mu_1I_{2r}^2\left(\Delta\theta_2 - \sin\Delta\theta_2\cos(2\theta_{20})\right)$$

$$- \pi I_{2r}^2\sum_{i=1}^{3}\left(\tilde{a}_{i+1}\mathrm{csch}\frac{\Omega_i\pi}{2\sqrt{\bar{R}}}\left(\cos(2\theta_{20})\sin(Z_i\phi_0)\left(\frac{2d_6^2\Omega_i^2}{\tilde{d}_{11}^2} - \frac{16d_6^4\Omega_i^4}{3\tilde{d}_{11}^4}\right)\right.\right.$$

$$\left.\left. + \sin(2\theta_{20})\cos(Z_i\phi_0)\left(\frac{d_6\Omega_i}{2\tilde{d}_{11}} + \frac{4d_6^3\Omega_i^3}{\tilde{d}_{11}^3}\right)\right)\right)$$

$$+ \pi I_{2r}\tilde{f}_1\mathrm{csch}\frac{\Omega\pi}{2\sqrt{\bar{R}}}\left(\cos\theta_{20}\sin\phi_0\left(\frac{d_6^2\Omega^2}{\tilde{d}_{11}^2} - \frac{d_6^4\Omega^4}{6\tilde{d}_{11}^4}\right)\right.$$

$$\left. + \sin\theta_{20}\cos\phi_0\left(\frac{d_6\Omega}{\tilde{d}_{11}} + \frac{d_6^3\Omega^3}{2\tilde{d}_{11}^3}\right)\right) \tag{11-49}$$

根据第 7 章中的方程 (7-23), 得到 k 脉冲 Melnikov 函数为

$$
\begin{aligned}
M_k = & -\frac{4\mu_3 \bar{R}^{3/2}}{3\tilde{d}_{11}} k + k \sum_{i=1}^{3} \frac{\pi \bar{R} d_{i+1} \Omega_i^2}{\tilde{d}_{11}} \sin(Z_i \phi_0) \operatorname{csch} \frac{\Omega_i \pi}{2\sqrt{\bar{R}}} \\
& - k\sqrt{\frac{2\bar{R}}{\tilde{d}_{11}}} \pi \Omega \tilde{f}_3 \sin\phi_0 \operatorname{sech} \frac{\Omega\pi}{2\sqrt{\bar{R}}} + \frac{1}{2}\mu_2 I_{1r}^2 (k\Delta\theta_1 \\
& - \sin(k\Delta\theta_1)\cos(2\theta_{10} + (k-1)\Delta\theta_1)) \\
& - \pi I_{1r}^2 \sum_{i}^{3} \left(\tilde{b}_{i+1} \operatorname{csch} \frac{\Omega_i \pi}{2\sqrt{\bar{R}}} \sum_{j=0}^{k-1} \left(\cos(2\theta_{10} + 2j\Delta\theta_1)\sin(Z_i\phi_0) \left(\frac{2\tilde{d}_8^2 \Omega_i^2}{\tilde{d}_{11}^2} - \frac{16\tilde{d}_8^4 \Omega_i^4}{3\tilde{d}_{11}^4} \right) \right. \right. \\
& \left. \left. + \sin(2\theta_{10} + 2j\Delta\theta_1)\cos(Z_i\phi_0) \left(\frac{\tilde{d}_8 \Omega_i}{2\tilde{d}_{11}} + \frac{4\tilde{d}_8^3 \Omega_i^3}{\tilde{d}_{11}^3} \right) \right) \right) \\
& + \pi I_{1r} \tilde{f}_2 \operatorname{csch} \frac{\Omega\pi}{2\sqrt{\bar{R}}} \sum_{j=0}^{k-1} \left(\cos(\theta_{10} + j\Delta\theta_1)\sin\phi_0 \left(\frac{\tilde{d}_8^2 \Omega^2}{\tilde{d}_{11}^2} - \frac{\tilde{d}_8^4 \Omega^4}{6\tilde{d}_{11}^4} \right) \right. \\
& \left. + \sin(\theta_{10} + j\Delta\theta_1)\cos\phi_0 \left(\frac{\tilde{d}_8 \Omega}{\tilde{d}_{11}} + \frac{\tilde{d}_8^3 \Omega^3}{2\tilde{d}_{11}^3} \right) \right) \\
& + \frac{1}{2}\mu_1 I_{2r}^2 (k\Delta\theta_2 - \sin(k\Delta\theta_2)\cos(2\theta_{20} + (k-1)\Delta\theta_2)) \\
& - \pi I_{2r}^2 \sum_{i=1}^{3} \left(\tilde{a}_{i+1} \operatorname{csch} \frac{\Omega_i \pi}{2\sqrt{\bar{R}}} \sum_{j=0}^{k-1} \left(\cos(2\theta_{20} + 2j\Delta\theta_2)\sin(Z_i\phi_0) \left(\frac{2d_6^2 \Omega_i^2}{\tilde{d}_{11}^2} - \frac{16d_6^4 \Omega_i^4}{3\tilde{d}_{11}^4} \right) \right. \right. \\
& \left. \left. + \sin(2\theta_{20} + 2j\Delta\theta_2)\cos(Z_i\phi_0) \left(\frac{d_6 \Omega_i}{2\tilde{d}_{11}} + \frac{4d_6^3 \Omega_i^3}{\tilde{d}_{11}^3} \right) \right) \right) \\
& + \pi I_{2r} \tilde{f}_1 \operatorname{csch} \frac{\Omega\pi}{2\sqrt{\bar{R}}} \sum_{j=0}^{k-1} \left(\cos(\theta_{20} + j\Delta\theta_2)\sin\phi_0 \left(\frac{d_6^2 \Omega^2}{\tilde{d}_{11}^2} - \frac{d_6^4 \Omega^4}{6\tilde{d}_{11}^4} \right) \right. \\
& \left. + \sin(\theta_{20} + j\Delta\theta_2)\cos\phi_0 \left(\frac{d_6 \Omega}{\tilde{d}_{11}} + \frac{d_6^3 \Omega^3}{2\tilde{d}_{11}^3} \right) \right)
\end{aligned}
\tag{11-50}
$$

以下分析 k 脉冲 Melnikov 函数的简单零点, 定义满足 7.1 节定理 7.1 中条件 (7-26) 的集合

$$
\begin{aligned}
E_1 = \{ (I_r,\, \theta_0,\, \phi_0,\, \mu)| \ & M_k = 0,\ D_{\theta_{10}} M_k \neq 0,\ D_{\theta_{20}} M_k \neq 0, \\
& M_i \neq 0,\, \cdots,\quad i = 1,\, 2,\, \cdots, k-1 \}
\end{aligned}
\tag{11-51a}
$$

和

$$E_2 = \{ (I_r, \theta_0, \phi_0, \mu) \mid M_k = 0, D_{\phi_0} M_k \neq 0, M_i \neq 0, \cdots, i = 1, 2, \cdots, k - 1 \}$$

$$\tag{11-51b}$$

其中

$$\mu = \left(I_r, \theta_0, \phi_0, \tilde{a}_{13}, \tilde{a}_7, a_9, \bar{R}, \mu_i, a_{i+1}, \tilde{b}_{i+1}, \tilde{d}_{i+1}, \tilde{f}_i, \Omega, \Omega_i \right), \quad i = 1, 2, 3$$

$$\tag{11-52}$$

表示系统 (11-19) 中一些参数的集合。

已知以下条件成立

$$\operatorname{sech} \frac{\Omega \pi}{2\sqrt{R}} \in (0, 1] \tag{11-53}$$

如果 $\dfrac{\Omega \pi}{2\sqrt{R}} \geqslant \lg \left(\sqrt{2} + 1 \right) \approx 0.8814$, 则 $\operatorname{csch} \dfrac{\Omega \pi}{2\sqrt{R}} \leqslant 1$; 如果 $0 < \dfrac{\Omega \pi}{2\sqrt{R}} < \lg \left(\sqrt{2} + 1 \right)$, 则 $\operatorname{csch} \dfrac{\Omega \pi}{2\sqrt{R}} > 1$。因此, 存在合适方程 (11-52) 的参数, 使得集合 (11-51) 在条件 (11-53) 下非空。因此根据 7.1 节定理 7.1, 扰动系统 (11-19) 的稳定流形与不稳定流形横截相交, 即面内激励与横向激励联合作用下压电复合材料层合矩形板系统 (11-19) 存在 k 脉冲混沌运动。

11.6　混沌运动的数值模拟

利用混合坐标系下六维非自治非线性系统的广义 Melnikov 方法, 研究了面内激励与横向激励联合作用下, 四边简支压电复合材料层合矩形板的多脉冲混沌动力学。为了验证理论结果的正确性, 考虑方程 (11-4), 利用变步长的四阶 Runge-Kutta 算法对面内激励与横向激励联合作用下四边简支压电复合材料层合矩形板进行数值模拟。图 11-2~图 11-5 分别表示面内激励与横向激励联合作用下, 四边简支压电复合材料层合矩形板不同形态的多脉冲混沌运动。

图 11-2~图 11-5 中的图 (a)~图 (d) 分别表示在空间 $(x_1, \dot{x}_1, x_2)$, $(x_2, \dot{x}_2, x_3)$, $(x_1, x_2, \dot{x}_2)$ 和 $(x_1, x_3, \dot{x}_3)$ 上的三维相图。初值是由 Matlab 生成的六个随机数 $x_{10} = -2.1$, $\dot{x}_{10} = -2.2$, $x_{20} = 2.9$, $\dot{x}_{20} = -2.8$, $x_{30} = -0.1$, $\dot{x}_{30} = 0.1$。

根据 11.3 节的研究结果, 知道系统 (11-4) 中的部分参数需要满足条件 $\tilde{d}_8 < 0$, $d_6 < 0$, $\tilde{d}_{11} > 0$ 和 $\tilde{b}_{10} d_6 \tilde{a}_7 = d_8 \tilde{b}_5 \tilde{a}_9$。因此, 取系统 (11-4) 的参数值分别为 $\Omega_1 = 2$, $\Omega_2 = 1$, $\Omega_3 = 2$, $\Omega_4 = 2$, $\varpi_1^2 = 1.46$, $\mu_1 = 0.51$, $a_2 = 6$, $a_3 = 18$, $a_4 = 1$, $a_5 = 2.8$, $a_6 = 3.3$, $a_7 = 12.2$, $a_8 = 18.2$, $a_9 = -1.7$, $a_{10} = -4.3$, $a_{11} = 8.5$, $a_{12} = 2.7$, $a_{13} = 8.2$, $a_{14} = -1.7$, $\varpi_2^2 = 1.52$, $\mu_2 = 0.52$, $b_2 = 9$, $b_3 = 16$, $b_4 = 3$, $b_5 = -244/77$, $b_6 = 3.5$, $b_7 = 2.2$, $b_8 = 0.16$, $b_9 = -4.3$, $b_{10} = -1.5$, $b_{11} = 2.5$, $b_{12} = 13.2$, $b_{13} = 2.7$, $b_{14} = 0.2$, $\varpi_3^2 = 1.42$, $\mu_3 = 0.50$, $d_2 = 9$, $d_3 = 12$, $d_4 = 11$, $d_5 =$

3.5，$d_6 = -0.8$，$d_7 = 18.2$，$d_8 = 26$，$d_9 = -2.6$，$d_{10} = 4.35$，$d_{11} = 16.0$，$d_{12} = 8.7$，$d_{13} = 3.3$，$d_{14} = 2.4$，$f_1 = 25$，$f_2 = 15$，$f_3 = 13$。得到面内激励与横向激励联合作用下四边简支压电复合材料层合矩形板的多脉冲混沌运动，如图 11-2 所示。

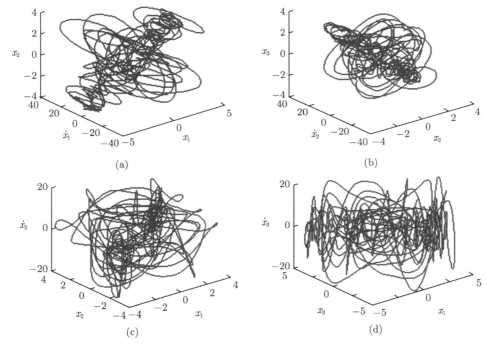

图 11-2 当 $f_1 = 25$ 时，压电复合材料层合板的混沌运动

当 $f_1 = 50$，并且其他参数与图 11-2 中的参数取值相同时，得到如图 11-3 所示的多脉冲混沌运动。比较图 11-2 和图 11-3，发现激励幅值 f_1 的变化对面内激励与横向激励联合作用下四边简支压电复合材料层合矩形板的混沌运动有较大的影响。

当系统 (11-4) 中的参数取值为 $\Omega_1 = 1$，$\Omega_2 = 1$，$\Omega_3 = 1$，$\Omega_4 = 1$，$\varpi_1^2 = 1.52$，$\mu_1 = 0.51$，$a_2 = 26$，$a_3 = 18$，$a_4 = 14$，$a_5 = 2.8$，$a_6 = 3.3$，$a_7 = 12.2$，$a_8 = 18.2$，$a_9 = -1.7$，$a_{10} = -4.3$，$a_{11} = 8.5$，$a_{12} = 2.7$，$a_{13} = 8.2$，$a_{14} = -1.7$，$\varpi_2^2 = 1.56$，$\mu_2 = 0.52$，$b_2 = 20$，$b_3 = 16$，$b_4 = 17$，$b_5 = -244/77$，$b_6 = 3.5$，$b_7 = 2.2$，$b_8 = 0.16$，$b_9 = -4.3$，$b_{10} = -1.5$，$b_{11} = 2.5$，$b_{12} = 13.2$，$b_{13} = 2.7$，$b_{14} = 0.2$，$\varpi_3^2 = 1.42$，$\mu_3 = 0.50$，$d_2 = 16$，$d_3 = 32$，$d_4 = 11$，$d_5 = 3.5$，$d_6 = -0.8$，$d_7 = 18.2$，$d_8 = 26$，$d_9 = -2.6$，$d_{10} = 4.35$，$d_{11} = 16.0$，$d_{12} = 8.7$，$d_{13} = 3.3$，$d_{14} = 2.4$，$f_1 = 31$，$f_2 = 223$，$f_3 = 29$。得到面内激励与横向激励联合作用下四边简支压电复合材料层合矩形板另外一种形式的混沌运动，如图 11-4 所示。

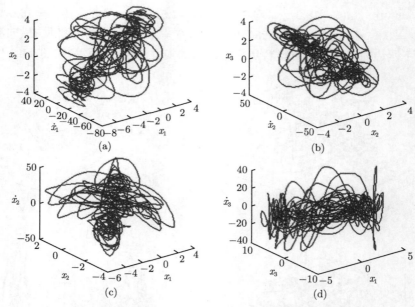

图 11-3　压电复合材料层合板的混沌运动

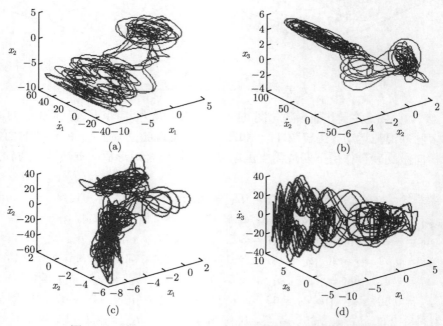

图 11-4　当 $f_1 = 31$ 时，压电复合材料层合板的混沌运动

当方程 (11-4) 中的激励幅值变为 $f_2 = 24$ 和 $f_3 = 175$，而其他参数与图 11-4 中的参数取值相同时，得到图 11-5。比较图 11-4 和图 11-5，发现激励幅值 f_2 和 f_3 的变化，对面内激励与横向激励联合作用下四边简支压电复合材料层合矩形板的非线性动力学特性产生较大的影响。通过所得到的多脉冲混沌运动的三维相图可以验证理论分析结果，即面内激励与横向激励联合作用下四边简支压电复合材料层合矩形板存在多脉冲混沌运动。

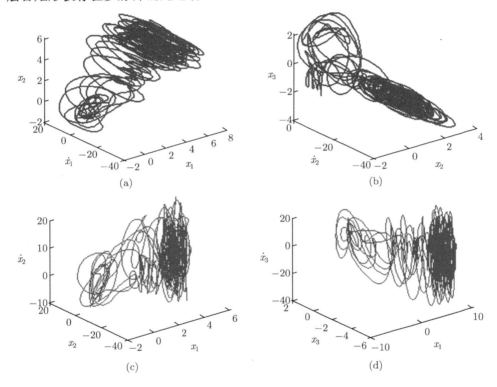

图 11-5　当 $f_2 = 24, f_3 = 175$ 时，压电复合材料层合板的混沌运动

本章利用混合坐标系下六维非自治非线性系统的广义 Melnikov 方法，研究了面内激励与横向激励联合作用下，四边简支压电复合材料层合矩形板的多脉冲混沌运动问题。在分析过程中，由于系统比较复杂，采用了三阶规范形方法对三自由度压电复合材料层合矩形板的非线性动力学方程进行简化，并将后四维方程化为极坐标的形式。通过分析解耦的压电复合材料层合矩形板的非线性动力学方程，可以获得系统所产生的同宿分岔和 Shilnikov 型混沌跳跃轨道。在计算 Melnikov 函数时，由于要求求解积分的函数比较复杂，无法直接进行积分，采用了 Taylor 级数进行展开和留数理论得到了 k 脉冲 Melnikov 函数。数值计算结果同样发现，面内

激励与横向激励联合作用下，四边简支压电复合材料层合矩形板存在多脉冲混沌运动，从而验证了理论分析结果。通过本章的研究，可以得到面内激励与横向激励联合作用下四边简支压电复合材料层合矩形板存在多脉冲混沌运动的条件。

参 考 文 献

[1] Huang X L, Shen H S. Nonlinear free and forced vibration of simply supported shear deformable laminated plates with piezoelectric actuators. International Journal of Mechanical Sciences, 2005, 47: 187-208.

[2] Lee S J, Reddy J N. Nonlinear finite element analysis of laminate composite shells with actuating layers. Finite Elements in Analysis and Design, 2006, 43: 1-21.

[3] Arciniega R A, Reddy J N. Large deformation analysis of functionally graded shells. International Journal of Solids and Structures, 2007, 44: 2036-2052.

[4] Santors H, Reddy J N. A finite element model for the analysis of 3D axisymmetric laminated shells with piezoelectric sensors and actuators. Composite Structures, 2006, 75: 170-178.

[5] Zhu F H, Fu Y M. Analysis of nonlinear dynamic response and delamination fatigue growth for delaminated piezoelectric laminated beam-plates. International Journal of Fatigue, 2008, 30: 822-833.

[6] Fu Y M, Wang X Q. Analysis of bifurcation and chaos of the piezoelectric plate including damage effects. International Journal of Nonlinear Sciences and Numerical Simulation, 2008, 9: 61-74.

[7] Zhang W, Yao Z G, Yao M H. Periodic and chaotic dynamics of composite laminated piezoelectric rectangular plate with one-to-two internal resonance. Science in China Series E: Technological Sciences, 2009, 52: 731-742.

[8] 姚志刚. 压电复合材料结构的非线性动力学与控制研究. 北京: 北京工业大学工学博士学位论文, 2009.

[9] Zheng Y F, Wang F, Fu Y M. Nonlinear dynamic stability of moderately thick laminated plates with piezoelectric layers. International Journal of Nonlinear Sciences and Numerical Simulation, 2009, 10: 459-468.

[10] Panda S, Ray M C. Active control of geometrically nonlinear vibrations of functionally graded laminated composite plates using piezoelectric fiber reinforced composites. Journal of Sound and Vibration, 2009, 325: 186-205.

[11] Dash P, Singh B N. Nonlinear free vibration of piezoelectric laminated composite plate. Finite Elements in Analysis and Design, 2009, 45: 686-694.

[12] Mao Y Q, Fu Y M. Nonlinear dynamic response and active vibration control for piezoelectric functionally graded plate. Journal of Sound and Vibration, 2010, 329: 2015-2028.

[13] Yao M H, Zhang W, Yao Z G. Multi-pulse orbits dynamics of composite laminated piezoelectric rectangular plate. Science China: Technological Sciences, 2011, 54: 2064-2079.

[14] Zhang W, Gao M J, Yao M H, et al. Higher-dimensional chaotic dynamics of a composite laminated piezoelectric rectangular plate. Science in China Series G: Physics, Mechanics & Astronomy, 2009, 52: 1989-2000.

[15] 高美娟, 张伟, 姚明辉, 等. 压电复合材料层合板的混沌动力学研究. 振动与冲击, 2009, 1: 82-85.

[16] Zhang W, Zhang J H, Yao M H, et al. Multi-pulse chaotic dynamics of non-autonomous nonlinear system for a laminated composite piezoelectric rectangular plate. Acta Mechanica, 2010, 211: 23-47.

[17] Pradyumna S, Gupta A. Nonlinear dynamic stability of laminated composite shells integrated with piezoelectric layers in thermal environment. Acta Mechanica, 2011, 218: 295-308.

[18] Fakhari V, Ohadi A. Nonlinear vibration control of functionally graded plate with piezoelectric layers in thermal environment. Journal of Vibration and Control, 2011, 17: 449-469.

[19] 陈祎, 张伟. 六维非线性动力系统三阶规范形的计算. 动力学与控制学报, 2004, 2: 31-35.

"非线性动力学丛书" 已出版书目

(按出版时间排序)

1 张伟，杨绍普，徐鉴，等. 非线性系统的周期振动和分岔. 2002

2 杨绍普，申永军. 滞后非线性系统的分岔与奇异性. 2003

3 金栋平，胡海岩. 碰撞振动与控制. 2005

4 陈树辉. 强非线性振动系统的定量分析方法. 2007

5 赵永辉. 气动弹性力学与控制. 2007

6 Liu Y, Li J, Huang W. Singular Point Values, Center Problem and Bifurcations of
   Limit Cycles of Two Dimensional Differential Autonomous Systems （二阶非线性
   系统的奇点量、中心问题与极限环分叉）. 2008

7 杨桂通. 弹塑性动力学基础. 2008

8 王青云，石霞，陆启韶. 神经元耦合系统的同步动力学. 2008

9 周天寿. 生物系统的随机动力学. 2009

10 张伟，胡海岩. 非线性动力学理论与应用的新进展. 2009

11 张锁春. 可激励系统分析的数学理论. 2010

12 韩清凯，于涛，王德友，曲涛. 故障转子系统的非线性振动分析与诊断方法. 2010

13 杨绍普，曹庆杰，张伟. 非线性动力学与控制的若干理论及应用. 2011

14 岳宝增. 液体大幅晃动动力学. 2011

15 刘增荣，王瑞琦，杨凌，等. 生物分子网络的构建和分析. 2012

16 杨绍普，陈立群，李韶华. 车辆-道路耦合系统动力学研究. 2012

17 徐伟. 非线性随机动力学的若干数值方法及应用. 2013

18 申永军，杨绍普. 齿轮系统的非线性动力学与故障诊断. 2014

19 李明，李自刚. 完整约束下转子-轴承系统非线性振动. 2014

20 杨桂通. 弹塑性动力学基础(第二版). 2014

21 徐鉴，王琳. 输液管动力学分析和控制. 2015

22 唐驾时，符文彬，钱长照，刘素华，蔡萍. 非线性系统的分岔控制. 2016

23 蔡国平，陈龙祥. 时滞反馈控制及其实验. 2017

24 李向红，毕勤胜. 非线性多尺度耦合系统的簇发行为及其分岔. 2017

25 Zhouchao Wei, Wei Zhang, Minghui Yao. Hidden Attractors in High Dimensional

Nonlinear Systems（高维非线性系统的隐藏吸引子）. 2017

26 王贺元. 旋转流体动力学——混沌、仿真与控制. 2018

27 赵志宏，杨绍普. 基于非线性动力学的微弱信号探测. 2020

28 李韶华，路永婕，任剑莹. 重型汽车-道路三维相互作用动力学研究. 2020

29 李双宝，张伟. 平面非光滑系统全局动力学的 Melnikov 方法及应用. 2022

30 靳艳飞，许鹏飞. 典型非线性多稳态系统的随机动力学. 2022

31 张伟，姚明辉. 高维非线性系统的全局分岔和混沌动力学(上). 2023